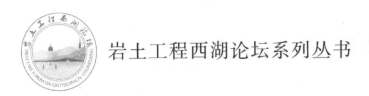

岩土工程西湖论坛系列丛书

岩土工程
变形控制设计理论与实践

龚晓南　杨仲轩　主编

U0254342

中国建筑工业出版社

图书在版编目（CIP）数据

岩土工程变形控制设计理论与实践/龚晓南，杨仲轩
主编. —北京：中国建筑工业出版社，2018.10（2021.11重印）
（岩土工程西湖论坛系列丛书）
ISBN 978-7-112-22596-5

Ⅰ. ①岩…　Ⅱ. ①龚…②杨…　Ⅲ. ①岩土工
程-研究　Ⅳ.①TU4

中国版本图书馆 CIP 数据核字（2018）第 200010 号

　　本书介绍地铁、桩基、基坑、建筑、隧道、道路、水利等工程领域变形控制设计理论与实践。全书分 14 章，主要内容为：概论；地铁岩土工程变形控制理论与实践；邻近地铁设施的软土深基坑工程变形控制设计与实践；桩基础沉降变形控制设计原理、方法与工程实践；桩基础设计理论变革：从强度控制设计到变形控制设计；深圳地区建筑深基坑变形控制设计实践与探讨；超高层建筑基础沉降控制设计与实践；岩体隧道变形精细化分析方法与应用；软土盾构隧道变形控制分析方法与应用；高填黄土路堤及结构物沉降计算；地基的变形控制设计；道路工程中复合地基沉降与稳定控制设计理论及方法；软土地区高速铁路路基变形控制设计理论与实践；水利涵闸的变形控制设计。

　　本书可供从事土木工程设计、施工、监测、研究、工程管理工程技术人员和大专院校土木工程及其相关专业师生参考。

责任编辑：王　梅　辛海丽
责任校对：王　瑞

岩土工程西湖论坛系列丛书
岩土工程变形控制设计理论与实践
龚晓南　杨仲轩　主编

*

中国建筑工业出版社出版、发行（北京海淀三里河路 9 号）
各地新华书店、建筑书店经销
霸州市顺浩图文科技发展有限公司制版
北京建筑工业印刷厂印刷

*

开本：787×1092 毫米　1/16　印张：29　字数：722 千字
2018 年 10 月第一版　　2021 年 11 月第二次印刷
定价：88.00 元
ISBN 978-7-112-22596-5
（32681）

前　　言

　　随着现代化进程的飞速发展，各类土木工程日新月异，呈现高、大、深、重的发展趋势，对岩土工程变形控制提出了更高的要求。为了加强土木工程各行业间的交流，促进岩土工程的变形控制设计理论与实践的发展，中国工程院土木、水利与建筑工程学部，中国土木工程学会土力学及岩土工程分会，浙江省科学技术协会和浙江大学滨海和城市岩土工程研究中心共同主办的"岩土工程西湖论坛"2018年的主题确定为"岩土工程变形控制设计理论与实践"。为了配合"岩土工程西湖论坛（2018）"，论坛组委会邀请全国各地岩土工程专家编写出版《岩土工程变形控制设计理论与实践》。

　　任何一个岩土工程都要满足稳定和变形控制要求，传统岩土工程设计大都基于承载力控制设计。随着人民生活质量的提高、国家综合国力的增强，对工程建设项目的变形控制要求也不断提高。我国城市化发展迅速，高层建筑、高速公路、高速铁路、机场、城市地铁等工程建设大规模兴起，对变形控制要求也愈来愈高，甚至十分严苛。工程建设中出现的新需求也进一步促进了工程理论和技术的发展，岩土工程变形控制设计理论和方法近年来也得到快速发展。

　　本书介绍地铁、桩基、基坑、建筑、隧道、道路、水利等工程领域变形控制设计理论与实践，主要内容包括：概论；地铁岩土工程变形控制理论与实践；邻近地铁设施的软土深基坑工程变形控制设计与实践；桩基础沉降变形控制设计理论、方法与工程实践；桩基础设计理论变革：从强度控制设计到变形控制设计；深圳地区建筑深基坑变形控制设计实践与探讨；超高层建筑基础沉降控制设计与实践；岩体隧道变形精细化分析方法与应用；软土盾构隧道变形控制分析方法与应用；高填黄土路堤及结构物沉降计算；地基的变形控制设计；道路工程中复合地基沉降与稳定控制设计理论及方法；软土地区高速铁路路基变形控制设计理论与实践；水利涵闸的变形控制设计。

　　本书共14章，由浙江大学龚晓南编写第1章，由深圳市地铁集团有限公司刘树亚、陈湘生编写第2章，华东建筑设计研究院有限公司王卫东、徐中华、李青编写第3章，中国建筑科学研究院刘金波等编写第4章，同济大学杨敏、罗如平、杨军编写第5章，深圳市工勘岩土集团有限公司左人宇、黄天河编写第6章，华东建筑设计研究院有限公司王卫东、吴江斌、常林越编写第7章，同济大学朱合华等编写第8、9章，长安大学谢永利编写第10章，广东省水利水电科学研究院杨光华编写第11、14章，浙江大学俞建霖、龚晓南、李俊圆编写第12章，同济大学宫全美、王炳龙编写第13章。

　　全书由龚晓南和杨仲轩负责统稿。在编写过程中，编者参考和引用了大量文献资料，在此对其原作者深表谢意。

　　由于编者水平有限，书中纰漏之处在所难免，敬请读者批评指正。

目　　录

1 概论

龚晓南

(浙江大学滨海和城市岩土工程研究中心，浙江 杭州 310058)

1.1 岩土工程变形控制理念及发展态势

众所周知，任何一个岩土工程都要满足稳定和变形控制要求。在岩土工程设计中什么是按稳定控制设计？什么是按变形控制设计？按变形控制设计和按稳定控制设计究竟有什么不同？是近年来经常遇到的问题，也是值得我们去思考、去探讨的问题。下面通过建筑基础设计和基坑围护结构设计为例对什么是按稳定控制设计？什么是按变形控制设计？两者究竟有什么不同？作简单分析。

在建筑基础工程设计中，按稳定控制设计通常称为按承载力控制设计，按变形控制设计通常称为按沉降控制设计。地基稳定性和地基承载力两个概念有较大的异同，在下一节再作简要分析。在建筑基础工程设计中，控制地基变形主要是控制地基沉降，因此按变形控制设计这里称为按沉降控制设计。目前，建筑基础工程设计中的常规思路是按承载力控制设计。按承载力控制设计中，首先，按建造建筑物对地基承载力要求进行设计。如果天然地基的承载力不能满足要求，则要求对场地地基进行处理。如对天然地基进行土质改良，或采用复合地基，或采用桩基础，使形成的人工地基的承载力满足要求。然后，验算满足承载力要求的人工地基沉降量是否满足沉降量控制的要求，如满足则完成设计；如沉降量超过允许沉降量，则需要进一步提高人工地基的承载力，然后再验算人工地基沉降量是否满足要求，如满足则完成设计；如还不满足，则需要进一步提高人工地基的承载力，再验算人工地基沉降量是否满足要求；通过不断修改设计，达到人工地基沉降量不超过允许沉降量，满足要求为止。按沉降控制设计的思路与按承载力控制设计的思路不同。按沉降控制设计中，首先按建造建筑物对地基沉降量控制要求进行设计。如果采用天然地基建筑物沉降量控制不能满足要求，则要求对场地地基进行处理。如对天然地基进行土质改良，或采用复合地基，或采用桩基础，使形成的人工地基上的建筑物沉降量控制满足要求。然后，验算人工地基承载力是否满足要求。一般情况下，沉降量控制能满足要求，承载力一般也能满足要求。如承载力不能满足要求，则需进一步采取加强措施，直至满足要求。从以上分析可以看到下面几点：无论是按承载力控制设计，还是按沉降控制设计，设计采用的地基承载力和地基沉降量控制都要满足要求；按承载力控制设计和按沉降控制设计两者设计思路和设计过程是不一样的，前者从承载力入手，后者从沉降控制入手；前者侧重控制承载力要求，后者侧重控制沉降要求。

在基坑工程围护结构设计中，以悬臂式围护结构（图 1.1-1）设计为例。在悬臂式围

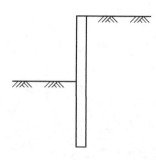

图 1.1-1 悬臂式围护结构

护结构设计中，按稳定控制设计则要求在最不利工况下，围护结构不会产生失稳破坏就满足设计要求了，围护结构产生多大变形都是允许的；按变形控制设计则要求在最不利工况下，围护结构不会产生超过变形的控制量。在围护结构变形得到合理控制下，一般不会产生失稳破坏。在基坑周围环境条件允许围护结构产生较大变形的条件下，基坑围护结构设计应按稳定控制设计；在基坑周围环境条件不允许围护结构产生较大变形的条件下，基坑围护结构设计应按变形控制设计。基坑周围环境条件允许围护结构产生的最大变形量就是围护结构设计变形控制量。作用在围护结构上的土压力大小直接与围护结构变形量有关，围护结构设计变形控制量一定要合理。在基坑围护结构设计中，是采用按稳定控制设计还是按变形控制设计，主要取决于周围环境对基坑围护结构变形控制量的要求。对变形控制基本上没有要求，采用按稳定控制设计；对变形控制有要求，则应采用按变形控制设计。需要按变形控制设计时，应合理选用设计变形控制量。变形控制量的大小直接影响工程投资，有时是指数增长关系。变形控制量减小，工程投资以指数比例增长。

上面以建筑基础工程设计和基坑工程围护结构设计为例，简要分析了什么是按稳定控制设计？什么是按变形控制设计？按变形控制设计和按稳定控制设计两者的区别。下面简要介绍岩土工程变形控制设计发展态势。

稳定和变形控制是每个岩土工程必须考虑的两个基本问题。稳定是每个岩土工程的最基本要求，失去稳定意味着破坏。稳定是变形控制的前提。制约变形控制的因素很多。以地基承受荷载而言，有荷载作用，地基就会产生变形。荷载作用大，地基变形量大；地基刚度小，地基变形量大。变形控制量受使用要求、上部结构形式和综合工程投资能力的影响和制约。以建筑地基为例，随着人民生活质量的提高、国家综合国力的增强，对变形控制要求也不断提高。高层建筑比低层建筑对变形控制量要求要高。改革开放以来，土木工程建设发展很快，城市化发展迅速，高层建筑、高速公路、高速铁路、机场等工程建设迅猛发展，对变形控制要求越来越高。工程建设中的需求促进工程技术的发展，促进工程理论的发展。岩土工程变形控制设计理论近年来得到快速发展。

近年来，人们对岩土体的应力-应变关系有了进一步的认识，建立了一些岩土体的工程实用本构模型，土工计算机分析能力得到很大提高，岩土工程变形计算能力有了长足的进步，为岩土工程变形控制设计理论的快速发展提供了技术支撑。

在 1.2 节简要介绍地基稳定性和地基承载力的异同，在 1.3～1.6 节分别讨论变形控制设计理念在建筑工程、道路工程、基坑工程和复合地基设计中的应用，在 1.7 节简要介绍岩土工程变形控制的技术措施，在 1.8 节讨论变形控制设计理论发展展望。

1.2 地基承载力和地基稳定性

先讨论地基承载力，再分析地基承载力和地基稳定性的异同。

我国在不同时期、不同行业的规范中，对地基承载力的表达采用了不同的形式和不同的测定方法。因此，在已发表的论文、工程案例、出版的著作和已完成的设计文件中，对地基承载力也采用了多种不同的表达形式。

对地基承载力的表达形式主要有下述几种：地基极限承载力、地基容许承载力、地基承载力特征值、地基承载力标准值、地基承载力基本值以及地基承载力设计值等。在介绍上述不同表述的地基承载力概念前，先介绍土塑性力学中关于条形基础 Prandtl 极限承载力解的基本概念。

条形基础 Prandtl 极限承载力解的极限状态示意图如图 1.2-1 所示。

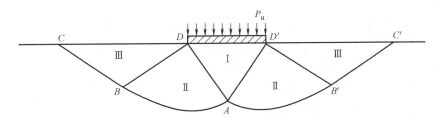

图 1.2-1　条形基础 Prandtl 解示意图

设条形基础作用在地基上的压力为均匀分布，基础底面光滑，即摩擦系数等于零。地基为半无限体，土体本构模型服从刚塑性假设，即土体中应力小于屈服应力时，土体表现为刚体，不产生变形，当土中应力达到屈服应力时，土体处塑性流动状态。土体的抗剪强度指标为 c、φ。在求解中不考虑土体的自重，即假设土体自重等于零。根据土塑性力学理论，当条形基础上荷载处于极限状态时，地基中产生的塑性流动区如图 1.2-1 中所示。图中 Ⅰ 和 Ⅲ 区为等腰三角形，Ⅱ 区为楔形，其中 AB 和 AB' 为对数螺线。图 1.2-1 中 $\angle ADD'$ 和 $\angle AD'D$ 为 $\dfrac{\pi}{4}+\dfrac{\varphi}{2}$，$\angle BCD$ 和 $B'C'D'$ 为 $\dfrac{\pi}{4}-\dfrac{\varphi}{2}$，$\angle ADB$ 和 $\angle AD'B'$ 为 $\dfrac{\pi}{2}$。

根据极限分析理论或滑移线理论，可得到条形基础极限荷载表达式为：

$$P_u = c \mathrm{ctan}\varphi \left[\frac{1+\sin\varphi}{1-\sin\varphi} \exp(\pi\tan\varphi) - 1 \right] \tag{1.2-1}$$

式中　c——土体黏聚力；

　　　φ——内摩擦角。

当 $\varphi = 0$ 时，式（1.2-1）蜕化成

$$P_u = (2+\pi)c \tag{1.2-2}$$

上述条形基础 Prandtl 极限承载力解是在设条形基础作用在地基上的压力为均匀分布，基础底面光滑，地基为半无限均质体，土体服从刚塑性模型等假设前提下取得的。它是唯一解，而且与基础宽度等因素无关，只与土体的强度指标有关。

土力学及基础工程中的太沙基地基承载力解等表达形式均源自该 Prandtl 解，可根据一定的条件，通过对式（1.2-1）进行修正获得。

地基极限承载力是地基处于极限状态时所能承担的最大荷载，或者说是地基产生失稳破坏前所能承担的最大荷载。

地基极限承载力也可通过荷载试验确定。在荷载试验过程中，通常取地基处于失稳破坏前所能承担的最大荷载为极限承载力值。通过荷载试验确定的地基极限承载力值与理论

计算值会有差异，误差主要源于理论计算时的几项假设前提。

对某一地基而言，一般说来其地基极限承载力值是唯一的。或者说对某一地基，其地基极限承载力值是一确定值。

地基容许承载力是通过地基极限承载力除以安全系数得到的。影响安全系数取值的因素很多，如安全系数取值大小与建筑物的重要性、建筑物的基础类型、采用的设计计算方法以及设计计算水平等因素有关，还与国家的综合实力、生活水平以及建设业主的实力等因素有关。

因此，一般说来对某一地基而言，其地基容许承载力值不是唯一的。

在工程设计中安全系数取值不同，地基容许承载力值也就不同。安全系数取值大，工程安全储备也大；安全系数取值小，工程安全储备也小。

在工程设计中，地基容许承载力是设计人员能利用的最大地基承载力值，或者说地基承载力设计取值不能容许超过地基容许承载力值。

地基极限承载力和地基容许承载力是国内外最常用的地基承载力概念。

地基承载力特征值、地基承载力标准值、地基承载力基本值、地基承载力设计值等都是与相应的规范规程配套使用的地基承载力表达形式。

现行《建筑地基基础设计规范》GB 50007—2011 采用的地基承载力表达形式是地基承载力特征值，对应的荷载效应为标准组合。在条文说明中对地基承载力特征值的解释为"用以表示正常使用极限状态计算时采用的地基承载力的设计使用值，其涵义即为在发挥正常使用功能时所允许采用的抗力设计值"。规范中还对地基承载力特征值的试验测定作出了具体规定。

《建筑地基基础设计规范》GBJ 7—89 采用地基承载力标准值、地基承载力基本值和地基承载力设计值等表达形式。地基承载力标准值是按该规范规定的标准试验方法经规范规定的方法统计处理后确定的地基承载力值。也可以根据土的物理和力学性质指标，根据规范提供的表确定地基承载力基本值，再经规范规定的方法进行折算后得到地基承载力标准值。对地基承载力标准值，经规范规定的方法进行基础深度、宽度等修正后，可以得到地基承载力设计值，对应的荷载效应为基本组合。这里的地基承载力设计值应理解为工程设计时可利用的最大地基承载力取值。

在某种意义上，可以将上述规范中所述的地基承载力特征值和地基承载力设计值理解为地基容许承载力值，而地基承载力标准值和地基承载力基本值是为了获得上述地基承载力设计值的中间过程取值。

笔者认为掌握了地基极限承载力、地基容许承载力以及安全系数这些最基本的概念，就不难在此基础上理解各行业现行及各个时期的规范内容，并能够使用现行规范进行工程设计。

在了解上述关于地基承载力分析后，就不难分析地基承载力和地基稳定性的异同。前面已谈到地基承载力中的地基极限承载力是地基处于极限状态时所能承担的最大荷载，或者说地基产生失稳破坏前所能承担的最大荷载。前面介绍的条形基础 Prandtl 极限承载力解是在几项假设前提下求得的。在同样情况下，可以说地基极限承载力是地基稳定性的量度。对于一地基，地基极限承载力是一定值。地基极限承载力和地基稳定性两者概念是一致的。除地基极限承载力以外的地基承载力与地基稳定性，在概念上有较大的区别。另外，还要注意地基承载力的概念主要应用于建筑地基设计，在堤坝工程、道路工程和边坡工程等岩土工程设计中强调稳定分析和变形计算。岩土工程三个基本问题是稳定问题、变形问题和渗流问题。岩土工程基本问题中没有明显指承载力问题。因为除极限承载力以外，承载力概念中既包含有稳定的概念，又包含有变形的概念，但又不能包含稳定和变形概念的全部。极限承载力是客观的量度，是唯一值。其他承载力概念都与技术标准（规程、规范）相应的规定有关，是主观的量度，不是唯一值。因此，承载力验算通过，也许还不能满足稳定性要求；满足稳定性要求，承载力验算还不能通过。

不能仅仅拘泥于承载力和稳定性概念上的讨论，而应针对不同的工程应用，如建筑基础工程、堤坝基础工程、道路基础工程和边坡工程等分开讨论分析。

对于建筑基础工程，地基承载力满足要求时，其沉降变形量一般会控制在某允许值内，一般不会发生各种剪切破坏，可认为也满足了稳定性。地基承载力的验算包含了变形和稳定。若该建筑物对沉降变形量控制要求很高，超出规范要求，则地基承载力满足规范要求时，沉降变形量控制不一定能达到要求。若建筑物对沉降变形量控制要求比较高时，应按沉降控制设计。

对堤坝基础工程、道路基础工程和边坡工程等岩土工程当地基承载力满足要求时，其稳定性不一定能满足要求。仅仅验算承载力是不够的，一定要重视稳定分析和变形计算分析。对沉降变形量控制要求比较高时，应按沉降控制设计。

1.3　变形控制设计理念在建筑工程中的应用

建筑工程基础设计经常会遇到这种情况，采用浅基础地基承载力可以满足要求，而沉降量超过标准规定不能满足要求。遇到这种情况，目前在设计中多数改用桩基础，也有采用减少沉降量，以满足沉降量不超过标准规定的要求。下面通过一实例分析，说明按沉降控制设计的思路。例如：某工程采用浅基础时地基是稳定的，天然地基在荷载作用下不会产生失稳破坏。但采用浅基础时地基沉降量达 500mm，超过标准规定，不能满足要求。

现采用 250mm×250mm 钢筋混凝土预制方桩，桩长15m。布桩 200 根时，地基沉降量为 50mm；布桩 150 根时，地基沉降量为 70mm；布桩 100 根时，地基沉降量为 120mm；布桩 50 根时，地基沉降量为 250mm。地基沉降量 s 与布桩数 n 的关系曲线如图 1.3-1 所示。若沉降量要求控制小于 150mm，则由图 1.3-1 可知，布桩大于 90 根即要满足要求。从该例可看到按沉降量控制设计的实质及设计思路。

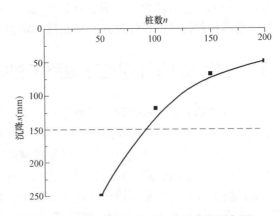

图 1.3-1　桩数 n 与沉降 s 关系曲线示意图

图 1.3-1 为地基沉降量 s 与布桩数 n 的关系，实际上图示规律也表示工程投资与沉降量的关系。减小沉降量，提高沉降量控制值，意味着增加工程投资。于是，按沉降控制设计可以合理控制基础工程的投资，达到

节省工程投资的目的。

按沉降控制设计思路特别适用于深厚软弱地基上的基础工程设计。

1.4 变形控制设计理论在基坑工程中的应用

在基坑工程围护体系设计时，要重视由于围护体系失效或土方开挖产生的周边地基变形对周围环境和工程施工造成的影响。当场地开阔，周边没有建（构）筑物和市政设施时，基坑围护体系的主要要求是自身的稳定性，此时可以允许围护结构及周边地基发生较大的变形。在这种情况下，可按围护体系的稳定性要求进行设计。当基坑周边有建（构）筑物和市政设施时，应评估其重要性，分析其对地基变形的适应能力，并提出基坑围护结构变形和地面沉降的允许值。在这种情况下，围护体系设计不仅要满足稳定性要求，还要满足变形控制要求。围护体系往往按变形控制要求进行设计。

按稳定控制设计只要求基坑围护体系满足稳定性要求，允许产生较大的变形；而按变形控制设计不仅要求围护体系满足稳定性要求，还要求围护体系变形小于某一控制值。由于作用在围护结构上的土压力值与位移有关，在按稳定控制设计或按变形控制设计时，作为荷载的土压力设计取值是不同的。在选用基坑围护形式时，应明确是按稳定控制设计，还是按变形控制设计。当可以按稳定控制设计时，采用按变形控制设计的方案会增加较多的工程投资，造成浪费；当需要按变形控制设计时，采用按稳定控制设计的方案则可能对环境造成不良影响，甚至酿成事故。

基坑围护体系按变形控制设计时，基坑围护变形控制量不是越小越好，也不宜统一规定。设计人员应以基坑变形对周围市政道路、地下管线、建（构）筑物不会产生不良影响，不会影响其正常使用为标准，由设计人员合理确定变形控制量。

根据基坑周边环境条件，首先要确定采用按稳定控制设计，还是按变形控制设计。该设计理念至今尚未引起充分重视，或者说尚未提到理论的高度。现有的规程、规范、手册及设计软件，均未能从理论高度给予区分，多数有经验的设计师是通过综合判断调整设计标准来区分的。笔者认为，我国已有条件推广根据基坑周边环境条件采用按稳定控制设计还是按变形控制设计的设计理念，从而进一步提高我国的基坑围护设计水平。

1.5 变形控制设计理论在道路工程中的应用

在软弱地基上修建道路时，特别是在深厚软弱地基上修建道路时，工后沉降控制显得非常重要。在一般路段其按沉降量控制设计的实质及设计思路基本同建筑工程按沉降量控制设计。减小道路的沉降量，提高沉降量控制值，意味着增加工程投资。于是，按沉降控制设计可以合理控制道路工程的投资，达到节省工程投资的目的。

对道路工程，变形控制设计理论在保证桥和桥头引道沉降量平稳过渡，避免"桥头跳车"现象有重要的意义。还有在软弱土层厚薄变化较大地段的道路、涵洞的两侧等路段。在上述路段，地基处理应按沉降控制设计。

下面通过一工程案例，介绍变形控制设计理论在道路工程中的应用。

杭宁高速公路浙江段跨越杭嘉湖平原，大部分地区为河相、湖相沉积，软土分布范围广，软土层厚度变化大。杭嘉湖平原河流分布广泛，人口密集。在高速公路建设中既要处理好地基稳定性问题、有效控制工后沉降和沉降差，还要尽量减小在施工期对当地群众交通的影响。该路段一般线路多采用砂井堆载预压法处理。若一般涵洞和通道地基也采用砂井堆载预压法处理，不仅预压完成后再进行开挖费时间，而且堆载预压和再开挖工期长影响当地群众交通，给村民生产和生活造成困难。若一般涵洞和通道地基均采用桩基础，虽然缩短了施工周期，减小了在施工期对当地群众交通的影响，但工程费用较大，而且在涵洞和通道与填土路堤连接处容易产生沉降差，形成"跳车"现象。为了较好地处理上述一般涵洞和通道地基的地基处理问题，根据我们建议，杭宁高速公路 K101+960 处的通道地基由原砂井堆载预压法处理改用低强度混凝土桩复合地基处理。该通道处淤泥质黏土层厚 19.3m，通道箱涵尺寸为 6.0m×3.5m，填土高度 2.5m。根据工程地质报告，通道场地地基土物理力学性质指标见表 1.5-1。下面对采用低强度混凝土桩复合地基处理通道地基设计和测试情况作简要介绍。

地基土物理力学性质指标   表 1.5-1

编号	土层名称	层厚(m)	含水率 w (%)	重度 (kN·m⁻³)	孔隙比	压缩模量 (MPa)	渗透系数(cm·s⁻¹) K_h	K_v	压缩指数
I₁	(粉质)黏土	3.4	32.7	18.8	0.948	4.98	$0.69×10^{-7}$	$1.10×10^{-7}$	0.161
II	淤泥质(粉质)黏土	6.6	47.3	17.5	1.315	2.17	$1.68×10^{-7}$	$1.29×10^{-7}$	0.42
III₃	淤泥质(粉质)黏土	12.7	42.4	17.8	1.192	2.77	$2.29×10^{-7}$	$1.40×10^{-7}$	0.41
IV₁	粉质黏土	13.1	28.3	19.4	0.794	8.42	$1.02×10^{-7}$	$3.32×10^{-7}$	0.18
V₂	粉质黏土	12.4	25.6	19.8	0.734	8.65			
V₄	含砂粉质黏土	3.3							

设计分两部分：一是涵洞和通道地基下的低强度混凝土桩复合地基设计；另一是涵洞和通道与相邻采用其他处理方法（如砂井堆载预压法处理）路段之间为减缓由于采用不同地基处理方法而形成的沉降差异而设置的过渡段部分的低强度混凝土桩复合地基设计。复合地基设计除需要满足承载力及工后沉降的要求外，在过渡段部分工后沉降尚需满足纵坡率的要求。具体设计步骤如下：

1）全面了解和掌握设计要求、场地水文和工程地质条件、周围环境、构筑物的设计、邻近路段的地基处理设计、施工条件以及材料、设备的供应情况等。

2）确定低强度混凝土桩桩身材料强度等级和桩径，确定采用的施工设备和施工工艺。

3）根据场地土层条件，承载力和控制工后沉降要求确定桩长和桩间距，完成构筑物下复合地基设计。

4）根据构筑物与相邻路段地基的工后沉降量，道路纵坡率的要求，确定过渡段长度。

5）采用变桩长和变置换率，进行过渡段复合地基设计，实现过渡段工后沉降由小到大的改变，做到平稳过渡。

6）选用垫层材料，确定垫层厚度。设计要求通道下复合地基容许承载力需达到 100kPa 以上。经计算分析，低强度混凝土桩桩身材料采用 C10 混凝土，桩径取 ϕ377mm，桩长取 18.0m，置换率取 0.028，单桩容许承载力为 217.8kN，复合地基容许承载力为 108.9kPa，地基总沉降量为 14.5cm，其中加固区沉降量 3.0cm，下卧层沉降量 11.5cm。

垫层采用土工格栅加筋垫层，厚度取 50cm。

由于低强度混凝土桩复合地基沉降量较小，而相邻路段采用排水固结法处理沉降较大。为减缓交接处沉降差异，设置过渡段协调两者的沉降。过渡段仍采用低强度混凝土桩复合地基，通过改变桩长和置换率等参数来调整不同区域的工后沉降。过渡段中不同桩长条件下地基的总沉降量和工后沉降量如表 1.5-2 所示。

根据设计要求该通道两侧路线方向工后总沉降差不大于 60mm，且要求纵坡率不大于 0.4%，由此确定过渡段长度为 15.0m。通过改变桩长和置换率等参数来调整过渡段不同区域的工后沉降完成平稳过渡。具体设计参数为：低强度混凝土桩的桩身材料采用 C10 低强度等级混凝土，桩径 ϕ377mm，桩长 15.5～18.0m（通道桩长 18.0m，过渡段桩长 15.5～17.5m），桩间距 2.0～2.5m（通道桩间距 2.0m，过渡段桩间距 2.0～2.5m），土工格栅加筋垫层为 50cm 厚碎石垫层，碎石粒径 4～6cm。该通道及过渡段的桩长布置及工后沉降分布详见图 1.5-1。

不同桩长条件下地基的总沉降量和工后沉降量 表 1.5-2

桩长(m)	15	16	17	18	19	20
总沉降(cm)	19.5	17.7	15.9	14.1	12.3	10.5
工后沉降(cm)	13.2	11.8	10.3	8.9	7.4	6.0

现场测试项目包括：①桩身和桩间土应力测试；②桩顶沉降、地基表面沉降与分层沉降测试；③地基土侧向变形观测；④桩身完整性和复合地基承载力检测。现场测试测点布置如图 1.5-2 所示。

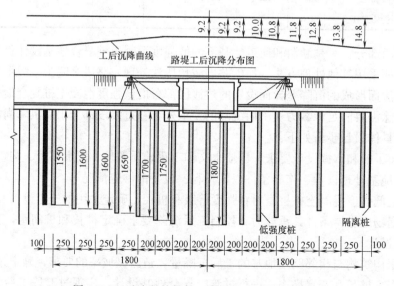

图 1.5-1 过渡段的桩长、布置及工后沉降分布图

低强度混凝土桩施工从 2000 年 11 月 20 日开始，2000 年 12 月 30 日结束，历时共 41d。2001 年 2 月 20 日完成桩身完整性检测，2001 年 2 月 27 日完成单桩静力载荷试验。2001 年 4 月 17 日～4 月 27 日进行路堤填筑前的施工准备工作。4 月 29 日完成隔水土工膜敷设，5 月 2 日开始碎石垫层的铺设，7 月 8 日进行土工格栅的敷设。第一层岩渣填筑

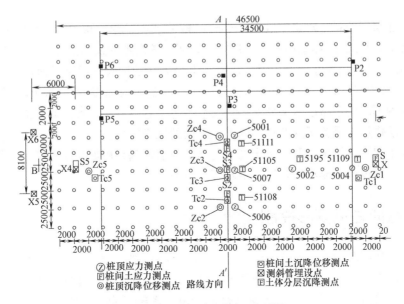

图 1.5-2 测试仪器平面布置图

从 2001 年 7 月 11 日开始，7 月 27 日试验段填筑工作完毕，从 5 月 2 日碎石垫层铺设算起，路堤填筑施工工期共为 87d。测试元件的埋设从 2001 年 5 月 22 日开始，6 月 2 日全部埋设完毕。6 月 7 日～7 月 16 日观测两次以上，读取初始值。实际观测频率为路堤填筑期间 3～4d 观测一次，填筑期结束后 10～20d 观测一次。

图 1.5-3 为路中线处桩顶和桩间土沉降随时间的变化曲线。

由图 1.5-3 可见，离通道越近的测点，桩顶沉降量和桩间土表面沉降量越小。因为离通道越近，复合地基中的桩较长，置换率较高，所以桩顶和桩间土沉降较小。同时还发现：桩顶的最大沉降量为 6.3～14.1cm，桩间土表面的最大沉降量为 10.5～23.8cm，相同监测部位的桩间土表面沉降比桩顶沉降要大，说明桩顶产生了向上刺入，桩顶某一深度范围内存在一个负摩擦区。桩间土对桩壁产生的负摩擦力将使桩体承担的荷载增加，桩间土承担的荷载相应减

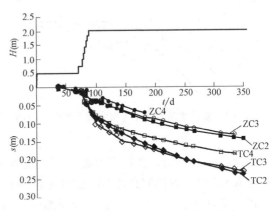

图 1.5-3 桩顶沉降与桩间土表面沉降

少，这对减少复合地基加固区土体的压缩量起到有利的作用，但同时也会增加桩底端的贯入变形量。

根据道路中线 3 个测点 TC2、TC3 和 TC4 的实测值，采用双曲线法推算该三点的总沉降量分别为 39.5cm、31.7cm 和 23.9cm，该三点相应的工后沉降量分别为 15.7cm、8.6cm 和 3.80cm。推算相关系数在 0.987 以上。3 个测点的工后沉降推算值均小于 20cm，符合高速公路的工后沉降控制标准，而且离通道越近，工后沉降值越小，这也与原设计意

图一致。

根据相邻采用塑料排水板堆载预压处理路段的观测结果，桩号 K102＋085 测点的沉降实测值为 1.730m。同样采用双曲线法推算，所得该测点的最终沉降为 1.897m，工后沉降为 16.7cm。显然，邻近的排水固结处理路段的沉降量远大于通道过渡段的沉降量，但过渡段测点 TC2 推算的工后沉降量与桩号 K102＋085 测点推算的工后沉降量比较接近，这说明在两种不同处理路段拼接处产生的工后沉降差异较小，过渡段对沉降变形起到了较好的平稳过渡作用，缓解了这两种不同处理路段的沉降差异。

测试成果和运营情况说明，杭宁高速公路一通道地基采用低强度混凝土桩复合地基加固和按沉降控制设计是成功的，取得了较好的效果。

1.6　复合地基按变形控制设计

对复合地基可以按承载力控制设计，也可按沉降控制设计。按承载力控制设计思路是先满足地基承载力要求，再验算沉降是否满足要求。如沉降量不能满足要求，则考虑提高地基承载力，然后再验算沉降是否满足要求。如沉降还不能满足要求，再提高地基承载力，再验算沉降是否满足要求，直至两者均满足要求为止。按沉降控制设计的思路是先按沉降控制要求进行设计，然后验算地基承载力是否满足要求。在沉降满足要求的条件下，地基承载力一般情况下大部分能满足要求。如地基承载力不能满足要求，适当增加复合地基置换率或增长桩体长度，使地基承载力也满足要求即可。

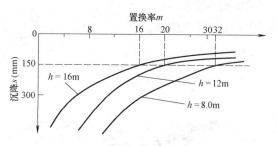

图 1.6-1　复合地基置换率与沉降关系曲线示意图

按沉降控制设计的思路特别适合于复合地基设计。复合地基按沉降控制设计可以这样进行。对一具体工程可以按不同的加固区深度计算复合地基置换率与复合地基沉降的关系曲线，如采用三种不同加固深度，则不同加固区深度情况下复合地基置换率与复合地基沉降关系曲线如图 1.6-1 所示。由图 1.6-1 可知，当沉降量控制值为 150mm 时，当加固区深度取 16m 时，置换率可取 16%，加固区深度取 12m 时，置换率可取 20%，加固区深度取 8m 时，置换率高达 30%时还不能满足要求。通过经济比较取某一技术可行方案时，再验算复合地基承载力，满足要求即可。如不能满足要求，可通过提高置换率来达到满足地基承载力要求。上述是复合地基按沉降控制设计的思路。

按沉降控制设计对设计人员提出了更高的要求，要求提高沉降计算的精度，要求进行优化设计。按沉降控制设计使工程设计更为合理。

孙林娜（2006）在《复合地基沉降及按沉降控制的优化设计》建立了按沉降控制的优化设计模型，并通过一个具体的工程实例来说明按沉降控制的优化设计思路。现作简要介绍。

孙林娜建立的按沉降控制的优化设计模型主要内容如下：

1. 设计变量

前面已经谈到：在优化设计过程中，一部分参数在优化设计过程中始终保持不变，称为预定参数；另一部分参数在优化设计过程中可视为变量，称为设计变量。设计变量可以是连续的，也可以是离散跳跃的。传统的复合地基设计参数主要有 5 个，分别为桩长、桩径、桩间距、桩体强度、褥垫层厚度及材料。为简化计，这里只将桩长和置换率作为设计变量，其他视为预定参数，通过调整桩长、置换率对方案进行优化。

2. 目标函数

目标函数有时称价值函数，它是设计变量的函数，有时设计变量本身是函数，则目标函数所表示的是泛函。目标函数是用来选择最佳设计的标准，所以应代表设计中某个重要的特征。复合地基设计中，希望最终的设计方案在满足安全可靠的条件下，工程投资最小，或者说经济效益最显著。在已确定复合地基形式的前提下，经济效益最显著可用最小用桩量来表示。

3. 约束条件

在按沉降控制的复合地基优化设计中，最主要的约束条件为沉降值控制在一定范围内。孙林娜（2006）以 FORTRAN 为运行环境，针对不同类型的复合地基，编制相应的程序对复合地基进行优化设计，其设计流程图如图 1.6-2 所示。

下面通过一个具体的工程实例来说明按沉降控制的优化设计思路。

一个 6m×6m 的群桩承台，承台为钢筋混凝土结构，上部荷载为 160kPa。根据地质报告，承台下卧土层分为两层，第一层为淤泥质软土，土层厚度为 20m，其物理力学参数为：$E_{s1}=4$MPa，$\mu_{s1}=0.45$，第二层为持力层，其土体参数为 $E_{s2}=12$MPa，$\mu_{s2}=0.30$。

由于承台下卧深厚软土层，深度达 20m，并且软土的压缩量极大。该基础对

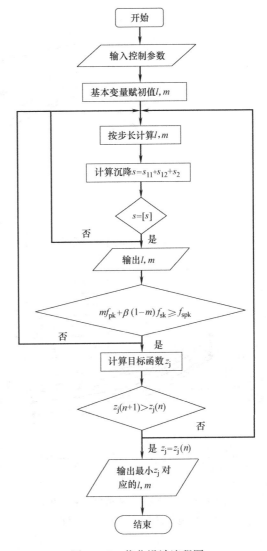

图 1.6-2 优化设计流程图

沉降要求较高，限定基底容许沉降为 20cm。因此，必须对软土层加以处理，否则难以满足沉降的要求。据此，设计拟采用碎石桩进行地基处理。根据所选用的制桩机械，确定桩径选用 600mm，设计中采用正方形布桩，拟定桩间距分别为 0.8m、0.9m、1.1m、1.3m、1.5m、2.0m，即置换率分别为 0.441、0.348、0.233、0.167、0.125、0.071。

图 1.6-3 为计算所得的置换率与沉降关系曲线图。根据工程设计要求，基础基底容许沉降为 20cm。由此可利用图 1.6-3 选取合适的桩长和置换率。在图 1.6-3 中，在 20cm 处引一条水平线，该线下部均为可行解。当沉降控制值为 20cm 时，当桩长取 12m 时，置换

率约为 26%；当桩长取 15m 时，置换率约为 18%；当桩长取 18m 时，置换率约为 15%；而当桩长取 9m 时，置换率高达 40% 以上，仍不能满足沉降控制值。通过经济比较，可取桩长为 15m，置换率为 18% 的最优组合，此时桩间距为 1.25m。

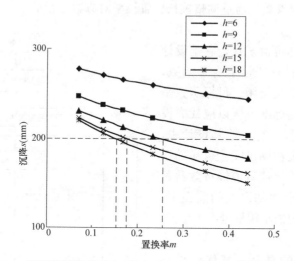

图 1.6-3　不同桩长情况下碎石桩复合地基置换率与沉降关系曲线图

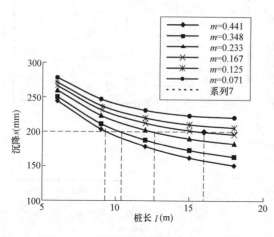

图 1.6-4　不同置换率情况下碎石桩复合地基桩长与沉降关系曲线

图 1.6-4 为不同置换率情况下桩长与沉降关系曲线图。同样，当沉降控制值为 20cm 时，在 20cm 处引一条水平线，该线下部均为可行解。当置换率为 0.441 时，桩长约为 9.2m；置换率为 0.348 时，桩长约为 10.1m；置换率为 0.233 时，桩长约为 12.5m；置换率为 0.167 时，桩长约为 15.8m。通过经济比较取置换率为 0.167、桩长为 15.8m 为最优组合，此时桩间距 1.3m。这个结果与上面通过置换率与沉降关系曲线求得的最优组合基本一致。

对于上述同一个工程实例，若采用柔性桩复合地基进行加固处理，仍取桩径 600mm，正方形布桩，$E_p = 120$MPa，拟定桩间距分别为 0.8m、0.9m、1.1m、1.3m、1.5m、2.0m，即置换率分别为 0.441、0.348、0.233、0.167、0.125、0.071。

根据不同置换率，计算了桩长分别为 6m、9m、12m、15m、18m 时的复合地基沉降，其沉降随置换率的变化曲线如图 1.6-5 所示。

由图 1.6-5 可以看出，从总沉降来说，采用柔性桩复合地基的加固效果要比散体材料桩复合地基好。当桩长大于 6m、置换率约大于 0.31 时，就能满足沉降小于 200mm 的要求；当桩长大于 9m 时，不论置换率多少则都能满足。即使沉降要求控制在 100mm 以内，桩长取 9～12m、置换率小于 0.3，也能满足要求。

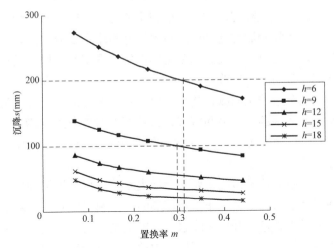

图 1.6-5　不同桩长情况下柔性桩复合地基沉降随置换率变化曲线

图 1.6-6 为柔性桩复合地基桩长随沉降变化曲线图，从图中可以看出，当置换率大于 0.348、桩长大于 6m 时均能满足沉降小于 200mm 的要求，且当桩长大于 9m 之后，置换率大于 0.071 都可以满足上述要求。

此外，由图 1.6-3～图 1.6-6 可知，随着置换率的增加，沉降减小的幅度相对较小。因此，对于特定的桩长，一味地增加置换率对沉降的减小没有很大的实际意义，而工程投资增加却十分明显，显然不是很经济，所以在工程设计中，除非是特殊要求，否则不应选用较高的置换率，这样也可以充分发挥地基土本

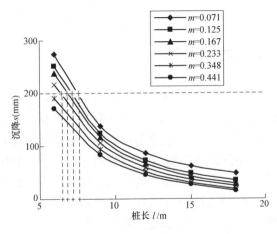

图 1.6-6　不同置换率情况下柔性桩复合地基桩长随沉降变化曲线图

身的承载力。另外，随着桩长的增加沉降曲线迅速下降，因此增加桩长对减小沉降是非常有利的。因此，在沉降不能满足设计要求时，可增加桩长，这样可迅速减小沉降。但是由于制桩机械的限制，桩长不可能无限增长，而且随着桩长的增加，制桩的难度也增大，制桩费用也不断增加，因此也不宜选取太大的桩长。

1.7　岩土工程变形控制的技术措施

岩土工程变形控制主要包括沉降（竖向变形）控制和水平向位移（水平向变形）控制两大类。对建筑工程和道路工程主要是沉降控制，而对基坑工程围护结构主要是水平向位移控制，而对基础工程环境影响而言，既要重视周围构筑物的沉降控制，也要重视周围构筑物的水平向位移控制。

岩土工程变形控制的技术措施，可分为主动控制和被动控制两大类。

对建筑工程和道路工程沉降控制的技术措施主要是对软弱地基进行地基处理。地基处理技术措施很多，用于沉降控制的地基处理技术措施粗略可以分为两大类，一类是采用土质改良技术对地基土体进行改良，提高地基土体的抗剪强度和变形模量；另一类是采用复合地基技术进行加固。常用的土质改良技术包括排水固结法、强夯法、灌浆法等。应根据场地工程地质条件采用合适的土质改良技术。由于可以通过调整复合地基置换率、增强体长度和刚度来控制复合地基的承载力和沉降，采用复合地基技术沉降控制能力强。因此，常采用复合地基技术进行地基加固，达到沉降控制的目的，特别是需要逐步调整沉降控制量时，如路桥联结段等。

对基坑工程变形控制的技术措施主要有：加大基础工程围护结构的刚度，特别是支撑体系的刚度；控制好地下水，如采用止水帷幕隔断，控制基坑开挖区降水对周围地基水位的影响。必要时，为了控制基坑开挖区降水对周围地基水位的影响，也可在保护区采取回灌措施，控制好地下水位，确保基坑外围地基中地下水位变化不大；对在基坑围护结构和需保护的周围构筑物之间的地基土体进行加固，如采用注浆加固、旋喷加固、设置隔离桩、隔离墙等措施。有必要时，也可对需保护的周围构筑物进行托换加固。

1.8 发展展望

发展岩土工程按变形控制设计理论是工程建设发展的需要，越来越多的工程要求按变形控制设计。按变形控制设计有利于控制工后沉降，有助于控制岩土工程施工对周围环境的影响。岩土工程按变形控制设计理论的发展促进了岩土工程设计水平的不断提高。发展岩土工程按变形控制设计理论对岩土工程变形计算理论和方法提出了更高的要求。

近年来，越来越多的岩土工程技术人员探索采用按变形控制设计理论进行岩土工程设计，努力发展岩土工程按变形控制设计理论和设计计算方法，并取得不少的进展。虽然发展较快，但远不能满足工程建设发展的需要。岩土工程按变形控制设计理论还处于发展之中，尚未形成系统的理论，缺乏较成熟的岩土工程按变形控制设计计算方法。

提高岩土工程变形计算能力是进一步发展岩土工程按变形控制设计理论的基础。众所周知，岩土工程变形控制要比岩土工程稳定控制困难得多，主要是岩土工程变形计算精度有待提高。岩土工程变形计算精度是制约岩土工程按变形控制理论发展的瓶颈。加强岩土工程变形计算理论和方法的研究，提高岩土工程变形计算水平，才能促进岩土工程按变形控制设计理论和设计计算能力的提高。

岩土工程西湖论坛（2018）的主题选"岩土工程变形控制设计理论与实践"的目的就是为了总结、交流我国岩土工程技术人员在岩土工程变形控制设计理论、方法与施工技术方面的进步，进一步促进岩土工程变形控制设计理论和计算方法的发展，促进岩土工程技术水平的提高。

2　地铁岩土工程变形控制理论与实践

刘树亚，陈湘生

(深圳市地铁集团有限公司，广东 深圳 518028)

2.1　地铁主要岩土工程变形问题和变形控制论

2.1.1　地铁主要岩土工程变形问题

地铁建筑结构中的车站基坑工程、隧道工程、路基工程等，均涉及岩土工程问题。由于地铁建设在繁华城区，最大的岩土工程问题就是工程施工中对本身结构和周边建构筑物的保护。近年来，随着地铁建设与城市基础设施向更深更密发展、安全标准提升以及主体权利意识和保护标准提高，地铁地下工程、岩土工程的保护标准也越来越高。

变形量是衡量被保护建构筑物安全和正常使用的最简洁、直观的技术指标。因此，变形控制成为城市隧道建设的主要问题。由于业主对正常使用、安全性、耐久性的担忧，变形控制指标往往为厘米甚至毫米级。

地铁工程的建设方法也在逐渐多样化。对地铁车站或明挖隧道基坑工程，除传统的明挖法之外，盖挖逆作法使用逐渐增增多；为有效控制基坑变形和安全的伺服千斤顶轴力内支撑使用也逐渐增多；对于区间隧道工程，盾构法所占比例逐渐增大，矿山法隧道多用于盾构不易施工或大断面、变断面区段；对于地下车站出入口，除传统明挖、矿山法外，顶管法开始使用并具有广阔前景。在这些方法中，逆作法的变形控制本身就优于明挖顺作法，伺服千斤顶内支撑的变形控制优于固定长度杆件钢筋混凝土或钢构件内支撑，盾构法变形控制一般优于矿山法隧道，顶管法隧道的变形控制一般也优于明挖法或矿山法隧道。

在地铁区间隧道中，TBM 也在山岭隧道中开始采用。但由于属于岩层隧道，变形控制问题不突出。

由于地铁线网逐步加密、地铁与周边建筑物逐渐密贴，近邻工程逐渐增多。而近邻工程控制变形是一个最主要的工程难题。

精确预测地铁岩土工程厘米或毫米级的变形存在巨大困难。精确预测的难度在于地层分布、地层物理力学参数、本构模型难以精准，在于需要保护的建构筑物的结构形式、使用状态、物理力学参数、本构模型难以精确。根据目前的数值计算水平和工程经验，变形的规律基本能够预测准确，在少数情况下变形量预测具备一定的精度；但多数情况下变形预测不准确。理论预测与工程需要出现矛盾，需要通过一定方法在工程实施过程中实现变形控制。地下工程的变形控制符合控制论原则。

因此，本章主要总结和探讨地铁岩土工程变形控制设计和施工方法，针对明挖法车站工程、逆作法车站工程、盾构法隧道工程、矿山法隧道工程、顶管法隧道工程、近接施工的变形控制分别叙述其变形控制要点、特点和工程应用。

2.1.2 控制论及其方法论意义

1. 控制论

诺伯特·维纳于1948年发表了《控制论——关于在动物和机器中控制和通讯的科学》著作，为控制论这门在当时新兴的学科奠定基础。控制论是研究动物（包括人类）和机器内部的控制与通信的一般规律的学科，着重于研究过程中的数学关系。维纳把控制论看作是一门研究机器、生命社会中控制和通讯的一般规律的科学，是研究动态系统在变的环境条件下如何保持平衡状态或稳定状态的科学。他特意创造"Cybernetics"这个英语新词来命名这门科学。"控制论"一词最初来源希腊文"mberuhhtz"，原意为"操舵术"，就是掌舵的方法和技术的意思。在柏拉图（古希腊哲学家）的著作中，经常用它来表示管理的艺术。控制论诞生后，其思想和方法渗透到了几乎所有的自然科学和社会科学领域。

最通俗的例子，是狮子猎捕羚羊。

狮子静悄悄地接近羚羊，然后在羚羊发现自己后或认为已经接近到足够近的时候开始快速向目标跑动。羚羊在前面跑，狮子在后面追。狮子是主动方，但无法预测羚羊的奔跑路线，靠的是眼睛感知、大脑分析和四肢调整。眼睛吸收羚羊的跑动方向和相互距离信息，大脑根据信息发动四肢按照快速缩短与目标距离的方向和速度跑动。

狮子捉羚羊的过程，有锁定的目标、有信息反馈、有调节接近目标的动力装置，就是一个控制过程。同样，自动寻的的导弹追打飞机的过程，有锁定的目标、有信息反馈、有调节接近目标的动力装置，也是一个控制过程。控制论研究的，也就是这种事件的普遍性规律。

控制系统应具备以下四个特征：

第一个特征，要有一个预定的稳定状态或平衡状态。

第二个特征，从外部环境到系统内部有一种信息的传递。

第三个特征，系统具有一种专门设计用来校正行动的装置。

第四个特征，系统为了在不断变化的环境中维持自身的稳定，内部都具有自动调节的机制。换言之，控制系统都是一种动态系统。

在控制论中，控制的基础是信息，一切信息传递都是为了控制，进而任何控制又都有赖于信息反馈来实现。信息反馈是控制论的一个极其重要的概念。通俗地说，信息反馈就是指由控制系统把信息输送出去，又把其作用结果返送回来，并对信息的再输出发生影响，起到制约的作用，以达到预定的目的。反馈（feedback）又称回馈，是控制论的基本概念，指将系统的输出返回到输入端并以某种方式改变输入，进而影响系统功能的过程，即将输出量通过恰当的检测装置返回到输入端并与输入量进行比较的过程。反馈可分为负反馈和正反馈。前者使输出起到与输入相反的作用，使系统输出与系统目标的误差减小，系统趋于稳定；后者使输出起到与输入相似的作用，使系统偏差不断增大，使系统振荡，可以放大控制作用。对负反馈的研究是控制论的核心问题。

2. 控制论的方法论意义

控制是指控制主体按照给定的条件和目标，对控制客体施加影响的过程和行为。控制一词，最初运用于技术工程系统。控制的特点，就是信息变换和反馈调节。实际上，信息和反馈不仅技术系统有，而且生物界、社会直至思维都有。因而，从原则上说，控制论可以应用于所有这四个领域（技术系统、生物界、社会和思维），并且相应地形成了工程控制论、生物控制论、社会控制论和智能控制论，出现了现代科学的控制论化。

自从维纳的控制论问世以来，控制的概念更加广泛，它已用于生命机体、人类社会和管理系统之中。从一定意义上说，管理的过程就是控制的过程。因此，控制既是管理的一项重要职能，又贯穿于管理的全过程。

一般说来，管理中的控制职能，是指管理主体为了达到一定的组织目标，运用一定的控制机制和控制手段，对管理客体施加影响的过程。在管理中构成控制活动必须有三个条件：

1. 要有明确的目的或目标，没有目的或目标就无所谓控制；

2. 受控客体必须具有多种发展可能性，如果事物发展的未来方向和结果是惟一的、确定的，就谈不上控制；

3. 控制主体可以在被控客体的多种发展可能性中通过一定的手段进行选择，如果这种选择不成立，控制也就无法实现。

地铁岩土工程的变形控制符合上述三特点。

因此，本章结合工程实际，采用控制论原理，论述地铁岩土工程的变形控制原理、方法、实践、存在的问题和发展方向。

2.1.3　结构变形是目前岩土工程直接易测的数字指标

人类生活在地球表面，赖以生活的基础设施都根植于地层或位于地层之中。这些设施的正常与否对人类的生活和社会经济产生不同程度的影响，必须确保其正常工作。中国正在进行快速城市化，地下空间被越来越多地利用；新的地下结构施工造成旧的基础设施破坏的例子不胜枚举，保证其正常工作是工程师的责任和挑战。工程师应具备用最少的技术投入建成新工程，并保证其周边的基础设施能够继续正常工作。

从易识别、易控制、简洁有效的角度，变形是衡量地下基础设施正常工作的最有效的控制目标参数。变形可以与结构受力建立对应关系，可以反映结构的正常使用极限状态和承载力极限状态。变形也是目前监测手段中最容易取得测值的测试项目，位移、沉降、收敛、测斜等，均为变形指标。因此，变形控制，自然成为地下工程施工控制的关键指标。

2.1.4　地铁岩土工程变形特点

与建造于空气中的地上工程不同，地下结构建造于岩土层中，是用结构逐步地替换岩土地层的所占空间并永久地位于岩土地层中。结构替换地层中对地层的扰动不可避免。因此，结构本身、建造过程、岩土地层特性是周边地层、基础设施变形的关键肇因，也因而是关键控制对象。

1. 复杂的变形预测系统

地下工程施工必须控制其引发的基础设施变形量在一定范围内，这个一定范围指的是，不影响基础设施正常使用，并留足安全储备。

但地下工程围岩变形分析极其复杂，原因主要在于岩土体的物理力学性质极其复杂。

"完全不依靠代价昂贵的现场试验，要描述岩的性质是不可能的"。但绝大多数地下工程与隧道工程不具备水电大型地下洞室那样的进行岩体力学参数原位测试的条件。数值分析模型越接近岩土体实际，所需力学参数越多，实际取得这些参数的可能性将越小。在这种情况下，数值分析所得结果往往与实际情况相差较远，不具备直接用于一般隧道工程设计和普及的条件。

对于地下工程围岩变形分析这样一个复杂系统，能否提出可供定性与半定量使用的分析结果，是评定地下结构与围岩变形分析有效性的首要问题。控制论学者在研究人脑这样的复杂系统时，发现复杂性与精确性往往是不相容的，即当一个系统的复杂性增大时，我们使它精确化的能力将减小，在达到一定的临界值之上时，复杂性和精确性将相互排斥。这就是复杂系统与精确描述不相容的原理。创立模糊数学的控制论专家查德进一步明确指出："控制论应该减少数学的严格性和精确性的要求，而多关心现实世界迫切问题中的定性和近似解的发展"。根据上述原理，隧道围岩稳定分析的第一条原则是：对隧道围岩稳定分析的合理要求，不是用精确的定量分析结果取代经验判断，而是提供一定性与半定量分析的简便、实用的工具。

2. 白箱、灰箱与黑箱的转变

地下结构一般由钢筋混凝土构件、钢构件组成，其在外荷载作用下变形预测基本准确。

人类对岩土力学的研究成果和现场测试手段，使得岩土体的变形分析具有灰箱性质，原理基本清楚、预测不准，但可以过程控制。

这个灰箱中内部结构变量众多，关系非常复杂，我们目前拥有的手段只能打开其中一部分，还不足以将其全部打开。

被保护物体的工作状况和其与地层之间的相互作用关系，也是一个巨大的灰箱。

地质钻孔之间的地层存在一定的确定性和不确定性，属于灰箱。每一层岩土体的应力应变关系存在一定的确定性和不确定性，属于灰箱。每一层岩土体的物理参数存在很大的随机性质。

在周边环境简单、允许变形量可以很大的野外建造地下工程，地下工程及围岩变形分析甚至到了从灰箱向白箱过渡阶段。

但地铁岩土工程都建设在周边环境复杂的城区，对于综合管廊、地铁运营隧道、燃气管道和重要房屋等以毫米级单位进行变形控制。由于控制变形量的逐渐趋于严格，原来的白箱变成了灰箱，原来的灰箱变成了黑箱。

2.1.5　工程变形控制论

1. 地铁岩土工程具备控制活动三条件

尽管地下工程目前还不具备上述控制系统的四项特征，但具备控制活动的三个必要条件，即：

（1）有明确的目的或目标；

（2）受控客体具有多种发展可能性；

（3）控制主体可以在被控客体的多种发展可能性中通过一定的手段进行选择。

因此，地下工程变形控制是传统工业系统的自动控制理论和管理控制理论的结合，控制是技术控制和管理控制之和。

2. 与控制论模型的不同

地下工程的变形控制与狮子捕羊和导弹打飞机有着很大的不同。狮子和导弹是独立完整的系统，能够随时、自主地接受信息、处理信息、调整状态。而地下工程是一个逐步形成的系统结构，这个逐步形成的系统结构，在目前还无法随时、自动地接受信息、处理信息、调整状态。

图 2.1-1 为动物猎捕的控制模型。与导弹追打目标一样。

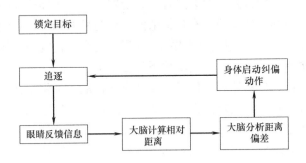

图 2.1-1　动物猎捕控制过程

对比地下工程变形控制和动物猎捕、导弹寻的的控制过程，可以看出：

（1）"不断建造的地下工程"相当于"追逐"；

（2）传感器、测量器具相当于眼睛，并依靠通信手段反馈信息；

（3）依靠人或电脑计算偏差；

（4）依靠人分析偏差原因；

（5）依靠人启动纠偏行动。

传统控制论中控制主体能独立完成信息收集、反馈、分析、纠偏动作。

地下工程变形控制在信息收集、反馈、分析、纠偏动作过程中，目前还必须有人参与。

图 2.1-2 为有人参与的地下工程变形控制系统内容与流程。

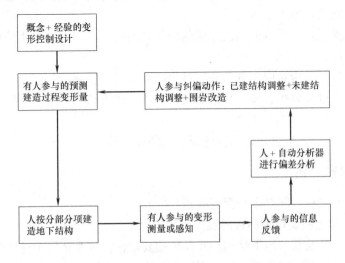

图 2.1-2　有人参与的地下工程变形控制系统内容与流程

3. 显示出的地下变形控制发展方向

对比先进的机电控制系统，显示出地下工程变形控制的发展方向。

（1）给出变形控制指标的自我设计和变形自动预测；

（2）变形自动感知、自动反馈；

（3）自动分析偏差、原因并决策纠偏动作；

（4）具有自动纠偏行动功能的地下结构、围岩改造。

理想的地下结构，具有信息感知和处理能力，具有自身调控能力。以基坑支护结构为例，智能的基坑围护结构应该是在组装过程中，能够在第一步和后面的每一步接收到被保护体的变形量，控制电脑比较实测值和目标值的差异与发展趋势，预测下一步开挖和施工土建结构产生的可能变形，改变围护结构抵抗变形刚度和结构规模、构件位置，改变土体抵抗变形刚度；依次步步循环，直到基坑地下工程结束。

目前机电、控制器、传感器和通信行业发展迅速，地下工程正在向着地下结构前所未有技术能力发展，设备技术的确定性正在消减岩土地层的不确定性对变形控制的影响。目前，全自动感知变形已经成为可能，自动反馈已经实现，自动分析偏差的可能性也越来越强，内支撑轴力伺服系统展示出基坑支护结构自我调节的可能性。交叉学科和交叉专业技术的发展显示出地下工程的未来一片光明。

2.2 地铁岩土工程变形控制理论

2.2.1 地铁岩土工程变形控制内容与流程

地铁岩土工程变形控制符合控制论基本原则，可以用其原理和方法论将技术和管理控制相结合进行控制。

地铁岩土工程变形控制理论内容和流程就是：

（1）预测：概念设计和经验设计相结合的变形预测；

（2）预测：在变形总量控制下的与地铁岩土工程建造过程相关的变形分布曲线；

（3）分部分项建造地下工程；

（4）变形感受器：感受或监测已建成的分部分项结构、围岩和客体的变形量；

（5）信息反馈；

（6）偏差分析：分析对应于分部分项过程的变形量与预测量差值；

（7）纠偏：通过反分析、概念与经验设计调整已建成结构、未建结构和围岩改造；

（8）重复第（2）步；

循环（2）～（8），直至地下结构建成。见图 2.2-1。

2.2.2 控制内容简析

按照地铁岩土工程控制 7 个步骤所简析其内容。

1. 概念设计和经验设计相结合的变形预测

由于岩土体本身及其与地下结构相互作用的复杂性，以及被保护客体的变形控制的严格性，预测不准是常态。预测不准，说明影响变形的关键因素还不明确。因此，变形控制

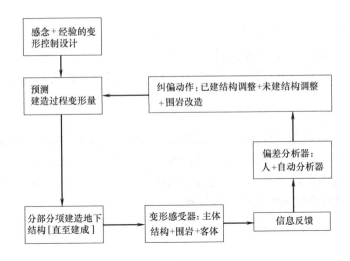

图 2.2-1　地铁岩土工程变形控制内容与流程

设计还处于概念设计和经验设计状态。

图 2.2-2 为某基坑工程（红树湾南西侧盾构井）。为防止基坑建设和使用期间渗漏水造成附近隧道沉降，采用地下连续墙围护结构。但地下连续墙施工造成侧边隧道水平位移 19mm。

图 2.2-3 为某基坑工程（恒大）。为防止基坑建设和使用期间渗漏水造成附近隧道沉降，采用地下连续墙围护结构。但为避免地下连续墙施工造成侧边隧道水平位移，采用全套管旋挖成孔咬合桩护臂。

地下连续墙和咬合桩施工对运营隧道的影响目前预测不准确，但根据地下连续墙成槽和桩成孔分析可知，地下连续墙成槽幅宽一般 4～6m，泥浆护壁，持续时间长；桩成孔也需要泥浆护壁，但旋挖施工快捷。墙桩比较，区别详见表 2.2-1。

墙桩比较　　　　　　　　　　　　　　　　　　　　　　　　　　表 2.2-1

围护体 \ 比较项	槽孔尺寸	护壁方法	钢筋笼及浇筑混凝土	工期	扰动效果分析
地下连续墙	1.2m×4m	泥浆护壁	扰动大	长	大
咬合桩	直径1.2m	泥浆护壁	扰动小	短	小
全套管咬合桩	直径1.2m	钢套管	无扰动	中	最小

为选择对周边隧道施工扰动影响最小的基坑围护结构，表 2.2-1 中包含着概念分析和经验做法。这些做法在深圳的实际应用中还未有选项明确的规定，还处于定性分析与选择阶段。

在概念设计和经验设计中，还要确立以下原则：

（1）确立控制对象

控制对象在技术上包含地下结构、围岩，在管理上包含与信息采集、反馈、偏差分析、纠偏活动有关的人、设备、材料和方法。

（2）选择控制重点

不能全面控制，就必须选择重点。控制机构必须选择需要特别关注的物理环节或时间环节，以确保整个控制工作按计划执行。

控制原理中最为重要的原理——关键点控制原理，就是强调关注关键因素，并以此对实际变量进行控制。

（3）制定标准的方法

1）最理想的是以被保护客体允许变形量这一可考核的目标直接作为标准；

2）将客体允许变形量这一计划目标分解为一系列空间和时间控制标准；

3）根据力学分析，计算围岩、拟建地下结构体变形或其他物理力学标准。

2. 预测建造过程中被保护客体的变形量

被保护客体变形控制总量已定，根据概念设计和经验设计可以确定地下结构设计。需要进行下面工作：

（1）选择变形预测分析方法；

（2）按照被保护客体变形控制总量要求调整结构设计、辅助工法和围岩改造并确定设计方案；

（3）预测被保护客体各空间关键点和时间关键点的变形曲线特征值。以便于与实际变形量做偏差分析。

不论预测基于经验、案例或数值计算分析，预测仍然特别重要，因为涉及总体可控性判定、首期施工结构规模、预算和进度计划的准确性。

3. 分部分项建造地下结构

分部分项建造地下工程，是一步步用结构取代岩土的过程，也是收集建造过程对环境影响并据此分析偏差原因的过程。

4. 变形感受器

在被保护客体上安装变形感受器。

感受的变形项目应能直接或间接反映被保护客体变形状态，感受器的密度取决于感受器能力；在能力不足情况下就需要依据经验判定。

以已近接隧道施工为例，隧道变形一般需要控制纵向变形曲率和横断面变形。但由于对隧道服役性能和耐受变形量无法完全掌握，所以目前还不能提出更详细的变形控制指标。

监测方法发展迅捷，但也各有局限性。分布式光纤可以在时间和布线纵向连续测量变形量，但受量程限制；静力水准仪可以在时间上实现连续测量，但只能测量点沉降；自动测量全站仪可以测量大量点的三维变形，测量结果数据丰富；三维激光扫描能够测量出含有三维坐标的巨大点云数据，但无法自动化监测且造价昂贵。

有时，需要研究客体的变形生成机理并藉此给予控制，这就需要测量围岩和新建地下结构的变形量，并根据预测值给予控制。

5. 信息反馈

应建立稳定可靠的信息反馈网络，使反映实际工作情况的信息既能迅速收集，又能适时传递给控制者。其目的是能迅速下达纠偏指令，使其能与预定标准相比较，及时发现问题并迅速地进行处置。

有两类反馈控制的形式。一类是可自我纠正的，即不需从外界采取纠偏措施进行干预就能自我调节；另一类是不能自我纠正的，即指在纠正措施发生之前需要外界干预。

随着新型测量设备和电子信息产业发展，自动测量自动计算分析测量数据、传输结果的设备越来越多，监测信息反馈也已经不局限于日报、周报和月报。光纤测量、静力水准测量和全站仪等均可将测量数据实时传出，可反馈到地下结构自动处理装置，可经过专业人员处理后即刻反馈到关注者。每个监测项目设立一个微信或其他通信群，反馈的信息可以即刻到达群内人员。

对于信息，有下面 4 点要求：

（1）准确性要求；

（2）及时性要求，有两层含义：一是对那些时过境迁就不能追忆和不能再现的重要信息要及时记录；二是信息的加工、检索和传递要快。

（3）可靠性要求，可靠性除了与信息的精确程度有关外，还与信息的完整性相关。要提高信息的可靠性，最简单的办法是尽可能多地收集有关信息。

（4）适用性要求；有两个基本要求：一是控制工作需要的是适用的信息；二是信息必须经过有效的加工、整理和分析，以保证能够提供精炼而又满足控制要求的全部信息。

6. 偏差分析器

地铁岩土工程实际发生的每一施工步监测值与预测值的偏差分析，目前靠技术人员，仍旧是在理论分析、经验类比、数值计算反分析基础上的非确定性分析。

通过将阶段性实际效果与阶段性控制标准进行比较，可确定这两者之间有无差异。若无差异，按原计划继续进行。若有差异，首先要了解偏差是否在标准允许的范围之内，在分析偏差原因的基础上进行改进；若差异在允许范围之外，则应深入分析产生偏差的原因。

7. 纠偏

地铁岩土工程实际发生的每一施工步监测值与预测值的偏差纠正动作，也仍旧是在理论分析、经验类比、数值计算反分析基础上的非确定性决策。这种决策可在三方面采取措施，分别是：

（1）调整已施工的地铁地下结构；

（2）调整未施工的地铁地下结构设计方案；

（3）调整地下结构围岩或其与被保护客体之间的地层。

从方法论意义讲，采取具体的纠偏措施有两种：一是立即执行的临时性应急措施；另一种是永久性的根治措施。

2.2.3 关键性控制原则

1. 反映计划要求原则

控制是实现计划的保证，控制的目的是为了实现计划，计划越是明确、全面、完整，所设计的控制系统越是能反映这样的计划，则控制工作也就越有效。确定什么标准，控制哪些关键点和重要参数，收集什么信息，采用何种方法评定成效以及由谁来控制和采取纠正措施等，都必须按不同计划的特殊要求和具体情况来设计。

2. 控制关键点原则

为有效控制变形，就需要特别关注在变形生成和发展过程中具有关键意义的结构形状尺寸、物理力学指标和时间等因素。控制者随时关注计划执行的每一个细节通常是浪费时间、精力和资源，没有必要也是不可能。控制者应当将注意力集中于计划执行中的一些主要影响因素上。事实上，控制住了关键点，也就控制住了全局。有效的控制方法是指那些能够以最低的费用或其他代价来探查和阐明实际偏离或可能偏离计划的偏差及其原因的措施。

3. 控制趋势原则

在变形量的过程控制中，对控制全局的管理者来说，重要的是现状所预示的趋势，而不是现状本身。控制变化的趋势比仅仅是改变现状要重要得多，也困难得多。一般来说，趋势是多种复杂因素综合作用的结果，是在一段较长的时期内逐渐形成的，并对控制工作成效起着长期的制约作用。趋势往往容易被现象所掩盖，控制趋势的关键在于从现状中揭示倾向，特别是在趋势刚显露苗头时就觉察，并给予有效的控制。

4. 例外性原则

在控制过程中，控制者应该注意一些重要的例外偏差，把主要注意力集中在那些超出一般情况的特别好或特别坏的情况。例外原则必须与控制关键点原则相结合，要多注意关键点的例外情况。

2.3　明挖法车站或区间基坑工程变形控制方法

需要控制的主要变形是基坑本身变形和基坑周边建（构）筑物变形。但在目前变形控制的基坑工程设计中，由于周边建（构）筑物变形要求严格，基坑本身变形是控制周边建（构）筑物变形的过程和手段，不是直接控制目标。基坑变形特征如下：

1. 土体变形

基坑开挖时，由于坑内开挖卸荷造成围护结构在内外压力差作用下产生水平向位移，进而引起围护外侧土体的变形，造成基坑外土体或建（构）筑物沉降；同时，开挖卸荷也会引起坑底土体隆起。可以认为，基坑周围地层移动主要是由围护结构的水平位移和坑底土体隆起造成的。

2. 围护墙体水平变形

当基坑开挖较浅，还未设支撑时，不论对刚性墙体（如水泥土搅拌桩墙、旋喷桩墙等）还是柔性墙体（如钢板桩、地下连续墙等），均表现为墙顶位移最大，向基坑方向水平位移，呈三角形分布。随着基坑开挖深度的增加，刚性墙体继续表现为向基坑内的三角形水平位移或平行刚体位移；而一般柔性墙如果设支撑，则表现为墙顶位移不变，墙体腹部向基坑内凸出。

3. 围护墙体竖向变位

在实际工程中，墙体竖向变位量测往往被忽视。事实上，由于基坑开挖土体自重应力的释放，致使墙体产生竖向上移或沉降变位。墙体的竖向变位给基坑的稳定、地表沉降以及墙体自身的稳定性均带来极大的危害。特别是对于饱和的极为软弱地层中的基坑工程，当围护墙底下因清孔不净有沉渣时，围护墙在开挖中会下沉，地面也随之下沉；另外，当围护结构下方有顶管和盾构穿越时，也会引起围护结构突然沉降。

4. 基坑底部的隆起

随着基坑的开挖卸载，基坑底出现隆起是必然的，过大的坑底隆起往往是基坑险情的征兆。过大的坑底隆起可能是两种原因造成的：（1）基坑底不透水土层由于其自重不能够承受下方承压水水头压力而产生突然性隆起；（2）基坑由于围护结构插入坑底土层深度不足而产生坑内土体隆起破坏。基坑底土体的过大隆起，可能会造成基坑围护结构失稳。另外，由于坑底隆起会造成立柱隆起，进一步造成支撑向上弯曲，可能引起支撑体系失稳。因此，基坑底土体的过大隆起是施工时应尽量避免的。但由于基坑一直处于开挖过程，直接监测坑底土体隆起较为困难，一般通过监测立柱变形来反映基坑底土体隆起情况。

5. 地表沉降

围护结构的水平变形及坑底土体隆起会造成地表沉降，引起基坑周边建（构）筑物变形。根据工程实践经验，基坑围护呈悬臂状态时，较大的地表沉降出现在墙体旁；施加支撑后，地表沉降的最大值会渐渐远离围护结构，位于至围护墙一定距离的位置上。

2.3.1　设计理论

1. 深基坑工程变形机理

深基坑工程具有临时性、预测模糊性、变形随机性的特点，支护结构的作用主要是提供足够的强度、刚度和稳定性来承受基坑内外的土体、地下水、地面荷载的作用，控制基坑的变形和沉降在合理范围内。基坑施工是土体扰动并和支护结构相互作用，从而使应力重新分布的过程，也是人为地将原状土体划分为基坑外部、支护结构和基坑内部三部分，这无可避免地会引起周围地表沉降变形、支护结构变形和坑底隆起三种基坑变形形式，并且这三种变形也具有相互影响的错综关系。

（1）支护结构变形

支护结构变形是墙内土体与墙外土体共同作用的结果，一般可分为水平位移与变形、竖向位移与变形两种。参见图 2.3-1。

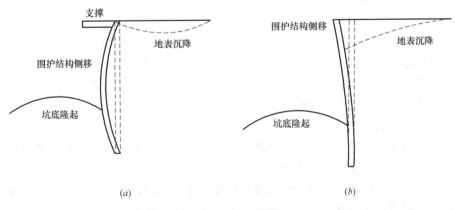

(a)　　　　　　　　　　　　　(b)

图 2.3-1　基坑变形示意图

（a）桩撑支护结构；（b）桩锚支护结构

支护结构变形机理是：土方开挖导致天然原状土卸荷，应力释放并重新调整，基坑内外土体初始应力场发生变化。由于基坑内土压力被人为移除，基坑外侧主动土压力对支护结构产生作用，导致支护结构受力不平衡产生位移，支护结构的位移带动土体产生位移。在基坑开挖面以上为被动区土体，其水平应力减小，剪应力增大，出现塑性区，导致基坑周边土体沉降；而在开挖面以下土体，水平应力和剪应力都增大，表现为水平向压缩和坑底隆起现象。

(2) 周边地表沉降

基坑周边土体沉降有两种形式：凹槽沉降和三角形沉降。凹槽沉降一般发生在土层刚度较大或者围护桩嵌固深度较深的工程中，在至基坑一定距离处达到最大值，向远方延伸时逐渐减小；三角形沉降发生在软土层或者悬臂式围护结构中，基坑周边土体呈现三角形沉降，在围护桩附近为最大值，向远方延伸时逐渐减小。周边地表沉降具有一定的影响范围，与基坑开挖深度成正比例关系，一般为开挖设计深度的1～4倍。实际工程中，应合理布设监测点，设定预警值，控制地表沉降在接受范围内。

(3) 坑底土体隆起

深基坑开挖中往往伴随着坑底土体隆起现象，其诱发原因复杂，直接影响到基坑的稳定性。坑底隆起量的大小往往是工程事故的先兆。基坑土体隆起对基坑的危害主要有：周边土体沉降量增大使建筑物出现裂缝；围护桩上浮，支护结构局部内力变化大；地下结构施工难度加大；随着时间流逝，土体隆起逐渐恢复，增加建筑物成品的不均匀沉降。因此，在实际工程中，应加强坑底土体监测，合理设定预警值，控制坑底隆起量在允许值内。

2. 深基坑工程支护理论

(1) 极限平衡法

极限平衡法是最早发展应用的基坑支护结构计算理论，该方法以计算简便、受力明确、手算快速等优点在早期的基坑支护结构计算中应用广泛。极限平衡法是将围护结构与土体相互作用的超静定问题通过一定的力学假设模型转化为静定问题，从而求解支护问题。

(2) 弹性支点法

局部弹性地基模型，也称为 Winkler 地基模型，最早由捷克工程师 E. Winkler 于 1876 年提出，假设地基上任一点沉降 y 与该点单位面积上的压力成正比：

$$y = P/k$$

k 定义为地基系数（kPa/m），物理意义是：使地基产生单位沉陷所需的压强。

现代弹性地基梁模型三个假设为：①平截面假设；②假设梁上各点与土体各点紧密相贴，梁的位移与土层的变形保持一致，即土层与梁协同变形；③不考虑梁的轴力。在三个假设的基础上，建立围护桩与土层的几何、物理和力学平衡方程，通过微分方程来求解。

(3) 数值模拟法

无论是经典土力学计算模型还是弹性地基梁法，都是将深基坑开挖与支护的三维空间内的土体受力与变形简化为一维平面问题，计算误差较大。从20世纪70年代以来，首先发展了二维有限单元法，将基坑四周和基底简化为平面结构，分析土体与围护结构相互作用与基坑变形稳定，国内外诸多学者研究发展了该方法，并取得一系列的研究成果。但是二维有限单元法完全没有考虑深基坑显著的"时空效应"特点，致使计算结果误差大，造成施工事故或者材料的浪费。地铁深基坑工程具有狭长形的特点，三维空间效应显著，三维有限单元法应运而生，发展迅速，利用 FLAC3D、ABAQUS 和 ANSYS 等数值模拟软件可以模拟实际地层、施工工况、支护结构，从而预测基坑的变形与受力，是一种理论技术较为成熟的分析方法。

3. 明挖深基坑支护方法

支护方案是在综合考虑地层特性、勘察资料、周边建（构）筑物的影响、支护结构自身形式、施工便利、成本风险等因素的基础上，通过力学计算和风险分析选定的施工方案，以达到安全可靠、经济合理、技术可行、施工便利、按期完工等施工目标。参见表2.3-1。

常规支护方案　　　　　　　　　　　　　　　　表 2.3-1

支护形式	优点	缺点	适用范围
放坡开挖	工期短，费用低	回填土方量大	场地开阔，基坑开挖深度 $h \leqslant 6m$
钢板桩支护	施工方便，应用广，造价低，H 型钢可回收利用	挠度变形大，有噪声污染，易造成土层塌陷等问题	基坑深度 $h \geqslant 7m$，对周围环境保护要求不高的工程
深层搅拌桩支护	防渗效果好，施工简便，效益好	强度低，刚度小，不适用一级工程	适用于二、三级基坑工程，深度 $h \leqslant 7m$
地下连续墙	振动小，噪声低，充分利用空间，刚度大，可作为永久结构的桩基础	造价高，若应用于小工程，经济效益低，给交通运输造成压力	适用于场地有限，对环境要求高的城市深基坑工程
SMW 工法	挡水防渗性能好，不必另设挡水帷幕，污染小，结构强度大，工期短	变形量较大，型钢回收困难，施工时用电量大	适合于软土地层、构筑物密集的市区和构筑物结构类型较差的地区
桩锚支护	基坑变形小，成本低，支护效果好，安全性高，综合效果好	施工工序复杂，各工序施工协调性要求高；施工时对监测要求高	适用基坑深度为 $h \geqslant 10m$ 的工程，要求周边场地空阔，地下无大型建筑物基坑
桩撑支护	变形小，成本低，支护效果好，安全性高，综合效果好	施工精度要求高，支撑体系整体稳定性要求高	适用基坑深度为 $h \geqslant 10m$ 的工程

2.3.2　变形控制主要方法

1. 变形控制设计方法

（1）正分析设计方法

正分析设计方法是通过设计、变形分析、再设计、再变形分析的不断反复进程，使设计的支护结构在开挖过程中引起的周围地层位移在允许的范围内的一种方法。

（2）反分析设计方法

反分析设计方法是根据环境变形控制值直接反算结构内力，进行支护结构设计的一种方法。一方面根据环境变形允许值直接反算结构内力，然后进行围护结构设计，其优点是设计工作量小，直观；缺点是计算程序编制复杂，离实际应用有不小的差距；另一方面是引入位移反演理论，根据基坑工程位移、应力增量等现场监测结果，反演土层压力、水平抗力系数等设计参数，再以此进行正分析设计。

（3）优化设计方法

深基坑变形控制优化设计法是在基坑支护位移满足环境要求的前提下，尽可能优化方案，以达到经济合理、技术可行、安全可靠的设计目标。通常设计者需要对支护方案和细部结构进行多次调整、反复验算，才能使得各计算步骤均满足设计要求。但这样得到的设计往往只是一个可行解，而不一定是最优解。对于每一种支护方案，其细部设计参数有很多，它们都直接或间接地影响到工程投资。因此，如何寻找一组最佳设计参数，以达到既经济又安全，是一个复杂的优化设计问题。

1）遗传算法

遗传算法 GA（Genetic Algorithm）是一种模拟生命进化机制的全局搜索优化算法，它基于达尔文生物进化论的适者生存原理，是由美国 JohnH. Holland 教授通过对生物进化过程进行模拟、抽象，建立并发展起来的一种全局搜索优化算法。它基于生物进化论中适者生存优胜劣汰的原则，对包含可行解的群体反复使用遗传学的基本操作，不断生成新的群体，使种群不断进化，同时以全局并行搜索技术来搜索优化群体中的最优个体，以求得满足要求的最优解。由于 GA 实现全局并行搜索，搜索空间大，并且在搜索过程中不断向可能包含最优解的方向调整搜索空间，因此易于寻找到全局最优解或准最优解。

遗传算法虽然具有许多卓越的性能，但也存在着计算量大、计算时间长、收敛速度慢的缺点，有待进一步改进。

2）协同演化算法

协同演化算法以 SGA（简单遗传算法）为基础，对于问题空间不断变化的设计问题，它提供了模拟问题空间不断变化的演化机制，比较适用于深基坑支护这一系统工程的优化。在桩锚支护优化设计中，方案设计和细部结构设计这两个空间既相互独立又相互联系、相互影响。桩锚支护优化设计就是对方案空间和细部结构空间进行交替搜索的过程，对方案空间的搜索，使支护方案发生改变，为细部结构空间的搜索提供新的焦点，由此开辟一个新的细部结构空间；对细部结构空间的搜索，将获得满足支护方案要求的细部结构解；细部结构解的产生又影响着对方案空间的搜索，使原支护方案发生新的改变，在新的支护方案下，进一步寻求新的细部结构解，如此不断地搜索下去，直至找到符合设计要求的支护方案和细部结构。上述基于搜索的设计思想，可用协同演化模型来模拟。

采用协同演化算法，需根据深基坑支护自身的特点，设计合理的协同演化模型，构造合适的适应函数以及适应值度量方法，正确划分方案与细部两个层次。

2. 变形控制措施

深基坑变形控制措施主要是通过设计、施工等方面来寻求一些解决的办法，由于深基坑施工影响变形的主要有坑底隆起变形、围护结构变形、周围土体变形等，为了防止深基坑施工引起基坑和周围土体发生较大的变形和沉降，需要根据深基坑工程的现场工程地质、水文条件、深基坑的支护及施工等条件对深基坑的变形采取一些控制措施。一般来说，深基坑工程采用控制变形的常用措施主要有：

（1）对支护结构的形式和尺寸进行一定安全性系数设计，在设计过程中可以适当增大安全系数，以有效减小侧向变形；例如增大支护结构的刚度（可以通过适当增加地连墙厚度、提高混凝土强度等级、减小支撑水平和竖向间距）；

（2）设定围护结构的最小入土深度，并保证合适的入土深度；一般来说连续墙的合适入土深度为基坑开挖深度的 $(0.9\sim1.0)H$；

（3）开挖深基坑工程，要尽量提高第一道支撑的刚度，以防因深基坑施工造成坑顶变形过大；

（4）把握好深基坑开挖后暴露的无支撑状态的时间，注意位移的时间效应，尽量做到"即挖即撑、随挖随撑"，避免由于施工不当或工期、工序安排不合理造成深基坑变形过大；

（5）使用锚杆作为基坑内的多道支撑，由于深基坑从上往下受到的土压力依次增大，宜采用从上到下依次加密支撑的数量，以此来控制围护结构的变形和位移；

（6）施做支护结构时，给墙体施做适当的预应力，能够对围护结构的水平位移产生较大影响；

（7）在深基坑开挖前，对预测可能变形较大的基坑内区域进行土体加固，能够在一定程度上限制坑底隆起、周围地表沉降和结构的侧移；

（8）对深基坑工程运用信息化监测施工的办法，依据实时动态施工监测信息和监测结果，及时调整施工工序或施工组织，减少对基坑变形的潜在影响。

（9）根据土的压缩性、设置必要的截水、回灌措施。

2.3.3 监测与工程效果信息反馈方案

按照《城市轨道交通工程监测技术规范》GB 50911 和《建筑基坑工程监测技术规范》GB 50497 中对监测项目、布置方式、监测频率的要求进行监测。

基坑支护结构本身的变形控制值可采用规范中建议值，周边环境的变形控制值应取得业主单位的意见，或对其进行工作性状或安全性评估后再取值。

监测设备技术发展迅速。除了传统手段外，三维激光测量技术、近景摄影测量技术、光纤技术、卫星测量技术等使用案例不断增多，制造出自动化、全息、实时监测的可能性。

监测信息的传输、处理和应用技术发展更快，越来越多的城市建立起企业级、城市级的监测信息平台，基于移动终端的信息发布基本全部实现。

基于技术责任和管理责任，应建立监测信息反馈流程和接收单位及个人。

"全面、准确、及时"是监测工作的关键。

所谓"全面"，指不同测项的监测结果应系统报告，并与巡视结果结合，以便分析。

所谓"准确"，指监测方法、数据处理、数据传递真实地满足工程需要的精度。对于异常值，应谨慎处置。

近几年，随着地下工程向深密方向发展，围护结构或立柱桩施工即可能引起周边环境较大变形。在此种情况下，监测应在围护体或桩施工时就进行。

对于特别重要的工作，重要测项应有备用方法或能够相互参照的冗余措施，增大监测工作的可靠性。

2.4 逆作法车站或区间工程变形控制方法

2.4.1 设计理论

1. 与明挖顺作法基本原理区别

逆作法地下车站或区间工程与明挖顺作法的区别，仅在于前者采用永久结构板取代后者的内支撑。

永久结构板的刚度一般强于内支撑，使得逆作法基坑地下结构支护体系变形变小。但基坑支护结构本身的变形只是基坑工程近场变形，基坑开挖引起的地下水位下降和渗流引起土体变形是远场变形。因此，即使是逆作法也应与顺作法一样，考虑水力变化引起的地层和建构筑物沉降。

2. 与明挖顺作法的工艺区别

（1）对场地的要求不同

逆作法：适用于施工场地狭小，无足够地面空间条件时采用。

顺作法：有足够施工场地的情况下采用。

（2）对周围环境的影响不同

逆作法：对周边环境影响小。

顺作法：对周围环境产生一定影响。

（3）支护及支撑措施

逆作法：由于采用了地下楼板作为支撑措施，因此减少了大量的内支撑或其他支护措施；同时因梁板均在地模上浇筑，也减省了大量的支架。

顺作法：则需增加支护措施和支撑措施。

（4）对工期的影响

逆作法：当层次多、规模大时，可使地上、地下结构同时施工，从而减省工期。方案适当优化，比如挖孔环节改为预埋临时钢柱，再顺作结构柱，工期会大量节省。

顺作法：则需从下往上逐层施工，工期比逆作法长。

（5）安全性

逆作法：安全性较高。

顺作法：安全性受内支撑及锚索影响较大。

（6）变形量

"顺作法"施工的支护结构不论是型钢、混凝土均是临时的。"逆作法"施工的支护是临时钢支撑，永久结构中柱、梁、楼板作为围护体系的，主要利用地下结构本身作为支护结构。这不仅可以大大节省支撑费用，而且使基坑支护体系的刚度及整体稳定性大大增强，使得逆作法基坑地下结构支护体系变形变小。在分段分层开挖基坑过程中，及时与围护体形成一个永久的地下结构工程。但对变形量的影响仅是毫米级，且逆作法不改变由于地下水流失引起的地层远场变形。

2.4.2 监测与工程效果反馈方案

一般逆作法施工的基坑工程进行以下项目的监测：

（1）地下连续墙顶的垂直、水平位移监测；

（2）地下连续墙墙身位移监测测斜；

（3）地下连续墙墙身钢筋应力监测；

（4）支撑轴力及支撑两端点差异沉降监测；

（5）逆作区楼板开口处梁板应力监测；

（6）立柱的垂直、水平位移监测；

（7）一柱一桩逐根沉降监测；

（8）坑外地下水位监测；

（9）地下墙外侧的土体测斜监测；

（10）坑底回弹监测；

（11）边坡的水平变形及沉降监测；

（12）承压水位观测；

（13）周边地下管线沉降、水平位移监测；

（14）周边道路的变形与沉降监测；

（15）邻近建筑物的沉降、位移监测。

监测频率参见表 2.4-1。

基坑工程逆作法现场监测频率　　　　　　　　　　　　　　　表 2.4-1

监测项目	监测频率			
	坑内降水	开挖至支撑拆除前	拆除最后一道支撑	施工至地面
地下连续墙墙体变形	/	1次1天	1次/3天	1次/周
围檩垂直、水平位移	/	1次1天	1次/3天	1次/周
立柱垂直、水平位移	1次/1天	1次1天	1次/3天	1次/周
支撑轴力	/	1次/1天	1次/3天	1次/周
坑外地下水位	1次/2天	1次/1天	1次/3天	1次/周

在围护结构施工期间主要是布置测点、埋设仪器，并且在基坑开挖前测取初始值。在基坑开挖期间，不断测取数据进行监控，同时包括支撑监测仪器的安装，做到边开挖边监测边反馈，进行信息化施工。基坑监测程序见图 2.4-1。

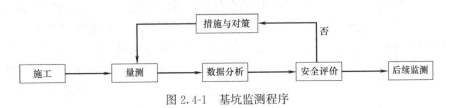

图 2.4-1　基坑监测程序

2.4.3　变形控制措施

逆作法基坑支护工程变形控制措施与明控顺作法基本相同。

2.5　轴力伺服内支撑的基坑工程变形控制方法

2.5.1　基本原理

1. 与明挖顺作法设计理论的区别

轴力伺服的内支撑基坑支护体系，是把基坑支护结构体系向自我调节体系发展的关键一步。

以前的基坑支护结构，组成整个体系的杆件是预先设计、按图施工、固定不变的，结构体系变形刚度也就不变。如果在施工过程中变形超标，则通过新增杆件、加大未施工杆件截面或底层改良方式调节。轴力伺服的内支撑，则可以根据每根支撑的轴力和变形，主动调节内力和变形。

如果把基坑支护体系看做一个整体，那么轴力伺服内支撑的基坑支护体系从生成到结束的过程中，这个整体是一个有活动能力的有机体，尽管目前其调节能力还有限。

2. 轴力伺服支撑系统的位移主控思想

轴力伺服支撑系统以围护结构的位移为伺服目标进行测控，是在实现轴力与位移可以双控的前提下，以位移控制为主控目标，提供轴力与位移的双重安全保障。在对基坑围护结构进行水平位移控制的整个过程中，以位移的变化趋势及变化速率为测控目标对支撑轴力进行调整，来达到最终的变形控制，这是以位移为伺服目标的支撑轴力测控体系的技术核心。

基坑围护结构在土压力作用下的变形速率是一项重要指标，因此应将位移变化速率作为重点参数进行测控。假设钢支撑撑好开始伺服，当位移趋稳时，系统采集钢支撑的位移值作为初始位移，并对系统中的位移传感器采样频率进行设置，以合理地定时测定位移值。系统同时记录初始设计轴力，当钢支撑轴力或者位移超出初始值时，系统直接发出报警。当钢支撑的轴力及位移都在初始设置值的范围内时，系统通过分析其位移变化速率及轴力变化值来进行油压的控制。如果位移变化量发生突变或者轴力急剧增大时，系统将自动报警请示主机指示工作，也可以在系统中设置为自动进行加压并报警。系统还可以生成位移数值曲线及报表，供相关人员查看与分析。

轴力伺服支撑系统通过位移与压力两个测量指标进行双控与修正，以位移变化为主控目标形成闭环控制，且在程序中考虑温度变化引起钢支撑热胀冷缩带来的轴力与位移变化量，最大程度地提高了系统的精确度。

3. 轴力伺服支撑系统的力动态平衡思想

轴力伺服支撑系统考虑到基坑开挖的过程中，由于开挖工况各异，因此钢支撑所承受的土压力也呈现出无规律的动态变化，但却一定遵循力平衡的原理。围护结构外侧的土压力与伺服钢支撑的轴力一直在动态地保持着力的平衡状态。也就是说，钢支撑的轴力应实时做出相应的调整来适应地连墙背后土压力的动态变化，从而达到力的平衡，维持地连墙的水平位移（图 2.5-1）。

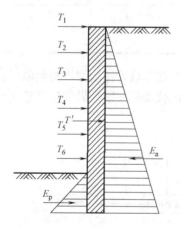

图 2.5-1　地连墙的力平衡示意图

地连墙力平衡关系：

$$T_总 + T' + E_p = E_a$$

$$T_总 = T_1 + T_2 + \cdots T_n + \cdots + T_6$$

式中　　T_n——各支撑的轴力；

　　　　T'——地连墙弯曲应力；

　　　　E_p——基坑内侧土体被动土压力；

　　E_a——基坑外侧土体主动土压力。

4. 轴力伺服支撑系统提出新的设计理论

　　普通钢支撑只能被动受力，所发挥的作用仅仅是限制基坑围护结构的水平位移不增大，或者最理想的状态是不发生向基坑内侧的位移，因此，以往围护结构的配筋计算与设计理论也仅限于外侧受拉，内侧受压，即仅考虑向基坑内侧的变形；但支撑轴力伺服系统可以主动加力，当系统的轴力大于土压力时，围护结构可呈现出向基坑外侧的变形，即产生负位移的现象。

　　使用钢支撑轴力伺服系统进行基坑围护结构的支护，向设计提出了新的要求，设计原理应做出相应的基本理论改变，以适应轴力伺服系统创造的实际的围护体和围岩之间的力学特性。

2.5.2　变形控制主要方法

　　钢支撑轴力伺服系统包括液压泵站和液压千斤顶组成的液压系统模块，以及由自动控制硬件设备和计算机软件组成的自动控制系统模块。液压系统由机械单向自锁液压千斤顶、液压泵、比例减压及放大配电柜、液压油管和线缆及压力传感器组成。油泵工作压力由高压比例减压阀及比例放大器调定、压力传感器检测而组成闭环控制，从而保证了油缸压力的连续可调及精度控制。当油缸工作压力达到预设压力值时，油泵延时卸荷；当油缸工作压力低于预设压力值时，油泵启动加载。压力在长时间稳定后，自动暂停电机而降低系统功耗。压力传感器实时跟踪检测负载力的变化，当达到设定顶升吨位最大偏差时发出警报，从而对该点顶力进行调整。自动控制系统由工控计算机、信号通讯转换器、PLC模块、控制柜及UPS电池柜等硬件设备和计算机控制软件组成。由中央控制室设置工业计算机，计算机连接通讯板卡并设置轴力控制软件，以完成支撑压力的实时采集、压力报警设定、数据存储功能以及每根支撑轴力的设定和调整。计算机与设置在中央控制室的PLC控制柜组成现场控制站，自动采集现场压力传感器数据和控制千斤顶压力。图2.5-2钢支撑轴力伺服系统组成，图2.5-3为钢支撑轴力伺服系统的工作原理示意图。

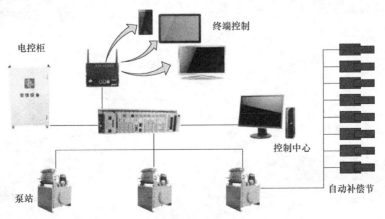

图2.5-2　钢支撑轴力伺服系统的组成

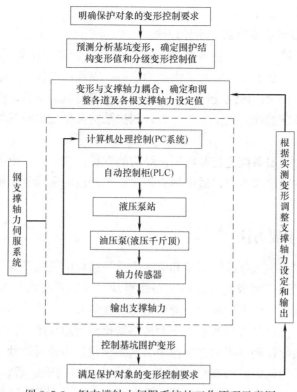

图 2.5-3　钢支撑轴力伺服系统的工作原理示意图

2.5.3　变形控制效果工程案例分析

1. 项目概况

上海市地铁 A 车站周边环境复杂（图 2.5-4），车站西南侧的住宅距离车站约 6.0m，

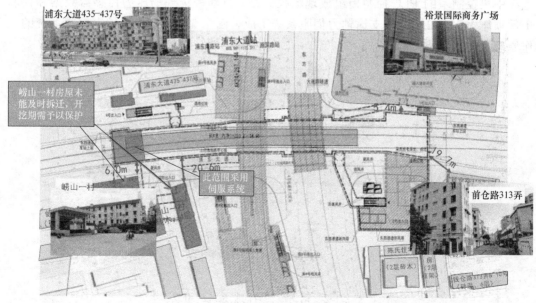

图 2.5-4　地铁 A 车站基坑周边环境概况示意图

在开挖期间采用伺服系统对该建筑物进行保护。

该基坑西端头井最大开挖深度 24.6m，地下连续墙厚度为 1200mm，设七道支撑，第一、五道为钢筋混凝土支撑，其余均为钢支撑，其中第六道为 $\phi800$ 钢管撑；西区标准段最大开挖深度为 22.5m，地下连续墙厚度为 1000mm，设六道支撑，第一、四道为钢筋混凝土支撑，其余均为钢支撑，其中第五道为 $\phi800$ 钢管撑。

车站在西端头井与西区标准段使用轴力伺服系统，共使用伺服钢支撑 97 根。图 2.5-5 所示其中①～⑤轴的钢支撑全部使用伺服支撑，⑤～⑪轴第五、六道使用伺服支撑。侧斜点位图及伺服支撑布置图如图 2.5-5 所示。

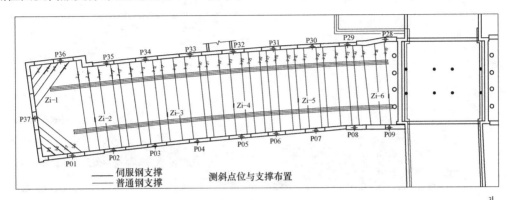

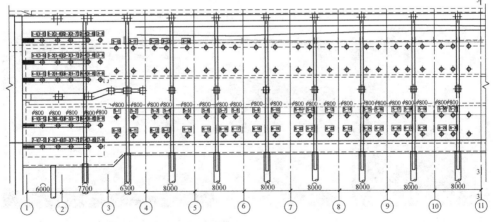

图 2.5-5　地铁 A 车站基坑支撑平面与剖面图

2. 项目现场应用（图 2.5-6、图 2.5-7）

3. 数据分析

数据分析使用现场施工监测数据，选用的伺服区域测斜管分别为：P1，P2，P3，P4，P5，P6，P7，P31，P32，P33，P34，P35，P36。其中 P1，P2，P35，P36 测斜管对应的区域为全部使用伺服支撑的区域。其余，仅第五、六道钢支撑使用伺服支撑。将整个伺服过程分为 3 个阶段，如图 2.5-8 所示。

阶段 1：基坑开挖～二道混凝土撑的上一层钢支撑安装完成；

阶段 2：二道混凝土撑上一层钢支撑安装完成～其下一层钢支撑安装完成；

阶段 3：二道混凝土支撑的下一层支撑安装完成～基坑底板浇筑完成。

图 2.5-6　地铁 A 车站直撑与斜撑的伺服

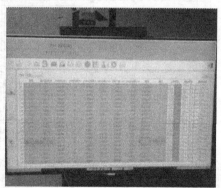

图 2.5-7　支撑头、数控泵站、管理平台在地铁 A 车站的应用

从表 2.5-1 完全伺服段测斜数据分析，在完全使用伺服支撑的区段，整体变形较小，特别是中间混凝土支撑以上的基坑几乎无变形。

从数据分析，阶段 1 支撑后，支撑位置位移稳定并轻微向坑外移动。整个伺服段基坑围护结构变形均值为 5.76mm。

在阶段 2，但随着基坑向下开挖，支撑以下土体位移较大，特别是混凝土支撑施工期间，由于开挖施工时间较长，变形增长迅速，此阶段伺服段基坑围护结构变形均值为 10.81mm。

在阶段 3，混凝土支撑以下继续使用伺服钢支撑，虽然开挖深度较大，但此阶段变形较小，此阶段伺服段基坑围护结构变形均值仅为 0.28mm。

对于部分使用伺服支撑的区段（仅第 6、7 道使用伺服支撑），由于 2、3 道仍使用普通钢支撑，基坑整体变形较完全使用伺服段大出许多。从表 2.5-2 可以看出，第 5、6 道

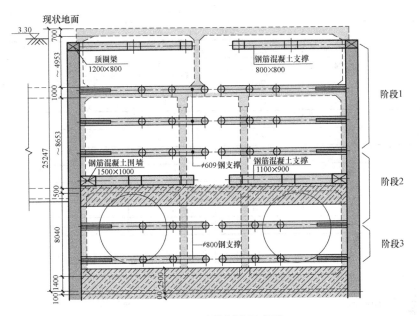

图 2.5-8 阶段划分示意图

钢支撑期间，基坑变形不再增大，甚至部分位移轻微向坑外变形。部分伺服区段基坑围护结构变形均值为－0.54mm。

完全伺服段变形量比较表　　　　　　表 2.5-1

孔号	阶段1最大变形(mm)	阶段2最大变形(mm)	阶段3最大变形(mm)	阶段1与阶段2变形差值	阶段2与阶段3变形差值
P01	7.50	19.33	19.24	11.83	－0.09
P02	2.06	20.21	17.92	18.15	－2.29
P35	7.03	15.43	18.54	8.40	3.11
P36	6.46	11.30	11.68	4.84	0.38
均值	5.76	16.57	16.85	10.81	0.28

部分伺服段变形量比较表　　　　　　表 2.5-2

孔号	阶段2最大变形(mm)	阶段3最大变形(mm)	阶段2与阶段3变形差值
P03	34.43	34.72	0.29
P04	30.90	28.17	－2.73
P05	30.26	28.17	－2.09
P06	29.47	29.49	0.02
P07	26.86	28.85	1.99
P31	25.92	26.63	0.71
P32	34.77	32.37	－2.40
P33	29.55	25.38	－4.17
P34	29.75	33.23	3.48
均值	30.21	29.67	－0.54

从表 2.5-3 可以看出，目前完全伺服段最大位移平均值为 16.85mm，部分伺服段最大位移平均值为 29.67mm，非伺服段最大位移平均值为 35.13mm。基坑的变形随着伺服钢支撑的用量的减少逐渐增加。完全伺服段平均最大变形约为非伺服段平均最大变形的 45%。

各区段变形量比较表　　　　　　　　　　　　表 2.5-3

完全伺服段		部分伺服段		非伺服段	
孔号	最大变形(mm)	孔号	最大变形(mm)	孔号	最大变形(mm)
P01	19.24	P03	34.72	P13	39.69
P02	17.92	P04	28.17	P14	32.87
P35	18.54	P05	28.17	P15	35.02
P36	11.68	P06	29.49	P16	39.58
		P07	28.85	P19	31.04
		P31	26.63	P23	32.62
		P32	32.37		
		P33	25.38		
		P34	33.23		
均值	16.85	均值	29.67	均值	35.13

测斜孔 P2 和 P35 的深层水平位移测斜曲线如图 2.5-9 所示，测斜孔 P2、P35 和 P3 的水平位移历时曲线如图 2.5-10 所示。

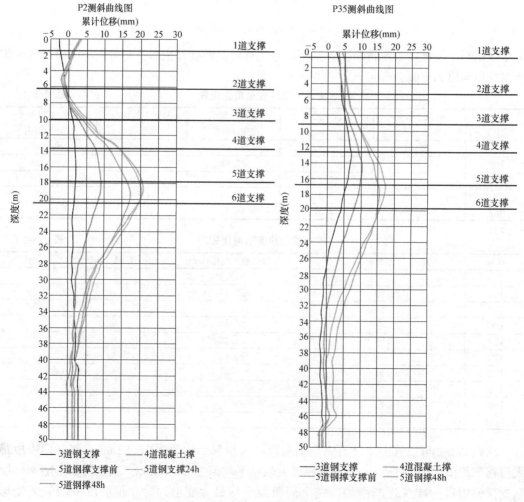

图 2.5-9　测斜曲线

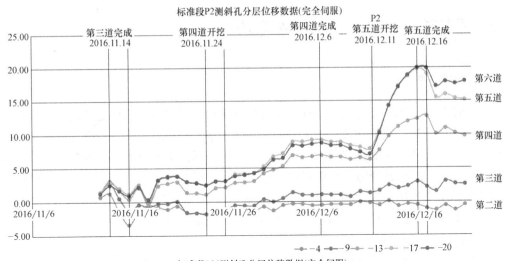

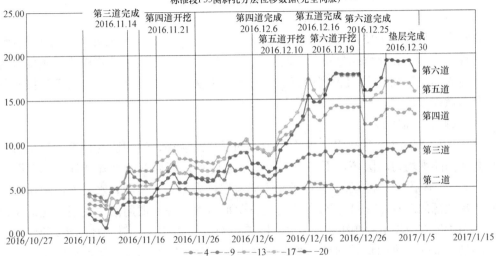

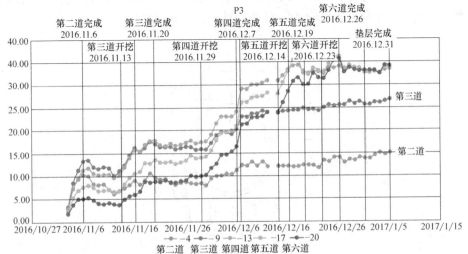

图 2.5 10　水平位移历时曲线

2.6 盾构法隧道工程变形控制方法

2.6.1 设计理论

盾构法隧道施工不可避免会引起周围地层的扰动，周围地层的稳定性或是变形的量值主要取决于盾构施工扰动和隧道结构变形两方面因素。盾构施工扰动会产生地层损失和施工荷载，从而导致地层的附加变形，这是地层产生变形的主要原因。隧道衬砌结构是围岩的主要载体，同时也是隧道工程中对抗地层变形和保证地层稳定的重要手段，结构在地层荷载的作用下会产生压扁效应，从而引起地层的变形。而盾构隧道是一种离散的拼装结构，由预制管片通过螺栓连接构成，在结构抗弯刚度较小时，土体变形将更为显著。

1. 管片结构设计理论

盾构隧道采用管片衬砌作为围岩支护结构，其质量直接影响隧道的使用功能及对周围环境的影响，故管片结构设计是盾构隧道工程质量控制的重要环节之一。目前，国内外盾构隧道衬砌结构设计主要以荷载-结构计算模式为主。根据计算过程中对管片接头刚度、接头螺栓内力传递和外荷载分布形式的不同力学假定，荷载-结构计算模式又主要分为惯用法、修正惯用法和梁-弹簧模型计算法三种设计方法。不同设计方法中对管片接头的处理、外荷载作用形式和工程适用范围均存在较大差异。

（1）（修正）惯用法

惯用法最早提出于 1960 年，并在日本得到了广泛应用。惯用法在计算过程中假设管片环是弯曲刚度均匀的圆环，不考虑接头所引起的管片环局部刚度降低计算示意图如图 2.6-1 所示。惯用法计算过程中假设垂直方向地层抗力为均布荷载，水平方向地层抗力为自衬砌环顶部向左右 45°~135° 分布的均变三角形荷载。修正惯用法是在惯用法的基础上引入弯曲刚度有效率 η 和弯矩提高率 ξ，以接头刚度的降低代表衬砌环的整环刚度下降，管片环是具 ηEI 刚度的均质圆环。考虑到管片接头存在铰的部分功能，将向相邻管片传递部分弯矩，使得错缝拼装管片间内力进行重分配，修正惯用法在计算过程中引入了弯矩提高率，主截面设计弯矩 $(1+\xi)M$，接头设计弯矩 $(1-\xi)M$。

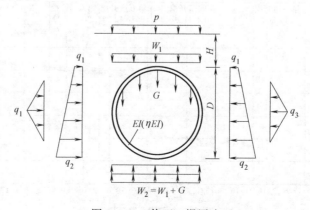

图 2.6-1 （修正）惯用法

（2）梁-弹簧模型计算法

由于将管片模拟成曲线梁或直线梁，接头用旋转弹簧和剪切弹簧替代，梁-弹簧模型计算法可以对任意一种管片环组装方式和接头位置下的衬砌环、接头螺栓变形和内力进行计算。通过在计算过程中引入抗弯刚度、抗剪刚度等接头力学参数，梁-弹簧模型计算法较好地评价了管片接头所引起的刚度下降以及衬砌环的错缝拼装效应。目前，该设计方法所用各类刚度系数主要通过接头试验或数值计算确定。衬砌结构设计方法的选用主要受隧道用途、围岩状况、目标荷载、管片结构及所要求计算精度等的影响。荷载的确定对结构内力计算尤为重要，上述三种方法所选用的目标荷载系统分别如图 2.6-2 所示。

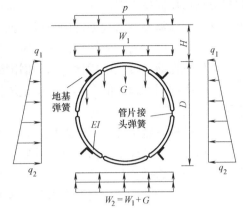

图 2.6-2　梁-弹簧模型计算法

2. 盾构掘进引起地层变形机理及计算方法

如图 2.6-3 所示，盾构隧道施工引起地层变形主要包括如下几个方面：

（1）地层损失。在盾构隧道施工中，引起地层损失的主要原因是盾构掘进过程中由于管片拼装、盾构超挖、盾构姿态调整等造成管片与地层之间存在的物理空隙，而同步注浆、二次补浆由于其时效性、收缩性等原因并不能消除盾尾间隙。盾构掘进引起地层损失是必然的，在不考虑土体压缩的情况下，可以近似认为地层损失体积与土体沉降槽的体积是相等的。这也是盾构掘进过程中产生地层变形最为关键的因素。

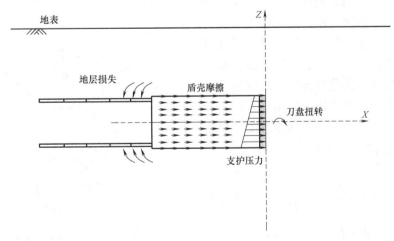

图 2.6-3　盾构掘进对周围地层作用

（2）盾构附加支护压力。盾构掘进过程中开挖面支护压力是维持掌子面稳定性的重要条件，当盾构支护压力不足时，必然会引起掌子面土体的变形甚至坍塌，从而对既有结构产生不利影响。一般来讲，开挖面支护压力设定要与外部水土压力相平衡，然而由于盾构机械施工本身的复杂性，盾构土仓压力往往是波动的，难以做到理性状态中的准确平衡。

为了保证盾构施工的足够安全，工程中设定支护压力常留有一定余量，让支护压力相对于外部水土压力增大一些产生附加支护压力，以此来减小土体的变形。盾构附加支护压力作用于天然地层同样会引起地层的变形，盾构前方土体的隆起通常是附加支护压力作用的结果，这一因素需要在盾构掘进中予以考虑。

（3）盾壳摩擦力。盾构掘进施工时一个动态前进的过程，在外部较大水土压力的作用下，盾构机在前进过程中盾构壳体与周围地层存在显著的摩擦力，盾壳摩擦力作为附加应力同样会引起周围地层的变形，这也是盾构施工工法自身的特性之一，同样是土体变形中不可忽略的环节。

（4）盾构刀盘扭转。盾构刀盘、刀具作为盾构机的牙齿对于土体切削破坏具有重要作用，盾构机掘进过程中盾构刀盘刀具处于不停的转动状态，对土体的扭转切削作用力能够引起周围地层的扰动和变形。

国内外很多学者对盾构隧道引起地表沉降的预测作了大量的研究，得到了大量预测的方法。可以概括为经验公式法、理论预测法和数值有限元分析法。

在经验公式法方面，主要以 Peck 公式法为主，Peck 在分析了大量实测地表沉降数据的基础上，提出地表沉降曲线符合正态分布曲线（图 2.6-4），他认为地层损失是引起地层位移的原因，施工引起的地表沉降是在不排水的假定条件下发生的，从而假定地表沉降槽的体积等于地层损失的体积。他提出的预测公式如下：

$$S(x) = S_{\max} \exp\left(-\frac{x^2}{2i^2}\right) \tag{2.6-1}$$

式中　$S(x)$——沉降量（m）；

　　　$S_{\max}$——最大沉降量（m）；

　　　　x——距隧道中心线的距离；

　　　　i——沉降槽宽度系数（m），由公式求得或查图表。

在理论解析方法方面，由于施工状况的多变性以及土层条件的复杂性，目前还没有十分精确的理论解答。现有的理论解答都是在大量假定基础上简化得到的，只可定性地判断地表沉降的一般规律。应用最为广泛的是 Sagaseta 等人在弹性介质理论基础上提出的三维计算公式，后来由 Sagaseta 和 Uriel 等人进行了推广。

$$\delta_z(x) = \frac{V_s}{\pi} \frac{H^2}{x^2 + H^2} \tag{2.6-2}$$

$$\delta_z(y) = \frac{V_s}{2\pi H}\left(1 + \frac{y}{\sqrt{y^2 + H^2}}\right) \tag{2.6-3}$$

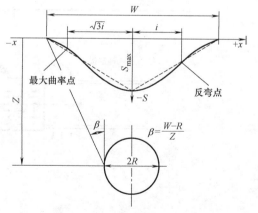

图 2.6-4　沉降槽横向分布图

式中　$\delta_z(x)$——与隧道纵向轴线正交的平面内土层的竖向位移；

　　　　x——距隧道中心线的距离；

　　　$\delta_z(y)$——与隧道纵向轴线平行的平面内土层的竖向位移；

　　　　　y——距隧道中心线的距离；

　　　　　V_s——地层损失体积；

　　　　　H——隧道埋深。

　　在数值有限元方法方面，随着计算机技术的发展有限元方法逐渐在地下工程领域广泛应用，能够有效地考虑岩土体的弹塑性特征，但是其建模相对复杂，力学参数较多且取值难以确定，对于现场工程师的应用并不方便。

2.6.2　变形控制主要方法

1. 盾构掘进参数控制

　　盾构在岩土体中掘进是一个盾构机、土体动态相互作用的复杂机械化施工体系，涉及了许多施工参数，如土仓压力、螺旋输送机出土量、盾构掘进速度、盾构推力、盾构掘进姿态等。盾构隧道的开挖对地层扰动的大小与这些施工参数息息相关，合理调控盾构掘进参数，并在掘进过程中不断优化，才能实现微扰动施工的效果。结合深圳地区施工经验，总结各项施工参数控制如下。

　　（1）土压力与出渣量控制

　　盾构掘进应采用土压平衡模式均匀连续掘进，土压平衡式盾构机掘进的原理是建立开挖面前后水土压力平衡。在盾构掘进的不同阶段，土压力设定是变化的（在理论数值上它与土体重度、覆土深度、侧向土压力系数等因素都有关系），施工中需要考虑不同土质和隧道覆土厚度的变化，并结合环境监测数据进行不断调整。

　　在采取土压平衡模式掘进时，必须密切关注土仓压力的变化，主要通过严格控制掘进速度与出土量关系，使进入土仓土量与出土量之间达到一种动态平衡，从而保持土仓压力与掌子面之间达到平衡状态，保证掌子面的稳定。因此在掘进时，盾构机手必须密切关注土仓压力的变化，当实际土仓压力与设定理论压力不平衡时，及时调整螺旋机排土量或泡沫发泡率，使切削进入土仓土量与出土量之间达到一种动态平衡。掘进时每环出渣量控制土方松散系数取 1.3，防止因超排土或欠排土导致地层失稳造成沉降或隆起。土斗必须清理干净，确保出土方量的准确性。

　　为保持土仓压力，若停机时或者压力不足时建议通过土仓隔板注入孔往土仓加注 1∶200 左右的膨润土泥浆进行保压，并安排专人密切关注土仓压力变化，及时补压。

　　（2）盾构掘进速度和刀盘转速

　　盾构掘进速度主要受盾构设备进、出土速度的限制，若进出土速度不协调，极易出现正面土体失稳和地表沉降等不良现象。因此，应尽量保持均衡连续组织掘进作业，当出现异常情况时（如遇到阻碍、遇到不良地质、盾构姿态偏离较大等），应及时停止掘进，封闭正面土体，查明原因后采取相应的措施处理。刀盘转速一般控制在 1.0～1.6rpm，适当减小刀盘转速，使每个切削断面在单位时间内切削次数减少，从而减小土体的扰动。推进速度控制在 3.0～5.0cm/min。

　　（3）盾构姿态控制

　　盾构姿态对于隧道群结构受力有着显著影响，始发过程中就必须严格控制盾构姿态，做好预防"扎头"措施，对地下导线控制点进行严密复测；在盾构机盾体全部进入隧道后，对盾构姿态和地下导线控制点再次进行严密复测，严格平差。在推进过程中保持稳定，水平和高程偏差控制在±30mm以内，对盾构机导向系统数据重新进行校核，以确保盾构机按隧道设计轴线方向顺利掘进。

（4）千斤顶推力

盾构是依靠安装在支撑环周围的千斤顶推力向前推进的，推力的大小与盾构掘进所遇到的阻力有关，正确地使用千斤顶是盾构是否能沿设计轴线（标高）方向准确前进的关键。因此，在每环推进前，应根据前面几环盾构推进的现状报表，分析盾构趋势，正确地选择千斤顶的编组，合理地进行纠偏。

2. 盾构壁后注浆

（1）注浆方式

根据壁后注浆实施时间与盾构掘进的关系，从时效性上主要有三种注浆方式：

1）同步注浆：在盾构掘进过程中，盾尾空隙形成的同时进行注浆，使浆液及时地填充盾尾空隙，是目前最常用的注浆方式。通过内置在盾构机尾部（一般为3号盾体）的注浆管进行注浆，如图2.6-5所示，内置方式一般为外凸式和内凹式。

2）二次注浆：当同步注浆效果不理想时，就需要通过管片上预留的注浆孔及时进行二次注浆对同步注浆进行补充。该方式一般是在隧道发生异常沉降、隧道发生偏移或在一些特殊地段（盾构进出站、联络通道附近）使用，或可用于穿越建（构）筑物和地下管线的土体加固方面。

3）多次补浆：当上述注浆方式皆不能满足控制地层变形的要求时，需要依据变形监测结果通过管片上预留的注浆孔及时进行三次乃至多次注浆。需要说明的是，每增加一次补浆，注浆孔的深度就相应加大一些。

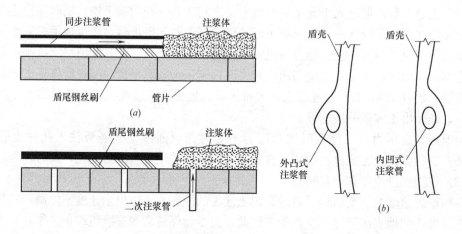

图2.6-5　盾构注浆管布置示意图
(a) 盾尾同步注浆示意图；(b) 内置方式

（2）壁后注浆压力和注浆量

壁后注浆施工控制参数包括注浆压力、注浆量、注浆位置选择和注浆速率等，其中注浆压力和注浆量是壁后注浆实施时的主要控制参数。一种方式是通过注浆压力的大小来控制注浆施工，另一种是通过预设的注浆量的多少来决定注浆过程是否结束。由于注浆压力受很多因素影响，目前通常在保证注浆量一定的前提下，设定注浆压力的上限值来决定壁后注浆是否结束。注浆压力越大，衬砌与地层之间的空隙充填越密实，四周地层越稳定。但注浆压力不能太大，否则会产生劈裂注浆，使地层隆起，并易击穿盾尾密封刷或使浆液窜到压力舱，而且在施工期间对衬砌管片的受力也十分不利，尤其是在注浆孔单一的情况下，更易引起接头部位破坏，或危及防水性能发挥等。因此注浆压力的取值相当关键，注浆压力的最佳值应综合考虑地质条件、管片强度、设备性能、浆液特性和压力舱土、水压力的基础上来确定。

壁后注浆的注浆量 Q 在实际施工中往往根据工程经验和监测数据来确定注浆量的大小，通常可按下式进行估算：

$$Q=\alpha\left[\frac{\pi}{4}(D_1^2-D_2^2)\right]L \tag{2.6-4}$$

式中　Q——注浆量（m^3）；

D_1——理论切削半径（m）；

D_2——管片外径（m）；

L——盾构的推进长度或管片宽度（m）；

α——注入率，对估算注浆量至关重要。影响 α 的因素较多，并且复杂地纠缠在一起，可根据下式计算。

$$\alpha=\alpha_1+\alpha_2+\alpha_3+\alpha_4 \tag{2.6-5}$$

式中　α_1——注浆压力决定的压密系数；

α_2——土体条件决定的系数；

α_3——施工损耗系数；

α_4——超挖系数：要准确确定 α 非常困难，时至今日仍把施工实践和经验数据作为大致的参考值，深圳地区采用的具体数据如表 2.6-1 所示。

经验注入率系数表　　　　　　　　　　　　　　　　表 2.6-1

符　号	因　素		估算时增加的比例范围	设定系数
α_1	注浆压力产生的压缩	加　气	1.30～1.50	0.40
		不加气	1.05～1.15	0.10
α_2	土体条件		1.10～1.60	0.35
α_3	施工损耗		1.10～1.20	0.10
α_4	超挖		1.10～1.20	0.10

3. 渣土改良

在盾构掘进过程中，地表发生较大变形或塌陷主要是由开挖面失稳造成的，而开挖面失稳除了受到掘进参数选取和工程地质条件的影响外，还受到土仓内渣土状态的影响。在复杂地层条件下，盾构机刀盘切削下来的渣土一般流动性差，止水性弱，传递压力的能力低。在黏土地层，盾构机刀盘和螺旋输送机容易出现结泥饼的不利情况，导致盾构机掘进效率降低，能耗增加；在富水砂土地层，螺旋输送机容易出现喷涌，造成土仓压力急剧减小、开挖面失稳等，因此，需要对刀盘切削下来的渣土力学行为进行分析，进而分析渣土改良对地层响应的影响。渣土改良剂包括泡沫剂、膨润土和聚合物等，这些改良剂主要是从刀盘上孔口和土仓内的孔口注入。

为避免上述问题的出现，盾构施工中已经开发出多种土性改良添加剂，从工程应用的效果来看，添加剂的作用可以归结为如下：

①增加渣土的流动性，使土仓压力更加均匀饱满，同时能够降低对地下水的影响；②降低刀盘刀具和螺旋输送机出土系统的磨损；③通过添加剂渗入到土体诸如形成泥膜，改善工作面土体的稳定性，便于对切割土体的控制；④改善土仓内渣土的流动性和和易性；⑤减小刀盘的动力要求，并使开挖出的土体成为流塑状态。

目前工程中常用的添加剂主要有 3 种类型：（1）膨润土泥浆；（2）高分子聚合物；（3）泡沫。另外，在工程中，这些添加常配合在刀盘前方加水或肥皂水使用，以达到较好的改良效果。如图 2.6-6 所示为深圳地铁 1 号线工程中所采用的泡沫注入系统。

(a)　　　　　　　　　　　　　　　　　(b)

图 2.6-6　深圳地铁 1 号线泡沫注入和渣土改良效果

深圳地区地铁隧道工程实践证明，加注泡沫是土压平衡盾构机掘进施工的一种有效的辅助工法，通过向盾构机开挖面、密封土仓、螺旋输送机内注入泡沫达到稳定开挖面土体、改良土体塑流性能、降低刀盘扭矩、提高掘进和出土效率的目的，它与加水、加泥、加高浓度泥浆等辅助工法相比，虽然在费用上略多。但其减少刀具磨损，提高掘进速度效果最佳，因此在深圳地区广泛采用，如表 2.6-2 所示为深圳地铁 1 号线不同地层中的泡沫注入统计。

序号	土层	用量（泡沫流量占开挖土体的百分比）
	深圳地铁 1 号线泡沫用量统计	表 2.6-2
1	砂性土	30%～50%
2	砂和砾石性土	25%～35%
3	砂、黏土混和物	25%～30%
4	硬黏土	20%～35%
5	软黏土	20%
6	岩石	100%

2.6.3   监测方案

盾构隧道施工过程中对地层变形进行实时监测是保证工程安全的重要手段，通过监测结果反馈动态调整盾构施工各项参数，从而减小对地层的扰动，实现信息化施工的目的。

1. 监测点布置

地层变形的监测主要分为地表变形和深层土体变形，地表变形通常采用窨井测点形式，可以有效保护测点不受碾压影响，深层土体变形采用人工开挖或钻具成孔的方式进行，需要配合埋设测斜管、沉降磁环装置，如图 2.6-7 所示。

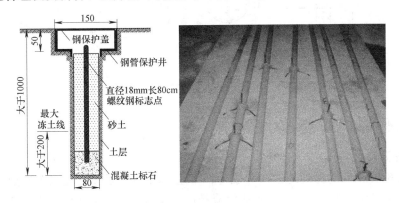

图 2.6-7   钻孔安装图

如图 2.6-8 和图 2.6-9 所示，为深圳地铁 9 号线梅村～上梅林区间隧道地表与深层土体位移测点布置图，地表变形测点布置根据现场环境而定，测点间隔一般为 3～5m，深层土体变形共设置 3 个监测断面，每个监测断面布置 4 个钻孔。

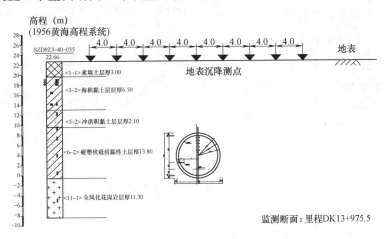

图 2.6-8   DK13＋975.5 地表沉降监测断面

2. 监测仪器

地表变形采用全站仪进行监测，深层土体水平位移的监测采用测斜仪，深层土体沉降的监测通过沉降磁环和沉降探测仪进行，如图 2.6-10 所示。

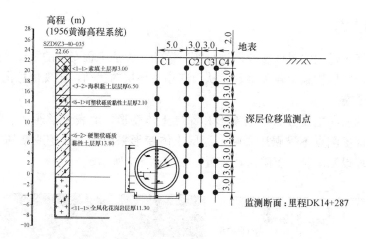

图 2.6-9　DK14+287 深层土体位移监测断面

2.6.4　变形控制效果工程案例分析

1. 地表沉降

如图 2.6-11 所示为深圳地铁 9 号线梅村～上梅林站区间隧道地表沉降监测曲线，该断面地表最大沉降量为 14.8mm，地表沉降控制效果较好。根据实测结果分析，盾构施工引起的地表纵向变形（施工期历程沉降）规律如下：

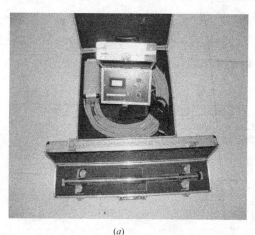

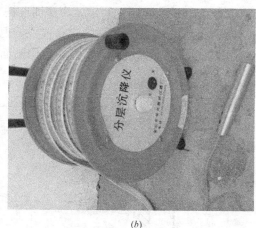

(a) 　　　　　　　　*(b)*

图 2.6-10　测斜仪和分层沉降仪

(a) 测斜仪；*(b)* 分层沉降仪

（1）先期沉降。测量开始时，土体沉降值主要由于钻孔填土自身固结沉降所引起，盾构始发后，距开挖面还有一定距离时，对于含水砂质土，先期沉降主要是随着盾构掘进因地下水水位降低而产生的。

（2）开挖面前部沉降（隆起）。是在盾构开挖面即将到达之前发生的沉降（隆起）。开挖面的水土压力不平衡是其发生的原因。多由于开挖面的崩塌、盾构机的推力过大等所引起的开挖面土压力失衡所致，是由土体应力释放或盾构反向土仓压力引起的地基塑性变

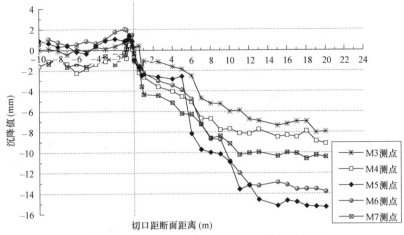

图 2.6-11 DK14+285 断面地表沉降历时曲线

形，隆沉大小主要与盾构正面压力平衡状态有关，盾构土仓内压力小于土体正面压力时，盾构开挖产生地层损失，盾构上方地面会出现沉降，相反，当土仓内压力高于土体正面压力，则盾构上方地面会出现隆起现象。

（3）通过沉降。从盾构到达观测点的正下方之后直到盾构机尾部通过观测点这一期间所产生的沉降，主要是盾构对地层的扰动引起土体应力释放所致。切口到达前，由于土仓压力的波动而产生一定的隆沉，但变化值不大，土层之间的沉降差异不明显；当切口临近至盾尾通过时，沉降加速，沉降差异增大，同样切口通过期间和盾尾通过期间产生的差异最大。沉降大小与盾尾同步注浆压力、浆液充填率密切相关，充填较理想时，沉降就小，反之就大。

（4）后期沉降。是固结和蠕变残余变形，主要是地基扰动所致。盾尾过后 5 环左右的时候沉降和沉降差异都趋于稳定。

2. 深层土体位移

如图 2.6-12 和图 2.6-13 所示，地层的水平位移值相对较小，浅层土体发生向隧道轴线侧移动的微小位移，中部及深层土体发生向隧道轴线外移动的位移，最大值大致出现在隧道中心水平轴线位置处，两个测孔最大横向位移值分别为 7.2mm、4.1mm。

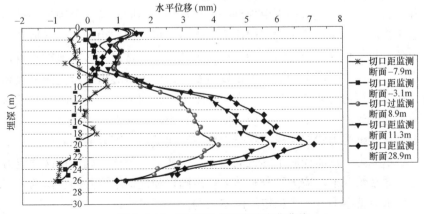

图 2.6-12 C2 测孔水平位移变化曲线

49

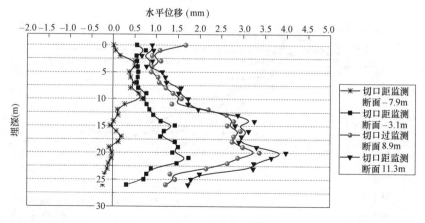

图 2.6-13　C3 测孔水平位移变化曲线

2.7　矿山法隧道工程变形控制方法

2.7.1　设计理论

矿山法施工技术是以加固和处理软弱地层为前提，采用足够刚性的复合式衬砌结构，同时采用多种辅助工法来改善和加固围岩，充分调动隧道周边围岩的自承能力；采用不同的施工工法开挖隧道并及时、大刚度支护，及时封闭成环，形成支护与围岩共同作用的联合支护体系；并且采用监控量测、信息反馈和优化设计等方法，尽量实现工程无塌方、少沉降和安全施工。隧道矿山法施工因其工程造价相对盾构法较低，技术手段成熟，已成为城市隧道重要施工方法。

岩土体的应力状态在隧道开挖扰动之前通常被称作初始地应力场，与岩体构造、性质、埋藏条件和地壳历史运动有关，称这种应力状态为一次应力状态。其一般受到两种因素的影响：第一类因素有重力、温度、岩体的构造及物理力学性质、地形地貌等普遍性的因素；第二类因素有地壳运动、地下水活动、人类的长期活动等短暂性的或局部性的因素。故而，初始应力场由自重应力和构造应力两种力系构成。

隧道开挖后，地层在隧道周围由内到外将形成三个不同区域，分别为松动圈、应力增减区和原始应力区。洞壁由原来的三向应力状态改变成二向应力状态，隧道开挖破坏了地层原状应力场。我们称这种应力状态为二次应力状态。通常对于城市地铁隧道，一般处于软弱地层中，二次应力状态下的隧道不足以自稳，则要求对隧道进行支护来提高围岩的自支护能力。在对隧道进行初期支护后，在支护阻力的作用下，改变了围岩开挖后的二次应力状态，使周边的径向应力增大，而使切向应力减小，实际上使直接靠近隧道周边的围岩的应力状态，从二维受力状态变成三维受力状态，而提高了围岩的承载能力，实质上是提高了围岩的自承能力，从而控制了隧道周边围岩的变形和位移，我们称这种应力状态为三次应力状态。通常情况下，应力重分布结果是由围岩和支护结构共同负担的。三次应力状态满足稳定要求后就会形成一个稳定的洞室结构。

在隧道施工过程中，由于四周围岩受到开挖的扰动，造成地层应力重分布，在没有有效支护阻力情况下，不可避免地会产生地层变形，周边围岩在应力重分布的作用下由隧道四周向隧道空间内移动，并且紧接着周边的切应力随着位移而增大，相邻地层的应力也会产生相应的变化，产生朝向隧道空间方向的位移。这种应力位移的交替变化会逐渐由洞周向地面发展，因此，隧道开挖引起地面沉降是一个地层应力和位移的不断传递的过程。通常，隧道开挖后土层变形都不是瞬间完成的，它不仅具有空间上的三维效应，还有时间上的累计效应。虽然地层变形与众多因素有关，比如工程地质水文条件、断面形式、开挖方法以及支护手段等，但隧道开挖引起地层位移都具有相似的特征。开挖过程中，地层位移随着掌子面的推进而沿纵向不断的向前发展，沉降最大值基本发生在隧道中心上方位置，沿开挖横向和纵向分别又有不同的变形规律，以下分别对其进行详细的描述。

2.7.2 变形控制措施

1. 矿山法隧道施工地表沉降控制措施

矿山法隧道施工常使用的地面沉降控制措施很多，根据施做时间分为预加固措施和开挖过程中的措施。预加固措施指在隧道开挖前先采取注浆、加小导管等措施改进地层力学参数，起到加固地层的作用。预加固措施有预注浆、超前小导管、超前管棚、地面垂直锚杆法以及预衬砌法。开挖过程中，通过优化开挖工法、及时闭合断面、加强衬砌等措施减少开挖对地层的影响。

2. 预加固地层控制措施

隧道施工过程中，预加固措施包括环绕隧道周边布置的超前预加固措施和开挖面掘进方向上的预加固措施。前者主要对环向上往隧道净空位移的土体起阻碍作用，可以减少地面沉降在变形剧增区域环节、沉降缓慢区域环节和沉降基本稳定区域环节的沉降量。后者主要对掌子面前方的地面沉降起作用，主要减少微小变形阶段地面沉降的下沉量。

（1）预注浆法

预注浆措施对岩体能起到充填、压密和劈裂注浆进而增加岩体物理力学参数的作用。注浆措施实质上是将力学性能比较差的岩体进行化学和力学加固，提高原有的岩体的物理力学特性和水力学特性。注浆材料的种类很多，根据不同的地质条件选用不同的注浆材料。对渗透性较差的情况如砂层，一般应采用化学浆液进行注浆加固，对渗透性较好的情况如砂卵石地层，通常采用非化学浆液进行注浆加固。常用的注浆方式有劈裂注浆、渗透注浆等，通常情况为获得更好的注浆效果，多种注浆方式综合使用采用。

（2）超前小导管

超前小导管施工工艺相对简单，需要的支护空间小，施做设备简单，一般只需要简单的手持风钻就能完成钻眼及布管作业。遇到地层条件变化时，可以根据需要随时调整方案，避免盲目用材，经济效益和支护效益显著。

超前小导管主要通过增加掌子面前方围岩的稳定性减少地面沉降。小导管通过自身的锚杆力学作用加固岩土体，提高岩体的承载能力。小导管的连接力学原理能把不稳定的岩块和岩土层连接起来，在小导管长度足够的情况下甚至可以使不稳定的岩块和岩土层与稳定的岩层发生连接关系，形成共同受力体。这种组合受力体，能有效减少不稳定岩土体的掉落。超前小导管的锚杆组合作用可以将一定深度的岩土层组合在一起形成组合拱或组合梁，锚杆组合作用能有效阻止岩土层的滑动和坍塌。在小导管与岩土体的组合体中，小导管的抗剪力、抗拉力以及锚固力传递到岩土层能增加岩层层面摩擦力，进而稳定岩块减少滑动的可能性，有效减少层面的相互错动运动，通过这种"岩石梁"或"岩石拱"效应增加岩层整体抗剪、抗弯能力。合理地布置超前小导管，可以对周边围岩发挥挤压和粘结加固作用，进而形成一个承载环。小导管的预应力的作用使得周围岩体形成筒状压缩区，彼此连接的压缩区形成一个具有一定厚度的压缩带。压缩带中的岩体在小导管支持力的作用下，处于三向受压状态，相比于原来的状态，处于压缩带中的岩体弹模提高了许多，压缩带中物理力学参数提高后的岩体就形成了隧道结构的重要支撑结构。一般情况下，超前小导管与注浆措施共同作用，承载环的力学效果会更好。随着我国隧道及地下工程的大量兴建，各种地层问题层出不穷，业内人士不断地摸索新的加固技术。由于适应性强和可叠加使用的特点，小导管注浆技术得到大量的应用。

（3）超前管棚

超前管棚具有施工速度快、工艺简单和适应性强的特点。超前管棚支护一般需要与注浆措施同时施做，两者相互作用才能起到理想的效果。超前管棚支护的设置不需要大型设备，而且操作方便，通常情况预加固效果比较明显。在隧道洞口地段遇到软弱破碎围岩易塌方等问题，超前管棚预加固措施具有不可替代的加固作用。在浅埋地段和洞内软弱破碎地质条件下，超前管棚依然能表现出比较好的加固性能。超前管棚支护的施做通常是在即将开挖的地下洞室或隧道开挖外轮廓周边上安装具有一定的间距、外插角以及较大惯性矩的钢管。超前管棚和辅助注浆措施与围岩的共同作用，形成"承载拱"效应，承受拱外部岩体的作用力。这种情况下，可以减少外部岩体对隧道开挖过程的影响，为施工提供良好的力学环境。当超前管棚密度合理，沿隧道开挖轮廓周边的管棚支撑作用显著，加固环的变形与为预加固前明显减小。相应地，"承载拱"的刚度较大，管棚承担的荷载增加，传递到支护结构上的荷载就会减少。同时，拱部围岩的形变应力通过"承载拱"纵向传递给支撑拱架，两两相连的支撑拱架形成了一个由改良岩体构成的预支护圈。

（4）地面垂直锚杆法

在隧道施工之前，在隧道上方按矩形或梅花形布置垂直于地面的粗钢筋（一般间距取100～200mm），利用砂浆或水泥浆进行充填。砂浆凝固后，与粗钢筋形成棒状的钢筋加固体，这种加固体结构能增加岩体的抗剪强度。地面垂直锚杆法对很多常见的隧道问题都有比较好的控制效果，如控制地表下沉、加强隧道掌子面稳定性等。对软弱围岩地区修建浅埋隧道以及滑坡问题等情况，地面垂直锚杆法对岩体的加固作用具有不可替代的优越性。

（5）预衬砌法

预衬砌的施做过程对工人的熟练度要求相对较高，用锯割机械在隧道开挖面前方沿隧道拱背线做出拱形槽，继而填充混凝土构造拱壳。砂土地层情况下，围岩强度较低，自稳能力差，改善原有效果不显著的情况下，采用预衬砌法可以减少砂土地层对隧道开挖作业的作用。除此之外，其他通过改善土体物理力学参数不明显的情况，如地表位移控制严格、粘结力较小的地层修建大断面隧道等情况，也可用预衬砌法进行加固。如果工人技术熟练，采用机械预切槽法施做与衬砌对地层扰动较少，整个施做过程不会对相邻地层稳定性产生过大影响。

3. 施工过程中的控制对策

在围岩比较差的隧道工程中，除了做好预加固措施以外，还应选择合理的开挖方法、断面形式等因素，合理利用隧道开挖的力学特点，尽量减少开挖对岩体的扰动。

（1）优化开挖工法

目前，隧道工程中主要通过合理设置分步开挖、压缩空气开挖、机械预切槽开挖等方式优化开挖工法。设置合理的分步开挖法对大断面隧道非常重要，采用台阶法、中隔墙法以及眼睛工法等可以有效减少隧道开挖支护不及时引起的塌方、应力集中等问题。此外，分部开挖对降低地层沉降也具有良好的效果。在控制地表沉降方面，双侧壁导坑控制效果最好，中隔墙法次之，与前两种工法相比起来台阶法稍差些。分部开挖过程中，开挖台阶长度对地层沉降也会产生影响作用。一般来讲，台阶越长地面沉降越大，沉降槽的宽度也会相应增加。因此，要减少地面沉降应尽量缩短分部开挖的台阶长度。

（2）及时闭合断面

在软弱、砂土围岩中，围岩自身粘结能力较差，很容易引起塌方等问题，因此，及早封闭围岩形成自封闭体系对预防塌方极为重要。传统隧道开挖中，对这类围岩把注意力集中在拱顶部位，认为只要顶部支护结构刚度大，够结实，上部土体掉不下来就安全了。这种观念没有考虑围岩力学的传递效应，拱脚和仰拱部位都会出现较大的隆起现象。现在，隧道施工中一般通过设置临时仰拱、底部横撑等手段使围岩及早形成封闭环，这种封闭的环形结构能有效减轻隆起病害。

在大断面隧道开挖中，一般施做临时仰拱辅助台阶法施工。通常情况，先在台阶底部架设封闭的钢架环，面层再施做喷射混凝土，形成临时封闭环。根据承载需要，临时仰拱可以做成水平直线型和下拱型两种曲线形式。水平直线型主要向初期支护提供水平方向的支撑力，有效减少初支底部的挠度。下拱型仰拱主要为初支提供向上的支撑力，能有效阻止初支的下沉。通过架设临时仰拱使围岩形成封闭环，这种环形的受力整体具有更好的承载作用，能有效减少因为应力集中而产生的重大变形。除了通过架设临时仰拱与初支形成封闭环以外，也可以通过施做锁脚锚管、注浆等方式加固底部岩体，与初支形成封闭环，同样起到加固的作用。

（3）加强衬砌

因为初支为围岩提供的支护阻力，使洞壁岩体再次回到三次应力状态。假设支护阻力足够，则可以充分减少开挖对地层的后期影响，隧道就会安全。因此，施工可以通过提高初支结构的早期强度和最终强度，增加混凝土与围岩的密贴性改善围岩的应力场，增加二衬的强度同时可以提高隧道的安全储备。

2.7.3 监测实施

现场监控量测是监视围岩稳定、判断隧道支护衬砌设计是否合理、施工方法是否正确的重要手段，也是保证安全施工、提高经济效益的重要条件，应贯穿施工的全过程。为此，矿山法隧道监测的对象主要包括土体介质的监测、邻近建（构）筑物及地下管线的监测和隧道结构监测三大部分。

1. 土体介质的监测

土体介质的监测内容包括：地表沉降、土体沉降和水压力等项目。掌握浅埋暗挖法隧道掘进时地表沉降规律、影响范围，以指导施工和确保施工安全。

2. 邻近建筑物及地下管线的保护监测

（1）相邻建（构）筑物的变形观测

对浅埋暗挖法隧道直接下穿和影响范围内的房屋、桥梁等构筑建筑物的变形观测。可以分为沉降观测、测斜观测和裂缝观测等。

（2）相邻地下管线的沉降观测

城市市政管理部门和煤气、输变电、自来水和电信管线的允许沉降量，制定了十分严格的规定，工程建设所有有地下管线的监测内容包括垂直沉降和水平位移两部分。

3. 隧道结构监测

（1）隧道结构变形监测。

（2）隧道结构受力监测。

2.7.4 案例分析

深圳地铁 7 号线深云村站～农林站区间段下穿北环大道 5 次、广深高速 4 次、下穿安托山集团实验大楼与生产区、气象雷达站等重要建筑物，下穿区域主要为第四系全新统人工填筑土、砾（砂）质黏性土，下伏基岩为燕山期花岗岩。区间隧道埋深较大，穿越地层多为强～微风化岩，施工难度很大：（1）深圳地铁 7 号线深农区间、安拓山停车场出入线以及皇福区间下穿福民车站所在施工区域位于深圳市核心地段内，施工场区内包括广深高速公路、北环快车道、安拓山混凝土公司厂房、高压电塔和营运中的港铁福民车站等建筑，这些既有建筑物稳定性与施工期间环境保护要求极高。（2）深圳地铁 7 号线深农区间、安拓山停车场出入线以及皇福区间下穿福民车站施工建设均为浅埋或"零距离"下穿既有建筑物，并且断面形式复杂多变，施工难度和风险伴随隧道埋深和断面形式的改变呈几何倍数增长。（3）深圳地铁 7 号线深农区间、安拓山停车场出入线所在区域隧道断面上部多为松软土层，而下部多为坚硬的岩石地层，这是典型的上软下硬复杂地层。针对浅埋暗挖法隧道施工建设，随着隧道上下断面的开挖，其上部地层极易出现失稳破坏，下部地层较难开展施工作业（爆破强度过大极易造成隧道拱顶震动坍塌，爆破强度较小无法满足下部地层施工要求）。（4）地层地质的适应性和施工环境的特殊性，决定了需要对浅埋暗挖法施工中的爆破开挖、施工工法、支护结构等进行创新性改造和全新的设计，技术难度极高。

针对以上工程建设难点问题，矿山法施工过程中主要采用了以下变形控制措施：

1. 地质灾害超前预报技术

隧道的设计、施工、工期、造价无不受地质条件的制约，现在越来越多的隧道建设者均认识到，不了解地质、不关心地质将使隧道建设事倍功半。国内外工程实践证明，施工准备阶段掌握隧道地质特征对于隧道建设十分重要。施工设备、施工方案的选择、人员配备、材料供应、工程成本、施工进度都与隧道工程地质条件息息相关。为此，采用探地雷达技术开展超前预报，针对其应用条件、现场工作原则、雷达参数设置进行探讨；对探地雷达信号构成、特征、干扰信号进行甄别；掌握深圳地区上软下硬复杂地质岩体典型地质灾害体的 GPR 反射波剖面特征，建立地质灾害体雷达解译标志，总结一套规范化的探地雷达超前地质预报工法。

2. 隧道信息化监测技术

隧道信息化监测就是在施工中布置监控测试系统，从现场围岩的开挖及支护过程中获得围岩稳定性及支护设施的工作状态信息，通过分析研究这些信息，间接地描述围岩的稳定性和支护的作用，并反馈于施工决策和支持系统，修正和确定新的开挖方案的支护参数，实质上是通过施工前和施工过程中的大量信息来指导施工，以期获得最优地下结构物的一种方法。隧道工程信息化监测方法概括起来包括三个步骤：信息采集、信息处理、信息反馈。

3. 超前预加固施工技术

超前大管棚支护方法：大管棚由钢管和钢格栅拱架组成。管棚是利用钢格栅拱架，沿着开挖轮廓线，以较小的外插角，向开挖面前方打入钢管，形成对开挖面前方围岩的预支护。其中，大管棚拱部 120° 范围内设置，环向间距 0.4m。采用外径 108mm、壁厚 10mm，长 15m 的无缝钢管。如图 2.7-1 所示。

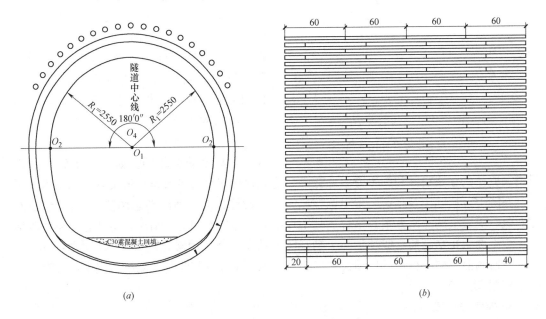

图 2.7-1　超前大管棚示意图
(a) 横向布置图；(b) 纵向布置图

超前小导管支护方法：小导管选用有缝钢管，管径 ϕ32nm，管长采用 3.5～5.0m；钢管应沿隧道开挖轮廓线环向布置并向外倾斜，其倾斜角一般为 5°～10°，处理坍方体可适当加大 10°～15°；注浆压力应根据地层致密程度决定，一般为 0.5～1.0MPa，劈裂注浆可适当加大，但应小于或等于覆盖压力；纵向前后相邻相排导管搭接水平投影长度一般不宜小于 1.0m，如图 2.7-2 所示；Ⅳ级围岩壁裂、压密注浆时采用单排管，Ⅴ级围岩或处理坍方时可采用双排管。大断面或注浆效果差时也可采用双排管，如图 2.7-3 所示；渗入性注浆导管环向间距 $a=r/(0.5～0.7)$ 应通过试验确定，但不得超过 0.4m，无试验条件时，视地质条件按 0.2～0.4m 选用；单根导管注浆量按 $Q=\pi r^2 ln$；为了避免串浆，双排或双排以上多排管布置时，可分层施工，即先打一排管，注浆完后再打另一排管。

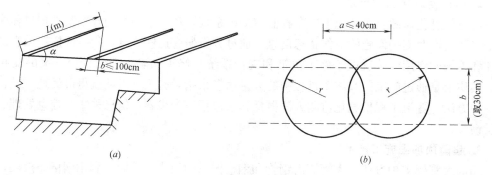

图 2.7-2 超前小导管布置图

(a) 导管纵向布置图；(b) 注浆半径及孔距图

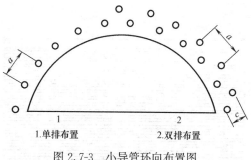

1. 单排布置 2. 双排布置

图 2.7-3 小导管环向布置图

4. 动态化注浆加固施工技术

动态化注浆技术，就是要求在工程实施的设计和施工环节都遵从动态化的理念。在地铁隧道等线性工程地质体中，岩土介质本身及在纵向上往往存在很大的差异性，特别是工程地质条件复杂多变的区域，随着工作面的推进，各种地质参数和因素的时空变化性更加显著，因此工程岩土体的性质是高度动态化的。如果整个施工过程只遵循原始的注浆设计和施工方案，势必会造成存在安全隐患或材料浪费等不利因素。所以，在隧道开挖施工过程中，变更调整原始注浆设计方案，做出动态调整，获得更合理、更有效、更安全的注浆方案。结合实际工程中的具体操作和运用情况，将动态化注浆概括为 4 个方面：止水超前、成环加固、勤观测、动态补浆。动态化注浆技术从勘察、设计、施工、监测监控的并行性、反馈性加以综合考虑，将开挖与注浆观测结合起来，具有显著的工程意义。

5. 控制爆破减震技术

在建筑物密集且部分建筑物抗震性能差的城市繁华地带的地下，进行浅埋隧道爆破开挖施工，只有采用减震控制爆破技术才能使地表建筑物免受爆破震动的危害。针对地铁区间工程地处城市地段，所处地层围岩较多表现为上软下硬，同一工作面分布不同围岩类别等特点，进行隧道微震控制爆破技术设计。设计中充分体现微震控制爆破技术研究成果。隧道处于中风化及微风化层中，拱部采用光面爆破，墙部采用预裂爆破，核心采用控制爆破，掏槽采用抛掷爆破的综合控制爆破技术，以尽可能减轻对围岩扰动，维护围岩自身稳定性，达到良好轮廓成形。选用导爆管非电起爆系统，该系统能根据需要选择分段起爆数和微差间隔时间，使爆破振动降低到最低限度。采用微震爆破技术，多循环、短进尺、弱装药、分段微差延时起爆，减少最大分段药量。每段最大爆破药量以周围结构安全允许震动速度指标控制（≤2cm/s）。加强爆破振动监测，根据监测信息及时反馈，调整钻爆参数，提高爆破效率。设立专门的爆破领导组织机构。成立爆破专业施工队专职负责爆破施工。

6. 隧道下穿段开挖工法转换技术

上软下硬地层具有岩土体空间分布差异大的显著特点，当在上软下硬特殊地层中进行浅埋暗挖施工时，出于安全、成本及进度等综合考虑，单一的开挖方法往往不能满足施工要求，因地制宜的提出施工方案，结合不同地质情况采取适宜的开挖方法往往能取得良好的工程效果。

对于深圳地铁 7 号线深农区间隧道下穿广深高速、北环快车道和工业厂房等工程，结合力学机理和安全性分析可知：（1）不同掌子面入岩深度下拱顶沉降变化曲线大致可以分为 2 个阶段：第 1 阶段是入岩深度从 0～17m，随着入岩深度的增加，拱顶沉降急剧减小；第 2 阶段，入岩深度大于 17m，岩层已经完全覆盖隧道拱顶后，拱顶沉降随入岩深度的增加变化很小，基本稳定。（2）隧底隆起受掌子面入岩深度影响较小，不同入岩深度下，隧底隆起基本无变化。（3）不同掌子面入岩深度下地表沉降的变化曲线大致可以分为 3 个阶段：第 1 阶段是入岩深度从 0～10m，随着入岩深度的增加，地表沉降急剧减小；第 2 阶段，入岩深度从 10～17m，随着入岩深度的增加，地表沉降减小速率趋于缓和；第 3 阶段，入岩深度大于 17m，岩层已完全覆盖隧道拱顶后，地表沉降随入岩深度的增加基本无变化。随着掌子面入岩深度的增加，围岩变形呈减小的趋势，并最终都趋于稳定，其大小不再随入岩深度的增加而变化，表 2.7-1 为围岩变形不随掌子面入岩深度增加而变化时的入岩深度值。综合考虑安全、经济等因素，最终确定在掌子面入岩深度为 17m 时进行工法转换，由原设计的 CD 工法改为三台阶法进行施工。

围岩变形稳定入岩深度值 表 2.7-1

项目	稳定时入岩深度(m)
拱顶沉降	17
地表沉降	17
隧底隆起	隧底隆起随入岩深度的增加基本无变化

2.8　近接隧道工程变形控制方法

2.8.1　设计理论

1. 隧道纵向结构计算模型

新建隧道的开挖卸载改变了周围土体的应力状态并产生初始自由场位移场，已建隧道的直接响应就是洞室结构的横向和纵向变形。目前针对盾构隧道变形的认识主要集中在横向结构特性上，实际上盾构隧道纵向变形特性更加脆弱，当纵向变形值或弯曲曲率达到一定量之后纵向接缝处容易出现张拉破坏。因此，关于盾构隧道的纵向设计理论与保护技术研究正越来越受到重视。

盾构隧道的特点在于隧道衬砌的纵向及环向均是由螺栓将管片连接而成的筒状结构，由于接头和管片刚度差异使得纵向刚度在接缝处有明显的突变。因此，分析盾构隧道纵向变形性能的关键是建立合理的隧道纵向结构计算模型。根据理论研究中对环缝与纵向螺栓的简化方法不同，目前隧道纵向结构计算模型可分为纵向梁-弹簧模型、等效轴向刚度模型和等效连续化模型 3 种。

（1）纵向梁-弹簧模型

小泉淳等为代表的隧道纵向梁-弹簧模型在日本得到了广泛的运用。如图 2.8-1 所示，该模型采用直线梁单元来模拟每一环衬砌，采用弹簧单元的轴向、剪切和转动效应来模拟衬砌之间的环向接头和转动，土体与隧道之间的相互作用则采用弹簧单元来模拟。这种方法在理论上可调整每一环管片和接头的参数，能反映衬砌和接缝性能有变化的管片区段，适应各种情况下的盾构隧道。

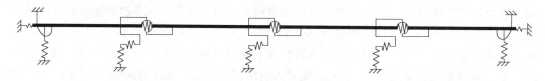

图 2.8-1　纵向梁-弹簧模型

纵向梁-弹簧模型的缺点是进行纵向分析时计算单元较多，模型中的弹簧轴向、剪切和转动效应系数都需要通过试验来确定，由于该模型是建立在适用于线弹性介质的卡式第二定理基础上，一般只能借助数值方法用于线性分析，无法有效地模拟接头的非线性性状及结构—地层相互作用对隧道纵向刚度的增强作用。

（2）等效轴向刚度模型

另一种理论是日本学者志波由纪夫等提出的等效轴向刚度模型。如图 2.8-2 所示，该方法假设隧道在横向为一均质圆环，把管片和接缝组成的盾构隧道等效为具有相同轴向刚度的均质连续梁。由于该方法直接是从衬砌环向接缝和螺栓受力变形性能角度上研究得出的等效模型，可直接给出管片和螺栓应力的显式理论解，而且具有概念清晰、计算简便等优点，因此成了应用最广泛的一种解析模型。

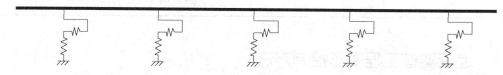

图 2.8-2　纵向等效连续化模型

等效轴向刚度模型虽然不能全面地考虑接缝和螺栓的影响，但是在计算纵向变形时抓住了问题的主要方面，能方便有效地得到问题的显示理论解答，为盾构隧道结构纵向理论分析提供了很好的研究方向。

（3）纵向等效连续化模型

实际工况中，隧道环缝纵向影响范围、连接螺栓预应力、横向接头刚度 3 个因素均会对隧道纵向刚度产生影响。因此，求取隧道纵向等效弯曲刚度时，需要在传统纵向等效轴向刚度模型的基础上对以上因素进行理论修正。如图 2.8-3 所示，取两节衬砌环中线长度 l_s 作为一个单元管段，环缝影响长度为 l_a（$l_a < l_s$）。当单元管段受到大小为 M 的弯矩作用时，单元转角 θ 由环缝影响范围内转角 θ_f 和环缝影响范围外转角 θ_s 两部分组成，即 $\theta = \theta_f + \theta_s$，则梁的理论弯曲曲率为 θ/l_s。

纵向等效连续化模型的基本假定为：

① 隧道横截面符合平截面假定，即横截面上每一点的附加变形与该点距中性轴的距离成正比；

② 隧道截面中性轴位置和各点的应力分布沿隧道纵向不变，环缝作用范围内，截面受拉侧拉力全部由螺栓承担，受压侧压力全部由管片承担；

③ 采用沿衬砌环均匀分布的弹簧单元来模拟螺栓，螺栓受拉时按一定的弹簧系数变形，受压时变形为 0，如图 2.8-4 所示，图中 K_{j1}、K_{j2} 分别为螺栓的一次、二次弹簧系数，为方便计算，引入如下参数 K_{r1}、K_{r2}。

$$K_{r1} = \frac{K_{j1}}{\pi D}, K_{r2} = \frac{K_{j2}}{\pi D} \tag{2.8-1}$$

计算单位管段的变形时，可按环缝影响范围以外（$l_s - l_a$）和环缝影响范围以内（l_a）两部分进行考虑。

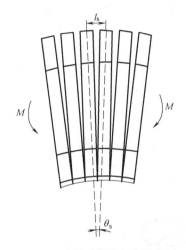

图 2.8-3 单元管段弯曲示意图

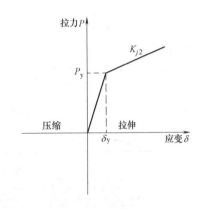

图 2.8-4 螺栓 P-δ 图

（1）环缝影响范围以外的截面转角 θ_s

$$\theta_s = \frac{M(l_s - l_a)}{E_c I_c} \tag{2.8-2}$$

式中 E_c、I_c——盾构隧道管片弹性模量和截面惯性矩。

（2）环缝影响范围以内的截面转角 θ_f

当截面处于完全弹性状态时，根据变形协调条件和力学平衡条件可得到环缝影响范围以内的转角 θ_r 和截面中性轴位置 φ 分别为

$$\theta_f = \frac{M l_a}{K_f E_c I_c} \tag{2.8-3}$$

$$\text{ctan}(\varphi) + \varphi = \pi \left(\frac{1}{2} + \frac{K'_{j1} l_a}{E_c A_c} \right) \tag{2.8-4}$$

引入土层约束系数 η_2（$\eta_2 \geq 1$）进一步修正，得出的盾构隧道等效弯曲刚度 EI 的计算公式为：

$$EI = \eta_1 \eta_2 \cdot \frac{K_f I_s}{K_f (I_s - I_a) + I_a} \cdot E_c I_c \tag{2.8-5}$$

在分析隧道纵向附加变形时，即可将隧道视为具有等效刚度的连续直梁。相同的荷载作用下，真实隧道的最大位移 $\Delta_{\text{真实隧道}}$ 和等效后均质隧道的最大位移 $\Delta_{\text{均质隧道}}$ 相同时，即可得到隧道纵向刚度有效率 η' 为：

$$\eta' = \frac{\Delta_{\text{均质隧道}}}{\Delta_{\text{真实隧道}}}, \eta' < 1 \tag{2.8-6}$$

2. "盾构机-土体-隧道结构"协同分析方法

盾构掘进穿越既有隧道时会引起周围地层的扰动，扰动又通过土体介质进行扩散和传播，从而作用于既有隧道。盾构掘进引起的地层损失、盾构施工荷载如附加推力、盾壳摩擦力、盾构刀盘扭转都会引起既有隧道变形和附加受力，这些都需要在计算既有隧道变形时加以考虑。可以说，既有隧道的变形是盾构机、土体、既有隧道结构三者共同作用的结果，因此研究盾构掘进引起既有隧道变形应当充分考虑盾构掘进荷载特征、隧道结构-土体相互作用，才能得到客观的研究结论。

就力学机理而言，新线开挖卸载引起的下卧隧道纵向变形问题涉及"新隧道"、"土体"和"既有隧道"这3个系统之间的相互作用。首先是新隧道施工引起周围土体产生竖向自由位移场；其次是新隧道周围土体在自由运动过程中又与既有隧道发生相互作用，从而使隧道产生纵向附加位移和内力；"土体"与"既有隧道"之间的变形不断发生相互约束、调整直至耦合一致。理论分析中，只有将这3个系统结合起来才能得到问题的正确解答。盾构机-土体-既有隧道相互作用示意图如图2.8-5所示。

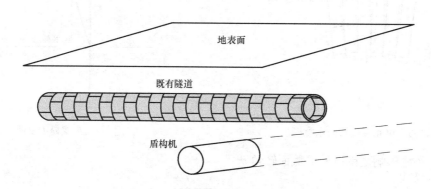

图 2.8-5　盾构机-土体-既有隧道相互作用示意图

通过进行盾构机、土体、既有隧道协同分析，可得既有隧道变形的整体耦合平衡关系，隧道受力平衡的有限元方程为：

$$\{F\} = [K] \cdot \{w_t\} \tag{2.8-7}$$

以周围主体接触节点为研究对象，当"既有隧道"与周围"土体"之间的变形耦合达到平衡状态时，周围土体接触节点处会承受来自既有隧道节点的竖向力向量为 $\{f_t\}$，使土体发生约束位移，由 $\{f_t\}$ 产生的相应主体接触节点竖向位移向量 $\{w_s^{(2)}\}$ 可表示为：

$$\{w_s^{(2)}\} = [G] \cdot \{f_t\} \tag{2.8-8}$$

既有隧道纵向变形性状的整体耦合平衡方程为：

$$([G] \cdot [K] + IE) \cdot \{w_t\} = \{w_s^{(1)}\} \tag{2.8-9}$$

式中　IE——单位矩阵。

2.8.2 变形控制主要方法

新建隧道施工对地层进行扰动，进而引起地层产生一定变形，这一变形通过地层传播，作用于既有结构之上，这一过程中两者通过彼此内力及变形的不断调整，在施工每一阶段寻求着的平衡状态。既有结构既是承载体，也是变形传递和吸收体，地层是变形传播的媒介，新建工程对地层的扰动是变形产生的根源。因此为了控制近接施工中的结构变形应该从以下三个方面采取措施：

1）既有隧道物的加固措施（提高既有隧道结构的承载能力）；2）地层加固及隔离措施（降低地层中的变形传播）；3）减小施工扰动的工程施工措施（使施工产生的变形最小化）。

1. 隧道多线穿越施工位移分配控制理念与方法

盾构多线穿越施工位移分配控制方法主要步骤如下：

（1）针对目标结构物（运营隧道）现状展开详细调查，对既有运营隧道运营阶段线型进行量测，分别测试运营隧道轨道平顺性和拱顶初始变形值，确定运营隧道服役历史变形既有量，进而确定既有运营隧道变形允许增量值。

（2）通过"盾构机-土体-结构物"协同分析方法将多次近接施工引起运营隧道变形进行叠加，动态获取各次近接施工中运营隧道最大变形值，计算得到各次近接施工引起最大变形值占总变形最大值百分比。根据计算得到的占比对变形增量允许值进行预先分配，结合允许限值确定单次近接施工既有运营隧道变形控制标准。

（3）根据评估结果选取安全适用的既有隧道结构保护方法，对既有结构物进行预加固保护，并通过常规掘进段进行试验，始发后即模拟上穿段施工确定合理参数，基于地表变形结果确定合理的盾构掘进参数（如土仓压力、掘进速度、注浆参数等）；

采用全自动全站仪和棱镜对既有隧道变形进行监测，根据每次近接施工盾构掘进参数和运营隧道变形结果实时调整施工控制措施，调整参数可以包括土仓压力、注浆压力、注浆量、盾构推力、掘进速度等，通过盾构机操作室显示器观察盾构施工参数变化，并根据监测结果对隧道变形量合理进行动态重分配。

（4）盾构近接施工过程中，对运营隧道变形进行实时动态监测，若单次近接施工引起运营隧道变形超过分配值，则需要将残余变形允许值重新分配，调高后续近接施工运营隧道控制标准，同时根据上次盾构掘进参数情况适当调高土仓压力和同步注浆压力，对运营隧道适当抬升。

（5）整个施工过程中按照步骤（5）进行往复循环，直至盾构隧道群施工全部完成。

整体流程如图 2.8-6 所示。

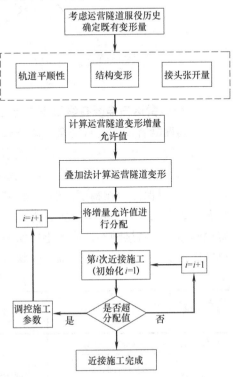

图 2.8-6 盾构隧道群施工位移分配法流程

2. 既有隧道洞内追踪注浆保护方法

地铁隧道通常处于城市繁华地区，建构筑物密集、交通繁忙，如何对既有运营隧道实施保护措施一直以来是施工中的难题，深圳地铁提出并完善了既有隧道洞内追踪注浆技术这一保护方法，提高既有隧道结构的抗变形能力以及周围土体的约束作用，实现了既有隧道结构变形的精细化控制和列车的不间断运营。如图 2.8-7 所示，为既有隧道洞内注浆布点图。穿越前：在新建盾构隧道临近前在既有隧道变形敏感区域两侧布设注浆孔和羊角管，对周围土体进行预加固处理；穿越中：根据自动化监测数据反馈，通过预先安装的注浆设备实时对既有隧道洞内进行补偿注浆，确保既有隧道变形控制在允许范围；穿越后：由于扰动后的土体会发生固结变形，为防止土体长期沉降引起既有隧道结构过大变形，持续保留注浆设备，对既有隧道进行追踪保护，确保整个穿越周期的既有隧道安全。

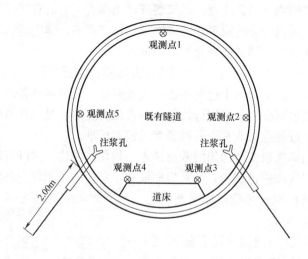

图 2.8-7　既有隧道洞内注浆布点图

3. 地质雷达扫描既有线及下方土体技术

为确保既有线的运营安全，防止较大事故的出现，盾构穿越前，技术人员在隧道运营停止后（凌晨 0 点左右）进入既有隧道洞内，应用高频地质雷达在既有线底板中线上方进行大范围扫描，扫描方式采用沿测线多频率、连续滚动扫描，每次扫描过程不能间断，重复 2～3 次以保证探测精度。然后对多次重复扫描结果进行分析，判断既有隧道周围土体状态，如表 2.8-1 所示为深圳地铁 2 号线下穿工程中的扫描结果。根据隧道结构与土体状态探测结果，对接触不良或者土质状态不好的区域进行注浆填充和加固，加固完成后进行再次进行探测，直至隧道周围土体状态良好方可进行近接施工。

既有隧道洞内扫描结果　　　　　　　　　　　　　　　　　　　　表 2.8-1

扫描图像	浅层强反射带	连续密集小弧形	反射强烈同相轴连续性	同相轴连续性良好、信号弱
成像范围	0.0～1.5m	0.0～1.0m	2.0～4.0m	5.0m 以上
土体状态	隧道轨面、混凝土支护结构	钢筋网、金属构件	结构-土体接触不良或是存在土岩交界面	地质条件良好

4. 基于隧道变形的盾构掘进参数动态调控

在整个穿越工程实施过程中，盾构掘进参数的变化一直处于不断优化改进的过程。无论是在其中施工段的试验，还是在穿越段实验区的试验，依据土体变形的监测、沿线建（构）筑物变形监测，还有既有线变形的在线监测，都是盾构各项生产参数不断改进，力求将盾构施工扰动对周围环境的影响控制到尽可能小的过程。如图2.8-8所示，这个过程是建立在多维信息基础之上的目标规划，既要保证新建隧道的施工安全，又要保证既有隧道的运营安全。

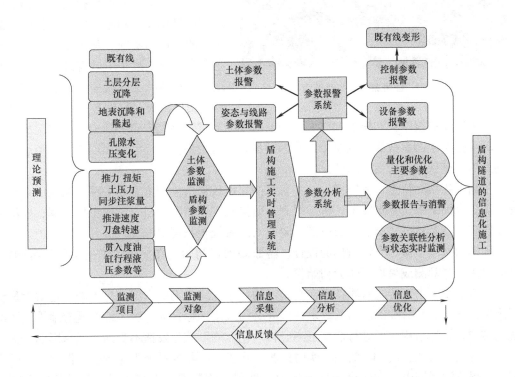

图2.8-8 盾构穿越既有线施工多元信息系统

总结深圳地区盾构下穿施工技术参数选取的基本原则：

（1）盾构在复合地层中掘进，盾构机尽量接近满仓掘进，但仓内要留有一定的空隙；

（2）盾构机停机时，尽量保持较高的土压；

（3）盾构机在推进过程中，尽量保持匀速和较快的速度；

（4）密切关注盾构机的推力和扭矩，要与盾构机的装备能力相适应；

（5）通过渣土状态的实时监控，可动态调整加水和加泡沫的用量，力求渣土达到较好的流塑性状态，当不能满足上述要求时，执行"宁稀勿稠"的原则，坚决避免盾构结泥饼问题的出现。

5. 盾构隧道壁后加密注浆技术

为了更为严格地控制既有运营隧道变形，保障盾构穿越期间既有线路的运营安全，深圳地区风险较大的穿越工程采用了新建隧道壁后加密注浆技术，采用了专门用于穿越段的加密注浆孔管片，如图2.8-9所示穿越段管片增设至每环16个二次注浆孔，在穿越敏感区域进行全面的二次注浆。通过补浆系统和专门研制的注浆混合器在管片壁厚注入水泥、水玻璃双液浆，充分填充盾构空隙，从而抑制既有隧道变形。

图 2.8-9　特制加密注浆孔的管片

2.8.3　既有运营隧道综合监控量测技术

对既有线结构和轨道进行监控量测是新建地铁在穿越既有线施工期间确保既有线安全运营的保证措施，也是实施隧道信息化设计和施工的根本体现。通过监测工作的实施，掌握在新建线路穿越既有线施工过程中既有线隧道结构和道床、轨道状况的改变，为建设方及运营方提供及时可靠的数据和信息，评定地铁施工对既有线结构和轨道的影响，为及时判断既有线结构安全和运营安全状况提供依据，对可能发生的事故提供及时、准确的预报，使有关各方有时间做出反应，避免恶性事故的发生，确保既有线安全运营。

依据工程实际特点，制定详实、完备且操作性较强的监测方案是一项复杂性的系统工程，需要全面统筹，重点突出，科学规划。监测范围、监测项目、监测工作频率、监测周期及监测仪器及精度、测点的布设都需要在对既有线现状情况充分掌握和对施工工艺流程充分理解的基础上做出有针对性的设计。各监测项目初始值在穿越施工前 1 周就需测定，且取两次合格观测成果均值作为初始值。

一般来说，由于传统监测技术在高密度的行车区间内无法实施，且不能满足对大量数据采集、分析、及时准确反馈的要求，因此必须采用远程自动监测系统对既有地铁线路的隧道结构和轨道结构变形进行监控量测，自动化监测可充分发挥不受列车运营影响、无人驻守的特点，实现连续 24h 的在线实时监测，真正发挥监控量测为穿越施工保驾护航的作用，远程监测系统由自动化全站仪或静力水准仪、监测点、无线数据采集及传输系统构成。如图 2.8-10 所示，为深圳地铁 1 号线内自动化监测仪器安装图。

此外，为了掌握盾构近接施工期间既有运营隧道中轨道结构的安全，同时也为了复核远程监测结果的可靠性，盾构近接施工过程中需要辅助采用人工监测方法（图2.8-11），在既有线停运后进洞量测。两种监测方式还可以互为校核，以保证监测数据的真实和可靠。最终能得到的监测成果可以归纳为以下几种类型：1）地表沉降；2）既有线洞内自动化监测结构变形；3）既有线洞内人工量测结构变形；4）轨道静态几何行为的监测。

2.8.4　变形控制效果工程案例分析

列举深圳地铁 9 号线下穿地铁 1 号线国贸～罗湖区间为例进行分析说明。深圳地铁 1 号线隧道采用土压平衡盾构机（EPB）建造，完成时间在 2004 年。该盾构隧道外径为 6.0m，内径为 5.4m。隧道管片由六块拼装而成，管片宽度为 1.5m。新建地铁隧道 9 号线地铁隧道也采用盾构法建造，该区间建成时间为 2015 年，具体平纵面图如图 2.8-12、

图 2.8-10　自动化监测仪器安装工作照片

图 2.8-11　人工进洞测量

图 2.8-13 所示。新旧隧道夹角约为 85°，新建隧道埋深 12.6m，新旧隧道最小净距分别为 7.5m 和 1.8m。为了确保下穿期间既有隧道安全，穿越过程中对既有隧道变形进行了实

时监测，监测断面布置如图 2.8-12 所示，沿既有隧道共布置 9 个监测断面（MC1～MC9），断面间隔为 5～10m。此外，为对比既有隧道和天然地层沉降的区别，对隧道附近同一埋深处的天然地层沉降进行了监测，共布置监测断面两个（MC-A 和 MC-B），监测断面距离既有隧道边缘为 2～3m，监测点间隔为 6m。

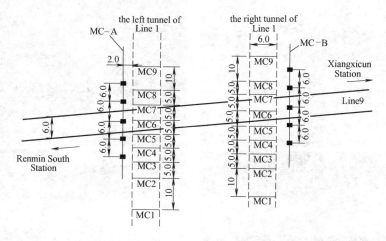

图 2.8-12　新建地铁 9 号线下穿运营地铁 1 号线国～罗区间（m）

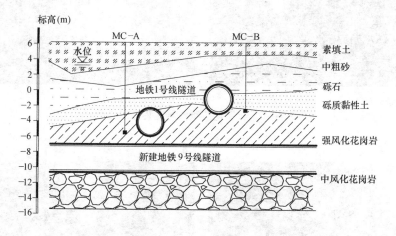

图 2.8-13　下穿纵断面图

　　根据试验段地表变形与盾构掘进参数动态调整，盾构下穿过程中（盾构距既有隧道边缘±15 环）盾构机土仓压力维持在 0.18～0.20MPa，注入浆液为水泥单液浆，注入率保持在 200%，盾构掘进速度控制在 30～40mm/min。盾构穿越过程中除了严格控制盾构掘进参数以外，还采用了既有隧道洞内追踪注浆、新建隧道壁后加密注浆等措施，既有隧道最终沉降曲线如图 2.8-14 所示。回归分析发现，左线隧道和右线隧道地层损失率（V）分别为 0.32% 和 0.36%，隧道形成沉降槽宽度系数（K）分别为 7.26 和 7.00。既有地铁 1 号线双线隧道最终沉降分别为 5.6mm（左线）和 7.8mm（右线），变形控制良好，最终变形满足地铁列车运营要求，整个施工期间实现了地铁列车的不间断运行，有效地保障了人们的交通出行。

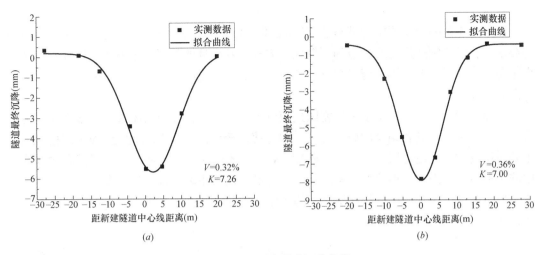

图 2.8-14　既有隧道沉降曲线

（a）既有隧道左线沉降拟合曲线；（b）既有隧道右线沉降拟合曲线

2.9　顶管法隧道工程变形控制方法

2.9.1　顶管法简介

1. 基本方法

顶管施工是继盾构施工之后而发展起来的一种地下管道施工方法，它不需要开挖面层，并且能够穿越公路、铁道、河川、地面建筑物、地下构筑物以及各种地下管线等。

顶管施工是从地面开挖两个基坑井（工作井、接收井），然后管节从工作井安放，通过主顶千斤顶或（中继环）的顶推机械的顶进，推动管节从工作井预留口穿出，穿越土层到达接收井的预留口边，然后通过接收井的预留口穿出，形成地下管道的施工。目前市面上常用的顶管机类型有泥水平衡式顶管机和土压平衡顶管机。顶管机施工工艺如图 2.9-1 所示。

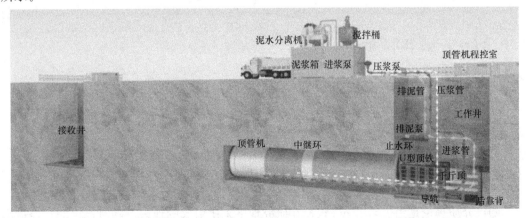

图 2.9-1　顶管机施工工艺图

2. 适用性

顶管施工的一个重要问题就是适应性问题，针对不同的土质、不同的施工条件和不同的要求，我们必须选用与之适应的顶管施工方式以及合理的顶管掘进参数，这样才能达到事半功倍的效果；反之则可能使顶管施工出现问题，严重的会使顶管施工失败，给工程造成巨大损失。

目前大型尺寸顶管施工多采用密闭式顶管施工，由于大多数密闭式顶管施工受设备自身影响顶进施工不具备相应的破岩能力，因此使用密闭式顶管施工时受一定的地层影响，主要适用的地层为淤泥层、黏性土、砂性土，一般不适用于岩层施工。由于其在含水地层中施工沿线不需降水、地层变形影响最小、容易实现长距离顶进、施工安全等优点，现已成为城市地下管道、各种连接通道顶管施工中首选的施工方法。顶管施工方法适用的地层条件如表 2.9-1 所示。

顶管施工方法适用的地层条件 表 2.9-1

地质条件	顶管施工方法	
	土压平衡式顶管	泥水平衡式顶管
淤泥	适用	适用
黏性土	适用	适用
淤泥质黏土	适用	适用
砂性土	适用	适用
砂砾石	基本适用	基本适用
风化岩	不适用	不适用

2.9.2 预测变形主要方法

1. Peck 公式

Peck 针对盾构隧道，提出了估算地表沉降的经验公式，即 Peck 公式。

$$S(x) = S_{\max} e^{-\frac{x^2}{2i^2}} \tag{2.9-1}$$

$$S_{\max} = \frac{V_{\text{loss}}}{i \sqrt{2\pi}} \tag{2.9-2}$$

式中　$S(x)$——地表沉降量；

　　　　x——距隧道轴线的横向水平距离；

　　　　$S_{\max}$——隧道轴线上方的最大沉降量；

　　　　V_{loss}——隧道单位长度土体损失量；

　　　　i——地面沉降槽宽度。

Peck 公式是在大量实测资料的基础上总结出来的，实测资料以圆形深埋隧道为主，而矩形顶管多以浅埋为主，Peck 公式在预测矩形顶管地面沉降槽中的准确性尚待研究。

2. 随机介质理论

随机介质理论是由 Litwinzyn 教授在研究地下采矿引起的地表沉降时提出的，经过国内外学者的不断修正和完善，已经成为预测地层损失引起地表水平和竖向位移的常用方法，应用范围也推广到城市地下空间开发中，用来预测盾构隧道施工和基坑开挖引起的地表沉降。

在假定土体不排水不固结、密度不变化、岩土体不可压缩的条件下，随机介质理论从统计学的观点出发，将整个开挖分解成无限个小的开挖，而整个开挖对上部岩土体的影响，应等于无限个小的开挖的影响之和。

地表以下坐标为 (ξ, ζ, η) 的微单元的开挖引起地表某点 $(x, y, 0)$ 的沉降大小为：

$$s_e(x,y)=\frac{1}{r^2(\eta)}\exp\left\{-\frac{\pi}{r^2(\eta)}\left[(x-x_0)^2+(y-y_0)^2\right]\right\}\mathrm{d}\xi\mathrm{d}\zeta\mathrm{d}\eta \tag{2.9-3}$$

在平面应变条件下，坐标为 (ξ, η) 的微单元的开挖引起地表某点 $(x, 0)$ 的沉降大小为：

$$s_e(x)=\frac{1}{r(\eta)}\exp\left(-\frac{\pi}{r(\eta)^2}x^2\right)\mathrm{d}\xi\mathrm{d}\eta \tag{2.9-4}$$

$$r(\eta)=z_0/\tan\beta \tag{2.9-5}$$

式中　$s_e(x)$——横坐标 x 处的地表沉降量；

　　　ξ、η——x、z 方向的积分变量；

　　　$r(\eta)$——水平面上的主要影响半径，或称为主要影响范围；

　　　z_0——单元体距地表的距离；

　　　β——隧道上部围岩的主要影响角。

对塌陷区域进行积分可得土体损失引起的地表横向沉降计算公式：

$$S(x)=\iint\limits_{\Omega}\frac{1}{r(\eta)}\exp\left(-\frac{\pi}{r(\eta)^2}x^2\right)\mathrm{d}\xi\mathrm{d}\eta \tag{2.9-6}$$

式中　$S(x)$——总的地表沉降量；

　　　Ω——积分区域。

根据文献提出的公式：

$$\tan\beta=\frac{z_0}{\sqrt{2\pi i}} \tag{2.9-7}$$

$$i=Kz_0 \tag{2.9-8}$$

$$K=1-0.02\varphi \tag{2.9-9}$$

式中　i——地表沉降槽宽度；

　　　K——地表沉降槽宽度参数；

　　　φ——土的内摩擦角。

3. 有限元数值计算

由于经验公式的缺乏以及理论计算参数的不确定性，现阶段顶管工程特别是矩形顶管工程的研究手段多以数值模拟为主。

现有顶管工程数值模拟手段多以三维模型为主，涵盖了大断面顶管、曲线顶管、矩形顶管等特殊类型。但相比盾构隧道的数值模型，仍存在着本构模型单一（多以摩尔-库仑为主）、缺乏动态模拟、模型参数模糊等问题。

有限元软件中的 Plaxis3D 是 PLAXIS 公司推出的一款针对岩土三维建模的计算软件。

该软件提供了许多适用于岩土工程的建模手段，如直接导入地勘钻孔结果以定义土层参数，用断面收缩系数模拟地层损失，极大方便了建模过程。

关于模型中土的本构关系的选择，常用的本构模型有线弹性模型、邓肯-张（DC）模型、Drucker-Prager（DP）模型、摩尔-库仑（MC）模型、修正剑桥（MCC）模型、硬化（HS）模型。线弹性模型无法反映土的塑性性质；DC模型通过调整弹性参数考虑塑性变形，无法反映应力路径、剪胀效应的影响；MC模型是在数值模型中运用较为广泛的一种本构模型，考虑了土体的破坏行为，但是无法考虑应力历史以及加卸荷模量的区别，因此用MC模型计算开挖引起的土体回弹时，往往会出现回弹量回弹范围过大的情况。MCC模型是现代岩土学科中运用最广泛的一种等向硬化的弹塑性模型，能准确地描述黏土在破坏之前的非线性和依赖于应力水平和应力路径的变形行为。

顶管的掘进是一个动态的过程，土体的切削、管片的移动、泥浆套的形成都是以渐进缓慢的方式进行的。由于有限元算法的限制，土体的动态切削难以模拟，可以采用以静态模拟动态的方法，将待切削土体分成若干段，每个计算步切削一定长度，研究顶管周边土体应力场和位移场的时程变化。

2.9.3 变形控制主要方法

顶管在土层中向前推进，由于受地层土质、千斤顶顶力分布、管道的制作误差、测量的误差等因素的影响，不可避免地会使顶管姿态发生变化，产生偏移、偏转和俯仰。影响顶管方向的因素有：出土量的多少、覆土厚度的大小、推进时顶管周围的注浆情况、开挖面土层的分布情况、千斤顶作用力的分布情况等。比如顶管在砂性土层或覆土层比较薄的地层推进容易上抛。解决办法主要是依靠调整千斤顶以改变顶管姿态的三个参数：推进坡度、平面方向和自身的转角。推进坡度采用上下两组对称千斤顶的伸出长度（俗称上下行程差）来控制；平面方向采用左右两侧千斤顶伸出长度（俗称左右行程差）来控制。需要注意的是一次纠偏量不能太大，过大的纠偏量会造成过多的超挖，影响周围土体的稳定，所以要做到"勤测勤纠"。

1. 顶进前技术措施

（1）穿越前对全套机械设备进行彻底检查，保证顶进时具有良好的性能。

（2）顶进前对施工影响范围内的管线进行调查、登记。

（3）对施工人员进行交底，让其了解有关管线的位置、走向、深度等，做到心中有数。

（4）对可以迁移的管线进行迁移，无法迁移的管线在允许情况下进行保护并标识。

2. 进中技术措施

（1）顶进中不定期对全套机械设备进行检查，保证顶进时具有处于良好的性状态。

（2）严格控制顶管的施工参数，防止超挖、欠挖。

（3）严格控制顶进的纠偏量，尽量减少对正面土体的扰动。

（4）施工顶进速度不宜过快，一般控制在15mm/min左右，尽量做到均衡施工，避免在途中有较长时间的耽搁。

（5）在穿越过程中，必须保持持续、均匀压浆，使出现的建筑空隙被迅速充填，保证通道上部土体的稳定。

（6）克服"背土"现象，利用在机头壳体顶部安装的压浆管和开设的压浆压注减摩泥浆，使土体和壳体上平面之间形成一泥浆膜，以减少土体与壳体的摩擦力，防止背土现象的发生。

（7）注意克服顶管机机头旋转现象，除压浆纠转技术措施外，可利用顶管机两套独立的刀盘驱动系统分别驱动两个刀盘进行相对或相反方向运转，两个螺旋输送机采用一个左旋、一个右旋，以达到顶管机总体的力矩平衡。

3. 后技术措施

顶进后对管线进行复测复核对比，发现问题及时处理。工程对于道路、管线的沉降量应严格控制在规范要求内，一旦超标，必须采取补救措施控制沉降量。

（1）采用调整顶进参数来调整：

① 减少正面出土量，提高正面土压力；

② 在顶管内超量压注润滑泥浆，提高管节周围土体的应力。

（2）尽可能在路面预留跟踪注浆孔备用，每条通道上设置两排注浆管，排距为 3m，轴向注浆管间距为 5m，一旦路面出现严重沉降，及时进行双液注浆，注浆量视实际情况而定，确保管线差异沉降量控制在 10mm 以内。跟踪注浆采用两种不同配比的双液浆，配比分别如下：

① 缓凝双液浆（1m³）　　　　　　　　　　　　　　　　　　　　单位：kg

水泥	膨润土	水	水玻璃
235	60	675	57

② 速凝双液浆（1m³）　　　　　　　　　　　　　　　　　　　　单位：kg

水泥	膨润土	水	水玻璃
235	60	619	103

③ 顶管结束后，及时打开管节上的注浆孔，压入水泥-水玻璃双液浆置换管道外的触变泥浆，防止触变泥浆泌水后引起地层沉降。

2.9.4 监测方案

1. 监测形式

根据设计对沉降监测的具体要求，结合工程的具体情况，依据国家《工程测量规范》GB 50026—2007，《地下铁道、轻轨交通工程测量规范》GB 50308—1999，《建设变形测量规程》JGJ 8—2007 的规定，顶管施工时主要对以下几个方面进行监测：

（1）地面沉降和隆起

（2）建筑物沉降及倾斜

（3）结构沉降、上浮

（4）周边收敛

（5）管片侧向土压力

（6）地下管线的沉降和水平位移

监控量测项目具体情况如表 2.9-2 所示。

监控量测项目一览表　　　　　　　　　　　　　　　　表 2.9-2

序号	量侧项目		方法及工具	布置原则	监测项目控制值	预警值	量测频率
1	地面沉降及隆起		水准仪、钢尺	隆陷测点,纵向每5~10布置1测点,沉降测点,每隔30m设一主测断面	+10mm,-30mm	控制值的80%	掘进面距离量测断面前后<20m时:1~2次/天。掘进面距离量测断面前后≤50m时,1次/2天。掘进断面距离量测断面前后>50m时:1次/4天
2	建筑物沉降及倾斜	框架结构的沉降差	水准仪、经纬仪	建构筑物的每个角点布点	0.002L	控制值的75%	
		砖混结构的局部倾斜	水准仪、经纬仪	建构筑物的每个角点布点	i<0.2%	控制值的75%	
		建筑物裂缝	游标卡尺	建构筑物出现裂纹即需观测	2mm	控制值的80%	
3	结构沉降、上浮		水准仪、钢尺	沿隧道纵向每4环设一个断面	20mm	控制值的50%	
4	周边收敛		收敛计	沿隧道纵向每4环设一个断面	30mm	控制值的50%	
5	管片侧向土压力		土压力计	沿隧道纵向每4环设一个断面	设计要求	控制值的80%	
6	地下管线的沉降和水平位移		水准仪、经纬仪	管线转角、接头等处,间距15~25m	刚性压力管30mm,刚性非压力管、柔性管40mm	控制值的80%	

注: 1. 表中 i 为倾斜率,倾斜指基础倾斜方向两端点的沉降差与其距离的比值,局部倾斜指承重结构沿纵向6~10m内基础两点的沉降差与其距离的比值;L 为相邻柱基中心距离(mm);
　　2. 如建(构)筑物本身不为铅直,已发生的倾斜需累计。

2. 监测方法

(1) 地面沉降及隆起采用水准仪监测

(2) 建筑物沉降及倾斜采用水准仪、经纬仪和游标卡尺监测。

(3) 结构沉降及上浮采用水准仪监测

(4) 周边收敛采用收敛仪监测

(5) 管节侧向土压力采用土压力计监测

(6) 地下管线沉降和位移采用水准仪和经纬仪监测

3. 监测频率

根据现场施工情况结合图纸要求,对常规监测频率进行动态调整,监测工作必须随施工需要实行跟踪服务,为确保施工安全,监测点的布设立足于随时可获得全面信息,监测频率必须根据施工需要实行跟踪服务,每次测量要注意轻重缓急,在顶管过管线密集区时要加密监测频率直至跟踪监测。

常规监测频率:掘进面距测量断面前后小于20m时,1~2次/天;掘进面距测量断前后大于等于 20m 且小于等于 50m 时，1 次/2 天；掘进面距测量断面前后大于 50m 时，1 次/4 天。

4. 监测控制值及预警值

（1）地面沉降及隆起控制值为（+10mm，-30mm），预警值为（+8mm，-24mm）。

（2）框架结构的沉降差控制值为 0.002L（L 为两测点的间距），预警值为 0.0015L。

（3）建筑物裂缝控制值为 2mm，预警值为 1.6mm。

（4）结构沉降及上浮控制值为 20mm，预警值为 10mm。

（5）周边收敛控制值为 30mm，预警值为 15mm。

（6）管节侧向土压力控制值为按照设计要求进行，预警值为控制值的 80%。

（7）地下管线沉降及水平位移控制值为刚性压力管 30mm，其余 40mm，预警值为刚性压力管 24mm，其余 32mm。

5. 测点布置

地表沉降测点：原则上每隔 30m 设 1 个主监测断面，地表隆陷测点沿隧道中线纵向每 5～10m 布设 1 个测点。各项监测项目及主监测横断面布点时，根据现场实际情况进行适当调整，确保点位布置合理、有效。地面沉降监测点布置如图 2.9-2，布置两个主测断面，相距 25m，沿三条隧道轴线布置 3 条轴向测点，每条轴线 8 个测点，测点间距 5m。

地下管线监测点：施工前与各种管线单位联系，摸清地下管线的准确位置，并将管线落到具体的布点图上，按管线单位要求进行监测点的埋设，并做好监测点的保护工作。同时加强沿线巡视，发现问题及时解决。对重要管线要根据需要跟踪监测，并把监测信息及时反馈给各管线单位。

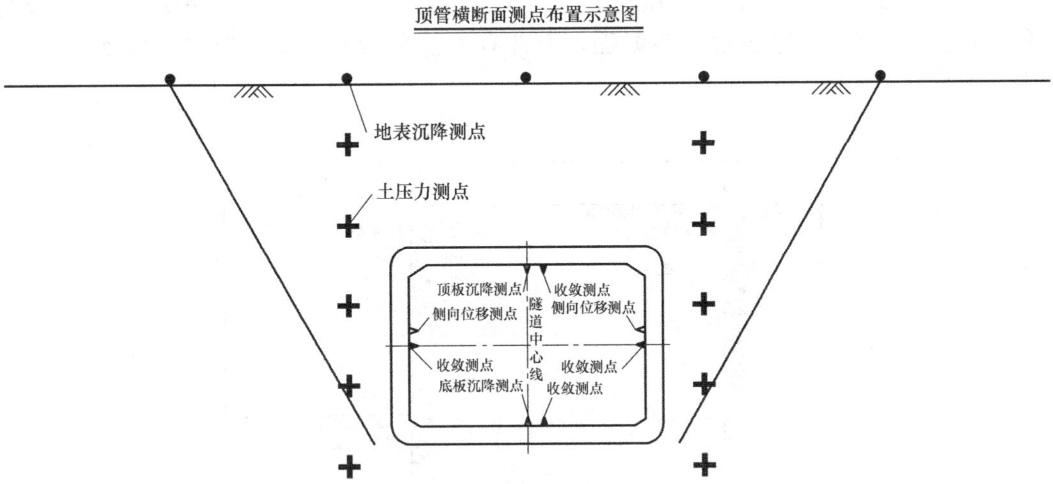

图 2.9-2 监测断面图

2.9.5 变形控制效果工程案例分析

1. 工程概况

深圳市某顶管隧道平面为 L 形，东西走向长约 115m（A 区），南北走向长约 85m（B

区），平面图如图 2.9-3 所示。通道连接地铁与综合体项目地下室。连接通道周边情况：北侧有地铁暗挖隧道；通道下方有地铁盾构隧道穿越；西侧地铁车站基坑采用连续墙＋内支撑联合支护，深约 25m；南侧为华综合发展项目大基坑，采用排桩＋锚索联合支护，深约 26m。

通道上方北侧为绿化区，中间为人行通道，南侧为现状道路。中间人行道下方分布有雨水箱涵（净空 5m×2.4m）、燃气管（塑料，直径 0.2m）、电信管（1m×0.25m）、污水管（直径 0.5m）等管线。

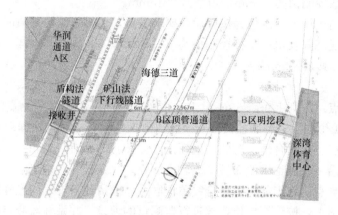

图 2.9-3　顶管通道平面图

2. 地质情况

B 区通道地层从上到下依次为素填土、填块石、淤泥、可塑状砾质黏性土、硬塑状砾质黏性土。通道主要穿越地层为淤泥，上部有少部分为素填土。地质断面如图 2.9-4 所示。

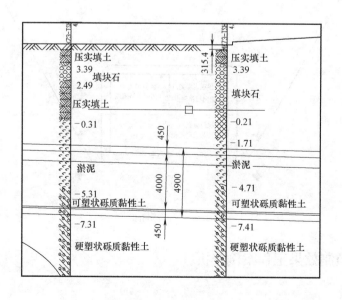

图 2.9-4　地质断面图

3. 顶管机选型

本工程主要施工难点有：顶管穿越的地层主要为淤泥层，顶部有少量素填土，受周边几个大基坑降水影响，项目地下水位较深，含水量一般。顶管需穿越 30m 宽海德三道地面道路，穿越多条地下管线（雨水箱涵、燃气管、电信管、雨污水管）且离最近雨水箱涵净距只有 1.16m，同时顶管上跨已运营深圳地铁 11 号线隧道上下行线，其中矿山法隧道最小净距为 3.76m，盾构隧道净距为 6.79m。

项目部结合本工程周边环境及地勘资料分析，本工程地层完全满足顶管施工对地层的要求，施工过程综合考虑后选用土压平衡顶管机进行顶进施工。

土压平衡式顶管机工作原理示意图如图 2.9-5 所示。土压平衡式顶管机是利用安装在顶管机最前面的全断面切削刀盘，将正面土体切削下来进入刀盘后面的贮留密封舱内，并使舱内具有适当压力与开挖面水土压力平衡，以减少顶管推进对地层土体的扰动，从而控制地表沉降，在出土时由安装在密封舱下部的螺旋运输机向排土口连续地将土渣排出。

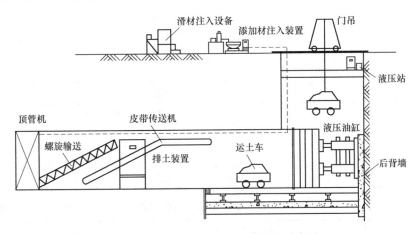

图 2.9-5　土压平衡顶管机工作原理示意图

4. 顶管施工优点

（1）施工不需开挖路面，占地少，能保持地面稳定，避免了城区道路反复多次开挖的难题，大大降低了对城区交通、环境的影响。

（2）施工速度较快，本工程为矩形断面顶管机施工速度达 3m/d，相应缩短了施工工期，提高了施工效率。

（3）工程施工占地少，几乎不受地形地貌变化的限制，不用对地面上的各种市政设施等管道进行拆迁、重装，不需赔偿损失，节省了巨大的工程拆迁费。

（4）操作方便，只需在敞开的工作坑内指挥吊装管段和装拆延长的管线，不仅确保了安全生产而且节约了安全设施费用。

（5）土压平衡顶管施工，对地面及底部土体扰动小，施工安全高。

5. 变形控制效果

结合本工程实例，根据本次顶管施工结果的分析和整理，得出了如下结论：

（1）顶管施工过程中为了减少土体与管道间摩阻力，在管道外壁压注触变泥浆，在管道四周形成一圈泥浆套以达到减摩效果，施工期间要求泥浆不失水，不沉淀，不固结，以达到减小总顶力的效果，提高施工效率。

泥浆配比：每立方米

膨润土	水	纯碱	CMC
40kg	950kg	6kg	2.5kg

（2）长距离顶进施工中，不可避免地要对出现偏差的管节进行及时纠偏。主要通过以下几种方式进行控制：

1）轴线控制测量

2）高程控制测量

3）矩形顶管姿态测量

4）管节状态测量

顶管纠偏油缸动作和纠偏油缸行程与纠偏角度如表 2.9-3 和表 2.9-4 所示。

顶管纠偏油缸动作表　　　　　　　　表 2.9-3

序号	动作/方向	纠偏动作	备注
1	上仰	下方、左方、右方油缸同伸	
		上方、左方、右方油缸同缩	
2	下俯	上方、左方、右方油缸同伸	
		上方、左方、右方油缸同缩	
3	向左	右方、上方、下方油缸同伸	
		左方、上方、下方油缸同缩	
4	向右	左方、上方、下方油缸同伸	
		右方、上方、下方油缸同缩	

纠偏油缸行程与纠偏角度表　　　　　　　　表 2.9-4

序号	活塞杆/角度		行程(mm)	备注
1	上下纠偏	0.5°	35	
		1°	69	
		1.5°	113	
		2.2°	150	
2	左右纠偏	0.5°	54	
		1°	108	
		1.4°	150	

（3）顶管刀盘前端土压力的大小主要由顶进速度来控制。当其前端土压力很大时可降低顶进速度，否则会引起地面隆起；当其前端土压力过小时，又会引起地面下沉。通过对土压力的大小合理地进行控制，很好地避免了因顶进过程土压力过大而引起的地面沉降问题。

（4）本工程顶管施工中，通过控制顶进速度及排土效率可很好地控制地面变形，排土效率较小（小于 60%）会导致地表微量隆起，当排土效率较高（达到 100%甚至超过 100%）又会导致地表下沉。

（5）本工程因上跨深圳地铁 11 号线红后区间上下行线矿山法及盾构法隧道，在顶进过程中，通过合理控制顶进速度，保证连续均衡施工；不断根据反馈数据进行土压力设定值调整，使之达到最佳状态；通过计算理论出土量，施工过程严格控制出土量，保持精确出渣计量，确保出土不超量，有效地避免了欠挖或超挖。施工过程中严格测量监控地面沉降，对下穿地面道路进行地表以及管线沉降观测，上跨段隧道内结构、管片进行自动化监测，一旦发生沉降，立即采取补浆、注泥等措施修正，顶进结束后进行二次补泥措施。通过各道工序以及各项数据反馈，顶管施工过程未对地铁 11 号线产生影响，顶进过程对地层扰动较小，各项监测数据变化均在设计要求范围内，从而顺利安全地完成了本顶管通道的施工。

3 邻近地铁设施的软土深基坑工程变形控制设计与实践

王卫东[1,2]，徐中华[1,2]，李青[1,2]

(1. 华东建筑设计研究院有限公司上海地下空间与工程设计研究院，上海 200011；

2. 上海基坑工程环境安全控制工程技术研究中心，上海 200011)

3.1 引言

　　我国大规模地下空间工程及地铁轨道交通工程的建设都面临深基坑开挖（陈志龙，2010），且基坑的规模越来越大，开挖深度也越来越深，与此同时基坑周边环境复杂敏感，尤其是基坑周边涉及地铁设施则保护要求更高。上海地铁目前在运行的线路有 16 条（图 3.1-1），总里程 673km，共 395 座车站；南京地铁目前在运行的线路有 10 条，总里程 378km，共 174 座车站；天津地铁目前在运行的线路有 6 条（图 3.1-2），总里程 168km，共 112 座车站。这些城市的地铁基本已经形成网络，随着新一轮城市开发的展开，越来越多的基坑工程将会邻近地铁隧道或地铁车站设施。沿海、沿江地区的软土往往具有含水量高、孔隙比大、抗剪强度低、压缩性高、渗透性差、结构性强、流变性显著等特点，软土地层的基坑工程设计和施工难度大。基坑开挖引致的地层移动会使得周边的地铁设施发生附加变形，当附加变形过大时会引起结构的开裂和破坏，从而影响地铁设施的正常使用。由于地铁是生命线工程，政府和社会高度关注，因此由基坑工程引起的地铁设施保护问题变得日益突出（郑刚等，2015）。

　　软土中的基坑工程往往变形比较大，当基坑周边邻近地铁设施时，基坑工程设计已由传统的强度控制转为变形控制（徐中华，2007），且其变形控制通常是毫米级，这就对软土地区的基坑工程设计和施工提出了非常高的要求，必须采用系统的措施才能将基坑的变形及其对周边地铁设施的影响控制在较小的范围内。本章首先以上海地区软土为例，简要介绍了软土的工程特性及工程问题；接着介绍了既有地铁隧道的变形控制标准，并在此基础上提出了邻近地铁的软土深基坑变形控制指标；然后结合在软土地区长期的工程经验总结了邻近地铁设施的基坑工程变形控制设计方法，包括分坑实施设计方法、坑内土体加固设计方法、设置地下连续墙槽壁加固、设置隔断墙、承压水控制及土方分块开挖设计等；最后结合具体工程实例说明了相关变形控制方法的应用。

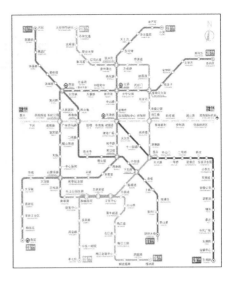

图 3.1-1　上海市轨道交通网络图　　　　图 3.1-2　天津市轨道交通网络图

3.2　软土工程特性——以上海软土为例

3.2.1　上海土层层序

上海位于长江三角洲东南前缘，成陆较晚，除西南部有十余座零星剥蚀残丘外，地形平坦，河港密布。按地貌形态、时代成因、沉积环境和组成物质等方面的差异，境内可分为湖沼平原，滨海平原，河口、砂嘴、砂岛，潮坪地带和剥蚀残丘五大地貌类型，城市中心区以滨海平原为主（上海市《岩土工程勘察规范》DGJ 08-37—2012，2012）。

上海地区松散覆盖层全属第四系沉积物，沉积厚度最厚达 400m 以上，对工程建设有直接影响的地层是 135 m 以内的土层，包括第②层褐黄色黏性土，俗称"硬壳层"，厚度 2～3m，局部受明、暗浜以及人类活动影响而缺失；在 3m～20m 深度范围内普遍分布的是第③、④层淤泥质黏性土，是主要的软弱土层，局部地方分布有粉性土或粉砂夹层；第⑤层灰色黏性土，在古河道区域厚度大，土性差异大，局部地段沉积了第⑤$_2$ 层粉性土、粉砂和⑤$_4$ 层次生灰绿色硬土层；第⑥层暗绿-草黄色硬土层，是划分晚更新世（Q$_3$）和全新世（Q$_4$）的标志层；第⑦层草黄-灰色粉性土、粉砂层，呈中密-密实状，厚度不等，局部区域受古河道切割使第⑥层、第⑦层层顶埋深起伏大或缺失；第⑧层灰色黏性土夹粉砂层，呈软塑-可塑状，上部为黏性土，下部夹薄层粉砂，呈"千层饼"状，局部区域缺失；第⑨层灰色粉细砂层，局部夹中粗砂，含砾，呈密实状，分布较为稳定；第⑩层兰灰-褐灰色黏性土以及第⑪层灰色粉细砂等土层（黄绍铭和高大钊，2005）。具体的上海地区地层层序分布如图 3.2-1 所示。

3.2.2　土性描述

上海浅层的典型黏土层具有明显的特点，图 3.2-2 给出了上海第②～⑥层黏土的直观

①① 填土
②₁ 褐黄色黏土
②3-1 灰色砂质粉土
②3-1 灰色淤泥质粉质黏土
③ 灰色淤泥质黏土
④ 灰色黏土
⑤₁ 灰色砂质粉土
⑤₂ 灰绿色粉质黏土
⑤₄ 暗绿-草黄色粉质黏土
⑥₂ 草黄色黏质粉土
⑦₁ 灰黄-灰色粉砂
⑦₂ 灰色黏土
⑧₁ 暗绿-草黄色粉质黏土
⑧₂ 青灰色细砂
⑨₁ 青灰色含砾中砂
⑨₂ 兰灰色粉质黏土
⑩ 青灰色粉细砂
⑩⑩

图 3.2-1　上海地区地层层序

照片。其中②层为褐黄色黏土，具有明显的铁锈斑，其成分为氧化铁及铁锰结核物，呈可塑-软塑状，具有一定硬度；③层为灰色淤泥质粉质黏土，土质不均匀，局部夹砂，含水量高，通常呈流塑状态；④层灰色淤泥质黏土，含水量高，呈流～软塑状态，土质局部夹极薄层粉性土，偶见含贝壳碎屑；⑤层为灰色粉质黏土，含腐殖物及泥钙质结核，土质较均匀，软-可塑状态；⑥层暗绿色粉质黏土，呈暗绿色-草黄色，硬塑，分布有氧化铁斑点。第②～⑥层土为上海地区的典型黏土层（其中③～⑤层为典型的软土层），也是上海地区基坑工程中最常涉及的土层。

3.2.3　软土工程特性

在上海市《地基基础设计规范》DGJ 08—11—2010 中给出了如表 3.2-1 所示的上海市区典型土层的物理力学指标的统计结果（黄绍铭和高大钊，2005）。从表中可以看出上海地区的软土具有含水量高、孔隙比大、渗透性差、压缩性高、抗剪强度低等特点。第③、④层软土的含水量 w 均超过 35%，含水量超过液限 $5\%\sim10\%$，土体饱和度高，呈流塑状态，流变性显著。第③、④层软土层孔隙比 e 均大于 1，压缩系数平均值大于 0.5 MPa^{-1}，属于高压缩性软土。相比第③、④层，第②、⑤层含水量和孔隙比略低，物理状态优于第③、④层。对于力学指标，上海浅层软土的直剪固快指标黏聚力 c 及内摩擦角 φ 均较小，且第②、⑤层的力学指标略好于第③、④层。

此外，上海地区软土主要以细颗粒为主，矿物成分以亲水的活动性矿物为主，扩散层水膜厚，渗透系数很小，水分不易排出，这将导致软土地基上的建（构）筑沉降稳定时间长、后期沉降量大。由于第③层中夹有薄层或极薄层砂（粉）性土，从而直接导致了该类土层的水平向渗透性大于垂直向。上海地区的软土还具有触变的特性，土体强度会因受扰动而削弱，随静置时间而增长。

第②层褐黄色黏土

第③层灰色淤泥质粉质黏土

第④层灰色淤泥质黏土

第⑤层灰色粉质黏土

第⑥层暗绿色粉质黏土

图 3.2-2　上海浅层第②～⑥层黏土照片

上海浅层黏土的物理力学指标　　　　　　　　　　表 3.2-1

土层名称		②褐黄色黏性土	③灰色淤泥质粉质黏土	④灰色淤泥质黏土	⑤褐灰色黏性土
含水量 w（%）		25.4～40.5	36.0～49.7	40.0～59.6	29.8～42.3
密度 γ（kg/m³）		1.79～1.98	1.71～1.86	1.64～1.79	1.75～1.90
孔隙比 e		0.73～1.14	1.00～1.36	1.12～1.67	0.85～1.22
液限 w_L		30.1～43.8	29.6～40.1	34.4～50.2	28.3～42.9
塑限 w_p		17.7～24.1	17.8～23.0	19.0～26.0	17.3～23.8
塑性指数 I_p		11.5～21.0	10.3～17.0	17.0～25.1	10.2～20.0
压缩系数 a		0.20～0.65	0.30～1.03	0.55～1.65	0.28～0.71
压缩模量 E_s（MPa）		3.00～7.22	2.20～5.97	1.32～3.58	3.00～6.77
直剪固快	c（kPa）	8.5～28.5	8.5～14.2	11.5～15.7	11.5～20.0
	φ（°）	12.7～26.2	12.1～28.0	8.5～16.9	12.7～27.4
三轴试验	c_u（kPa）	32.0～80.0	21.0～40.0	18.0～44.0	35.0～94.0
	φ_u（°）	0	0	0	0
	c'（kPa）	0～10.0	0	0～12.0	0～15.0
	φ'（°）	30.0～32.0	31.0～38.0	22.0～32.5	30.0～35.3

土层名称		②褐黄色黏性土	③灰色淤泥质粉质黏土	④灰色淤泥质黏土	⑤褐灰色黏性土
无侧限抗压强度 q_u(kPa)		48.0～89.0	31.0～66.0	42.0～77.0	50.0～135.0
高压固结试验	C_v	0.166～0.403	0.169～0.472	0.429～0.628	0.239～0.436
	C_h	0.017～0.081	0.024～0.070	0.041～0.109	0.02～0.093
波速测试	v_p(m/s)	300～1290	708～1490	874～1481	656～1570
	v_s(m/s)	84～117	84～142	100～166	112～256

3.2.4　软土工程问题

软土在工程建设尤其是地下工程建设中表现出的不良工程地质现象主要体现在：在外荷载作用下压缩变形量大，易产生较大的沉降和不均匀沉降；抗剪强度低，基坑开挖时，易导致坑边失稳；透水性差，在外荷载作用下，排水固结缓慢，主要固结时间长，工后沉降量大；快速加荷使得超孔隙水压力快速升高、有效应力降低，导致土层强度降低甚至产生结构破坏；具有明显的触变性，土体受到扰动或震动，影响土体结构，强度骤然降低，导致土体沉降或滑动；具有明显的流变特性，对于基坑工程，开挖时易产生侧向变形和剪切变形，易导致支护结构变形失稳；对于隧道工程，软土流变会导致隧道纵向和横向的长期缓慢变形，且变形收敛时间长（周学明等，2005）。

软土基坑工程中的另一个难点是变形控制难度大，由于土的强度低，含水量高，侧压力大，软土中的基坑工程往往变形比较大。图 3.2-3 为上海软土地区 200 个采用地下连续墙、钻孔灌注排桩和 SMW 工法桩围护的基坑工程的围护墙最大侧移的统计情况（Wang 等，2010），围护墙最大侧移最大可达到 $1.0\%H$（其中 H 为基坑开挖深度），平均值约为 0.4% H。图 3.2-4 为北京硬土地区 37 个采用钻孔灌注排桩和复合土钉支护基坑的围护墙最大侧移的统计情况（李淑等，2012），围护墙最大侧移基本小于 $0.22\%H$，平均值约为 $0.1\%H$。可看出软土地区的基坑变形要远大于硬土地区的基坑变形。当基坑周边邻近地铁设施时，其变形控制通常是毫米级，这就对软土地区的基坑工程设计和施工提出了非常高的要求，必须采用系统的措施才能将基坑的变形及其对周边地铁设施的影响控制在较小的范围内。

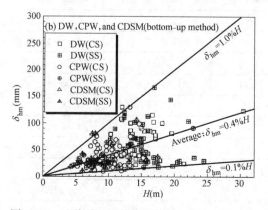
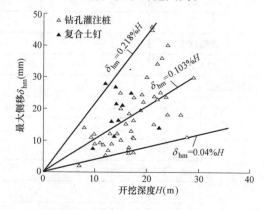

图 3.2-3　上海地区基坑变形统计（Wang 等，2010）　图 3.2-4　北京地区基坑变形统计（李淑等，2012）

邻近地铁设施的软土基坑工程设计已由传统的强度控制转变为变形控制，目前变形控制的设计理念已应用于工程实践。对于这类基坑工程首先要查明邻近地铁设施的状况，包括埋深、结构形式、使用状况及与基坑的距离关系等，并在此基础上确定基坑的变形控制指标。其次是要采取系统的方法进行变形控制设计，并预测基坑开挖对邻近地铁设施的影响。最后在围护体施工阶段、基坑降水阶段和基坑开挖阶段分别采取相关措施实现变形控制。下文主要探讨邻近地铁设施的软土深基坑变形控制指标和变形控制设计方法，并以具体工程案例分析相关变形控制方法的应用及效果。

3.3 邻近地铁设施的软土深基坑变形控制指标

3.3.1 地铁隧道变形控制指标

随着各大城市的地铁逐渐网络化，关于运营中的地铁隧道的保护也越来越受到重视。一些城市相继颁布了地铁隧道邻近的工程活动对既有地铁隧道影响的变形控制标准。

上海市市政工程管理局早在 1994 年就颁布了《上海市地铁沿线建筑施工保护地铁技术管理暂行规定》，提出由于深基坑、高楼桩基、降水、堆载等各种卸载和加载的建筑活动对地铁工程设施的综合影响限度，必须符合以下标准：

1. 在地铁工程（外边线）两侧的邻近 3m 范围内不能进行任何工程。

2. 地铁结构设施绝对沉降量及水平位移量≤20mm（包括各种加载和卸载的最终位移量）。

3. 隧道变形曲线的曲率半径 $R \geq 15000$m。

4. 相对变曲≤1/2500。

5. 由于建筑物垂直荷载（包括基础地下室）及降水、注浆等施工因素而引起的地铁隧道外壁附加荷载≤20kPa。

6. 由于打桩振动、爆炸产生的震动对隧道引起的峰值速度≤2.5cm/s。

2013 年颁布的行业标准《城市轨道交通结构安全保护技术规范》提出了城市轨道交通结构安全控制指标值如表 3.3-1 所示。

城市轨道交通结构安全控制指标值　　　　表 3.3-1

安全控制指标	预警值	控制值	安全控制指标	预警值	控制值
隧道水平位移	<10mm	<20mm	轨道横向高差	<2mm	<4mm
隧道竖向位移	<10mm	<20mm	轨向高差（矢度值）	<2mm	<4mm
隧道径向收敛	<10mm	<20mm	轨间距	>−2mm <+3mm	>−4mm <+6mm
隧道变形曲率半径	—	>15000m	道床脱空量	≤3mm	≤5mm
隧道变形相对曲率	—	<1/2500	振动速度	—	≤2.0cm/s
盾构管片接缝张开量	<1mm	<2mm	结构裂缝宽度	迎水面<0.1mm 背水面<0.15mm	迎水面<0.2mm 背水面<0.3mm
隧道结构外壁附加荷载	—	≤20kPa			

注：指标值不包括测量、施工等的误差。

深圳市《地铁运营安全保护区和建设规划控制区工程管理办法》（2016年版）针对车站及隧道结构提出了如表3.3-2所示的安全控制指标标准值。

车站及隧道结构安全控制指标标准值　　　　　表3.3-2

安全控制指标	控制值 R_i
车站及隧道结构水平位移	≤10mm
车站及隧道结构竖向位移	≤10mm
车站及隧道结构径向收敛	≤10mm
变形缝差异变形	≤5mm
隧道轴线变形曲率半径	≥15000m
隧道变形相对变曲	≤1/2500
车站及隧道结构外壁附加荷载①	≤10kPa
车站及隧道振动速度②	≤12mm/s
盾构管片接缝张开量	<2mm
盾构管片裂缝宽度	<0.2mm
其他混凝土构件裂缝宽度	<0.3mm

注：①为建（构）筑物竖向荷载及降水、注浆等施工因素而引起的车站、隧道外壁附加荷载；
②为由于打桩振动、爆炸产生的震动车站、隧道引起的峰值速度。

广东省于2017年颁布了《城市轨道交通既有结构保护技术规范》，提出了如表3.3-3所示的轨道交通既有机构安全控制值。

城市轨道交通既有结构安全控制值　　　　　表3.3-3

安全控制指标	控制值	安全控制指标	控制值
隧道水平位移	<15mm	轨道横向高差	<4mm
隧道竖向位移	<15mm	轨向高差(矢度值)	<4mm
隧道径向收敛	<15mm	轨间距	>−4mm <+6mm
隧道轴线变形曲率半径	>15000m	道床脱空量	≤5mm
隧道变形相对曲率	<1/2500	振动速度	≤2.0cm/s
盾构管片接缝张开量	<2mm	盾构管片裂缝宽度	<0.2mm
隧道结构外壁附加荷载	≤20kPa	其他混凝土构件裂缝宽度	<0.3mm

注：表中数值为未考虑城市轨道交通既有结构发生变形或病害情况下的安全控制值，如既有结构已发生变形或病害，则应根据现状评估取值。

从上述相关标准可以看出，地铁隧道的水平、竖向位移和径向收敛一般要求控制在10～20mm以内，隧道轴线变形曲率半径一般要求大于15000m，而变形曲率则一般要求小于<1/2500。基坑开挖引起的地铁隧道的变形一般需控制在上述范围内方能保证地铁隧道的安全。

3.3.2　邻近地铁的软土深基坑变形控制指标

1. 根据邻近地铁隧道变形控制指标确定基坑的变形控制指标

在确定了地铁结构的变形控制指标后，邻近基坑工程本身的变形控制指标如围护结构的侧移、墙后地表沉降应控制在什么范围内才能保证基坑周围地铁结构的安全？这就需要确定基坑开挖对周围地铁结构的影响程度，即需考虑基坑开挖与基坑周围地铁结构的相互作用，根据基坑周围地铁结构的变形控制值反过来控制基坑本身的变形量。从目前的分析手段来看，数值方法是唯一能考虑基坑开挖与基坑周围环境相互作用的分析方法。采用数值分析方法时，一般是根据初步的基坑设计方案建立包括基坑本身及基坑地铁结构在内的整体有限元模型，对基坑开挖进行全过程的模拟，得到基坑周围地铁结构的有关变形量。然后将这个变形量与地铁变形控制指标进行比较，如果计算得到的变形量小于地铁变形控制指标则基坑的设计方案能满足地铁的保护要求，否则需调整设计方案（例如采用刚度更大的围护结构、增加支撑数量或刚度等），直到所得到的基坑周围地铁结构的有关变形量小于地铁变形控制指标。这样也同时得到了基坑本身的变形如围护结构的侧移、墙后地表沉降等，即可作为基坑本身的变形控制指标。基坑工程的这种变形控制指标确定方法的流程如图 3.3-1 所示。

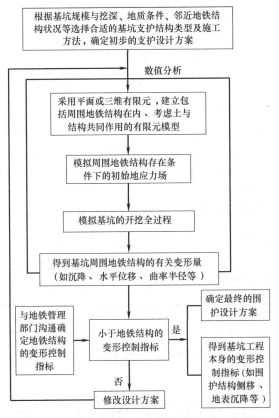

图 3.3-1　邻近地铁的基坑工程变形控制指标的确定流程

2. 根据大量工程统计资料确定基坑的变形控制指标

另一种方法是根据大量工程统计资料来确定基坑的变形控制指标。例如上海软土地区已有大量的基坑工程得以成功实施，这些基坑包括了各种复杂的环境条件（当然包括邻近地铁结构的情况），这些工程的成功实施说明其变形控制基本能保证基坑周边环境条件的安全。基坑的变形控制与基坑周边环境条件密切相关，上海市《基坑工程技术规范》DG/T J08—61 提出了基坑的环境保护等级概念，然后根据统计资料来确定各个等级基坑的变形控制指标如表 3.3-4 所示。在上海软土地区近 8 年的工程应用表明，该表建议的变形控制指标可有效地指导邻近地铁基坑的变形控制设计，也可作为其他软土地区深基坑变形控制设计时的参考。

广东省《建筑基坑工程技术规程 》DBJ/T 15—20—2016 也类似地提出了基坑环境等级的概念，并提出了如表 3.3-5 所示的支护结构水平位移控制指标，可作为基坑围护变形控制设计时的参考。

基坑变形设计控制指标   表 3.3-4

环境保护对象	保护对象与基坑距离关系	支护结构最大侧移	坑外地表最大沉降
优秀历史建筑、有精密仪器与设备的厂房、其他采用天然地基或短桩基础的重要建筑物、轨道交通设施、隧道、防汛墙、原水管、自来水总管、煤气总管、共同沟等重要建(构)筑物或设施	$s \leqslant H$	$0.18\%H$	$0.15\%H$
	$H < s \leqslant 2H$	$0.3\%H$	$0.25\%H$
	$2H < s \leqslant 4H$	$0.7\%H$	$0.55\%H$
较重要的自来水管、煤气管、污水管等市政管线、采用天然地基或短桩基础的建筑物等	$s \leqslant H$	$0.3\%H$	$0.25\%H$
	$H < s \leqslant 2H$	$0.7\%H$	$0.55\%H$

注：1. H 为基坑开挖深度，s 为保护对象与基坑开挖边线的净距；
　　2. 位于轨道交通设施、优秀历史建筑、重要管线等环境保护对象周边的基坑工程，应遵照政府有关文件和规定执行。

基坑环境等级及其支护结构水平位移控制值   表 3.3-5

环境等级	适 用 范 围	支护结构水平位移控制值
特殊要求	基坑开挖影响范围内存在地下管线、地铁站、变电站、古建筑等有特殊要求的建(构)筑物、设施	满足特殊的位移控制要求。基坑支护设计、施工、监测方案需得到周边特殊建(构)筑物、设施管理部门的同意
一级	基坑开挖影响范围内存在浅基础房屋、桩长小于基坑开挖深度的摩擦桩基础建筑、轨道交通设施、隧道、防渗墙、雨(污)水管、供水总管、煤气总管、管线共同沟等重要建(构)筑物、设施	位移控制值取 30mm 且不大于 $0.002H$
二级	二级与三级以外的基坑	水平位移控制值取 45～50mm 且不大于 $0.004H$
三级	周边三倍基坑开挖深度范围内无任何建筑、管线等需要保护的建(构)筑物	水平位移控制值取 60～100mm 且不大于 $0.006H$

注：1. H 为基坑开挖深度；
　　2. 基坑开挖影响范围一般取 $1.0H$，当存在砂层、软土层时，开挖影响范围应适当加大至 $2.0H$；
　　3. 表中水平位移控制值与基坑开挖深度的关系需同时满足，取最小值；
　　4. 特殊要求和一级基坑，应严格控制变形。二、三级基坑的位移，如基坑周边环境许可，则主要由支护结构的稳定来控制。

3.4　邻近地铁设施的基坑工程变形控制设计方法

3.4.1　分坑实施设计方法

分坑实施是指将一个大基坑分成两个或更多的小基坑进行施工，分坑实施设计实际上是"时空效应原理"(刘建航，1999)的一种应用。对于面积较大的基坑而言，当采用钢筋混凝土支撑时，混凝土支撑的干缩变形和受力后的压缩变形可能较大；当采用钢支撑时，拼接节点较多易积累形成较大的施工偏差，传力可靠性难以保证，且钢支撑本身的压缩变形也较大；此外由于每层土方开挖及支撑设置的时间均较长，因此不利于基坑变形的控制。如果将较大面积的基坑分成若干个小基坑，则每个小基坑的施工速度、支撑的可靠度均能得到保证，每个基坑的变形也能得到较好的控制，从而也就能将整个基坑的变形控制在较小的范围内。目前邻近地铁的分区施工一般是将大基坑分成两个或更多个基坑，然后分别实施。

1. 分成 2 个基坑：较大的基坑和狭长形的小基坑

当基坑规模不是很大且邻近地铁隧道或地铁车站侧的边长较小时，可将基坑分成一个较大的基坑（远离地铁设施）和一个狭长形的小基坑（靠近地铁设施），如图 3.4-1 所示。这种设计一般狭长形的小基坑宽度控制在 20m 左右。两个基坑之间采用临时围护结构进行隔断。较大的基坑可采用顺作法或逆作法（王允恭，2010）先施工，在其地下室结构施工完成后再进行狭长形小基坑的开挖。较大的基坑先施工时，由于有临时隔断围护墙和狭长形小基坑区域尚未开挖土体的隔离作用，地铁隧道或车站受到其影响几乎可以忽略不计。而当狭长形小基坑施工时，由于其宽度小，挖土非常迅速，大大减小了无支撑的暴露时间；而且采用的钢支撑马上能发挥支撑的作用，且钢支撑可以施加预应力，因此地铁隧道或车站受基坑开挖的影响可控制在较小的范围内。当然也可先施工狭长形小基坑，完成其地下室结构后再施工大基坑。

图 3.4-2 为静安交通枢纽基坑工程的分坑情况，该基坑面积 1.6 万 m²，挖深 15.2m，东侧地铁 7 号线隧道距离基坑仅 8.6m。基坑总体上分成 2 个基坑，其中 I 区为狭长形基坑先顺作，II 区大基坑采用逆作法后施工。

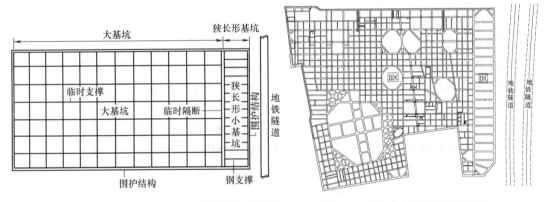

图 3.4-1 分成较大的基坑和狭长形小基坑示意图　　图 3.4-2 静安交通枢纽分区实例

2. 分成 3 个及以上的基坑分别实施

当基坑的规模很大且邻近地铁隧道或地铁车站侧的边长也较大时，根据上海软土地区的工程经验，可将基坑分成一个或多个较大的基坑（远离地铁设施）和 2 个或 2 个以上的狭长形的小基坑（靠近地铁设施），如图 3.4-3 所示。这种设计一般每个狭长形的小基坑宽度控制在 15m 左右，而其长度控制在 50m 左右。较大基坑的面积通常不大于 1 万 m²。多个分区基坑之间采用临时围护结构进行隔断。较大的基坑可采用顺作法或逆作法先后施工（王卫东，2007），在其地下室结构先后施工完成后再跳仓进行狭长形小基坑的开挖。

盛大中心基坑面积 7000m²，挖深 17.15m～22.15m。该基坑邻近 6 条地铁隧道，其中南侧地铁 4 号线区间隧道距基坑最近 6.0m，北侧距离规划地铁 9 号线距离基坑 8.5m，距离正在运营的地铁 2 号线区间隧道约 38m。基坑总体上分成 3 个区（图 3.4-4），其中 I 区大基坑先施工，待其地下结构施工完成后再施工 II 区狭长形小基坑，待 II 区小基坑地下结构施工完成后再施工 III 区狭长形小基坑。

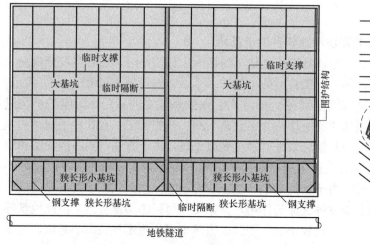

图 3.4-3　分成 3 个及以上基坑示意图

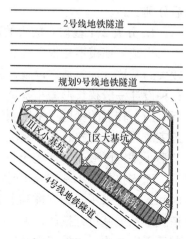

图 3.4-4　盛大基坑分区实例

3. 狭长形小分区基坑支撑系统

距离地铁设施较近的狭长形小分区基坑在布置竖向支撑系统时，通常会加密支撑的竖向间距；首道支撑一般采用钢筋混凝土支撑，有利于提高整个支撑系统的稳定性；其下各道布置钢支撑，且钢支撑采用可实时施加预应力的轴力自动补偿钢支撑系统。轴力自动补偿钢支撑系统将传统支撑技术与现代高科技控制技术等有机结合起来，可实现对钢支撑轴力 24h 不间断的监测和控制，解决常规施工方法无法控制的苛刻变形要求和技术难题，使工程始终处于可控状态，这对保护邻近地铁设施具有重要意义。轴力自动补偿钢支撑系统现场布置包括设备和线路的现场布置及供电系统的布置（图 3.4-5），根据基坑形状及开挖方案，将自适应支撑系统的现场控制站及泵站沿基坑边缘一字排开，现场控制站及泵站的布置位置遵循线路最短原则。图 3.4-6 为轴力自动补偿钢支撑系统实景图。上海软土地区的工程实践表明，轴力自动补偿钢支撑系统可起到很好的变形控制效果。

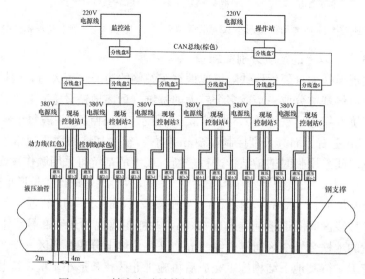

图 3.4-5　轴力自动补偿钢支撑系统平面架构图

4. 分区大基坑支撑系统

对于距离地铁设施更近的分区大基坑，其支撑通常采用十字正交的钢筋混凝土支撑，这种布置形式的支撑系统具有支撑刚度大、传力直接以及受力清楚的特点，有利于变形控制。对于距离地铁设施稍远的分区大基坑，可采用对撑、角撑、边桁架布置的钢筋混凝土支撑系统，这种布置形式各块支撑受力相对独立，可实现支撑和挖土流水化施工，缩短基坑工期；且无支撑面积大，出土空间大，可加快土方的出土速度。

图 3.4-7 为路发广场基坑的支撑布置平面图，该基坑面积约 $15000m^2$，挖深约 17m。基坑南侧距离上海 7 号线区间隧道约 14.8m。考虑到对邻近地铁隧道的保护，基坑分成 3 个基坑先后实施，其中紧邻地铁侧采用狭长形小分区基坑，剩下区域再细分为 2 个较大的基坑。靠近地铁隧道更近的东侧大分区采用十字正交钢筋混凝土

图 3.4-6　轴力自动补偿钢支撑系统实景图

支撑布置，距离地铁隧道稍远的西侧大分区采用对撑、角撑、边桁架布置的钢筋混凝土支撑系统。

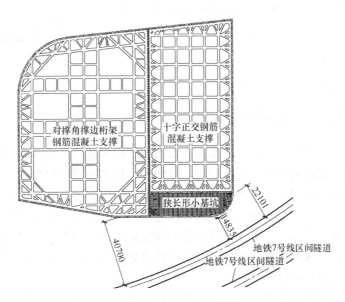

对撑角撑边桁架钢筋混凝土支撑

十字正交钢筋混凝土支撑

狭长形小基坑

22101

14835

40700

地铁7号线区间隧道

地铁7号线区间隧道

图 3.4-7　路发广场分区基坑支撑布置实例

3.4.2　坑内土体加固设计方法

软土强度低，基坑内的土体为围护墙所能提供的水平抗力也低，围护墙易发生较大的变形，从而对周边环境产生较大的影响。通过对坑内被动区土体进行加固，可以提高被动区土体抗力，从而减小基坑的变形。目前常用的加固方法主要有高压喷射注浆法和水泥土

搅拌法等。被动区土体加固常用的平面布置有满堂式、裙边、抽条、墩式等，如图 3.4-8 所示，应根据基坑形状、环境保护要求等综合确定土体加固的平面布置形式。被动区土体加固的竖向布置包括坑底以下加固方式和坑底与坑底以上土体同时加固两种方式，根据环境保护的需要，坑底以上部分土体加固可从第一道支撑底或第二道支撑底以下开始。

图 3.4-9 为路发广场基坑土体加固平面布置图。对邻近地铁侧的Ⅲ区小基坑内采用满堂分布的三轴水泥土搅拌桩加固，以有效提高坑底被动区土体抗力；Ⅰ区、Ⅱ区基坑在靠近地铁侧的布置形式采用三轴搅拌桩裙边加固方式，加固体宽度为 10.45m；三轴搅拌桩在基底以上水泥土掺量为 15%，基底标高以下为 20%。坑内加固剖面如图 3.4-10 所示。

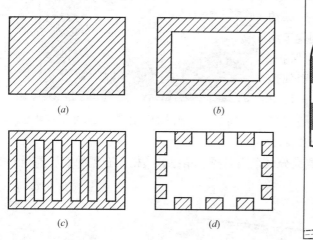

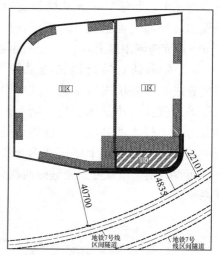

图 3.4-8 基坑内被动区土体加固的平面布置方式 （a）满堂加固；（b）裙边加固；（c）抽条加固；（d）墩式加固

图 3.4-9 路发广场基坑内土体加固平面布置

3.4.3 设置地下连续墙槽壁加固

对于与地铁设施靠得很近且采用地下连续墙围护的深基坑，尤其是当地层中存在较厚的粉性土砂土或淤泥质软土时，地下连续墙成槽施工易产生槽壁坍塌，从而在地下连续墙成槽施工期间就可能对邻近的地铁设施产生较大的影响；此时，可采用地下连续墙槽壁加固措施，一方面在成槽期间可显著减小对邻近地铁的影响；另一方面，地下连续墙是由一个个槽段连接而成，其接头位置往往是止水的薄弱环节，采用槽壁加固可以减少基坑开挖期间可能发生的渗漏水影响，从而保护邻近地铁设施。通常可采用三轴水泥土搅拌桩或等厚度水泥土搅拌墙进行槽壁加固。

苏州财富广场基坑面积约 $10495m^2$，开挖深度 $15.4\sim17.6m$，基坑北侧与苏州市轨道交通 1 号线区间隧道最小距离为 13.3m。基坑采用地下连续墙结合 3 道钢筋混凝土支撑支护。根据勘察结果，场地浅层存在易出现坍槽或水土流失的④层粉土，设计方案采用槽壁加固措施确保地下连续墙的施工质量，并减小对邻近地铁隧道的影响。采用 $\phi850@600$ 三轴水泥土搅拌桩对地下连续墙两侧土体进行预加固（图 3.4-11），待槽壁加固达到一定的强度要求后再进行地下连续墙的成槽施工。三轴搅拌桩槽壁加固的垂直度不得大于 1/300，加固深度至 -24.5m 标高。

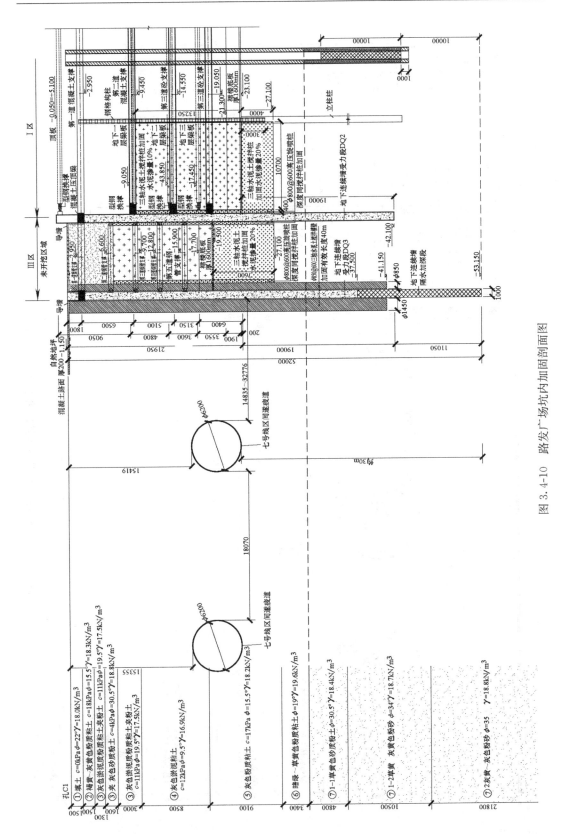

图 3.4-10　路发广场坑内加固剖面图

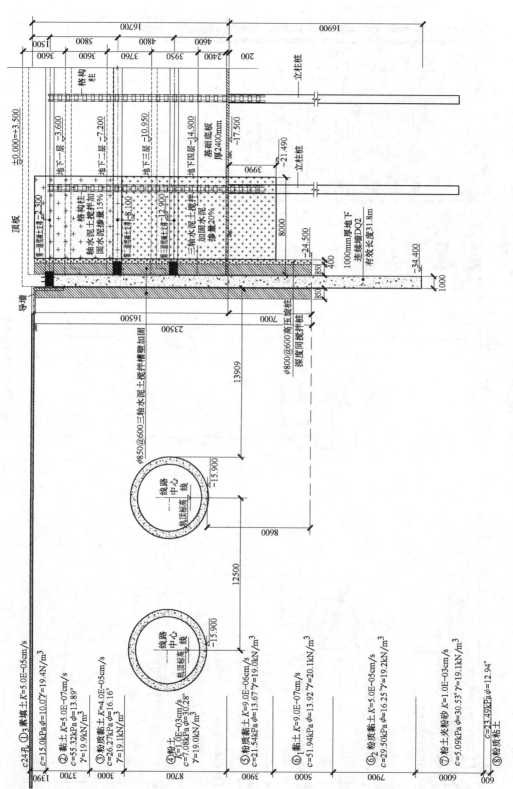

图 3.4-11 苏州财富广场邻近地铁侧采用地下连续墙槽壁加固剖面图

3.4.4 设置隔断墙法

隔断法是在既有建（构）筑物附近进行地下工程施工时，为了避免或减少土体位移与沉降对既有建（构）筑物的影响，而在建（构）筑物与施工面之间设置隔断墙（图3.4-12）予以保护的方法。在基坑与被保护的地铁设施之间设置隔断墙，使墙身穿过潜在滑动区域进入下部土层。当土体产生滑移变形时，隔断墙通过提高抗剪及抗拔能力抑制土体向坑内滑动，减少围护墙体变形和坑底土体隆起。墙后土体发生沉降时，隔断墙能够提供一定的桩侧摩阻力，限制了土体沉降大小，有利于邻近地铁隧道的保护。同时，隔断墙能够在一定程度上降低作用在围护结构上的土压力，减小围护结构变形。隔断墙通常可以采用钻孔灌注桩、钢板桩、树根桩等构成的墙体。钻孔灌注桩强度和刚度好、安全可靠，施工中对周边环境影响小。树根桩成本低，施工设备小并且对周围环境影响较小，但由于树根桩小，隔断效果较差。

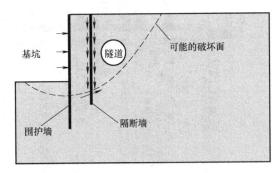

图 3.4-12　隔断墙法作用机理示意图

宁波绿地中心基坑工程面积 41000m²，挖深 15.9m～18.1m，西侧距地铁 2 号线车站及区间隧道最近约 11.5m。该工程采用划分多个分区的方法先后施工，周边采用地下连续墙围护。为了进一步控制基坑开挖对邻近地铁隧道的影响，在地铁隧道和地下连续墙之间增设隔断墙，隔断墙采用 ϕ600@750 长 32m 的钻孔灌注排桩（图 3.4-13），先施工隔断墙再进行地连墙成槽及基坑开挖。

3.4.5 承压水控制

当含有承压含水层时，随着基坑开挖深度的增大，基底下部不透水层厚度越来越薄，当基坑底部到承压含水层顶板的残留土层不能与承压含水层水头顶托力平衡时，承压水有可能顶破坑底而发生突涌。为了解决基坑承压水稳定性问题，在基坑工程设计中需要考虑承压水的处理。对于邻近地铁的基坑工程，当需涉及承压水减压时，通常采用帷幕隔断承压水，此时可采用地下连续墙、三轴水泥土搅拌桩或等厚度水泥土搅拌墙（王卫东，2017）作为隔水帷幕。由于隔水帷幕已隔断了坑内、外的水力联系，因此进行坑内承压水减压时不会对坑外承压水位产生影响，从而可避免坑内降承压水对邻近地铁设施的不利影响。

当基坑下部存在巨厚承压含水层无法隔断而采用悬挂帷幕时，此时需开展现场抽水试验，确定承压含水层的相关水力参数，为施工期间降压井的布置提供依据；同时还需建立相关模型，预测降压对基坑周边地铁设施的影响，为确定合理的悬挂帷幕深度及基坑降水方案提供依据。

中美信托项目 A 区和 B 区基坑挖深 19.35m，基坑距离上海地铁 12 号线隧道最近距离仅 10m，场地内的第⑦层为承压含水层。由于基坑需降承压水以满足基坑的抗突涌稳定性，为了控制承压水降水对邻近地铁隧道的影响，设计采用地下连续墙隔断第⑦层承压含水层。地下连续墙深 50.8m，其下部隔水构造段长度 10m（图 3.4-14）。

路发广场基坑工程挖深约 17m，距离上海 7 号线区间隧道约 14.8m。该工程地表 30m

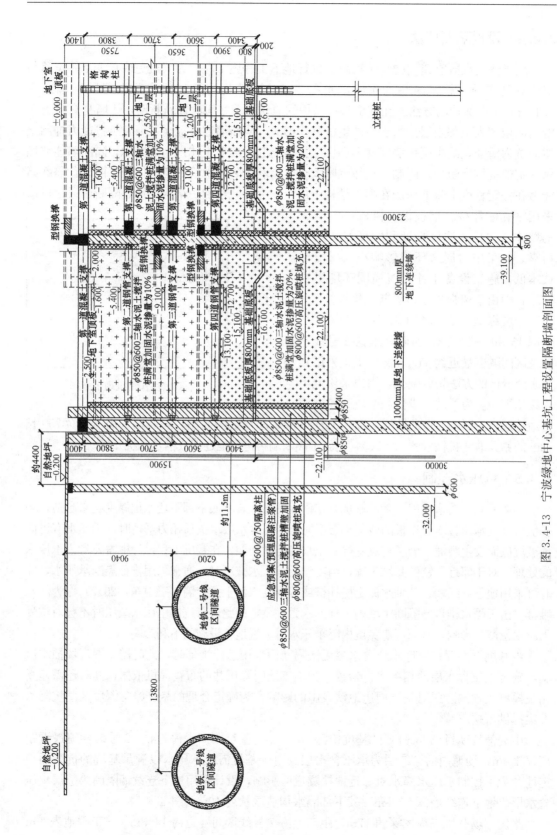

图 3.4-13 宁波绿地中心基坑工程设置嵌断墙剖面图

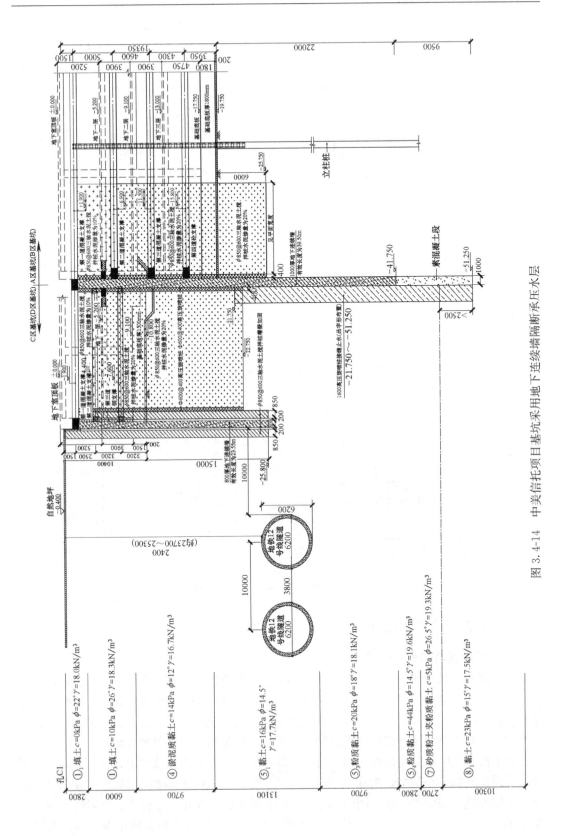

图 3.4-14　中美信托项目基坑采用地下连续墙隔断承压水层

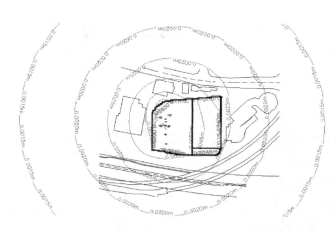

图 3.4-15　路发广场降水对周边环境影响的数值分析

以下为巨厚的第⑦层承压含水层，由于无法隔断承压水层，因此采用地下连续墙作悬挂帷幕。地下连续墙深达 52m，其中下部 15.65m 的深度为构造隔水段，墙底较减压井滤管底深约 10m，基坑围护剖面及坑内减压井构造如图 3.4-10 所示。基坑开挖前根据现场群井抽水试验确定了水文地质参数，并建立数值模型分析了降承压水对周边环境的影响。如图 3.4-15 所示，预估降承压水会引起邻近地铁隧道约 2mm 的沉降。基坑降水期间坑内最大承压水位降深约 9.4m（图 3.4-16），坑外承压水位观测井观测到的水位降深约 0.9m，坑内、外承压水位降深比约为 10:1，表明悬挂帷幕起到了较好的隔水作用。监测结果表明，基坑实施期间，地铁隧道的沉降仅为 3.5mm。

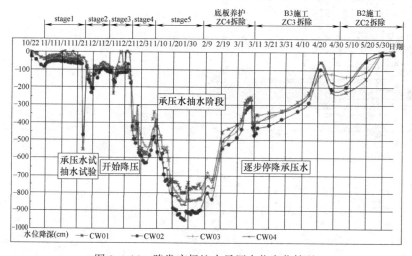

图 3.4-16　路发广场坑内承压水位变化情况

3.4.6　土方分块开挖设计

1. 分区大基坑的土方开挖

软土深基坑具有明显的"时空效应"，因此合理的挖土流程是控制基坑变形的关键。对于在第 3.4.1 节中所讨论的分区大基坑，通常可根据基坑形状和支撑布置情况采用分层、盆式分块开挖的方式施工，即根据具体情况确定合理的分层厚度、分块大小、周边留土宽度、临时边坡坡度、支撑施工时间等，可有效地起到变形控制的作用。

以上海盛大中心基坑工程为例，为减小基坑暴露时间和围护墙变形，控制基坑开挖对地铁隧道造成的不利影响，对于其分区的大基坑开挖分块和支撑浇筑如图 3.4-17 所示。基坑分层开挖过程中首先施工图中 A 区，待 A 区全部土方开挖完成且支撑系统形成后再施工 B 区。对于每一分区施工中应首先在基坑周边留土护坡挖除基坑中部土方，形成该区域基坑中部的支撑杆件，然后根据周边分块编号依次开挖基坑周边 ①区和②区坡体。施工过程中确保基坑挖土施工的对称进行以及同一根支撑杆件两端的同时浇筑。且规定在土方开挖过程中，应尽量缩短基坑无支撑暴露时间，地铁侧土体无支撑暴露时间不超过24h，其余侧土体无支撑暴露时间不超过48h。

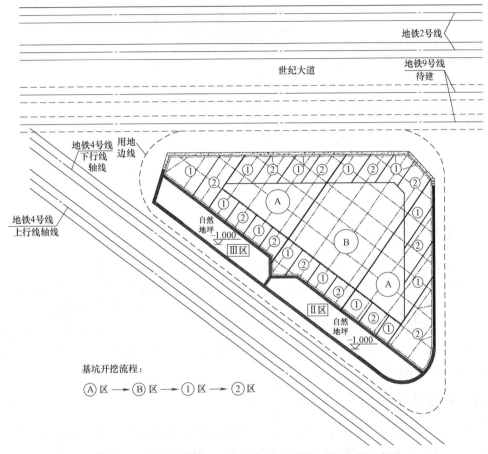

图 3.4-17　盛大中心基坑分区大基坑的分块开挖流程示意图

2. 狭长形小分区基坑的土方开挖

对于在第 3.4.1 节中所讨论的狭长形小分区基坑，可采用分层分段开挖，确定分层厚度和分段长度参数，且每段开挖中又分层、分小段，并限时完成每小段的开挖和支撑。图 3.4-18为典型狭长形基坑的开挖方式和设计参数，在上海软土地区的工程实践中具有良好的变形控制效果。

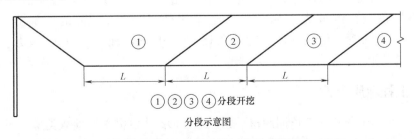

图 3.4-18　狭长形小分区基坑分层分段开挖示意图及施工参数（一）

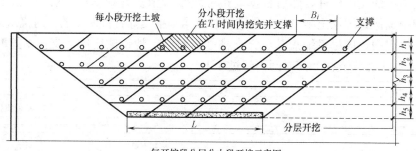

每开挖段分层分小段开挖示意图

分段长度$L \leqslant 25m$；每小段宽度$B_i = 3 \sim 6m$；每层厚度$h_i = 3 \sim 4m$；每小段开挖支撑时限$T_r = 8 \sim 24h$

图3.4-18　狭长形小分区基坑分层分段开挖示意图及施工参数（二）

3.5　工程实例

3.5.1　基坑工程概况

上海世博会 A 片区绿谷项目分为两期开发，其中绿谷一期位于浦东高科西路、博成路、白莲泾路以及规划四路合围地块。上海世博会 A 片区绿谷一期项目用地总面积约38000m²，由1幢14层、1幢11层、2幢8层高层建筑以及2～4层的裙房组成。本项目8幢高层建筑采用框架-核心筒结构体系，裙房采用框架结构，采用桩筏基础，整体设置2～3层地下室。基坑延长米约为791m，基坑开挖深度11.4～18.6m。基坑平面及周边环境如图3.5-1所示。

3.5.2　环境条件

基坑西侧为高科西路，道路宽约32m，道路下有西藏南路越江双线盾构隧道，隧道中心的埋深为14.6～21.5m，隧道边线与地下室外墙的最近距离为9.7m。高科西路下埋设有多条市政管线，包括电力、污水、燃气、上下水及信息管线等。东侧为白莲泾路，道路下埋设有截面为3.3m×3.8m的钢筋混凝土结构共同沟，壁厚0.5m，走向基本与地下室红线一致，共同沟距离地下室3～5m。北侧博成路下共同沟距离地下室外墙约22.4m。南侧为待建规划道路，现为空地，环境相对宽松。

高科西路下的西藏南路越江双线盾构隧道是本基坑工程中需要重点关注的对象。西藏南路越江隧道的最小曲率半径为700m，隧道主线长纵坡段最大值为4.8%，出入口处纵坡段最大纵坡为4.98%；隧道采用外径为11.36m的圆形隧道，内径为10.36m，由8块管片组成圆环，管片厚度为500mm，环宽1.5m，管片实施1/2搭接的错缝拼装形式。

3.5.3　工程地质条件

本工程场地位于长江三角洲冲积平原，地貌形态为滨海平原地貌类型。基坑开挖深度范围内的土层有①填土层、②粉质黏土层、③淤泥质粉质黏土层、④淤泥质黏土层及⑤₁

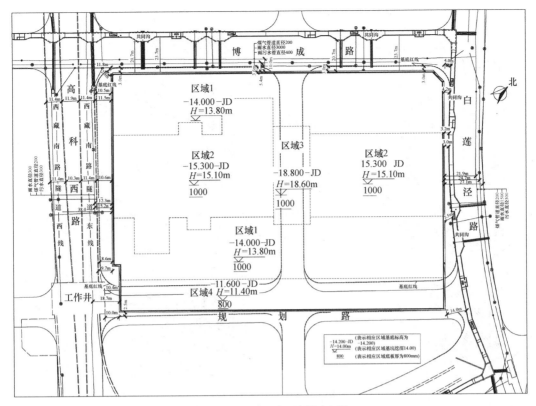

图 3.5-1　基坑平面及周边环境

黏土层，以上土层主要以软塑～流塑黏性土为主，含水量和压缩性均较大，土体的力学性质相对较差。24m 埋深以下分布有⑥层暗绿色硬黏土，下部分布有稳定的⑦层砂质粉土、砂土。

场地地下水有潜水、承压水两种类型。潜水位埋深为 1.4～1.5m。承压（微承压）水主要有⑤₁T砂质粉土层微承压水和⑦、⑨层承压水，其中⑦、⑨层直接连通，普遍区域⑦、⑨层承压含水层水头埋深约为地面以下 6.5m。

3.5.4　基坑支护方案

1. 基坑分区方案

考虑到基坑工程环境保护要求最高的是高科西路下的盾构区间隧道，因此采用分区施工方式开挖基坑。首先在西藏南路隧道一侧分隔出宽度约为 14m 的狭长形基坑（Ⅱ区基坑）后期实施，并将Ⅱ区基坑再细分为四个小基坑（Ⅱ-1、Ⅱ-2、Ⅱ-3、Ⅱ-4）以减小西藏南路隧道侧基坑的单块开挖面积。鉴于基坑开挖面积较大，除Ⅱ区基坑外，剩余基坑面积仍约 35000m²，从安全角度出发，将大面积基坑再划分为两个分区实施，即Ⅰ区基坑（面积 16000m²）和Ⅲ区基坑（面积 19000m²）。基坑分区施工顺序为：Ⅰ→Ⅱ-1、Ⅱ-3→Ⅱ-2、Ⅱ-4→Ⅲ。基坑具体分区及施工顺序见图 3.5-2。

2. 周边围护结构设计

本工程基坑各分区均采用顺作法方案，围护结构采用刚度大的"两墙合一"地下连续

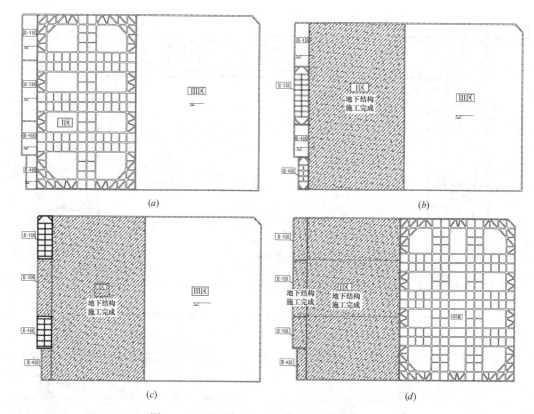

图 3.5-2　基坑分区、施工顺序及支撑平面布置

Ⅰ区支撑平面布置图；(b) Ⅱ-2、Ⅱ-4区支撑平面布置图；(c) Ⅱ-1、Ⅱ-3区支撑平面布置图；(d) Ⅲ区支撑平面布置图

墙，普遍区域（东侧、西侧与北侧）地墙厚 1.0m，基坑南侧及Ⅰ区与Ⅱ区、Ⅱ区与Ⅲ区隔断墙采用 0.8m 厚地墙。

地下连续墙普遍区域墙底标高－31.5m；Ⅰ区与Ⅱ区隔断位置及Ⅰ区与Ⅲ区隔断位置墙底标高－28.5m；基坑南侧挖深较浅且环境条件较宽松，墙底标高为－24.6m。基坑西侧邻近西藏南路越江隧道的Ⅱ区与Ⅰ区支护结构剖面如图 3.5-3 所示。

3. 支撑系统设计

本基坑工程普遍区域开挖深度为 11.4～18.6m，Ⅰ区与Ⅲ区基坑面积大，支撑跨度长，通过沿基坑中部对边设置对撑，基本可控制基坑中部围护墙的变形，角部区域设置角撑约束，可缩短支撑的跨度，增加角部支撑刚度，有利于控制短边跨中基坑变形。采用对撑、角撑的布置形式各个区域相对独立，可实现分层分块开挖，并能及时跟进浇筑支撑，可有效地控制基坑变形。结合围护结构计算和周边环境影响情况，本工程Ⅰ区与Ⅲ区基坑竖向设置三道钢筋混凝土水平支撑，且这两个区的支撑采用对撑、角撑和边桁架支撑系统。

考虑到为减小基坑开挖对西藏南路隧道的影响，并加快施工进度，方案考虑邻近西藏南路隧道侧的Ⅱ区基坑，除首道采用钢筋混凝土支撑外，下部支撑均采用对撑布置的钢管支撑，除第 3 道支撑设置钢围檩外其余各道钢管支撑不设围檩，按一幅地下连续墙两根钢管支撑的原则布置。由于支撑杆件长度 14m 左右、刚度较大、施工便捷，并无需经历混

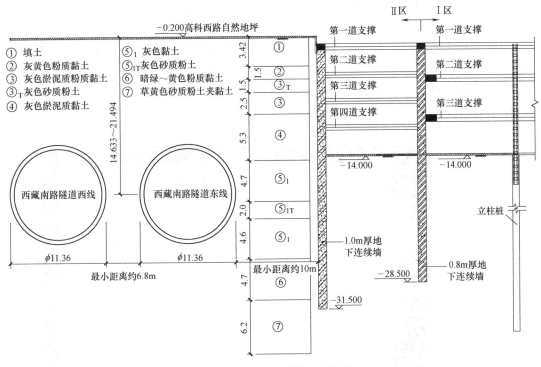

图 3.5-3　基坑支护结构剖面图

凝土支撑的养护时间，钢支撑采用可实时附加预应力的轴力自动补偿钢支撑系统，能够严格按"时空效应"理论及时形成支撑，严格控制围护墙无支撑暴露时间及长度，可有效控制围护体变形，从而减小对西藏南路隧道的不利影响。Ⅰ、Ⅱ、Ⅲ各区支撑平面如图 3.5-2（a）~（d）所示。基坑支撑体系的截面信息见表 3.5-1。

基坑支撑体系截面信息表　　　　　　　　　　表 3.5-1

分区	位置	中心标高（m）	围檩宽×高（mm×mm）	主撑宽×高（mm×mm）	连杆宽×高（mm×mm）
Ⅰ、Ⅲ	第一道支撑	−1.45	1100×700	1000×700	700×700
	第二道支撑	−5.15	1300×800	1200×800	700×700
	第三道支撑	−9.7	1300×800	1200×800	700×700
Ⅱ	第一道支撑	−1.45	1000×700	1000×700	700×700
	第二道支撑	−4.95	无	ϕ609 钢管	H400×400
	第三道支撑	−8.45	钢围檩	ϕ609 钢管	H400×400
	第四道支撑	−11.0	无	ϕ609 钢管	H400×400

4. 坑内土体加固

为进一步控制基坑开挖阶段的围护体的水平位移，达到有效保护西藏南路区间隧道及周边共同沟及大直径市政管线的目的，在Ⅱ区基坑内以及普遍区域被动区内设置 ϕ850@600 三轴水泥土搅拌桩加固，以提高坑底被动区土体抗力，减小基坑变形。三轴水泥土搅拌桩加固体宽度为 8 m，呈格栅状布置。

高科西路侧加固体范围为第一道支撑底至—24.400m 标高，其中第三道钢支撑标高以上范围三轴水泥土搅拌桩水泥掺量为 15%，第三道支撑至基底以下三轴水泥土搅拌桩水泥掺量为 20%。其余区域加固体范围为第一道支撑底至基底以下 5m，第一道支撑底至第三道混凝土支撑标高范围三轴水泥土搅拌桩水泥掺量为 15%，第三道支撑至基底以下三轴水泥土搅拌桩水泥掺量为 20%。坑内加固与槽壁加固间采用 $\phi800@600$ 高压旋喷桩填充，加固体平面布置如图 3.5-4 所示。

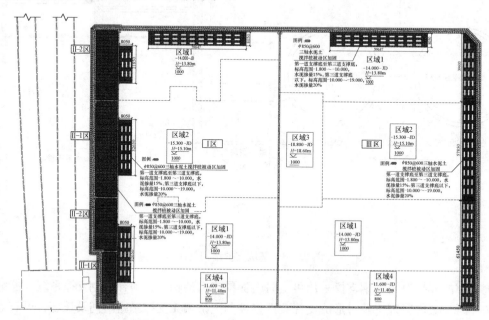

图 3.5-4　基坑内土体加固平面图

5. 土方分块开挖设计

软土基坑的土方开挖是变形控制的关键，因此对本工程的分区土方开挖进行了分块设计。本工程分为Ⅱ区、Ⅰ区、Ⅲ区，其中Ⅱ区又分为 4 个小区。由于Ⅱ区较小，开挖时分小段，即每次开挖出 2 根钢支撑范围内的土方，随挖随支设钢支撑并施加预应力。Ⅰ区和Ⅲ区面积较大，采用了对撑、角撑和边桁架支撑系统，其土方开挖总体采用盆式分块的方式。

图 3.5-5 为Ⅰ区土方开挖分块平面布置图，各层土方开挖流程为：首先采用盆式开挖方式开挖基坑中部的土方，即先开挖 1-1 分块，然后对称开挖 1-2 分块，然后对称开挖1-3分块，再对称开挖 1-4 分块，每块土方开挖完成后及时跟进支撑施工，至此基坑中部土方开挖完成；然后对称开挖 2 分块，再对称开挖 3 分块，同时跟进支撑施工，此时对撑全部形成；最后开挖位于四角的 4 分块，并跟进角撑的施工。通过分块开挖可以减少围护墙的无支撑暴露时间，有利于变形控制。

图 3.5-6 为Ⅲ区土方开挖的分块平面布置图，各层土方开挖的流程为：首先采用盆式开挖的方式开挖基坑中部的土方，即按 1-1 分块、1-2 分块、1-3 分块、1-4 分块、1-5 分块、1-6 分块的顺序依次开挖土方，每块土方开挖完成后及时跟进支撑的施工，至此基坑中部土方开挖完成；然后对称开挖 2 分块，再对称开挖 3 分块，此时对撑全部形成；最后开挖位于四角的 4 分块，并跟进角撑的施工。

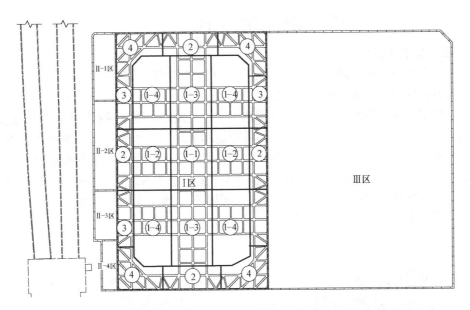

图 3.5-5 Ⅰ区土方开挖分区布置图

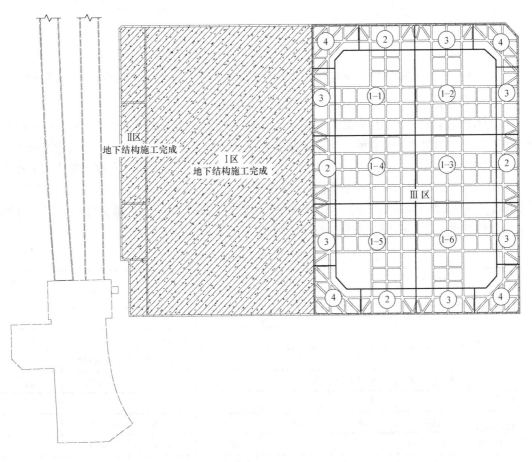

图 3.5-6 Ⅲ区土方开挖分区布置图

3.5.5 基坑开挖对邻近隧道影响的数值分析

1. 三维有限元模型

因开挖基坑距离越江隧道较近，为分析分区施工对邻近隧道的影响，采用 Plaxis3D 有限元分析软件建立三维有限元数值模型进行分析。三维有限元模型如图 3.5-7 所示，数值模型包括了土体、围护结构、水平支撑体系、邻近西藏南路隧道及博成路与白莲泾路下的共同沟。图 3.5-8 给出了基坑支撑、邻近隧道和共同沟的模型。模型中土体采用 10 节点楔形体实体单元模拟，邻近隧道、共同沟和基坑支护墙体采用 6 节点三角形 Plate 壳单元模拟，水平支撑体系采用 3 节点 beam 梁单元模拟，立柱采用 Embedded-pile 模型模拟。计算模型约束条件为侧边约束水平位移，底部同时约束水平和竖向位移。整个有限元模型共划分 86266 个单元、131663 个节点。

图 3.5-7　三维有限元计算模型

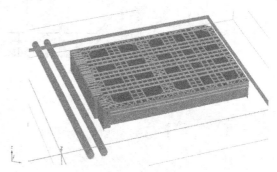

图 3.5-8　支护结构及邻近隧道和共同沟模型

2. 计算参数

土体采用 HS-Small 小应变本构模型，各土层的计算参数根据王卫东等（2013）提出的方法确定，如表 3.5-2 所示。计算中黏土采用不排水分析。

基坑围护结构中，各构件的截面按实际截面计算。地下连续墙、支撑与楼板均采用弹性模型，地下连续墙采用 C30 混凝土，弹性模量 30GPa；混凝土支撑和地下室结构楼板采用 C35 混凝土，弹性模量 31.5GPa；钢管支撑弹性模量 200GPa；隧道管片采用 C55 混凝土，弹性模量 34.5GPa。所有结构模型的泊松比均为 0.3。

各土层计算参数　　　　　　　　　　　　　　　　表 3.5-2

参数类别	土层序号及名称	②粉质黏土	③淤泥质粉质黏土	④淤泥质黏土	⑤₋₁黏土	⑥黏土	⑦₋₁黏质粉土
基本物理参数	$\gamma(kN/m^3)$	18.6	17.5	16.7	17.8	19.7	19.1
	$\gamma_{sat}(kN/m^3)$	18.9	17.8	17.0	18.2	20.0	19.4
	$k_H(m/day)$	1.1×10^{-4}	1.2×10^{-4}	3.6×10^{-5}	4.2×10^{-5}	1.2×10^{-5}	2.8×10^{-2}
	$k_V(m/day)$	1.9×10^{-4}	1.5×10^{-4}	7.4×10^{-5}	7.2×10^{-5}	2.1×10^{-5}	1.2×10^{-1}
界面参数	R_{inter}	0.65	0.65	0.65	0.65	0.65	0.7
HS-Small 模型计算参数	$E_{oed}^{ref}(MPa)$	4.37	2.82	2.01	3.36	7.59	10.97
	$E_{50}^{ref}(MPa)$	5.2	3.4	2.4	4.0	9.1	10.97
	$E_{ur}^{ref}(MPa)$	30.5	19.7	14.0	23.5	53.1	43.8

参数类别	土层序号及名称	②粉质黏土	③淤泥质粉质黏土	④淤泥质黏土	⑤-1黏土	⑥黏土	⑦-1黏质粉土
HS-Small模型计算参数	c'(kPa)	9.2	1.22	6.9	7.7	41.5	7
	φ'(°)	25.2	31.4	24.2	24.9	24.5	33
	ψ(°)	0	0	0	0	0	3
	ν_{ur}	0.2	0.2	0.2	0.2	0.2	0.2
	p^{ref}(kPa)	100	100	100	100	100	100
	m	0.8	0.8	0.8	0.8	0.8	0.8
	R_f	0.9	0.6	0.6	0.9	0.9	0.9
	G_0^{ref}(MPa)	122.2	78.8	56.2	94.0	212.4	219.4
	$\gamma_{0.7}(\times10^{-4})$	2.7	2.7	2.7	2.7	2.7	2.7

3. 工况模拟

基坑的地下连续墙施工、各层土体的分层开挖、各道支撑的施工及各层地下室结构的施工过程通过有限元软件的"单元生死"功能来模拟。按照各分区实际的开挖顺序模拟基坑完整的开挖和结构施工过程，计算过程共分为 34 个工况，具体施工工况如表 3.5-3 所示。各工况中将坑内地下水位设置在开挖面标高并进行渗流分析。

基坑开挖顺序模拟   表 3.5-3

荷载步	工 况	
Stage0	初始地应力场计算，隧道、共同沟对初始地应力场的影响	
Stage1	施工地下连续墙	
Stage2	Ⅰ区基坑	Ⅰ区基坑开挖至第1道支撑底标高
Stage3		Ⅰ区基坑施工第1道支撑，开挖至第2道支撑底标高
Stage4		Ⅰ区基坑施工第2道支撑，开挖至第3道支撑底标高
Stage5		Ⅰ区基坑施工第3道支撑，开挖至基础底板底标高
Stage6		Ⅰ区基坑局部加深区域开挖
Stage7		Ⅰ区基坑施工基础底板
Stage8		Ⅰ区拆除第3道支撑，施工 B2 楼板
Stage9		Ⅰ区拆除第2道支撑，施工 B1 楼板
Stage10		Ⅰ区拆除第1道支撑，施工 B0 楼板
Stage11	Ⅱ区基坑	Ⅱ-1、Ⅱ-3区基坑开挖至第1道支撑底
Stage12		Ⅱ-1、Ⅱ-3区基坑施工第1道支撑，开挖至第2道支撑底
Stage13		Ⅱ-1、Ⅱ-3区基坑施工第2道支撑，开挖至第3道支撑底
Stage14		Ⅱ-1、Ⅱ-3区基坑施工第3道支撑，开挖至第4道支撑底
Stage15		Ⅱ-1、Ⅱ-3区基坑施工第4道支撑，开挖至基础底板底
Stage16		Ⅱ-1、Ⅱ-3区施工基础底板，拆除第4道支撑，施工 B2 楼板
Stage17		Ⅱ-1、Ⅱ-3拆除第3道支撑，施工 B1 楼板
Stage18		Ⅱ-1、Ⅱ-3区拆除第2道与第1道支撑，施工 B0 楼板
Stage19		Ⅱ-2、Ⅱ-4区基坑开挖至第1道支撑底
Stage20		Ⅱ-2、Ⅱ-4区基坑施工第1道支撑，开挖至第2道支撑底
Stage21		Ⅱ-2、Ⅱ-4区基坑施工第2道支撑，分层开挖至第3道支撑底

荷载步	工 况	
Stage22	Ⅱ区基坑	Ⅱ-2、Ⅱ-4区基坑施工第3道支撑,开挖至第4道支撑底
Stage23		Ⅱ-2、Ⅱ-4区基坑施工第4道支撑,开挖至基础底板底
Stage24		Ⅱ-2、Ⅱ-4区施工基础底板,拆除第4道支撑,施工B2楼板
Stage25		Ⅱ-2、Ⅱ-4拆除第3道支撑,施工B1楼板
Stage26		Ⅱ-2、Ⅱ-4区拆除第2道与第1道支撑,施工B0楼板
Stage27	Ⅲ区基坑	Ⅲ区基坑开挖至第1道支撑底标高
Stage28		Ⅲ区基坑施工第1道支撑,开挖至第2道支撑底标高
Stage29		Ⅲ区基坑施工第2道支撑,开挖至第3道支撑底标高
Stage30		Ⅲ区基坑施工第3道支撑,开挖至基础底板底标高
Stage31		Ⅲ区基坑施工基础底板
Stage32		Ⅲ拆除第3道支撑,施工B2楼板
Stage33		Ⅲ拆除第2道支撑,施工B1楼板
Stage34		Ⅲ拆除第1道支撑,施工B0楼板

4. 计算结果分析

（1）基坑围护结构变形

图3.5-9为地下连续墙在基坑开挖至最后工况的变形云图。从图中可以看出：靠近西藏南路隧道侧的Ⅱ区基坑西侧围护结构变形要明显小于整个基坑的东侧、南侧和北侧三边。其中，Ⅱ-1、Ⅱ-2、Ⅱ-3、Ⅱ-4区围护结构最大变形分别为18.9mm、28.5mm、21.4mm、16.1mm，Ⅰ区与Ⅲ区围护结构的最大变形分别为63.2mm、80.8mm。Ⅱ区基坑的变形仅为Ⅰ区和Ⅲ区变形的1/3左右。

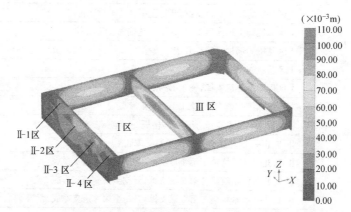

图3.5-9　开挖至基底阶段围护结构变形云图

Ⅰ区西侧墙体由于受Ⅱ区分隔墙的影响，其变形较Ⅲ区东侧墙体小很多，Ⅰ区与Ⅱ区分隔墙最大变形为46.7mm，相比较Ⅲ区东侧墙体80.8mm小很多。Ⅰ区和Ⅲ区北侧墙体长度相差不多，变形也较接近，最大变形分别为71.8mm与73.2mm。Ⅰ区和Ⅲ区南侧墙体长度相差不多，变形也较接近，最大变形分别为76.7mm和79.1mm；由于该侧墙体厚度较Ⅰ区和Ⅲ区北侧墙体厚度要小，因此其变形较北侧墙体变形要大。

最大变形发生在Ⅰ区和Ⅲ区基坑的隔断位置，最大变形值为108.5mm，与开挖深度的比值为0.72%。隔断墙变形大一方面由于该位置基坑开挖深度大，为18.6m；另一方面该位置隔断墙位于基坑内侧，无环境保护要求，地墙厚度小。

Ⅱ区四个小分区基坑，由于受空间效应影响，在两端的Ⅱ-1和Ⅱ-4区变形最小，最大的是Ⅱ-2区，这是由于此处的开挖深度较其他三个小分区略大所致。整体来说，Ⅱ区最大变形仅为28.5mm，约为0.21%倍开挖深度。

（2）基坑周边土体变形

图3.5-10为基坑及周围土体竖向变形云图。根据有限元计算结果，基坑周边土体最大沉降为67.7mm，为开挖深度的0.45%，发生在基坑东面白莲泾路侧。基坑西侧靠近西藏南路隧道侧最大地表沉降为25.5mm，为开挖深度的0.17%，明显小于其他各边沉降，这也是分区施工的效果。由于西侧采用了较小宽度的分区，当小基坑施工时，基坑空间效应明显，因此能够很好地控制该侧围护结构的变形，从而减小了地表沉降。图中也反映出了坑外土体的位移规律及基坑开挖的影响范围，基坑对周围环境的影响范围约为3倍的基坑开挖深度，3倍开挖深度以外土体的位移很小。

图3.5-10 最终工况下基坑竖向变形云图

（3）邻近隧道变形

图3.5-11为邻近基坑西侧西藏南路的越江双线盾构隧道的总变形云图。从图中可以看出，靠近基坑的东线隧道变形要明显大于离基坑稍远的西线隧道。东线隧道的最大变形为9.0mm，西线隧道最大变形仅为2.7mm，两条隧道最大变形均发生在基坑中间对应位置，隧道变形沿纵向呈中间大、两端小的弯曲状态。由于基坑靠近隧道区域采用了狭长形小基坑分区方案，分区施工基坑较好地控制了邻近隧道的变形。

5. 计算与实测结果对比及变形控制效果分析

图3.5-12为计算得到的在不同工况下的地下连续墙侧移与实测结果的对比情况，其中CX26位于Ⅰ区北侧中部，CX32位于Ⅲ区北侧中部，CX12位于Ⅱ-2区西侧中部，CX53位于Ⅰ区和Ⅲ区交界处的分隔墙中部。从图中可以看出，Ⅰ区和Ⅲ区的变形相对较大，CX26测点和CX32测点的实测最大侧移分别为63.8mm和55.1mm，这两个区的变形较为接近。中隔墙由于厚度减小为0.8m，其刚度小于外围地下连续墙的刚度，故CX53

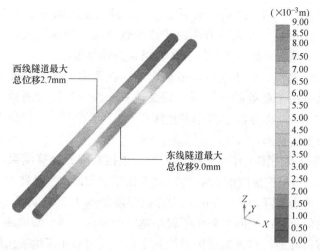

图 3.5-11　隧道的总位移云图

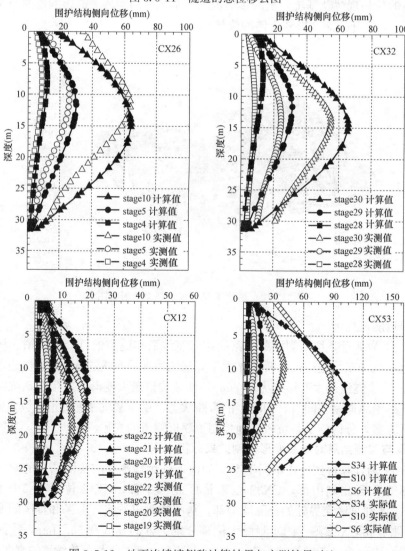

图 3.5-12　地下连续墙侧移计算结果与实测结果对比

的实测最大侧移达到 88.3mm。位于Ⅱ-2 区西侧中部 CX12 的实测最大侧移仅为 19.1mm，远小于Ⅰ区和Ⅲ区的变形，表明靠近地铁侧分小区并采用轴力自动补偿钢支撑系统等一系列变形控制措施有效地控制了基坑的变形。从图中还可以看出，计算得到的各个工况下的地下连续墙侧移形态与实测曲线基本一致，计算侧移普遍较实测值略微偏大，但总体上计算结果与实测数据还是能较好地吻合。

图 3.5-13 给出了各分区基坑围护结构最大侧向变形与基坑开挖长度的关系。图中表明，计算得到的围护结构变形与实测变形一样，均表现为围护结构变形与基坑的边长存在线性关系，随着基坑边长增加，围护结构变形增大。围护结构最大侧移 δ_{hm} 与开挖基坑边长 L 之间的拟合关系见图 3.5-13。本工程中由于采用了分区施工方案，Ⅱ区基坑开挖面积和尺寸远小于Ⅰ区和Ⅲ区基坑，充分利用了基坑的时空效应，因此邻近隧道侧的Ⅲ区基坑最大变形远小于Ⅰ区和Ⅲ区基坑，有效控制了基坑开挖对邻近隧道的不利影响。

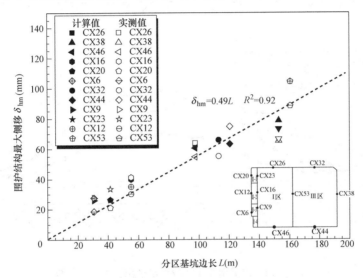

图 3.5-13　围护结构最大侧向变形与基坑长度的关系

图 3.5-14 为西藏南路隧道东线水平位移和竖向位移的计算结果和实测变形对比曲线。东线隧道在Ⅰ区地下室结构完成时的最大水平位移和竖向位移实测值分别为 4mm 和 4.8mm，计算结果分别为 5.8mm 和 4.4mm，Ⅱ区地下室结构完成时的最大水平位移和竖向位移实测值分别为 7mm 和 8.6mm，计算结果分别为 7.8mm 和 8.5mm，二者能够较好吻合。由于采用了分区施工的方法，在Ⅰ区基坑施工时，由于基坑距隧道距离较远，隧道最大水平位移仅 4mm，在施工距离隧道很近的Ⅱ区基坑时，基坑面积小，施工速度快，很好地控制了围护结构及邻近构筑物的变形，使得Ⅱ区基坑开挖过程中隧道仅产生了 3mm 的水平位移。西线隧道的变形趋势与东线隧道类似，在Ⅰ区地下室结构完成时的最大水平位移实测值为 1.6mm，Ⅱ区地下室结构完成时的最大水平位移实测值为 3.3mm。

隧道不均匀沉降会使隧道产生弯曲变形，导致隧道接缝张开，渗漏加剧，甚至漏泥漏砂等。长此以往，隧道运营安全和乘客的舒适性将受到影响。根据《城市轨道交通结构安全保护技术规范》和上海地铁保护条例规定，基坑施工引起的地铁隧道结构的水平和竖向位移量的控制值为 20mm，由外界因素引起的已建隧道的纵向曲率半径 ρ 不小于 15000m。

研究表明，在隧道纵向变形曲率半径不小于 15000m 的情况下，管片应力、螺栓拉力和环缝张开值均处于较低的水平，隧道处在安全状态。

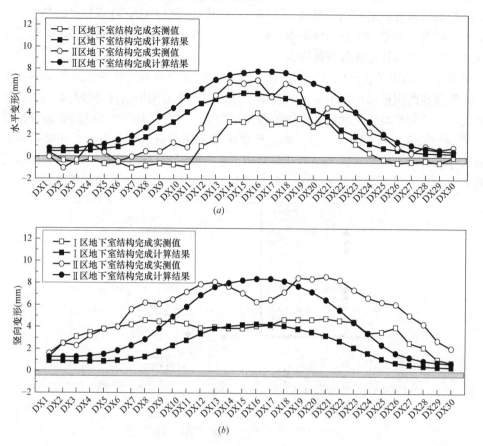

图 3.5-14　西藏南路东线隧道水平位移和竖向位移

(a) 水平位移；(b) 竖向位移

根据图 3.5-14 中西藏南路东线隧道的水平和竖向位移曲线可知，基坑开挖期间隧道结构的水平和竖向位移均小于 20mm；由此计算得到的隧道水平向和纵向的曲率半径最小值分别为 21760m 和 20278m，大于弯曲状态下隧道纵向曲率半径的安全控制标准。现场监测亦表明，基坑施工期间，隧道运营良好，未出现任何安全报警状态。因此，本工程中采用分区开挖方案控制基坑变形对隧道影响的效果是明显的。

3.6　结语

大规模地下空间工程及地铁轨道交通工程的建设都涉及深基坑工程，上海、天津等软土城市的地铁基本已经形成网络，越来越多的基坑工程邻近地铁隧道或地铁车站设施。软土强度低、含水量高、侧压力大，软土中邻近地铁设施的基坑工程变形控制难度大。由于地铁是生命线工程，社会关注度高，因此由基坑工程引起的地铁设施保护问题变得日益突出。

　　邻近地铁设施的基坑工程必须确定合理的变形控制指标，本章首先介绍了地铁隧道的变形控制指标，然后提出了邻近地铁设施的软土深基坑变形控制指标及方法。邻近地铁设施的软土基坑工程必须采用系统的措施才能将基坑的变形及其对周边地铁设施的影响控制在较小的范围内，满足邻近地铁正常运行的要求。因此本章接下来提出了邻近地铁设施的软土基坑工程变形控制设计方法，包括分坑实施设计方法、坑内土体加固设计方法、设置地下连续墙槽壁加固、设置隔断墙、承压水控制及土方分块开挖设计等，并以上海世博会A片区绿谷一期项目为例说明了相关变形控制方法在具体基坑工程的应用。本章所提出的邻近地铁设施的软土基坑工程变形控制设计方法是基于软土地区长期的工程经验，工程实践表明这些变形控制方法是有效的，为邻近地铁设施的软土基坑工程设计提供了技术手段，可为同类基坑工程的设计提供参考。

　　基坑工程是一门涉及工程地质、土力学、结构力学、施工技术、施工装备等多科学的综合学科（刘国彬和王卫东，2009）。由于影响因素复杂，基坑工程也是一门经验性很强的工程学科。本章所提出的邻近地铁设施的软土基坑工程变形控制设计方法是基于大量工程实践的总结，还有待于从理论上作进一步研究，合理评价相关设计方法的变形控制效果并提出预测方法，发展基坑变形控制设计理论，从而为邻近地铁等生命线工程的深基坑工程的设计和施工提供更有效的指导。

参考文献

[1] 陈志龙. 城市地下空间研究现状与展望. 岩石力学与岩石工程学科发展报告，2010
[2] 郑刚，朱合华，刘新荣 等. 基坑工程与地下工程安全及环境影响控制［J］. 土木工程学报，2016，49（6）：1～24
[3] 徐中华. 上海地区支护结构与主体地下结构相结合的深基坑变形性状研究［D］. 上海交通大学博士学位论文，上海，2007
[4] 上海市工程建设标准. DG J08—37—2012 岩土工程勘察规范［S］. 2012
[5] 黄绍铭，高大钊主编. 软土地基与地下工程，北京：中国建筑工业出版社，2005
[6] 上海市工程建设标准. DG J08—11—2010 地基基础设计规范［S］. 2010
[7] 周学明，袁良英，蔡坚强 等. 上海地区软土分布特征及软土地基变形实例浅析［J］. 上海国土资源，2005，26（4）：6-9
[8] J. H. Wang , Z. H. Xu , W. D. Wang. Wall and Ground Movements due to Deep Excavations in Shanghai Soft Soils. Journal of Geotechnical & Geoenvironmental Engineering，2010，36（7）：985～994
[9] 李淑，张顶立，房倩 等. 北京地区深基坑墙体变形特性研究［J］. 岩石力学与工程学报，2012，31（11）：2344～2353
[10] 上海市政工程管理局. 上海市地铁沿线建筑施工保护地铁技术管理暂行规定，1994
[11] 中华人民共和国行业标准. CJJ/T 202—2013 城市轨道交通结构安全保护技术规范［S］. 中国建筑工业出版社，2013
[12] 深圳市地铁集团有限公司. 地铁运营安全保护区和建设规划控制区工程管理办法（2016年版），2016
[13] 广东省标准. DBJ/T 15—120—2017 城市轨道交通既有结构保护技术规范［S］. 2017
[14] 上海市工程建设标准，DG/T J08—61 基坑工程技术规范［S］. 2010

[15] 广东省标准. DBJ/T 15-20—2016 建筑基坑工程技术规程 [S]. 2016

[16] 刘建航，刘国彬，范益群. 软土基坑工程中时空效应理论与实践（上）[J]. 隧道与轨道交通，1999（3）：7～12

[17] 刘建航，刘国彬，范益群. 软土基坑工程中时空效应理论与实践（下）[J]. 隧道与轨道交通，1999（4）：10～14

[18] 王允恭主编. 逆作法设计施工与实例 [M]. 北京：中国建筑工业出版社，2011

[19] 王卫东，王建华. 深基坑支护结构与主体结构相结合的设计、分析与实例 [M]. 北京：中国建筑工业出版社，2007

[20] 王卫东，王浩然，徐中华. 上海地区基坑开挖数值分析中土体 HS-Small 模型参数的研究 [J]. 岩土力学，2013，34（6）：1766～1774

[21] 王卫东. 超深等厚度水泥土搅拌墙技术与工程应用实例 [M]. 北京：中国建筑工业出版社，2017

[22] 刘国彬，王卫东主编. 基坑工程手册（第二版）[M]. 北京：中国建筑工业出版社，2009

4 桩基础沉降变形控制设计原理、方法与工程实践

刘金波，张松，郭金雪，张雪婵，李冰

（中国建筑科学研究院地基基础研究所，北京 10013）

4.1 概论

4.1.1 桩的基本概念

1. 桩的基本概念

桩是置于岩土中具有一定抗压、抗弯、抗剪承载能力的细长构件，其截面有等截面和变截面两种。桩的作用是将上部结构的荷载传递给桩周土（岩）并具有承受上部结构荷载的能力。桩承载力是桩周土（岩）对桩体的支承阻力和桩身承载能力的低值，一般取决于土（岩）对桩的支承阻力，需经过静载荷试验确定。桩周土（岩）对桩体的支承阻力分为桩侧摩阻力和桩端阻力。

桩与其连接的承台称为桩基础。对于桩基础，其承载力除和单桩承载力有关外，还和基底土的性质、桩间距、桩长、基础宽度等因素有关。

桩基础除满足承载力的要求外，还应满足建（构）筑物正常使用和结构安全的沉降变形要求。桩基础的沉降变形包括竖向和水平变形，本章仅介绍竖向沉降和变形，简称桩基础的沉降变形。

桩基础的沉降变形一般用沉降量、沉降差、整体倾斜和局部倾斜等指标表示。桩的沉降一般由两部分组成，一部分为桩身压缩，此部分沉降基本属于弹性压缩，在荷载施加完成后，桩身压缩基本完成，卸载后大部分压缩回弹；另一部分为桩端土产生的变形，其沉降特性和桩端土性质、传到桩端的荷载、桩土结合状态、桩长和承台宽度的比有关，常常在荷载施加完成后，还会在一定时间段内产生一定的沉降，此部分沉降称为工后沉降。

衡量桩基础是否安全的标准有两个，其一，是在各种可能的荷载作用下，桩基础的沉降变形满足上部结构安全、建筑物正常使用的要求；其二，桩身承载力满足受力要求，包括在各种可能的受力情况下，桩身承载力满足安全要求，同时满足使用期间耐久性要求。

2. 承载力和沉降变形的关系

桩的承载力和沉降变形是相互关联的两个方面，桩的承载力确定是以桩的沉降量和沉降速率作为控制标准的。如《建筑基桩检测规范》JGJ 106—2014 就单桩竖向静载试验有如下规定："试桩沉降稳定标准：每一小时内桩顶沉降量不得超过 0.1mm，并连续出现 2 次"；终止加载的条件中规定："某级荷载作用下，桩顶沉降量大于前一级荷载作用下的沉降量的 5 倍"、"荷载沉降-曲线呈缓变型时，可加载至桩顶总沉降量的 60～80mm；当桩

端阻力尚未充分发挥时，可加载至桩顶累积沉降量超过 80mm"。从检测规范的规定可看出，桩的竖向承载力的确定是以沉降作为控制标准的，实际工程中，土（岩）对桩的承载力控制设计也是为沉降变形控制设计服务的。

4.1.2 影响桩承载力和沉降变形特性的因素

影响桩承载力发挥和沉降变形特性的因素总结如下：

1. 桩周、桩底一定范围内岩土的性质和分布

桩周、桩底一定范围内岩土的性质和分布，是决定桩承载力大小和沉降变形特性的关键因素。一般土性质越好，提供的承载力越高，对于嵌岩桩，当岩石饱和单轴抗压强度大于 15MPa 时，桩的承载力基本由桩身材料强度控制，桩的沉降主要为桩身压缩；图 4.1-1 为南京某嵌岩桩静载曲线，图 4.1-2 为桩身轴力分布曲线。桩径 1200mm，桩长 46m，混凝土强度等级 C55，桩端进入破碎状中风化凝灰岩 3d，饱和单轴抗压强度 19MPa。从 Q-s 曲线可看出桩身承载力超过 40000kN，基本是桩身强度控制，虽然第 8、9 级荷载作用下沉降量偏大，但到第 10 级荷载时沉降量又减小，说明桩和岩石接触面的弱夹层被压实。

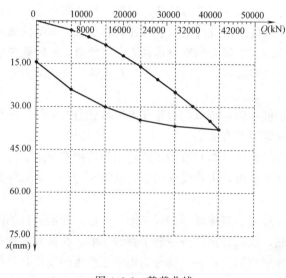

图 4.1-1 静载曲线

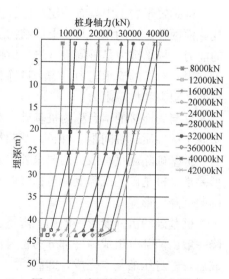

图 4.1-2 实测桩身轴力分布图

2. 桩土结合状态

桩土结合状态，桩土结合状态影响桩体传力效果和桩侧摩阻力、端阻力的发挥。如桩底沉渣、桩侧泥皮会使桩的承载力降低，图 4.1-3 为作者处理的山东菏泽某工程试桩曲线，桩径 600mm，桩长 30m，桩端持力层为粉质黏土夹粉土，属于摩擦桩。检测结果桩的承载力离散性非常大，最大达到 4200kN，最小只有 1700kN，开挖后检测发现一些桩侧泥皮过厚，见图 4.1-4，从曲线形态和回弹很小，能判断桩底存在较厚沉渣。

桩土结合状态影响桩的沉降变形特性，当桩土结合状态不好，特别是桩端存在一定厚度沉渣，在荷载达到一定数值时，桩会出现陡降刺入变形，如图 4.1-3 中的 1 号、03 号、173 号桩；当桩土结合状态好时，桩的沉降变形特性一般是缓变型，如图 4.1-3 的 3 号桩。

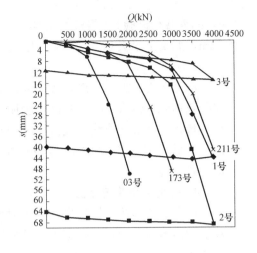

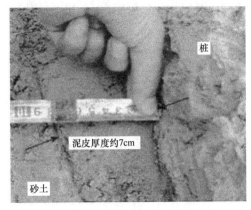

图 4.1-3   某摩擦桩静载曲线　　　　　　　　图 4.1-4   桩侧泥皮图片

3. 桩体形状

按桩体的形状分为等截面和变截面桩，所谓等截面桩即桩长范围内桩截面保持不变，如图 4.1-5 其侧摩阻力为桩土之间的剪力，相同条件下，其承载力一般比变截面桩低，当没有坚硬持力层或桩土结合状态不良时，其沉降特征多表现为陡降式刺入；所谓变截面桩即桩长范围内桩的截面是变化的，最常见的如支盘桩、锥形桩，如图 4.1-5 所示在竖向荷载作用下，由于桩侧土从纯受剪状态转变为压剪状态，其侧摩阻力较等截面桩高，桩沉降特性多表现为缓变型。

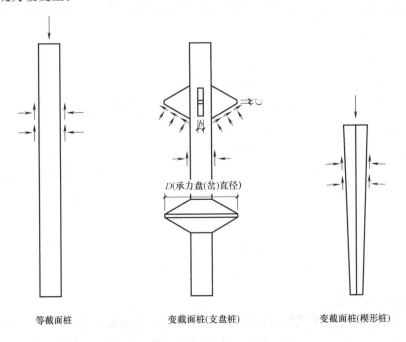

图 4.1-5   桩体形状示意图

图 4.1-6 为挤扩支盘桩与普通灌注桩的对比曲线：共进行了三根挤扩多支盘桩（桩号分别为 Z1，Z2，Z3）与普通钻孔灌注桩（桩号为 P）的静载荷试验。4 根桩的基本桩径为600mm，配筋相同，盘径为 1.5m，有效桩长均为 16m，混凝土等级 C30。挤扩支盘桩 Z1设一盘三支，Z2 设二盘二支，Z3 设四盘。

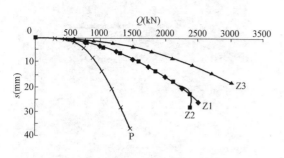

图 4.1-6　静载荷试验 Q-s 曲线

从图 4.1-6 曲线看出，普通灌注桩在荷载达到 1480kN 时，桩已达极限承载力状态，其 Q-s 曲线呈陡降型；而挤扩桩承载力超过 2400kN，其 Q-s 曲线均呈缓变型。

4. 挤土桩和非挤土桩

挤土桩和非挤土桩是根据施工对地基土的影响划分的，当桩施工对其周围土产生挤土效应时，称为挤土桩；反之，当桩施工对其周围土产生挤土效应很小，或没有挤土效应时，称为非挤土桩。挤土桩和非挤土桩对桩基础沉降特性的影响和桩周土的性质有关，当桩周围为液化土、欠固结土、湿陷性土时，挤土效应会使桩周土体被挤密，提高桩的承载力，减小沉降；当桩周围为饱和软土、密实状态的粗颗粒土时，挤土效应产生超孔隙水压力、破坏原状土的结构，造成地面隆起，桩基础的沉降会增大。

《建筑桩基技术规范》JGJ 94—2008 编制过程中收集到的上海、天津地区预制桩和灌注桩基础沉降观测资料共计 110 份，将实测最终沉降量与桩长关系散点图分别表示于图4.1-7（a）、（b）。图 4.1-7 反映出一个共同规律：预制桩基础的最终沉降量显著大于灌注桩基础的最终沉降量，这一现象反映出预制桩因挤土沉桩产生桩土上涌导致沉降增大的负面效应。

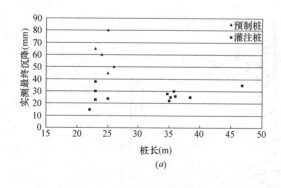
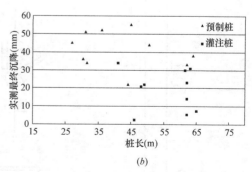

图 4.1-7　预制桩基础与灌注桩基础实测沉降量与桩长关系
（a）上海地区；（b）天津地区

5. 摩擦桩和端承桩

摩擦桩和端承桩是按承载性状划分的，在承载力能力极限状态下，桩顶竖向荷载主要由桩侧摩阻力承受，桩端阻力很小到可以忽略不计，称为摩擦桩；反之，当桩顶竖向荷载主要是由桩端桩端阻力承受，桩侧摩阻力小到可以忽略不计时，称为端承桩。从沉降特性分析，一般摩擦桩沉降量较大、容易出现差异沉降、沉降时间长；而端承桩沉降较小，稳定时间短。

6. 单一材料桩和组合桩

按桩体组成分单一材料桩和组合桩，一般钢筋混凝土桩、钢桩和木桩称为单一材料桩；水泥土和钢筋混凝土、水泥土和钢桩组合称为复合桩。如图4.1-8为水泥土和预应力管桩复合桩图片，芯为预应力管桩，外围为水泥土，两种材料复合在一起。组合桩由于钢筋混凝土桩、水泥土、土之间刚度变化梯度相对均匀，因此其承载力较钢筋混凝土桩高，桩沉降特性多为缓变型。如图4.1-9为作者攻读博士学位期间所做的静载对比试验结果，复合桩基本尺寸：外径900mm，混凝土芯桩直径500mm，水泥土厚度200mm，桩长12m；普通钢筋混凝土灌注桩桩径900mm，桩长12m。从曲线可看出，复

图 4.1-8　复合桩图

合桩不仅承载力比普通灌注桩高，而且曲线较灌注桩明显呈缓变。

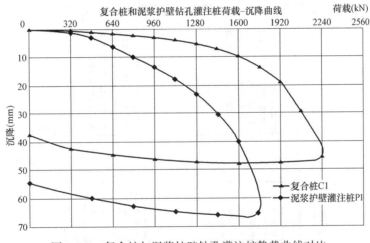

图 4.1-9　复合桩与泥浆护壁钻孔灌注桩静载曲线对比

4.2　目前桩基沉降变形控制设计方法及存在的问题

4.2.1　目前桩基础的沉降变形计算方法

目前桩基础沉降计算方法应用最广的是《建筑地基基础设计规范》GB 50007—2011和《建筑桩基技术规范》JGJ 94—2008 推荐的方法。

1.《建筑地基基础设计规范》GB 50007—2011 推荐的方法

现行《建筑地基基础设计规范》在8.5.15条规定"计算桩基础沉降时，最终沉降量宜按单向压缩分层总和法计算。地基内的应力分布宜采用各向同性均质线性变形体理论，按实体深基础方法或明德林应力公式方法进行计算，计算按本规范附录R进行"。

单向压缩分层总和法的计算公式如下：

$$s = \Psi_{\mathrm{p}} \sum_{j=1}^{m} \sum_{i=1}^{n_j} \frac{\sigma_{j,i} \Delta h_{j,i}}{E_{\mathrm{s}j,i}} \tag{4.2-1}$$

式中　　s——桩基最终计算沉降量（mm）；

m——桩端平面以下压缩层范围内土层总数；

$E_{\mathrm{s}j,i}$——桩端平面下第 j 层土第 i 个分层在自重应力至自重应力加附加应力作用段的压缩模量（MPa）；

n_j——桩端平面下第 j 层土的计算分层数；

$\Delta h_{j,i}$——桩端平面下第 j 层土的第 i 个分层厚度（m）；

$\sigma_{j,i}$——桩端平面下第 j 层土的第 i 个分层的竖向附加应力（kPa）；

ψ_{p}——桩基沉降计算经验系数。

附加应力 $\sigma_{j,i}$ 的计算方法规范推荐了两种，一种采用弹性半空间表面荷载下 Boussinesq 应力解计算附加应力，计算示意如图 4.2-1 所示。

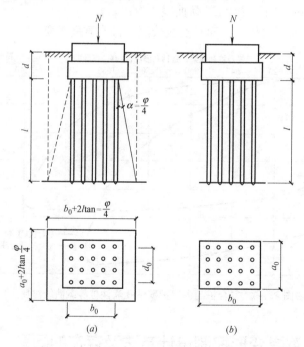

图 4.2-1　实体深基础底面积

另一种是以半无限弹性体内部集中力作用下的 Mindlin 解为基础计算 $\sigma_{j,i}$，可将各根桩在该点所产生的附加应力逐根叠加按下式计算：

$$\sigma_{j,i} = \sum_{k=1}^{n} (\sigma_{\mathrm{zp},k} + \sigma_{\mathrm{zs},k}) \tag{4.2-2}$$

式中　$\sigma_{\mathrm{zp},k}$——第 k 根桩的端阻力在深度 z 处产生的应力（kPa）；

$\sigma_{\mathrm{zs},k}$——第 k 根桩的侧阻力在深度 z 处产生的应力（kPa）。

计算示意如图 4.2-2 所示：

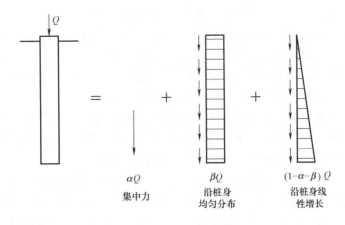

图 4.2-2 单桩荷载分担

上述方法存在如下一些问题：

（1）实体深基础法，其附加应力按 Boussinesq 解计算与实际不符（计算应力偏大），且实体深基础模型不能反映桩的距径比、长径比等的影响；

（2）Geddes 应力叠加——分层总和法要求假定侧阻力分布，并给出桩端荷载分担比；

（3）所有的计算方法都依赖经验系数。以上计算方法均是以弹性力学的基本理论为基础，计算的可靠性与经验系数关系密切；

（4）不能考虑上部结构刚度对变形的影响。

2. 《建筑桩基技术规范》JGJ 94—2008 推荐的方法

桩基规范针对桩距不同给出不同沉降变形计算方法，仅介绍桩中心距不大于 $6d$ 计算方法。对于桩中心距不大于 6 倍桩径的桩基础计算，桩基规范推荐的方法如下：

5.5.6 对于桩中心距不大于 6 倍桩径的桩基，其最终沉降量计算可采用等效作用分层总和法。等效作用面位于桩端平面，等效作用面积为桩承台投影面积，等效作用附加压力近似取承台底平均附加压力。等效作用面以下的应力分布采用各向同性均质直线变形体理论。计

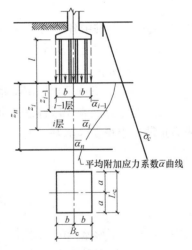

图 4.2-3 桩基沉降计算示意图

算模式如图 4.2-3 所示，桩基任一点最终沉降量可用角点法按下式计算：

$$s = \Psi \cdot \Psi_e \cdot s' = \Psi \cdot \Psi_e \cdot \sum_{j=1}^{m} p_{0j} \sum_{i=1}^{n} \frac{z_{ij}\bar{\alpha}_{ij} - z_{(i-1)j}\bar{\alpha}_{(i-1)j}}{E_{si}} \quad (4.2-3)$$

式中　　　s——桩基最终沉降量（mm）；

s'——采用 Boussinesq 解，按实体深基础分层总和法计算出的桩基沉降量（mm）；

Ψ——桩基沉降计算经验系数，当无当地可靠经验时可按本规范第 5.5.11 条确定；

Ψ_e——桩基等效沉降系数，可按本规范第 5.5.9 条确定；

119

m——角点法计算点对应的矩形荷载分块数;

p_{0j}——第 j 块矩形底面在荷载效应准永久组合下的附加压力(kPa);

n——桩基沉降计算深度范围内所划分的土层数;

E_{si}——等效作用面以下第 i 层土的压缩模量(MPa),采用地基土在自重压力至自重压力加附加压力作用时的压缩模量;

z_{ij}、$z_{(i-1)j}$——桩端平面第 j 块荷载作用面至第 i 层土、第 $i-1$ 层土底面的距离(m);

$\overline{\alpha}_{ij}$、$\overline{\alpha}_{(i-1)j}$——桩端平面第 j 块荷载计算点至第 i 层土、第 $i-1$ 层土底面深度范围内平均附加应力系数,可按本规范附录 D 选用。

该计算方法与现行《建筑地基基础设计规范》不同之处是桩基规范引入桩基等效沉降系数 Ψ_e。桩基等效沉降系数 Ψ_e 是弹性半无限体中群桩基础按 Mindlin 解计算沉降量 w_M 与按等代墩基 Boussinesq 解计算沉降量 w_B 之比,用以反映 Mindlin 解应力分布对计算沉降的影响。

(1)运用弹性半无限体内作用力的 Mindlin 位移解,基于桩、土位移协调条件,略去桩身弹性压缩,给出匀质土中不同距径比、长径比、桩数、基础长宽比条件下刚性承台群桩的沉降数值解:

$$w_M = \frac{\overline{Q}}{E_s d}\overline{w}_M \tag{4.2-4}$$

式中　$\overline{Q}$——群桩中各桩的平均荷载;

E_s——均质土的压缩模量;

d——桩径;

$\overline{w}_M$——Mindlin 解群桩沉降系数,随群桩的距径比、长径比、桩数、基础长宽比而变。

(2)运用弹性半无限体表面均布荷载下的 Boussinesq 解,不计实体深基础侧阻力和应力扩散,求得实体深基础的沉降:

$$w_B = \frac{P}{a E_s}\overline{w}_B \tag{4.2-5}$$

$$\overline{w}_B = \frac{1}{4\pi}\left[\ln\frac{\sqrt{1+m^2}+m}{\sqrt{1+m^2}-m} + m\ln\frac{\sqrt{1+m^2}+1}{\sqrt{1+m^2}-1}\right] \tag{4.2-6}$$

式中　m——矩形基础的长宽比;$m=a/b$;

P——矩形基础上的均布荷载之和。

(3)两种沉降解之比:

相同基础平面尺寸条件下,对于不考虑群桩侧面剪应力和应力不扩散实体深基础 Boussinesq 解沉降计算值 w_B 和按不同几何参数刚性承台群桩 Mindlin 位移解沉降计算值 w_M 二者之比为等效系数 Ψ_e。按实体深基础 Boussinesq 解计算沉降 w_B,乘以等效系数 Ψ_e,实质上纳入了按 Mindlin 位移解计算桩基础沉降时,附加应力及桩群几何参数的影响,称此为等效作用分层总和法。

$$\Psi_e = \frac{w_M}{w_B} = \frac{\dfrac{\overline{Q}}{E_s \cdot d}\cdot \overline{w}_M}{\dfrac{n_a \cdot n_b \cdot \overline{Q}\cdot \overline{w}_B}{a \cdot E_s}} = \frac{\overline{w}_M}{\overline{w}_B}\cdot\frac{a}{n_a \cdot n_b \cdot d} \tag{4.2-7}$$

式中　n_a、n_b——分别为矩形桩基础长边布桩数和短边布桩数。

规范 Ψ_e 是为应用方便，将按不同距径比 $s_a/d=2$、3、4、5、6，长径比 $l/d=5$、10、15……100，总桩数 $n=4$……600，各种布桩形式（$n_a/n_b=1$，2，……10），桩基承台长宽比 L_c/B_c，对式（4.2-7）计算出的 Ψ_e 进行回归分析的结果。

4.2.2　目前计算方法存在的问题

目前桩基础沉降变形计算最大的问题是准确度低，一些情况下实测沉降量和计算相差数倍，一些桩基础差异沉降过大，超出规范规定。图 4.2-4、图 4.2-5 为天津某地超高层建筑实测沉降曲线，从总沉降量上看不是很大，目前也没有超过 100mm，但差异沉降显然过大。

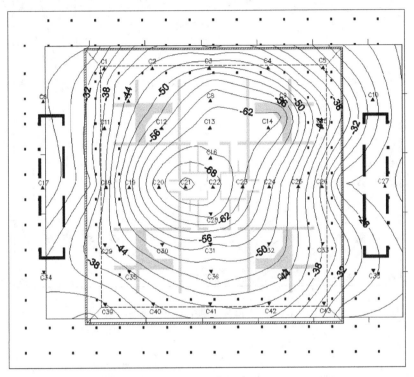

图 4.2-4　天津某大厦沉降等值线图

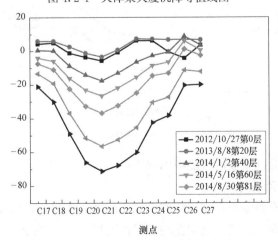

图 4.2-5　天津某大厦沉降剖面图

类似的情况在上海也有发生，如图 4.2-6、图 4.2-7 所示曲线。

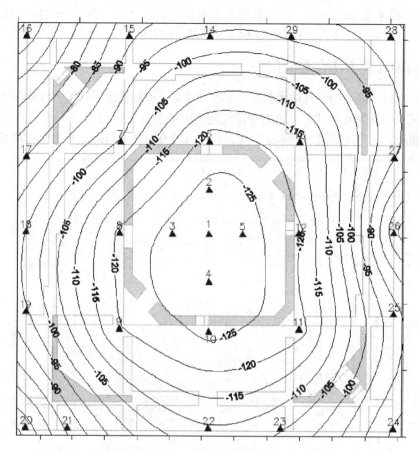

图 4.2-6　上海某金融中心沉降等值线图

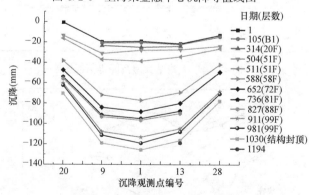

图 4.2-7　上海某金融中心沉降剖面图

造成沉降变形计算准确度的可能原因如下：

1. 计算假设与实际不符

目前的计算方法有很多假设，这些假设和实际有一定差异，如规范推荐的计算方法都绕不开的基本假设，即土是"各向同性均质线性变形体"，实际绝大部分土非均质且成层，同一层土上下也可能存在很大差异；再如将承台底附加应力假设作用在桩端，桩越长、桩侧土越好差异越大。

一些假设和实际有很大的差异，如实体深基础法计算沉降都是从桩端开始计算，忽略了桩身范围产生的沉降，在桩距较大的情况下与实际有很大的差异。对于较大桩距，如桩间距达到5～6d时，试验证明桩基础的沉降以桩身范围压缩为主。图4.2-8为刘金砺研究员通过桩间距的变化（2d、3d、6d）研究桩间土的竖向位移结果。

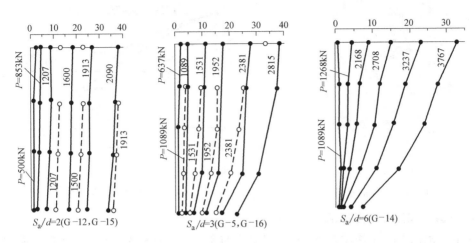

图4.2-8　不同桩距下桩身范围内压缩示意图

从图4.2-8可明显看出：

1）随着荷载增大和桩间距增大，桩身范围内产生的沉降增大；

2）当为6倍桩间距，当沉降量达到20～30mm时，桩身范围内的压缩占到80%左右。

从这些实测数据看出，在大桩距情况下，桩身范围内产生的沉降占到80%以上，而规范推荐的计算方法却忽略此部分沉降，这种假设显然与实际严重不符。

2. 计算参数不准确

由于土的复杂性，使计算中的主要参数即附加应力和压缩模量准确度都不高，特别是附加应力，甚至没有有效的方法验证其准确性，即计算方法的正确性不足以拟补计算参数的不准确。计算的不准确性表现突出的是差异沉降，对于用规范推荐的方法计算差异沉降问题，由规范编制组编制的《建筑地基基础设计规范理解与应用》P231在有关沉降的计算中说"在目前的研究水平，不推荐用上述两种方法计算房屋的倾斜或不均匀沉降。因为影响房屋倾斜或不均匀沉降的因素很多，例如房屋的形状、刚度等等。而且这些因素常常是影响不均匀沉降的主要因素。但是目前的沉降计算方法无法考虑这些因素。从收集的实测沉降资料看，也非常离散，很难进行统计，还不能得到相应的经验系数"。

3. 计算很难考虑施工因素

施工因素对桩基沉降有很大影响，计算很难考虑。对于一些桩型，如泥浆护壁钻孔灌注桩沉渣问题，由于采用泥浆护壁，可以说沉渣很难避免。实际上，标准的沉渣检测方法都没有，施工中一般用一个细绳吊一个钢筋棒去测，如图4.2-9所示。这种简易的方法人为因素太大，而沉渣问题恰恰是产生刺入沉降的主要原因，也是造成工后沉降大、持续时间长的主要原因之一，桩距越小，沉渣的影响越大，工后沉降时间越长。

图4.2-10为江苏某嵌岩桩，桩径800mm，混凝土C55，桩长40m，进入岩石3d。荷载

加到 8 级约 24000kN 时，桩出现刺入破坏，试验终止。后进行复压，荷载加到 27600kN 桩没有压坏，卸载后回弹率超过 80％说明第一次试桩出现刺入破坏既不是桩身破坏，也不是桩端持力层破坏，主要是桩端和岩石结合面存在软弱夹层（一般是沉渣），后被压实。

图 4.2-9　孔底沉渣测量装置

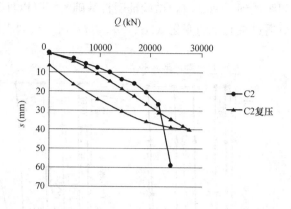

图 4.2-10　桩静载试验对比曲线

4. 计算的和实测的变形部位不一致

目前规范推荐的计算方法都是计算桩端土的变形，主要和附加应力、土的性质和土层分布有关。而实际测量的是基础沉降，计算的变形和实测的位置不一致。对于桩基础，实际工程调查发现，常常出现基础和基底土脱开的情况，即存在基础沉降和地基变形不一致的情况。《建筑抗震设计规范》4.4.2 条："非液化土中低承台桩基的抗震验算，应符合下列规定：2 当承台周围的回填土夯实至干密度不小于现行国家标准《建筑地基基础设计规范》GB 50007—2011 对填土的要求时，可由承台正面填土与桩共同承担水平地震作用；但不应计入承台底面与地基土间的摩擦力。"在条文说明中解释说"关于不计桩基承台底面与土的摩阻力为抗地震水平力的组成部分问题：主要是因为这部分摩阻力不可靠软弱黏性土有震陷问题，一般黏性土可能因桩身摩阻力产生的桩间土在附加应力下的压缩使土与承台脱空；欠固结土有固结下沉问题；非液化土的砾砂则有震密问题等。实践中不乏有静载下桩台与土脱空的报道，地震情况下震后桩台与土脱空的报道也屡见不鲜。"从抗震规范的规定可看出，实际工程中，桩间土和承台脱开的情况常有发生。

从上述的分析可看出，目前的桩基沉降计算方法都是半理论半经验的方法，所谓半理论就是计算方法有一定的数学依据，如采用 Boussinesq 解、Mindlin 解等；所谓半经验就是理论计算的准确度不够高，要靠地方经验积累进行修正。要提高计算的准确度，主要的不是计算方法本身而是经验修正，即通过大量实际工程的计算值与实测沉降值的统计比较，得到一系列适合当地工程情况的经验修正系数。在这方面比较成功的如上海，从 20 世纪 70 年代起，上海地区花费了大量的人力物力得到了很好的经验修正系数，使计算的平均沉降量能与实测值有相当好的吻合程度。

4.3　桩基础沉降变形控制设计的目标

桩基沉降变形控制的目标总结起来有 5 个，即控制总沉降量、限制差异沉降、避免出现倾斜、保证桩土和承台共同工作、减小工后沉降。

4.3.1 控制总沉降量

总沉降量控制是非常重要的，它和使用功能、结构形式、荷载分布、地质条件、桩基础设计有关，还要考虑经济因素。总沉降量过大不仅可能影响正常使用，还容易出现差异沉降和倾斜。关于沉降量和差异沉降的关系，工程统计发现，当总沉降量超过 30～40mm 时，基础容易出现差异沉降，前面图 4.2-4～图 4.2-7 介绍的天津和上海的工程案例都有类似的现象。如沉降超过 30～40mm，还没有出现明显的差异沉降，也可初步判断不会出现过大差异沉降，如我国目前沉降量最大的上海工业展览馆，实际沉降 1700mm 左右，但基本是均匀的，目前还在使用。

4.3.2 限制差异沉降

差异沉降最大的危害是使基础和上部结构产生次内力，造成基础、上部结构开裂，影响结构安全，应进行限制。图 4.3-1、图 4.3-2 为辽宁某别墅，采用预制桩，由于不均匀沉降，造成上部结构严重开裂。

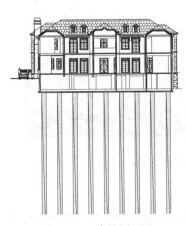

图 4.3-1 建筑剖面图　　　　　　　　图 4.3-2 梁柱开裂图

对于设备管线，差异沉降造成管线开裂，影响正常生产，图 4.3-3 为广东某石化厂，由于不均匀沉降，管线法兰接头错开，工厂停产。相关规范如桩基规范、地基基础设计规范，在保证建筑物正常使用和结构安全的情况下，给出了沉降变形指标的控制要求。

4.3.3 避免出现倾斜

建筑物的倾斜严重影响建筑物的使用和结构安全，云南某高层建筑由于倾斜被迫拆除，造成很大的损失。近年来，我们处理了几十起既有建筑地基基础工程事故，其中至少有十几栋楼出现倾斜。如河北某地建筑物倾斜，造成电梯不能正常安装；广东某建筑物出现倾斜，南北最大沉降差为 188mm，见图 4.3-4。基础整体倾斜值为 0.417%，造成裙楼翘起，这是作者处理过的倾斜最严重的建筑物。

图 4.3-5 为安徽某高层建筑倾斜和开裂图，从伸缩缝可明显看出伸缩缝右侧建筑物出

图 4.3-3　管线开裂图片

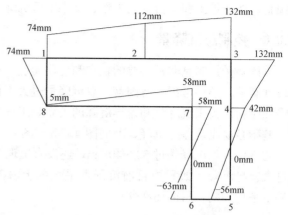

图 4.3-4　建筑物各点沉降量
（图中正数为下沉，负数为翘起）

图 4.3-5　安徽某高层建筑倾斜和开裂图

现倾斜，倾斜还造成墙体开裂。

　　造成倾斜的原因是多方面的，有地质方面的原因，如场地不均匀。从我们处理的工程事故分析，更多的原因是设计、施工和检测存在考虑不周的问题，如地基不均情况下，一些设计人员错误地认为，经过打桩处理或地基加固后就均匀了，对于单侧裙楼，很多设计人员错误地认为裙楼刚度低，对主楼地基变形影响很小，在很多情况下这也是错误的。

4.3.4　保证桩土和承台共同工作

　　保证桩土和承台共同工作必须保证桩承台与桩间土不能脱开，见图 4.3-6，左侧图为桩、土和承台共同工作，右侧图为桩间土和承台脱开示意图，桩间土和承台脱开实际上形成了高承台桩。

　　桩间土与承台脱开在实际工程中常有出现，图 4.3-7 为云南昆明某建筑图，建筑物采用桩基础，从图中可明显看出，地面下沉和建筑物沉降不一致，地面沉降明显大于建筑物沉降。

　　图 4.3-8 为东北某地建筑物图，该建筑物建在回填土地基上，采用桩基础。从图中可明

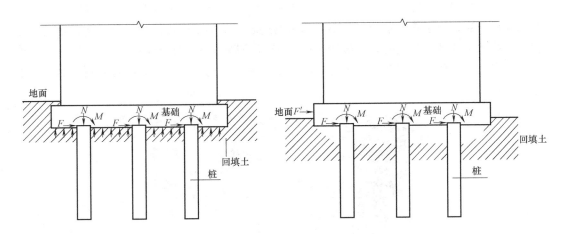

图 4.3-6　桩、土和承台位置关系示意图

图 4.3-7　昆明某建筑场地和建筑物沉降图

图 4.3-8　东北某地承台梁和地基土脱开图

显看出，地基和承台梁脱开，地基的变形和基础的沉降不一致，地基变形大于基础沉降。

4.3.5　减小工后沉降

工后沉降指建筑物竣工后产生的沉降，它对建筑物的安全和正常使用影响更大，尤其是工后倾斜和差异沉降。图 4.3-9 为河北某地下车库，使用期间由于沉降继续发生，造成基础底板开裂，由于地下水位高，出现渗水的迹象，不得不停止使用，进行加固处理。在我国一些软土地区，如上海，一般竣工后 5～7 年沉降速率才会降到每年 4mm 以下，在竣工以前产生的沉降一般不超过总沉降量的一半。因此应高度重视工后沉降问题，尽量减小工后沉降。

图 4.3-9　工后沉降造成基础开裂图

4.4　试验研究及分析

4.4.1　试验工作内容

针对桩基础沉降变形计算存在的问题，为实现沉降变形控制设计的目的，我们进行了一系列的试验。实测不同桩距情况下，桩身轴力的分布和桩基础沉降变形的组成。

1. 试验场地地质条件

试验场地位于北京市通州区于家务回族自治乡一平坦场地。该场地为耕地，整个试验场地长约 30m，宽约 14m。试验场地自上而下为耕植土、砂质粉土、粉质黏土、黏质粉土、粉质黏土、粉质黏土、黏质粉土。地质剖面见图 4.4-1，各土层物理力学性质指标见

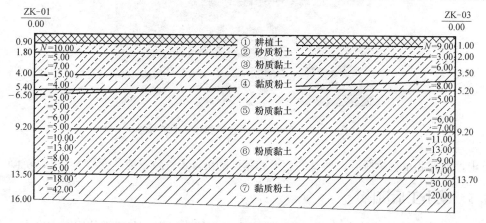

图 4.4-1　地质剖面图

表 4.4-1。地下水位在地表以下 5.5m。

各土层物理力学性质指标   表 4.4-1

土层编号	土层名称	$w(\%)$	ρ (g/cm^3)	e_0	S_r	w_L $(\%)$	w_P $(\%)$	I_P	I_L	α_{1-2}	E_s (MPa)
①	耕植土										
②	砂质粉土	15.1	1.98	0.732	55.5	22.3	15.4	6.9	0.53	0.22	8.00
③	粉质黏土	23.5	1.90	0.675	92.8	30.4	18.4	11.9	0.45	0.23	7.38
④	黏质粉土	22.4	2.00	0.652	92.6	25.5	15.9	9.6	0.68	0.16	10.5
⑤	粉质黏土	27.1	1.91	0.740	97.8	32.3	20.0	12.3	0.62	0.31	5.55
⑥	粉质黏土	23.2	1.92	0.728	98.0	29.1	18.0	11.1	0.47	0.27	6.35
⑦	黏质粉土	20.6	2.01	0.627	95.1	26.5	17.0	9.4	0.35	0.14	11.69

注：土层命名及土工试验方法根据《北京地区建筑地基基础勘察设计规范》DBJ-11-501—2009。

2. 试验设计

试验场地布置见图 4.4-2，试验内容共 6 项。

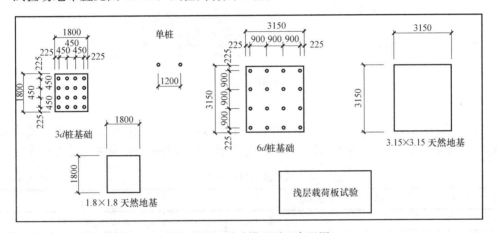

图 4.4-2 试验模型平面布置图

包括单桩、3d 桩基础、6d 桩基础、与 3d、6d 桩承台尺寸一致的天然地基承台试验、载荷板试验，具体如下：

（1）单桩：桩长为 5m，桩径为 150mm，桩端持力层为④砂质粉土。采用 30 型地质钻冲击成孔，然后内灌水泥浆（水灰比 0.5），接着插入直径 89mm、壁厚 2.75mm 的钢管。所有钢管延深度布置电阻式应变片，如图 4.4-3 所示，用于确定桩身轴力。

（2）3d 桩基础：试验桩长和桩径同单桩，桩数为 $n=4\times4$，桩间距为 3d，承台尺寸分为 1.8m×1.8m×0.8m，承台混凝土等级为 C30，埋深 0.7m。

（3）6d 桩基础：试验桩长和桩径同单桩，桩数为 $n=4\times4$，桩间距 6d，承台尺寸分为长、宽和高为 3.15m×3.15m×1m，承台混凝土等级为 C30，埋深 0.7m。

（4）载荷板试验：载荷板试验按规范规定采用面积为 0.5m² 的方形载荷板，持力层为②层砂质粉土。

（5）天然地基承台试验 1：承台尺寸 1.8m×1.8m×0.8m，和 3d 桩基础承台参数一致。

（6）天然地基承台试验 2：承台尺寸 3.15m×3.15m×1m，承台混凝土等级为 C30，

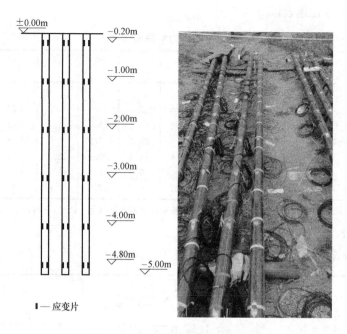

±0.00m   −0.20m
−1.00m
−2.00m
−3.00m
−4.00m
−4.80m   −5.00m

▮—应变片

图 4.4-3　电阻应变片埋设位置图

埋深 0.7m。

桩基础、天然地基承台试验在基底埋设了压力盒，用于测量基底压力。沿深度埋设了深标点，用来测量不同深度处土体的竖向沉降变形。具体测试内容见表 4.4-2。

编号及规格综合表　　　　　　　　　　　　　　表 4.4-2

组别	承台尺寸	桩长(m)	桩数	桩距 S_a/d	测试内容
1♯单桩		5	1		Q-s 曲线；桩身轴力
2♯单桩		5	1		Q-s 曲线；桩身轴力
3d 桩基础	1.8×1.8	5	4×4	3	Q-s 曲线；桩身轴力；桩端、桩间土压缩；承台基底压力
6d 桩基础	3.15×3.15	5	4×4	6	Q-s 曲线；桩身轴力；桩端、桩间土压缩；承台基底压力
1.8×1.8 天然地基	1.8×1.8				Q-s 曲线；地基土压缩；承台基底压力
3.15×3.15 天然地基	3.15×3.15				Q-s 曲线；地基土压缩；承台基底压力

4.4.2　试验分析

1. 承载力性状分析

（1）荷载位移曲线分析

根据《建筑地基基础设计规范》GB 50007—2011 附录 Q 单桩竖向极限承载力可按下列方法确定："Q-s 曲线呈缓变型时，取桩顶总沉降量 $s=40$mm 所对应的荷载值"。因此，此次试验桩基础和天然地基均以沉降量 $s=40$mm 为基准判定极限荷载。

两组桩基础试验和两组天然地基试验的荷载位移曲线见图 4.4-4～图 4.4-8。

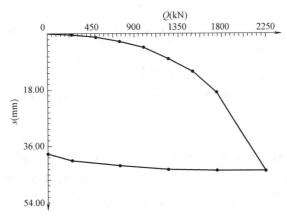

图 4.4-4   3d 桩基础 Q-s 曲线

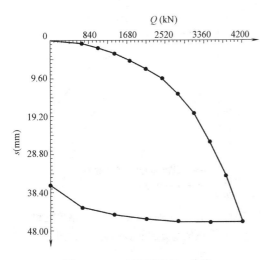

图 4.4-5   6d 桩基础 Q-s 曲线

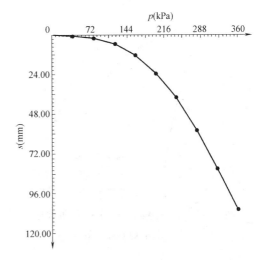

图 4.4-6   1.8×1.8 天然地基 p-s 曲线

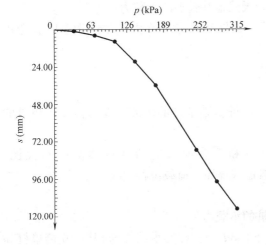

图 4.4-7   3.15×3.15 天然地基 p-s 曲线

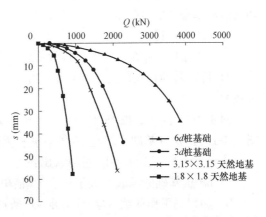

图 4.4-8   桩基础与天然地基荷载沉降曲线对比图

从图 4.4-4~图 4.4-8 可得，$3d$ 桩基础极限承载力标准值为 2250kN，$6d$ 桩基础极限承载力标准值为 3500kN，1.8×1.8 天然地基和 3.15×3.15 天然地基，地基承载力极限值分别为 262.5kPa 和 182.5kPa。

从图 4.4-8 可以看出：桩数、桩长均相同，等沉降量的情况下 $6d$ 桩基础的承载力要大于 $3d$ 桩基础的承载力；当沉降都为 40mm 时，$6d$ 桩基础的承载力最高，且为 $3d$ 桩基础承载力的 1.8 倍。

（2）群桩效应

图 4.4-9 为 $3d$ 桩基础、相应 16 倍单桩（为单桩 Q-s 曲线，Q 扩大 16 倍，s 不变，下同）和天然地基的荷载位移曲线对比图，图 4.4-10 为 $3d$ 桩基础、相应 16 倍单桩和天然地基叠加的荷载位移曲线对比图（注：叠加采用荷载一定的条件下，基底分布压力和相应 16 倍单桩的桩顶反力位移相叠加，下同）。

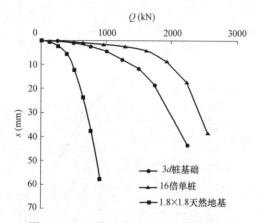
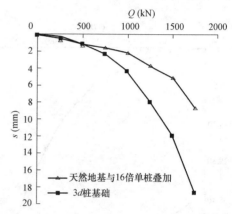

图 4.4-9　$3d$ 桩基础、相应 16 倍单桩和
天然地基 Q-s 曲线图

图 4.4-10　$3d$ 桩基础、相应 16 倍单桩和
天然地基叠加的 Q-s 曲线对比图

从图 4.4-9、图 4.4-10 可以看出：

1）$3d$ 桩基础的承载力小于相应 16 倍单桩的承载力；

2）$3d$ 桩基础承载力小于相应 16 倍单桩和天然地基叠加的承载力；

3）在工作荷载（即 Q=1250kN）条件下，$3d$ 桩基础的沉降量要大于相应 16 倍单桩和天然地基叠加的沉降量。

综上所述可得：

1）$3d$ 桩基础存在一定的群桩效应；

2）群桩基础相互作用（即群桩效应）使 $3d$ 桩基础基桩的承载力发挥值小于单桩的承载力。

图 4.4-11 为 $6d$ 桩基础、相应 16 倍单桩和天然地基的荷载位移曲线对比图，图 4.4-12 为 $6d$ 桩基础、相应 16 倍单桩和天然地基叠加的荷载位移曲线对比图。

从图 4.4-11、图 4.4-12 可以看出：

1）$6d$ 桩基础的承载力大于相应 16 倍单桩的承载力；

2）加载到工作荷载（Q=1750kN）条件下，$6d$ 桩基础的承载力与相应 16 倍单桩和天然地基叠加的承载力基本相吻合；

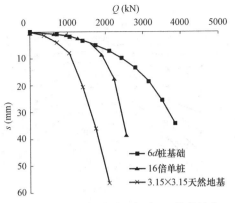

图 4.4-11　6d 桩基础、相应 16 倍单桩和
天然地基 Q-s 曲线图

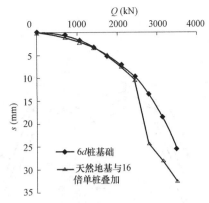

图 4.4-12　6d 桩基础、相应 16 倍单桩和
天然地基叠加的 Q-s 曲线对比图

3）加载到工作荷载（$Q=1750$kN）条件下，6d 桩基础的沉降量与相应 16 倍单桩和天然地基叠加的沉降量基本相吻合，当加载量超过工作荷载后，6d 桩基础的沉降量要小于相应 16 倍单桩和天然地基叠加的沉降量。

综上所述可得：

1）6d 桩基础在工作荷载条件下群桩效应不明显；

2）可以采用天然地基载荷板试验及单桩静载荷试验预估 6d 桩基础的承载力特征值。

2. 承台底土压力特性分析

（1）基底压力分布规律

为分析基底压力分布规律和荷载分担比，在地基土中埋设了土压力盒。

图 4.4-13 和图 4.4-14 分别为 3d 桩基础和其对应的天然地基基础下土压力盒布置平面图，图 4.4-15 和图 4.4-16 为相应基础形式下，不同荷载水平下，对应的基底压力曲线。

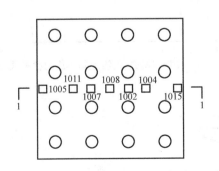

图 4.4-13　3d 桩基础土压力盒平面布置图

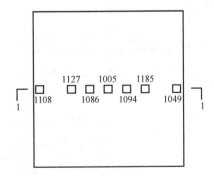

图 4.4-14　1.8×1.8 天然地基土压力盒平面布置图

从图 4.4-15 可以得出，3d 桩基础基底压力具有如下特性：

1）不同断面的基底压力分布形态为中间小两边大，呈马鞍形；

2）在工作荷载（$P=1250$kN）下，平均基底压力为 60kPa，按《建筑桩基技术规范》JGJ 94—2008 公式（5.2.5-1）计算承台效应 $\eta_c \times f_{ak} = 0.08 \times 150 = 12$ kPa（式中：η_c 为承台效应系数；f_{ak} 为承台下 1/2 承台宽度且不超过 5m 深度范围内各层土的地基承载力

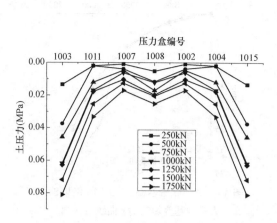

图 4.4-15　3d 桩基础 1-1 剖面基底压力图

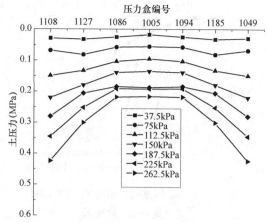

图 4.4-16　1.8×1.8 天然地基 1-1 剖面基底压力图

特征值按厚度加权的平均值，下同），这两者结果差异较大。

从图 4.4-16 可以得出，3d 桩基础相对应的天然地基的基底压力具有如下特性：天然地基基底压力也呈中间小两边大的规律，但分布规律较 3d 桩基础平缓很多。

图 4.4-17 和图 4.4-18 分别为 6d 桩基础和其对应的天然地基下土压力盒平面布置图，图 4.4-19 和图 4.4-20 为相应基础形式下，不同荷载水平下，对应的基底压力曲线。

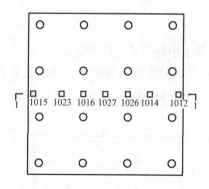

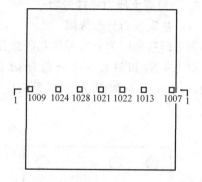

图 4.4-17　6d 桩基础土压力盒平面布置图　　图 4.4-18　3.15×3.15 天然地基土压力盒平面布置图

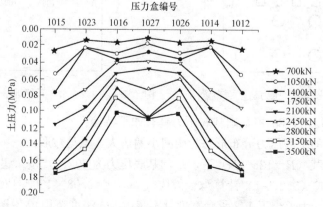

图 4.4-19　6d 桩基础承台 1-1 剖面基底压力图

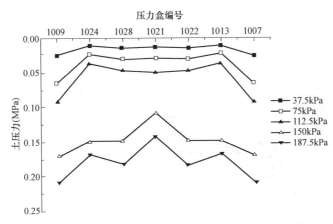

图 4.4-20 3.15×3.15 天然地基 1-1 剖面基底压力图

从图 4.4-19 可以得出，6d 桩基础基底压力具有如下特性：

1）不同断面的基底压力分布形态为中间小两边大；

2）在工作荷载（P＝1750kN）下，平均基底压力为 71kPa，按《建筑桩基技术规范》JGJ 94—2008 公式（5.2.5-1）计算承台效应 $\eta_c \times f_{ak}$＝0.44x150＝66kPa，这两者结果接近。因此，按沉降控制方法进行设计时，承台效应可按《建筑桩基技术规范》规定进行取值。

从图 4.4-20 可以得出，6d 桩基础相对应的天然地基的基底压力具有如下特性：

1）天然地基基底压力也呈中间小两边大的规律，但分布规律较 6d 桩基础平缓；

2）加载到承载力特征值 150kPa 时，沉降量 20.61mm，明显大于 6d 桩基础在工作荷载（P＝1750kN）下的沉降量 5.20mm。

对比图 4.4-15 和图 4.4-19 可以得到如下特性：

1）桩基础的基底压力都呈现中间小两边大的分布形态，呈马鞍形；

2）随着荷载增加，6d 桩基础的基底压力可以达到地基承载力特征值 150kPa，而 3d 桩基础基底压力只能达到 103kPa；在工作荷载下，6d 桩基础的基底压力约 71kPa 稍大于 3d 桩基础基底压力约 66kPa，通过以上对比说明 3d 桩基础桩间土的发挥值要小于 6d 桩基础桩间土的发挥值；在一定沉降的情况下，6d 桩间土的承载力发挥值可以接近天然地基承载力特征值。

对比图 4.4-16 和图 4.4-20，可以明显看到载荷板尺寸越大，对应的基底压力越小，即载荷板具有尺寸效应。

（2）桩土荷载分担比

图 4.4-21 为不同桩距群桩承台下及其对应的天然地基的基底压力与沉降关系图。表 4.4-3 和表 4.4-4 为 3d 桩基础和 6d 桩基础承台下基底压力与基桩承载力关系。

从图 4.4-21 中可以得出：

1）基底压力（桩间土承载力发挥值）均随沉降增加而增大，且桩基础基底压力低于载荷板、天然地基的基底压力，这主要是由于土体受到基桩侧摩阻力发挥的影响所致；

2）在桩数、桩长均相同的条件下，基底压力随桩距增大而增加；

3）在工作荷载条件下，6d 桩基础和其对应的天然地基在沉降相同的条件下，基底压

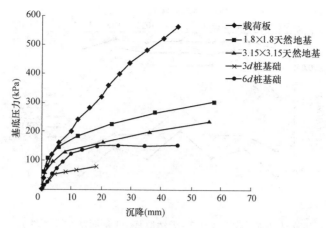

图 4.4-21　承台下基底压力与沉降关系图

力相差不大，而 $3d$ 桩基础和其对应的天然地基在沉降相同的条件下，基底压力相差较大。

$3d$ 桩基础基底压力与基桩承载力关系　表 4.4-3

桩基础的加荷值(kN)	250	500	750	1000	1250	1500	1750	2250
承台基底压力(kPa)	9	27	37	53	60	68	79	103
桩顶竖向力(kN)	18	30	43	56	70	84	97	124

$6d$ 桩基础基底压力与基桩承载力关系　表 4.4-4

桩基础的加荷值(kN)	700	1050	1400	1750	2100	2450	2800	3150	3500
承台基底压力(kPa)	18	24	53	71	95	120	136	157	153
桩顶竖向力(kN)	48	66	70	80	87	93	105	114	139

对比图 4.4-21 及表 4.4-3 和表 4.4-4 可以看出：

1）天然地基基底压力大于桩基础；

2）随着沉降量的增大，当沉降达到一定程度（10～20mm）时，$6d$ 桩基础基底压力接近其对应的天然地基的基底压力；$3d$ 桩基础基底压力小于其对应的天然地基的基底压力；

3）随着沉降量继续增大，当大于一定数值（20mm）时，天然地基基底压力还在随沉降增大而增大，而桩基础基底压力发挥值趋于稳定；

4）在一定沉降的情况下，$6d$ 桩间土的基底压力可以接近天然地基承载力特征值；而 $3d$ 桩间土的基底压力发挥值小于天然地基承载力特征值。

图 4.4-22 为承台荷载分担比（P_c/P）随荷载水平（P/P_u）的变化曲线图，该曲线表达的是在桩长与桩数相同的条件下，不同桩距群桩承台荷载分担比 P_c/P 与荷载水平 P/P_u 的关系（P_c——承台荷载分担量；P——总荷载；P_u——群桩极限荷载）。

从图 4.4-22 可以看出：

1）当荷载水平较低（$P/P_u=20\%\sim30\%$）时，承台荷载分担比 P_c/P 随荷载增加增长较快。当 $P/P_u\approx50\%$（工作荷载）时，承台荷载分担比 P_c/P 趋于稳定。

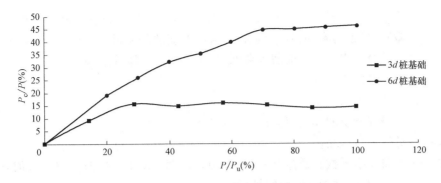

图 4.4-22 承台荷载分担比（P_c/P）随荷载水平（P/P_u）的变化曲线图

2）承台荷载分担比 P_c/P 随桩距增大而增大。3 倍桩间距时，承台荷载分担比 P_c/P 14% 左右；6 倍桩间距时，承台荷载分担比 P_c/P 可增大至 50% 左右。

3. 桩身轴力分布

桩基础的沉降包含两部分，一部分是桩身范围内的压缩，另一部分是桩端以下土的压缩，且这两部分都与桩身轴力分布有关。桩距、桩长、桩间土性质和基桩数量对沉降的影响都可通过桩身轴力的分布来衡量，桩身轴力分布是控制桩基础沉降的关键因素，也是目前可以相对准确测量的参数。

通过试验，得出了单桩、6d 桩基桩和 3d 桩基础的桩身轴力分布曲线，见图 4.4-23～图 4.4-25。

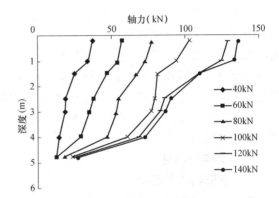

图 4.4-23 单桩轴力分布曲线

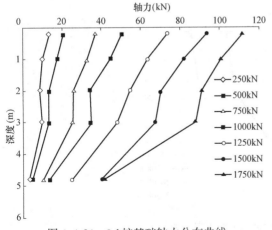

图 4.4-24 3d 桩基础轴力分布曲线

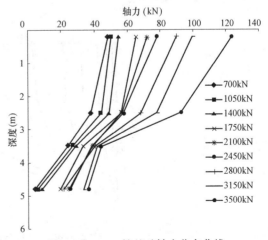

图 4.4-25 6d 桩基础轴力分布曲线

根据《建筑桩基技术规范》JGJ 94—2008 第 5.5.14 条公式（5.5.14-3）

$$s_e = \xi_e \frac{Q_j l_j}{E_c A_{ps}}$$

式中　Q_j——第 j 桩在荷载效应准永久组合作用下（对于复合桩应扣除承台底土分担荷载），桩顶的附加荷载（kN）；当地下室埋深超过 5m 时，取荷载效应准永久组合作用下的总荷载为考虑回弹再压缩的等代附加荷载；

　　l_j——第 j 桩桩长（m）；

　　A_{ps}——桩身截面面积；

　　E_c——桩身混凝土的弹性模量；

　　s_e——计算桩身压缩；

　　ξ_e——桩身压缩系数。摩擦型桩，当 $l/d \leqslant 30$ 时，取 $\xi_e = 2/3$；$l/d \geqslant 50$ 时，取 $\xi_e = 1/2$；介于两者之间可线性插值。

　　本试验单桩、$3d$ 桩基础和 $6d$ 桩基础使用的桩长、桩径、成桩工艺完全一致，因此桩身压缩量 s_e 正比于 $Q_j l_j$，通过对比图 4.4-23～图 4.4-25，使用 origin 软件，在工作荷载条件下，Q_j 沿桩身长度方向积分的结果分别为 257kN·m、218kN·m 和 237kN·m，通过积分结果可知，单桩的桩身压缩比桩基础的桩身压缩大。

　　在工作荷载下，单桩桩身轴力衰减速度比桩基础要慢，主要原因是桩间土在承台的作用下产生压缩和一定侧向挤出，对桩侧产生较单桩大的附加法向应力，且由于桩间土的压缩，土的性质有一定的改善，从而导致桩侧摩阻随桩间土的剪、压变形而增大，即桩身轴力沿长度方向衰减加快，导致群桩基础桩身轴力衰减比单桩桩身轴力快，因此群桩基础的桩身范围内的压缩比单桩小。即桩身轴力衰减的越快，桩身压缩越小。

　　$3d$ 桩桩身轴力衰减速度比 $6d$ 桩慢，即随着桩距的增大，桩身轴力衰减越快，传到桩端土的荷载越小。

4. 沉降变形特性

（1）沉降组成和影响深度

　　图 4.4-26 和图 4.4-27 表示不同桩距桩间土在不同荷载水平条件下的压缩特性，图中 5m 深度处为桩端位置。

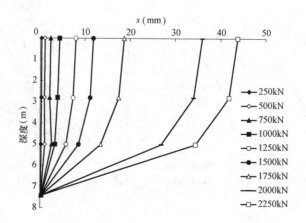

图 4.4-26　$3d$ 桩基础桩间土的压缩特征

　　从图 4.4-26 可看出 $3d$ 桩基础桩间土压缩具有如下特征：

　　1) 桩长范围内桩间土几乎无压缩变形，呈现整体下沉，与《建筑桩基技术规范》JGJ 94—2008 实体深基础计算模型一致；

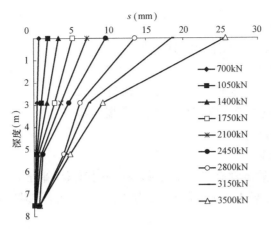

图 4.4-27　6d 桩基础桩间土的压缩特征

2）当荷载增大至极限值时，桩下部近桩端的 1/4～1/3 桩长范围内桩间土压缩变形显著，在工作荷载下桩端土的压缩引起的沉降占总沉降量的 90% 左右；

3）工作荷载下，压缩层深度约为 1.5B（B 为承台宽度，下同，压缩层深度从桩端算起）。

从图 4.4-27 可看出 6d 桩基础桩间土压缩具有如下特征：

1）当沉降达到一定数值（沉降大于 15mm）时，桩端以下土体产生压缩在工作荷载下，桩端土的压缩占总沉降量的 10% 左右；

2）桩长范围内，沉降从上到下基本呈现线性减小的趋势，说明桩长范围内桩间土存在压缩。随着沉降的增大，桩长范围内桩间土压缩量随之增大，如沉降量为 10mm 时，桩间土压缩量仅为 8mm，当沉降量增大至 25mm 时，桩间土压缩量达到 17mm；

3）当荷载接近极限荷载时，由于桩侧阻力已达到极限，桩基沉降量加大，桩顶近承台部分桩间土压缩量明显增大；

4）在工作荷载下，压缩层深度约为 1.5B（压缩层深度从承台底算起）。

对比图 4.4-26、图 4.4-27 可得，在工作荷载下，3d 桩基础的沉降量主要为桩端土压缩引起，这和图 4.2.8 刘金砺研究员的研究成果是一致的。而 6d 桩基础桩端土的压缩量很小，沉降主要为桩间土的压缩引起。

图 4.4-28 和图 4.4-29 表示 3d 桩基础和 6d 桩基础相对应的天然地基在不同荷载水平下的土层沉降曲线。

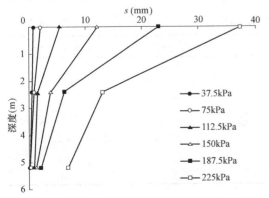

图 4.4-28　1.8×1.8 天然地基沉降曲线

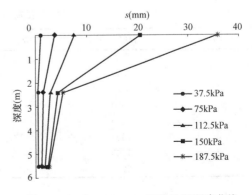

图 4.4-29　3.15×3.15 天然地基沉降曲线

从图 4.4-28 可以看出：

$3d$ 桩基础对应的天然地基压缩层深度约为 $2.5B$。

从图 4.4-29 可以看出：

1）$6d$ 桩基础对应的天然地基压缩层深度约为 $1.5B$；

2）当达到地基承载力特征值 150kPa 时，主要压缩层在 $1B$ 范围内，该范围内的压缩沉降值约占总沉降的 85%。

（2）沉降稳定时间

沉降稳定时间和工后沉降有很大的关系，在相同荷载水平下，沉降稳定时间越短，工后沉降越小。表 4.4-5、表 4.4-6 和表 4.4-7 分别是单桩、$6d$ 桩基础和 $3d$ 桩基础沉降稳定时间。

5m 单桩静载试验数据　　　　　　　　表 4.4-5

级数	荷载(kN)	本级位移(mm)	累积位移(mm)	本级历时(min)
1	40	0.95	0.95	120
2	60	0.71	1.66	120
3	80	0.96	2.62	180
4	100	2.10	4.72	270
5	120	4.58	9.30	780
6	140	8.10	17.40	1080
7	160	21.04	38.44	1680

6d 桩基础静载试验数据　　　　　　　　表 4.4-6

级数	荷载(kN)	本级位移(mm)	累积位移(mm)	本级历时(min)
1	700	0.73	0.73	120
2	1050	1.20	1.93	240
3	1400	1.42	3.35	240
4	1750	1.85	5.20	330
5	2100	1.96	7.16	340
6	2450	2.49	9.65	360
7	2800	3.86	13.51	630
8	3150	4.97	18.48	780
9	3500	7.24	25.72	900
10	3850	8.54	34.26	900

3d 桩基础静载荷试验数据　　　　　　　　表 4.4-7

级数	荷载(kN)	本级位移(mm)	累积位移(mm)	本级历时(min)
1	250	0.29	0.29	120
2	500	0.79	1.08	120
3	750	1.29	2.37	180
4	1000	1.98	4.35	240
5	1250	3.63	7.98	480
6	1500	3.92	11.90	270
7	1750	6.80	18.70	660
8	2250	25.06	43.76	1470

由表 4.4-5、表 4.4-6 和表 4.4-7 知：5m 单桩（与群桩桩长相同）在工作荷载条件下

（$P=70$kN），本级荷载沉降量为 0.83mm，累计沉降量为 2.12mm，稳定时间为 180min；6d 桩基础在工作荷载条件下（$P=1750$kN），本级荷载沉降量为 1.85mm，累计沉降量为 5.20mm，稳定时间为 330min；3d 桩基础在工作荷载条件下（$P=1250$kN），本级荷载沉降量为 3.63mm，累计沉降量为 7.98mm，稳定时间为 480min；因此工作荷载下，6d 桩基础稳定速率比 3d 桩基础的稳定速率快，且稳定时沉降量也小于 3d 桩基础的沉降量。因此，工作荷载下，单桩的沉降稳定速率比群桩（6d 桩基础和 3d 桩基础）的稳定速率快，6d 桩基础稳定速率比 3d 桩基础的稳定速率快。

从实测的角度看，在工作荷载作用下，单桩稳定时间比多桩稳定快，但这里注意一点，此稳定是相对稳定，即每小时沉降小于 0.1mm，不是绝对稳定，更不是建筑物的沉降稳定标准（100 天 1～4mm）。需结合沉降量分析，即累积沉降达到一定数值后的稳定时间。单桩累积位移达到 9.30mm 时，沉降稳定时间需要 780min，累积位移达到 17.40mm 时，沉降稳定时间需要 1080min；3d 桩基础累积位移达到 7.98mm 时，沉降稳定时间需要 480min，累积位移达到 11.90mm 时，沉降稳定时间需要 550min，累积位移达到 18.70mm 时，沉降稳定时间需要 660min，累积位移达到 43.76mm 时，沉降稳定时间需要 1470min；6d 桩基础累积位移达到 7.16mm 时，沉降稳定时间需要 340min，累积位移达到 9.65mm 时，沉降稳定时间需要 360min，累积位移达到 18.48mm 时，沉降稳定时间需要 780min，累积位移达到 34.26mm 时，沉降稳定时间需要 900min。综合分析可看出，在工作荷载情况下，单桩、3d 桩基础、6d 桩沉降稳定时间是逐渐减小的。

（3）沉降变形特性

对比单桩、3d 桩基础、6d 桩基础，在相同桩径、桩长、地质条件和施工工艺条件下，随着荷载和沉降（本次试验 10mm 左右）的增加，可得出以下结论：

1）单桩沉降量最大、沉降时间长；

2）3d 桩基础比 6d 桩基础沉降量大、沉降时间长；

3）6d 桩基础稳定时间最快。

4.4.3 本次试验的一些结论

如上所述，对大型现场模型试验进行分析，得到了如下结论：

（1）桩身轴力大小和分布是沉降控制设计的关键指标，桩身压缩和桩端以下地基土的压缩都和桩身轴力的衰减速度有关，桩身轴力衰减的越快，桩身压缩越小。

（2）桩间土在承台和桩的共同作用下产生压缩，并对桩侧产生较单桩大的附加法向应力，且由于桩间土的压缩，土的性质有一定的改善，从而导致桩侧摩阻随桩间土的剪、压变形而增大，即桩身轴力沿长度方向衰减加快，导致群桩基础桩身轴力衰减比单桩桩身轴力快，群桩基础的桩身范围内的压缩比单桩小。

（3）在一定沉降的情况下，6d 桩间土的承载力发挥值可以接近天然地基承载力特征值。

（4）工作荷载下：3d 桩基础压缩层深度约为 1.5B（B 为承台宽度，下同，压缩层深度从桩端算起）；6d 桩基础压缩层深度约为 1.5B（压缩层深度从承台底算起）。

（5）在工作荷载下，3d 桩基础在桩长范围内桩间土几乎无压缩变形，呈现整体下沉，与《建筑桩基技术规范》实体深基础计算模型一致，沉降主要为桩端土压缩引起。6d 桩基础在工作荷载下，桩端土的压缩量很小，沉降主要为桩间土的压缩引起。

（6）工作荷载下，$6d$ 桩基础的群桩效应不明显。因此 $6d$ 桩基础的承载力特征值可根据天然地基载荷板试验及单桩静载荷试验进行预估。

（7）在工作荷载下，$3d$ 桩基础稳定时间和沉降量均较 $6d$ 桩基础大，单桩比 $3d$ 桩基础和 $6d$ 桩基础稳定时间长。

4.5　桩基础的沉降变形控制设计

4.5.1　桩基础沉降变形控制设计思路

由于桩基础沉降变形计算的准确度不高，如何提高计算精度是沉降变形控制的首要问题。一方面是完善计算方法，使计算方法或选用的计算参数和实际情况更接近。如对于柱下单桩基础、柱下多桩基础、墙下布桩基础，其沉降特征和单桩静载试验有相似性，计算中可以桩静载试验结果作为基本参数，原因是静载试验结果最能反映地质条件、桩土结合状态、桩体质量等因素对桩沉降变形的影响，参数的相对准确度较目前规范推荐的计算参数准确性高；另一方面更应针对不同的地质条件、结构形式、荷载分布和对变形的适应能力，分析引起沉降变形的主要因素，选择可以验证的关键因素，作为控制指标，有针对性地进行概念设计，通过概念设计拟补目前计算中产生误差的因素，提高计算准确度。如可通过降低桩端土的附加应力、改善桩端土的性质等方法，不是一味地去通过计算去控制沉降。

对于端承桩，如嵌岩桩，当桩端和岩石接触状态良好时，桩基础的沉降仅为桩身压缩，差异沉降和工后沉降都很小，沉降变形控制设计相对简单，本章不再论述。只针对摩擦桩的沉降变形控制设计进行分析。

4.5.2　影响桩基础沉降变形的主要因素

影响桩基础沉降的因素主要有荷载大小、基础埋深及尺寸、桩间距、桩长、土的性质和分布以及桩身轴力分布等。其中荷载大小、基础埋深及尺寸与建筑物的建筑功能、使用功能等相关联，基本是固定的、不可调整的。因此设计过程中可调整的参数为桩的设计参数，包括桩距、桩长、桩端持力层、桩型、桩间土的性质等。以下分析这些可调因素对桩基沉降变形的影响。

1. 桩间距

桩间距是桩基础设计的一个重要参数，对基础的沉降量和沉降组成都有重要影响。根据刘金砺研究员和本次试验的研究成果，对于没有很好持力层的桩基础，应采用大桩间进行设计，建议桩间距（5～6d），原因如下：

（1）可提高计算准确度

试验和资料均证明，桩身范围内的压缩随桩距的增大而增大，可以占到总沉降量的 80% 以上，而桩身范围的土由于桩的改良作用变得相对均匀，可以较准确的计算。桩端以下土的压缩随桩距增大而减小，只占到 20% 以下，对总沉降量的影响小。

（2）避免出现桩间土和承台脱开的情况

如桩间距小可能引起桩间土和承台脱开，即设计得不合理使桩基础从低承台桩变为高承台桩，给工程桩的抗震能力留下隐患。桩间距越小，桩身范围内桩侧摩阻力的发挥传给桩间土的荷载越大，当桩超过一定长度时，甚至会出现桩间土的竖向位移大于桩的位移的情况，也就是承台和桩间土脱开的情况。

当出现桩间土的竖向位移大于桩的竖向位移时，桩间土将对桩产生向下的负摩阻力，造成一定范围内桩身轴力不仅不衰减，还会增大的情况，将荷载传递到桩端，造成桩端以下土的变形增大，最终使沉降增大。

（3）利于减小差异沉降

桩间距的大小还影响基础筏板的沉降形状，第一节介绍了很多基础筏板呈现整体挠曲的形状，这和桩间距有很大关系，桩间距越小，基础筏板越容易产生整体挠曲。蒋刚，江宝，王旭东等（2013）中得出如下结论"随着桩间距增大，筏板内力分布由整体弯曲过渡到以局部弯曲为主。桩筏基础桩顶荷载分布规律受桩间距的影响，随着桩间距增大，桩顶荷载由角桩最大逐渐转化为中间桩最大。"

（4）利于减少工后沉降

从第4节的试验可看出，桩基础的沉降稳定时间随桩距增大而减小，说明大桩距相对于小桩距，沉降稳定时间短，可减小工后沉降。

（5）降低桩基础造价

从第4节的试验可看出，大桩距情况下，桩基础的承载力明显较小桩距时大，可减少桩数。另外，由于大桩距筏板基础整体挠曲减小，还可降低基础筏板内力，减少配筋，同样也可降低造价，利于环保。

因此，从提高计算准确度、减少差异沉降和工后沉降，避免桩间土和承台脱开，都应采用大桩距进行设计。针对具体工程，根据建筑物的情况、土层分布、桩长来确定最优桩间距，来实现第3节提到的沉降变形控制设计目的。

2. 桩长

（1）桩长和桩基础沉降变形的关系

桩长是桩基础设计中的另一个基本参数，显而易见，在相同条件下，随着桩长的增加，传到桩周土的附件力应力越小，桩基础的沉降越小。刘金砺研究员等，通过调整桩长进行对比试验，取得很好的效果。

试验为等桩长和按附加应力形状布桩（刚性桩复合地基）试验比较，图 4.5-1（a）～（d）为桩平面图和剖面图，图 4.5-1（e）、（f）为沉降等值线。从试验结果可以看出，在相同荷载（$F=3250kN$）下，前者最大沉降量 $s_{max}=6mm$，最大相对差异沉降 $\Delta s_{max}/L_0=0.0012$；而后者最大沉降量 $s_{max}=2.5mm$，最大相对差异沉降 $\Delta s_{max}/L_0=0.0005$。从试验结果可看出，增大桩长的方法能有效减小沉降量和差异沉降。

（2）合理桩长问题

桩的设计存在合理桩长问题，一方面，在一些地质条件下，桩短时总沉降和工后沉降增大，随着沉降的增大可能出现差异沉降；另一方面，桩过长可能出现桩的沉降小于桩间土的竖向位移，造成桩间土和承台脱开的问题。因此，针对建筑物情况、地质条件选择合理桩长很重要。合理的桩长应穿过主要压缩区，也就是地基变形的主要影响深度，是控制沉降量最好的方法。

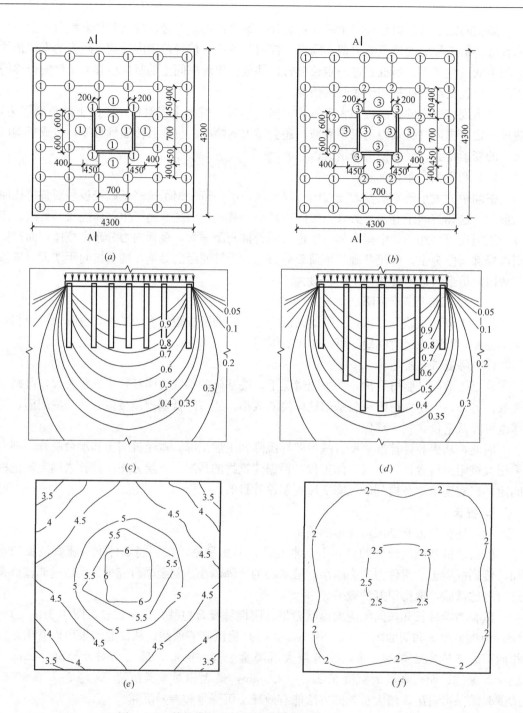

图 4.5-1　等桩长与变桩长桩基模型试验（$F=3250\text{kN}$）

(a) 等长度布桩平面图；(b) 变长度布桩平面图；(c) 等长度布桩剖面图；

(d) 变长度布桩剖面图；(e) 等长度布桩沉降曲线；(f) 变长度布桩沉降曲线

　　地基的变形是附加应力产生的，附加应力的影响深度与基础的宽度有关，根据布辛奈斯克（Boussinesq）解，可得出土中的应力分布等值线，如图 4.5-2 所示。

　　从前面试验分析可看出，$6d$ 桩基础的沉降主要发生在 $1.5B$ 范围内，和图 4.5-2 主要压缩区接近，即可利用布辛奈斯克（Boussinesq）确定的地基变形主要压缩层厚度，再结合地质条件确定合理桩长。

关于主要压缩层厚度，也可利用《建筑地基基础设计规范》GB 50007—2011 进行判断。规范 5.3.8 中规定：

"当无相邻荷载影响，基础宽度在 $1\sim30$m 范围内时，基础中点的地基变形计算深度也可按简化公式（4.5-1）进行计算。

$$z_n = b(2.5 - 0.4\ln b) \qquad (4.5-1)$$

式中　b——基础宽度（m）。"

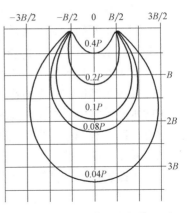

图 4.5-2　竖向均布荷载作用下附加应力分布规律

规范在条文说明中对此条进行了如下解释"本条列入了当无相邻荷载影响时确定基础中点的变形计算深度简化公式（4.5-1），该公式系根据具有分层深标的 19 个载荷试验（面积 $0.5\sim13.5\text{m}^2$）和 31 个工程实测资料统计分析而得。分析结果表明，对于一定的基础宽度，地基压缩层的深度不一定随着荷载（p）的增加而增加。对于基础形状（如矩形基础、圆形基础）与地基土类别（如软土、非软土）对压缩层深度的影响亦无显著的规律，而基础大小和压缩层深度之间却有明显的有规律性的关系。

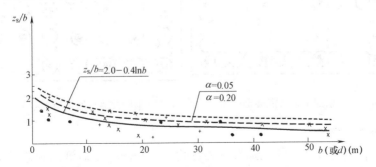

图 4.5-3　z_s/b-b 实测点和回归线（•—圆形基础；+—方形基础；×—矩形基础）

图 4.5-3 为以实测压缩层深度 z_s 与基础宽度 b 之比为纵坐标，而以 b 为横坐标的实测点和回归线图。实线方程 $z_s/b = 2.0 - 0.4\ln b$ 为根据实测点求得的结果。为使曲线具有更高的保证率，方程式的右边引入随机项 $t_a\phi_0 S$，取置信度 $1-\alpha = 95\%$ 时，该随机项偏于安全地取 0.5，故公式变为：$z_s = b(2.5 - 0.4\ln b)$。"

从规范的规定及条文说明可看出，规范给出的地基变形计算深度实际上是地基的主要压缩层厚度，地基的主要压缩层和基础宽度有关，如基础的宽度为 20m 时，根据公式（4.5-1），主要压缩层深度 1.3b，即 26m，据此，可确定合理桩长在 26m 左右。这和我们试验的结果，即主要压缩层厚度 1.5B 接近。

3. 桩间土

桩的侧摩阻力是靠桩间土提供的，桩间土还是桩与桩之间的联系介质。桩间土的受力非常复杂，包括承台传递的基底压力、相邻及周围一定范围内桩侧摩阻力发挥传递的竖向力。在相同条件下，桩间土的性质越好，在荷载作用下产生的竖向位移越小。因此为减小基础沉降量，应改善桩顶以下一定范围内的桩间土性质，具有以下几方面优点：

（1）满足桩基础承载力要求

在桩采用最优桩间距、合理桩长的条件下，一些情况下，桩基础的承载力可能不满足要求，需要桩间土承担更多的承载力。

（2）提高桩基础的水平承载力

桩的水平承载力取决于桩身和桩周土，特别是桩顶下一定范围内的桩间土的性质，因此，改良桩间土有利于提高桩的水平承载力，提高抵御地震的能力。

（3）减小桩端土的变形

桩间土改善可提高桩侧摩阻力，增大桩身轴力衰减速率，降低传到桩端的荷载，减小桩端土的变形。

传统观念认为桩就是桩，复合地基就是复合地基，具体设计中要么采用复合地基，要么采用桩基，实际上，可以把二者结合起来，实现一加一大于二的效果。对于软土地基，可采用水泥土桩对桩间土进行加固，平面布置可采用图 4.5-4、图 4.5-5 的模式。

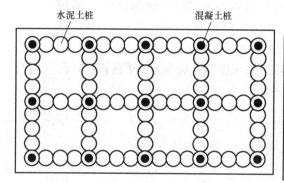

图 4.5-4　咬合水泥土桩＋混凝土桩

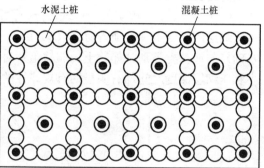

图 4.5-5　加强型水泥土＋混凝土桩

4. 桩端土的性质

桩端土的性质对桩基础的沉降有重要影响，也是产生工后沉降和差异沉降的主要原因，因此桩基础应选择好的桩端持力层，或对桩端土进行加固。其中灌注桩后注浆是近 20 年来比较成功的方法。

灌注桩后注浆能对桩端土进行加固，能大幅度提高桩的承载力，同时减小桩的沉降，图 4.5-6 为天津地区普通灌注桩和采用后注浆处理后桩的静载曲线对比图，从图 4.5-6 上可明显看出经后注浆处理后，桩的承载力明显提高，沉降变形曲线特性从陡降型变成缓变型。

5. 选用适宜的桩型

从前面 4 节结论可看出，桩身轴力大小和分布是沉降控制设计的关键指标，桩身压缩和桩端以下地基土的压缩都和桩身轴力的衰减速度有关，桩身轴力衰减的越快，桩身压缩越小。因此，桩型选择应结合地质条件，沉降变形要求，选用桩身轴力衰减快的桩型，如支盘桩、楔形桩、水泥土和钢筋混凝土组合桩。对于灌注桩，尽可能采用后注浆进行处理，因为桩侧注浆能提高侧摩阻力，增大桩身轴力衰减速度；桩端注浆能有效处理沉渣，加固桩端附近地基土，减小沉降量。

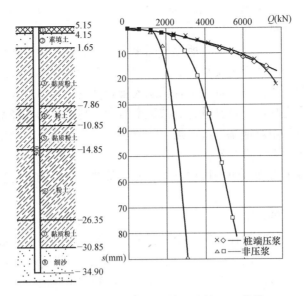

图 4.5-6　软土地区（天津）试桩 Q-s 曲线

4.5.3　不同桩基础沉降变形控制设计

桩基础基本类型概括起来有以下几种，依据桩间土与承台的位置关系，分为高承台桩和低承台桩；低承台桩基础可分为柱下承台加单桩或多桩、墙下承台布桩、筏板下群桩基础。

不同的桩基础其沉降变形特性存在一定差异，设计中应有针对性地进行设计。

1. 高承台桩和低承台桩

桩基础按承台与桩间土的位置关系分为高承台桩和低承台桩；所谓高承台桩，即桩间土和承台脱开，存在一定距离 h，如图 4.5-7。高承台桩的形成有几种可能：（1）设计即为高承台桩；（2）桩间土为欠固结、湿陷、液化、震陷等原因形成的高承台桩；（3）设计不合理，造成桩间土的位移大于桩的位移，形成高承台桩。高承台桩基的沉降由桩身压缩和桩端土压缩两部分组成。低承台桩一般桩、土和承台协同工作，桩间土能承担一部分荷载，桩基沉降由两部分组成，一部分为桩间土和桩的压缩；另一部分为桩端土产生的压缩。

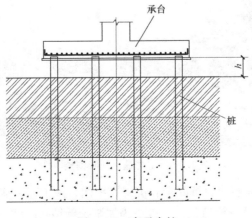

图 4.5-7　高承台桩

147

从沉降变形特征分析，高承台桩的沉降变形特征和单桩类似，相同条件下，沉降稳定时间长、沉降量大。在具体设计中注意几点：

（1）应避免出现上面（2）、（3）所提的高承台桩情况，设计考虑桩间土承受一定的荷载，利于沉降控制。当桩间土承受承台的压力时，桩间土受的竖向应力大于脱开的情况，桩间土的压缩使土的性质提高、桩土结合状态改善和桩侧土压力增大，最终使桩侧摩阻力提高。桩的侧摩阻力提高可使桩身轴力衰减速率增大，利于减小沉降量。对于软土、欠固结土、液化土等，可采用对地基土改良加固的方法，提高地基土的刚度，来分担一部分荷载，再结合扩大桩距的方法进行设计。

（2）应采用桩身轴力衰减快的桩型，在可能的条件下对桩端土进行加固。

2. 低承台桩

（1）柱下单桩、多桩基础

柱下单桩、多桩基础是指柱下由一个或多个桩与承台一起构成的桩基础，多用于框架结构、框架-剪力墙结构、框架-核心筒结构的柱下。此种基础形式受力明确，柱荷载通过刚度很大的承台直接传给桩。其沉降变形特征和单桩静载试验曲线接近，沉降由桩身压缩和桩端土压缩组成，国内出现过刺入性沉降的报道。

（2）墙下布桩基础

墙下布桩一般用于剪力墙结构，将桩直接布置在剪力墙下，荷载直接传给桩，是传力最直接的基础形式，也是最经济的基础形式之一。其沉降由桩身压缩和桩端土压缩组成，如桩端持力层差或桩端和桩土结合状态不好，且基础不带防水板，也可能出现刺入性沉降。

以上两种桩基础都分为带构造筏板板和不带构造筏板两种方式。构造筏板有时为满足地下室使用要求，如防水。工程实践证明，对于以上两种桩基础，是否带构造筏板对桩基础的沉降变形有很大影响。构造筏板虽然厚度不大，一般厚 250～600mm，但能很好地起到增强基础的整体性、协调不均匀沉降、减小总沉降量的作用。国内一些事故桩基础工程，很多是不带构造筏板。如上海莲花河畔倒楼事件，见图 4.5-8。从图中可看出，该建筑物采用墙下布桩的基础形式。

图 4.5-8　上海莲花河畔倒楼事件

图 4.5-9 为云南某高层建筑沉降量和沉降速率图，该工程为剪力墙结构，采用墙下布桩，由于没有地下室，没设构造筏板。桩身为泥浆护壁钻孔灌注桩，勘察报告揭示该场地

存在溶洞和地下水。从图 4.5-9 可看出 5 号、6 号点沉降量和沉降速率明显高于其他点，特别是 5 号点是 2 号点沉降量的 2 倍，沉降速率高于其 3 倍以上。如果存在构造筏板，沉降量和沉降速率不会出现如此大差异。由于一些部位沉降速率过大，最后造成建筑物基础沉降超出规范规定，新建成的建筑物还没有投入使用，被迫拆除，造成的直接经济损失超过 5000 万元。我们处理的类似的工程事故还有多起，不再一一述说。

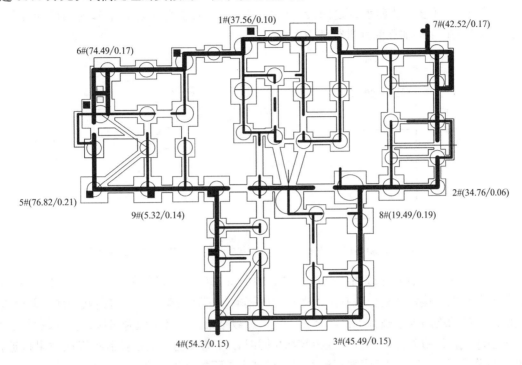

图 4.5-9　云南某项目桩基础沉降量和沉降速率图

（3）桩筏基础

桩筏基础是指整个基础由等厚度或厚度接近的钢筋混凝土筏板和筏板下的群桩组成的桩基础，多用于剪力墙结构、框架-剪力墙结构、框架-核心筒结构等高层和超高层建筑。桩筏基础的承载力由桩的承载力和桩间土的承载力构成，桩间土承载力的发挥和土的性质、桩间距、桩长、基础宽度和桩长的比、基础沉降量的大小有关。桩间土性质越差，甚至是欠固结土，桩间土承载力发挥值越低，甚至不能发挥；桩间距越小，桩间土承载力发挥值越低；桩越长，桩间土承载力发挥值越低；基础宽度和桩长比越大，桩间土承载力发挥值越低；基础沉降量越大，桩间土承载力发挥值越高。

桩筏基础的沉降由桩长范围内桩和桩间土压缩和桩端土压缩两部分组成，在一些情况，基底土与筏板脱开，其沉降由桩身压缩和桩端土压缩组成。

3. 沉降变形计算方法

（1）大桩距（5～6d）

大桩距桩基础沉降变形可采用 CFG 桩复合地基沉降变形计算方法，即采用分层总和法，理由如下：

1）大桩距桩基础和 CFG 桩复合地基沉降基本一致

滕延京研究员进行了在相同条件下，采用 5d 桩距桩基础和 CFG 桩复合地基沉降对比试验。试验采用桩基础和复合地基两个大型模型试验进行加载见图 4.5-10（左），得出两种基础形式沉降控制的效果。桩基础模型，其基础承台尺寸为 1600mm × 1600mm × 400mm，基础下布置四根桩；复合地基模型，基础板尺寸为 1600mm × 1600mm × 400mm，设同样的四根桩，桩的尺寸均为直径 150m，桩长 5m。二者的区别在于桩基础和承台连接，复合地基和承台之间设褥垫层。加载方式按照《建筑地基基础设计规范》GB 50007—2011 的加载标准进行试验。

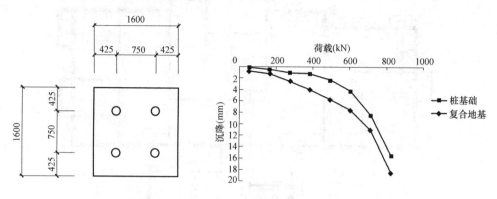

图 4.5-10　试验平面布置图（左）和桩基础与复合地基载荷试验图（右）

从图 4.5-10（右）加载曲线分析，加载初期桩基础沉降量较复合地基小，这主要是桩与承台刚性连接，而复合地基由于褥垫层的影响，沉降量略大，随着荷载增加，复合地基的沉降量始终略大于桩基础的沉降量，直至加载结束，二者的沉降量接近。这说明在大桩距条件下，地质条件、承台、桩参数都相同时，桩基和复合地基控制沉降的效果接近，也就是说，可用 CFG 桩沉降变形计算方法计算大桩距桩基础沉降变形。

2）大间距桩基础更符合规范沉降计算假设

利用布辛奈斯克（Boussinesq）解计算地基变形时，假设地基土是"各向同性均质线性变形体"，实际情况下，地基土多是成层、非均匀、软硬交互的，与计算假设有很大差异。国内的一些沉降调查发现，当存在上硬下软土层分布时，往往计算沉降量小于实测值，且沉降稳定时间长。由于桩的调节和加强作用，原来非均匀的地基变成相对均匀，这和计算假设更接近。

（2）小桩距（3～4d）桩基础、单桩基础

对于小桩距（3～4d）桩基础、单桩基础，其沉降变形计算方法按目前建筑桩基技术规范的方法计算比较合理。

4.6　沉降控制的工程案例

4.6.1　灌注桩后注浆

大量工程资料表明，对于泥浆护壁钻孔灌注桩，桩底沉渣和桩侧泥皮会导致端阻力和侧阻力显著降低。20 世纪 80 年代，中国建筑科学研究院刘金砺研究员等，研发了灌注桩

后注浆施工工法，解决了灌注桩桩底沉渣、桩侧泥皮、桩侧土的松弛和桩端土层的回弹等问题，不仅提高了单桩承载力，还有效地减小建（构）筑物沉降，大大减低了工程造价。

图 4.6-1 为注浆前后桩端土变化图片，从图中可看出，注浆后水泥明显掺入桩端土，土的性质得到改善。注浆的加固原理和桩端土的性质有关，对于粗粒土（卵砾、粗中砂）因渗入注浆被胶结，形成类似低强度等级混凝土；对于细粒土（黏性土、粉土、粉细砂）因劈裂注浆形成加筋复合土，见图 4.6-2。

图 4.6-1 注浆前后桩端土的变化

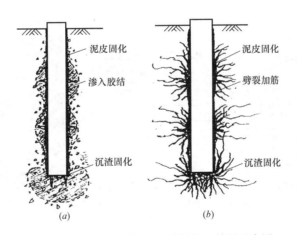

图 4.6-2 后注浆的固结和劈裂加固效果示意图
（a）卵砾、粗中砂；（b）黏性土、粉土、粉细砂

由于注浆压入的水泥能有效加固桩端、桩侧土，改善桩土结合状态，因此桩基础的沉降小，沉降稳定速度快。

图 4.6-3 为中国天津国际航运大厦，该建筑物位于软土地区，总高度 148m，采用灌注桩后注浆，竣工后实测最大沉降 39.7mm。

图 4.6-4 为北京盛福大厦，采用灌注桩后注浆后，沉降仅 29mm，且沉降稳定快。

作者曾经负责国内超过 100 栋高层、超高层和重要建筑桩基础的后注浆设计和施工，如北京的西环广场、银泰大厦、国家体育鸟巢、天津的津门津塔等，均取得很好的沉降控制效果。

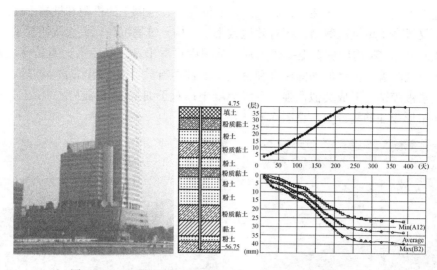

图 4.6-3　天津国际航运大厦 $S_{max}=39.7$mm，$\Delta S/L=0.2‰$

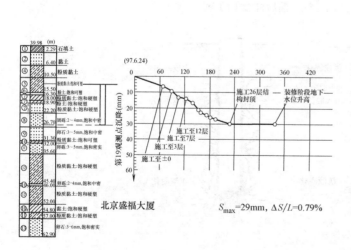

图 4.6-4　北京盛福大厦沉降曲线

4.6.2　劲性复合桩（组合桩）

　　散体桩、柔性桩、刚性桩经复合施工形成的具有互补增强作用的桩称为劲性复合桩，如水泥土和混凝土组合形成劲性复合桩，也就是 4.1 节提到的组合桩。和灌注桩相比，劲性复合桩具有施工速度快、质量稳定可靠、造价低等优点，同时由于承载力高，容易满足大桩距布桩的要求。图 4.6-5 为预应力混凝土管桩和水泥土复合形成的劲性复合桩。

　　劲性复合桩可以有多种形式，如短芯复合桩、等芯复合桩及长芯复合桩，见图4.6-6。

图 4.6-5　劲性复合桩图片

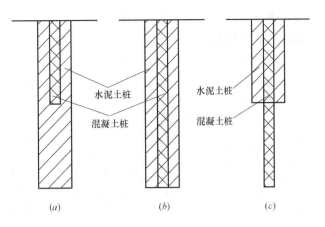

图 4.6-6　劲性复合桩的三种形式

（*a*）短芯复合桩；（*b*）等芯复合桩；（*c*）长芯复合桩

从沉降控制的角度分析，混凝土桩外围的水泥土能较大幅度的提高桩的侧摩阻力，使桩身轴力衰减速度快，可有效减小桩端土的压缩；另一方面，水泥土和土的侧摩阻力明显高于混凝土和土的侧摩阻力，能借助水泥土将更多的荷载传递到基础外，提高承载力。如图 4.6-7 所示。

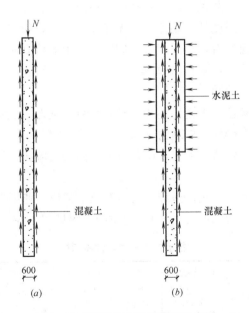

图 4.6-7　不同桩型荷载传递示意图

（*a*）常规桩基荷载传递示意图；（*b*）水泥土和混凝土组合桩荷载传递示意图

1. 工程概况

该项目位于江苏盐城，某 16♯楼住宅，剪力墙结构，地上 26 层，有两层地下室，埋深约 7.5m，筏板基础。

2. 土层特性

本次勘察所揭露的 70.40m 深度范围内的地层均属第四纪全新世冲海相交错沉积物，

主要由素填土、粉性土、砂性土及黏性土组成，一般具成层分布特点，土层分布尚均匀，按其成因类型、土层结构及其性状特征，可划分为 10 个主要层次，各土层自上而下土性描述与特征如下：

①层素填土：杂色，局部堆填较高处表层主要由建筑垃圾组成，下为粉土、粉质黏土构成。本层松散，不均匀，层厚一般 1.0m（暗河区及填土较深处等处较深），见植物根茎，虫孔发育。

②层淤泥质粉质黏土夹粉土：灰褐色，淤泥质粉质黏土，流塑，粉土，稍密，湿~很湿，摇振反应中等，无光泽，干强度低，韧性低，含云母片、铁锰质结核，层理清晰，中等压缩性。该层不均匀夹有较多粉土薄层，层厚及层位不均。

③层粉土夹粉质黏土：灰色，粉土：稍密，很湿，含云母，局部偶见腐殖质、贝壳碎片等。摇震反应中等，干强度低，韧性低，无光泽，稍密，很湿；淤泥质粉质黏土：流塑。

④层粉土夹粉砂：灰色，粉土：稍密—中密，很湿，含云母，局部偶见腐殖质、贝壳碎片等；粉砂：饱和，稍密—中密，颗粒呈圆形、亚圆形，颗粒级配一般，含少量黏粒，局部可见贝壳碎片。

⑤层粉质黏土夹粉土：灰色，粉质黏土：软塑，层理清晰，摇振反应无，切面光滑，干强度低，韧性低，中等偏高压缩性；粉土：稍密，很湿。

⑥层粉土夹粉质黏土：灰色，粉土：稍密，很湿，含云母，局部偶见腐殖质、贝壳碎片等。摇震反应中等，干强度低，韧性低，无光泽，稍密，很湿；粉质黏土：软塑，层理清晰，摇振反应无，切面光滑，干强度低，韧性低，中等偏高压缩性。局部夹薄层粉砂。

⑦层粉质黏土土夹粉土：褐色，软塑，层理清晰，摇振反应无，切面光滑，干强度低，韧性低，中等偏高压缩性。

⑧层粉砂夹粉土：灰色，中密，饱和，粉砂颗粒呈圆形、亚圆形，颗粒级配一般，含少量黏粒，局部可见贝壳碎片，层理清晰。

⑨粉质黏土：褐色，软塑—可塑，层理清晰，摇振反应无，切面光滑，干强度高，韧性高，中等压缩性。

⑩粉砂：灰色，中密—密实，饱和，粉砂颗粒呈圆形、亚圆形，颗粒级配一般。

各土层物理力学性质指标见表 4.6-1，地质剖面图见图 4.6-8。

各土层物理力学性质指标 表 4.6-1

土层编号及名称	含水量 ω（%）	天然重度 γ（kN/m³）	压缩系数 $\alpha_{1\sim2}$（MPa^{-1}）	压缩模量 $E_{s1\sim2}$（MPa）	抗剪强度		地基承载力特征值 f_{ak}（kPa）
					黏聚力 c_k（kPa）	内摩擦角 φ_k（°）	
②淤泥质粉质黏土夹粉土	33.5	17.6	0.38	5.35	8.3	3.1	60
③粉土夹粉质黏土	30.2	18.1	0.25	8.45	12.7	19.1	110
④粉土夹粉砂	28.5	18.7	0.15	11.76	12.0	18.7	180
⑤粉质黏土夹粉土	33.2	17.9	0.33	6.28	25.7	2.7	110
⑥粉土夹粉质黏土	30.6	18.0	0.24	8.34	7.2	23.0	130
⑦粉质黏土夹粉土	32.2	18.0	0.32	6.1	26.6	6.5	120

续表

土层编号及名称	含水量 ω（%）	天然重度 γ（kN/m³）	压缩系数 $\alpha_{1\sim2}$（MPa⁻¹）	压缩模量 $E_{s1\sim2}$（MPa）	抗剪强度		地基承载力特征值 f_{ak}（kPa）
					黏聚力 c_k（kPa）	内摩擦角 φ_k（°）	
⑧粉砂夹粉土	28.5	18.7	0.14	13.20	2.6	28.3	170
⑨粉质黏土	31.0	18.4	0.27	7.13	25.7	10.2	200
⑩粉砂	28.5	18.5	0.14	12.96	2.5	29.1	190

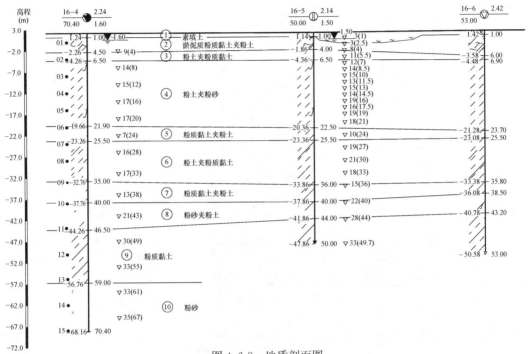

图 4.6-8　地质剖面图

3. 劲性复合桩设计

（1）劲性复合桩基本参数

劲性复合桩水泥土桩外径 850mm，长度 12m，中间插入 PHC-500（125）A-C80 高强预应力管桩，采用墙下布桩，等效桩间距约 $6d$，桩端持力层为④层粉土夹粉砂，估算单桩承载力特征值为 2400kN。

（2）复合地基承载力计算

根据《劲性复合桩技术规程》JGJ/T 327—2014 中 4.4.3 条，复合地基承载力特征值可按下式估算：

$$f_{spk}=\lambda m\frac{R_a}{A_p}+\beta(1-m)f_{sk} \tag{4.6-1}$$

式中　f_{spk}——复合地基承载力特征值（kPa）；

　　　f_{sk}——处理后桩间土承载力特征值（kPa），应按地区经验确定；无试验资料时可取天然地基承载力特征值；

　　　m——复合桩的面积置换率；

　　　d——复合桩桩身直径（m）；

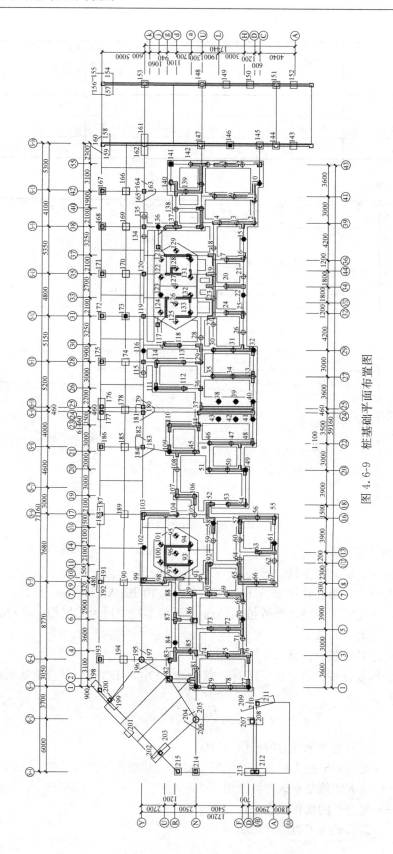

图 4.6-9　桩基础平面布置图

R_a——单桩竖向承载力特征值（kN）；

β——桩间土承载力折减系数，应按地区经验取值，无经验时可取 0.8～1.0；

λ——单桩承载力发挥系数，应按地区经验取值，无经验时可取 0.95～1.0。

计算得，$f_{spk}=\lambda m \dfrac{R_a}{A_p}+\beta(1-m)f_{sk}=448\text{kPa}$，即复合地基承载力特征值为 448kPa，承载力满足设计要求。

（3）沉降计算

沉降计算采用《建筑地基处理技术规范》JGJ 79—2012 第 7.1.5、7.1.7 及 7.1.8 条进行复合地基的沉降量计算，即沉降计算方法采用《建筑地基基础设计规范》GB 50007—2011 分层总和法，其中桩长范围内复合土层的压缩模量采用该层天然地基压缩模量的 ζ 倍，$\zeta=f_{spk}/f_{ak}$。

采用角点法计算中点的沉降量。基底压力 410.00kPa，基底附加压力 365.83kPa，桩面积 80.54m²，桩间土面积 579.46m²。面积置换率 $m=0.14$，桩间土承载力折减系数 $\beta=0.8$，单桩承载力发挥系数 $\lambda=0.95$，复合地基承载力特征值 $f_{spk}=638.5\text{kPa}$，$\zeta=f_{spk}/f_{ak}=638.5/110=5.8$。沉降计算见表 4.6-2。

沉降计算表　　　　　　　　　　　　　　　　　　　　　　表 4.6-2

土层名称	土层厚度（m）	模量（MPa）	计算模量（MPa）	沉降计算量（mm）
②淤泥质粉土黏土夹粉土	3.50	5.35	5.35	0.00
③粉土夹粉质黏土	2.00	8.45	49.01	8.65
④粉土夹粉砂	10.84	11.76	68.21	44.20
④粉土夹粉砂	4.56	11.76	11.76	62.88
⑤粉质黏土夹粉土	3.60	6.28	6.28	73.30
⑥粉土夹粉质黏土	9.50	8.34	8.34	106.19
⑦粉质黏土夹粉土	5.00	6.1	6.1	55.42
⑧粉砂夹粉土	6.50	13.2	13.2	0.19
⑨粉质黏土	12.50	7.13	7.13	0.00

压缩模量当量模量 16.717MPa，沉降计算经验系数 $\Psi_s=0.331$，根据分层总和法计算中点的最终沉降量为 116.23mm。

4. 实测沉降

沉降观测点位置见图 4.6-10，各沉降观测点累计沉降量见表 4.6-3。

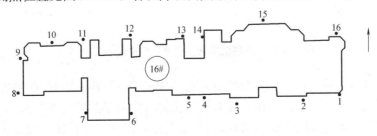

图 4.6-10　沉降观测点平面布置图

各沉降观测点累积沉降量 表 4.6-3

观测点	初始高程	2015.08.10 (mm)	2015.08.27 (mm)	2015.09.09 (mm)	2015.09.24 (mm)	2015.10.09 (mm)	2015.11.06 (mm)	2015.11.24 (mm)	2015.12.07 (mm)	2016.01.05 (mm)
1	2.965	2.3	6	9.3	11.5	11.7	18.4	23.1	32.3	34.24
2	2.9499	0.3	0.6	4.7	9.1	9.8	11.6	20.8	30.2	31.54
3	2.9986	3	7.2	14	17.8	18.4	26.4	32.1	39.4	41.59
4	2.861	3.8	6.4	10.9	17	17.2	24.9	27.3	32.4	37.4
5	2.8443	3.5	6.8	11.4	15.9	17.1	23.9	30.9	38.5	46.5
6	2.9152	3.6	7.8	13.6	18.9	20	27.4	31.5	37.9	40.6
7	2.8451	0.5	1	4.8	5.7	7.8	14.4	20.5	28	29.2
8	2.9287	3	6.8	8.3	9.2	9.9	16	21	27.5	31.5
9	2.9161	4	9.5	11.5	12.6	12.8	16.5	25.5	30.4	34.7
10	2.9326	4.2	9.1	10.9	13.4	15.5	20.7	26	32.2	35.3
11	2.9166	4.3	8.5	10.7	12.5	15.6	19.3	23.8	32.6	36.29
12	2.9403	3.9	8.8	11.7	14.6	16.7	23.7	30.9	41.1	41.22
13	2.9532	4.5	9.4	12.6	15.1	16.5	29.6	33.1	38.4	39.73
14	2.9344	4.3	8.8	11.3	13.3	16.6	20.1	27.2	32.7	35.58
15	2.9072	2.5	6.1	9.5	13	13.7	17.5	23.5	29.4	34.36
16	2.954	3.7	6.2	10.1	12.9	13	17.8	21.4	28.3	28.62

图 4.6-11 为南侧观测点（1～8 点）累积沉降量观测曲线图，图 4.6-12 为北侧观测点（9～16 点）累积沉降量观测曲线图。

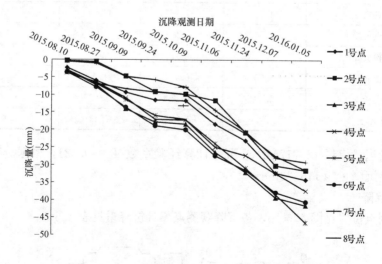

图 4.6-11 南侧沉降观测点累积沉降量观测曲线

通过上图实测沉降曲线，采用劲性复合桩方案从 2015 年 8 月 10 号到 2016 年 1 月 5 号累积沉降量在 35～45mm，2016 年 1 月 5 号沉降稳定速率的平均值为 0.07mm/d，根据《建筑变形测量规范》JGJ 8—2007 的 5.5.5 条规定，沉降并未稳定，预估最终沉降量应能控制在 100mm 之内，和计算的 116.23mm 接近。

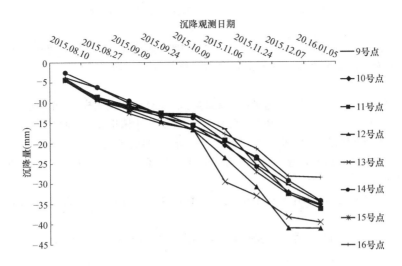

图 4.6-12 北侧沉降观测点累积沉降量观测曲线

4.7 结论和建议

对于摩擦桩，桩基础的沉降变形控制设计是一个非常复杂的问题，准确计算难度很大，需要抓住主要因素，化繁为简，才能实现沉降变形控制设计的目的，具体建议如下：

（1）桩基础沉降变形控制设计应实现 5 个目标，即控制总沉降量、限制差异沉降、避免倾斜、保证桩土和承台共同工作、减小工后沉降；

（2）桩基础的沉降变形控制设计应根据具体条件，确定影响沉降变形的主要因素，首先进行概念设计；

（3）桩身轴力分布是影响桩基础沉降变形的关键指标；

（4）桩基础的沉降变形控制设计应注意桩间距影响，对于摩擦桩，存在最佳桩距，建议桩距 5～6d；

（5）设计应根据具体条件确定合理桩长，对于桩筏基础一般合理桩长可取基础宽度的 1.5 倍左右；

（6）大桩距桩基础的沉降变形计算方法可采用 CFG 桩沉降计算方法；

（7）可采用复合地基和桩基组合的方式进行设计；

（8）桩身轴力衰减快的桩型是桩基础沉降变形控制设计的理想桩型。

参考文献

[1] 中国建筑科学研究院. GB 50007—2011 建筑地基基础设计规范 [S]. 北京：中国建筑工业出版社，2011.

[2] 中国建筑科学研究院. JGJ 94—2008 建筑桩基技术规范 [S]. 北京：中国建筑工业出版社，2008.

[3] 张振营，吴世明. 挤扩支盘灌注桩的试验研究 [J]. 建筑结构，2003，33（11）.

[4] 刘金波. 干作业复合灌注桩的试验研究及理论分析 [D]. 北京：中国建筑科学研究院，2000.

[5] 刘金砺，袁振隆. 粉土中钻孔群桩承台-桩-土的相互作用特征和承载力计算 [J]. 岩石工程学报，1987（9）.

[6] 刘金波，赵岚涛，等. 灌注桩后注浆优点及质量问题预防 [J]. 施工技术，2017（08）. 140～144.

[7] 张松，刘金波，郭金雪等. 基于沉降控制的桩基础试验研究 [J]. 建筑结构，2016（46）. 505～509.

[8] 刘金波，李文平，等. 建筑地基基础设计禁忌及实例 [M]. 中国建筑工业出版社，2013.

[9] 张松. 基于沉降控制的桩基础试验分析研究 [D]. 北京：中国建筑科学研究院，2017.

[10] 李勇. 既有建筑增层改造时桩基础的再设计试验研究 [D]. 北京：中国建筑科学研究院，2010.

[11] 刘金波，张雪婵，张松，等. 地基基础工程事故概述 [J]. 施工技术，Vol. 46（1），127～132，2017.

[12] 中国建筑科学研究院. JGJ 106—2014 建筑基桩检测技术规范 [S]. 北京：中国建筑工业出版社，2014.

[13] 刘金波，张中南，孙明，等. 某桩基承载力不满足要求处理实例及分析 [J]. 岩石工程学报，2011（33）. 58～63.

[14] 蒋刚，江宝，王旭东，等. 桩间距对桩筏基础结构性能影响的模型试验研究 [J]. 岩石力学与工程学报，2013，32（07）：1504～1512.

[15] 刘金砺. 高层建筑地基基础概念设计的思考 [J]. 土木工程学报，2006，39（6）.

[16] 中国建筑科学研究院. JGJ 79—2012 建筑地基处理技术规范 [S]. 北京：中国建筑工业出版社，2010.

[17] 张雁，刘金波. 桩基手册 [M]. 北京：中国建筑工业出版社，2009.

5　桩基础设计理论变革：从强度控制设计到变形控制设计

杨敏[1]，罗如平[1]，杨军[2]

(1. 同济大学地下建筑与工程系，上海 200092；

2. 广东华路交通科技有限公司，广东 广州 510420)

5.1　绪论

众所周知，传统桩基础的设计理论是基于强度控制原则构建的，即从满足承载力要求的角度出发，按照"强度设计，变形验算"的思路进行桩基础的设计，根据桩的承载力大小确定用桩数量 n（《建筑地基基础设计规范》GB 50007—2011）[1]：

$$Q_k = \frac{F_k + G_k}{n} \tag{5.1-1}$$

$$Q_k \leqslant R_a \tag{5.1-2}$$

式中　F_k——荷载效应标准组合下，作用于承台顶面的竖向力；

　　　G_k——桩基承台和承台上土自重；

　　　R_a——单桩竖向承载力特征值。

上述传统设计理论认为基础所承担的荷载均由桩承担，忽略了基底土分担荷载的作用，因此在这种情况下桩的承载力必须确保足够的安全度，设计中采用的单桩竖向承载力特征值 R_a 按下式计算：

$$R_a = \frac{R_u}{K} \tag{5.1-3}$$

式中　R_u——单桩承载力极限值；

　　　K——安全系数，一般取 2，但在部分国家（如北欧）取 3。

显然，上述传统桩基础设计理论是对实际工程问题的极大简化，大量的实测数据表明实际的桩基础中桩土之间是相互作用共同工作的，基底土与桩共同承担荷载，只有在桩数足够多足以单独支撑所有荷载并发生较小变形的情况下基底与土才有可能脱空，因此在设计中忽略基底土分担荷载的贡献作用是不合理也很不经济。我国桩基设计规范（《建筑桩基技术规范》JGJ 94—2008）[2] 在引入基桩、复合基桩及承台效应系数的概念后，按不同的桩间距和承台宽度与桩长之比对基底土分担荷载的贡献作用作了适当的考虑。

实际上，在早期的桩基础设计中是考虑桩土共同工作的。如在 20 世纪上半叶的上海就有"老 8 吨"之说，即在桩基础设计中可假定基底土承担 8 吨荷载，剩下的荷载由桩承担。Clarke（1936）[3] 曾报道了上海地区早期设计的一幢建筑物工程实例。该建筑物建于

1932～1933 年，为一 5 层"T 形"建筑，基础为带桩条形基础，埋深 1.7m，基础布置及建筑剖面图如图 5.1-1（a）所示。建筑物平面包络总面积为 701m²，但条形基础面积只有 342m²。条形基础下总共布置 109 根摩擦型木桩，桩长 13.7m，上端桩径 300mm，下端桩径 200mm。在该桩基础中条基承担 30％的总荷载，承担的荷载值约为 34kPa，桩发挥极限承载力，承担 70％的总荷载。

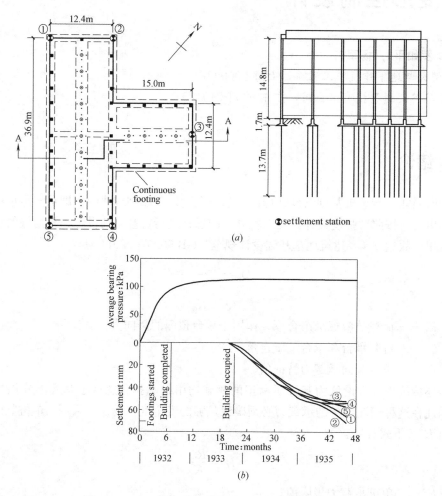

图 5.1-1　上海地区一幢早期设计的建筑物工程实例（引自 Clarke，1936[3]）

（a）建筑布置图；（b）实测变形发展曲线

实践中设计采用桩基础的原因不外乎两个：一是因为地基承载力不足，需要采用桩基础将上部荷载传递到深层土或支撑于坚硬持力层上；二是地基会发生较大的沉降变形，需要采用桩基来减小沉降。此外，对超高层建筑而言，即便是在硬土地区，也往往需要设计采用桩基，以便减少沉降进而避免倾斜。实践表明，桩既能减少基础沉降变形，同时也能极大地增加地基承载力。显然，合理和经济的桩基础设计应该是在确保安全和满足控制沉降变形的要求下，尽可能充分发挥桩和基底土的承载能力。

与传统桩基础设计理论有所不同，基于变形控制原则的桩基础设计理论是按照"变形设计，强度验算"的思想进行设计，在设计中考虑桩土共同工作，并根据允许沉降量或要求的沉降控制值来确定用桩数量：

$$S_n < [S] \tag{5.1-4}$$

式中　S_n——桩数等于 n 时建筑物沉降值；

　　　[S]——建筑物容许沉降值。

由于设计桩主要用来控制基础沉降，因此桩的承载力利用率能大幅度提高，甚至可以达到极限承载力值，此外在布桩或桩长设计等方面也可更加合理。与传统设计方法相比，基于变形控制原则的桩基础设计方法充分考虑桩土共同作用，并将使桩的承载能力得到了充分的发挥，使设计更加优化，减少基础工程造价。

应该说，基于变形控制原则的桩基础设计是桩基础设计方法的追求，也是多年来桩基础学术领域的热点问题。本章将结合多年来笔者本人所作的一些研究工作，试图较全面地阐述就该热点问题所取得的研究成果和进展，主要包括软土地区减沉桩基础、长短桩组合桩基础以及高层建筑桩筏基础的设计，并就桩基础按变形控制设计提出原则和设计方法。

5.2　减沉桩基础设计方法及工程应用

5.2.1　减沉桩基础设计概念

在软土地基中有大量场合设计采用桩基的原因并不是浅层土体承载能力不足，而是仅采用浅基础的建筑物沉降量过大。Burland 等（1977[4]）提出，对于天然地基的强度能满足设计荷载要求但沉降却过大的情况，可以采用少量的桩用以减少基础沉降变形。也就是说，在浅基础地基承载能力足够的前提下，如果因沉降的原因要采用桩基础，不必按基于强度控制原则的传统桩基础设计方法设计桩基础，可按沉降控制的原则设计。在这种情况下，设计采用的桩数应由沉降控制结果确定，而桩也不必按传统桩基础设计时考虑安全系数，可以考虑发挥极限承载力，桩可视为减小沉降的措施，或作为减小沉降的构件来使用。这种按沉降控制原则设计的桩基础一般称之为减少沉降桩基础或减沉桩基础。

适用于减沉桩基础设计的典型工程案例之一为上海展览馆工程，如图 5.2-1（a）所示。该展览馆在新中国成立初期由苏联专家设计，采用箱形基础，基础平面尺寸为 46.5m×46.5m，埋深 2m，基础总压力为 130kPa。该工程地基土为褐黄色黏土，固结快剪指标为 $c=36$kPa，$\varphi=17°$。当时在工程现场进行了载荷试验，根据载荷板荷载-沉降曲线和承载力强度公式：以 $P_{0.02}$（在静载荷试验的沉降与压力曲线中，取沉降与载荷板宽度之比为 0.02 所对应的压力）确定容许承载力为 140kPa；如以 $R_{1/4}$（苏联地基规范中塑性剪损区在基础边缘开展深度相当于 1/4 基础宽度时对应的荷载）公式计算，则地基容许承载力为 150kPa。因此从上述载荷试验成果或用强度计算公式来衡量，该场地地基承载力是满足要求的。但是，由于未作沉降计算，该工程发生了意料不到的沉降，完工后 11 年平均沉降量达 1.6m，相对倾斜为 0.44%，荷载-时间-沉降曲线如图 5.2-1（b）所示。平均沉降速率在施工期间自 5.4mm/日减至 3.4mm/日，施工完成后一年逐渐减至 0.7mm/日，两年减至 0.3mm/日，三年减至 0.1mm/日[5]。

尽管该箱形基础的沉降量很大，但邻近地表并没有隆起现象，最终沉降也逐渐稳定，从这些现象来看，地基承载力是满足要求的，只是沉降过大，给使用和相邻建筑带来了不

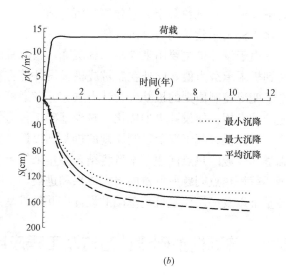

(a) *(b)*

图 5.2-1　上海展览馆工程案例：典型的减沉桩基础适用工况

(a) 建筑外观；*(b)* 荷载-时间-沉降曲线

良影响。对照上述的减沉桩描述，该工程可以说是典型的减沉桩基础适用工况，可以通过设置少量的桩来减少基础的沉降。在上海地区有大量的类似体量（荷载）的工程，一般来说多层甚至于小高层都适合采用减沉桩基础。

桩基础主要通过将上部荷载传递到深层土体中来控制基础沉降大小，图 5.2-2 所示为在上部荷载作用下带桩基础与浅基础中土体附加应力分布对比示意图。从图中可以看出，与浅基础相比，由于桩基将上部荷载传递到深层土体中，桩间土体，尤其是在地表浅部区域，附加应力显著减小。由桩间土压缩变形产生的地表沉降为：

$$w = \int_0^{z_e} [\Delta\sigma_z / E_s] \mathrm{d}z \tag{5.2-1}$$

由式（5.2-1）可知，由于桩基础能有效减小地表浅部区域桩间土中的附加应力，因

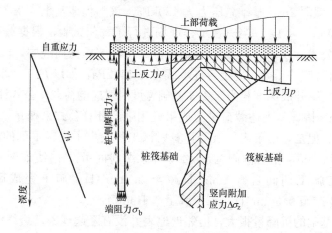

图 5.2-2　桩基和浅基础中的附加应力分布对比示意图

此其土体总的压缩沉降能大幅度减小，这也是桩基减少地基沉降的机理所在。

按沉降变形设计基础是更为合理的认识在学术和工程界早已有之，但比较明确的桩基础按沉降变形设计比按承载力设计更为经济的概念首先是由 Burland 等[4]在第九届国际土力学与基础工程会议的总报告中提出的。许多学者在此课题上作了大量开拓性的研究，如 Hooper[6]，Cooke[7]，Poulos[8]，Hemsley[9]，Jendeby[10]，Kakurai[11]等。国内学者所作的研究也成果丰硕，并在工程应用方面作了更深入的工作，如黄绍铭[12,13]，管自立[14]，宰金珉[15]，郑刚[16]，刘金砺[17]，杨敏[18~20]以及其他许多学者和工程师作了大量有益的探索工作。1996 年在同济大学召开了"软土地基变形控制设计理论和工程实践"专题学术讨论会，同年也开发出减沉桩基础专业设计计算软件[21]，该软件在上海等软土地区得到广泛应用，并获 1998 年教育部科技进步奖。在规范编制方面，减沉桩于 1994 年列入上海市地方标准《地基处理技术规范》[22]，并被定义为"沉降控制复合桩基"，规定主要适应于较深厚软弱地基土、以沉降控制为主的八层以下多层建筑物。2008 年减沉桩列入国家行业标准《建筑桩基技术规范》[2]，被定义为"软土地基减沉复合疏桩基础"，2010 年列入上海市工程建设规范《地基基础设计规范》[23]及浙江省地方标准《刚-柔性复合桩基技术规程》[24]。

5.2.2　减沉桩基础的设计方法

1. 沉降计算

基于沉降变形控制的桩基础设计需要根据基础允许沉降大小来确定用桩数量，因此，在减沉桩基础设计过程中，其主要工作之一是计算基础桩数-沉降曲线，并根据允许沉降值 [S] 确定设计桩数 n，如图 5.2-3 所示。因此，如何恰当地根据桩数和桩长等具体参数的变化计算出相应的桩基础沉降值是基于变形控制设计桩基础的关键课题，显然，传统的将桩基础等代为实体深基础计算桩基础沉降的力学模型难以适应，需要考虑筏（承台）-桩-土之间的相互作用。目前主要采用基于 Mindlin 解答的桩土相互作用理论。

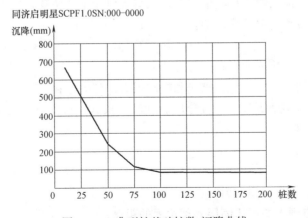

图 5.2-3　典型桩基础桩数-沉降曲线

（1）单桩分析

国外学者 Poulos 等[25]建立了基于 Mindlin 位移解答的单桩和群桩分析理论和方法，但在实践中由于土参数取值困难难以应用。我国在地基沉降的计算中采用的方法主要是分层总和法，该法概念清晰，在工程界应用多年，有配套的土工参数和丰富的使用经验。有鉴于此，笔者曾基于 Mindlin 应力解答和有限压缩分层总和法建立了筏（承台)-桩-土相互作用分析理论，并假定土体发生理想弹塑性变形，运用荷载的"cut-off"方法来处理桩土单元超过极限承载力的状况，使用该方法可以计算单桩和群桩沉降[26,27]。

如图 5.2-4 所示为单桩基础沉降计算模型示意图，桩基沉降计算时只考虑竖向受荷情况，并假定：桩的存在不影响土的特性，因此地基土中的应力可按 Mindlin 弹性解计算；土的沉降可近似认为仅与竖向应力有关，不考虑水平应力对沉降的影响。

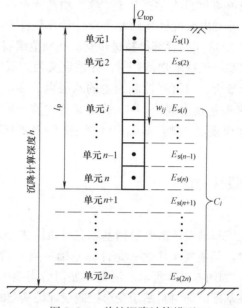

图 5.2-4　单桩沉降计算模型

1) 土体位移方程。假定桩侧和桩端单元界面的剪应力和压应力沿桩侧和桩端均匀分布，通过对桩侧和桩端面积进行数值积分，求得各单元土体位移与应力的关系，进而得到桩周土反力与土体位移的关系式，即：

$$\{u\} = [SI]\{\phi\} \tag{5.2-2}$$

式中　$\{u\}$——土体位移列向量；

　　　$\{\phi\}$——桩周土反力（包括桩侧和桩端阻力）列向量；

　　　$[SI]$——土体柔度矩阵，结合分层总和法可按式（5.2-3）对 $[SI]$ 中各元素进行求解。

$$SI_{ij} = \int_{C_i} \frac{\sigma_{ij}}{E_s} ds \tag{5.2-3}$$

式中　$\{\sigma_{ij}\}$——Mindlin 竖向应力解；

　　　C_i——i 点到土的可压缩层底部边界的距离；

　　　E_s——土体压缩模量。

2) 桩身位移方程。考虑桩身单元划分的灵活性，根据杆系有限元理论，将桩看作通过一系列结点连接的杆单元，通过联立各单元刚度矩阵得到桩身整体刚度矩阵 $[K_p]$，进而得到桩身位移与荷载的关系式，即：

$$[K_p] \cdot \{s\} = \{Q\} - \{\phi\} \tag{5.2-4}$$

式中　$\{K_p\}$——单桩竖向变形刚度矩阵；

　　　$\{s\}$——桩身位移列向量；

　　　$\{Q\}$——桩顶荷载列向量。

3）桩土界面位移协调。将式（5.2-2）对 $[SI]$ 求逆后代入式（5.2-4），并假定桩-土界面无相对位移产生，即 $\{u\} = \{s\}$，可得桩-土体系的总体控制方程，即：

$$([K_p] + [K_s]) \cdot \{u\} = \{Q\} \tag{5.2-5}$$

式中　$[K_s]$——地基土竖向变形刚度矩阵，即 $[SI]$ 的逆矩阵。

求解式（5.2-5），可得到桩身各计算结点的位移，进一步可求得桩周土体的反力和桩身轴力，以及由桩-土作用力引起的土体任意位置的地基附加应力。

对于均质土，可直接用上面方程求解。但对桩端支撑于硬持力层，如端承桩或土弹性模量随深度线性增加的 Gibson 地基土以及一般分层土等非均质土情况应对 Mindlin 基本解进行适当修正。对于减沉桩由于其桩所受荷载能达到极限承载力大小，因此在计算中需要考虑桩极限承载力特性，应用荷载的"cut-off"方法来处理[28]。

图 5.2-5 给出了上述方法与 Banerjee 等[29] 边界元方法计算得到的桩侧摩阻力分布的比较，两者相近。从图中结果还可以看到，对于如钢桩或钢筋混凝土桩等刚性桩（$E_p/E_s = 10^4$），其桩侧摩阻力可以近似视为沿深度线性增长，完全可简化为沿深度线性（三角形）分布；但对于如碎石桩或者水泥土搅拌桩等柔性桩（$E_p/E_s = 10^2$），其桩侧摩阻力分布模式更为复杂，不可简单地简化三角形或梯形。

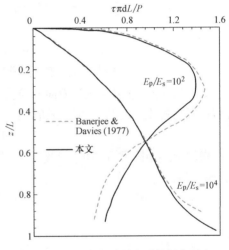

图 5.2-5　桩土相对刚度对桩侧摩阻力随深度分布的影响[26]

（2）群桩基础沉降计算

群桩基础的沉降计算可以利用叠加近似法进行求解，工程实践表明，对于多数情况，叠加法可以提供足够的精度。基于叠加法原理，设群桩中共有桩数 n 根，则群桩的沉降可表示为：

$$\{w_p\} = [f_p]\{P\} \tag{5.2-6}$$

式中　$[f_p]$——群桩柔度系数矩阵。

元素 $f_{p,ij}$ 表示 j 桩作用单位力时引起 i 桩的沉降，其值可按下式计算：

$$f_{p,ij} = \delta_p \cdot \alpha_{p,ij} \tag{5.2-7}$$

式中　δ_p——单桩在单位荷载下的沉降；

　　　$\alpha_{p,ij}$——j 桩对 i 桩的沉降影响系数，其定义为：

$$\alpha_p = \frac{\text{由于邻桩在单位荷载作用下引起的桩顶附加沉降}}{\text{在单位荷载作用下引起的桩顶沉降}}$$

对式（5.2-6）求逆可得：

$$[K_p] \cdot \{w_p\} = \{P\} \tag{5.2-8}$$

式中　$[K_p]$——群桩的刚度矩阵；

　　$\{w_p\}$——由群桩中各桩桩顶沉降组成的向量；

　　$\{P\}$——作用在桩顶上的荷载向量。

实际桩基础一般都是由承台板（筏）将群桩相连在一起，因此分析时应该考虑筏板与桩之间的共同作用。筏板的分析可采用有限元模拟，其分析表达式为：

$$[K_r]\cdot\{\delta\}=\{F\} \tag{5.2-9}$$

式中　$[K_r]$——筏板的总刚度矩阵；

　　$\{F\}$——外荷载向量，包括上部结构传来的荷载和桩顶荷载反力两部分；

　　$\{\delta\}$——筏板节点位移向量，包括竖向位移和两个方向的转角。

根据位移协调条件，可得到筏板与群桩间的共同作用分析方程：

$$([K_p]+[K_r])\cdot\{\delta\}=\{F_r\} \tag{5.2-10}$$

式中　$\{F_r\}$——仅由上部结构传给筏板的荷载向量。

上述是仅考虑桩支撑筏板的情况，对于减沉桩基础而言，筏板与土体会保持接触，并承担部分荷载。因此，地基整体刚度不仅包括桩部分，也应同时包括土部分，在这种情况下需要考虑桩-桩、桩-土、土-桩以及土-土之间的相互影响，见图 5.2-6。桩土体系的分析式为：

$$[K_G]\cdot\{w_G\}=\{P_G\} \tag{5.2-11}$$

式中　$[K_G]$——桩-土体系的总刚度矩阵；

$\{w_G\}$、$\{P_G\}$——分别为地基表面各节点的沉降向量和荷载反力向量。结合式（5.2-10）可得筏板与桩土间的共同作用分析式：

$$([K_G]+[K_r])\cdot\{\delta\}=\{F_r\} \tag{5.2-12}$$

求解上述矩阵方程即可得到筏基内力、桩的沉降、荷载反力分布以及桩与筏之间的荷载分配等问题。

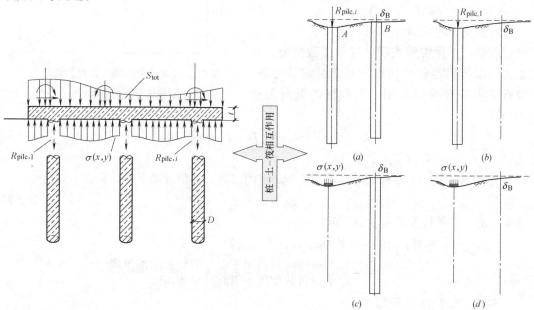

图 5.2-6　桩筏基础相互作用示意图

(a) 桩-桩；(b) 桩-土；(c) 土-桩；(d) 土-土

与单桩沉降计算类似，在群桩计算中同样需要考虑桩基及筏板极限承载力工况，当桩侧、桩端及筏板下单元应力超过土体极限承载力后，可以采用荷载超限转移法（cut-off），使所求出单元的荷载中超过极限承载力部分在周围其他单元重分布，从而使该单元的荷载等于它的极限承载力，其他单元上的集中荷载计算结果相应增大。

黄绍铭等[12]提供了一种更加简单的软土地区刚性桩基础沉降的简化计算方法。该方法假定桩侧摩阻力沿深度线性分布如呈梯形分布（进一步可被分解为均匀分布力和三角形分布力），桩端阻力则视为一集中力，如图 5.2-7 所示，采用 Geddes 公式[30]就可得侧摩阻力和桩端阻力在地基中任一点所产生的附加应力，然后采用分层总和法计算桩基础的沉降量。对于群桩基础可简单地按照叠加原理求出群桩在地基中任一点的竖向附加应力进而求得群桩基础沉降值。该法模型简单，与工程师熟知的浅基础沉降计算方法概念相近，甚至于可以手算，更利于推广应用。该法先后列入上海市标准《地基处理技术规范》DBJ 08—40—94[22]、上海市工程建设规范《地基基础设计规范》DGJ 08—11—2010[23]和国家标准《建筑地基基础设计规范》GB 50007—2011[1]。

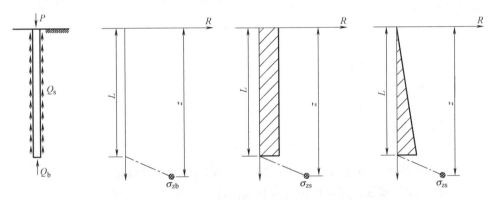

图 5.2-7　基于 Geddes 公式计算桩基础沉降计算模型

此外，与上述上海规范方法类似，《建筑桩基技术规范》JGJ 94—2008[2]还给出了考虑桩径影响的桩基础的沉降计算方法。将承台底土压力对地基中某点产生的附加应力按布辛奈斯克解计算，并与基桩产生的附加应力叠加（考虑桩径影响的 Geddes 解），然后采用单向压缩分层总和法计算土层的沉降，并计入桩身压缩，从而可求得沉降值。

除了上述线弹性桩基础沉降计算方法之外，近年来笔者及其课题组还发展了考虑土体非线性及固结作用的桩筏基础沉降计算方法，可以较好地分析在不同设计工况条件下的桩基础沉降大小[31,32]，其中土体非线性特性按照土体模量双曲线型变化考虑，如图 5.2-8所示。此外，还发展了基于实测单桩荷载-沉降曲线计算群桩基础沉降值的方法，方便实际工程的应用[33]。

上述各种方法都涉及大量计算，要手算完成是困难的，目前有专业软件（如同济启明星桩基础设计计算通用软件 PILE）可完成各项工作。

（3）减沉桩基础简化沉降计算公式

上海地区的减沉桩基础沉降计算也可采用如下简化计算公式进行计算[34]。将沉降简化分为两部分：一部为桩群分担的荷载所引起的地基沉降 S_1，而另外一部为承台分担的荷载所引起的地基沉降 S_2，并有：

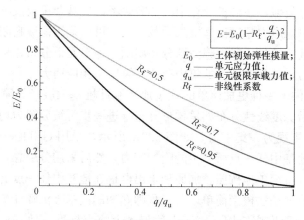

图 5.2-8 土体模量双曲线变化模型

$$S=S_1+S_2 \tag{5.2-13}$$

对于桩群分担的荷载所引起的地基沉降 S_1 的计算，可采取如下简化计算公式：

$$s_1=\frac{\Psi p_1 I R_s}{3E_{1\sim2}nd} \tag{5.2-14}$$

式中　d——桩的等效直径；

n——桩数；

R_s——群桩沉降系数；

I——单桩沉降系数；

$E_{1\sim2}$——桩长范围内的土压缩模量的平均值；

Ψ——考虑桩端土强度及基础平面形状的影响而作的沉降修正系数。

p_1 为单桩承担的荷载，通常比传统桩基础设计中桩承担的荷载更大：

$$p_1=\eta_p P_u \tag{5.2-15}$$

式中　P_u——单桩极限承载力；

η_p——单桩承载力发挥系数，理论上可取 1，在设计时可取 $0.85\sim1.0$。

S_2 的计算可直接采用规范中推荐的浅基础沉降计算方法。

本简化方法通常可采用手算，不需要依赖专业设计软件。计算不同桩数对应的沉降即可得到如图 5.2-3 所示的桩基础桩数-沉降关系曲线，并由此可按根据沉降控制值确定合适的桩数。

2. 地基强度验算

在基础设计中的重要一环是地基强度验算。如前所示，减沉桩主要是针对软土地区天然地基强度满足设计荷载要求但沉降却过大的情况而对传统桩设计提出的一种改进方法，因此"浅基础承载力基本能满足承担荷载的要求"就成为减沉桩的应用或适用条件。在这种情况下，桩主要是设计用以减少基础沉降，其承载能力是忽略的。必须指出，在这种情况下天然地基的强度应是真正的极限破坏强度，也即在确定天然地基强度时不应再考虑变形的影响。

上海市标准《地基处理技术规范》DBJ 08—40—94[22]对减沉桩基础（沉降控制复合桩基）的地基强度验算提出如下计算公式：

$$P \leqslant \frac{1}{\xi}(n \cdot P_u + 2F \cdot f) \qquad (5.2\text{-}16)$$

式中 ξ——沉降控制复合桩基承载力经验系数，可取 2.0～2.2；

P_u——单桩极限承载力；

F——基础底面积；

f——承台底地基土容许承载力；

n——桩数；

P——上部荷载和承台及承台上覆土重量之和。

上海市工程建设规范《地基基础设计规范》DGJ 08—11—2010[23]和国家行业标准《建筑桩基技术规范》JGJ 94—2008[2]提出的地基强度验算公式与上式实质基本相同，但表现形式作了改动。

公式（5.2-16）是根据单桩刺入破坏模式求得的整个减沉桩基础承载力计算公式，不难看出，在这种破坏模式下，减沉桩基础的承载力（强度）等于所有单桩承载力之和加上承台底天然地基承载力之和。众所周知，在传统桩基础设计方法中规定桩基础承载力等于所有单桩承载力之和，完全不考虑承台底天然地基的贡献作用。即便是《建筑桩基技术规范》考虑了承台底天然地基的分担作用，但也是局部和非常有限的。因此，减沉桩基础设计是完全地考虑了地基土对基础承载力的贡献作用。

减沉桩基础的地基强度验算是减沉桩研究中的一个难点同时也是关键问题，直接关系到应用减沉桩的适用条件。尽管采用了公式（5.2-16）作为减沉桩基础的地基强度验算公式，但有关规范都对适用条件作了额外的规定。上海市标准《地基处理技术规范》DBJ 08—40—94[22]规定减沉桩主要适应于较深厚软弱地基土、以沉降控制为主的八层以下多层建筑物，并宜用边长 250mm 的小桩；上海市标准《地基基础设计规范》DGJ 08—11—2010[23]取消了对"八层以下多层建筑物"，但保留了"宜用边长 250mm 的小桩"的规定；国家标准《建筑桩基技术规范》JGJ 94—2008[2]规定的条件是"软土地基上多层建筑地基承载力基本满足要求（以底层平面面积计算）"。这些规定基本能确保设计采用减沉桩时符合"浅基础承载力基本能满足所承担荷载的要求"这一当初提出（减沉桩）问题时的前提条件，例如前面提到的上海展览馆工程，现场载荷板试验及地基强度理论公式确定的地基强度约为 140kPa，这完全可以满足 8 层以下建筑物的地基强度要求。显然，这些规定构建了应用减沉桩基础的安全保障，但同时也对减沉桩的应用范围作了很大的限制。

公式（5.2-16）也可用于基础设计时用作调整基础面积。

3. 减沉桩基础的特点和设计步骤

应该说，减沉桩基础更多的是一种设计理念变革，是相较于传统桩基础设计方法的不足而提出的，并不是新的基础形式，依然是桩基础。总结下来，减沉桩基础设计有以下特点：

（1）天然地基承载力基本能满足上部结构荷载要求，从强度角度来说采用浅基础也是可以的，但沉降太大，因此需采用桩基础。桩主要用来控制沉降，桩对整个基础承载力的提高作用在设计时不考虑（可作为安全储备）。与传统桩基础设计理论相比，减沉桩基础考虑了桩土共同作用，充分利用天然地基土的承载能力，但忽略了桩对基础承载力的贡献作用。

（2）充分利用和发挥了桩对控制基础沉降的能力，根据沉降控制值确定用桩数量和桩布置。

（3）不考虑桩对提高基础承载力的作用，因此桩可按单桩极限承载力设计，使桩的承载能力得到了充分的发挥。

（4）与传统桩基础设计理论相比，一般可减少用桩数量 30％以上，通常可达 50％～70％。

（5）能否实现桩土共同作用对能否应用减沉桩基础是非常重要的。通常来说较好的天然地基和摩擦型桩基础是能实现桩土共同作用的。但在端承型桩基础中，由于桩的变形刚度大很难与基底下地基土变形协调，无法实现桩土共同作用，在变形较小时桩就有可能是单独承担上部结构荷载，如果桩数少就可能发生桩结构破坏，因此端承型桩不能按减沉桩基础设计。

软土地区减沉桩设计大致有以下几个要点：

（1）单桩、基础板承载力及其发挥程度确定（初步选择桩型、桩长和截面尺寸、承台面积与埋深等）；

（2）计算沉降与桩数关系曲线；

（3）地基强度验算。

5.2.3 工程应用

至目前为止，减沉桩基础的设计和工程应用在我国应该说已经较为成熟了，在软土地区（如上海）采用减沉桩基础建造的多层建筑物已非常多，未见发生工程事故的报告。下述的三个减沉桩基础工程案例是笔者早年作为科研探索做的三个实际工程案例，其中一个是多层厂房，另外两个是小高层办公楼，它们原都已按现行地基基础设计规范完成了桩基设计，后由笔者采用减沉桩基础重新进行了设计。三个案例都曾发表过，本次发表特意去现场拍了实景照片。

1. 上海香海美容品厂主厂房（杨敏，1996[18]）

上海香海美容品厂位于徐汇区石龙工业区，主厂房为 5 层钢筋混凝土框架结构，局部 6 层，如图 5.2-9 所示。厂房的长度和宽度分别为 52.64m 和 25.10m。根据地质勘探报告，主厂房地区存在较好的硬表土层，其承载力基本上可以满足厂房荷载的要求，可以作为浅基础的持力层。但在浅部硬土层的下面存在较厚的下卧软土，可能导致浅基础沉降值达到 550mm 以上，超过了规范所容许的沉降范围，因此不能完全采用浅基础。为了将沉降减少到规范所容许的范围内，上海二轻设计院设计采用桩基础，根据当时上海市地基基础设计规范及实际地质条件，设计采用 0.3×0.3m 钢筋混凝土预制桩，桩长 21m，总设计桩数为 236 根，设计工作于 1992 年 4 月 4 日完成。

从浅基础到采用桩基础，尽管能将沉降减下来（见图 5.2-10），但同时也使得基础工程造价大幅度增加。根据建设单位的委托，笔者对原设计的桩基础部分进行了修改，采用减沉桩基础重新设计。桩基仍然采用 0.3m×0.3m×21m 的钢筋混凝土预制桩，对桩基础用桩数量与沉降之间关系曲线进行了计算，计算结果如图 5.2-10 所示。

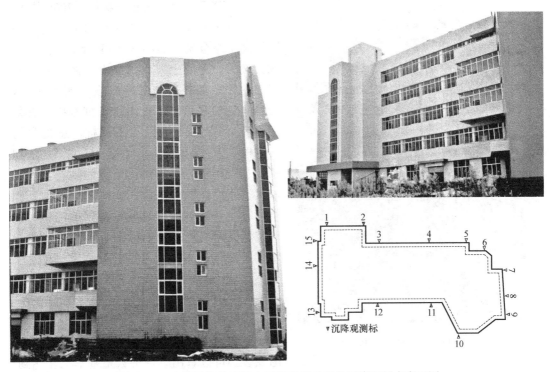

图 5.2-9　上海香海美容品主厂房建筑外观及沉降观测点布置图

　　由该图可见，如果不采用桩基础，总沉降值将达到 550mm 以上，远远大于规范允许的沉降值范围。此外，从由图中曲线还可看出，采用桩基础后，基础沉降减少显著，尤其在用桩数量较少的范围内采用桩对减少沉降的作用十分有效，而当用桩数量超过一定值时沉降减少的幅度就变得很小，表明在用桩数量超过一定值时再增加桩数对减小沉降没有多大的作用。沉降曲线开始变得平缓的初始点是一个临界值，超过该临界值再增多桩数对于减少沉降的作用已不甚明显。由图 5.2-10 可以看到，

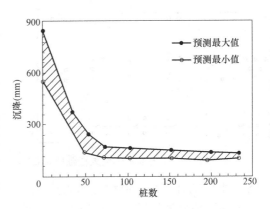

图 5.2-10　上海香海美容品厂主厂房沉降与用桩数量的设计计算曲线

对于本工程来说这个临界值约为 70 余根桩，根据这个计算结果，在第一次设计修改中将桩数从 236 根减到 72 根。

　　桩数从 236 根减到 72 根，减桩数达到 70%，当时建设方和原设计人员都感到有点过多，难以接受，建议再作调整。最终的修改是将用桩数 72 根调整到 138 根，与原设计相比减少桩数约 40%。该大楼工程自 1992 年 11 月开始打桩施工，至次年 10 月结构竣工。至竣工时该厂房大楼的总（平均）沉降为 46mm，与预估的最小值接近。根据上海以往的桩基沉降特性来推算，本建筑物的最终沉降不会超过 120mm。1994 年初，经上海有关单位的评选，该厂房工程获"白玉兰"奖。

图 5.2-11　上海嘉定邮电大楼

2. 上海嘉定邮电大楼（杨敏，2000[35]）

上海嘉定区邮电大楼为地面十层地下一层的高层综合楼，如图 5.2-11 所示。该建筑物大楼的设计由上海市邮电设计院承担，其基础设计按照现行地基基础设计规范进行，设计的基础采用柱下独立承台桩基础，桩采用直径为 650mm 的钻孔灌注桩，总桩数为 110 根，有效桩长 27.0m，桩位布置如图 5.2-12所示。根据建设单位的委托，笔者修改了原设计的桩基础，在控制沉降的基础上，减少一定桩数，以减少基础的造价。设计院所提出的沉降控制标准为基础沉降要求不大于 10cm，修改设计即按此要求进行。桩型不改动，仍然采用原定的直径 650mm 有效长度为 27.0m 的钻孔灌注桩。

对桩基础进行用桩数量与沉降之间关系曲线计算，计算结果如图 5.2-13 所示。从图 5.2-13可以看出，用桩数量基本上在达到

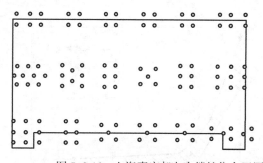
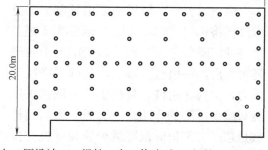

图 5.2-12　上海嘉定邮电大楼桩位布置图（左：原设计 110 根桩；右：修改后 76 根桩）

60 根（此时的计算沉降值约为 7.3cm）以后，随着用桩数量的增加，基础沉降的减小并不显著。根据整体安全性及布桩上的考虑，该工程最后设计采用 76 根桩，减少桩数约 30%，如图 5.2-12 所示。此时基础的总沉降为 61mm。该工程于 1997 年底结构基本竣工，竣工实测的沉降小于 30mm，完全满足设计要求。

大楼使用至今已超 20 年，使用良好，满足业主要求。

3. 上海天山大厦（杨敏，1997[36]）

上海天山大厦位于长宁区，包括 12 层

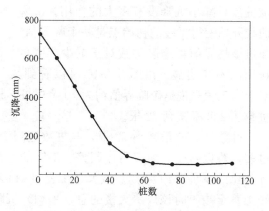

图 5.2-13　上海嘉定邮电大楼沉降
与用桩数量的关系曲线

主楼和3层裙楼，如图5.2-14（a）所示，该大厦基础原设计使用276根钢筋混凝土预制桩，桩截面400mm×400mm，桩长30m，筏板设计厚度为1.2m，桩位布置如图5.2-14（b）所示。后来建设单位担心打276根桩会对相邻环境造成不良甚至破坏性影响，迫切希望在基础设计方面作一定的改进。受建设单位委托，并与原设计单位协商，笔者按沉降控制设计思想对原基础设计进行修改，修改后的桩数为150根，图5.2-14（c）所示，筏板厚度为1.0m。与原设计相比，减少桩数45%，筏板厚度减薄17%。

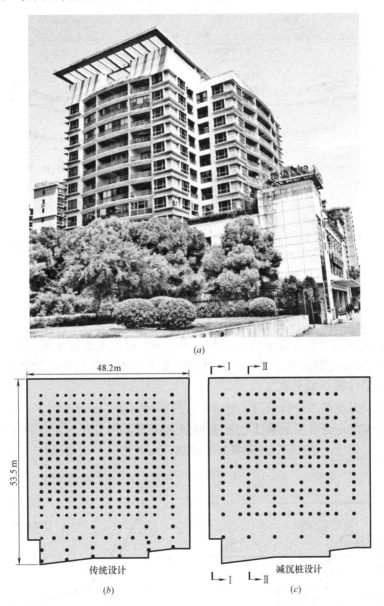

(a)

(b) 传统设计

(c) 减沉桩设计

图5.2-14　上海天山大厦及桩位布置图

（a）建筑外观；（b）原设计桩位布置（276根桩）；（c）修改后的桩位布置（150根桩）

图5.2-15给出了天山大厦桩筏基础两个典型剖面（如图5.2-14c所示）沉降随桩数的

变化理论计算结果。从图中可以看出，不同截面所有沉降曲线都有一个共同规律，筏板边缘的沉降较小，至板中心位置随沉降逐渐增大，曲线的形状很相似。截面Ⅱ-Ⅱ比截面Ⅰ-Ⅰ剖面的节点沉降大，这主要是因为截面Ⅱ-Ⅱ在筏板中心位置并通过主要结构荷载作用区域。桩数较少时，筏板基础的差异沉降随桩数的增加而逐渐减弱，随着桩数的增多，这种减弱的趋势逐渐变得越来越不明显。在本工程中，桩数达到150根以上时，随着桩数的增多，差异沉降几乎没有变化。

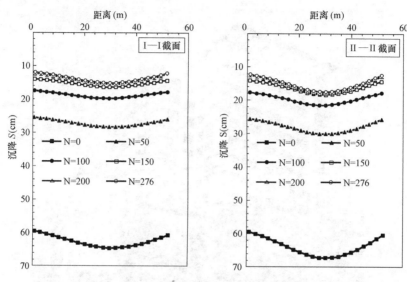

图 5.2-15　不同桩数时剖面沉降变化曲线

图 5.2-16 所示给出了桩数为 150 根时不同位置处基础纵向弯矩计算结果。考虑桩土相互作用时，基础纵向最大弯矩为 1.83MN·m/m，且最大弯矩大致位于基础中心部位（$x = 22.8\text{m}$）。需要说明的是，上述计算过程中未考虑上部结构刚度对基础的贡献作用，因此计算内力值应该是偏大的。

天山大厦的基础修改设计采用了笔者发展的两种方法，即可以用手算的减小沉降桩基础沉降计算公式和考虑桩极限承载力的筏-桩-土相互作用的分析方法。利用这两种方法可以得到如图 5.2-17 所示的桩数量-沉降关系曲线，两者相近。从该图可以看出，用桩数量

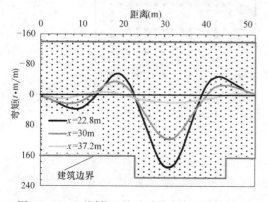

图 5.2-16　不同位置处基础纵向弯矩计算结果

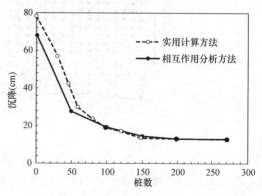

图 5.2-17　天山大厦沉降与用桩数量的设计计算曲线

达到 100 根以后，随着用桩数量的增加，基础沉降减小的不多，即采用桩用来减小沉降的作用不甚明显。当桩数增加到 150 根时，基础沉降为 105mm，完全满足设计要求和有关规范规定。

天山大厦建好后使用至今 20 年，使用良好，满足业主要求。

当年对天山大厦减沉桩基础开展了现场实测研究工作，埋设了 11 个桩顶传感器和 28 个土压力盒，图 5.2-18 是测试元件埋设位置图及现场地基场景照片。

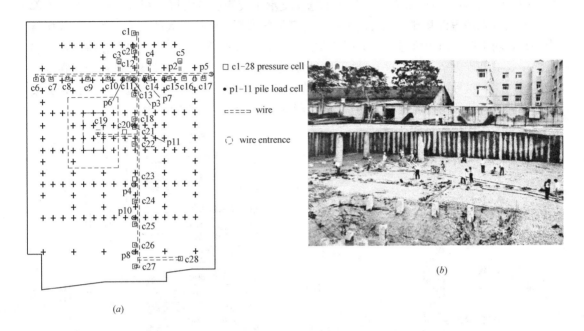

图 5.2-18　现场埋设了 11 个桩顶传感器和 28 个土压力盒
(a) 元件布置示意图；(b) 现场布置图

　图 5.2-19 是基础施工阶段的部分实测结果，与预计的相似，此阶段基础荷载大部分由筏板下地基土承担，实测的基础沉降也很小（几乎没有）。令人遗憾的是，之后所有连接测试元件的线缆被废，致使后期的测试研究工作无法继续。

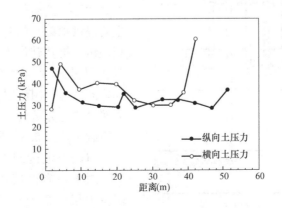

图 5.2-19　基础施工阶段基底反力剖面分布图

5.3 长短桩组合桩基础（杨敏，1997[37]）

实际工程中经常会遇到地基土中存在两层或多层土层可作为桩端持力层的情况。以上海和汕头地区典型工程场地为例，由于地处河口三角洲地区，其工程场地覆盖层主要为河流冲积相-海陆交互相沉积物，可供选择的桩基持力层交错分布在深厚的覆盖层内，如图5.3-1所示。常规设计一般总是首先考虑选择支承于较浅层持力层的短桩基础，但当外部荷载较大时采用短桩基础往往会出现承载力满足要求而沉降量过大的情况，尤其当浅层持力层有软弱下卧层时更为显著。此时通常的做法是加大桩长，采用完全坐落于深层持力层上的全长桩基础方案，全长桩基础既可以提供足够的承载力，又能控制基础的变形在许可的范围内。但这种设计常常会导致出现大量长桩或超长桩，使得施工难度及工程投资大大增加，同时上部浅层持力层良好的承载能力得不到充分利用，实为可惜。

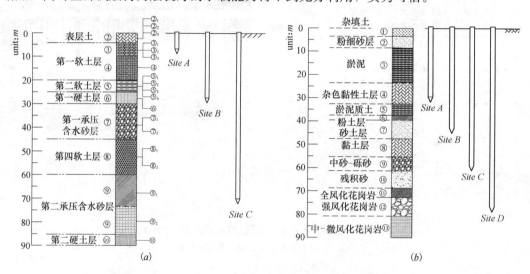

图 5.3-1　不同地区典型桩基持力层选择示意图
(a) 上海地区；(b) 汕头地区

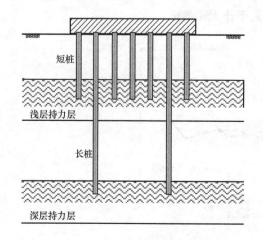

图 5.3-2　长短桩组合桩基础示意图

为解决上述问题，参照减沉桩基础的设计理论，按照长桩主要控制变形、短桩主要提供承载力的基本思路，可以采用长短桩组合桩基础作为建筑物基础形式，设置少量进入深层持力层的长桩以控制沉降，同时为利用浅层持力层良好的承载能力而设置部分短桩，由短桩和长桩共同承担荷载，如图5.3-2所示。

与软土地区减沉桩基础应用条件类似，对于在有两层或多层土层可作为桩端持力层的情况，其主要问题是短桩基础可基本满足承载力要求但沉降量过大。

因此，参照减沉桩基础设计思路，可以在设置部分短桩提供基本承载力的前提下，采用部分进入深层持力层的长桩以控制基础沉降，以此来减少长桩数量并同时充分地利用浅层持力层的承载能力。长桩设计数量可以参考减沉桩基础设计方法设计，根据允许沉降大小加以确定。

由于控制沉降所需长桩数远小于常规全长桩基础中的长桩数，因此，相对于传统的基于强度控制方法设计的全长桩基础而言，长短组合桩基础充分利用和发挥了长桩控制沉降的能力与地基土浅层持力层的承载能力。与常规设计方法相比，长短桩组合基础减少了长桩数量；而相较于传统的全短桩基础，长短组合桩基础设置少量长桩可有效控制基础沉降。

下面描述的实际工程案例就是采用上述长短桩组合桩基础方案解决当时遇到的工程难题[38]，该项成果曾在中国电机工程学会电力土建专业委员会 2007 年"创新、科学、发展"学术交流会上获一等奖。

图 5.3-3 长短桩组合桩基础工程
应用实例：浙江某电厂烟囱

浙江某电厂烟囱高 230m，基础直径 45.6m，如图 5.3-3 所示。外筒为混凝土筒体，筒壁混凝土体积 9373.8m³；内筒为钢筒体，重量达 20009.18kN。烟囱基础原设计采用桩筏基础，筏板厚度 5m，如图 5.3-4 所示，桩基础由 297 根直径 800mm 的钻孔灌注桩组成，桩的长度在 50.00～52.00m，设计要求桩端进入中等风化凝灰岩。

由于现场实际的中等风化凝灰岩埋深变化较大，在桩施工完后才发现已施工完毕的 297 根钻孔灌注桩桩端实际位于 3 层不同的土层中，并未完全进入原设计要求的中等风化凝灰岩。根据对现场已有 3 根桩的静载试验结果，单桩的极限承载力 6700kN，小于原设计估算的桩极限承载力 9900kN。另外，在已有桩位下的土层分布复杂，实际的中等风化凝灰岩埋深变化较大，在 −76.00～−90.00m，并且呈现由南向北倾斜之势，东西向则较为平坦，桩端持力层下压缩层厚度变化大，对高耸的烟囱倾斜、沉降控制非常不利，使得原有桩基础可能存在较大的沉降，从而可能引起不均匀沉降及烟囱倾斜等问题。

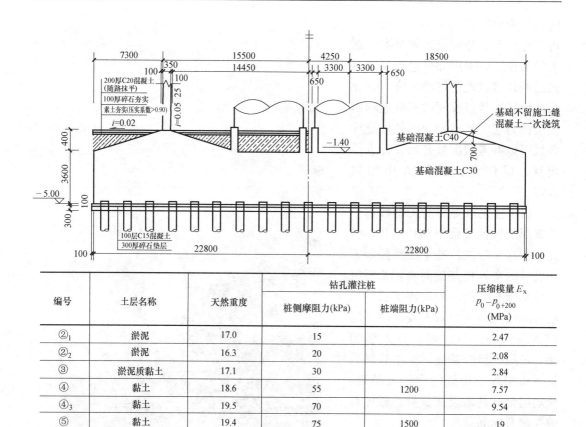

图 5.3-4　基础剖面图及各土层物理力学参数

编号	土层名称	天然重度	钻孔灌注桩		压缩模量 E_x P_0-P_{0+200} (MPa)
			桩侧摩阻力(kPa)	桩端阻力(kPa)	
②₁	淤泥	17.0	15		2.47
②₂	淤泥	16.3	20		2.08
③	淤泥质黏土	17.1	30		2.84
④	黏土	18.6	55	1200	7.57
④₃	黏土	19.5	70		9.54
⑤	黏土	19.4	75	1500	19
⑤₁	碎石混黏性土	20	90	2800	30
⑤₂	砾砂	20.1	95		25
⑦₂	中风化凝灰岩	21	单轴饱和抗压强度56.83MPa		

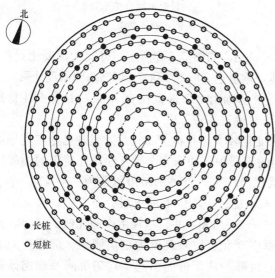

图 5.3-5　长短桩组合桩基础布桩示意图

如果按照传统桩基础设计方法，设置不同桩长的桩似是不妥，而且按现行规范也没办法考虑根据不同桩长之间的共同作用和沉降计算。经反复讨论，最终决定按长短桩组合桩基础的设计思想修改原桩基础设计，将原有 50m 已施工完成的桩视为短桩，再增加少量长桩，形成长短桩组合桩基础。长桩设在半径 11.2m 和 18.4m 处，均匀布钻孔灌注长桩 11 根和 19 根，如图 5.3-5 所示，桩直径 lm，桩端均坐落于中等风化凝灰岩层层顶以上 3m，以便长桩能发生足够的变形从而可与短桩形成共同作用。根据一桩一孔勘测报告确定，桩

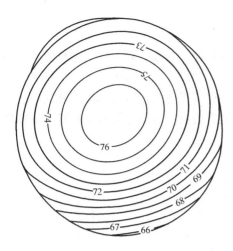

图 5.3-6 基础沉降等值线计算
结果（单位：mm）

长 70～80m 不等，从而与原有已施工桩基础形成长短桩组合桩基础。沉降计算结果如图 5.3-6 所示，桩基础中心点沉降计算值为 77mm，基础边缘最小沉降计算值为 66mm。

沉降监测工作自基础施工完成（2005 年 1 月）开始一直测到 2011 年 11 月。图 5.3-7 给出了基础平均沉降相应于各时间的实测结果，从中可以看到，实测沉降约为 68mm，与 7 年前的计算值十分接近。

图 5.3-8 为最后一次沉降测量时烟囱实测沉降等值线图，由实测数据来看，基础整体往东西方向倾斜，最大差异沉降为 10mm 左右，倾斜率约为 1/4500。

根据实际沉降观测结果判定，烟囱沉降整体趋于稳定，不均匀沉降远小于规范规定值，烟囱是安全稳定的。烟囱至今使用多年，安全正常。

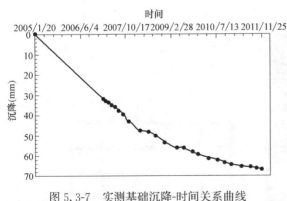

图 5.3-7 实测基础沉降-时间关系曲线

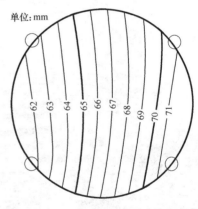

图 5.3-8 最后一次实测沉降等值线图

5.4 按变形控制设计高层建筑桩基础的理论与应用研究

如前所述，目前减沉桩基础还仅限用在软土地基中浅基础承载力基本满足建筑物荷载要求的情况，因此主要限于软土地基上的多层建筑物。在高层建筑桩基础设计时遇到的问题是不仅要解决沉降过大问题同时还要解决天然地基承载力不足的问题，要按变形控制设计桩基础就不仅要充分发挥桩控制基础沉降的能力，同时还要充分发挥桩对提高基础承载力的作用。因此，如何评价桩基础的承载力和安全度是按变形控制设计桩基础的关键点。

众所周知，桩具有减少沉降和提高承载力的双重作用，以下的分析将通过对桩基础桩土荷载分担实测及数值模拟分析等研究探讨桩基础的承载力与实际的安全度，通过实际工程案例指出在高层建筑中按沉降控制设计桩基础的可行性，最后提出了按沉降控制设计桩基础的方法和设计指南。

5.4.1　桩土荷载分担特性

相较于传统桩基础设计方法，按照变形控制设计桩基础的前提是可以考虑桩土共同作用，由桩土共同承担上部结构物荷载，因此桩基础实际的桩土荷载分担特性非常重要。高层建筑桩基础多是桩加筏板组成桩筏基础，国内外都曾开展过大量桩筏基础实测研究。下述案例是上海最早的高层建筑桩筏基础工程之一，笔者曾有幸参与了对该大楼桩筏基础的现场测试工作。

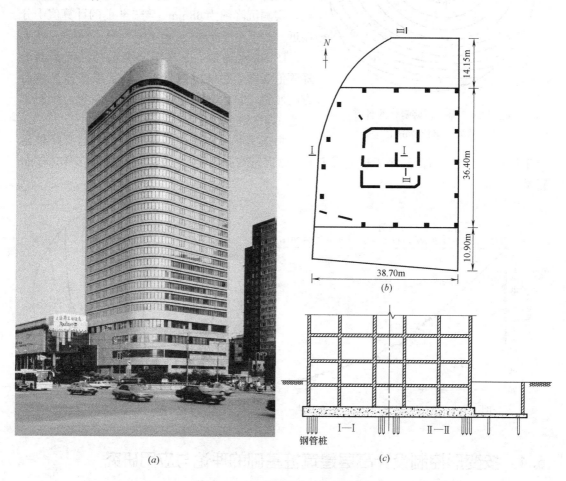

图 5.4-1　上海贸海宾馆工程案例
(a) 建筑外观；(b) 平面示意图；(c) 建筑剖面示意图

上海贸海宾馆大厦由一座 26 层高 94.5m 的钢筋混凝土框筒结构的主楼和一座 5 层裙房所组成，如图 5.4-1 所示，总面积达 40000m²。主楼建造在超长钢管桩筏基础上，基础埋深 7.6m。钢管桩 $\phi609.6 \times 12$mm，桩距 1.91~1.95m，桩长 53m，入土深度为 60.6m，桩尖落在砂质粉土中，共 230 根，主楼下筏板厚度 2.3m。大厦建造于 20 世纪 80 年代中期。为研究桩筏基础的受力机理，对该基础开展了现场实测研究[39]，在基础施工期间埋设了大量测试元件，量测桩受力、筏底土受力、筏基础中钢筋受力以及基础沉降等，图 5.4-2 是当年的静载荷试桩照片。

图 5.4-3 是桩与基底下土分担荷载与时间变化关系曲线，筏底土受力随着上部施工荷载的增加而缓慢地增长，当结构竣工时，筏板分担荷载比例也趋于稳定，其大致为 25%。

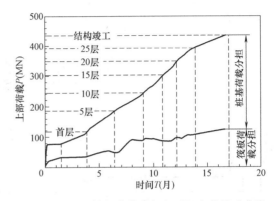

图 5.4-2　工地现场试桩测读数据　　　　图 5.4-3　桩和筏板荷载分担与时间变化关系曲线

需要指出的是，该桩筏基础是按照传统桩基础设计方法设计的，设计中并没有考虑筏板分担荷载的作用，即便如此，实测结果表明，实际的筏板基础仍然分担了一定的上部荷载，说明筏板与地基土是紧密接触的，桩与桩间土共同承担荷载。

表 5.4-1 是收集到的部分国内外不同场地及工况条件下的桩筏基础实测资料，与上海贸海宾馆案例类似，表中所搜集的案例资料桩基础都是按传统桩基础设计方法设计的，没有考虑筏板的荷载分担。由该表可以看出，所搜集到的案例场地类别有黏性土、砂性土和软岩等，并且采用的桩型和桩径覆盖范围也比较广泛。从这些现场实测资料统计结果来看，不管是软土地区还是硬土地区，即使是按照传统桩基础设计方法设计的桩基础，筏板的荷载分担仍然是客观存在的，荷载分担比约为 10%～45%。筏板的荷载分担比与场地土体的力学特性具有一定关系。当场地土为承载力较高的砂土或坚硬黏土时，筏板的荷载分担比要高些。

但也曾有桩筏基础筏板与地基土脱空的案例报道[45]，如在 20 世纪 70 年代建造的上海港务局第二装卸区散粮筒仓工程，采用桩筏基础，筏板尺寸为 35.2m×69.4m，钢筋混凝土桩的断面为 45cm×45cm，桩长 30.7m，桩数为 604 根。对该桩筏基础测试结果表明：在第 1 年间，地基土承担 10% 谷仓荷载；3 年后，谷仓荷载全部由桩承担。经检查发现，基底已掏空 13cm。后经分析，认为是由于施工期间，604 根桩在 45 日内打桩完毕，打桩速度太快引起超孔隙水压力显著增大（打桩期间超孔隙水压力高达相应覆盖压力的 1.4 倍），引起地面隆起约 45cm，筏板基础就在这种情况下进行浇注，随后超孔隙水压力消失，导致地基固结，从而使得筏板与地基发生脱空现象。

Hansbo 等[46]曾报道瑞典两幢按不同方法设计的住宅楼桩筏基础工程对比试验案例。两幢住宅楼位于同一场地，相隔仅 20m 左右。1 号住宅楼为 4 层混凝土框架结构，基础底板面积为 50m×14m，桩基础按照传统设计方法进行设计，不考虑筏板的荷载分担作用，桩的安全系数取 3，桩长 28m，共布置桩基 211 根，约每 $3m^2$ 布置 1 根桩。2 号住宅楼同样为 4 层混凝土框架结构，基础底板面积为 75×12m，桩基础按照沉降控制按减沉桩设计，考虑筏板的分担作用，且桩的极限承载力充分发挥（安全系数为 1），桩长 26m，共布置桩基 104 根，约每 $9m^2$ 布置 1 根桩。1 号楼用桩数相当于 2 号楼的 3 倍。

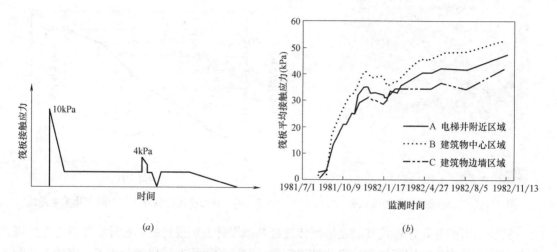

图 5.4-4　两幢住宅楼筏板接触应力变化曲线（改自 Hansbo 等[46]）

(a) 1 号住宅楼；(b) 2 号住宅楼

图 5.4-4 是两幢住宅楼筏板基底压力变化曲线，从图中可以看出：对于 1 号住宅楼，在初始阶段，筏板与地基土保持接触，桩与筏（土）共同承担建筑物荷载；之后随着土体超孔隙水压力的消散，土体固结沉降增大，筏板与土体发生了脱空，筏板接触应力为 0。由于桩数多，上部荷载即使全部由桩基承担也不会产生较大变形，因此筏板一直维持这种脱空状态。对于 2 号住宅楼，由于设计时考虑了筏板的荷载分担，且桩基按照极限承载力进行设计，因此桩数较 1 号楼大幅度减少，桩-筏可以达到协调变形，因此筏板与土体能保证充分接触，并分担了相当比例（约 60%）的荷载。

两幢楼沉降曲线如图 5.4-5 所示。从图中可以看出，虽然 2 号住宅楼所使用的桩基数量较 1 号楼有大幅度减少，但沉降值却没有显著增加。1 号住宅楼桩基数量多，在桩基施工过程中对场地有一定程度扰动，产生了较大的超孔隙水压力，导致建筑物后期沉降有所增大。应该说，两幢楼沉降结果相近，但机理不一样，1 号楼桩基按传统方法设计，桩数多，桩足以承载上部荷载，因此筏板与土脱空，而 2 号楼按减沉桩设计，桩数少，与 1 号楼相比相当于减少了 2/3 的桩数，桩不足以单独承担所有上部荷载，筏板与土是接触的，筏板需要分担荷载，但产生的沉降与 1 号差不多，说明减沉桩是十分有效的。

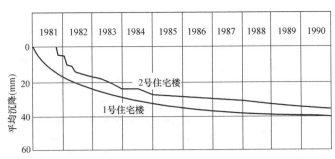

图 5.4-5　两幢住宅楼沉降曲线（引自 Poulos，2001[8]）

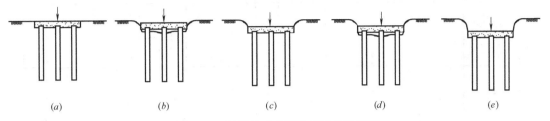

图 5.4-6　桩筏基础共同作用机理示意图

实际上，关于桩与基底下地基土承载荷载的机理可以用图 5.4-6 示意图来描述[39]：

（a）：在建筑物施工期间和使用早期，基底与地基土保持接触，桩与筏共同承担建筑物荷载；

（b）：随着时间的发展，打桩或周边降水引起的孔隙水压力消散或地下水位下降，到某一时间内，基底土的固结沉降大于桩基沉降，基底与地基土脱离；

（c）：既然建筑物荷载已转移到由桩承担，那么建筑物的沉降速率将不断增加，经过一段时间，基底可能与地基土再度接触，此后桩筏开始共同承载建筑物的荷载。需要说明的是，如果桩基为端承型桩或者桩数过多，此时桩基沉降速率并不显著，筏板与地基土可能仍然会保持脱空状态。例如上述筒仓工程案例，由于桩数过多，谷仓荷载全部由桩承担后其沉降仍然较小，从而使得筏板与地基土仍保持脱空状态。

（d）～（e）：当地基土与基底再度接触后，桩承受的荷载减小，建筑物的沉降速率也相应递减。由于孔隙水压力消散需要很长时间，当孔隙水压力消散引起的地基土沉降大于建筑物沉降时，则基底与地基土再次脱离。此后，桩基又重复（c）阶段的变形过程。如果桩基的承载力不足以单独承担建筑物的荷载，例如上述瑞典工程案例中的 2 号住宅楼，那么基底与地基土将以接触与脱离的循环形式继续下去，直至建筑物沉降稳定为止。

由此可见，实际的桩基础桩土荷载分担始终是个动态平衡过程，除非桩数太多足以单独承担上部荷载，或是桩为支撑于坚硬岩层的端承性桩，一般桩基础都将是桩土共同承担上部荷载，呈现复合桩基础特性。

5.4.2　桩筏基础极限承载力与整体安全度分析

由于实际建筑物的桩筏基础尺寸通常很大，几乎没有可能通过现场试验研究或确定整个基础体系的极限承载能力。在目前工程实践中，桩筏基础极限承载力的确定是基于传统的极限平衡理论，根据桩间距大小假定极限状态时土体可能出现的破坏模式，一般可按照以下两种思路进行承载力估算：

表 5.4-1

国内外桩箱和桩筏基础实测成果

案例编号	国家/地区	场地类别	基础埋深(m)	桩型	桩长(m)	桩径(m)	桩间距(S/d)	桩数	沉降(mm)	筏板荷载分担 α_r (%)	文献来源
1	德国/法兰克福	硬黏土	13.4	灌注桩	31&35	1.5	—	46	55	27	Sales 等[40]
2	德国/法兰克福	硬黏土	21	灌注桩	20,30	1.5	3.0~6.0	112	25	15	
3	德国/法兰克福	硬黏土	14	灌注桩	20~35	1.3	3.5~6	64	144	45	
4	英国/伦敦	硬黏土	2.0	灌注桩	17	0.45×0.45	3.5	222	32	15~10	赵锡宏和龚剑[41]
5	英国/伦敦	硬黏土	2.5	灌注桩	13	0.45	3.5	351	16	45~25	
6	英国/伦敦	硬黏土	9	灌注桩	25	0.9	2.1	51	22	40	
7	英国/伦敦	硬黏土	2.5	灌注桩	20	0.9	3~3.5	42	>45	25	
8	中国/武汉	粉质黏土~粉细砂	5.5	预制管桩	22	0.55	—	35	—	20	何颐华和金宝森[42]
9	中国/上海	软黏土	2.0	预制方桩	7.5	0.4×0.4	3~3.4	183	390	15	赵锡宏和龚剑[41]
10	中国/上海	软黏土	4.5	预制方桩	25.5	0.45×0.45	4~4.7	82	71	28	
11	中国/上海	软黏土~砂土	4.5	预制方桩	27.0	0.45×0.45	3.7~7.3	203	56	17	
12	中国/上海	软黏土~砂土	4.5	预制方桩	54.0	0.5×0.5	3.2~4.5	108	35	10	
13	中国/上海	软黏土~砂土	5.0	预制方桩	28.0	0.45×0.45	3.3~3.8	200	100	15	
14	中国/西安	硬黄土	13.0	钢管桩	60.0	0.8	3	271	17	14	齐良锋等[43]
15	中国/西安	硬黄土	12.6	灌注桩	25	0.8	3	337	3.71	28.6	姚仰平等[44]

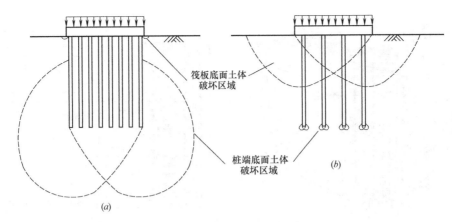

图 5.4-7　极限平衡理论假定的桩筏基础破坏模式[47]

（a）实体深基础破坏模式；（b）单桩刺入破坏模式

1. 实体深基础破坏模式：基础极限承载力等于群桩外围土体极限摩阻力和群桩桩端以下土体极限端阻力之和，如图 5.4-7（a）所示；

2. 单桩刺入破坏模式：基础极限承载力等于各单桩极限承载力和基础底面地基极限承载力之和，如图 5.4-7（b）所示。

Cooke[7]认为实体深基础模式适用于计算桩间距不超过 4d 桩基础的极限承载力；Poulos[8]建议同时计算 2 种地基破坏模式对应的承载力，并将计算结果中的较小值作为整个基础体系的极限承载力。

近年来，由于有限元数值方法的大力发展，数值模拟试验成为可能。一些学者[48,49]按基础相对沉降 $10\%B_{\rm r}$（$B_{\rm r}$ 为筏板宽度）定义桩基础极限承载力，采用数值模拟分析基础体系的整体安全度。本章采用非线性有限元方法建立软土地基中的桩筏基础数值分析模型，并结合复合单桩基础对比试验等成果，对具有不同筏板宽度、桩间距、持力层和桩长的桩基础极限承载力以及基础整体安全度与变形的关系进行讨论。

1. 桩筏基础数值模型

采用商业化有限元软件 ABAQUS 进行桩筏基础三维弹塑性分析。由于竖向受荷桩筏基础模型在几何尺寸和力学特性方面具有对称性，可仅对 1/4 区域模型进行计算分析。桩、筏板和土体均采用 8 结点六面体线性减缩积分单元（C3D8R）进行模拟，基础附近单元均采用较细的网格，在距离基础-地基接触面较远位置采用较大的单元网格。桩侧-土、桩端-土和筏-土界面位置分别建立相互独立的接触单元，其他位置均采用连续体单元。为简化上部荷载分布形式的影响，土体自重应力平衡过程完成后，在筏板顶面分步施加均匀分布的竖向应力。

如图 5.4-8 所示，土体模型水平方向（x 和 y 方向）计算宽度由基础边缘向外取 $1.5B_{\rm r}$（$B_{\rm r}$ 为筏板宽度），土体模型竖直方向（z 方向）计算深度取地表到桩端持力土层以下一定深度。模型顶面（土体表面）为自由边界，模型侧面施加与其正交的水平位移约束条件（z 方向无位移约束），模型底面施加 3 个方向的位移约束条件。由于桩基施工过程较难模拟，本文假定施加荷载前桩筏基础处于应力自由状态，不考虑基础施工引起的地基土初始应力状态变化。

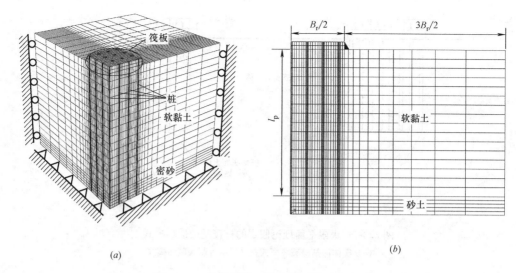

图 5.4-8　桩筏基础三维有限元模型示意图

(a) 网格划分与边界约束条件；(b) 基础与地基几何尺寸

采用 Mohr-Coulomb 强度准则模拟土体应力应变关系时，通常能够满足以下三方面的要求：

1. 能较好地模拟基础单调加载工况；

2. 描述土体材料的破坏准则较真实破坏性状是偏于安全的；

3. 材料参数较少且比较容易通过常规试验方法确定。

因此，基于该强度准则建立的 Mohr-Coulomb 模型在岩土工程数值分析领域中得到了非常广泛的应用。本章采用该模型模拟场地软黏土的材料特性，桩和筏板采用各向同性线弹性模型进行模拟，表 5.4-2 和表 5.4-3 分别给出了土体模型和基础模型参数。其中，土体参数参考了文献 [49，50] 和上海市《岩土工程勘察规范》（2012）的建议进行取值。有关模型验证等详细工作可参见文献 [32]。

土体模型参数（Mohr-Coulomb 模型）　　　　　　　　表 5.4-2

土体类型	重度 γ (kN/m³)	黏聚力 c' (kPa)	内摩擦角 φ' (°)	弹性模量 E' (MPa)	泊松比 ν'	静止土压力系数 K_0
软黏土	18	10	20	6	0.3	0.65
密实砂土	19	6	33	75	0.3	0.46

桩筏基础模型参数（线弹性模型）　　　　　　　　表 5.4-3

结构类型	桩	筏板
重度 γ(kN/m³)	25	25
弹性模量 E(MPa)	30000	30000
泊松比 ν	0.2	0.2

根据实际深厚软土地区土体竖向分布特征，对以下 2 种类型桩筏基础进行数值建模分析：

1. 桩端软黏土持力层（工况 PRA～PRD）；

2. 桩端砂土持力层（工况 PRA1～PRD1）。

图 5.4-9 和图 5.4-10 分别为有限元分析采用的桩筏基础尺寸和土体模型剖面示意图。桩距与桩径之比 s/d 为 $3～12$，桩长细比 l_p/d 为 $13～53$，桩长与筏板宽度之比 l_p/B_r 为 $0.3～1.7$，涵盖了软土地基中多层～高层建筑采用的大部分桩筏基础尺寸类型。

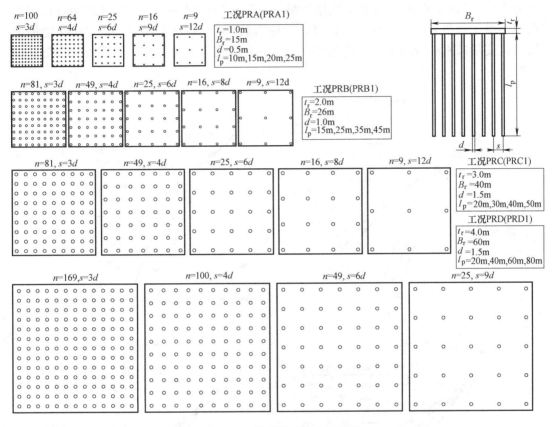

图 5.4-9　桩筏基础尺寸示意图

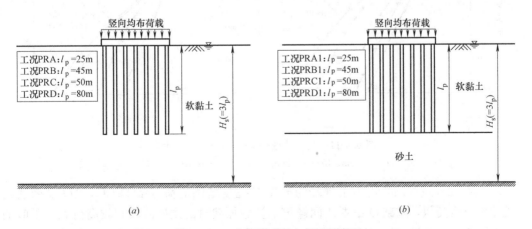

图 5.4-10　土体模型竖向剖面示意图

（a）桩端软黏土；（b）桩端砂土

2. 计算结果分析与讨论

（1）荷载-沉降关系

图 5.4-11（a）～（d）给出了桩端为软黏土时桩筏基础的荷载-沉降曲线（Q-w 曲线）。对图示不同尺寸基础来讲，Q-w 曲线在较大沉降时主要表现为缓降型，未见有明显的破坏趋势，说明地基承载力仍有继续发挥的余地。当基础产生相同沉降时，桩间距由 $6d$、$4d$ 减小至 $3d$，桩数依次增加量虽比较接近，但桩距 $6d$ 与 $4d$ 之间基础顶面荷载的增加量明显超过桩距 $4d$ 与 $3d$ 之间的荷载增量，桩间距小于 $4d$ 时继续增加桩数对提高基础刚度效果不大，这与 Cooke[7] 在重塑伦敦黏土中的桩筏模型试验结果相一致。

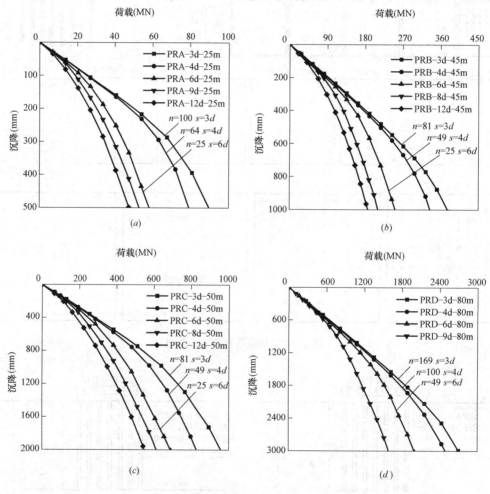

图 5.4-11　基础荷载-沉降曲线（桩端黏土）

（a）B_{r}＝15m；（b）B_{r}＝26m；（c）B_{r}＝40m；（d）B_{r}＝60m

图 5.4-12（a）～（d）给出了桩端为砂土时桩筏基础的荷载-沉降曲线（Q-w 曲线）。与桩端黏土时类似，基础 Q-w 曲线同样包括初始加载时的线性阶段和较高荷载水平时的非线性阶段。由于桩端持力层为压缩性较低的砂土，大间距桩筏基础 Q-w 曲线在发生相对较小沉降时就已出现非线性。当桩间距由 $6d$、$4d$ 减小到 $3d$ 时，基础刚度随桩间距

（桩数）的变化规律与桩端为黏土时基本相同。

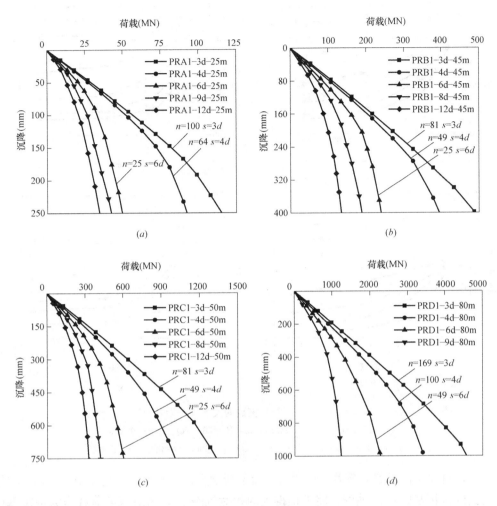

图 5.4-12　基础荷载-沉降曲线（桩端砂土）

(a) $B_r=15\text{m}$；(b) $B_r=26\text{m}$；(c) $B_r=40\text{m}$；(d) $B_r=60\text{m}$

图 5.4-13 给出了不同桩数时的基础沉降分布曲线。基础沉降总体随桩数增加而减小，但桩数增加达到一定程度（桩距小于 $4d$）后基础沉降的变化则不太明显。桩长越短，桩数-沉降关系曲线越平缓，基础沉降对桩数（桩距）的变化越不敏感。当采用相同桩数时，长桩比短桩更利于减小基础沉降。当桩间距为 $4\sim6d$ 时，增加桩长对减小基础沉降效果最为明显，采用更大桩距时减沉效果明显减弱。该规律表明，桩长和桩数是影响深厚软土地基桩筏基础沉降的重要因素，单纯增加桩数或桩长来控制沉降都是不合理的，不符合桩基优化设计的理念。

（2）桩筏基础极限承载力

桩筏基础极限承载力状态（ultimate limit states）可定义为发生不可收敛变形时的极限状态。假定上部结构和基础体系对基础竖向变形具有足够的承受能力，可采用双曲线函数对桩筏基础 Q-w 曲线进行拟合。由图 5.4-11～图 5.4-12 可以看出，基础荷载-沉降曲线

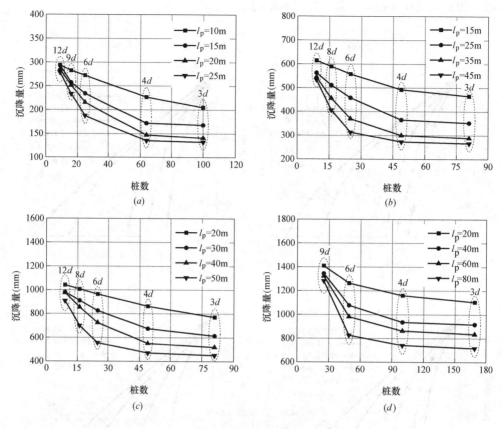

图 5.4-13 基础沉降与桩数的关系（桩端黏土）

(a) $B_r = 15m$ ($Q = 130 \sim 150kPa$)；(b) $B_r = 26m$ ($Q = 160 \sim 190kPa$)；

(c) $B_r = 40m$ ($Q = 190 \sim 200kPa$)；(d) $B_r = 60m$ ($Q = 220 \sim 280kPa$)

为缓变型，桩筏基础承载力随着变形的增大而不断增大，基础不会发生突变型破坏。根据拟合得到的桩筏基础 Q-w 曲线，将外推得到的相对沉降 $10\%B_r$ 对应的荷载作为桩筏基础名义极限承载力值[48,49]。

假定群桩和筏基承载力均完全发挥，根据承载力理论公式可计算桩筏基础极限承载力理论值，其中单桩长期极限承载力理论值可按 β 法[52]计算，筏板基础极限承载力理论值可采用 Hansen 公式[53]计算。图 5.4-14（a）、(b) 给出了 2 种桩端持力层中桩筏基础极限承载力的理论计算值和 Q-w 曲线外推值（用对数坐标表示）。不难看出，按单桩刺入破坏模式假定计算的极限承载力理论值与 Q-w 曲线外推值（名义极限承载力值）有非常好的相关性，两者相近，但前者稍大于后者，二者偏差水平随基础宽度增加而变大，由基础宽度 15m 时的 20%增大至 60m 时约 45%。这个结果是合理和符合逻辑的，因为前者是破坏时的极限承载力理论值，而后者是发生一定变形（$10\%B_r$）时的名义极限承载力值，前者理应比后者稍大些。这个结果同时也在一定程度上验证了单桩刺入破坏模式的合理性。而从工程实用角度来看，按基础 Q-w 曲线外推 $10\%B_r$ 变形确定的桩筏基础极限承载力在总体上是偏于安全和保守的。

对于黏性土中的较密桩距（$S \leqslant 4d$）桩筏基础，虽然侧阻呈桩、土整体破坏而类似于

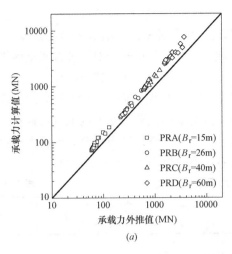 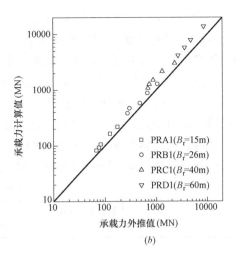

图 5.4-14 桩筏基础极限承载力（单桩刺入破坏模式）对比

（a）桩端黏土；（b）桩端砂土

实体墩基，但由于墩基底部土体压缩变形一般不致出现整体剪切破坏，基础多呈冲剪（刺入）破坏，Cooke（1986）[7]认为整个基础在进入极限状态时主要表现为实体深基础破坏模式，基础极限承载力可按土体极限平衡理论估算。图 5.4-15 比较了按实体深基础破坏模式计算和 Q-w 曲线外推 10%B_r 变形确定的小桩距（$S=3d$）桩筏基础极限承载力，可以看到，两者也是有非常好的相关性，但按实体深基础假定计算的承载力理论值比名义承载力值大，两者相差约 30%~60%。

裴捷[54]曾报道了在上海软土地区开展的一系列复合单桩基础对比试验，包括筏板、单桩及复合桩基（单桩＋筏板）现场载荷试验。试验场地主要为粉质黏土~灰淤泥质黏土，桩基尺寸为 0.2m×0.2m，桩长 16m，承台尺寸为 1.0m×1.8m。图 5.4-16 为上海典型试桩试验结果，从图中可以看出复合桩基的极限承载力要大于单桩极限承载力与相应单独筏板基础极限承载力之和，其原因可能是在复合桩基中的单桩极限承载力要比自由单桩的承载力有所提高，这是因为筏板下土反力产生的土中应力能增加侧壁土的法向应力使得

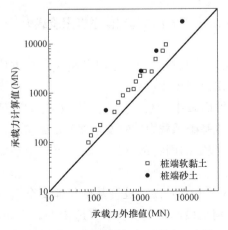 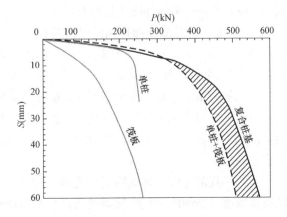

图 5.4-15 桩筏基础极限承载力（实体
深基础破坏模式）对比

图 5.4-16 上海软土地区复合单桩典型试桩结果

桩侧摩阻力提高，也能增加桩端的承载力，从而提高了筏下单桩基础整体承载力值。Katzenbach[55]根据数值模拟计算发现在桩筏基础（复合桩基）中的桩变形都是缓变型的，不会发生自由单桩时突变型破坏。此外，宰金珉利用极限平衡理论对复合桩基整体极限承载力的分析发现，对软土而言桩的遮拦作用会提高天然地基极限承载力[51]。

表 5.4-4 是收集的部分现场复合单桩基础对比试验成果。应该说，类似的试验成果是比较少的，因为相关试验工作很不容易。所搜集到的案例主要为黏土场地试桩资料，既包括单桩基础，也有群桩基础，从表中可以看出，桩筏基础整体极限承载力值要大于自由单桩极限承载力与筏板基础极限承载力之和，二者比值总体在 1.0～1.2 之间。

案例汇总表   表 5.4-4

案例编号	桩型	桩径(m)	桩长(m)	场地土体	承台尺寸(m)	桩＋承台极限承载力 Q_1(kN)	桩筏基础整体承载力 Q_2(kN)	Q_2/Q_1	参考文献
1-1	预制方桩	0.2×0.2	16	粉质黏土	1.6×1.6	490＋480	＞990	＞1.02	周春[56]
1-2						490＋610	＞1100	＞1.0	
1-3						490＋219	＞1100	＞1.55	
2-1	灌注桩	0.6	—	饱和软黏土	1.4×1.4	108＋90	＞240	＞1.21	宰金珉[57]
2-2	预制方桩	0.33×0.33	8.5	亚黏土	1.1×1.1	272＋210	＞540	＞1.12	
3	钢管桩	0.3	5.5	粉质黏土	2.7×2.7	240×9＋200(3×3)	＞2400	＞1.02	Koizumi and Ito[58]

由此可见，按单桩刺入破坏模式计算桩筏基础极限承载力是合适的，也就是说，从工程实用角度桩筏基础极限承载力值可简单视为等于各单桩极限承载力与筏板底面地基极限承载力之和。此外，从沉降曲线中按相对沉降（$w/B_r = 10\%$）用外推法确定基础整体极限承载力是略偏保守的。

（3）桩筏基础安全系数

为方便分析桩筏基础整体承载力安全度随基础沉降的变化规律，按下式定义桩筏基础承载力安全系数 F_s：

$$F_s = \frac{Q_{PR, \text{ult}}}{Q} \tag{5.4-1}$$

式中 $Q_{PR, \text{ult}}$——采用外推法按相对沉降（$w/B_r = 10\%$）确定的基础体系极限承载力；

        Q——基础顶面作用的竖向荷载。

图 5.4-17（a）～（d）给出了 4 种尺寸无桩筏板基础和桩端为黏土时的桩筏基础整体安全系数与相对沉降的关系曲线。由该图大致可看出以下规律：

（1）桩筏基础承载力安全系数 F_s 随沉降量增加而减小。在初始变形阶段 F_s 的降低速率最快，之后变化速率逐渐减缓。由此可见，桩筏基础承载力实际安全度与基础实际发生的沉降大小有关，并不是传统桩基础设计方法中假定的固定值（$F_s = 2$），沉降越小安全度越高。

（2）在规范允许的建筑物变形范围（如 $w = 15～20$cm）内，桩筏基础整体安全系数随筏板宽度（基础面积）增加而提高，且基本能够满足最低安全度要求（$F_s \geq 2$）。例如，基础沉降量为 20cm 时，4 种尺寸（$B_r = 15$m，26m，40m 和 60m）桩筏基础的平均整体安全系数由 2.5，5.0，7.5 逐渐增大到 14.5。在实际工程中大多数桩筏基础面积可能都

超过 $30×30m^2$，如将沉降控制为 20cm 时基础的实际安全系数大于 5，比设计值 2 大得多，传统设计方法可能过度保守了。因此，对基础尺寸大的桩筏基础，按变形控制进行桩基础设计更容易保证其具有足够的承载力安全度，也可使设计更为科学和经济。

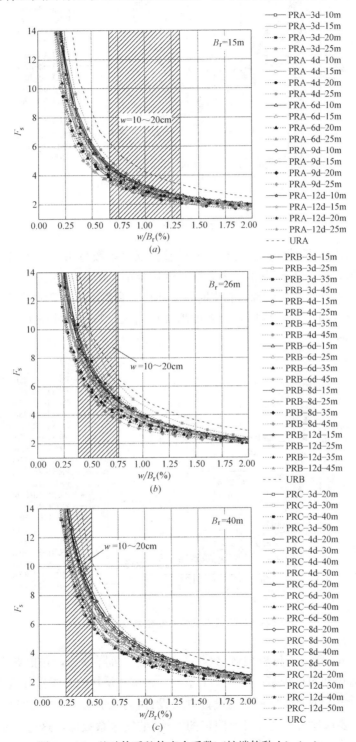

图 5.4-17　基础体系整体安全系数（桩端软黏土）（一）

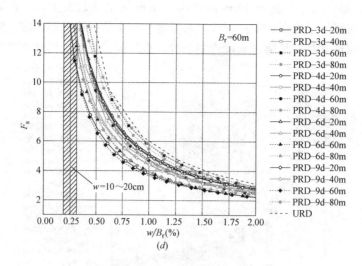

图 5.4-17　基础体系整体安全系数（桩端软黏土）（二）

图 5.4-18 给出了桩端为砂土时桩筏基础整体安全系数与相对沉降的关系曲线。与桩端为黏土时类似，F_s 在基础发生较小变形时迅速减小，在 w/B_r 超过 1.5％后基本达到稳定，基础承载力发挥速率比桩端软黏土时明显加快。观察不同基础产生 20cm 沉降时的安全系数分布情况可知，F_s 同样随基础宽度增加而增大，基础尺寸越大越容易满足安全度要求。

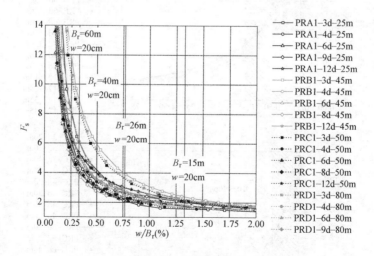

图 5.4-18　基础体系整体安全系数（桩端砂土）

Cooke（1986）统计了伦敦地区已建 11 栋建筑的沉降数据，并根据筏板底部实测土压力值反算出各栋建筑桩筏基础实际安全系数，各栋建筑物相关参数如表 5.4-5 所示。从表 5.4-5 可以看出：采用传统桩基础设计方法设计得到的建筑物真实安全系数 F_s 大致在 6～14 范围内，要远远高于设计时所假定的 2～3 的安全系数值，这进一步表明了基于强度设计的传统桩基础设计方法存在着过度设计的情况。

伦敦地区桩筏基础统计资料（Cooke，1986[7]）　　　　　　　表 5.4-5

案例编号	基础尺寸（m）			筏板等效宽度 B_r(m)	桩长（m）	基底净反力（kPa）	土体不排水强度 S_u(kPa)	实测沉降大小（mm）	安全系数
	宽度	长度	埋深						
1	17	26	19	20.8	19.2	190	300	25	12.4
2	17	26	19	20.8	18.7	190	180	36	7.9
3	16	31	16	21.7	15.3	194	230	31	9
4	30	30	24.5	30	16	260	345	25	10
5	55	105	37	74.3	21	122	270	59	14.4
6	—	—	18	29.9	18	155	200	50	5.8
7	25	25	34	25	25	196	260	22	11.6
8	17	47	18	26.5	18	160	230	38	11.7
9	—	—	41	44.8	26.5	340	395	40	8.3
10	32.6	33.8	22.5	33.2	15	145	190	33	9.6
11	19	43	15.5	27.2	13	140	190	16	10.2

基于上述反算出的实际安全系数及实测沉降值，可将各栋建筑的沉降比 w/B_r 与安全系数 F_s 的关系与本文计算结果进行对比。考虑到伦敦地区场地条件为硬黏土，其不排水强度在 $180\sim395$kPa 之间，为方便起见本文直接采用桩端为砂土的计算结果进行对比分析，如图 5.4-19 所示。从图中可以看出，总体而言，在同一安全系数情况下，本文计算得到的建筑物沉降比 w/B_r 要稍大于实测统计结果，这可能是由于本文假定的砂土强度及刚度值要小于伦敦地区硬黏土相应参数，从而导致相应沉降值偏大。但总体趋势是基本一致的。从

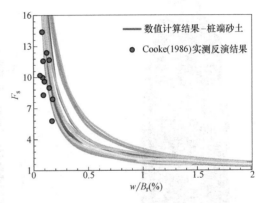

图 5.4-19　桩筏基础变形-安全系数
计算结果与实测对比

上述对比分析还可以看出，不管是数值计算结果还是实测统计资料，均表明桩筏基础的整体安全系数值是与基础沉降大小密切相关的。当桩筏基础确定之后，基础沉降比值（w/B_r）越小，基础安全系数越高。由此可见，对实际桩筏基础来说，不同的沉降控制值对应于不同的安全系数，因此按沉降控制进行桩基础设计更为科学。

此外，Cooke 通过模型试验和实测分析指出，硬黏土中承载力安全系数为 3 时，基础长期沉降约为筏板宽度的 0.35%。由图 5.4-17 和图 5.4-18 可知，桩端为软黏土时该相对沉降对应的承载力安全系数不低于 6；桩端为砂土时的承载力安全系数约为 $4\sim8$，说明地基类型对基础沉降与安全系数的关系也具有显著影响。由此可见，对实际桩筏基础来说，不同地基类型对基础沉降与安全系数的关系都是有影响的，因此对允许沉降范围内的基础安全度进行具体分析更具有现实意义和工程价值。

综上所述，对桩筏基础来说，基础承载力实际安全度并非如传统桩基础设计方法中是个固定值，基础面积大小、不同的沉降控制值以及地基类型都会影响实际的安全度。因此，考虑桩土共同作用按沉降控制设计桩筏基础应该说是更为合理和经济的。

5.4.3　基于变形控制设计的高层建筑桩筏基础应用实例

目前为止，国内外都有一些按沉降控制设计的高层建筑桩筏基础实例，例如本文前面所介绍的上海嘉定邮政大楼和天山大厦工程，它们的桩筏基础都是按照沉降控制原则按减沉桩设计，超出了规范对减沉桩应用范围的规定（8层以下多层建筑物），这2幢楼已安全和正常使用20年，使用情况良好。下面介绍的实例来自国内外高层或超高层建筑的报道，其中德国法兰克福展览大楼（Messeturm building）为60层超高层建筑，在建时是欧洲最高的建筑物。但总体来说，按沉降控制原则设计的高层建筑桩筏基础还是比较少的。

1. 德国法兰克福 Messeturm building（Katzenbach，2000[55]）

案例1为德国法兰克福展览大楼（Messeturm building）桩筏基础工程，该楼始建于1988年，于1991年全面完工。如图5.4-20所示，建筑总高256m，在建时是欧洲最高楼，

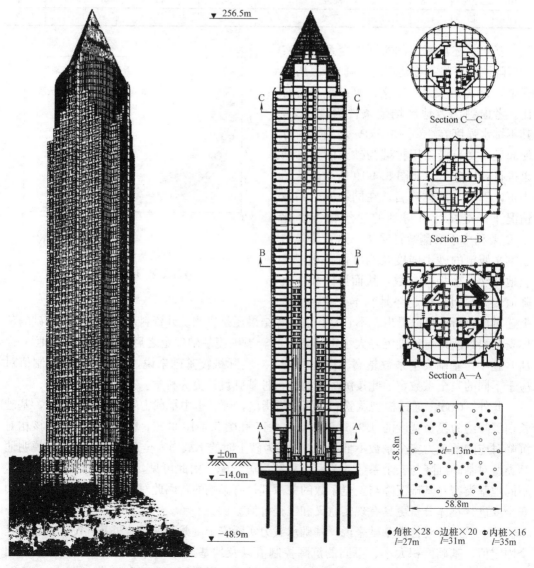

图 5.4-20　法兰克福展览大楼基础工程示意图

其中地上 60 层，地下 3 层，为筒体结构，基础埋深 14m。筏板平面尺寸为 58.8m×
58.8m，筏板厚度从边缘逐渐向中心增大，边缘处筏板厚度为 3.8m，中心处厚度为 6m。
由于天然地基具有较好的承载能力能力，桩筏基础的选用主要是为了控制基础沉降以防止建
筑物发生倾斜。设计时基于以下两种假定工况进行筏板尺寸及桩基布置的设计：1）桩基
承担 30％上部结构荷载，筏板承担剩余 70％的上部结构荷载；2）桩基承担 55％上部结
构荷载，筏板承担剩余 45％的上部结构荷载。在上述两种工况条件下，筏下桩基均按照
极限承载能力状态进行设计。筏板下共设计布置 64 根灌注桩，桩径 $d=1.3$m，桩间距
3.5～6d，其布桩方式为：内圈布置 20 根桩长为 35m 的长桩，以提高基础中心处刚度，
减小差异沉降；基础边缘及四个角落位置分别布置 20 根和 28 根稍短的桩，桩长分别为
31m 和 27m。

　　在该大楼施工期间，对桩筏基础沉降及荷载分担特性进行了全面监测，如图 5.4-21
所示。基础沉降随着上部荷载的增大而不断增长，在大楼完工时，基础最大沉降为
120mm 左右，发生在基础中心位置。基础整体呈碟型沉降，如图 5.4-21（c）所示，其中
两对角线方向倾斜分别为 1/4100 和 1/4500，均满足正常使用要求。桩筏基础荷载分担比
也随着荷载的增大而不断变化，施工期间上部荷载主要由桩基承担，桩基荷载分担比增长
较为明显，当大楼完工时，实测桩基和筏板荷载分担比分别为 55％和 45％左右，与设计
估算值比较接近。

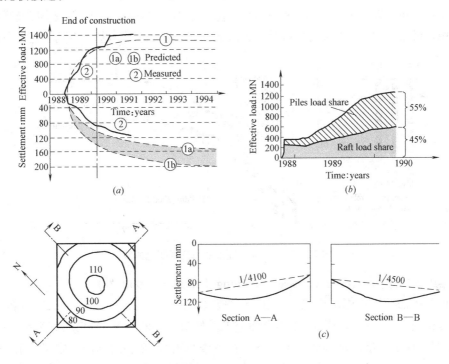

图 5.4-21　法兰克福展览大楼基础工程监测数据
（a）荷载-沉降曲线；（b）桩-筏荷载分担；（c）基础沉降剖面

　　为了验证桩筏基础桩基极限承载力是否充分发挥，本文对桩基荷载发挥状况进行了再
分析。因实测资料不全，文献中未给出单桩极限承载力大小，对此本文采用理论方法对单

桩极限承载力值进行估算，单桩极限承载力计算公式如下：

$$Q_{\text{sp, ult}} = \eta_0 S_u \cdot \pi d L_p + 9 S_u A_p \tag{5.4-2}$$

式中　S_u——土体不排水强度；

　　　d——桩径；

　　　L_p——桩长；

　　　A_p——桩端截面积；

　　　η_0——桩侧摩阻力系数。

对于法兰克福硬黏土，其为典型的 Gibson 土，不排水抗剪强度 S_u（单位：kPa）与深度 z（单位：m）呈线性增长，具有如下关系[59]：

$$S_u = 127 + 3.93z \tag{5.4-3}$$

根据在相同场地进行的单桩荷载试验反算，其桩侧摩阻力系数为 $\eta_0 = 0.6$[60]。

基于上述计算公式可计算得到桩筏基础中心桩、边桩及角桩极限承载力值分别为 19.8MN、17.1MN 和 14.6MN，与按照实测荷载分担比反算的每根桩平均受荷 16MN 相当。实测桩头平均荷载变化曲线如图 5.4-22 所示，从图中可以看出：随着建筑施工的推进，桩头平均荷载逐渐增大；当大楼主体结构完工后，桩头荷载仍有一定增长，这可能是由于土体固结作用导致的荷载重分配。在最终状态下，基础中心桩、边桩及角桩极实测桩顶荷载约为 13MN、18MN 和 14MN，即极限承载力发挥率分别为 0.66、1.05 和 0.96。

从上述分析可以看出，在本工程案例中，除了中心位置处桩基桩间距较小以及弹性体的空间作用，极限承载力没有充分发挥外，其余部位桩的极限承载力基本得到了充分发挥。

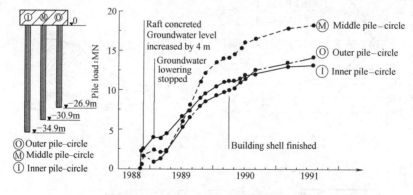

图 5.4-22　案例 1 桩顶平均荷载变化曲线

2. 德国法兰克福 Westendstrasse 1 building（Franke，2000[59]）

案例 2 为法兰克福德国中央合作银行大楼（Westendstrasse 1 building）桩筏基础工程，该楼始建于 1990 年，于 1993 年全面完工。如图 5.4-23 所示，建筑总高 208m，其中地上 53 层，地下 3 层，基础埋深 14.5m。在主楼两侧为 12 层的副楼，副楼呈 L 形分布，主楼与副楼之间通过沉降缝进行分割。主楼筏板平面尺寸为 47m×62m，筏板厚度从边缘逐渐向中心增大，边缘处筏板厚度为 3.5m，中心处厚度为 4.65m。在吸取法兰克福展览大楼工程经验基础上，本工程对桩筏基础设计进行了进一步优化。筏板下布置了桩基 40 根，分两圈布置，桩径 $d = 1.3$m，桩长统一为 30m，平均桩间距为 $6d$ 左右，具体布桩方式如图 5.4-23（a）所示。

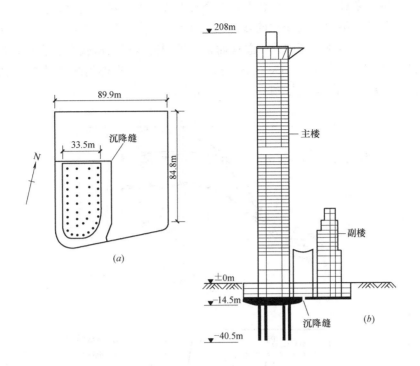

图 5.4-23 德国中央合作银行大楼基础工程示意图
(a) 桩筏基础布桩平面图；(b) 结构立面图

与法兰克福展览馆大楼类似，在该大楼施工期间，对桩筏基础沉降及荷载分担特性进行了全面监测，如图 5.4-24 所示。在大楼完工时，基础最大沉降为 100mm 左右，满足正常使用要求。桩筏基础荷载分担比随着荷载的增大而不断变化，相对于法兰克福展览馆桩筏基础，由于桩间距较大，在施工期间，筏板荷载分担也较为显著，在工程完工时筏板荷载分担比达到了 50%。

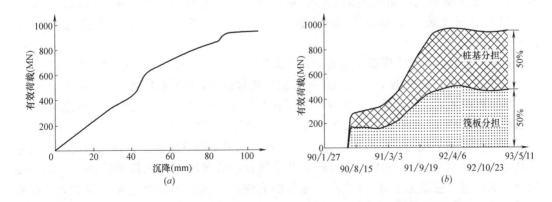

图 5.4-24 德国中央合作银行大楼基础工程监测数据
(a) 荷载-沉降曲线；(b) 桩-筏荷载分担

为了验证桩筏基础桩基极限承载力是否充分发挥，本文对桩基荷载发挥状况进行了分析。本工程实测桩头平均荷载变化曲线如图 5.4-25 所示，从图中可以看出，随着建筑施工的推进，桩头平均荷载逐渐增大，总体而言，外圈桩基桩头荷载要小于内圈桩基。大楼完工时，桩头荷载平均值为 13MN 左右，按照式（17）计算得到的桩基极限承载力约为 16MN，即桩基极限承载力平均发挥率为 0.8 左右。

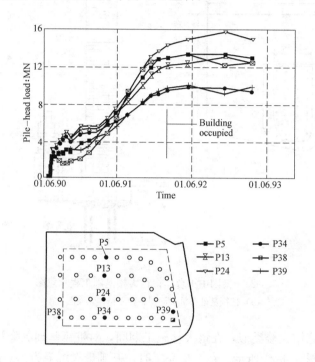

图 5.4-25　德国中央合作银行大楼桩头平均荷载变化曲线

3. 厦门嘉益大厦高层住宅楼（宰金珉等，2008[61]；林树枝，2018[65]）

案例 3 为厦门嘉益大厦高层建筑，由两幢对称布置的 30 层住宅楼组成。其下部通过两层地下室和三层裙房连成整体，裙房与地下室的外包尺寸一致。地面±0.00m 以上建筑物设缝断开，建筑物总高度 94m，地下室埋深 10.5m。总建筑面积 10 万 m²。

地质勘查表明地下室底板下主要分布花岗岩残积砂质黏土，该土层按物理力学性质又可分为 A，B，C 三个亚层，其土质条件 C 亚层相对最好，B 亚层次之，A 亚层相对较差。另外本工程场地地质条件异常，土层中分布有大量直径不等、未风化或轻微风化的孤石。孤石竖向、水平方向均随机分布，且密度较大，具体见图 5.4-26。

该工程现场未扰动土层具有很高的承载力，采用多种方法评估，该工程的天然地基承载力特征值均大于 400kPa，基本能满足建筑物荷载要求，但沉降可能偏大，此外厦门地区尚没有天然地基上建 30 层高层建筑的先例，直接采用天然地基风险太大，故确定需对地基进行处理。考虑到该工程地质条件复杂，常规方案均无法实施或不经济，最后确定采用类似于减沉桩基础方案，设计少量的桩以控制沉降变形，类似于硬土地基减沉桩基础。整个基础共设置桩径 1m，桩长 10m 的人工挖孔桩 65 根。由于桩为端

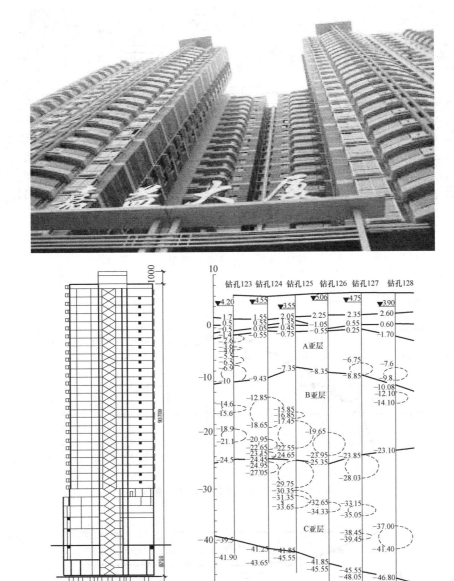

图 5.4-26　厦门嘉益大厦及地质剖面示意图

承型桩，为保证桩土共同作用，桩顶设置特殊设计的变形调节器，以便桩也能产生沉降变形，实现桩土共同作用，从而使筏和桩基共同承载建筑物。桩位平布置见图5.4-27。

　　建筑物封顶以后，实测基底土压力最小为81kPa，最大为300kPa，接近地基土的承载力设计值，图5.4-28是平均土压力随时间变化曲线，图5.4-29 为桩土承荷比发展曲线，从图中可以看出，绝大部分上部荷载由桩间土体分担。

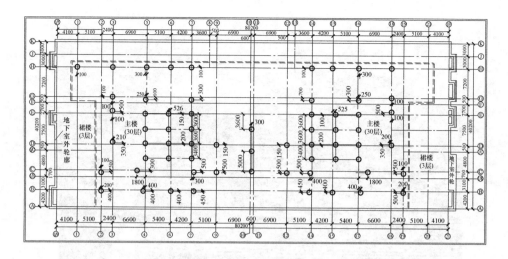

图 5.4-27 桩位平面布置图

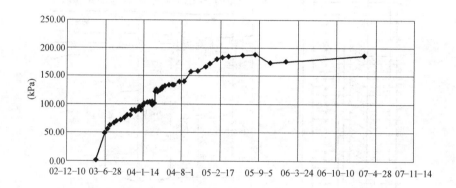

图 5.4-28 平均土压力随时间变化曲线

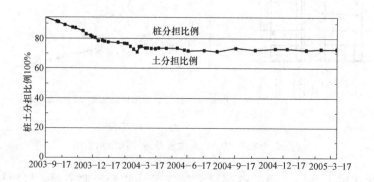

图 5.4-29 桩土的承荷比发展曲线

　　在本工程中，人工挖孔桩主要起控制建筑物总沉降以及差异沉降的作用，另外还作为建筑物的安全储备。建筑物封顶 1 年的平均沉降 27mm，封顶 2 年的平均沉降 37mm，具体如图 5.4-30 所示。从图可以看出目前建筑物沉降已经收敛，并且与设计时估算的最终沉降 3～5cm 吻合，说明本工程按照桩土共同作用设计的桩基础是成功的。相比于旋喷桩复合地基方案，本基础工程节省 1400 万元。

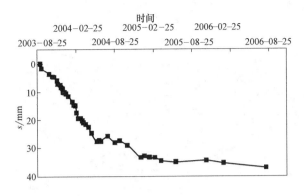

图 5.4-30 嘉益大厦建筑物沉降实测曲线

4. 厦门当代天境高层建筑（林树枝，2018[65]）

厦门当代天境项目由 A、B 两幢高层商用、住宅组成，占地面积 5300m²，其中 A 幢地上 38 层，总高度 120m，B 幢地上 32 层，总高度 100m。下部通过两层地下室连成整体，总建筑面积 38000m²，地下室建筑面积 7300m²（图 5.4-31）。

(a)

图 5.4-31 厦门当代天境大楼及平面图
(a) 建筑图

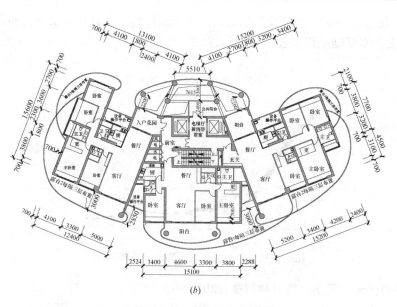

(b)

图 5.4-31　厦门当代天境大楼及平面图

（b）平面布置图

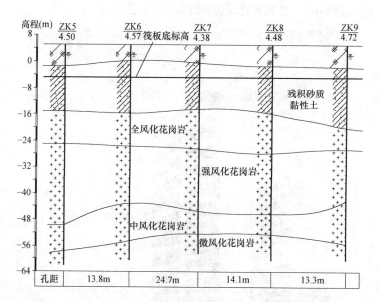

残积土地基承载力比较

方法	承载力极限值(kPa)	承载力特征值(kPa)
地区经验值	960	480
深层螺旋板试验	1250	625
旁压仪试验	1312	656
标贯试验	968	484
平板试验	1100	550

图 5.4-32　当代天境工程地质剖面及残积土地基承载力多种方法估算值比较

现场的地质剖面如图 5.4-32，在基底以下土层为残积砂质黏性土，分布均匀，工程力学性质较好，采用多种方法评估，残积土地基承载力特征值超过 480kPa，是良好的天然地基持力层。大楼地下室筏板厚度 2m，基础埋深 10m，上部结构作用于筏板面上的荷载为 467kPa，扣除水浮力后作用于地基上的基底压力为 412kPa，小于残积土地基承载力。因此，从地基承载力角度来说，天然地基可以满足荷载要求。但沉降计算估值达53mm，考虑到项目位于厦门市繁华地段，周边交通繁忙，周边多为住宅小区，故对沉降的要求较为严格。因此，如直接采用天然地基，建筑物沉降值偏大，若采用常规桩基，地基土承载力得不到利用，造成浪费。经反复论证，最终采用考虑桩土共同作用的桩筏基础，设计少量的桩以控制基础沉降，类似于硬土地基减沉桩基础。由于现场桩为端承型桩，为保证桩土共同作用，桩顶设置变形调节器。经估算，在筏板底布置 24 根直径 1m有效长度 14m 的人工挖孔桩即可满足要求，单桩承载力特征值约为 3500kN。但在实际工程中考虑尽量在墙下和柱下布桩的原则，实际布桩 30 根，见图 5.4-33，此时桩承担上部结构总荷载的 45%，余下 55% 荷载由地基土承担。

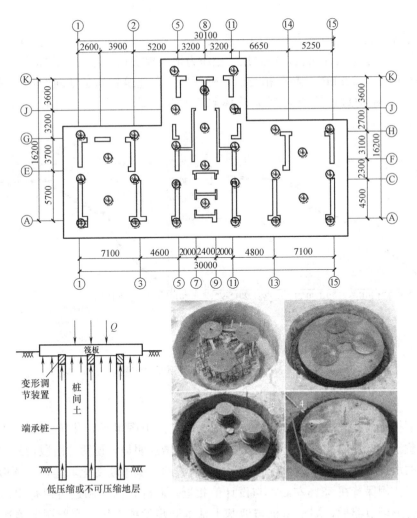

图 5.4-33　桩位平面布置图及变形调节装置

　　该工程于 2010 年 12 月底完成地下二层垫层施工，2011 年 12 月底主体结构封顶。建筑物施工过程中进行了全过程的监测如图 5.4-34。建筑物封顶半年后的实测最大沉降为 24.7mm，最小沉降为 21.3mm，平均沉降为 22.5mm，沉降实测值与设计值基本吻合。

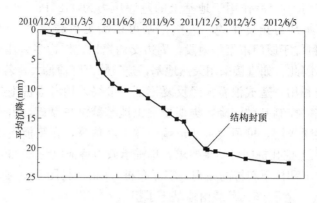

图 5.4-34　基础沉降实测曲线

　　基底下土压力和桩顶反力的实测结果见图 5.4-35。由图可见，基底土压力在建筑物主体施工期间基本呈线性增长，在封顶后土压力增加程度趋缓并最终趋向稳定，基底最终土压力平均值约为 225kPa。与此相类似，桩顶反力在建筑物施工期间增加明显，平均值约为 3049kN，结构封顶后桩顶反力总体趋于稳定，略有减少，监测结束时桩顶反力为 2984kN。

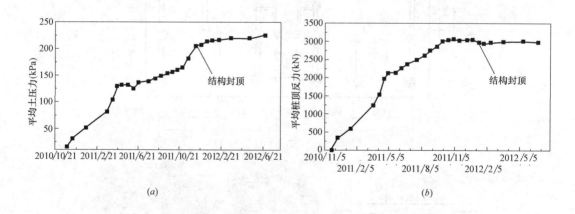

图 5.4-35　基底土压力和桩顶反力实测结果
(a) 土压力；(b) 桩顶反力

　　基底下桩土荷载分担比例实测结果见图 5.4-36。由图可见，建筑物施工期间，地基土分担荷载小于设计值，而对应时间段内桩顶反力增加明显，说明此阶段荷载主要由桩基承担，桩的承载力优先发挥。地基土实际分担荷载的比例不断变化调整，封顶后变化幅度不大，最终比例保持在 58% 左右，与设计值相近。此外，由该图还可以得出结论，在桩顶设置了变形调节器后，端承型桩与地基土基本同步发挥作用，变形调节器达到了预期目的。

图 5.4-36 厦门当代天境桩筏基础桩土荷载分担比例实测结果

在厦门嘉益大厦工程中首次采用的在桩顶设置变形调节器的奇妙设计较好地解决了非软土地区端承型桩基础较难实现桩土共同作用和应用减沉桩的问题，目前已发展成一种称为"可控刚度桩筏基础"的基础形式。可控刚度桩筏基础是在桩顶与筏板之间设置变形调节装置，使桩基的支承刚度与地基土支承刚度相匹配，在保证桩土变形协调的同时，桩基和地基土共同承担上部结构荷载。此外，通过变形调节装置可对整个基础的支承刚度分布按需要进行人为调控，以达到减少建筑物差异沉降的目的。可控刚度桩筏基础目前已应用于厦门、龙岩和贵阳等地近 20 栋高层与超高层建筑，建筑总面积近百万平方米，建筑物的最大高度 145m，基础造价平均节约 50% 以上。该项技术成果获厦门市科技进步一等奖和福建省科技进步二等奖。2016 年 11 月福建省地方标准《可控刚度桩筏基础技术规程》DBJ/T 13—242—2016 颁布实施。

上述高层建筑桩筏基础实际工程案例表明即便在超高层建筑中也仍可考虑桩土共同作用并按沉降控制原则进行桩基础的设计，其中厦门嘉益大厦和当代天境高层建筑案例表明硬土地基减沉桩基础是也完全可以应用的。表 5.4-6 列出了更多的实际案例，在这些案例中桩筏基础的设计考虑了桩土共同作用。实测结果表明：这些案例的建筑物沉降均在可控范围内，筏板分担了相当比例的上部结构荷载。这些成功案例资料进一步表明，考虑桩土共同作用按变形控制设计桩筏基础在工程实践上是可行的。

5. 伦敦某高层建筑公寓楼桩筏基础再分析

为了讨论采用变形控制原则进行桩基础设计的经济性，本文试图对一基于传统桩基础设计案例进行再分析。文献[66]（Cooke，1981）对位于伦敦北部的某高层公寓桩筏基础设计与现场实测进行了报道，地面以上 16 层，设 1 层地下室，总建筑面积为 13300m^2。大楼主体为钢筋混凝土框架-剪力墙结构。基础平面尺寸为 43.3m×20.1m，埋深 2.5m，筏板厚 0.9m。场地土层为典型的伦敦黏土，总厚度超过 80m。土体不排水抗剪强度由埋深 3m 处的 100kPa 增大到 25m 处的 260kPa（桩端埋深 15.5m 处为 190kPa）。

基于桩土共同作用按变形控制设计的桩筏基础工程案例汇总

表 5.4-6

案例编号	国家/地区	层数/高度(m)	场地类别	基础埋深(m)	筏基底面积(m²)	桩数	桩长(m)	桩径(m)	最大沉降(mm)	参考文献
1	德国/法兰克福	16/75	硬黏土	14.0	3575	35	20.0	0.9	55	
2	德国/法兰克福	13~14/52	硬黏土	14.2	10200	141	12.5~34.5	1.3	58	
3	德国/法兰克福	31/110	硬黏土	13.0	1893	25	25.0~30.0	1.5	29	
4	德国/法兰克福	22/95	硬黏土	13.5	2830	26	20.0~30.0	1.3	55	
5	德国/法兰克福	32/130	硬黏土	13.5	1920	22	30.0	1.3	70	Katzenbach[55]
6	德国/法兰克福	29/115	硬黏土	15.8	1920	25	22.0	1.3	65	
7	德国/法兰克福	64/256	硬黏土	14.0	3457	64	26.9~34.9	1.3	144	
8	德国/法兰克福	22~30/130	硬黏土	3.0	2×429	2×42	20.0	0.9	140	
9	德国/柏林	—/121	松砂~密实砂土	5.5~8.0	1376.4	54	14&16	0.9	73	
10	德国/柏林	—/103	松砂~密实砂土	12.0	2600	44	20~25	1.5	30	
11	意大利/米兰	52/202	砂砾~黏质粉土	16.0	1233	62	33.2	1.2&1.5	—	Allievi[62]
12	澳大利亚/佩斯	42/—	砂土与黏土互层	—	—	280	20	0.8	17~40	Smith & Randolph[63]
13	澳大利亚/昆士兰	30/—	密砂~坚硬黏土	1.5	—	123	18	0.7	44	
14	澳大利亚/昆士兰	23/—	砂土~黏土	6.0	—	232	12	0.58&0.9	<50	Badelow 等[64]
15	中国/北京	51/208	粉质黏土与密实砂砾	16	1160	48	30	2.0×2.55	20	宰金珉[57]
16	中国/上海	12/—	软黏土	5.0	2580	150	30	0.4	23	杨敏[36]

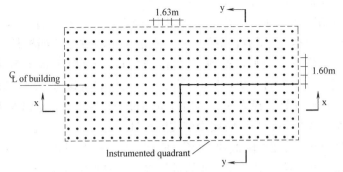

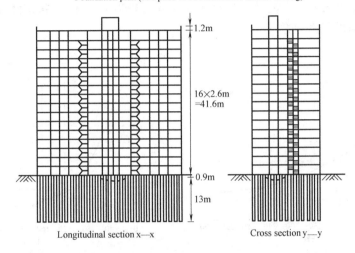

图 5.4-37　伦敦高层建筑公寓楼桩筏基础示意图（引自 Cooke[66]）

如图 5.4-37 所示，原设计方案采用 351 根直径 0.45m 的钻孔灌注桩，满堂布置，桩长 13m，桩间距为 1.6m（3.6d），单桩设计荷载为 565kN（桩侧和桩端承载力安全系数分别取 2 和 3）。基础底面作用的总荷载为 156MN（基底平均压力 179kPa），不考虑筏板对上部荷载的贡献。现场实测结果表明，施工结束时基础平均沉降仅为 10mm，4 年后基础沉降增大到 17mm，角桩桩顶荷载约为内部桩的 2 倍。即使假定全部荷载由群桩承担，筏板仍承担约 25% 的上部荷载。

现场实测证实，土体不排水抗剪强度 S_u（单位：kPa）与深度 z（单位：m）具有如下关系：

$$S_u = 78 + 7.3z \qquad (5.4-4)$$

假定土体弹性模量大小沿深度线性增加，对现场单桩载荷试验进行反分析，经反复试算得到如图 5.4-38 所示的桩顶荷载-沉降关系，对应土体不排水弹性模量为 840S_u。

由图 5.4-38 单桩荷载-沉降曲线推断，桩顶加载到最大值时单桩荷载-沉降曲线并未出

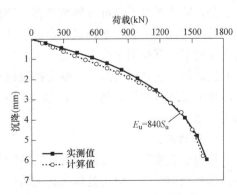

图 5.4-38　单桩荷载-沉降曲线对比

现显著的滑移，故单桩极限承载力取 1500kN 是偏于安全的。

按沉降变形控制原则，分别计算基础采用不同桩数时对应的沉降量，得到桩数-基础沉降关系曲线，然后根据建筑物沉降控制要求确定采用的桩数。如桩长和桩径均保持不变，采用桩筏基础沉降计算模型，得到不同桩数时的基础沉降和桩土荷载分担比。由图5.4-39 可知，采用 351 根桩时基础沉降计算值和实测值非常接近，但计算的筏板荷载分担比实际值偏低。理论计算结果表明，当用桩量超过 180 根时，桩数减少对基础沉降和桩土荷载分担比的影响均较小。当桩数减少到实际设计值的 1/5（70 根）时，虽然基础整体安全系数较实际值（$F_s = 6.2$）降低约 42%（$F_s = 3.6$，满足实际工程安全度要求），但沉降量仅增大 12mm，并且筏板对上部荷载的贡献水平增加明显（$\alpha_{raft} = 40\%$）。若基础最大允许沉降提高到 25mm，用桩量可至少节约 70%（3260 延长米），按沉降控制设计桩基础将获得十分显著的经济效益。

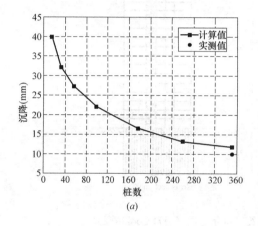 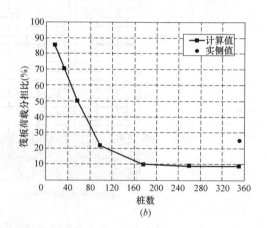

图 5.4-39　桩筏基础不同桩数下沉降及荷载分担计算结果

(*a*) 桩数-基础沉降关系；(*b*) 桩数-筏板荷载分担比关系

5.5　基于变形控制原则的桩基础设计指南

前述内容论述了减沉桩及基于变形控制理念的高层建筑桩基础设计的可行性，简单的结论是，除非是端承型桩或桩数极多，使桩发生的变形很小，不能与基底下土保持变形协调的特殊情况，一般桩基础都存在桩土共同作用，桩基础的承载力可视为各单桩极限承载力与基底下地基极限承载力之和，因此主要考虑桩承载力的传统桩基础设计方法是不够合理和经济的。在高层建筑中按变形控制设计桩基础就是不仅要发挥桩对控制沉降的作用，同时也要发挥桩对提高基础承载力的作用。为了便于实际工程设计，本文提出如下设计原则与方法。

1. 设计原则

从理论上来讲，只要能保证桩土共同作用，任何场地条件都可以按照变形控制理念进行桩筏基础的设计。但在具体工程实践中，从桩筏基础安全性及工程实用角度来看，当天然地基承载力较上部荷载明显偏低或地表浅层存在软土层时，筏板的荷载分担作用较弱，考虑筏基的荷载分担作用在经济上意义不大，桩筏基础的承载力主要依靠桩，可不考虑筏板对整体承载力的贡献。

假定筏板下地基土极限承载力为 $Q_{ur,ult}$，单桩极限承载力为 $Q_{sp,ult}$，η_p 为单桩极限承载力发挥系数，上部荷载与基础自重标准值为 F_k+G_k，满足安全度要求的最少桩数 n_{p1min} 为：

$$n_{p1min}=[F_s(F_k+G_k)-Q_{ur,ult}]/(\eta_p Q_{sp,ult}) \tag{5.5-1}$$

式中　F_s——满足基础安全度要求的最小安全系数。

按常规桩基础进行设计时，仅考虑群桩对上部荷载的支承作用，基础体系整体承载力安全度与群桩相一致，满足安全度要求的最少桩数 n_{p2min} 为：

$$n_{p2min}=(F_k+G_k)/(Q_{sp,ult}/F_s) \tag{5.5-2}$$

将天然地基承载力特征值（$Q_{ur,ult}/2$）与上部总荷载 F_k+G_k 的比值定义为地基承载力满足率，并以桩数减少百分比（$n_{p2min}-n_{p1min}$）$/n_{p2min} \cdot 100\%$ 作为基础造价减少程度的评价指标，可求得基础安全系数 F_s 和单桩极限承载力利用系数 η_p 取不同值对应的地基承载力满足率与桩数减少百分比之间的关系，如图 5.5-1 所示。

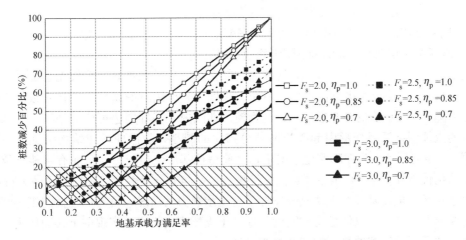

图 5.5-1　地基承载力满足率与桩数减少百分比的关系

由图 5.5-1 容易看出，不论安全系数和单桩极限承载力发挥系数如何变化，桩数减少百分比与地基承载力满足率始终成正比，并且随 F_s 值减小（或 η_p 值增加）而增大。以桩数减少量不低于 20％作为按沉降变形控制设计桩基础应用在经济上的最低要求，若单桩极限承载力充分发挥并保持稳定，承载力安全系数 F_s 取 2.5，单桩极限承载力利用系数 η_p 取 0.85，则天然地基承载力满足率不应小于 0.4，此即为桩筏基础考虑桩土共同作用按变形控制设计对天然地基强度的最低要求。在实际桩筏基础设计中，也可以根据工程实际用桩量确定其相应承载力满足率。

此外，当天然地基承载力与给定上部荷载相差大，但承载力安全度偏低时，桩基要承担补足天然地基承载力和控制基础沉降的双重作用，桩基承载力计算可采用稍低的单桩极限承载力利用系数 η_p；当天然地基承载力安全度足够而沉降量过大时，桩基主要承担控制基础沉降，桩可考虑按极限承载力进行设计。从桩身结构强度角度来看，由于不同位置基桩承载力发挥程度不同，部分桩基承载力发挥水平不高，部分可能已进入极限承载阶段，为保证桩身强度不先于周围土体发生破坏，也需要对桩身结构强度进行验算。

基于上述分析，本文从工程实用角度提出按变形控制设计桩基础应用的三条基本设计原则，即：

（1）天然地基承载力与上部荷载大小应满足如下关系：

$$f \cdot A \geqslant 0.4(F_k + G_k) \tag{5.5-3}$$

式中　f——无桩筏板基础承载力特征值；

　　　A——筏板（或承台）的基底总面积。

（2）通过现场试桩确定的单桩极限承载力应能够维持稳定，并且桩身结构设计强度不小于土体对桩极限支承荷载的 1.2～1.5 倍。

（3）为了保证桩-筏能共同作用，当地基土体出现下述情况时，不应考虑筏板对整体承载力的贡献：

1）地表存在软土层；

2）地表存在松散堆积物；

3）地基土体浅部一定深度范围内存在高压缩性软土层；

4）地基土体由于外部因素容易产生固结沉降；

5）地基土体由于外部因素容易产生膨胀变形；

6）现场的土层条件不能保证形成摩擦型桩基。

其中：第 1）、2）条主要考虑到地表存在软土或松散堆积物时，筏板无法提供足够的承载力；第 3）条主要考虑到高压缩性软土在长期荷载作用下的蠕变特性将导致筏板荷载分担的下降；第 4）条主要考虑到在建筑物使用期限内，基础周边可能的施工、降水等因素导致的土体固结沉降变形引起筏板荷载分担比的减小，从而使得建筑物沉降进一步加大；第 5）条主要考虑到在膨胀土情况下，会使得桩基产生拉应力，从而有可能导致桩基础产生结构性破坏；第 6）条主要是保证筏板与地基能充分接触，以发挥其承载力特性。

对于端承型桩筏基础等无法充分发挥地基土承载力的情况，可考虑在桩与筏之间设置专门的变形调节装置，以使桩支撑刚度与地基土支撑刚度相协调实现桩土共同作用，通过这种处理端承型桩筏基础也可按变形控制设计。

2. 设计步骤

基于上述设计原则和"变形设计，强度验算"的设计理念，本文建议高层建筑桩筏基础按沉降控制设计的步骤如下：

（1）当采用筏板基础不能满足建筑物变形要求时，根据筏板基础埋深和尺寸，计算作用于基础底面的上部荷载和基础自重标准值 $F_k + G_k$，采用规范推荐的承载力公式计算筏板下地基土承载力特征值 f（或极限值 $f_{r,ult}$）。根据基础重要性等级和承载力计算方法的可靠性确定基础整体安全系数 F_s（一般取 2～3），单桩极限承载力发挥系数 η_p 值在理论上都可取 1，但建议具体设计时根据以下不同情况确定 η_p：

1）若满足 $f \cdot A \geqslant F_k + G_k$ 或 $f_{r,ult} A \geqslant 2(F_k + G_k)$，$\eta_p$ 可在 0.85～1.0 之间取值。

2）若满足 $f \cdot A \geqslant 0.4(F_k + G_k)$ 或 $f_{r,ult} A \geqslant 0.8(F_k + G_k)$，且 $f \cdot A < F_k + G_k$ 时，为确保高层建筑桩筏基础具有足够的安全度富余，建议 η_p 在 0.7～0.85 之间取值。

3）若上述条件 1）或 2）均无法满足，则天然地基承载力满足率不符合要求，考虑按传统桩基础方法进行设计。

上述第 1）条实际上是减沉桩基础的设计，但注意该条即针对软土地基同时对硬土地基也是适用的。实际上，在硬土地基也有大量高层建筑甚至于超高层建筑由于担心沉降过大或发生不均匀变形而需采用桩基础，此时就可采用减沉桩基础。

（2）若天然地基承载力满足桩土共同作用设计要求，根据勘察报告提供的场地土层特点，确定桩型、桩身几何尺寸和桩端持力层，估算地基土对桩基的极限支承能力，尽可能使其与桩身结构设计强度相一致。

（3）若筏板满足承载力控制要求，根据建筑物允许变形值确定所需桩数 n_0，考虑桩土共同作用的桩筏基础沉降计算模型可采用前述桩基础沉降计算方法。同时，按下式计算满足基础整体安全度要求的桩数 n_p：

$$n_p \geqslant \frac{F_s \cdot (F_k + G_k) - f_{r, \mathrm{ult}} A}{\eta_p Q_{sp, \mathrm{ult}}}$$ (5.5-4)

最终设计桩数取两者之大值，即 $N = \max(n_0, n_p)$。

（4）高层建筑通常具有很大的结构和基础刚度，当荷载分布较为均匀时，可按等桩长和等桩距进行布桩。当上部荷载与结构刚度分布不均时，从优化基础工作性状和减小基础差异沉降出发，还可以考虑对桩位、桩长、桩间距和筏板厚度等进行变刚度优化设计，进一步节约基础造价。

为了更明确的展示基于强度控制的传统桩基础设计和基于变形控制的桩基础设计原则的本质不同，将二者的设计步骤进行对比分析，如图 5.5-2 所示。

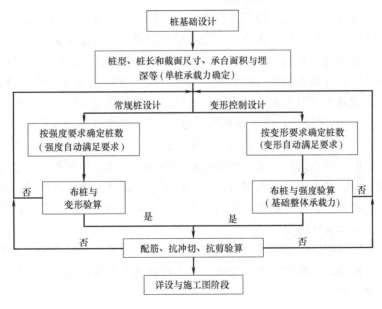

图 5.5-2　桩基础设计步骤对比

5.6　结束语

1）50 年前有学者针对软土中天然地基强度能满足设计荷载要求但沉降却过大的情况提出可按变形控制设计采用少量桩的设计理念。近 30 年来，我国研究并发展了基于变形控制原则的减沉桩基础设计理论和方法，充分发挥桩对控制沉降的作用，与基于强度控制原则的传统桩基础设计理论相比，可减少用桩数量 30％以上。目前，减沉桩在我国的软土地基多层建筑基础设计中已进入广泛工程应用，已列入国家或地方有关设计规范。此外，基于减沉桩设计原则还开发了可应用于高层建筑的长短桩组合桩基础及可控刚度桩筏基础，并已在工程实践中得到初步应用。

2）高层建筑桩筏基础的实测研究及数值模拟表明，除非是端承型桩或桩数极多使桩发生的变形很小难以与基底下土保持变形协调等特殊情况，一般桩筏基础都存在桩土共同作用，桩土荷载分担是客观存在的，桩基础极限承载力按单桩刺入破坏模式计算是合适的，桩基础承载力可视为各单桩承载力与基底地基承载力之和；此外，桩同时具有控制沉降和提高地基承载力的能力，桩基础承载力实际安全度也并非如传统桩基础设计方法中是个定值，沉降大小以及基础面积等都会影响实际的安全度，如在软土地区若将沉降控制在较小值（如 15cm）时按传统设计方法设计的桩基础实际安全系数可能要比设计值 2 大得多，传统设计方法可能过度保守了。考虑桩土共同作用按沉降控制设计桩基础应是更为科学和经济的。

3）与传统桩基础设计方法不同的是，基于变形控制设计的桩基础设计理论是按照"变形设计，强度验算"的思想进行桩基础设计，充分发挥桩对控制沉降和提高基础承载力的双重作用，设计中考虑桩-土共同作用，并根据沉降控制值确定用桩数量，调整桩的布局，减少差异沉降，从而优化设计和降低基础工程造价。

本文论述了按变形控制设计桩基础的理论与工程实践等方面取得的成果和进展，并试图说明按变形控制设计桩基础的理念不管是多层建筑还是高层建筑都是适用的，只要存在桩土共同作用，或者通过措施（例如在桩与筏板间设置刚度调节装置）实现桩土共同作用，任何场地条件和任何建筑物（构筑物）都可以按照变形控制理念进行桩基础的设计。本文提出了具体的基于变形控制原则的桩基础设计方法和指南。

4）从传统的"强度设计，变形验算"，再到基于变形控制的"变形设计，强度验算"，随着桩基础理论水平的发展和对桩土共同作用认识的加深，桩基础的设计方法和理念也在不断完善和发展中。应当指出，基于变形控制的桩基础设计是一种更为科学的桩基础设计理念，其能充分考虑桩土的共同作用特性，实现桩基础设计经济、高效的目标；此外，基于变形控制原则的桩基础设计更能充分调动工程设计人员的主观能动性，优化设计，从而进一步促进科学技术水平的提高。

在本章写作过程中，张俊峰博士、朱碧堂博士、王伟博士、杨桦博士、李卫超博士以及葛文浩高级工程师、周融华高级工程师、刘小敏高级工程师和陈建峰教授等提出了不少有益建议，在此一并致谢。

参考文献

[1] 中国建筑科学研究院. GB 50007—2011 建筑地基基础设计规范 [S]. 中国建筑工业出版社，2011.

[2] 中国建筑科学研究院. JGJ 94—2008 建筑桩基技术规范 [S]. 中国建筑工业出版社，2008.

[3] Clarke N W B, Watson J B. Settlement records and loading data for various buildings erected by the Public Works Department Municipal Council, Shanghai [C]. Proceedings of 1st ICSMFE, Cam-

bridge，Mass，USA，1936，2：174～185.

[4] Burland J B，Broms B B，de Mello V H B. Behaviour of Foundation and structure. Proc. 9th Int. Conf. on Soil Mech. And Found. Eng.，Tokyo，1977，2：495～546.

[5] 孙更生，郑大同. 软土地基与地下工程 [M]. 中国建筑工业出版社，1984.

[6] Hooper J A. Review of behaviour of piled raft foundations. Construction Industry Research and Information Association，1979.

[7] Cooke R W. Piled raft foundations on stiff clays-a contribution to design philosophy. Geotechnique，1986，36（2）：169～203.

[8] Poulos H G. Piled raft foundations：design and applications. Geotechnique，2001，51（2）：95～113.

[9] Hemsley，John A.，ed. Design applications of raft foundations. Thomas Telford，2000.

[10] Jendeby，L. Friction piled foundation in soft clay-a study of load transfer and settlements. Chalmers University of Technology，Geoberg，Sweden，1986.

[11] Kakurai，M.，et al. Settlement behavior of piled raft foundation on soft ground. Proc. 8th Asian Regional Conf. SMFE. Vol. 1，1987.

[12] 黄绍铭，裴捷，贾宗元，魏汝楠. 软土中桩基沉降估算 [M]. 第四届土力学与基础工程学术会议论文集. 中国建筑工业出版社，1986，237～243.

[13] 黄绍铭，王迪民，裴捷. 减少沉降量桩基础的设计与初步实践 [M]. 第六届全国土力学及基础工程学术会议论文集. 中国建筑工业出版社，1991，405～414.

[14] 管自立. 疏桩基础设计实例分析与探讨（一）[J]. 建筑结构，1993，10：26～31.

[15] 宰金珉. 复合桩基设计的新方法. 第七届土力学及基础工程学术会议论文集 [M]. 中国建筑工业出版社，1994.

[16] 郑刚，刘润. 减沉桩与土相互作用机理的工程实例与有限元分析 [J]. 天津大学学报，2001，34（2）：209～213.

[17] 刘金砺，邱明兵. 软土中群桩承载变形特性与减沉复合疏桩基础设计计算 [J]. 岩土工程学报，2008，30（1）：51～55.

[18] 杨敏，葛文浩. 减少沉降桩在厂房桩基础上的应用. 软土地基变形控制设计理论和工程实践（侯学渊，杨敏主编）[M]，同济大学出版社，1996，291～296.

[19] 杨敏. 减少沉降桩基础的设计理论与工程应用. 岩土工程青年专家学术论坛文集 [M]. 中国建筑工业出版社，1998，129～136.

[20] Yang Min. Study on Reducing-settlement Pile Foundation Based on Controlling Settlement Principle. Chinese Journal of Geotechnical Engineering，2000，22（4）：481～486.

[21] 杨敏，熊巨华，王瑞祥，冯又全. 同济启明星桩基础沉降计算软件的研制与应用. 第十届全国工程设计计算机应用学术会议. 广州，2000.

[22] 上海市城乡建设和交通委员会. DBJ 08—40—94 上海市工程建设标准：地基处理技术规范 [S]. 上海市建筑建材业市场管理总站，1994.

[23] 上海市城乡建设和交通委员会. DGJ 08—11—2010 上海市工程建设标准：地基基础设计规范 [S]. 上海市建筑建材业市场管理总站，2010.

[24] 浙江省住房和城乡建设厅. DB33/T 1048—2010 浙江省工程建设标准：刚-柔性复合桩基技术规程 [S]. 浙江工商大学出版社，2010.

[25] Poulos H G，Davis E H. Pile foundation analysis and design. New York：Wiley，1980.

[26] 杨敏，赵锡宏. 分层土中的单桩分析法 [J]. 同济大学学报（自然科学版），1992，20（4）：421～428.

[27] 杨敏，Tham L G. Cheung Y K. 分层土中的群桩分析法 [J]. 同济大学学报（自然科学版），1993，21 (2)：211~218.

[28] 杨敏，王树娟，王伯钧，周融华. 考虑极限承载力下的桩筏基础相互作用分析 [J]. 岩土工程学报，1998，20 (5)：85~89.

[29] Banerjee P K，Davies T G. Analysis of pile groups embedded in Gibson soil. Proc. of 9th Int. Conf. of Soil Mech. and Found. Eng.，Tokyo. 1977，1：381~386.

[30] Geddes J D. Stress in foundation soil due to vertical subsurface load. Geotechnique. 1966，16：231~255.

[31] 杨军，杨敏. 桩筏基础固结沉降实用计算方法 [J]. 同济大学学报（自然科学版），2017，45 (12)：1783~1790.

[32] 杨军. 桩基沉降控制机理的理论与离心模型试验研究 [D]. 博士学位论文，同济大学，2017.

[33] 杨敏，王伟. 群桩沉降计算的试桩曲线法 [J]. 结构工程师，2008，24 (5)：77~88.

[34] 杨敏，张俊峰. 软土地区桩基础沉降计算实用方法和公式 [J]. 建筑结构，1998，28 (7)：43~48.

[35] 杨敏，周融华，王伯钧，张俊峰，裴健勇. 按变形控制设计上海某10层办公楼桩筏基础 [J]. 建筑科学，2000，16 (2)：5~9.

[36] 杨敏，王树娟，张俊峰. 按沉降控制设计上海天山大厦桩筏基础. 面向21世纪的同济岩土工程——建校90周年论文集，同济大学地下建筑与工程系，1997，371~383.

[37] 杨敏，杨桦，王伟. 长短桩组合桩基础设计思想及其变形特性分析 [J]. 土木工程学报，2005，38 (12)：103~108.

[38] 陈峥，杨敏，朱碧堂，杨桦. 长短桩组合桩基础在某电厂烟囱工程中的应用 [J]. 武汉大学学报（工学版），2007，40 (S1)：282~287.

[39] 赵锡宏. 上海高层建筑桩筏与桩箱基础设计理论 [M]. 同济大学出版社，1989.

[40] Sales M M，Small J C，Poulos H G. Compensated piled rafts in clayey soils：behaviour，measurements，and predictions. Canadian Geotechnical Journal，2010，47 (3)：327~345.

[41] 赵锡宏，龚剑. 桩筏（箱）基础的荷载分担实测：计算值和机理分析 [J]. 岩土力学，2005，26 (3)：337~341.

[42] 何颐华，金宝森. 高层建筑箱形基础加摩擦群桩的桩土共同作用 [J]. 岩土工程学报，1990，12 (3)：53~65.

[43] 齐良锋，张保印，简浩. 某高层建筑桩筏基础桩间土反力原位测试研究 [J]. 岩土力学，2004，25 (5)：827~831.

[44] 姚仰平，张保印. 黄土地区高层框剪结构-桩筏-地基的共同工作 [J]. 岩土工程学报，2001，23 (3)：324~329.

[45] 杨僧来. 低桩承台与其下地基脱空实例 [J]. 结构工程师，1990，6 (1)：28~30.

[46] Hansbo S，Jendeby L. A follow-up of two different foundation principles. Fourth international conference on case histories in geotechnical engineering，St. Louis，Missouri，1998：259~264.

[47] Kishida H，Meyerhof G G. Bearing capacity of pile groups under vertical eccentric load in sand. Proc. 6th ICSMFE，Toronto，1965，2：270~274.

[48] De Sanctis L，Mandolini A. Bearing capacity of piled rafts on soft clay soils. Journal of Geotechnical and Geoenvironmental Engineering，2006，132 (12)：1600~1610.

[49] Lee J H，Kim Y，Jeong S. Three-dimensional analysis of bearing behavior of piled raft on soft clay. Computers and Geotechnics，2010，37 (1)：103~114.

[50] 徐中华. 上海地区支护结构与主体地下结构相结合的深基坑变形性状研究 [D]. 博士学位论文，

上海交通大学，2007.

[51] 宰金珉. 软土地基中复合桩基整体极限承载力的分析与计算. 软土地基变形控制设计理论和工程实践（侯学渊，杨敏主编）[M]，同济大学出版社，1996，1～6.

[52] Janbu N. Static bearing capacity of friction piles. Sechste Europaeische Konferenz Fuer Bodenmechanik Und Grundbau，1976，1：479～488.

[53] Brinch Hansen J. A revised and extended formula for bearing capacity. Danish Geotech. Inst. Bull，1970，28：5～11.

[54] 裴捷. 上部结构与地基基础共同作用理论-工程应用与理论研究 [D]. 博士学位论文，同济大学，2001.

[55] Katzenbach R，Arslan U，Moormann Chr. Piled raft foundation projects in Germany. Design applications of raft foundations，2000：323～392.

[56] 周春. 沉降控制复合桩基的试验研究及适用范围探讨 [J]. 岩土力学，2004（z2）：518～523.

[57] 宰金珉. 复合桩基理论与应用 [M]. 知识产权出版社，2004.

[58] Koizumi Y，Ito K. Field tests with regard pile driving and bearing capacity of piled foundations. Soils & Foundations，1967，7（3）：30～53.

[59] Franke E，EI-Mossallamy Y，Wittmann P. Calculation methods for raft foundations in Germany. Design applications of raft foundations，2000：283～322.

[60] Reul O，Randolph M F. Piled rafts in overconsolidated clay：comparison of in situ measurements and numerical analyses. Géotechnique，2003，53（3）：301～315.

[61] 宰金珉，周峰，梅国雄，王旭东. 自适应调节下广义复合基础设计方法与工程实践 [J]. 岩土工程学报，2008，30（1）：93～99.

[62] Allievi L，Ferrero S，Mussi A，et al. Structural and geotechnical design of a piled raft for a tall building founded on granular soil. Proceedings of the 18th International Conference on Soil Mechanics and Geotechnical Engineering，Paper. 2013：2659～2661.

[63] Smith D M A，Randolph M F. Piled raft foundations-a case history. Proc. Conf. Deep Foundation Practice，1990：237～245.

[64] Badelow F，Poulos H G，Small J C，et al. Economic foundation design for tall buildings. Proc. 10th Int. Conf. on Piling and Deep Foundations，Amsterdam，The Netherlands，2006：200～209.

[65] 林树枝. 可控刚度桩筏基础的研究与应用. 宣讲材料（幻灯片），厦门市建设与管理局，2018.

[66] Cooke R W，Sillett D F，Bryden Smith D W，et al. Some observations of the foundation loading and settlement of a multi-storey building on a piled raft foundation in London clay. Proceedings of the Institution of Civil Engineers，1981，70（3）：433～460.

6 深圳地区建筑深基坑变形控制设计实践与探讨

左人宇，黄天河

(深圳市工勘岩土集团有限公司，广东 深圳 518057)

6.1 前言

在 2005 年之前，深圳地区多数为一层或两层地下室，开挖深度 5～10m。2005～2010 年，三层地下室、开挖深度约 12～15m 的基坑多了起来。2010 年以后，四层以上的地下室建筑、基坑开挖深度超过 15m、深度达到 30m 甚至更深的超深基坑在深圳地区逐渐增多。目前正在开发建设的前海自贸区，基坑深度多数在 20m 以上。

就目前的设计水平，三层地下室的基坑工程（15m 以内），在深圳地区已显得没有多少技术难度，普遍经验都能够通过桩锚或桩撑的支护形式，将基坑的变形控制在合理范围之内。但 15m 以上的超深基坑，若仍然套用浅基坑的支护概念或思路，容易出现不安全的情况。深圳地区近几年来，超深基坑出问题的不少。主要表现在基坑水平位移偏大、坑边沉降量偏大导致对周边环境造成不良影响，但基坑整体失稳的情况已非常罕见。现在集中表现的不是基坑稳定的问题，是如何有效实现变形控制的问题。

总结超深基坑的设计和施工经验，有助于进一步提高设计水平，保证基坑和周边环境安全。

6.2 深圳地区常见地层条件

深圳地貌大致可以分三种情况：山地地貌、台地地貌和海岸地貌带。山地地貌带以边坡支护和地质灾害防治为主，基坑开挖常在台地和海岸地貌带。台地地貌和海岸地貌带的地质条件，大致以下几种地层为主。图 6.2-1 为深圳地区典型地层剖面图。

6.2.1 人工填土层

深圳地区表层的人工填土层是一大特点。形成该层土与深圳特区早期的历史有关。一类填土是当年深圳刚成立特区时，地表不平整，丘陵与洼地共存，后经政策指引，对整个区域进行了平整，形成不同时期的人工填土层。该层土在深圳地表广泛存在。另一类是填海造地堆填的土石方。从早期的盐田港、滨海大道、福田保税区填海到现在仍在进行的深圳机场填海工程，大概填海造地近百平方千米。

人工填土层厚薄不均，从 1m、2m 到 20m 都有。填海区多有填石，台地地貌带以素填土为主。

按深圳地区勘察经验，素填土层的黏聚力 c 取 5～10kPa，内摩擦角 φ 取 10°～15°。

6.2.2 淤泥层

淤泥（淤泥质土）层常见于海岸地貌带，偶见台地地貌带。淤泥层的最大厚度约 25m，一般为 6～10m。深圳滨海淤泥含水量偏高，从 60%～90% 不等。

按深圳地区勘察经验，淤泥土层的黏聚力 c 取 2～5kPa，内摩擦角 φ 取 4°～6°。标贯击数一般为 0～3 击。

6.2.3 黏性土和砂层

黏性土和砂层常见但厚度不均。冲洪积和坡残积成因为主。

按深圳地区勘察经验，黏性土层的黏聚力 c 取 15～20kPa，内摩擦角 φ 取 15°～20°。砂层的黏聚力 c 取 0～5kPa，内摩擦角 φ 取 25°～35°。

6.2.4 残积层

残积土，特别是花岗岩残积土是深圳地区的一大特产。早期的岩土工作者对其做了较深入的研究。

深圳地区的花岗岩残积土，具有遇水软化、渗透系数大，孔隙比大、强度高等特点。粗颗粒（石英）含量高。若勘察取样时不小心，易将其划分成含黏土砾砂或直接判定成砂层。

按深圳地区勘察经验，残积土的黏聚力 c 取 20～25kPa，内摩擦角 φ 取 20°～25°。标贯击数一般为 18～25 击。

6.2.5 基岩

基岩分全风化、强风化、中风化、微风化层。深圳地区基岩以花岗岩、灰岩、泥岩为主，埋深不均，普遍在 40～60m，滨海局部风化深槽地段，基岩埋深达到 100～120m。同时也常见基岩露头的情况。高层建筑的基础形式一般都是嵌岩的端承桩。

深圳地区也常见半土半岩的超深基坑。

6.3 深圳地区深基坑常用支护形式

深圳开发建设的早期，基坑深度不深，周边环境空旷，对变形控制的要求不高，如图 6.3-1 所示。常用的支护形式是土钉墙或复合土钉墙。最深的复合土钉墙支护深度达到 15～18m。常出现基坑变形偏大，地表沉降过大的情况，时有基坑出现局部滑塌的险情。

随着安全管理力度加大，城市建设的发展，附近居民自我保护意识的提升，基坑工程对周边环境的保护要求越来越高。目前深圳地区最常见的基坑支护形式已是桩锚和桩撑，如图 6.3-2、图 6.3-3 所示。即便是深度在 10m 左右两层地下室的基坑支护，也多数采用桩锚或桩撑的形式。且内支撑支护形式逐渐成为主流。

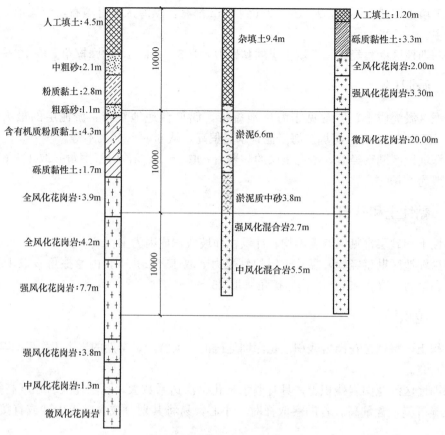

图 6.2-1 深圳地区典型地层剖面图

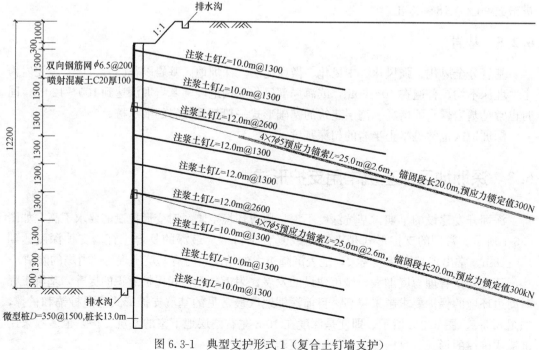

图 6.3-1 典型支护形式 1（复合土钉墙支护）

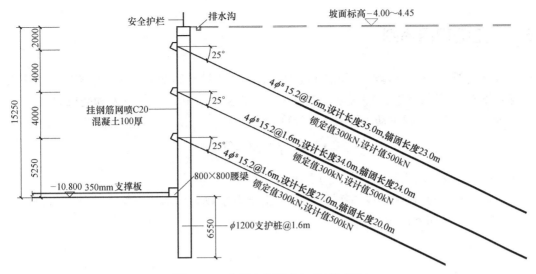

图 6.3-2 典型支护形式 2（桩锚支护）

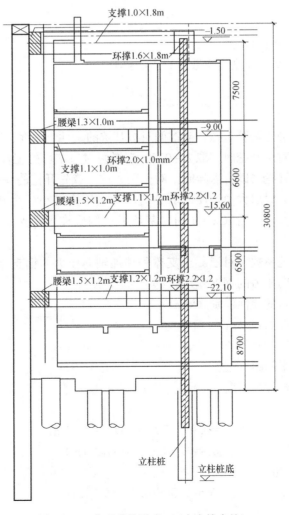

图 6.3-3 典型支护形式 3（内支撑支护）

6.4 工程项目资料

收集整理了 19 个深基坑（开挖深度 15～33m）的设计和变形监测结果资料，均为大型综合体或超高层建筑类型的基坑。这些基坑工程多是 2010 年之后开发和完成的。

表 6.4-1 中，加权主动土压力系数计算方法：

$$K_i = \tan^2\left(45° - \frac{\varphi_i}{2}\right)$$

式中　K_i——第 i 层土的主动土压力系数；

　　　φ_i——土的内摩擦角，多层土的主动土压力系数利用加权平均方法计算求得，方法如下：

$$K_a = \frac{\sum_1^n K_i \times h_i}{\sum_1^n h_i}$$

式中　h_i——第 i 层土的厚度。

表 6.4-1 中，水平支撑刚度系数计算方法：

$$k_R = \frac{\alpha_R EA b_a}{\lambda l_0 s}$$

式中　λ——支撑不动点调整系数：支撑两对边基坑的土性、深度、周边荷载等条件相近，且分层对称开挖时，取 $\lambda=0.5$；支撑两对边基坑的土性、深度、周边荷载等条件或开挖时间有差异时，对土压力较大或先开挖的一侧，取 $\lambda=0.5～1.0$，且差异大时取大值，反之取小值；对土压力较小或后开挖的一侧，取（1－λ）；当基坑一侧取 $\lambda=1$ 时，基坑另一侧应按固定支座考虑；对竖向斜撑构件，取 $\lambda=1$；

　　　α_R——支撑松弛系数，对混凝土支撑和预加轴向压力的钢支撑，取 $\alpha_R=1.0$，对不预加轴向压力的钢支撑，取 $\alpha_R=0.8～1.0$；

　　　E——支撑材料的弹性模量（kPa）；

　　　A——支撑截面面积（m²）；

　　　l_0——受压支撑构件的长度（m）；

　　　s——支撑水平间距（m）；

　　　b_a——挡土结构计算宽度（m）

对于圆形桩

$$b_a = 0.9(1.5d+0.5) \quad (d \leqslant 1m)$$
$$b_a = 0.9(d+1) \quad (d > 1m)$$

对于矩形桩或工字形桩

$$b_a = 1.5b+0.5 \quad (b \leqslant 1m)$$
$$b_a = b+1 \quad (b > 1m)$$

表6.4-1

深圳地区部分建筑深基坑支护与变形监测结果统计表

序号	项目名称	支护形式	开挖深度(m)	地连墙/支护桩(m)嵌固	坡顶最大沉降(mm)	坡顶水平位移(mm)	水位最大累计变化量(m)	深层水平位移(mm)	插入比	加权主动土压力系数	水平支撑刚度系数 K_T(MN/m)	围护系统刚度 K_S
1	车公庙建滔创富	1.0m地连墙+3道内支撑	19.20	10.00	-12.40	9.40	-1.75	9.84	0.52	0.61	176.47	161.76
2	嘉里前海项目	双排桩+内支撑+分仓开挖	18.50	12.00	-21.90	19.98	-4.20	49.15	0.65	0.57	151.78	241.82
3	前海T201-0077项目	中心岛,地连墙,桩撑支护	22.00	10.00	-15.80	24.00	-1.91	24.00	0.45	0.76	139.62	361.88
4	博今商务广场	1.0m地连墙+3道支撑	21.00	10.00	-23.59	12.40	-9.36	32.86	0.48	0.45	162.16	126.31
5	帝豪金融大厦	0.8m地连墙,1.2m咬合桩+内支撑	23.00	9.00	-13.11	25.90	-1.40	11.57	0.39	0.44	333.33	236.17
6	太平金融大厦	1.2m支护支护旋喷止水	21.00	8.00	-40.20	16.60	-7.75	20.49	0.38	0.51	451.76	51.11
7	四季御园	桩撑、桩锚、旋喷	20.50	7.00	-41.70	45.00	-5.08	30.00	0.34	0.57	352.63	155.16
8	碧中园	桩撑+2~3道内支撑	16.50	7.00	-29.90	30.80	-7.00	28.13	0.42	0.58	337.50	173.24
9	东门基坑	1.2m排桩+2~3道内支撑、锚索	18.60	8.00	-25.00	30.00	-4.00	20.00	0.43	0.49	192.69	89.79
10	地铁科技大厦	1.2m咬合桩+内支撑	23.30	8.00	-37.67	37.45	-4.49	4.60	0.34	0.49	649.78	262.53
11	和信大厦	1.0/1.2m旋挖桩三管旋喷+内支撑	15.90	8.40	-9.11	11.10	-2.56	10.92	0.53	0.65	271.49	224.20
12	太子广场	1.2m咬合桩三管旋喷+内支撑	15.00	6.00	-12.58	12.10	-2.04	17.39	0.40	0.53	167.69	53.91
13	平安金融中心	1.4,1.6m钻孔桩+内支撑	33.80	12.00	-22.90	26.10	-8.00	25.70	0.36	0.50	194.55	214.19
14	中移动基坑	1.1,1.3m桩撑支护	22.00	8.00	-23.80	32.50	-2.11	31.92	0.36	0.48	376.91	358.23
15	丰盛町地下商业街	挖孔桩+旋喷止水唯幕+2道支撑	16.00	7.00	-10.90	11.55	-1.70	11.55	0.44	0.45	808.53	393.07
16	大冲旧改一期	双排桩,排桩+支撑、锚索	12.00	8.00	-45.00	30.00	-3.20	51.70	0.67	0.56	428.57	202.18
17	合正教育新村	1.2m钻孔灌注桩+预应力锚索	15.40	6.00	13.20	26.60	-1.04	13.10	0.39	0.46	—	—
18	荣超联合总部大厦	1.2m支护+锚索	20.00	9.00	-20.67	39.80	-0.75	18.95	0.45	0.52	—	—
19	储能大厦	1.2,1.4m桩锚支护,三管旋喷	24.50	12.00	-26.12	34.50	-1.67	38.11	0.49	0.53	—	—
	平均值		19.91	8.71	-22.06	25.04	-3.68	23.68	0.45	0.53	324.72	206.60

注：本表中所列数据，在多种支护形式的工程中，选择支撑支护段的开挖深度和监测数据。

式中　b_a——单根支护桩上的土反力计算宽度（m）；当按公式计算的 b_a 大于排桩间距时，
　　　　　b_a 取排桩间距；

　　　　d——桩的直径（m）；

　　　　b——矩形桩或工字形桩的宽度（m）。

表 6.4-1 中，围护系统刚度计算方法：

$$K_s = \frac{E_w I}{\gamma_w h^4}$$

$$I = t^3 / 12$$

式中　$E_w I$——围护墙体的水平抗弯刚度；

　　　　E_w——钢筋和混凝土的复合弹性模量，本章中按《混凝土结构设计规范》取值；

　　　　t——连续墙厚度；

　　　　γ_w——水的重度；

　　　　h——竖向支撑平均间距。

当围护结构非地下连续墙时，需对 t 值进行等刚度换算，计算方法如下：

$$t = 0.838D \sqrt[3]{\frac{D}{D+b}}$$

式中　D——桩径；

　　　　b——桩净距。

其中若采用一字相切排列，$b \ll D$，则 $t = 0.838D$。

6.5　统计数据分析

本章所收集的数据，均为深圳地区住宅或写字楼的深基坑，基坑平均开挖深度
19.91m，30% 为三层地下室，70% 为四～五层地下室。项目覆盖深圳市罗湖、福田、
南山等原关内行政区域。究其主要原因，也是因为超高层建筑的开发也就位于这几个
行政区。

6.5.1　地层条件

对所收集的资料按土层厚度进行加权主动土压力系数统计，数值介于 0.44～0.76 之
间，平均值为 0.53。填土层较厚的区域以及滨海区域的地层条件相对较差，台地地貌区
域地层条件相对较好。若以加权主动土压力系数值 0.6 作为区分好土和差土的标准，所收
集的项目中仅有 3 个项目的加权主动土压力系数大于 0.6（0.61、0.65、0.76）。

加权主动土压力系数反映出深圳地区的土层条件相对较好，但该参数与基坑开挖的深
度和本次收集的样本有关。一般而言越到深处的土层力学性质越好。如何更有效合理地利
用这个参数还可进一步研究探讨。

6.5.2　支护形式

所收集的资料中，基坑支护均采用锚索或支撑的方式。实际项目中，会根据地层条件
以及周边环境的不同，分段采用支撑和锚索结合的方式进行支护。随着监管力度的不断加

强，以内支撑为主的支护形式在深圳地区已成为主流。

与地铁深基坑不同，本章所收集到的基坑支撑绝大多数采用钢筋混凝土支撑，少见钢支撑（仅一个中心岛式开挖的项目采用钢支撑）。这与深圳本地钢支撑市场不成熟有关，也与基坑面积、形状与地铁类深基坑有较大不同有关。

所收集的资料中，采用地连墙和咬合桩的项目有 6 个。除一个早期实施的项目是采用人工挖孔桩以外（丰盛町地下商业街，2006～2009 年），其他的支护桩均采用旋挖桩施工。反映出深圳地区采用旋挖桩或者地连墙进行支护已成主流。目前大部分的咬合桩也是采用旋挖桩设备进行施工。人工挖孔桩已是广东省明文规定受限制使用的桩型。

所收集的资料中，采用桩间旋喷止水的项目有 13 个，占 70%。从实际应用情况来看，咬合桩及地连墙的止水效果明显好于旋喷止水。

6.5.3 插入比、支撑刚度系数和围护系统刚度

插入比定义为支护桩或地连墙在坑底的嵌固深度与基坑开挖深度的比值。该参数对基坑整体稳定及坑底抗隆起稳定系数影响很大。

所收集的资料中，插入比 0.34～0.6，平均值 0.45。徐中华统计的上海地区基坑插入比，地连墙类是 0.87，灌注桩类是 1.12。王志琰收集的杭州地区连续墙深基坑插入比集中于 0.6～1.73 范围内，平均值是 1.08。郑荣跃收集的宁波地区 23 个地下连续墙作为围护结构的地铁车站类基坑的平均插入比为 0.98。李淑收集的北京 67 个灌注桩类地铁车站深基坑插入比平均值 0.3。

插入比数值充分反映出深圳地区的地质特点：在埋深超过 20m 以后，地质条件以残积土或风化岩为主，支护体系的嵌固深度较小。同时也体现出岩土工程的区域性特点。

为方便进行对比，不考虑支撑平面布置形式对支撑刚度的影响。支撑刚度系数的计算方法按现行的《建筑基坑支护技术规程》，即忽略支撑腰梁或冠梁挠度的影响，按水平对撑进行计算。支撑刚度系数直接影响到基坑变形值。

所收集的资料中，支撑刚度系数范围值 139～808MN/m 之间，平均值 324.72MN/m。该支撑刚度系数反映出为确保变形控制在合理范围之内，在基坑设计时，支撑体系的刚度都设计得比较大。

所收集的资料中，围护系统刚度值 51.11～461.27，平均值 206.60。类似地层条件的东门基坑项目与厦门深厚残积土地铁车站深基坑的围护系统刚度比较，围护系统刚度值相近。徐中华统计的上海地区连续墙类混凝土支撑围护系统刚度值 200～1000，灌注桩类围护系统刚度值 30～2000。王志琰收集的杭州地区建筑基坑的围护系统刚度主要集中于 300～1000 范围内，地铁车站类基坑的围护系统刚度主要集中于 1200～2500 范围内。

因未收集到最原始的参考文献（Clough 等 1989、1990），有关围护系统刚度的概念及引用来自国内其他一些相关文献。

6.5.4 位移和沉降

所收集的资料中，基坑水平位移值都较小，侧移比（δ/H，δ 为位移值，为基坑深

度）值：0.5‰~2.0‰，平均值1.3‰。地表沉降值0.6‰~2.0‰，平均值1.4‰。徐中华收集的上海地区连续墙的最大侧移介于1‰~10‰，平均值为4.2‰。王志琰收集的杭州地区连续墙支护深基坑最大侧向位移0.9‰~6.1‰，平均值为2.6‰。杨永文收集的10个采用灌注桩作为围护结构的深基坑的最大侧向位移变化范围大致为7‰~12‰，平均值为9‰。反映出深圳地区的基坑变形控制得相对更小，同时也反映出深圳地区的地层条件比上海浙江地区的地层条件更好。

实测结果中，土体深层位移的位置多在接近基坑中下部的位置，坑底附近的位移并不大。这与深圳地区的地层特点相符。在深圳地区的深基坑基本上不考虑抗隆起的问题，基坑的破坏多数是倾覆或坍塌破坏模式。

鉴于深圳地区的地表沉降监测极少采用全断面监测，故未收集整理土体最大沉降点与坑壁的距离关系的资料。就观察和了解的情况，沉降值最大点均位于基坑坑壁附近，少量的与坑壁有一定距离，属于凹型沉降类型。这种沉降形式与国内大多数的研究成果一致，也与大多数的数值分析结果一致。

所收集的资料中，地下水位变化在1~9m之间，与地表沉降并未体现出明显的关系。但在实际工程中，地表沉降与地下水的关系非常密切。经常是基坑变形不大，但周边沉降量偏大。这在桩锚支护的基坑工程中体现得尤其明显。实施锚索一方面扰动土体，另一方面形成一个深层的泄水孔，导致地下水不断流失，地下水位下降，土体沉降。

6.6 深圳地区岩土参数及数值分析

深圳地区的基坑设计，常规采用理正深基坑软件进行计算。在长期的勘察和设计过程中，已总结出了相对成熟的基于规范方法进行计算的一套参数体系。

对于一些复杂的基坑工程项目，也会采用PLAXIS、ABAQUS、MIDAS等软件进行数值模拟计算。在数值分析中，常采用的本构模型有摩尔库仑、剑桥模型、小应变硬化模型等。由于岩土参数难于准确确定，岩土数值分析的准确性目前难以得到多方认可。本章的观点：数值分析应用得太少。计算的工程案例多了，就可以取得相对准确的区域性的岩土参数，从而提高数值分析的准确性。随着计算机硬件的不断发展，现在一个复杂的大型基坑工程进行一次三维数值模拟计算（20万个节点和单元），只需要几十分钟即可完成，且这个时间还在不断的缩短。随着掌握岩土数值分析手段的设计人员不断增加，数值分析软件的升级，数值分析应用不断推广，相信在将来数值模拟会成为主要的岩土工程设计计算方法。

6.6.1 深圳地区常见土层参数

深圳地区的勘察设计、基坑、地基处理等规范，已对深圳地区的土层物理力学参数做了大量总结，详见表6.6-1~表6.6-4。表中的参数已在深圳地区的岩土工程中得到了应用和验证。

表 6.6-1

深圳市第四系黏性土层物理力学性质指标统计

地层名称	指标名称	统计数	天然含水量 ω (%)	土的密度 ρ (g/cm³)	土粒相对密度 d_s	孔隙比 e	液限 ω_L (%)	塑限 ω_p (%)	塑性指数 (I_p)	液性指数 I_L	压缩系数	压缩模量 (MPa)	直剪试验 内摩擦角 φ(°)	直剪试验 黏聚力 c(kPa)	标贯击数 (击)
全新统 Q4	海积 Qᵐ 淤泥	范围值	57.8~127.8	1.48~1.67	2.68~2.70	1.54~3.14	40.4~58.5	18~34	22.0~25.5	1.60~3.67	1.01~3.40	1.20~2.51	2.0~7.0	4.0~8.0	0.1~2.5
		平均值	91.0	1.58	2.69	2.32	49.5	25.4	23.2	2.64	2.31	1.86	4.5	6.0	1.30
	海陆交互沉积 Qᵐᶜ 淤泥质黏性土	范围值	40.2~65.3	1.67~1.80	2.68~2.72	1.11~1.45	28.4~44.5	16~29	12.0~15.5	1.50~2.35	0.70~1.90	1.28~3.01	3.0~10.0	7.0~18.0	0.5~10.0
		平均值	50.7	1.73	2.70	1.28	36.4	23.0	13.7	1.86	1.15	2.15	6.2	11.6	3.6
	冲积洪积 Q₄ᵃˡ⁺ᵖˡ 粉质黏性土	范围值	15.5~35.1	1.80~2.07	2.65~2.74	0.51~0.96	24.0~51.0	7.0~12.0	8.0~20.5	0.71~0.93	0.22~0.66	2.96~6.86	8.7~29.7	14.0~69.0	4.0~15.0
		平均值	24.9	1.92	2.70	0.72	36.5	10.0	13.7	0.80	0.42	4.90	18.1	39.7	9.10
	海陆交互沉积 Q₄ 含粉细砂淤泥质土	范围值	13.2~26.0	1.59~2.06	2.60~2.66	0.50~1.50	21.0~37.0	17.5~22.0	14.0~25.0	0.89~1.17	0.14~1.58	1.58~10.7	6.6~23.1	2.4~31.3	2.0~7.0
		平均值	20.22	1.88	2.64	0.91	30.8	10.0	20.7	1.03	0.62	6.10	17.10	808	4.0
上更新统 Q3	冲积洪积 杂色粉质黏性土	范围值	15.8~32.0	1.80~2.06	2.60~2.70	0.50~0.92	28.0~41.0	17.5~22.0	10.5~19.0	0.01~0.57	0.15~0.61	3.60~7.90	7.3~29.5	5.0~67.0	5.0~14.0
		平均值	23.5	1.94	2.65	0.69	38.8	19.7	14.8	0.19	0.38	4.5	16.9	33.4	8.4
	冲积洪积 Q₃ᵃˡ⁺ᵖˡ 含砾砂黏性土	范围值	8.9~26.2	1.86~2.15	2.62~2.71	0.55~0.58	22.0~48.0	12.0~22.0	14.0~26.0	0.11~0.19	0.18~0.33	4.78~8.61	8.9~36.2	10.0~38.0	7.0~19.2
		平均值	15.9	2.05	2.68	0.56	34.8	15.0	19.0	0.15	0.25	6.55	20.2	24.2	12.9
Q 或 pre-Q 残积 Qᵉˡ	花岗岩岩风化或化碎质黏性土	范围值	22.0~35.8	1.73~1.91	2.60~2.68	0.70~1.04	36.5~56.5	25.0~40.0	11.5~17.0	0.01~0.14	0.24~0.78	3.20~5.60	18.9~31.6	20.0~56.0	10.0~43.0
		平均值	29.0	1.81	2.64	0.88	48.4	34.0	14.5	0.02	0.45	4.20	25.7	36.2	27.0
	变质岩风化化黏性土	范围值	19.9~35.5	1.77~1.99	2.64~2.76	0.67~1.03	30.0~43.2	20.0~29.0	10.2~15.0	0.01~0.69	0.27~0.74	2.80~6.10	21.1~32.0	19.0~60.0	15.0~37.0
		平均值	26.4	1.87	2.68	0.82	36.5	24.0	12.7	0.10	0.42	4.30	26.9	36.4	25.0

表 6.6-2

深圳市主要黏性土层静三轴及无侧限抗压强度试验指标统计表

指标名称 统计数 地层名称		不固结不排水剪		固结不排水剪				无侧限抗压强度		
		内摩擦角 φ_{uu}(°)	黏聚力 c_{uu}(kPa)	内摩擦角 φ(°)	黏聚力 c_{cu}(kPa)	有效内摩擦角 φ'(°)	有效黏聚力 c'(kPa)	原状土 q_u(kPa)	重塑土 q'_u(kPa)	灵敏度 S_t
海积淤泥 Q_4^m	范围值	0.3~2.4	1.0~7.0	13.7~21.0	2.0~13.0	10.0~27.0	6.0~20.0	3.27~5.80	0.63~2.00	2.9~5.2
	平均值	0.9	3.29	16.3	6.23	17.1	11.33	4.45	1.32	3.9
海陆交互沉积淤质黏性土 Q_4^{mc}	范围值	0.3~1.1	2.6~13.3	10.4~14.9	6.4~16.5	16.3~29.0	3.2~18.1	—	—	—
	平均值	0.7	7.2	13.0	10.2	23.7	10.2	—	—	—
冲积洪积杂色黏性土 Q_3^{al+pl}	范围值	5.1~14.0	9.0~35.0	10.5~19.0	2.0~10.0	19.0~28.8	5.0~12.0	—	—	—
	平均值	9.1	24.6	15.8	6	24.6	8.6	—	—	—
花岗岩风化残积砾质、砾质黏性土 Q^{el}	范围值	5.2~11.8	12.0~28.0	26.1~33.0	2.0~10.0	27.0~35.3	10.0~30.0	—	—	—
	平均值	7.9	19.1	28.9	5.1	32.9	16	—	—	—
变质岩风化残积黏性土 Q^{el}	范围值	2.2~9.0	20.1~36.0	17.3~26.2	37.0~47.5	21.5~39.2	25.4~41.0	—	—	—
	平均值	4.9	27.8	20.7	41.7	28	30.97	—	—	—

表 6.6-3

深圳市软黏土固结、次固结及渗透系数试验指标统计表

指标统计数 地层名称		各级荷重下固结系数(10^{-4} cm²/s)				各级荷重下次固结系数		渗透系数 k(cm/s)	
		50~1000kPa		100~200kPa		100kPa	200kPa	k_h(水平向)	k_v(垂直向)
		C_v	C_h	C_v	C_h	C_a(垂直向)	C_a(垂直向)		
海积淤泥土 Q_4^m	范围值	3.78~5.52	4.46~5.55	4.10~7.20	5.18~6.56	0.0103~0.0126	0.0126~0.0129	1.07×10^{-8}~3.91×10^{-8}	1.02×10^{-8}~3.56×10^{-8}
	平均值	4.20	5.08	5.50	6.05	0.0113	0.0128	2.17×10^{-8}	1.98×10^{-8}
海陆交互沉积淤泥质土 Q_4^{mc}	范围值	35.0~37.2	51.0~104.0	25.0~35.5	45.0~85.1	0.00347~0.00305	0.00441~0.00275	3.6×10^{-5}~2.5×10^{-6}	9.1×10^{-6}~1.2×10^{-7}
	平均值	36.3	77.5	30.1	65.7	0.00315	0.0036	9.0×10^{-6}	1.7×10^{-6}

深圳市主要黏性土高压固结试验指标统计表　　表 6.6-4

指标名称 统计数 地层名称		前期固结压力 p_c(kPa)	压缩指数 C_c	回弹指数 C_s
海积淤泥 Q_4^m	范围值	15.0~40.0	0.402~0.762	0.053~0.116
	平均值	26.0	0.641	0.084
海陆交互沉积淤泥质土 Q_4^{mc}	范围值	60.0~85.0	0.149~0.512	0.016~0.069
	平均值	74.0	0.313	0.042
冲积洪积杂色粉质黏土 Q_3^{al+pl}	范围值	95.0~145.0	0.08~0.12	0.015~0.033
	平均值	124.0	0.101	0.022
花岗岩风化残积砾、砾质黏土 Q^{el} 或 Pre-Q^{el}	范围值	120.0~186.0	0.143~0.218	0.018~0.035
	平均值	156.0	0.174	0.025

6.6.2　基于 HSS 模型的深圳地区土层参数及应用

1. HS 和 HSS 本构模型

HS 模型（图 6.6-1）是由 Schanz 等人在 1999 年提出来的，是近些年来岩土本构模型中研究较多、发展较快、应用较为广泛的一种本构模型。HS（Hardening Soil Model）模型是在双硬化模型的基础上进行改善，该模型在模拟土体剪切方面可认为是弹塑性的 Duncan—Chang 模型，考虑了土体的剪胀性及加载模量与卸荷模量之间的差异。HS 模型加入了塑性理论，考虑了在主应力空间中屈服面的不确定，由一个双曲线型的剪切屈服面以及一个椭圆形的盖帽屈服面组成，且其盖帽屈服面可模拟土体体积压缩方面的特性。

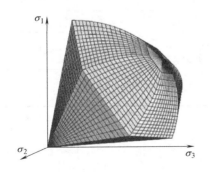
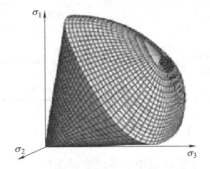

图 6.6-1　HS 模型主应力空间屈服面　　图 6.6-2　HSS 模型主应力空间屈服面

HSS（图 6.6-2）是基于 HS 模型发展起来的，其模型参数与 HS 模型参数几乎相同，只是增加了两个用于反映土体小应变刚度特性的参数：参考压力下的初始剪切模量和剪切模量衰减到 0.7 倍初始剪切模量时的剪切应变水平。HSS 模型不仅继承了 HS 模型能同时考虑土体的压缩硬化和剪切硬化功能，还能考虑土体小应变行为，因此具有更好的适用性，特别是针对卸载回弹问题。相比 HSS 模型，HS 模型往往容易高估基坑开挖卸载后土体的回弹变形。

具体的 HS 和 HSS 本构模型理论详见有关文献，在此不再赘述。

2. HSS 本构模型参数

数值分析的基础条件是模型参数的准确性，有关 HSS 本构模型的参数含义及取值方法详见表 6.6-5。已有不少学者对 HSS 模型参数取值做过研究，各地区学者的取值范围差距较大。表 6.6-6 中收集了深圳地区的有关 HSS 本构模型计算参数取值。

HSS 模型参数表

表 6.6-5

参数类别	参数名称	定义	传统获取方法	简便获取方法
常用刚度参数	E_{50}^{ref}	参考围压 $0.5q_{\text{f}}$ 对应割线模量	CD/UU	对黏性土 $E_{50}^{\text{ref}}=2E_{\text{oed}}^{\text{ref}}$，对砂性土 $E_{50}^{\text{ref}}=E_{\text{oed}}^{\text{ref}}$
	$E_{\text{oed}}^{\text{ref}}$	参考围压主固结切线模量	固结试验	$E_{\text{oed}}^{\text{ref}}=5E_{\text{s}}^{1-2}$
	$E_{\text{ur}}^{\text{ref}}$	参考围压卸载/再加载模量	包括卸载试验的 CD、UU 和固结试验	$E_{\text{ur}}^{\text{ref}}=5E_{50}^{\text{ref}}$
	m	刚度应力相关幂指数	CD/CU/固结试验	对黏性土 $m=0.8$，对砂性土 $m=0.5$
高级刚度参数	v_{ur}	卸载/再加载泊松比	固结试验间接计算获得	$v_{\text{ur}}=0.2$
	p^{ref}	刚度参考应力	一般取 100kPa	
	K_0^{nc}	正常固结 K_0 值		$K_0^{\text{nc}}=1-\sin\varphi'$
强度参数	c'	有效黏聚力(kPa)	CD/CU/DSS	CD/CU/DSS，试验数据缺乏时,可参考本地区类似土层参数
	φ'	有效内摩擦角(°)	CD/CU/DSS	CD/CU/DSS，试验数据缺乏时,可参考本地区类似土层参数
	ψ'	剪胀角(°)	CD	$\psi'=\begin{cases}\varphi-30°,\psi>0\\0,\psi<0\end{cases}$
高级强度参数	R_{f}	破坏比	经验确定	$R_{\text{f}}=0.9$
小应变刚度参数	G_0^{ref}	参考压力下的初始剪切模量	弯曲元试验、共振柱试验和扭剪试验等	$G_0^{\text{ref}}=2E_{\text{ur}}^{\text{ref}}$
	$\gamma_{0.7}$	$G_{\text{s}}=0.722G_0$ 时的剪切应变	经验确定	$\gamma_{0.7}=5\times10^{-4}$

6.6.3　HSS 模型参数应用

1. 平安金融中心基坑支护工程

平安国际金融中心基坑支护项目位于福田区。施工范围处于益田路、福华路、中心二路、福华三路所围地块内，周边重要建筑、地铁、道路、管线相互关系复杂。如图 6.6-3 所示。场地总体地势平坦，建筑场地为四条道路所围，道路的绝对标高为 $6.22\sim7.51\text{m}$。基坑深度约为 30m，采取支护桩＋环形内支撑的支护形式。

场地地下水水位在地表以下约 2m，根据地勘报告，土层分布主要有：人工填土、含有机质粉质黏土、粉质黏土、中细砂、砾质黏性土、全风化、强风化、中风化花岗岩。

支护结构如图 6.6-4 所示。

深圳地区 HSS 模型参数引用表

表 6.6-6

数据来源	(深圳)地下通道施工引起下卧地铁隧道上浮规律及其控制措施研究-叶跃鸿[12]				(深圳)HSS模型及其在基坑支护设计分析中的应用-刘志祥[13]				(深圳)基于小应变硬化土模型的基坑开挖对穿地铁隧道影响的三维数值模拟分析(温科伟)[14]				(深圳)基于小应变本构模型的桩锚桩撑组合支护深基坑三维数值分析(周宇)[15]				
模型参数 \ 土层	淤泥	黏土	砾质黏土	全风化花岗岩	填土	粗砂	砾质土	淤泥	粉质黏土	中砂	砂质黏性土	全风化花岗岩	杂填土	淤泥质黏土	黏土	砾砂	砾质黏性土
E_{oed}^{ref} (MPa)	2.13	3.45	7.54	15	9	11	22.5						3.8	1.7	4.2	18.0	8.0
E_{50}^{ref} (MPa)	3.03	3.9	7.54	15	6	11	22.5	6.375	25.53	17.53	14.67	20.13	3.8	2.0	5.6	18.0	8.0
E_{ur}^{ref} (MPa)	17.08	19.06	25.5	45	60	33	67.5	20.04	76.60	61.37	110	161	23.4	11.5	28.9	56.0	24.0
c' (kPa)	12	3	8	0				12.6					7	2	9	0	6
φ' (°)	28	24	32	31				25.8					25	11	24	35	27
R_f	0.65	0.82	0.89	0.91				0.9					0.9	0.6	0.9	0.9	0.9
m	0.8	0.94	0.72	0.74				0.95					0.8	0.8	0.8	0.4	0.6
v_{ur}	0.2	0.2	0.2	0.2	0.25	0.25	0.25	0.4					0.2	0.2	0.2	0.2	0.2
K_0	0.52	0.59	0.47	0.49	0.25	0.25	0.25	0.6					0.55	0.75	0.61	0.37	0.40
ψ' (°)	0	0	0	3									0	0	0	5	0
G_0^{ref} (MPa)	42.7	47.72	60.26	163.5	36	44	90	100.18	382.30	214.8	385.2	563.7	122.5	63.1	112.4	275.3	185.7
$\gamma_{0.7}(\times 10^{-4})$	4	3	3	2	2	2	2	2					2.2	2.5	2.3	2.8	2.3

图 6.6-3 平安金融中心基坑项目平面

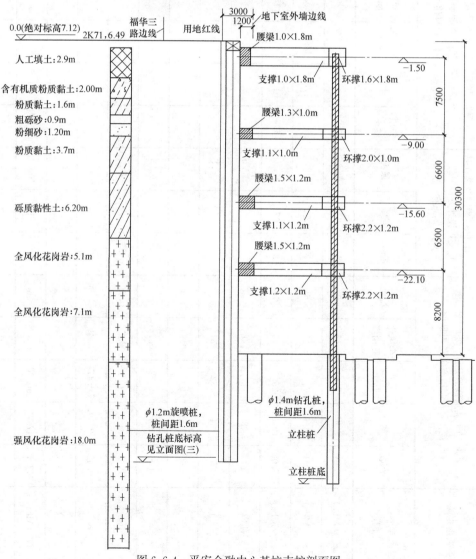

图 6.6-4 平安金融中心基坑支护剖面图

　　根据支护结构的建模便利性与监测数据的完整性，本章对基坑南侧的支护剖面进行数值模拟，支护剖面详见图 6.6-4。基坑深度 30m，四道内支撑支护。

　　在数值模拟计算时，土体参数的选取是极其重要的，本文利用勘察报告提供的岩土参数值，以及参考深圳地区相关的 HSS 模型数值模拟研究（表 6.6-6），经多个项目反复分析试算，确定相应的小应变模型参数值（表 6.6-7）。对于中风化岩，用摩尔-库仑本构模型，以简化模型计算。另采用理正深基坑软件也进行了二维计算，计算结果与实测结果对比详见图 6.6-5、图 6.6-6。

平安金融中心项目 HSS 小应变硬化本构模型参数表　　　　　　表 6.6-7

模型参数 土层	人工填土	含有机质粉质黏土	粉质黏土	中细砂	砾质黏性土	全风化花岗岩	强风化花岗岩
E_{oed}^{ref}(MPa)	4.5	4	6	11	7.54	15	30
E_{50}^{ref}(MPa)	4.5	4	6	11	7.54	15	30
E_{ur}^{ref}(MPa)	18	16	23	50	70	150	300
c'(kPa)	7	17.3	18.7	0	19.4	22	27
$\varphi(°)$	25	15.7	22	35	26.6	31	36
R_f	0.9	0.9	0.9	0.9	0.9	0.9	0.9
m	0.8	0.8	0.8	0.5	0.8	0.8	0.8
v_{ur}	0.2	0.2	0.2	0.2	0.2	0.2	0.2
K_0	0.58	0.73	0.63	0.43	0.55	0.48	0.41
$\psi'(°)$	0	0	0	5	0	1	6
G_0^{ref}(MPa)	65	50	90	150	350	600	800
$\gamma_{0.7}$	0.0003	0.0003	0.0003	0.0003	0.0003	0.0002	0.0002

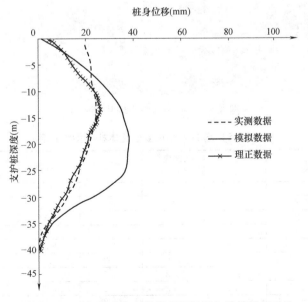

图 6.6-5　平安金融中心基坑实测结果与计算结果对比

　　计算结果中，理正深基坑软件计算出的最大位移量 26.31mm，HSS 本构模型计算位移量 38.32mm，实测最大位移量 24.69mm。理正计算结果与实测结果相对更为接近。地

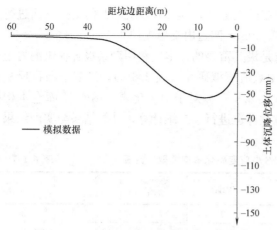

图 6.6-6 平安金融中心地表计算沉降曲线

表沉降数据未进行断面监测，仅列出模拟沉降结果，约 50mm。

2. 博今商务广场基坑工程

拟建项目位于福田区车公庙片区，场地属于市中心地区交通，附近道路、周围楼宇、地铁线路关系复杂，场地内地形较为平坦，现状地面标高介于 4.60～5.60m。基坑支护深度为 21m，支护长度 429m，基坑支护结构采用地连墙＋内支撑的形式。基坑挖至坑底时，现场情况如图 6.6-7 所示。支护结构剖面如图 6.6-8 所示。

基于 HSS 小应变硬化本构模型的参数取值详见表 6.6-8。

理正深基坑、数值模拟计算、实测值的对比详见图 6.6-9、图 6.6-10。

图 6.6-7 博今商务广场基坑平面

博今商务广场 HSS 小应变硬化本构模型参数表　　　　　　　　　　　表 6.6-8

模型参数 土层	素填土	砾砂	淤泥质粉质黏土	圆砾	砾质黏性土	全风化粗粒花岗岩	强风化粗粒花岗岩
E_{oed}^{ref}(MPa)	6	17	8	30	15	25	35
E_{50}^{ref}(MPa)	6	17	8	30	15	25	35
E_{ur}^{ref}(MPa)	19	60	30	90	160	200	350
c'(kPa)	7	0	10	0	19.4	27	33
φ'(°)	25	35	20	38	26.6	32	36
R_f	0.9	0.9	0.9	0.9	0.9	0.9	0.9
m	0.8	0.5	0.8	0.5	0.8	0.8	0.8
v_{ur}	0.2	0.2	0.2	0.2	0.2	0.2	0.2
K_0	0.58	0.43	0.66	0.38	0.55	0.46	0.41
ψ'(°)	0	5	0	8	0	3	5
G_0^{ref}(MPa)	80	200	100	250	350	600	800
$\gamma_{0.7}$	0.0003	0.0003	0.0002	0.0002	0.0003	0.0002	0.0002

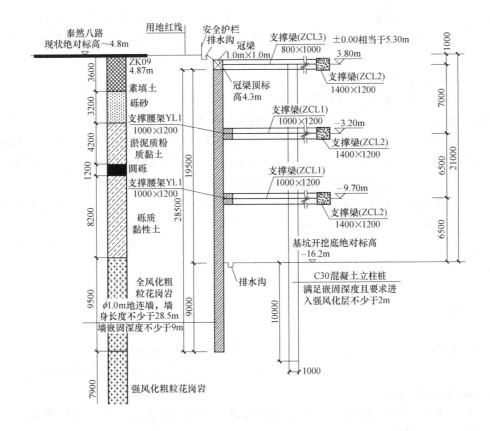

图 6.6-8 博今商务广场基坑剖面图

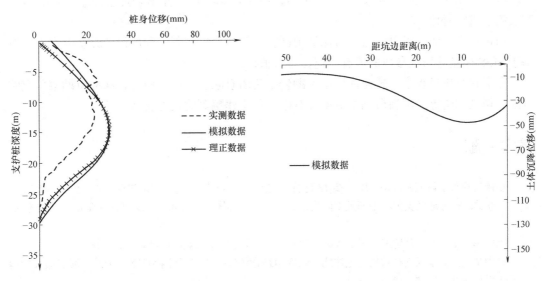

图 6.6-9 博今商务广场基坑实测
结果与计算结果对比

图 6.6-10 博今商务广场基坑计算地表沉降曲线

计算结果中，理正深基坑软件计算出的最大位移量 29.45mm，HSS 本构模型计算位移量 29.22mm，实测最大位移量 24.90mm。理正深基坑计算结果与模拟计算结果更为接近，与实测结果均有一定差别。地表沉降数据未进行断面监测，仅列出模拟沉降结果，约 48mm。

3. 计算与实测结果对比分析

（1）实测数据中桩/墙顶位移明显大于数值模拟的计算结果。不仅仅是这两个工程，在其他的基坑工程中，也大量出现实测桩/墙顶位移大于计算值的情况。

（2）实测基坑的最大位移点比数值模拟出的最大位移点更靠近坑顶。深圳地区基坑测斜管深层水平位移监测的结果，常表明基坑的最大位移点在基坑的中部，与上海等其他地区实测或计算分析的最大位移点在坑底附近有区别。

（3）实测数据与理正深基坑计算的结果吻合度较好，说明在深圳地区长期的岩土工程实践过程中，基于规范计算方法采用的岩土参数是合理的。

（4）深圳地区基于 HSS 本构模型的参数的研究尚不充分，还需要进一步利用大量的工程实践数据来多方面验证取值的合理性。

6.7　结语

（1）本章对深圳地区的地层条件、支护形式、岩土参数概况做了说明。

（2）收集整理了 19 个深基坑（15～33m）的设计和监测数据，并与国内其他地区的统计数据做了分析对比。

（3）对 HSS 小应变硬化本构模型的参数进行了描述和整理，收集了深圳地区基于 HSS 模型的岩土参数。

（4）利用两个工程实例基于 HSS 模型进行了计算分析，并结合理正深基坑计算数据和实测值进行对比。

通过以上工作，可以大致了解深圳地区在深基坑变形控制方面的设计和实践水平，对基于 HSS 模型的岩土参数取值有一定参考价值。

在资料收集过程中，感谢深圳市工勘岩土集团有限公司林国威等、深圳市勘察研究院有限公司刘唱晓等、深圳市勘察测绘院有限公司文建鹏等的大力支持！

参考文献

[1]　中国建筑科学研究院. JGJ 120—2012 建筑基坑支护技术规程 [S]. 中国建筑工业出版社，2012.

[2]　刘念武. 软土地区支护墙平面及空间变形特性与开挖环境效应分析 [D]. 浙江大学博士学位论文，2015，17～19.

[3]　刘国彬，王卫东. 基坑工程手册（第二版）[M]. 中国建筑工业出版社，2009，433.

[4]　徐中华. 上海地区支护结构与主体地下结构相结合的深基坑变形性状研究 [D]. 上海交通大学博士学位论文，2007，128.

[5]　王志琰. 杭州地区连续墙支护深基坑变形性状研究 [D]. 浙江大学硕士学位论文，2017，33.

[6]　郑荣跃，曹茜茜，刘干斌，等. 深基坑变形控制研究进展及在宁波地区的实践 [J]. 工程力学，2011，28（S2）：38～53.

［7］　李淑. 基于变形控制的北京地铁车站深基坑设计方法研究［D］. 北京交通大学博士学位论文，2013，55.

［8］　杨小莉. 厦门深厚残积土地铁车站深基坑变形性状研究［D］. 华侨大学硕士学位论文，2016，20.

［9］　徐中华. 上海地区支护结构与主体地下结构相结合的深基坑实测变形性状分析［D］. 上海交通大学博士学位论文，2007，128～129.

［10］　杨永文. 杭州软土地区排桩墙与 T 型连续墙支护深基坑变形性状研究［D］. 杭州：浙江大学，2012.

［11］　深圳市勘察研究院有限公司. SJG 04—2015 深圳市地基处理技术规范［S］. 中国建筑工业出版社，2015.

［12］　叶跃鸿. 地下通道施工引起下卧地铁隧道上浮规范及控制措施研究［D］. 浙江大学硕士学位论文，2017.

［13］　刘志祥，卢萍珍. HSS 模型及其在基坑支护设计分析中的应用［C］. 第 21 届全国结构工程学术会议论文集（第 I 册），2012 年.

［14］　温科伟，刘树亚，杨红坡. 基于小应变硬化土模型的基坑开挖对下穿地铁隧道影响的三维数值模拟分析［C］. 第 26 届全国结构工程学术会议论文集（第 II 册），2017 年.

［15］　周宇，吴龙梁，赵明 等. 基于小应变本构模型的桩锚桩撑组合支护深基坑三维数值分析［J］. 施工技术，2017，46（19）.

7 超高层建筑基础沉降控制设计与实践

王卫东，吴江斌，常林越

（华东建筑设计研究院有限公司上海地下空间与工程设计研究院，上海 200002）

7.1 前言

近二十年来，超高层建筑的建造高度和速度在全球范围内得到空前的发展。1998 年建成的马来西亚吉隆坡石油大厦（452m，88 层）和中国上海金茂大厦（420.5m，88 层），及 2002 年建成的台北国际金融中心（505m，101 层）标志着超高层建筑进入了新的发展时期。我国已是超高层建筑的建造大国，已建成的世界十大最高建筑中，有 6 幢建筑在中国。上海陆家嘴于 2007 年建成了上海环球金融中心（492m，101 层），2008 年又开工建设高度达 632m 的上海中心大厦。此后，天津 117 大厦、深圳平安金融大厦、武汉绿地中心大厦、苏州中南中心大厦等多幢 600m 级的超高层建筑陆续开始建设（王卫东，2013）。

在高层建筑高度不断增加的同时，建筑的体型与功能也日趋复杂，促使结构体系、建筑材料、建造技术不断发展和创新。我国超高层建筑大多建造在上海、武汉、天津为代表的沿江沿海地区，这些区域软弱土层深厚、压缩性高、承载力低，随着建筑高度越来越高，地基承载力与基础沉降控制问题越来越突出。如上海中心大厦工程，核心筒范围基底压力高达 3000kPa，而场地地表以下 200m 范围内均为软黏土和砂土，要满足超高层建筑高荷载作用下地基承载力与变形的要求，地基基础的设计与施工难度异常大，给超高层建筑基础工程带来巨大的挑战（Weidong Wang，2013）。

超高层建筑基础沉降分析与控制贯穿于基础设计的全过程，涉及持力层的选择、单桩承载力的确定、群桩基础的布置与受力、基础底板的弯曲与配筋等（王卫东，2012）。超高层建筑桩基础的设计首先应综合考虑建筑物体型与功能特征、上部结构体系与荷载要求、场地土层条件等，选择合适的持力层和桩型。而后开展试桩的设计、施工与检测，验证单桩承载力、沉降变形控制能力及施工工艺可行性。再基于单桩载荷试验结果初步确定桩基承载力、桩数及布置，确定基础筏板的厚度。最后基于上部结构、地基及基础共同作用的分析方法（王卫东，2007），开展群桩与基础筏板受力和变形计算，分析群桩受力、桩身结构强度、基础沉降和差异沉降，不断调整基础设计并进行验算分析，直至满足相关控制要求。

7.2 超高层建筑桩基础沉降控制要求

基础承载力和沉降是超高层建筑基础设计面临的两个基本问题，其中沉降的设计计算与控制更为复杂。德国法兰克福的高层建筑工程经验表明，整体沉降在100mm以内不会对功能有明显的损伤。表7.2-1列出了由 Zhang & Ng（2006）推荐的取值标准，不仅包括允许的沉降和倾斜值，还包括通过观察得到的不能容忍的沉降和倾斜值。其根据52个项目统计得到的允许的沉降变形限值为106mm，倾斜限值为1/500。超高层建筑基础的沉降包括整体沉降（平均沉降）、差异沉降和由沉降引起的倾斜。国家标准《建筑地基基础设计规范》GB 50007—2011规定体型简单的高层建筑基础平均沉降应小于200mm。上海市地方标准《地基基础设计规范》DGJ 08—11—2010规定高层建筑桩基沉降应控制在100～200mm。

Zhang & Ng 推荐的深基础沉降和转角限值（2006）　　　表 7.2-1

类型	数值
允许的沉降变形限值(mm)	106
不能容忍的沉降变形观察值(mm)	349
允许的倾斜限值	1/500
不能容忍的倾斜观察值	1/125

根据国内7个超高层建筑的基础沉降实测数据分析，如表7.2-2所示，建筑高度范围为203（35层）～632m（121层），438m的武汉中心桩端持力层为中微风化软质泥岩，其他工程皆以密实的砂层为持力层，根据结构封顶实测沉降推算最终沉降为24～130mm，高度最低的203m上海平安金融大厦沉降最小，采用钢管桩的492m上海环球金融中心大厦沉降最大。上海环球金融中心、天津117大厦、上海中心大厦等几幢接近和超过500m的超高层建筑基础沉降皆超过100mm。因此结合相关的规范及理论研究与工程实践，对于软土地区超高层建筑，基础最终总沉降量宜控制在150mm以内。当然，对于特别不规则的超高层建筑，其基础最终沉降量宜控制在100mm以内。

超高层建筑项目及基础沉降监测概况　　　表 7.2-2

项目名称	上海平安金融大厦	上海华敏帝豪大厦	天津津塔	武汉中心大厦	上海环球金融中心	天津117大厦	上海中心大厦
建筑高度(m)	203	258	336.9	438	492	597	632
筏板埋深(m)	13	20.1	23.6	20	18.45	25.1	31.4
筏板厚度(m)	2.8	3.2	4.0	4.0	4.5	6.5	6.0
桩端埋深(m)	53	77.1	80.5	64	79	101.6	82.3
桩径(mm)	850	800	1000	1000	700	1000	1000
桩数	1235	417	351	448	1177	941	955
桩端持力层	⑦$_{2-2}$层粉细砂	⑨$_1$层粉砂层	⑪$_b$层粉砂、粉土层	⑥$_4$层微风化泥岩	⑨$_2$层含砾中粗砂层	⑩$_5$层粉砂层	⑨$_{2-1}$层粉砂层
监测开始	2007/8/30	2008/7/26	2008/10/27	2012/4/17	2005/2/20	2012/3/12	2010/5/11
封顶时间	2009/2/16	2010/1/22	2010/1/2	2015/7/22	2007/12/13	2015/9/11	2014/8/28
最后监测	2012/7/6 封顶后3年5个月	2013/8/8 封顶后3年7个月	2011/2/16 封顶后1年1个月	监测中	2008/5/13 封顶后半年	监测中	监测中
封顶沉降(mm)	17.2	46.6	49.5	30	114	72	91

项目名称	上海平安金融大厦	上海华敏帝豪大厦	天津津塔	武汉中心大厦	上海环球金融中心	天津117大厦	上海中心大厦
最终沉降(mm)	24	51	57	35(预估)	130	105(预估)	115(预估)
差异沉降(mm)	15	33	9	23	60	53	37
封顶沉降占比	72%	91%	87%	86%	88%	70%	79%

超高层建筑整体刚度大，地基的不均匀沉降可能会导致建筑物的整体倾斜，引起较严重的危害。当倾斜超过一定数值时，不但使电梯等各种设备不能正常运行，还会产生较大的结构次生应力影响结构安全。超高层建筑对倾斜敏感，极易使人产生恐慌。国家标准《建筑地基基础设计规范》GB 50007—2011 给出了高层建筑整体倾斜（基础倾斜方向两端点的沉降差与其距离的比值）允许值，如表 7.2-3 所示，对于大于 100m 的高层建筑，其允许值为 1/500，与表 7.2-1 的推荐值相同。行业标准《高层建筑箱形与筏形基础技术规范》要求非抗震设防区超高层建筑整体倾斜应控制在 $b/100H$ 内，对于抗震设防区，控制值应更为严格，建议小于 $b/200H \sim b/150H$。1956 年 Skempoton 认为倾斜达到 1/150 结构开始损坏。1977 年国际土力学基础工程会议有关《基础与结构的性状》报告中指出，倾斜达到 1/250 时可被肉眼觉察。在香港，大多数公共高层建筑物的倾斜限值为 1/300，以保证电梯的正常运行。因此，对于超高层建筑，设定 1/500 的倾斜值是一个合理的安全控制值。

高层建筑整体倾斜允许值（建筑地基基础设计规范，2011）　　表 7.2-3

高度（m）	$24 < H \leqslant 60$	$60 < H \leqslant 100$	$H > 100$
允许值	0.003	0.0025	0.002

现有相关规范对超高层建筑的整体沉降给出了相关的计算方法和经验参数，关于差异沉降的计算尚没有明确规定。超高层建筑基础工程设计实践中的难点往往是差异沉降，但又很难精确计算，故工程中通常是通过控制总沉降来达到间接控制差异沉降的目的。

7.3　基础总沉降控制

超高层建筑基础沉降控制包括总沉降控制和差异沉降（倾斜）控制两个方面，其中总沉降的控制是首要。根据影响超高层建筑沉降的相关因素，可以从上部结构荷载、基础底板厚度、桩型与桩端持力层选择、基桩桩身刚度、桩基沉渣控制与后注浆技术、桩身质量等方面进行控制。

7.3.1　上部结构荷载

超高层建筑的结构重力是竖向荷载最重要的组成部分，对控制结构总沉降而言，认识超高层建筑的结构体系、重力荷载及分布是关键。一般高层建筑的竖向荷载标准值约为 $1.4 \sim 1.6t/m^2$，而超高层建筑主要采用抗侧力更为高效的筒体结构及其衍生的结构形式，竖向荷载约为 $1.6 \sim 2.0t/m^2$。图 7.3-1 为某 500m 超高层建筑重力荷载代表值和构件自重比例，可以看出，重力荷载代表值中，总结构构件自重占 75％，楼面梁结构附加恒载占 17％，活载代表值占 8％。在结构构件自重中，核心筒占 46％，巨型框架占 26％，次框架占 7％，楼板占 21％。因此，减小核心筒、巨型框架楼板等构件的自重对于控制总荷载比较有效。

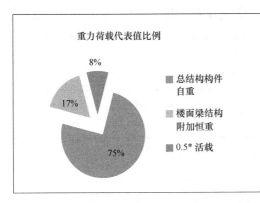
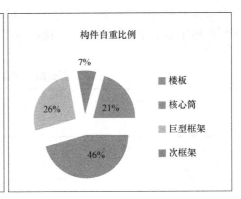

图 7.3-1　某超高层建筑重力荷载比例

高层建筑竖向荷载 85％ 以上是建筑物重力（结构及装饰层重力），在许可的范围之内减轻结构重力，是一条重要的设计原则，能够有效节约造价并减少地基沉降以及竖向构件的压缩变形。在水平荷载作用下，超高层建筑的倾覆力矩与高度的关系表明，结构材料用量随建筑高度呈非线性急剧增加。因此，提高抗侧力结构体系的效率是降低结构自重的主要途径之一，主要措施如下：

1）优化建筑体型。采用合适的高宽比、锥化建筑体型、流线形平面、建筑角部钝化、沿高度逐步退台以及立面设置导流槽等体型优化措施，可以有效减小风荷载，从而显著减小结构刚度需求并降低结构重力。

2）优化结构体系。优先选用刚度较大、抗震能力较好、具有良好空间整体性的筒体结构、巨型结构、混合结构体系。

3）优化结构构件。在满足刚度、强度、稳定以及使用性能的情况下，采用钢管混凝土构件、变截面构件、减小梁板截面高度等楼盖体系来减轻结构重力。

4）采用轻质高强的新型建筑材料。如高强钢材、高强混凝土、轻骨料混凝土等。

7.3.2　基础底板厚度

超高层建筑桩基础底板承台是承上启下的重要结构构件，基础底板厚度的确定一直是基础设计中的敏感问题，主要由核心筒、柱、桩的抗冲切来确定，并通过弯曲计算进行复核和调整。适当增加底板厚度有利于满足上部结构竖向构件的冲切和协调基础的不均匀沉降，但底板厚度太大不但增加工程量，也大幅增加上部结构的荷载，对总沉降控制不利，同时给大体积混凝土的施工带来难度。

基础底板厚度主要与上部结构层数、结构体系与竖向构件布置、地层条件等有关。表 7.3-1 列出了部分超高层建筑基础底板厚度，建筑高度范围为 320～632m，地上结构建筑层数为 75～121 层，底板厚度为 3.4～6.5m（周建龙，2018）。由于每幢建筑的结构层数和荷载都不相同，为了比较，表中最后一列列出了将底板厚度除以地上结构层数得到的每层结构所对应的基础底板厚度，约为 3.8～6.5mm。每层结构对应的基础底板厚度最小的是南京绿地紫峰大厦和深圳平安大厦，原因在于这两个工程采用的是大直径嵌岩桩，单桩承载力高，有利于控制基础冲切所需的厚度。对于软土地区来说，每层结构对应的基础底板厚度约 4.5～6.5mm，中值约为 5.5mm。对于一些复杂的工程，可以采用分区原则对基础底板采取变厚度设计。如北京 CCTV 新台址工程主楼 51 层，根据荷载的分布，基础底板采用了多个不同的厚度，塔楼底板厚度达 6～7m，其他区域最小厚度减小为 4.5m 和 4m。

部分超高层建筑基础底板厚度 表 7.3-1

工程	建筑高度 (m)	结构高度 (m)	地上结构层数	地下室层数	基础底板厚度 (m)	每层结构对应底板厚度 (mm)
上海中心大厦	632	580	121	5	6.0	4.96
天津 117 大厦	597	597	117	3	6.5	5.56
深圳平安大厦	660	555.5	118	5	4.5	3.81
上海环球金融中心	492	—	101	3	4.5	4.46
南京绿地紫峰	450	381	89	4	3.4	3.82
上海金茂大厦	420.5	—	88	3	4	4.55
武汉中心大厦	438	393.9	88	4	4	4.55
天津津塔	336.9	—	75	4	4	5.33
上海白玉兰广场	320	300	66	4	4.3	6.52

7.3.3 桩型合理选择与优化设计

1. 应用大直径超长桩

以上海、天津为代表的沿江沿海等地区成为我国超高层建筑建造的集中区域，大部分为软土地区，基岩埋藏深度深，地表以下有较深厚的软土和中高压缩性土。大直径超长桩成为满足超高层建筑承载力需求并控制沉降的主要选择（Wang Weidong，2013）。大直径超长桩主要指直径大于 800mm、桩长大于 50m、长径比超过 50 的桩，其主要特点为承受荷载高，但由于其穿越土层多而复杂，承载变形性状复杂（李永辉，2011；王卫东，2011），施工难度大且质量不易控制。超长桩持力层的选择应充分考虑上部建筑体型特点、结构体系与荷载要求，持力层性状、埋深和下卧层情况，及施工的难易程度等综合确定。表 7.3-2 列出了部分华东建筑设计研究院设计的超高层建筑桩基工程概况。

华东院设计的部分超高层建筑大直径超长桩概况 表 7.3-2

名称	始建时间	高度 (m)	层数	桩型	桩径 (mm)	桩端埋深 (m)	桩端持力层
CCTV 新主楼	2004	234	51	钻孔灌注桩	1200	52	砂卵石
天津津塔	2006	336.9	75	钻孔灌注桩	1000	85	粉砂
天津 117 大厦	2008	597	117	钻孔灌注桩	1000	98	粉砂
上海中心大厦	2008	632	121	钻孔灌注桩	1000	88	粉砂夹中粗砂
上海白玉兰广场	2009	320	66	钻孔灌注桩	1000	85	含砾中粗砂

名称	始建时间	高度（m）	层数	桩型	桩径（mm）	桩端埋深（m）	桩端持力层
武汉中心	2009	438	88	钻孔灌注桩	1000	65	微风化泥岩
苏州国际金融中心	2010	450	92	钻孔灌注桩	1000	90	细砂
武汉绿地中心大厦	2011	606	119	钻孔灌注桩	1200	60	微风化砂岩、泥岩

2. 控制桩身刚度减小桩身压缩

软土地区超高层建筑通常采用超长桩，如果长径比过大、刚度较小，桩顶荷载不易向下传递，承载效率较低。另外，在极限荷载下超长桩的桩身压缩量占桩顶沉降的比例普遍达 80% 以上。因此对超长桩应该以非刚性桩来认识，除要考虑桩端持力层产生的沉降外，还要充分考虑桩身压缩变形量引起的沉降。本章统计了 15 个工程近 40 根试桩数据，如图 7.3-2 所示，桩身压缩系数 ξ_c 介于 0.25～0.50 之间，在工作荷载作用下，桩身压缩系数可取 0.5，并以此计算桩身压缩对于沉降的不利影响。因此，控制合理的长径比是控制超长桩受力与变形的关键。在持力层明确的条件下，应采用较大直径的桩来适当减小长径比。

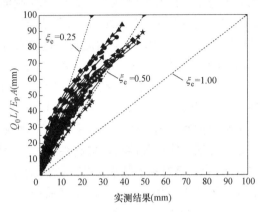

图 7.3-2　桩身压缩系数实测分析图

另外，提高桩身混凝土强度和配筋率可有效控制桩身压缩。随着水下混凝土浇筑工艺的逐渐成熟，C40～C50 高强度等级水下混凝土得到应用（李进军，2009），既满足桩身结构强度的要求，同时减少桩身压缩，有助于荷载向桩身下部传递，从而控制变形。如天津 117 大厦、上海中心大厦和武汉绿地中心大厦桩基工程中，试桩皆采用了 C50 混凝土，工程桩均采用了 C45 混凝土。

3. 考虑群桩效应控制单桩荷载

超高层建筑采用的大直径超长桩往往很难实现侧阻与端阻皆达到极限的理论状态，极限承载力通常由桩身强度控制。单桩承载力除满足上部结构荷载要求外，还要考虑大面积群桩效应引起的刚度削弱和沉降加大的问题。特别是软土地区，3 倍桩径间距的密集群桩之间的相互作用是影响沉降的主要因素。

以上海中心大厦为例，前期单桩载荷试验得到的极限承载力为 26000kN（Wang Weidong，2011），以此可以确定单桩承载力特征值为 13000kN，实际考虑到桩身结构强度及群桩效应等因素，单桩承载力特征值取为 10000kN。根据载荷试验，在该工作荷载作用下的单桩沉降约为 20mm，在 2015 年竣工时，实测建筑最大沉降约为 93mm，群桩沉降约为单桩沉降的 5 倍，这也与相关理论研究和工程经验相匹配。因此，对于重要的超高层建筑，从控制群桩沉降角度，单桩承载力特征值的确定宜根据单桩载荷试验结果有所折减。

7.3.4 沉渣控制与后注浆技术

超高层建筑普遍采用大直径桩和超长桩，成孔深度大、施工时间长、泥浆比重大、含砂率高，过厚的桩身泥皮和桩端沉渣会大幅降低桩身承载力和产生较大的沉降，因此选择合适的施工机具与工艺尤为关键。软土地区可采用回转钻机成孔，在较硬土层可采用成孔效率更高的旋挖钻机。复杂土层可采用不同成孔机具组合进行针对性施工，如武汉绿地中心大厦，在黏土层、砂层和强风化泥岩层采用了旋挖钻机成孔，在微风化泥岩层和中、微风化砂岩层等硬土层则采用了冲击钻机成孔（王震，2012）。对于深厚砂层地区，应考虑采用人工造浆，提升护壁性能，并严格控制泥浆中的含砂率。如上海中心大厦桩基成孔时，考虑到桩身穿越超过 30m 的深厚砂层，其泥浆采用膨润土和外加剂人工制浆，泥浆比重控制在 1.1～1.2，并采用泥浆净化装置除砂，含砂率控制在 4% 以内。孔深较大时，宜采用泵吸或气举反循环工艺，上海中心大厦桩基成孔深度近 90m，其在深部砂性土层中采用了泵吸反循环工艺（李耀良，2010），天津 117 大厦桩孔深达 100m，其采用了气举反循环工艺（王辉，2011）。

桩端后注浆桩通过注浆的压密、劈裂物理扩散和化学胶结等作用，有效地消除桩端沉渣、改善桩端土体承载性状，提高桩端阻力发挥水平同时减小桩端的刺入变形（王卫东，2007，2008），且有利于减小桩长，进而增加桩身刚度，降低桩基施工难度，增加成桩的可靠性。图 7.3-3 为上海某工程注浆前后基桩载荷试验承载力与变形情况，桩身直径为 900mm，桩长为 48.5m，桩端进入细砂层。常规灌注桩试桩 Q-s 曲线有明显的拐点，皆呈陡降型，以 67 号试桩为例，当桩顶荷载达到 5460kN 后，Q-s 曲线出现拐点，桩顶与桩端沉降皆急剧增加，在最大加载 9100kN 时，桩顶与桩端沉降分别为 168mm 和 155mm，竖向抗压极限承载力仅为设计要求的 60% 左右。表明桩顶的沉降主要是由于桩端的沉降引起的，桩身呈整体下沉。而桩端后注浆桩 Q-s 曲线无明显的转折点，呈缓变型。以 SZA1 桩为例，在最大加载 12000kN 作用下，其桩顶与桩端的变形都较小，分别为 19.07mm 与 3.12mm，桩顶变形主要由桩身的压缩构成，注浆后桩端土体刚度提高，端部变形减小。在正常工作荷载 5100kN 下，桩顶沉降皆小于 10mm。桩端后注浆不仅改善桩端支承条件提高桩端阻力，同时由于桩端的变形约束作用，使得桩侧摩阻力也能得到进一步的发挥，在保桩端促桩侧方面起到了积极作用。当桩端埋置很深或桩基沉降变形控

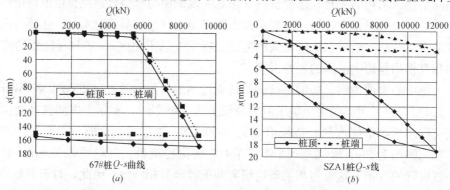

图 7.3-3　常规灌注桩与后注浆桩试桩 Q-s 曲线

（a）常规灌注桩；（b）后注浆灌注桩

制很严格时，可在桩端注浆基础上，增加桩侧注浆形成桩端桩侧联合后注浆桩，以更大范围改善桩侧的桩土界面特性从而提高侧摩阻力发挥水平。目前国内在建的超高层建筑大都采用了后注浆技术提高单桩承载力并控制变形。

7.4 基础差异沉降控制

软土地区超高层建筑基础沉降实测数据表明，基础沉降普遍呈盆形分布形态，即中心沉降大、周边沉降小。这主要与两方面因素有关，一是建筑中部往往是核心筒区域，其荷载大，通常占总荷载的50%以上，而核心筒占据的面积相对较小，导致其荷载集度较周边大很多，沉降也就相对较大；另一方面，建筑中部桩基在群桩效应影响下，刚度大为削弱，从而加大该区域的沉降。本章从优化上部结构体系来减小荷载或改变荷载分布、充分考虑上部结构整体刚度对底板差异变形的协调作用、采取调节桩长、桩径、桩间距等桩基布置优化控制等方面提出了基础差异沉降控制技术，使整个基础沉降趋向更加均匀，同时减小板内弯矩和配筋。

7.4.1 优化上部结构体系

超高层建筑的核心筒荷载集度大，是形成整体中心盆形沉降的主要原因。为了减小中心区域与外围区域的差异沉降，减小核心筒结构自重是最直接的办法，但核心筒的厚度往往与抗震设防裂度、建筑高宽比、水平荷载、结构体系等相关，采用新型的结构体系和高强材料是控制核心筒构件荷载的关键。以336.9m天津津塔为例，主要抗侧力体系由"钢管混凝土柱框架＋核心钢板剪力墙体系＋外伸刚臂抗侧力体系"组成（汪大绥，2009）。薄钢板剪力墙结构作为一种新的结构体系，充分利用薄钢板的拉力场效应，具有较大的弹性初始刚度、大变形能力和良好的塑性、稳定的滞回性等优点。与常规钢筋混凝土剪力墙相比，大大减小了墙体的结构自重，其总重力荷载约为2800MN，其中核心筒约为1140MN，约为总荷载的41%，周边框架柱约为1660MN，约为总荷载的59%，使得其荷载更加向周边分散，基础变形趋于均匀。结构封顶后一年观测到的最大沉降为56.9mm，最小沉降为48.3mm，差异沉降仅为8.6mm，其沉降并没有呈现一个明显的盆形。

为了减小中心区域与外围区域的差异沉降，设置地下室翼墙将竖向荷载向外围扩散也是一个比较好的结构措施，设置地下室翼墙后可更加有效地提高地下室整体刚度、减小竖向差异沉降，还有助于减小竖向构件对基础底板的冲切作用。上海中心大厦核心筒为一个边长约30m的方形筒体，如图7.4-1所示，沿核心筒周边设置了8道厚度为2m、墙肢长8m左右的地下室翼墙（孙华华，2011）。翼墙在协调墙柱变形过程中，将核心筒荷载传递分配至筏板边缘区域，核心筒部分竖向反力减小30%左右，翼墙和柱竖向反力分别增加8%和15%。在基础沉降分析时，若不考虑翼墙刚度，计算中心最大沉降约150mm，周边最小沉降约80mm，差异沉降约70mm；考虑翼墙刚度时，计算中心最大沉降约130mm，周边最小沉降约90mm，差异沉降约40mm；表明了翼墙刚度对减小差异沉降的协调作用。该项目2015年竣工时实测底板最大沉降量大约为93mm，最小沉降大约为57mm，差异沉降为36mm。可见，考虑翼墙刚度的沉降分析结果更接近于实测沉降。

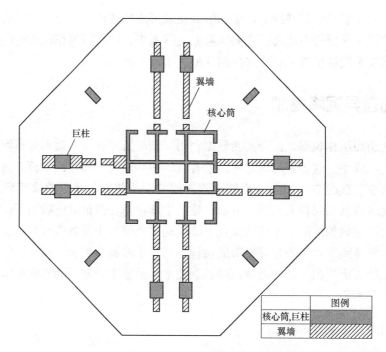

图 7.4-1 上海中心翼墙布置图

7.4.2 利用上部结构刚度作用

上部结构刚度作用指的是上部结构对基础不均匀沉降或挠曲的调节作用。上部结构对减小基础变形和内力有重要的贡献（赵锡宏，1989），但是以在自身中产生次应力为代价的。假定上部结构为绝对刚性时，当基础下沉时，如果忽略各柱墙的抗转动能力，则基础梁犹如倒置的连续梁，以各柱墙为不动铰支座，只产生局部弯曲；假定上部结构为绝对柔性时，即上部结构对基础完全无约束作用，则基础不仅发生局部弯曲，还产生较大的整体弯曲。这两种情形下的基础变形和内力分布有着非常大的差别，实际上建筑物的上部结构刚度介于二者之间。上部结构的刚度对基础的平均沉降几乎没有影响，但可有效地减少基础的差异沉降，同时影响桩顶荷载和基础内力的重分布。

图 7.4-2 为某超高层建筑考虑不同上部结构刚度模型计算得到的筏板沉降分布云图。筏板总体呈现盆式沉降，中间核心筒区域沉降大，周边沉降小。随着上部结构刚度的增加，筏板沉降分布及量值均发生变化。图 7.4-3 为筏板最大沉降、最小沉降及最大差异沉降量与上部结构刚度的关系曲线。随着上部结构刚度增加，筏板中心的最大沉降值逐渐减小，从 220mm 减小至 155mm；边缘的最小沉降逐渐增大，从 20mm 增加至 70mm；差异沉降逐渐减小，从 200mm 减小至 85mm。图 7.4-4 为筏板中间剖面的沉降分布曲线。可以看出，随着上部结构刚度增大，筏板的沉降形态发生显著变化，整体沉降趋于平缓，上部结构有效控制了筏板的差异沉降。上部结构增加到 5 层之后，筏板中心最大沉降、边缘最小沉降及差异沉降基本不变，即上部结构刚度对筏板沉降的影响有限，在实际工程分析中为了减少建模的规模和难度，可取有限层的上部刚度进行计算。

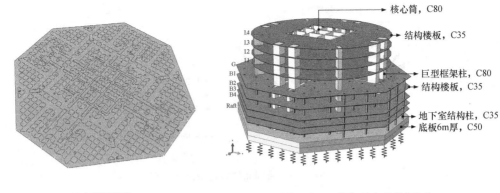

(1) 仅筏板模型　　　　　　　(2) 筏板+地下5层结构+地上4层结构模型

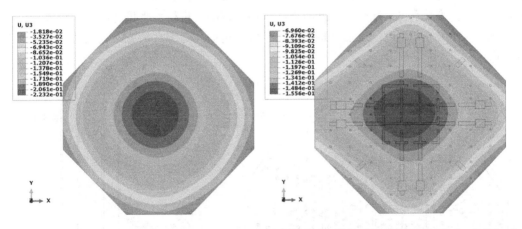

(3) 仅筏板（最大220mm，最小20mm）　　　(4)筏板+地下5层结构+地上4层结构(最大155mm，最小70mm)

图 7.4-2　不同计算模型基础沉降分布云图

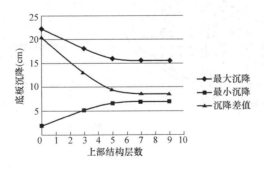

图 7.4-3　筏板沉降与上部结构层数关系

7.4.3　优化桩基布置

高层建筑的最大沉降往往发生在荷载集度较大的中心区域。因此，可以在核心筒区域采用增加桩长、增大桩径、减小桩距等加大桩基刚度的措施；对于外围的巨柱区域或外筒区域，则可通过减小桩长、增大桩间距来适当减小桩基刚度，使支承刚度与荷载相匹配，

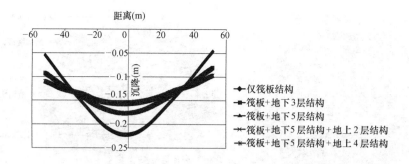

图 7.4-4　横剖面位置筏板沉降分布

内部和外围沉降更为均匀。对于荷载极大的超高层建筑核心筒区域基本按最小桩间距进行布桩，不能采用减小桩间距提高局部布桩强度；且桩径和桩长都较大，通过加大桩长增加内部区域刚度的效率也往往较低，此时单纯采用变桩刚度进行调平设计的难度较大，应采用适当减弱外围桩基刚度、增加结构刚度、扩散结构荷载等综合措施，达到减小差异沉降的目的。

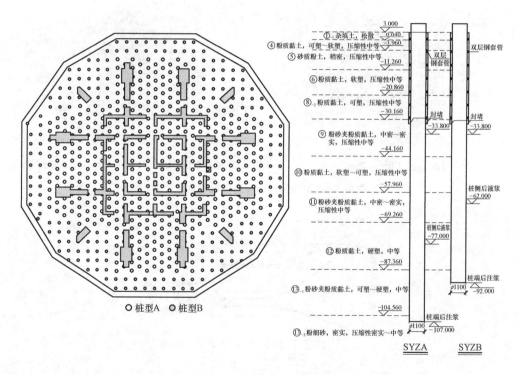

图 7.4-5　苏州中南中心大厦采用不同桩长布桩

在建的 729m 苏州中南中心大厦为地上 137 层，结构高度 598m，设置 5 层地下室，总建筑面积为 38 万 m²。结构重力约 9300MN，平均基底压力达 1440kPa；核心筒荷载约占总荷载的 50%，其基底压力达 3270kPa。如此大的荷载，对主塔楼基础的承载力和变形控制都提出了较高的要求。工程桩桩径为 1100mm，采用了两种桩长，达到控制总沉降并减小差异沉降的目的。其核心筒和巨柱区域采用了 SYZA 型桩，共 523 根，以⑬₋₂粉细砂层为持力层，桩端埋深约110m，有效桩长78.2m，单桩承载力特征值为16000kN；其他区域采用了SYZB型桩，共196根，以⑬₋₁粉砂夹粉质黏土为持力层，桩端埋深约为95m，有效桩长65.2m，单桩承载力特征值为13000kN（Wu Jiangbin，2014）。

7.5 工程实例

7.5.1 中央电视台CCTV新台址

中央电视台CCTV新台址主塔楼高度234m，主体部分由两座斜塔、空中悬臂段及塔间裙房组成，见图7.5-1。两座塔楼均呈双向6°倾斜，在37层（塔楼2为30层）以上部分用14层高的L形悬臂结构连为一体。悬臂部分最大长度75m，最大高度共14层，总重5万吨。该体系不但有高重心、高荷载（基底平均压力标准值为1100 kPa）的特点，而且由于塔楼竖向荷载偏心，对基础底板与桩基产生较大的偏心作用。塔楼周边裙楼、基座部分基底平均压力则相对较低。因此，基础平面荷载分布很不均匀，无论各部分采用何种地基基础方案，均应解决好建筑单元内部和相邻单元的差异沉降和倾斜的控制问题。

本工程场地位于永定河冲洪积扇中下部，自然地面绝对标高约为38.90m，基岩埋深约在160m左右，地面以下至基岩顶板之间的沉积土层以黏性土、粉土与砂土、碎石土交互沉积层为主。本工程开展了以第9层和12层为持力层的两种桩型载荷试验，各有三组试桩，桩径皆为1.2m，试桩TP-A以第12层为持力层，桩端埋深约70m，有效桩长51.7m；试桩TP-B以第9层为持力层，桩端埋深约52m，有效桩长33.4m。两种桩型均采用桩端桩侧联合后注浆。试验结果表明，前者在承载力的发挥、桩顶变形、桩身压缩等方面都明显优于后者，且经济性好，施工

图7.5-1 CCTV新台址

可控，最终确定选用以第9层为持力层的桩基。采用后注浆技术提高了单桩承载力且减小了桩长，更有利于承载力的传递和变形的控制。

塔楼筏板采用变厚度原则进行布置，筏板最大厚度达7m（塔楼1）和6m（塔楼2），最小厚度为4m，见图7.5-2。桩位布置采用了疏密不同的非均匀变刚度布置方式，见图7.5-3，使桩顶反力的合力作用点与上部荷载合力点偏心率小于1.5%，较好地满足了基础沉降、倾斜和受力的要求，减小了地基基础变形对上部连体结构的影响。

基于上部结构、地基及桩基共同作用的分析方法，开展了群桩与基础筏板受力和变形计算，结果见图7.5-4。塔楼1中心最大沉降为79mm，周边沉降约为31mm，中心与周边的差异沉降值为48mm；塔楼2中心最大沉降为70mm，周边沉降约为31mm，中心与周边的差异沉降值为39mm。工程建设过程对基础沉降等进行较为系统的测试，图7.5-5为结构封顶1年后实测沉降等值线。比计算结果和和实测沉降结果的分布模式基本是一致

的，皆在塔楼 1 与塔楼 2 位置形成两个沉降盆，且受荷载偏心的影响，塔楼 1 和塔楼 2 计算与实测沉降值均不在建筑平面中心，偏向塔楼 1 和塔楼 2 之间的区域。考虑到沉降实测是在筏板浇筑完成后进行的，则减去筏板自重后，塔楼 1 和塔楼 2 的最大沉降计算值分别为 66mm 和 52mm，略大于塔楼 1 和塔楼 2 最大沉降实测值 49mm 和 43mm。图 7.5-6 为塔楼 1 由北向南某一剖面各测点的沉降实测值与计算结果的比较，沉降模式和数值基本上一致。

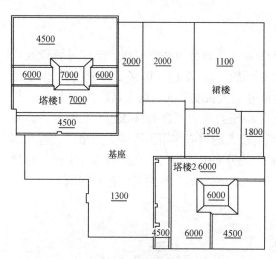

图 7.5-2 CCTV 新台址变厚度底板设计（mm）

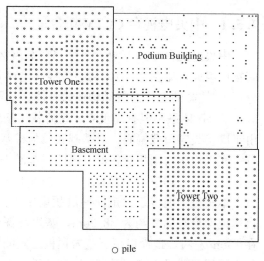

图 7.5-3 CCTV 新台址工程非均匀布桩

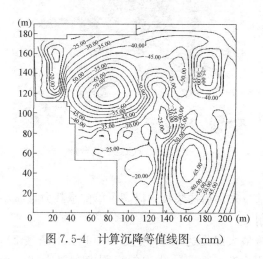

图 7.5-4 计算沉降等值线图（mm）

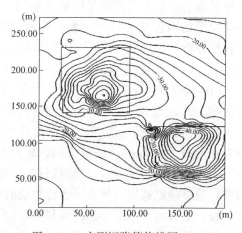

图 7.5-5 实测沉降等值线图（mm）

7.5.2 天津 117 大厦

天津 117 大厦位于天津市高新区地块发展项目之中央商务区，是一幢以甲级写字楼为主，集六星级豪华商务酒店及其他设施于一身的大型超高层建筑，见图 7.5-7。塔楼楼层平面呈正方形，首层平面尺寸约 67m×

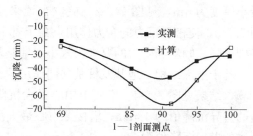

图 7.5-6 塔楼 1 典型剖面沉降计算与实测值比较

67m，总建筑面积约 37 万 m²，建筑高度约为 597 m，共 117 层，另有 3 层地下室。117 大厦采用三重结构体系，由钢筋混凝土核心筒（内含钢柱）、带有巨型支撑和腰桁架的外框架、构成核心筒与外框架之间相互作用的伸臂桁架组成。该大厦结构复杂，自重荷载约 7700MN，对地基基础承载力和沉降要求高。

天津市区地处海河下游，场地最大勘探深度 196.4m 范围的土层划分为 15 个大层及亚层，主要以粉质黏土、粉土、粉砂三种土层间隔分布，以粉质黏土为主。由于不存在深厚的密实砂层，其桩基持力层的选择是桩基设计中的难点。开展了分别以⑩₋₅粉砂层（埋深约 100m）和⑫₋₁层粉砂层为持力层（埋深约 120m）的 4 组试桩。试桩桩径皆为 1000mm，采用桩端桩侧联合后注浆工艺。试验结果表明，4 组试桩最大加载值皆达到 42000kN，桩顶变形约 30～45mm，荷载位移曲线呈缓变型，并未加载至承载极限。120m 长的试桩并未表现出比 100m 长试桩更好的承载与变形能力，因此工程桩选用以⑩₋₅粉砂层为持力层的桩基，将桩长减小了

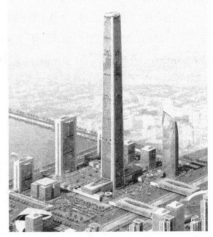

图 7.5-7 天津 117 大厦效果图

20m。桩基施工采用了回转钻机气举反循环工艺。泥浆采用膨润土人工造浆，并在新浆中加入 PHP 胶体。在钻进过程中，根据不同的地层泥浆比重、黏度、含砂率宜控制在 1.1～1.2、18～22s、4％以确保泥渣正常悬浮。采用机械除砂、静力沉淀等多手段结合，控制泥浆含砂量，防止泥浆内悬浮砂、砾的沉淀。上述施工工艺为提高施工工效、减小桩端沉渣、控制基础沉降提供了保障。

天津 117 大厦主塔楼共采用了 941 根灌注桩，桩径皆为 1000mm，桩端埋深约 100m，有效桩长约 76m，见图 7.5-8。为考虑到上部结构在基础上不同位置的荷载分布情况，根据桩顶反力大小与分布，分为三种桩型满足桩基承载力特征值的需求，单桩承载力特征值

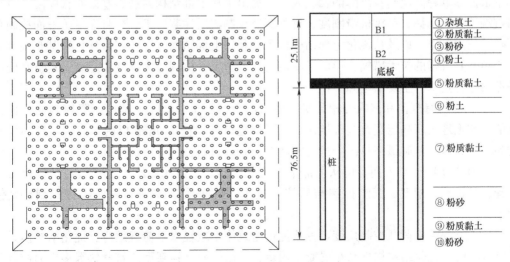

图 7.5-8 桩位平面及剖面布置图

控制在 13000～16500kN。采用的单桩承载力特征值小于根据试桩得到的承载力特征值 24000kN，可以减小大面积群桩效应带来的中心沉降过大的问题。桩基承台筏板呈正方形，面积约 7500m²，板厚 6.0m。

该工程建立了上部结构与桩筏基础一体化分析模型，包括基础筏板、地下 3 层结构、地上 6 层结构。图 7.5-9 为基础底板最终沉降计算结果，计算最大沉降约 129mm，差异沉降约 45mm。本项目于 2015 年 9 月结构封顶，封后两年实测沉降见图 7.5-10，最大沉降约 90mm，最小沉降约 40mm，差异沉降约 50mm，根据实测沉降曲线采用对数函数对最终沉降进行了预测，预测最大沉降约 105 mm，差异沉降约 60mm。

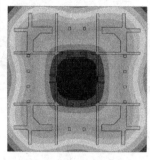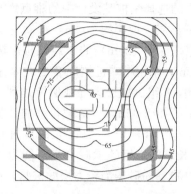

图 7.5-9　计算底板沉降分布云图（单位：m）　　　图 7.5-10　结构封顶两年沉降观测
　　　　　　　　　　　　　　　　　　　　　　　　　　　　等值线图（2017 年 9 月）

7.6　结语

超高层建筑基础沉降控制问题是涉及建筑安全和正常使用的基本问题，沉降控制的技术理念应贯穿于建设始终。沉降控制包括总沉降控制和差异沉降（倾斜）控制两个方面，本章根据影响超高层建筑沉降的相关因素，提出了从上部结构荷载、基础底板厚度、桩型与桩端持力层选择、基桩桩身刚度、桩基沉渣控制与后注浆技术、桩身质量等方面控制总沉降的技术措施，以及从优化上部结构体系、利用上部结构刚度作用、优化桩基布置等方面控制差异沉降的技术措施，形成了涵盖设计、施工、检测等多维度的超高层建筑基础沉降控制综合技术。主要结论如下：

1. 结合现有规范和国内外相关研究成果，给出了超高层建筑基础沉降控制的目标建议值。软土地区超高层建筑基础最终总沉降量建议控制在 150mm 以内。对于特别不规则的超高层建筑，基础最终总沉降量宜控制在 100mm 以内。

2. 在总沉降控制方面，可从上部结构荷载控制、基础底板厚度、桩型与桩端持力层选择、基桩桩身刚度、沉渣控制与后注浆技术、桩身质量控制等方面进行控制，具体如下：

（1）上部结构荷载控制角度，可从优化建筑体型减轻水平荷载效应、优化结构体系提升结构效能、优化结构构件减小混凝土用量、采用轻质高强新型建筑材料等多方面控制重力荷载。基础底板厚度主要由核心筒、柱、桩的抗冲切来确定，并通过抗弯曲的计算进行复核和调整，并可采用分区域变厚度的设计来协调厚度与需求的关系。基于国内超高层建筑基础底板厚度的初步统计，软土地区超高层建筑每层结构对应的基础底板厚度约 4.5～6.5mm，中值约为 5.5mm，可供设计参考。

（2）桩基设计角度，大直径超长灌注桩成为软土地区超高层建筑满足承载力与控制沉降的主要桩型，对于复杂的工程应通过不同持力层载荷试验的对比进行选择。宜采用增大直径、选择合理持力层等措施控制合理的长径比，以及采用 C40～C50 高强度等级混凝土、适当提高桩身配筋等措施提高桩身刚度，以减少桩身压缩控制变形。

（3）桩基施工角度，对于深厚砂层宜采用制备泥浆，控制制备泥浆、循环泥浆及清孔后泥浆等不同阶段泥浆的比重、黏度、含砂率关键控制指标，采用泥浆循环和除砂器控制含砂率等一系列泥浆使用与控制措施；采用正反循环结合成孔、压力可调式气举反循环清孔、泵吸反循环清孔等技术，严格控制一清和二清孔底沉渣厚度等，从施工工艺上控制沉渣厚度以减小沉降。后注浆技术能有效地消除桩端沉渣、改善桩端土体承载性状，提高桩端阻力及桩侧摩阻力发挥水平，并减小沉降。

3. 在差异沉降控制方面，可从上部结构体系设计、考虑上部结构刚度作用、桩基布置优化控制等方面进行控制，具体如下：

（1）优化上部结构体系设计角度，可采用钢板剪力墙新型结构体系减轻核心筒构件重力荷载、采用设置翼墙分散荷载并提高基础结构的整体刚度等减小和扩散荷载的措施，从而减小差异沉降。

（2）利用上部结构刚度作用角度，超高层建筑上部结构刚度特别是由剪力墙构成的核心筒的刚度可以对基础底板形成较强的约束，使基础底板盆形沉降更为平缓，从而有效控制差异沉降。在基础设计计算时，应考虑上部结构刚度对底板变形的有利调节作用。

（3）优化桩基布置设计角度，根据结构荷载分布特点进行桩基优化布置，在核心筒高荷载区采用增加桩长、增大桩径、减小桩距等加大桩基刚度的措施，进行适当增强；对于外围的巨柱区域或外筒荷载集度相对小的区域，则可适当弱化，从而使桩基支承刚度与荷载相匹配，基础中心和外围沉降更为均匀。

参考文献

[1] 王卫东，吴江斌. 超高层建筑大直径超长灌注桩的设计与实践 [C]. 2013 海峡两岸地工技术/岩土工程交流研讨会论文集，2013：8～14.

[2] Weidong Wang, Jiangbin Wu. Super-long bored pile foundation for super high-rise buildings in China. The 18th International Conference on Soil Mechanics and Geotechnical Engineering Challenges and Innovations in Geotechnics，2013.

[3] 王卫东，吴江斌，李永辉. 超高层建筑桩基础设计方法与技术措施 [C]. 中国建筑学会建筑结构分会 2012 年年会暨第二十二届全国高层建筑结构学术交流会论文集，2012.

[4] 王卫东，申兆武，吴江斌. 桩土-基础底板与上部结构协同作用的实用计算分析方法与应用 [J]. 建筑结构，2007，37（5）：111～113.

［5］ Zhang，L. and Ng，A. M. Y. Limiting Tolerable Settlement and Angular Distortion for Building Foundations. Probabilistic Applications in Geotechnical Engineering，GSP 170，ASCE，2006.

［6］ 中国建筑科学研究院. GB 50007—2011. 建筑地基基础设计规范［S］. 中国建筑工业出版社，2011.

［7］ DGJ 08—11—2010 上海市地方标准. 地基基础设计规范［S］. 2010，上海.

［8］ 中国建筑科学研究院. JGJ 6—2011. 高层建筑箱形与筏形基础技术规范［S］. 中国建筑工业出版社，2011.

［9］ 周建龙. 超高层建筑结构设计与工程实践［M］. 同济大学出版社，2018.

［10］ CCES 01—2016 中国土木工程学会标准. 大直径超长灌注桩设计与施工技术指南［M］. 中国建筑工业出版社，2017.

［11］ 李进军，吴江斌，王卫东. 灌注桩设计中桩身强度问题的探讨. 桩基工程技术进展［M］. 2009 桩基工程学术年会，兰州. 中国建筑工业出版社，2009.

［12］ 李永辉，吴江斌. 基于载荷试验的大直径超长桩承载特性分析［J］. 地下空间与工程学报 2011，7（5）：895～902.

［13］ Wang W. D，Li Y. H，Wu J. B. Pile Design and Pile Test Analysis of Shanghai Center Tower . The 14th Asian Regional Conference on Soil Mechanics and Geotechnical Engineering，2011，33.

［14］ 王卫东，李永辉，吴江斌. 上海中心大厦大直径超长灌注桩现场试验研究［J］. 岩土工程学报，2011，33（12）：1817～1826.

［15］ 王卫东，吴江斌. 上海中心大厦桩型选择与试桩设计［J］. 建筑科学，2012，28（增1）：303～307.

［16］ 李耀良. 上海中心大厦试验桩施工技术［J］. 岩土工程学报，2010，32（s2）：379～382.

［17］ 王震，汪浩，饶淇，高志林. 武汉绿地中心高承载力嵌岩灌注桩［J］. 施工技术，2012，41（375）：15～17.

［18］ 王辉，余地华，汪浩，郑利. 天津 117 大厦高承载力超大长径比试验桩施工技术［J］. 施工技术，2011，40（10）：23～25.

［19］ 吴江斌，聂书博，王卫东. 天津 117 大厦大直径超长灌注桩荷载试验［J］. 建筑科学，2015，31（增2）：272～278.

［20］ 王卫东，吴江斌，聂书博. 武汉绿地中心大厦大直径嵌岩桩现场试验研究［J］. 岩土工程学报，2015，37（11）：1945～1954.

［21］ 岳建勇，黄绍铭，王卫东，吴江斌. 上海软土地区桩端后注浆灌注桩单桩极限承载力估算方法探讨［J］. 建筑结构，2009，39（S1）：721～725.

［22］ 王卫东，吴江斌，李进军，黄绍铭. 桩端后注浆灌注桩的桩端承载特性研究［J］. 土木工程学报，2007，40（S1）：75～80.

［23］ 王卫东，吴江斌，黄绍铭. 上海软土地区桩端后注浆灌注桩的承载特性. 地基基础工程技术实践与发展［M］. 中国建筑学会地基基础分会 2008 学术年会论文集，2008，贵阳. 知识产权出版社，146～156.

［24］ 汪大绥，陆道渊，黄良，王建，徐麟. 天津津塔结构设计［J］. 建筑结构学报，2009（s1）：1～7.

［25］ 孙华华，赵昕，李学平，丁洁民，周瑛. 上海中心大厦地下室翼墙性能分析［J］. 建筑结构，2011，41（5）：24～27.

［26］ 杨敏，赵锡宏. 筒体结构—筏—桩—地基共同作用分析［C］. 上海高层建筑桩筏与桩箱基础设计理论. 上海：同济大学出版社，1989，162～178.

［27］　赵锡宏．上海高层建筑桩筏和桩箱基础共同作用理论与实践［C］．上海高层建筑桩筏与桩箱基础设计理论．上海：同济大学出版社，1989，1～23.

［28］　Wu Jiangbin，Wang Weidong. Analysis of Pile Foundation and Loading Test of Suzhou Zhongnan-Center. CTBUH 2014. 9.

［29］　王卫东，吴江斌，翁其平，刘志斌．中央电视台（CCTV）新主楼基础设计［J］．岩土工程学报，2010，32（z2）：253～258.

［30］　Weidong Wang，Jiangbin Wu. Foundation Design and Settlement Measurement of CCTV New Headquarter. Seventh International Conference on Case Histories in Geotechnical Engineering and Symposium in Honor of Clyde Baker，2013.

8 岩体隧道变形精细化分析方法与应用

朱合华，武威，陈建琴，张琦

（同济大学，上海 200092）

8.1 概述

岩体介质是由岩石和岩体结构面（含节理、裂隙、层理、断层等）组成的，其中岩石有花岗岩、石英岩、玄武岩等硬岩和页岩、泥岩、粉砂岩、石灰岩等软岩之分，其种类繁多、岩性多样；而岩体结构面从其产状、分布到结构面的嵌入物，存在着显著的非均匀性和不确定性，在复杂地形、地质构造、地下水等环境作用下将变得更加复杂。故在岩体地层中修建隧道工程，因其赋存介质的隐蔽性、复杂性而难以控制，且难以准确预测其力学性态和工程状态。

目前岩体隧道工程结构物的设计指导思想仍然是以工程经验类比为主，并综合参考物理与数值模拟、理论分析和现场监控等手段。其设计现状是：按规范设计方法给出的支护系统安全系数偏大，数值计算结果一般是作为"定性"的规律来利用而无法"定量"。低精度的数值计算结果无法给出隧道围岩的具体破坏形式，而无视隧道围岩的可能破坏形式沿隧道全周设计系统锚杆的做法本身就是一种浪费，这导致施工时少施做一排甚至几排锚杆后隧道依然是安然无恙。究其原因，主要在于：对于复杂的围岩地质体来说，岩体介质特性不确定，特别是在隧道开挖前岩体本身的结构面不能准确描述；隧道前方和周边岩体破坏范围、规模随着隧道开挖面的向前推进动态发展，发生时机难于确定，因而围岩破坏位置不能及时、准确地判断；现有的连续介质数值模拟方法不能有效地解决复杂的连续-非连续介质破坏模拟问题。

而建立在隧道围岩信息精细化采集基础之上的精细化连续、非连续分析方法，可对隧道围岩地层进行精细化模拟，精确地确定隧道围岩的真实破坏状况，从而实现支护结构的精细化设计。

隧道围岩作为一种非连续介质，然而它在一定条件下存在着连续的可能性，在特定的工程条件下，岩体可分别被视为连续介质和非连续介质进行分析（图 8.1-1）。岩体介质在什么情况下可看做是连续的或不连续的，这不是理论上的问题，而是一个工程实践上的问题。

岩体的破坏过程是一个非常复杂的动态过程，需要考虑时间与空间两方面的因素，而目前对围岩稳定性分析和松动圈的形成模拟，主要采用有限单元、有限差分等连续性模型数值分析方法。Hoek-Brown 强度准则作为迄今为止应用最为广泛、影响最大的岩石强度准则，且经 Lianyang Zhang 和朱合华对其进行修正和三维扩展，使得其可以考虑中间主

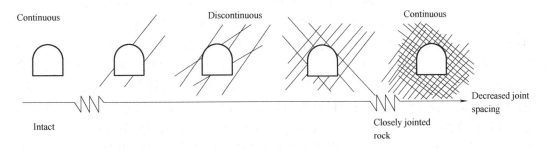

图 8.1-1　连续和非连续岩体示例

应力对岩石强度的影响并且可以应用于岩石和破碎岩体。并且广义三维 Hoek-Brown 岩体强度准则（亦称为广义非线性强度准则）可以准确地反映岩石（体）的破坏规律，而广泛应用于隧道围岩的模拟分析之中。Hoek 和 Brown 指出 Hoek-Brown 强度准则适用于完整岩石和较破碎的多节理面岩体，而对几条主节理以主导作用的各向异性明显的岩体不能直接应用。如图 8.1-2 中，Hoek-Brown 强度准则对岩石、多不连续面和破碎节理岩体可以很好地适用，但对一条或几条比较明显的不连续面岩体则不是很合适。目前针对各向异性岩体的应用，主要有两种思路，一是考虑节理面的强度，二是对 Hoek-Brown 强度准则岩石和岩体参数进行改进，使其可以直接反映各向异性的影响。除此之外，针对各向异性岩体的应用，可采用以非连续变形分析方法（DDA）为代表的非连续模型进行精细化的模拟。

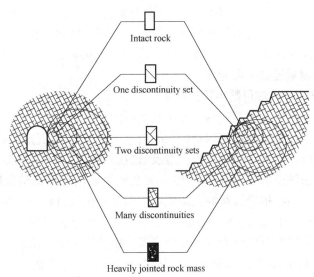

图 8.1-2　不同尺度下的岩石-岩体各向异性

　　非连续变形分析方法（DDA）是美籍华裔科学家石根华博士于 1988 年提出来的用以模拟岩体非连续变形行为的全新数值方法，由于抓住了岩体变形的非连续和大变形这两个物理本质问题，成为当前岩土力学主流数值算法之一。DDA 可以很好地模拟被节理切割的岩石块体间的相互作用和位移情况，分析岩体裂隙对整个岩体的力学特性和稳定性的影响。以离散的块体集合作为模拟对象，引入刚体动力学分析和时步积分技术，基于最小势能原理建立总体平衡方程，将刚体位移和块体变形放在一起，全部块体同步进行求解。因而具有更加严密的数学依据和更加完备的理论基础，对时步的依赖性更小，计算精度高。DDA方法严格遵循经典力学规则，它可用来分析块体系统的力和位移的相互作用，对各块体允许有位移、变形和应变。对整个块体系统，允许滑动和块体界面间张开或闭合。DDA方法自提出以后，由于这一数值模拟方法所得结果非常接近实际，能够很好地模拟块体间的滑动、张开和闭合，已日益广泛地应用于滑坡、隧洞坍塌等许多工程领域。因此，针对具有各向异性的隧道围岩，对应于图8.1-2中连续分析模型不太实用的情况，则可采用非连续变形分析（DDA）模型对隧道围岩的稳定进行分析，并进行"有的放矢"的支护设计。

8.2　隧道围岩地层参数的精细化采集

隧道围岩地层参数的精细化采集是进行连续、非连续精细化分析与应用的基础，隧道围岩地层参数主要包括隧道围岩几何参数和力学参数。

隧道围岩力学参数包含岩石的单轴抗压强度、不连续面的接触刚度、杨氏模量等信息，相关参数的确定可以采用点荷载仪和施密特锤，进行简易快捷的现场点荷载试验、岩体表面动力冲击试验，并通过经验公式快速准确地得到隧道围岩的力学参数。

隧道围岩几何参数包含不连续面的分组、倾向、倾角和位置，不连续面的粗糙度、间距、迹线的长度、张开度和位置等信息，其精细化采集主要采用三维双目数字照相技术或者三维激光扫描技术，在现场自动化采集岩体表面信息，通过自动化的岩体信息提取算法，可以高效地获取高精度的岩体几何结构信息。采用三维双目数字照相技术或者三维激光扫描技术进行不连续面信息采集，具有快速高效、非接触、数据便于保存等诸多优点，并且为实现自动化测量提供了可能性。

1. 基于单相机的三维双目数字照相技术

双目立体视觉即利用立体视觉的原理从两个不同的位置观察同一物体，获取物体的二维图像信息，然后通过二维图像获取目标三维信息。基于数字图像的双目三维重构技术可以获得岩体的三维点云数据。通过分析三维点云数据能有效考虑有阴影、遮挡的问题，并可测量二维情况无法测量的要素（如产状），可实现岩体信息精细地获取。使用单个相机于两个不同位置进行两次拍摄以获取立体像对，即单相机双目系统，通过对立体像对的处理以间接获取两次拍摄的相对位姿来实现双目系统的三维重构过程。

双目三维重构的实现可以分为以下几个步骤：摄像机标定、图像获取、立体匹配和三维重建。首先利用Halcon等计算机视觉工具包通过多图像标定法对摄像机进行标定，确定相机的内参，以确定得到的两幅图像之间的空间位置关系；然后保持相机内参固定，对需要重构的景物进行拍摄，得到目标的立体像对；通过立体匹配（包括特征点检测和匹配、相机左右相对位姿计算、极线矫正），可以计算同名点在两幅图像中的视差值，进一步得到各个坐标点的深度值；最后根据两个相机内参、相对位姿以及各个点的深度信息实现景物表面的三维重建，得到物体表面的三维图像（图8.2-1）。

针对隧道施工环境光线暗、粉尘多、有遮挡、可用于拍摄的时间短的特殊环境，通过采用普通数码相机拍摄掌子面的左右图像获得三维点云模型。此项技术具有①图像获取速

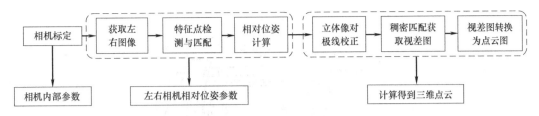

图 8.2-1　基于单相机的双目三维重构流程图

度快、存储方便、存储容量大；②便于处理，有成熟的图像处理技术；③非量测数码相机发展迅速，成本较低等优点。基于单相机的三维双目数字照相技术的隧道围岩几何信息精细化采集过程及注意事项如下：

（1）相机选用：当光照条件较好，隧道掌子面位于洞口不远，粉尘较少的环境下使用数码相机并采用定焦镜头对隧道掌子面拍摄。在空气中粉尘含量较大时，选用近红外拍摄技术进行拍摄，但近红外照相技术仅在粉尘粒径和含量在一定范围内时能取得较好的效果，由于其仅对近红外线感光，在空气清洁，光照充足的条件下，拍摄效果常不及传统拍摄方法。同时，在含有大量粉尘的隧道中应尽量避免使用闪光灯拍摄。

（2）相机标定：使用 Halcon 等计算机视觉工具包对相机内参进行标定，分两个步骤：①于不同角度对标定板进行拍摄；②对所得照片进行分析计算得到相机内参（包括：主距 f、镜头畸变系数 K、横纵向比例系数 S_x 和 S_y、主点位置 $[C_x$ 和 $C_y]$、像宽 WI、像高 HI）。

Halcon 专用标定板如图 8.2-2 所示，板左上角黑色区域较其余角凸出，用以在不同的图像中对标定板进行唯一定位。根据需要标定板有从 $2500\mu m$ 到 $800mm$ 的各种不同尺寸，若有特殊需求也可自己制作标定板。进行相机标定时，可采用室内固定内参的标定方法，通过全手动模式并锁定定焦镜头对焦环的方法即可实现相机内参的固定，在此后的拍摄中无须再次标定。

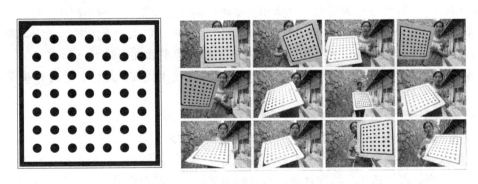

图 8.2-2　Halcon 专用标定板及标定方法

（3）隧道掌子面图像获取步骤

在隧道开挖每次爆破、出渣、排险等工序结束后，台车靠上掌子面之前是最好的拍摄时机，待掌子面尽量清洁干净时对隧道掌子面进行完整的拍摄。在相机标定等预处理之后对岩石隧道掌子面进行拍摄的步骤如下：

① 放置光源于掌子面前 2～3m 处，光源方向尽量垂直于掌子面（见图 8.2-3）；

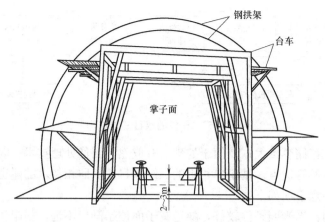

图 8.2-3　拍摄位置

② 使灯光照射方向尽量垂直隧道掌子面以减少掌子面上出现的阴影；

③ 安置相机于三脚架上，放置于两束灯光之间；

④ 相机拍摄中心设置为光源投射中心；

⑤ 调整相机感光度、光圈、快门设置以适应现场情况，具体注意点见（4）；

⑥ 使用延时、线控等拍摄方式以避免按动快门造成的振动。

（4）拍摄掌子面注意点

① 光源设置：圆形和矩形区域回光灯与现场所用千瓦棒是较好的光源选择，光照角度尽量平行于掌子面岩体面露头节理，这是在岩体面不会有阴影产生。放置光源于掌子面前 10m 左右处，避免欠曝和过曝现象。

② 拍摄角度：令相机位于在岩体结构面延伸面上，拍摄方向平行于岩体法线方向，以消除表面遮挡和摄影畸变。

③ 相机参数设置优先顺序为：光圈、ISO、快门，即优先设置大光圈、高 ISO 来保证短时间快门，但 ISO 设置需参考具体相机噪声抑制性能说明，一般不超过 400。

④ 其他注意点：a. 拍摄时必须使用三脚架稳定相机；b. 人工光源需尽量均匀覆盖掌子面；c. 尽量于岩体面正面进行拍摄，若岩体平面与像平面夹角较大（超过 30°），则需在岩体平面上设置参考物以校正射影畸变；d. 拍摄时使用线控、遥控、定时拍摄等方式避免按动快门造成的震动影响。

现场拍摄照片如图 8.2-4 所示。

2. 基于三维激光扫描技术的岩体信息精细化采集技术

三维激光扫描技术通过激光测距原理瞬时测得待测物体空间三维坐标值，利用获取的空间点云数据，可快速建立结构复杂、不规则场景的三维可视化模型。三维激光扫描技术相对于传统的测量技术具有：①不需进对扫描目标物体行任何表面处理，真实性高；②采样点速率可达到十万点/秒，数据采样率高；③主动发射扫描光源，可以实现不受扫描环境的时间和空间的约束；④可以对扫描目标进行高密度的三维数据采集，快速、高精度获取海量点云数据，具有高分辨率、高精度的特点；⑤全数字特征的数字化采集，兼容性好，后期处理及输出和数据交换及共享等优点。

图 8.2-5 为徕卡 ScanStation P30 激光扫描仪，其测距精度可达 1.2mm＋10ppm，测

(a) (b)

图 8.2-4 掌子面立体像对

(a) 左视图；(b) 右视图

角精度可达±8s。进行隧道掌子面扫描时，将激光扫描仪架立于掌子面正前方 10m 左右，不断调整支架直至将三脚架顶部调整至水平，并使脚架固定好。设置其扫描精度为 1.6mm@10m，并设置掌子面区域的扫描角度，对测区掌子面进行高密度扫描，完成整个掌子面的扫描大约用时 2 min，得到的三维点云模型示例见图 8.2-6。

图 8.2-5 激光扫描仪

图 8.2-6 三维激光扫描点云模型

3. 基于三维点云的隧道围岩几何信息提取

利用基于单相机的三维双目数字照相技术重构得到或者三维激光扫描技术直接扫描获取的隧道围岩三维点云模型，对点云进行三角剖分生成面片模型，据此可以获得点云之间的拓扑关系（点和面之间的关系），通过此拓扑关系可以对点云进行聚类分析。由于初始获得的点云很密且含有很多的噪声并包含局部信息的丢失，若直接对此点云进行三角剖分，则三角网上将会产生很多空洞和重叠，因此需要对初始获得的点云模型进行点云去噪处理和重采样。利用三角剖分生成的面片模型，采用基于样本密度和有效性指标的改进 K-均值聚类算法，可实现对结构面进行分组及各个结构面倾向倾角的自动计算。根据迹线在三角网格曲面上表现为尖锐的边点和角点的特征，首先采用基于张量投票理论特征提取的鲁棒性算法，在三角网格上提取组成迹线的初始特征点；其次，对相邻特征点进行分组，利用生长算法提取组成迹线的所有片段，并将属于同一迹线的片段进行连接，将多余迹线移除并对迹线进行平滑化处理，即可实现迹线的精确提取。基于得到的隧道围岩迹线分布特征，对其进行分组并通过确定同一组不连续面法线方向上两相邻不连续面的平均距离，实现不同分组不连续面间距的测量。采用亚像素边缘提取算法提取两侧不连续面的边缘并在边缘线上采用平均最小宽度法计算间隙在不连续面露头处的宽度，实现张开度的测量。此外，根据三维点云模型和结构面分组信息，通过将均方根法估算的二维曲线与标准轮廓线进行比对，可实现任意不连续面粗糙度的测量。

8.3　隧道围岩地层的连续分析模型与方法

在进行隧道围岩稳定性分析时，当隧道围岩节理发育、比较破碎或者相对完整的条件下，通常将隧道围岩考虑为连续介质，采用连续分析模型和有限元进行隧道围岩稳定性分析与判别。而当隧道围岩在工程尺度范围内具有一组或少量几组不连续面时，如果进行连续分析，则需要考虑不连续面强度或者通过岩石和岩体参数直接反映隧道围岩的各向异性。

为表征岩石强度破坏条件，需要在进行隧道围岩稳定性分析时引入岩石强度准则。Hoek-Brown 强度准则作为迄今为止应用最为广泛、影响最大的岩石强度准则，是基于试验数据和工程经验提出的，是经验强度准则的代表。Hoek-Brown 强度准则可以反映岩石的固有非线性破坏的特点，以及结构面、应力状态对强度的影响，而且能解释低应力区、拉应力区和最小主应力对强度的影响，表达式如下：

$$\sigma_1 = \sigma_3 + \sigma_c \left(m_b \frac{\sigma_3}{\sigma_c} + s \right)^a \tag{8.3-1}$$

式中　σ_1，σ_3——分别表示第一和第三主应力；

　　　　σ_c——单轴抗压强度；

　　m_b，s，a——反映岩体特征的经验参数，m_b 为针对不同岩体的无量纲经验参数，s 反映岩体破碎程度，取值范围 $0 \sim 1.0$，对于完整的岩体（即岩石）s 为 1.0。

为考虑中间主应力的影响，Lianyang Zhang 和朱合华（2007）提出了广义三维 Hoek-

Brown 强度准则：

$$\frac{9}{2\sigma_c}\tau_{oct}^2 + \frac{3}{2\sqrt{2}}m_b\tau_{oct} - m_b\sigma_{m,2} = s\sigma_c \tag{8.3-2}$$

式中　τ_{oct}——八面体剪应力；

　　　$\sigma_{m,2}$——最大和最小主应力的平均值。

　　Lianyang Zhang（2008）进一步完善了该三维准则，进行广义扩展，提出了可以考虑岩体的广义三维 Hoek-Brown 岩体强度准则（亦称为广义非线性强度准则），该强度准则作为国际岩石力学学会（ISRM）建议方法之一，已经被很多岩石力学研究者和岩石工程人员所接受并广泛使用，在被很多的文献引用中被命名为 GZZ 强度准则（广义 Zhang-Zhu 准则）。GZZ 强度准则表达如下：

$$\frac{1}{\sigma_c^{(1/a-1)}}\left(\frac{3}{\sqrt{2}}\tau_{oct}\right)^{1/a} + \frac{m_b}{2}\left(\frac{3}{\sqrt{2}}\tau_{oct}\right) - m_b\sigma_{m,2} = s\sigma_c \tag{8.3-3}$$

　　GZZ 强度准则具有如下优点：（1）具有 Mogi（1971）强度准则表达式简洁的特点；（2）在三轴压缩和拉伸条件下可以退化到初始的广义 H-B 岩体强度准则；（3）可以直接使用 H-B 强度准则的参数；（4）已经通过大量的岩石和岩体真三轴数据的进行验证，具有较好的强度预测精度等。且在进行隧道模型数值计算时，GZZ 强度准则模块计算结果明显比经典 Hoek-Brown 模块计算结果小，这是因为在修正广义三维 Hoek-Brown 强度准则模块中考虑了中主应力的影响，在强度计算中充分发挥了中主应力的作用。GZZ 强度准则模块计算结果不但更加贴近实际情况，而且较经典 Hoek-Brown 模块结果更为经济。

　　对于岩体连续有限元数值分析，在岩体破坏计算中采用三维非线性破坏准则（GZZ 强度准则）。GZZ 强度准则参数可以比较容易地从精细化采集结果中进行提取，将更精细化的现场试验和节理统计数据等岩体非连续参数等效化地在连续分析中进行考虑，相对于其他传统的岩体破坏准则，更充分地利用了工程现场的信息，具有更高的精确度。基于地质强度指标（GSI）的岩体参数 m_b，s，a 的取值方法如下：

$$m_b = \exp\left(\frac{GSI-100}{28-14D}\right)m_i \tag{8.3-4a}$$

$$s = \exp\left(\frac{GSI-100}{9-3D}\right) \tag{8.3-4b}$$

$$a = 0.5 + \frac{1}{6}\left[\exp\left(-\frac{GSI}{15}\right) - \exp\left(-\frac{20}{3}\right)\right] \tag{8.3-4c}$$

式中　m_i——反映岩石的软硬程度，取值范围为 0.001～25，各类岩石的 m_i 取值见表 8.3-1；

　　　D 反映爆破影响和应力释放引起扰动的程度，取值范围为 0～1.0，现场无扰动岩体为 0，而非常扰动岩体为 1.0。

　　地质强度指标（GSI）通过考虑岩体结构面分布特征及结构面状况（包括结构面粗糙程度、风化等级和充填物的性质），进而获得 GSI 评分值及相应评分区间。GSI 直接与广义三维非线性破坏准则（GZZ，即广义三维 Hoek-Brown 准则）相联系，可以通过现场岩体质量调查获得 GZZ 强度准则参数，为节理岩体的稳定性分析（数值模拟）提供岩体强度参数，并用于指导支护设计，GSI 评分表见图 8.3-1。

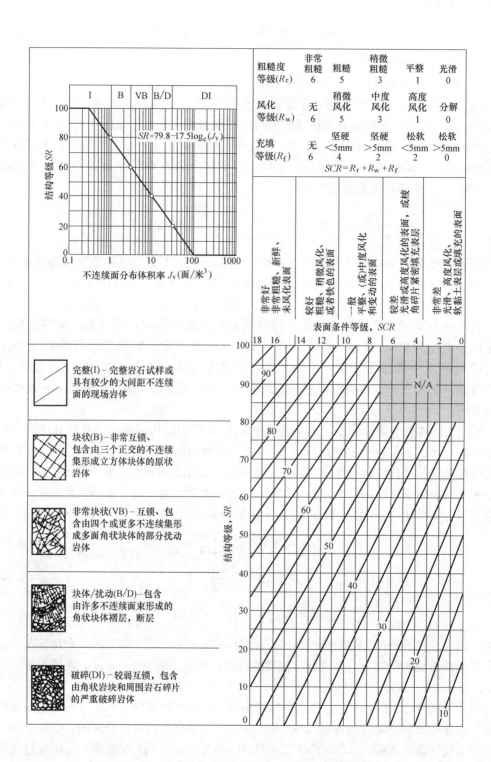

图 8.3-1　GSI 评分表（Sonmez 和 Ulusay，1999）

各类岩石的参数 m_i 值　　　　　　　　　　　　　　　表 8.3-1

岩石类型	分类	小类	质地			
			粗糙的	中等的	精细的	非常精细的
沉积岩	碎屑		砾岩(21±3)① 角砾岩(19±5)	砂岩 17±4	粉砂岩 7±2 硬砂岩(18±3)	黏土岩 4±2 页岩(6±2) 泥灰岩(7±2)
	非碎屑	碳酸盐	结晶灰岩(12±3)	粉晶灰岩(10±2)	微晶灰岩(9±2)	白云岩(9±3)
		蒸发盐		石膏 8±2	硬石膏 12±2	
		有机物				白垩 7±2
变质岩	非片理化		大理岩 9±3	角页岩(19±4) 变质砂岩(19±3)	石英岩 20±3	
	轻微片理化		混合岩(29±3)	闪岩 26±6	片麻岩 28±5	
	片理化②			片岩 12±3	千枚岩(7±3)	板岩 7±4
火成岩	深成类	浅色	花岗岩 32±3 花岗闪长岩(29±3)	闪长岩 25±5		
		深色	辉长岩 27±3 苏长岩 20±5	粗粒玄武岩(16±5)		
	半深成类		斑岩(20±5)		辉绿岩(15±5)	橄榄岩(25±5)
	火山类	熔岩		流纹岩(25±5) 安山岩 25±5	英安岩(25±3) 玄武岩(25±5)	黑曜岩(19±3)
		火山碎屑	集块岩(19±3)	角砾岩(19±5)	凝灰岩(13±5)	

① 括号内值为估计值。

② 该行中值为垂直于片理层状面的岩样测试所得。需指出当沿着弱面破坏时 m_i 值将会明显不同。

8.4　隧道围岩地层的非连续分析模型与方法

隧道围岩中的不连续面对岩体的强度、刚度和稳定性具有重要的影响，因此对隧道围岩的非连续数值分析尤为重要。近年来的非连续变形分析（DDA）数值方法已取得了较多的发展，但是在应用非连续变形分析（DDA）处理较大规模的工程问题时计算时间成本较高。而关键块体理论根据拓扑几何学理论，采用静力学计算方法，识别块体模型中的关键块体，计算效率高，所以可在大规模岩体稳定性分析的过程中作为一种直接快速的方法进行利用。

结合三维非连续建模和块体切割技术，在进行隧道围岩稳定性分析的过程中，可先用效率较高的块体理论确定局部的危险区域，在该局部区域再用一些精度较高的数值方法进行分析，从而提高工程整体分析效率（见图 8.4-1）。

8.4.1　块体理论

块体理论认为，岩体是被断层、节理裂隙、层面以及软弱夹层等结构面切割的坚硬岩块所组成的结构体，是非均质非连续体。运用该理论对岩体进行稳定分析时，把岩体看作是刚性块体组成的结构体，破坏机理为刚性块体沿软弱结构面滑移以及垂直结构面方向的脱离，力学模型为刚性平移。其基本假设为：（1）结构为平面；（2）结构面贯穿所研究

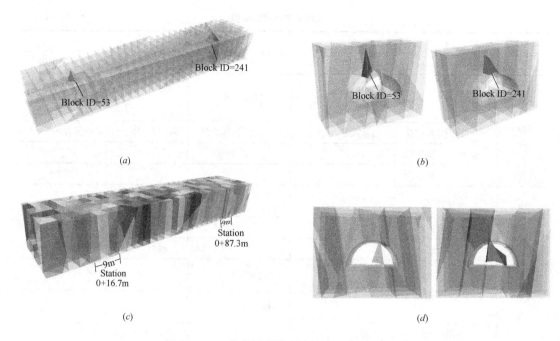

图 8.4-1　三维关键块体和非连续变形集成分析

(*a*) 全范围隧道块体模型的关键块体分析；(*b*) 依据关键块体分析得到的高危险破坏区域；

(*c*) 根据关键块体分析结果对全范围模型进行切割；(*d*) 对切割后的子模型进行三维非连续变形分析

的岩体（即结构面假设为无限延伸）；（3）结构体为刚体，不计块体的自身变形和结构面的压缩变形；（4）岩体的失稳是岩体在各种荷载作用下沿着结构面产生剪切滑移以及垂直结构面的脱离位移。

块体理论分析的关键是找出关键块体（图 8.4-2），目前的方法主要有赤平投影法和矢量分析法。赤平投影法，将复杂、抽象的向量分析过程用直观的几何作图法来实现，将整个三维空间投影到它的赤平面上，可以通过平面内的几何作图找到全部几何可移动块体和关键块体。块体稳定性矢量分析方法，则利用块体棱边矢量与结构面法线矢量的关系，得到可动块体的结构面半空间组合形式，同时利用主动力矢量和不连续面法线矢量的关系，得到块体脱落、单面滑动和双面滑动三种失稳模式。

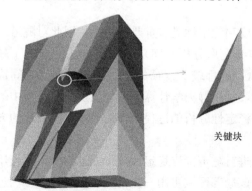

关键块

图 8.4-2　关键块体理论

8.4.2　非连续变形分析（DDA）

非连续变形分析（DDA）方法，主要研究对象是任意形状的弹性块体集合，由天然存在的不连续面切割形成，可以分析非连续块体系统在静态和动态分析中的非连续位移和变形。DDA 可以很好地模拟被节理切割的岩石块体间的相互作用和位移情况，分析裂隙对整个岩体的力学特性和稳定性的影响。DDA 定义了任意形状块体在三维空间内的 12 个自由度，包括 X、Y、Z 三个坐标轴方向的平动位移和正应变，还有 XY、YZ、ZX 三个平面内的旋转位移和切应变。DDA 方法采用最小势能原理建立块体系统的基本方程，采用全局刚度矩阵、自由度矩阵和外力矩阵建立总体平衡方程，计算各个块体的自由度。

DDA 接触的判断包括两个部分，第一部分是通过块体间的几何关系初步确定块体间接触类型，第二部分是建立接触子矩阵，并通过开闭迭代确定计算中采用的实际接触状态。

在接触计算方面，采用基于距离和角度最先侵入理论的几何分析进行接触判断。在三维 DDA 分析中，首先找出两个块体间的两种基本接触模式——点面接触和交叉棱棱接触，然后根据基本接触模式的数量和拓扑关系，得到两块体间的接触模式。块体间的接触模式一共有 7 种（图 8.4-3），分别是点点接触、点棱接触、点面接触、交叉棱棱接触、平行棱棱接触、棱面接触和面面接触。

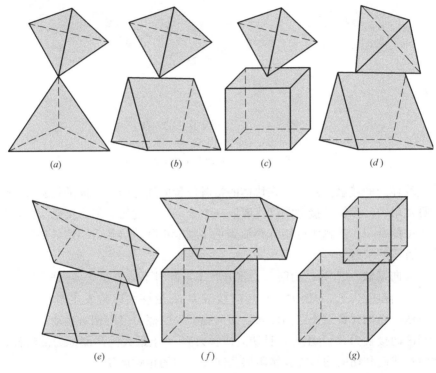

图 8.4-3　七种三维块体间的接触关系

(a) 点点接触；(b) 点棱接触；(c) 点面接触；(d) 平行棱棱接触

(e) 交叉棱棱接触；(f) 棱面接触；(g) 面面接触

确定块体间接触类型的步骤包括邻近块体搜索和接触几何模式判断，邻近块体搜索主要是提前排除掉相距较远不可能发生接触的块体对，主要包括 Munjiza 提出的 NBS（No binary search）算法、Perkins 提出的 DESS（Double-ended spatial sorting）算法及武威等提出的 MSC（Multi-cell cover）算法（见图 8.4-4）。

相比于 NBS 和 DESS 在接触判断过程中的全范围搜索，MSC 方法是一种局部的邻近搜索算法，缩小了参与接触判断计算的几何子元素范围，而局部几何覆盖间的邻近计算量和复杂程度远小于几何子元素间的接触计算，所以 MSC 可以在一定程度上减少接触过程中的计算量。

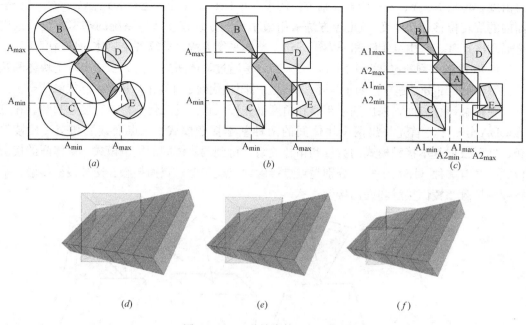

图 8.4-4 三种搜索算法的比较

(a) 2D NBS；(b) 2D DESS；(c) 2D MSC；
(d) 3D NBS；(e) 3D DESS；(f) 3D MSC

在确定块体间的接触模式后，在块体的接触位置施加法向和切向的接触弹簧，采用罚函数法计算接触力。弹簧的接触刚度一般取一个全局统一的较大值，接触力的值为接触刚度与侵入深度的乘积。接触刚度矩阵叠加到总体刚度矩阵，接触力矩阵叠加到外力矩阵参与总体平衡方程的求解。

（1）当法向接触力 R_n 为拉力时，为张开状态，此时不需要建立接触矩阵；

（2）当法向接触力 R_n 为压力，且切向接触力 R_s 足够大以致发生滑动时，为滑动状态，此时对法向施加弹簧阻止法向侵入，切向施加动摩擦力阻碍相对运动；

（3）当法向接触力 R_n 为压力，且切向接触力 R_s 小于最大的静摩擦力的时候，为锁定状态，此时在法向和切向均施加弹簧阻碍法向和切向的相对运动。

通过若干次迭代后满足无拉伸、无嵌入的条件且相邻两次的接触状态不再发生变化或所有接触状态均为开时认为开闭迭代收敛。

DDA 中的采用线弹性和常应力常应变等假设，三维情况下的块体自由度有 12 个：

$$[D_i] = [u, v, w, \alpha, \beta, \gamma, \varepsilon_x, \varepsilon_y, \varepsilon_z, \gamma_{xy}, \gamma_{yz}, \gamma_{zx}] \tag{8.4-1}$$

式中　　u，v，w 和 α，β，γ——块体质心（x_0，y_0，z_0）沿 x，y，z 三个坐标轴的平动位移和转动角；

ε_x，ε_y，ε_z 和 γ_{xy}，γ_{yz}，γ_{zx}——块体的常法向应变和剪切应变。

DDA 与有限单元法虽然都是通过最小势能原理建立整体平衡方程，但两者最大的不同是 DDA 对接触的判断，在 DDA 计算过程中，接触判断耗费大量计算资源，同时也是非连续变形分析中不可或缺的重要部分。

$$\begin{bmatrix} k_{11} & k_{12} & \cdots & k_{1n} \\ k_{21} & k_{22} & \cdots & k_{2n} \\ \vdots & \vdots & \ddots & \vdots \\ k_{n1} & k_{n2} & \cdots & k_{nn} \end{bmatrix} \begin{bmatrix} D_1 \\ D_2 \\ \vdots \\ D_n \end{bmatrix} = \begin{bmatrix} F_1 \\ F_2 \\ \cdots \\ F_n \end{bmatrix}$$

(8.4-2)

式中 k_{ij}——12×12 的子矩阵，由系统最小势能原理得出；

D_i——如式（8.4-2）所示，为线弹性常应变假设下表征块体位移的 12 个自由度；

F_i——系统分配至块体 i 上的 12 个荷载。

8.5 典型工程应用

本部分将介绍上述隧道围岩信息精细化采集与连续、非连续方法在实际工程中的应用。安徽岳武高速明堂山隧道工程所处地层隧道围岩较为破碎、节理发育，对于隧道围岩稳定性分析采用连续的分析模型和分析方法；而对于贵州独平高速梭草坡隧道工程，工程穿越地层岩体节理分组比较明显且主要集中在两到三组，故而采用非连续的模型和分析方法进行围岩稳定性的分析与判别。

1. 安徽岳武高速明堂山隧道工程

安徽岳武高速明堂山隧道位于岳西县五河镇肆河村、河图镇明堂村（图 8.5-1），隧道全长 7.458km，为分离式特长隧道，主要穿越全、强、中风化片麻岩、花岗岩地层，最大埋深大约是 562m，隧道采用钻爆法全断面开挖方式进行隧道施工。

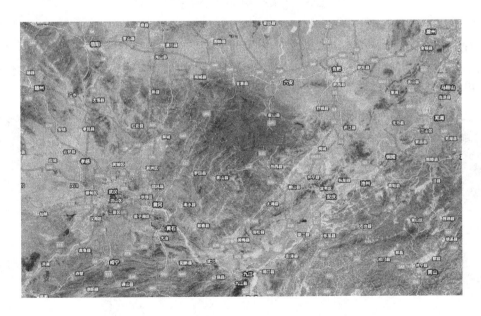

图 8.5-1 岳武高速公路安徽段明堂山特长隧道工程位置

以里程桩号为 ZK21＋697.9 的掌子面图片为例进行三维重构。拍摄所用的数码相机为佳能 5D Mark II 和佳能 EF 24mm f/1.4L 定焦镜头，经过标定的相机内参见表 8.5-1。

相机内参标定结果 表 8.5-1

主距(m)	Kappa	S_x	S_y	P_x	P_y	WI	HI
0.0103986	−575.582	5.51515e-006	5.5e-006	1391.73	917.236	2784	1856

在标定完成后固定镜头对焦环，并用透明胶带绕对焦环缠几圈，保证在拍摄以及移动相机时，相机内部参数不发生改变。在平行于隧道掌子面的左右两个位置进行两次拍摄得到掌子面立体像对，两次拍摄位置尽量保持于相同高度，左右相机光心连线尽量与掌子面平行，这样所获取立体像对较易进行匹配。

明堂山隧道左线 ZK21+697.9 里程处掌子面立体像对如图 8.5-2 所示，图中左侧和右侧图像分别对应立体像对的左、右视图。

图 8.5-2 掌子面立体像对（左、右视图）

在立体像对上进行角点检测结果如图 8.5-3 所示，其中（a）、（b）图分别为立体像对左、右视图角点检测结果。根据标定所得相机内参和匹配所得相机外参对立体像对进行极线校正得到校正后立体像对如图 8.5-4 所示。通过上述的特征点检测和匹配、相对位姿计算、极线校正、稠密匹配和三维重构获得三维点云（图 8.5-5）。

(a)   (b)

图 8.5-3 立体像对角点检测
(a) 左视图角点检测结果；(b) 右视图角点检测结果

通过对不同里程处（ZK21+697.9、ZK21+690.8、ZK21+687.2、ZK21+677.3 和 ZK21+672.3）掌子面岩体信息进行精细化的采集（见图 8.5-6）和隧道围岩信息的提取，

图 8.5-4　掌子面立体像对极线校正结果（左、右视图）

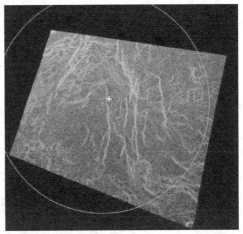

图 8.5-5　掌子面岩体三维数字图像和三维点云模型

可以确定不同里程处（ZK21＋697.9、ZK21＋690.8、ZK21＋687.2、ZK21＋677.3 和 ZK21＋672.3）隧道围岩的质量评价结果及相应的 GSI 指标（见表 8.5-2）。

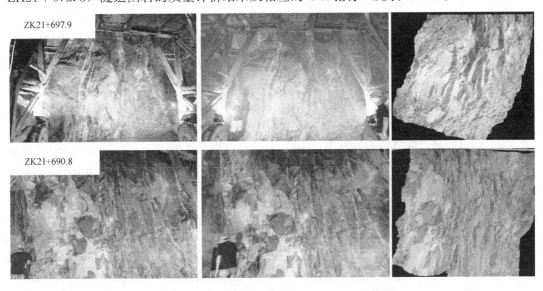

图 8.5-6　通过基于单相机的双目三维重构系统获得的三维点云（一）

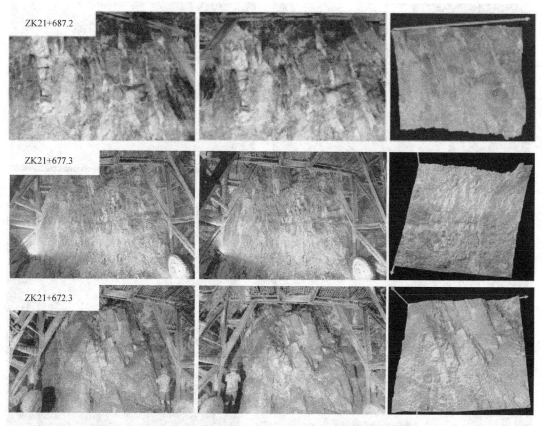

图 8.5-6　通过基于单相机的双目三维重构系统获得的三维点云（二）
左列图片是左图；中间那列图片是右图；右列图片是三维重构之后三维点云

GSI 值计算结果　　　　　　　　　　　　　　　　表 8.5-2

里程	ZK21+697.9	ZK21+690.8	ZK21+687.2	ZK21+677.3	ZK21+672.3
GSI	58.3	55.3	56.3	55.1	57.4

为了对施工过程进行模拟，建立一段宽 80m、高 70m、纵向延伸为 45m 的计算模型（见图 8.5-7），并划分成 299576 个四面体单元。ZK21+697.9 到 ZK21+672.3 范围内岩体质量变化不大，GSI 取为五个断面的均值 56.5，现场岩石单轴抗压强度 σ_c 根据现场点荷载试验确定为 45.8 MPa，m_i 取为 25，岩石泊松比为 0.25，爆破扰动取为 0.3，根据公式（X.4）可以确定隧道围岩特征参数 m_b、s 和 a 分别为 4.019、0.0047 和 0.504，根据公式 $E_{rm}=100\left(\dfrac{1-D/2}{1+e^{(75+25D-GSI)/11}}\right)$ 可确定岩体变形模量 E_{rm} 为 4.78GPa。初次衬砌和二次衬砌材料参数见表 8.5-3。

明堂山隧道衬砌材料参数　　　　　　　　　　表 8.5-3

	密度(kg/m³)	弹模(GPa)	泊松比	厚度(cm)
初次衬砌	2200	21.0	0.20	25
二次衬砌	2500	29.5	0.25	40

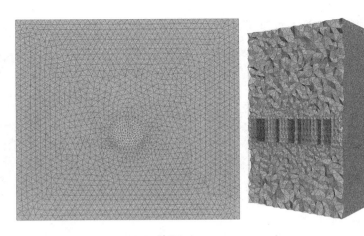

图 8.5-7 明堂山隧道三维有限元模型

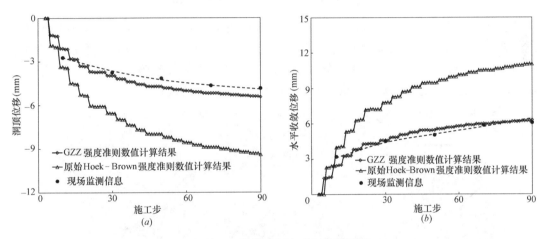

图 8.5-8 数值分析与现场监测结果

(a) 洞顶位移变化；(b) 水平收敛位移变化

图 8.5-8 表示的是 0～2m 处断面在不同施工步下的洞顶位移和水平收敛位移变化图，为了将数值分析结果与现场隧道围岩变形作对比，对隧道围岩的变形信息进行监测。隧道每天掘进约 10m，对应大约 20 个施工步，且监测信息在初次衬砌施工 6～8m 后开始测量，监测每天不间断进行，施工模拟范围内对应施工步 10、30、50、70 和 90。GZZ 强度准则下的数值计算结果与现场实测变形信息趋势相同且位移数值相差无几，且比原始 Hoek-Brown 强度准则下的数值计算结果更小且与现场监测信息贴合更好。通过对比两种强度准则下的隧道围岩塑性区范围可知（见图 8.5-9），GZZ 强度准则下隧道围岩塑性区范围更小，且主要出现在侧壁围岩处。根据位移和塑性区分析结果，GZZ 强度准则因其可以考虑中主应力的有利影响而更加符合实际情况，而且较经典 Hoek-Brown 分析结果更为经济。

2. 贵州独平高速梭草坡隧道工程

贵州独平高速梭草坡隧道工程，场区位于贵州省黔南布依族苗族自治州（图 8.5-10），属于贵州高原南部斜坡向广西丘陵盆地的过渡地段，中低山溶蚀—剥蚀地貌类型。隧道横

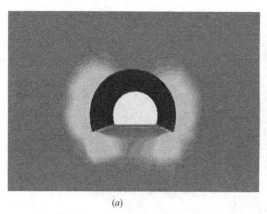 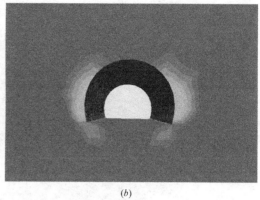

(a) *(b)*

图 8.5-9　隧道围岩塑性区范围

（*a*）原始 Hoek-Brown 强度准则；（*b*）GZZ 强度准则

穿多个山脊，场区地形标高介于 743.2～1009.9m，相对高差约 266.7m。隧道为双洞双向四车道，全长 852m。梭草坡隧道左线 ZK11＋350～ZK11＋725，长 375m，洞顶板埋深为 64.32—120.08m，隧道围岩为中风化砂岩与泥岩互层，岩体较破碎—较完整，隧道围岩较软，易发生松动变形、掉块，拱部无支护时可产生大规模坍塌。

图 8.5-10　贵州独平高速梭草坡隧道工程位置

梭草坡隧道里程 ZK11＋350～ZK11＋725，为长 375 m 的中风化砂岩与泥岩互层Ⅳ级围岩段，岩性较软，岩体较破碎，地下水量较小，岩体力学参数如表 8.5-4 所示。图8.5-11所示为贵州梭草坡公路隧道部分断面的节理信息，对于这一段隧道，断面 ZK11＋562、ZK11＋565、ZK11＋568 和 ZK11＋571 均只有两组近似平行的节理面，而断面 ZK11＋574 包含三组主要节理面。所以，选择断面 ZK11＋574 进行三维非连续稳定性分析。

结合梭草坡隧道断面 ZK11＋574 附近的岩体表面及节理信息，进行了如图 8.5-12 所示的三维非连续建模。首先生成尺寸为 25m×20m×10m 的实体模型，在实体模型上通过三维布尔运算开挖 7.1m×10.6m 的隧道空洞（图 8.5-12*a*）。然后，导入三维空间节理信

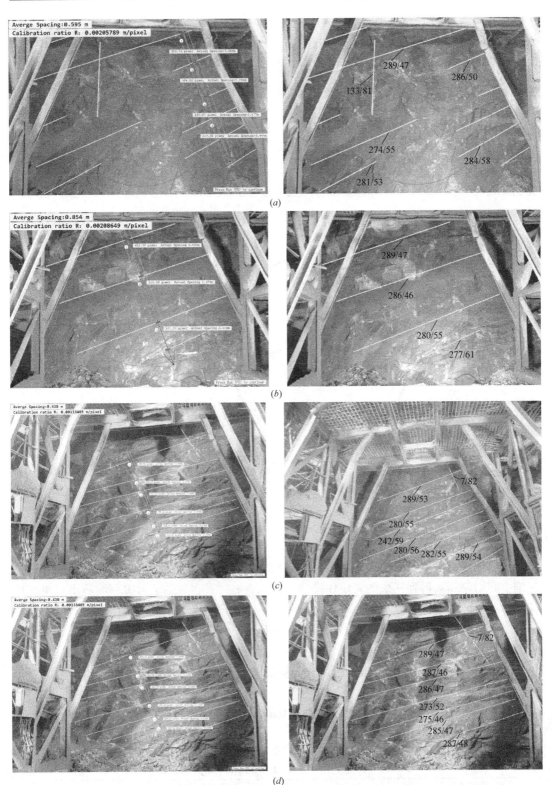

图 8.5-11　梭草坡隧道部分节理数据（一）

(a) 断面 ZK11＋562 的节理信息；(b) 断面 ZK11＋565 的节理信息；(c) 断面 ZK11＋568 的节理信息；
(d) 断面 ZK11＋571 的节理信息

(e)

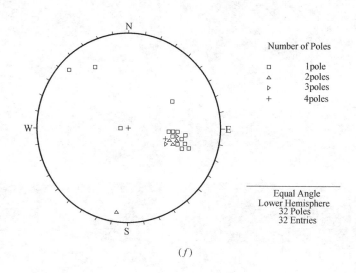

(f)

图 8.5-11　梭草坡隧道部分节理数据（二）

(e) 断面 ZK11＋574 的节理信息；*(f)* 节理方位数据

息，在岩体内部采用平面均布节理假设，自动生成三维节理面（图 8.5-12*b*）。最后，通过三维空间切割算法得到三维围岩块体模型（图 8.5-12*c*）。表 8.5-4 为梭草坡隧道三维非连续计算所用的参数值。

图 8.5-13 和图 8.5-14 别是梭草坡隧道断面 ZK11＋574 三维关键块体和非连续变形分析的计算结果。三维关键块体迭代计算结果显示有 7 个关键块体（ID：54、56、57、58、59、60、61）；三维非连续模拟过程，有同样的 7 个块体在重力和块体相互作用力下发生位移。

梭草坡隧道非连续计算参数　　　　　　　　　　　表 8.5-4

参　　数	参　数　值	参　　数	参　数　值
重度（kN/m³）	22	黏聚力（MPa）	0.4
泊松比	0.32	法向接触刚度（MN/m）	350
变形模量（GPa）	3.5	阻尼系数	0.05
初始摩擦角（°）	30		

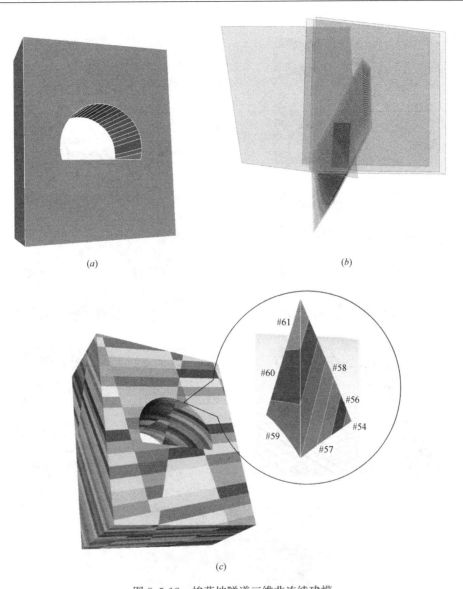

(a)

(b)

(c)

图 8.5-12　梭草坡隧道三维非连续建模
(a) 隧道原始块体模型；(b) 三维节理面；(c) 切割后的三维非连续模型

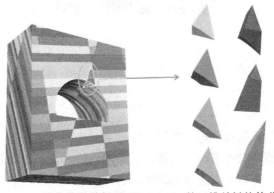

图 8.5-13　梭草坡隧道断面 ZK11+574 的三维关键块体分析

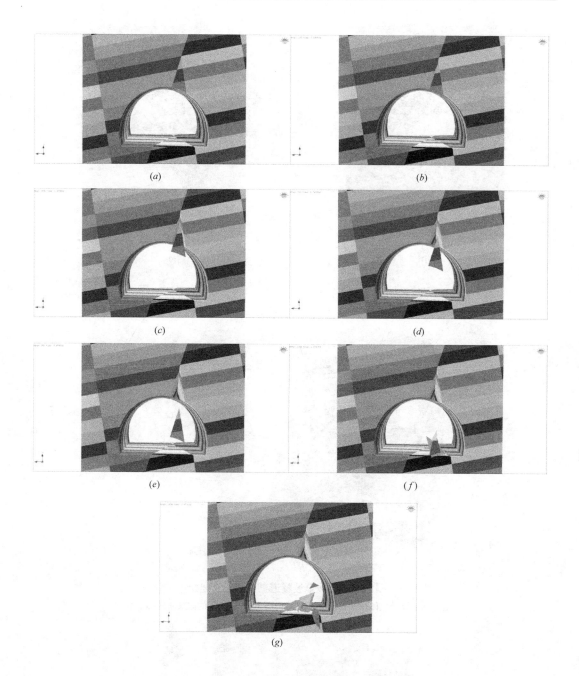

图 8.5-14　梭草坡隧道三维非连续模拟过程

(a) 时间步＝0；(b) 时间步＝249；(c) 时间步＝499；(d) 时间步＝749；
(e) 时间步＝999；(f) 时间步＝1249；(g) 时间步＝1499

　　在隧道围岩精细化采集和非连续变形分析的基础上，可以较为准确地定位不稳定区域甚至松动岩石块体，还可以考虑施工过程，对不同设计和施工方案进行比较和优化。传统的系统锚杆设计，对于一些工程上遇到的块状岩体，在一定程度上偏向保守，造成工期和成本的浪费。节理面切割而成的块状岩体破坏，很大程度上都是由于关键块体失稳引起的局部破坏而产生的连锁反应。基于隧道围岩信息精细化采集和非连续变形分析，可以在工程设计上采用局部锚杆设计方法。核心思想是在精细化采集、建模和分析结果的基础上，采用局部锚杆布置方案，对控制隧道围岩稳定的关键岩石块体进行锚固。对梭草坡隧道关键块体（ID：54、56、57、58、59、60、61）进行有效的锚固，根据非连续分析结果足以保证关键岩石块体稳定的要求，即可以在满足工程安全性要求的前提下，相对于系统锚杆的布置方式达到施工成本和效率的大幅优化。

参考文献

［1］ Chen J，Zhu H，Li X. Automatic extraction of discontinuity orientation from rock mass surface 3D point cloud ［J］. Computers & Geosciences，2016，95：18~31.

［2］ Edelbro C. Rock mass strength：a review ［J］. Lule å Tekniska Universitet，2003.

［3］ Goodman R. E.，Shi G. H.，Block theory and its application to rock engineering. New Jersey：Prentice Hall Inc.，1985.

［4］ Hoek E，Carranza-Torres C. Hoek-Brown failure criterion—2002 Edition ［J］. Proceedings of the Fifth North American Rock Mechanics Symposium，2002，1：18~22.

［5］ Li X，Chen J，Zhu H. A new method for automated discontinuity trace mapping on rock mass 3D surface model ［J］. Computers & Geosciences，2016，89：118~131.

［6］ Munjiza A，Andrews K R F. NBS contact detection algorithm for bodies of similar size ［J］. International Journal for Numerical Methods in Engineering，2015，43 (1)：131~149.

［7］ Perkins E，Williams J R. A fast contact detection algorithm insensitive to object sizes ［J］. Engineering Computations，2001，18 (1/2)：48~62.

［8］ Sonmez H，Ulusay R. Modifications to the geological strength index (GSI) and their applicability to stability of slopes ［J］. International Journal of Rock Mechanics & Mining Sciences，1999，36 (6)：743~760.

［9］ Zhang L，Zhu H. Three-Dimensional Hoek-Brown Strength Criterion for Rocks ［J］. Journal of Geotechnical & Geoenvironmental Engineering，2007，133 (9)：1128~1135.

［10］ Zhang L. A generalized three-dimensional Hoek-Brown strength criterion ［J］. Rock Mechanics & Rock Engineering，2008，41 (6)：893~915.

［11］ Zhu H，Wu W，Chen J，et al. Integration of three dimensional discontinuous deformation analysis (DDA) with binocular photogrammetry for stability analysis of tunnels in blocky rockmass ［J］. Tunnelling & Underground Space Technology，2016，51：30~40.

［12］ Zhu H，Zhang Q，Huang B，et al. A constitutive model based on the modified generalized three-dimensional Hoek - Brown strength criterion ［J］. International Journal of Rock Mechanics & Mining Sciences，2017，98：78~87.

［13］ 陈建琴. 基于非接触测量的岩体不连续面精细化描述及应用研究 ［D］. 上海：同济大学，2018.

［14］ 石根华. 数值流形方法与非连续变形分析 ［M］. 裴觉民译. 北京：清华大学出版社，1997.

［15］ 武威. 三维接触计算新方法及在非连续变形分析中的应用研究 ［D］. 上海：同济大学，2017.

［16］ 薛守义. 论连续介质概念与岩体的连续介质模型 ［J］. 岩石力学与工程学报，1999，18 (2)：230~230.

［17］ 张琦. 广义三维 Hoek-Brown 岩体强度准则的修正及其参数多尺度研究 ［D］. 上海：同济大学，2013.

[18] 郑颖人，朱合华，方正昌，等．地下工程围岩稳定分析与设计理论［M］．北京：人民交通出版社，2012．

[19] 朱合华，武威，李晓军，等．基于 iS3 平台的岩体隧道信息精细化采集、分析与服务［J］．岩石力学与工程学报，2017，36（10）：2350～2364．

[20] 朱合华，张琦，章连洋．Hoek-Brown 强度准则研究进展与应用综述［J］．岩石力学与工程学报，2013，32（10）：1945～1963．

9 软土盾构隧道变形控制分析方法与应用

朱合华，丁文其，张冬梅，乔亚飞，龚琛杰，逯兴邦

（同济大学，上海 200092）

9.1 概述

盾构隧道衬砌结构设计难点在于接头的存在而导致结构受力的复杂性，如何进行精细化设计已成为学术界和工程界的研究热点。此外，软土地层中盾构施工对地层和周围环境的影响如何，还有运营隧道长期变形性状如何，都亟待摸清。因此本章将围绕上述三个核心问题进行论述。

盾构法隧道采用装配式衬砌作为结构长期受载体，隧道衬砌由若干弧形管片拼装成环，管片环向、纵向之间主要通过螺栓、榫头或其他方式进行连接。合理的管片计算方法必须要考虑接头对整体结构和其附近区域的变形及力学性能的影响，不同管片设计方法之间的本质区别在于接头的处理方式上。国内地铁盾构隧道管片主要采用修正惯用法进行结构设计，该法不考虑接头存在，而是通过引入刚度折减系数来体现接头对盾构隧道管片环整体刚度的影响，其缺陷在于无法合理考虑管片接头对衬砌结构刚度的局部影响效应，而且计算中无法考虑纵向接头的影响，一般通过放大安全系数来考虑纵向接头对隧道整体性能的影响。

目前，对于环向接头性能的研究模型一般可分为两种，一种是实体模型，另一种是接头刚度数值模型。其中前者是利用实际工程管片进行相关试验，以获得管片接头的相关性能，而后者主要是采用解析模型或者数值计算的方法对管片进行建模计算研究。尽管目前大多数重大地下工程都采用第一种方法确定，但是由于我国地铁工程起步晚，隧道设计缺乏经验，同时由于整环试验成本较高，因此很多学者将研究的重心放在接头模型研究上。

尽管盾构法施工是目前较为先进、成熟的施工工法，但是由于地质条件的复杂性及施工工艺的限制，仍然不可避免对邻近地层产生扰动影响。盾构施工扰动使得邻近土体产生复杂的加卸载力学行为，改变主体应力状态，引起不同程度的地表及地层深层土体位移，以致危及紧邻结构物（如桩基、既有隧道、管线、建筑房屋等）的安全使用及结构稳定性。此外，在软土地层中，由于盾构施工扰动往往产生超静孔隙水压力，地层沉降变形随着超静孔隙水压力的消散持续发展，往往固结沉降变形量占总沉降量比例较大。因此，准确地预测盾构施工引起的环境效应，并在此基础上提出邻近结构物的保护加固措施，是目前盾构法隧道设计与实践中面临的较为紧迫的课题。

隧道的工后沉降发展大致可分为三个阶段：①隧道管片入土后的初始沉降；②隧道下卧土层超孔隙水压力消散而引起的固结沉降；③隧道下卧土体骨架长期压缩变形产生的次

固结沉降（刘建航，1991）。实际上，地铁隧道长期运行中的沉降受多方面因素影响。初步分析研究表明，已建软土层中的地铁隧道主要沉降影响因素可归纳为：①长期车辆振动荷载作用下地层振陷；②隧道渗漏引起的沉降；③隧道周边建筑施工活动的影响；④区域性大范围地面沉降的影响；⑤地质条件差异性产生的沉降等。

我国大部分地铁隧道都建于地下水位以下的土层中，处于饱和软土地层中的地铁隧道受地铁运营循环荷载、盾构施工工艺、土质分布不均等影响，在水压力的作用下，渗漏水已成为目前运营地铁隧道最主要的病害之一（黄宏伟等，2010；袁勇，赵庆丽，2009）。隧道的渗漏水病害主要是指隧道在运营过程中，地下水直接或者间接的以渗漏、涌入等形式进入隧道内。隧道的局部渗漏会加速隧道长期沉降的发展，而不均匀沉降导致的接头变形过大又会加剧渗漏水的发生，进一步损害隧道衬砌结构的安全。如果不采取措施，将会形成恶性循环，危及地铁隧道的正常运营和结构安全（刘建航，侯学渊，1991）。

9.2 盾构隧道衬砌的精细化设计方法

9.2.1 盾构管片衬砌的精细化设计方法

1. 概述

盾构隧道衬砌结构一般是通过预制管片拼装联接而成，管片与管片之间通过环向螺栓联接成管片环，管片环之间通过纵向螺栓联接成隧道衬砌结构。为了合理描述这种隧道结构的力学特性并进行实际工程的设计计算，不少学者与设计人员提出了各种各样的计算模型。根据衬砌结构与周围地层间的相互作用关系的不同假定，可将现有的盾构管片衬砌结构计算分析方法分为地层-结构法和荷载-结构法两个大类。其中，前者认为衬砌与周围地层一起构成共同受力变形的整体，后者假定地层对衬砌的作用只产生作用于衬砌的主动压力和被动抗力。现阶段国内外主流的隧道衬砌结构设计方法基于荷载-结构法，根据对管片和接头的不同考虑方式，可划分为（修正）惯用法、多铰圆环法、梁-弹簧模型、梁-接头模型、壳-弹簧模型、壳-接头模型和三维实体模型等。表 9.2-1 比较了上述衬砌计算模型的优缺点。

盾构隧道衬砌结构主要设计模型的特点比较 表 9.2-1

模型	简化方式	优点	缺点
惯用法	未考虑接头	解析解,概念明确	不能反映接头对内力分布的削弱
修正惯用法	引入弯曲刚度有效率近似考虑接头	解析解,概念明确	接头处内力计算值偏差较大
多铰圆环	用弹性铰模拟接头	可由公式编程计算	不稳定结构,需考虑地层的附加约束
梁-弹簧模型	弹簧模拟接头,直梁或曲梁单元模拟管片	概念明确,较为准确反映接头特性	无法模拟管片幅宽方向的三维受力状态
梁-接头模型	接头联接单元模拟接头,直梁或曲梁模拟管片	概念明确,可反映接头非线性转动特性	无法模拟管片幅宽方向的三维受力状态

模型	简化方式	优点	缺点
壳-弹簧模型	弹簧模拟接头,平板壳或曲壳单元模拟管片	弥补梁-弹簧模型中只能计算衬砌管片在平面内的内力与变形情况	错缝拼装条件下,无法真实反映沿隧道纵向的受力状态
壳-接头模型	接头联接单元模拟接头,平板壳或曲壳单元模拟管片	弥补壳-弹簧模型中只能计算衬砌管片在平面内的内力与变形情况	如何准确选取接头联接单元的参数
三维实体模型	实体单元模拟管片,考虑螺栓、密封垫、凹凸榫等接缝细部构造	较为真实地反映盾构隧道实际的力学特性,包括接头的不连续非线性性态和隧道纵向的真实受力状态	建模和计算工作量大,并且材料与边界条件较为复杂计算容易不收敛

对于以梁(壳)-弹簧模型为主流的设计模型,内力和变形的计算精度关键在于接头刚度或接头参数的取值。现阶段接头刚度均采用定值进行分析,且该取值更多的是基于经验以及已有的接头试验结果。但是实际上由于各个接头承受的轴力弯矩存在较大差异,各纵缝接头抗弯刚度存在较大差异。因此在采用梁-弹簧模型或壳-弹簧模型计算衬砌内力时应该充分考虑盾构隧道纵缝接头抗弯刚度随轴力弯矩变化的非线性。

因此,为了实现隧道管片衬砌内力变形的三维精细化分析,需要对现有的壳-弹簧模型进行改进,建立考虑接头抗弯刚度随轴力弯矩非线性的盾构隧道衬砌模型。

2. 考虑接头抗弯刚度非线性迭代算法的壳-弹簧模型

(1)壳单元模拟隧道管片

采用 4 节点壳单元对盾构隧道管片进行模拟,它既具有弯曲能力又有扭曲能力,可以承受平面内荷载和法向荷载。本单元每个节点具有 6 个自由度:沿节点坐标系 X、Y、Z 方向的平动和沿节点坐标系 X、Y、Z 轴的转动。该单元可进行应力硬化及大变形分析,其几何形状及坐标系系统见图 9.2-1。单元定义需要四个节点、四个厚度和材料属性。在单元的面内,其节点厚度为输入的四个厚度,单元的厚度假定为均匀变化。如果单元厚度不变,只需输入 TK(I)即可;如果厚度是变化的,则四个节点的厚度均需输入。

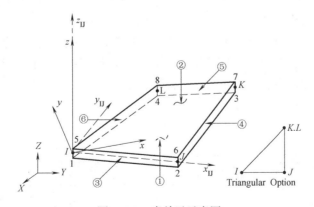

图 9.2-1 壳单元示意图

在图 9.2-2 中显示了选用壳单元的几个输出项。输出包括 X 面(MX)的弯矩、X 面(TX)的轴力、Y 面(MY)的弯矩、Y 面(TY)的轴力、扭矩(MXY)和剪力

（TXY）。弯矩和轴力为单元坐标系内单位长度上计算所得。

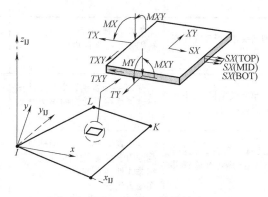

图 9.2-2　壳单元结果输出

图 9.2-3 为采用壳单元建立的相邻两衬砌环的管片，壳体厚度为 350mm，壳体宽度为 1200mm。对管片划分网格，相邻管片单元节点在环缝及纵缝位置相互对应，以便在接头处建立弹簧单元。

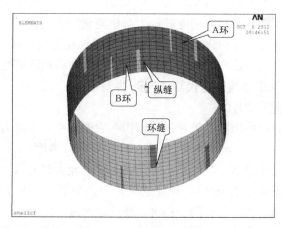

图 9.2-3　壳单元模型图

（2）盾构隧道接头模拟方法

采用线性弹簧和非线性弹簧单元对盾构隧道接头进行模拟，按照弹簧单元承受荷载性质不同，弹簧可分为轴向弹簧和旋转弹簧，旋转弹簧承受弯矩作用，产生相应的转角，而轴向弹簧承受压（拉）力和剪切作用。三种弹簧单元分别采用图 9.2-4 所示符号表示。

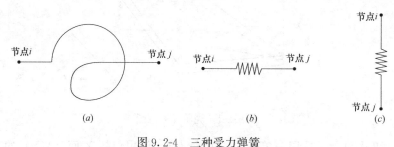

图 9.2-4　三种受力弹簧
（a）旋转弹簧；（b）拉压弹簧；（c）剪切弹簧

286

三种弹簧在建立有限元模型时两个节点为位于同一几何位置，其受力方向通过单元坐标系的方向来定义，非线性弹簧的刚度通过弹簧的受力-变形曲线定义，弹簧单元典型受力变形曲线如图9.2-5所示。

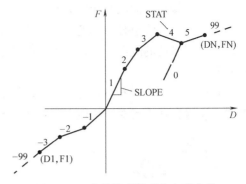

图9.2-5　非线性弹簧受力变形曲线

（3）盾构隧道纵缝接头模拟

盾构隧道纵缝接头通过环向螺栓联接而成。在实际工况下主要承受绕隧道纵向轴线的弯矩、沿隧道环向的轴力和沿隧道径向或纵向的剪力，由此产生了接头转动、拉压以及剪切错动变形。管片纵缝接头抵抗转动效应、轴向压缩拉伸和剪切错动的刚度，如图9.2-6所示分别用抗弯刚度 k_θ、轴向刚度 k_n 和沿隧道横截面径向剪切刚度 k_s 来表示。

采用旋转弹簧模拟抗弯刚度 k_θ、拉压弹簧模拟轴向刚度 k_n 和剪切弹簧模拟沿隧道横截面径向剪切刚度 k_s，三种弹簧单元组合在一起对盾构隧道纵缝进行模拟，组合后的弹簧形式如图9.2-7所示。

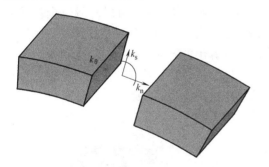

图9.2-6　盾构隧道纵缝各向刚度

图9.2-7　盾构隧道纵缝弹簧模拟方法

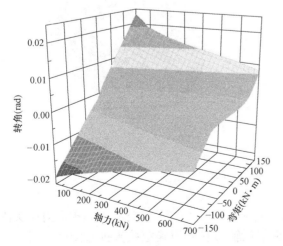

图9.2-8　盾构隧道纵缝接头张角与轴力弯矩非线性关系

纵缝抗弯刚度 k_θ 的取值，不仅与接头设计参数有关，而且受到接头位置轴力与弯矩值的影响，一般单元难以考虑该因素的影响。本章接头抗弯刚度按照精细化有限元模型计算得到的接头抗弯刚度随轴力弯矩非线性变化曲面差值确定，如图9.2-8所示。

（4）盾构隧道环缝接头模拟

环缝接头通过纵向螺栓联接而成，在实际工况下主要承受绕隧道径向的弯矩、沿隧道轴向的轴力和沿隧道径向剪力。环缝接头承受沿隧道轴向的轴力时，当轴力为压力时则管片环之间相互挤压，当轴力为拉力时则纵向螺栓受拉。环缝接头承受绕隧道径向的弯矩时，受压侧表现为混凝土挤压，受拉侧表现为纵向螺栓受拉，因此环缝承受绕隧道径向的弯矩实际上也表现为环缝的拉压刚度。因此环缝接头轴向压缩拉伸和剪切错动的刚度，如图 9.2-9 所示分别用轴向刚度 k'_n 和沿隧道横截面径向剪切刚度 k'_s 来表示。

采用拉压弹簧模拟轴向刚度 k'_n 和剪切弹簧模拟沿隧道横截面径向剪切刚度 k'_s，三种弹簧单元组合在一起对盾构隧道纵缝进行模拟，组合后的弹簧形式如图 9.2-10 所示。

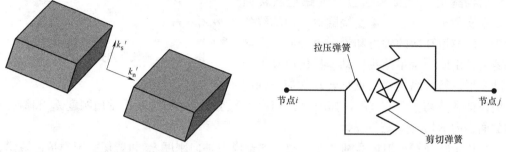

图 9.2-9　盾构隧道环缝各向刚度

图 9.2-10　盾构隧道环缝弹簧模拟方法

3. 考虑接头抗弯刚度非线性迭代算法的壳-弹簧模型

壳-弹簧模型可更好地分析错缝拼装的盾构隧道衬砌内力，并且可以对隧道全长受力进行分析。隧道衬砌承受外荷载可以随纵向埋深变化而变化，也可以根据施工期分别进行加载，当采用主动土压力模式计算侧向土压力时，计算出的侧向土压力可能为负数，表示计算中出现拉力的土荷载，各荷载在水平及竖直方向分解后经计算转化为节点荷载施加在单元节点上。荷载模式以及施加荷载后的壳-弹簧模型如图 9.2-11 所示。

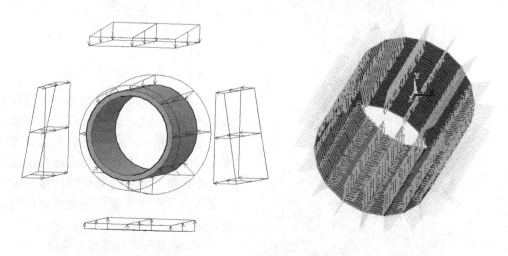

图 9.2-11　壳-弹簧模型荷载模式图

考虑接头抗弯刚度随轴力弯矩非线性变化盾构隧道模型求解计算过程中需对接头刚度 k_θ 进行迭代，通过每次计算得到的接头部位轴力和弯矩确定接头抗弯刚度。当前后两次计算衬砌环变形量小于 5% 后认为计算结果收敛，停止计算。具体计算流程见图 9.2-12。

4. 基于盾构隧道衬砌结构整环试验的精细化壳-弹簧模型验证

（1）整环试验简介

选取某盾构隧道衬砌结构整环试验结果对建立的考
虑接头抗弯刚度非线性的壳-弹簧精细化模型进行验证。
本试验衬砌环外径为 6200mm，内径为 5500mm，管片
宽度为 1200m，管片厚度为 350mm。衬砌环由 1 个封顶
块、2 个邻接块、3 个标准块组成。衬砌环接缝采用斜
螺栓连接，其中每个环缝采用 16 根 M30 螺栓，每环纵
缝采用 12 根 M30 螺栓。混凝土为高强混凝土，强度等
级为 C50，隧道采用错缝拼装。为了充分考虑本试验管
片拼装，减小边界效应的影响，采用两个半环加一个整
环的形式，上下两个半环为左偏，中全环为右偏。试验
管片包括上半环（0.6m 宽）、中全环（1.2m 宽）、下半
环（0.6m 宽）三部分组成，环与环之间用纵向螺栓连
成整体，上下半环分别向左偏转 22.5°，中间全环向右
偏转 22.5 度，见图 9.2-13。拼装时在管片环与环间垫
上止水带，并施加纵向预紧力。

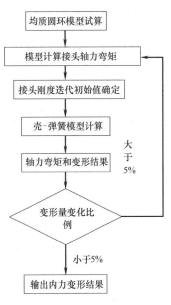

图 9.2-12　考虑接头抗弯刚
度随轴力弯矩非线性变化
盾构隧道模型计算流程图

根据实际隧道受力状态进行计算，根据隧道管片受
力分析示，试验中简化成 16 只油缸加载。加载装置镶
嵌在土坑内。采用环状箱式结构，提高整体抗弯能力。
在加载钢结构内设置三排液压缸，每排位 16 支液压缸，其分别对上半环、中整环和下半
环分别加载。管片底部与试验平台底板间放入滚珠，以形成摩阻力小的滚动支承条件，试
验装置如图 9.2-13 所示。

图 9.2-13　整环试验装置图

选取试验中埋深 0.3D 典型工况进行衬砌内力变形计算，各荷载点施加荷载以各工况
均布荷载为基础按照弯矩等效的原则进行计算得到，各集中荷载均指向圆心，各加载点位
置如图 9.2-14 所示。

（2）考虑接头抗弯刚度非线性的壳-弹簧模型的建立与验证

建立与试验工况相同的壳-弹簧盾构隧道衬砌模型，单元选取与参数设置如上节介绍，荷载施加采用与试验相同的十六点加载，为了防止计算模型发生沿 Z 轴方向的位移，在衬砌环的一端施加 Z 向约束，为了防止模型发生旋转，在两个半环的顶部和底部施加模型水平向位移约束，由于衬砌受到荷载沿竖直方向对称，因此该约束对衬砌环，尤其是中间环内力影响不大。建立的有限元模型如图 9.2-15 所示。

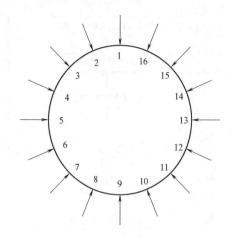

图 9.2-14　隧道衬砌环加载点分布图　　　　图 9.2-15　计算模型图

本试验隧道接头采用斜螺栓方式进行连接，根据设计图建立试验衬砌接头的精细化有限元模型，计算得到不同轴力下接头的割线抗弯刚度曲线如图 9.2-16 所示。

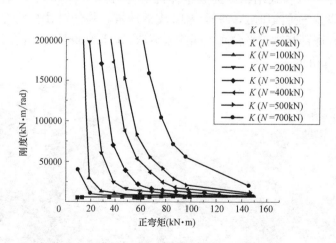

图 9.2-16　试验隧道纵缝接头抗弯刚度与轴力弯矩关系图

埋深 $0.3D$ 工况计算衬砌竖向变形及水平变形趋势与试验结果相同，数值也十分接近，计算水平收敛变形为 3.47mm，竖直收敛变形为 -3.40mm，试验水平收敛变形为 3.13mm，竖直收敛变形为 -3.25mm。计算衬砌弯矩与试验结果趋势吻合，数值略有差异，但是不是很大，计算衬砌轴力与试验结果相差较大（图 9.2-17、图 9.2-18）。

由工况计算与试验对比可知，考虑接头抗弯刚度非线性的壳-弹簧模型计算结果与试验结果基本相符，有力地证明了提出模型的准确性和合理性。

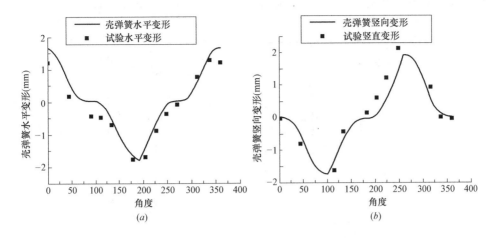

图 9.2-17 埋深 0.3D 工况整环试验变形对比图（mm）

（a）水平变形；（b）竖向变形

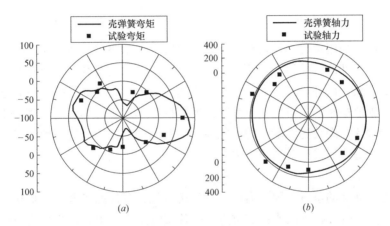

图 9.2-18 埋深 0.3D 工况整环试验内力对比图

（a）弯矩（kN·m）；（b）轴力（kN）

9.2.2 盾构管片接缝防水的精细化设计优化

1. 概述

盾构隧道防水设计遵循"以防为主，多道设防，综合治理"的原则，以混凝土衬砌结构自防水为根本，衬砌接缝防水为重点，确保隧道整体的防水密封性能。因此，在混凝土管片抗渗能力达到设计要求时，为保证隧道良好的防水性能，重点在于接缝的防水方案弹性密封垫的形式。

纵观国内外的盾构隧道管片接缝防水方案可以发现，在低水压情况下，管片接缝采用单道弹性密封垫的方案；高水压或承受内水压情况下，管片接缝多采用双道弹性密封垫的方案，但也有采用单道弹性密封垫的方案。比如，南京纬七路长江隧道、武汉长江隧道和德国易北河第四座道路隧道采用双道弹性密封垫方案；荷兰西斯尔德隧道和绿色心脏隧道，采用单道弹性密封垫的方案，日本东京湾道路隧道采用以遇水膨胀橡胶为材质的单道密封垫方案，并在二次衬砌外设全封闭防水板以加强防水（图9.2-19）。

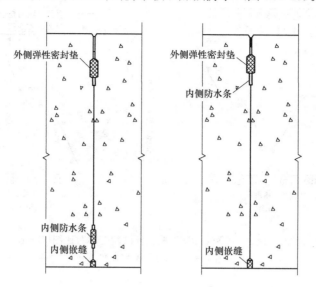

图 9.2-19　双道（左图）和单道（右图）弹性密封垫防水方案的布置图

从理论上说，采用单道弹性密封垫可以满足隧道防水要求。然而在实际工程中，施工拼装误差会导致局部的管片错台，严重时可引起密封垫沟槽混凝土开裂破损，导致接缝出现过早的渗漏现象。此外，考虑到隧道纵向穿越复杂岩土环境的影响，当隧道位于渗透系数很强的粉细砂地层时，一旦发生渗水，极易伴随流砂，严重危及结构的整体承载性能。因此，从减少管片衬砌结构渗漏水的可能性，以及确保工程与周边环境的安全出发，对于承受高水压的隧道建议采用双道防水方案。

2. 密封垫设计

盾构隧道渗漏水的位置主要是盾尾与管片接触处、管片的接缝、注浆孔以及管片自身的小裂缝等，其中管片接缝防水是其重点。管片接缝防水的主要对策是使用密封材料。按材料分类，密封垫的种类主要分为弹性橡胶密封垫（图9.2-20a）和遇水膨胀橡胶密封垫（图9.2-20b）两大类。20世纪60～70年代，随着高精度钢模制作高精度管片方式的应用，以氯丁橡胶、氯丁胶与天然橡胶等混合胶、三元乙丙橡胶等制成特殊断面构造形式的弹性橡胶密封垫防水技术在欧美流行，其结构断面上开设多个圆孔（一般呈中心对称），以增高密封垫高度，来改善其压缩受力性能。遇水膨胀橡胶作为隧道接缝密封材料由日本研发，其靠膨胀密封止水，断面尺寸小，节省材料，利于施工安装。但是，遇水膨胀橡胶

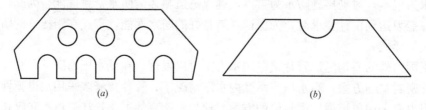

图 9.2-20　接缝密封垫结构断面图
（a）弹性橡胶；（b）遇水膨胀橡胶

在吸水后，容易产生应力松弛、蠕变，而且反复吸水后，密封材料内的吸水组分会分离析出，影响长期防水性能。表 9.2-2 对比了上述两种密封垫的性能。

弹性橡胶和遇水膨胀橡胶密封垫的性能对比 表 9.2-2

	弹性橡胶密封垫	遇水膨胀橡胶密封垫
止水机理	借助压缩应力反弹弹性实现止水	借助反弹弹性和与水反应产生的膨胀应力及膨胀后的体积增加，实现止水
生产方式	微波硫化、挤出成型	模压电热硫化成型，也可挤出成型
施工性能 (1)安装时发生脱落 (2)螺栓拧紧性能	(1)借助胶粘剂的强粘合力防止脱落； (2)为确保止水性能，密封垫要足够厚，但容易脱落； (3)压缩反弹力大，螺栓稍难于锁紧	(1)密封垫断面小，容易安装和粘合； (2)压缩应力稍小，尽管体积小，仍容易较小张开量时密封止水； (3)需要有防水防潮防预膨胀措施
防水密封性能	由于橡胶弹性应力松弛，导致防水密封性能下降。但安全量大时可不必考虑。通过设计合理的断面结构可改善	原来的橡胶弹性压力再加上水膨胀压力，防水密封性能改善。但有树脂析出现象，耐久性问题较复杂
复合性能(螺栓拧紧后)	容易复原	容易复原
接缝张开的密封性	能适应较大厚度尺寸的接缝	体积随着吸水而增加，可以对接缝进行良好密封
耐久性(性能维持能力)	有长期应力松弛，但通过相关检测与有限元数值分析能剖析松弛的程度是否影响防水变化	(1)有长期应力松弛现象，但膨胀压力能够提升止水能力； (2)对于耐久性检测分析，难度较大
经济性	(1)为确保反弹力，尺寸较大，并需要较深的沟槽； (2)需要使用特殊的直角件接头； (3)厚度大，需要圆角加工	能够借助水膨胀导致的体积增大实现反弹力，因此设计时能够控制很小的断面尺寸
综合评价	复原性能佳，但安装时容易脱落，由于可设计成多孔断面，密封垫可适应接缝较大张开	(1)尽管有长期应力松弛现象，但仍可用膨胀压力补充实现止水效果； (2)吸水导致体积膨胀，从而能够密封大于密封材料厚度接缝

　　为此，对密封材料的耐久性和止水性就有严格的要求。目前，以德国为代表的欧洲采用非膨胀性合成橡胶，主要是利用接缝材料的挤密来达到防水目的，所以它们一般是用硫化橡胶类材料模压成为一定的形状。与水膨胀材料相比，硫化橡胶类材料必须比较厚而大，因而降低了管片的拼装性能，由于接触面压应力大，管片接缝端部就会损坏（指密封垫沟槽外侧混凝土），为此可以改善密封垫的断面形状，在密封垫内开设孔眼以控制接触面应力来确保止水效果。同时这种断面形式还使得弹性密封垫具有更大的压缩性和更高的弹性，即使管片接缝有一定的张开量，它仍能处于一定的压缩状态，可有效地阻挡水的渗漏。这些材料虽然具有价格低、施工方便，对隧道变形和沉降有一定的适应功能等优点，但有的材料在长期的地下水作用下会导致渗漏，所以这是亟待解决的问题。

　　而以日本为代表的方面，则是采用水膨胀橡胶，靠其遇水膨胀后的膨胀压应力来止水，它的特点是可使密封材料变薄且施工方便。遇水膨胀橡胶密封垫是 20 世纪 80 年代开发应用的隧道衬砌接缝防水材料，与传统的橡胶止水材料相比较，施工时它所需受压程度小，只要压缩7％即可（传统的橡胶受压型密封材料需要35％），能够消除压缩应力引起的破坏。当接缝两侧的距离大于防水材料的弹性恢复率时，由其遇水膨胀的特点，在其膨胀范围以内还能够起到止水作用。遇水膨胀橡胶密封垫以其造价低廉（可节省50％以上）、施工简便、效率高、节省材料（大大减少了密封垫的厚度）、止水能力强等优点，近年来已成为国内外隧道衬砌接缝防水中运用最广的一种防水材料。在日本几乎所有的盾构隧道都使用了该类止水材料，我国已建的上海地铁和广州地铁部分区段也使用了遇水膨胀密封垫。然而，遇水膨胀橡胶密封垫也有其缺点，它在长期受压应力作用下，会产生蠕变、老化及应力松弛等现象，从而使密封垫止水能力下降。

早期使用的水膨胀密封材料的体积膨胀率可以达到10～12倍，但由于高倍率材料在长期应力作用下存在应力松弛、水膨胀树脂析出等缺点，因此近年来多采用膨胀率在3～4倍的密封材料。目前，水膨胀密封材料的使用情况良好，既减薄了密封材料，又方便了施工，但其耐久性还有待验证。

我国现在的使用趋势是把遇水膨胀橡胶和普通非膨胀橡胶密封垫结合起来使用，采用多孔、特殊断面弹性橡胶密封垫和遇水膨胀橡胶复合方式，通过嵌入或者是模压的方式方法将水膨胀橡胶与非膨胀橡胶结合构成复合型弹性橡胶密封垫。这样，弹性橡胶密封垫拥有了弹性止水、膨胀止水双重功效，使得弹性橡胶密封垫即使在管片之间产生较大接缝张开量，依靠橡胶回弹无法完全止水（包括长期压缩下的密封垫应力松弛）的情况下，膨胀橡胶遇水产生体积膨胀，达到止水的目的。这样一来，盾构隧道短期的防水靠密封垫压密解决，而长期防水依靠水膨胀橡胶的水膨胀性，尤其是限制侧向膨胀，靠高度方向的单向膨胀予以解决。

在一般水压条件下，盾构隧道接缝采用单、双道弹性密封垫均有实例，采用双道弹性密封垫方案的有德国易北河第四座道路隧道，采用单道弹性密封垫方案的有荷兰的West-erschelde道路隧道，日本东京湾道路隧道采用了以遇水膨胀橡胶为主的单道密封垫方案，并在二次衬砌外设全封闭防水板加强防水。

3. 螺栓孔防水设计

螺栓与螺栓孔之间的装配间隙是易渗漏处，所采用的堵漏措施就是用弹性密封圈垫。在拧紧螺栓时，密封条受挤压变形充填在螺栓和孔壁之间，达到止水效果。螺栓孔充填材料的特性是：具有水密性，且伸缩性好；能承受螺栓紧固力；具有耐久性，不老化。一般使用合成橡胶或合成树脂类的环状充填材料，本工程采用遇水膨胀橡胶。遇水膨胀橡胶材料的性能指标见表9.2-3。

螺栓孔防水垫圈（遇水膨胀橡胶）材料性能指标 表9.2-3

项　目	单位	初选指标	测试方法
邵尔硬度 A	度	42	按 GB/T 531—1999 测试
拉伸强度	MPa	≥3.0	按 GB/T 528—1998 测试
扯断伸长率	％	≥400	按 GB/T 528—1998 测试
扯断永久变形	％	≤15	按 GB/T 528—1998 测试
静水膨胀率（20℃×2h）	％	≥220	按 GB/T 18173.3—2002 测试
质量变化率 （静水：70℃×72h 后 60℃干燥）	％	≤2	按 GB/T 1690—1992 测试

注：静水膨胀率％＝膨胀前体积/膨胀后体积×100％。

(1) 螺栓孔密封圈截面结构的设计和优化

螺栓孔、螺栓、密封圈三者之间的关系如图 9.2-21 所示。

螺栓与螺栓孔之间的直径相差 6mm（半径相差 3mm），取密封圈的截面高度为相差量的 3 倍（即 $h=9mm$）。

取遇水膨胀橡胶与混凝土的摩擦系数为 0.71，所以螺栓孔的开口角度 $\alpha \leqslant \arctan(0.71)=35°$。取 1.2 的安全系数，即取开口角度为 $\alpha=\arctan(0.71/1.2)=30°$，这样密封圈和混凝土之间就形成了一个自锁角，密封圈不会因为受到膨胀力而自动脱落。为了将密封圈挤压密实，密封圈的尺寸要大于孔口的尺寸，取孔口的开口半径比螺栓的半径大 7.5mm。

密封圈在遇水膨胀之前的泊松比约为 0.5（即基本不可压缩），要将密封圈整个压入孔口，且密封圈能与螺栓钢垫圈平整接触，角度 β 不宜过大，建议取 $\beta=70°$ 左右。

(2) 施工工艺及注意事项

1) 插入螺栓之前，应将密封圈固定在螺栓端部，螺栓的端部可以考虑局部倾斜加粗，见图 9.2-22。

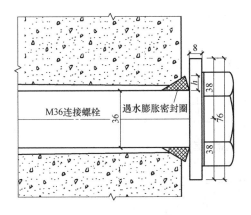

图 9.2-21　螺栓孔、螺栓以及密封圈三者的关系（mm）

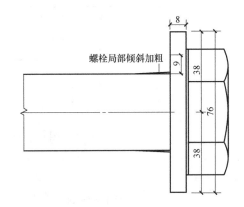

图 9.2-22　螺栓局部倾斜加粗（mm）

2) 批量生产之前需要做预拼装和螺栓孔的防水试验和数值模拟分析研究。尽量做到螺栓孔的防水等级与内侧聚醚型聚氨酯弹性体的防水等级一致，可以通过做试验与分析研究确认。

3) 密封圈在拼装前的整个过程中应尽量避免直接浸水。在不可避免的浸水或潮湿条件下施工时，遇水膨胀材料表面要采用缓膨处理（涂缓膨剂）。

4) 考虑螺栓孔密封圈的防火等级以及隧道内侧消防用水对遇水膨胀橡胶的负面影响，需要采取手孔封堵（手孔封堵材料可以是细石混凝土，在管片脱离盾尾，隧道变形稳定后施工，需要配合管片变形测量）、螺栓口套一个 PVC 管等保护措施。

5) 在施工过程中，螺栓需要预紧两次：一次是拼装管片的时候，另一次是管片脱离盾尾，盾尾二次注浆、衬砌环稳定不变形之后。

6) 螺栓孔进水后的螺栓防腐性能需要做进一步的研究，螺栓也要采取有效的防腐措施（螺栓在干湿循环的环境中非常容易腐蚀），需要考虑盾构隧道管片的分区防水。

4. 纵向防窜流设计

由于盾构隧道存在大量的接缝，而接缝处的弹性密封垫只能抵挡从外侧向隧道里流动的水流，而无法阻挡在接缝中的窜流，因此极有可能出现某一处的管片接缝靠近土体侧出现渗漏，但同一位置处的接缝靠近管片内侧的防水性能良好，渗漏进入接缝的水会在管片接缝之间流动，因而可能从某处靠近管片内侧防水性能较差的接缝处渗漏出，这不仅不利于隧道整体防水效果的实现，同时即使采取了相应的堵漏措施效果也不尽理想。因此，建议采纳分区防水概念，对管片角部增加防窜流的措施，从而提高隧道的整体防水性能。

管片接缝通过在管片角部加贴聚醚聚氨酯橡胶片防止盾构隧道纵向接缝之间存在的窜流（图 9.2-23 和图 9.2-24），并且该橡胶片与内外侧两道密封垫之间采用热熔粘接的方式固定。

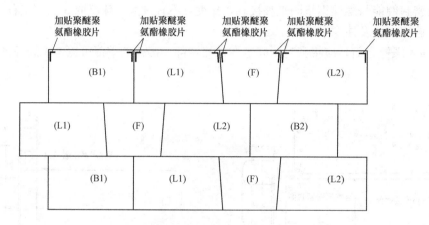

图 9.2-23　防窜流角部措施

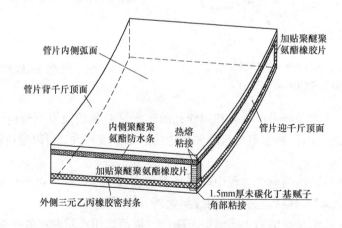

图 9.2-24　防窜流角部措施细部构造

9.3　软土盾构隧道施工微扰动控制技术

盾构法已成为我国城市地铁、电力、市政管线隧道建设的主要施工方法。伴随城市的大规模建设，盾构施工面临的周边环境越来越复杂，穿越障碍物或近距离通过既有建

（构）筑物的情况也越来越多。由于盾构施工会破坏土层的初始应力状态，不可避免地对周围土体造成一定程度的扰动，引起地面的沉降或隆起，进而影响附近建（构）筑物的服务状态，严重时将引起建（构）筑物的破坏，引发工程事故。但城市的快速建设留给隧道工程的施工空间和允许扰动范围越来越小，环境保护的要求也越来越高。为解决这个矛盾，有必要采用土盾构隧道施工微扰动控制技术，以期控制盾构施工对周边环境的扰动范围和扰动程度。

9.3.1 微扰动控制原理

1. 盾构施工的扰动原理

盾构施工过程中，土体原有的应力平衡状态被破坏，可能导致土体结构的破坏、超孔隙水压力的积累、土体抗剪强度的降低、土体变形的增大等。因为土体是连续介质，所以上述扰动会不断向隧道周边传递，尤其是向地表传递，进而在隧洞周边形成一定范围的扰动区。

盾构掘进是一个动态过程，致使其施工扰动具有时空分布的特征，即不同位置的扰动程度不同和同一位置的扰动程度随施工过程不断变化（蒋洪胜和侯学渊，2003）。图 9.3-1 给出了盾构施工过程中的土体扰动分区。盾构推进过程中开挖面受挤压作用引起土体的压缩，并导致盾构前方地表的位移（以隆起居多），产生挤压扰动区 1，盾壳与周围土体之间产生摩擦阻力，从而在盾壳周围的土体中产生剪切扰动区 2。在剪切扰动区 2 以外，由于盾尾建筑间隙的存在，土体向间隙内移动，引起土体的松动和塌落，从而导致地表的下沉，形成卸荷扰动区 3。盾构下方的土体可能因卸荷出现微量的隆起，产生卸荷扰动区 4。随着盾构的向前推进，盾构施工引起的超孔隙水压力逐渐消散，土体进入固结区 5。

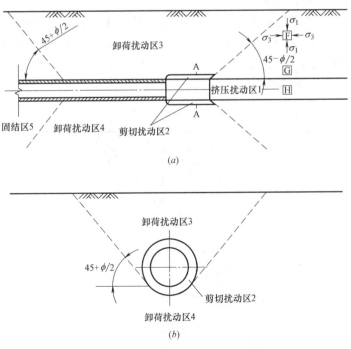

图 9.3-1　盾构施工土体扰动分区

（a）纵向分区；（b）A-A 横断面分区

地表沉降时衡量盾构施工扰动的一个重要指标，图9.3-2给出了盾构施工诱发的沉降随盾构机掘进的变化规律。盾构施工引起的沉降包括六部分，分别为：

（1）盾构到达前的地表变形（δ_1），主要由盾构前方土体受剪切挤压造成；

（2）盾构到达时的地表沉降（δ_2），主要由开挖面水平力不平衡引起；

（3）盾构通过时的地表沉降（δ_3），由盾构与土层之间的摩擦剪切力和盾构机姿态调整等引起；

（4）盾构脱出盾尾时的地表沉降（δ_4），由"建筑空隙"和应力释放导致；

（5）地表隆起（δ_5），由盾构掘进时的盾尾注浆和盾构通过后的补浆引起；

（6）长期沉降（δ_6），由孔隙水压力消散，土体固结沉降和蠕变引起。

前五项地表沉降的总和为即时地表沉降，是衡量盾构隧道穿越施工对周围土体扰动的重要标准，长期沉降与即时沉降有很好的正相关关系。

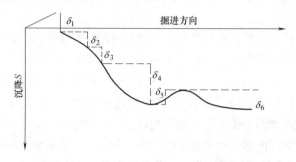

图9.3-2　盾构施工引起地表沉降的构成

2. 盾构施工的微扰动控制

按照周边土体扰动程度的大小，可将盾构周围土体划分成不同的扰动区（谢东武，2012）。图9.3-3中微扰动区、扰动区和剧烈扰动区对应的土体应变分别为极小应变区、小应变区和大应变区。一般认为小应变和大应变的区分界限为10^{-3}（Atkinson，2000）。随着隧道埋深的增大，地表附近土体的扰动逐渐减小。

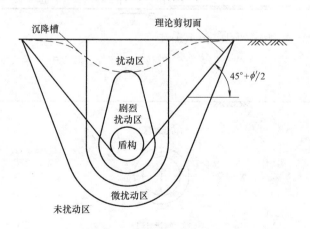

图9.3-3　盾构施工扰动程度分区图

微扰动是指将施工扰动引起的应变控制在小应变范围或应变控制阀值内的扰动。为实现微扰动而采取的施工控制措施统称为微扰动施工控制技术。土体的刚度随应变的增加呈非线性变化（Atkinson 和 Sallfors，1991），应变超过 1.0×10^{-3} 时土体刚度将迅速减小。因此为控制盾构施工对周边环境的扰动范围和扰动程度，须将施工引起的应变控制在小应变范围内，保证土体具有较大的刚度。根据不同的施工工法，可以选定不同的应变控制阀值，如基坑工程选用 5.0×10^{-4}，隧道工程选用 1.0×10^{-3} 等（朱合华、丁文其等，2014）。

3. 盾构施工扰动的主要控制因素

由扰动机理的分析可知，要实现盾构隧道的微扰动施工控制，需从以下几个方面采取控制措施：

（1）控制开挖面处的土体移动。在盾构掘进和推进时，应严格控制掌子面的支撑力，减少掌子面的移动。掌子面的支撑力与盾构的推进速度、出土量、刀盘转速、千斤顶推力等有关，施工时要保证上述参数的协调。

（2）控制盾构后退引起的扰动。在盾构机暂停推进、拼装衬砌时，由于千斤顶回缩和卸载等可能引起盾构的后退，使开挖面土体坍落或松动。因此，施工时要实时监控千斤顶的状态，并优化管片拼装顺序，降低盾构机的停留时间。

（3）控制盾尾孔隙导致的土体挤入。盾构机的盾壳直径一般略大于隧道的外径，致使盾尾衬砌脱出时存在盾尾孔隙，同时由于盾壳的剪切效应，盾构机存在背土现象，致使施工时的实际盾尾孔隙大于理论值。因此，施工时要精细化调整同步注浆参数，优化注浆浆液，严格控制注浆压力，确保注浆量适当。当发现注浆不足时，应通过注浆孔进行二次补浆调整。

（4）控制隧道轴线调整引起的超挖。盾构在姿态调整时的实际开挖断面大于原定开挖断面，会引起地层损失。因此，在线路设计时应尽量避免存在小曲率半径，在盾构施工时须做到勤测勤纠，且每次的纠偏量应尽量小。

（5）控制衬砌结构变形和整体的下沉或上浮。在水土压力下，盾构隧道结构会发生变形，进而导致净断面的收缩，引起地面沉降。当隧道的覆土深度较浅时，隧道会发生整体的上浮，从而引起地表的隆起。当隧道下卧软弱层时，隧道可能出现整体下沉，从而增加地表沉降。因此，在隧道选线时，应避开不良地质情况，且满足盾构抗浮的要求。

9.3.2 适用于软土地层盾构微扰动分析的本构模型

随着计算机技术、数值分析方法及土体本构关系的发展，数值分析方法已成为盾构隧道施工扰动分析最有效手段。而数值分析中关键问题之一是要采用合适的土体本构模型和计算参数，既要避免采用不能反映问题主要特点的太简单的模型，又要避免采用需确定很多晦涩参数的太复杂的模型（徐中华和王卫东，2010）。

1. 常用本构模型介绍

土体本构模型一直是土力学和岩土工程领域的研究热点，至今人们已经提出了几百种本构模型，但每种本构模型都是反映土的某一类或几类性质，因此具有其应用范围和局限性。广泛应用于商业岩土软件的本构模型很少，总体上可分为四类：弹性模型、弹-理想塑性模型、硬化类弹塑性模型、小应变类弹塑性模型。

（1）弹性类模型

线弹性模型假设材料各向同性，变形遵从胡克定律，只有弹性模量 E 和泊松比 ν 两个参数。Duncan-Chang 模型（Duncan 和 Chang，1970）是一种非线性弹性模型，采用双曲线函数来描述土体应力-应变关系的非线性，通过弹性参数的调整来近似地模拟土体的塑性变形，所用的理论仍然是弹性理论而没有涉及任何塑性理论。

（2）弹-理想塑性模型

Mohr-Coulomb 模型（图 9.3-4）（MC 模型）综合了胡克定律和 Coulomb 破坏准则，能较好地模拟土体的强度问题，但不能较好地描述土体在破坏之前的变形行为，且不能考虑应力历史的影响及区分加荷和卸荷。Drucker-Prager 模型（Drucker 和 Prager，1952）采用圆锥形屈服面（图 9.3-5）来代替 MC 模型的六棱锥形屈服面，避免了屈服面的奇异性，易于程序的编制。

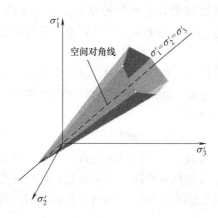

图 9.3-4　主应力空间中的 MC 模型屈服面　　　　图 9.3-5　主应力空间中的 DP 模型屈服面

（3）硬化类弹塑性模型

修正剑桥模型是以临界状态理论为基础的等向硬化的弹塑性模型（图 9.3-6）。其采用帽子屈服面，以塑性体应变为硬化参数，能较好地描述黏性土在破坏之前的非线性和依赖于应力水平或应力路径的变形行为。修正剑桥模型从理论上和试验上都较好地阐明了土体的弹塑性变形特性，是应用最广泛的土体本构模型之一。

Hardening Soil 模型（HS 模型）是由 Schanz 等（1999）提出的等向硬化弹塑性模型，其在主应力空间中的整个屈服面如图 9.3-7 所示。HS 模型采用 MC 破坏准则，并假设三轴排水试验的剪应力 q 与轴向应变 ε_1 成双曲线关系。其可以考虑土体的剪胀性、剪切

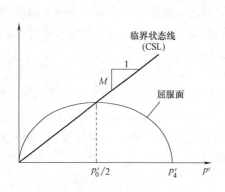

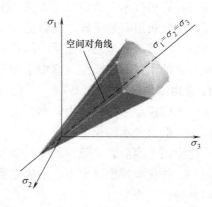

图 9.3-6　修正剑桥模型在 p'-q' 面上的屈服面　　　　图 9.3-7　主应力空间中的 HS 模型屈服面

硬化和压缩硬化等重要性质。HS 模型能适合于多种土类的破坏和变形行为的描述，并且适合于地基承载力、边坡稳定分析、基坑开挖及隧道开挖等各种工程。

（4）小应变类弹塑性模型

土在应变很小时具有很大的刚度，但随着应变的增大刚度会非线性地减小，为了描述土的这种性质，一些学者提出了小应变模型，其中最常用的是 Benz（2007）提出的 HS-Small 模型（HSS 模型）。HSS 模型在 HS 模型的基础上采用土体初始剪切刚度 G_0（应变水平为 10^{-6} 对应的剪切刚度）与剪切应变水平 $\gamma_{0.7}$（割线模量 G_{sec} 减小到 $70\%G_0$ 时的应变水平）两个参数描述土体的刚度衰减特性，其关系如下：

$$G = \frac{G_0}{1+\alpha \dfrac{\gamma_{\mathrm{Hist}}}{\gamma_{0.7}}} \qquad (9.3\text{-}1)$$

式中　G——实际的剪切刚度；

　　　γ_{Hist}——单调剪切应变；

　　　$\gamma_{0.7}$——参考应变；

　　　α——取 0.385。

2. 本构模型适用性评价

以 MC 模型、HS 模型和 HSS 模型为例，探讨各类模型在盾构隧道开挖数值分析中的适用性。图 9.3-8 为一个简单的盾构隧道开挖实例，隧道直径 6m，顶部埋深 12m，衬砌厚度 300mm。用 PLAXIS 建立有限元模型，尺寸为 120m×60m，土层 1 厚度 22m，土层 2 厚度 38m。模型侧边为水平约束（竖向自由，水平位移为 0），底边为全约束（垂直和水平位移均为 0）。采用的 MC 模型、HS 模型和 HSS 模型的土体计算参数如表 9.3-1 所示。

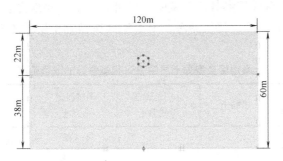

图 9.3-8　盾构隧道施工模型

各模型的土体计算参数　　　　　　　　　　　　　　　表 9.3-1

土层	基本物理参数				MC 模型	HS 模型						HSS 模型	
	γ (kN·m^{-3})	c(kPa)	ϕ(°)	v	E(MPa)	E_{50} (MPa)	E_{oed} (MPa)	E_{ur} (MPa)	m	p^{ref} (kPa)	R_{f}	$\gamma_{0.7}$ (10^{-4})	G_0 (MPa)
土层 1	18.0	1	26	0.2	4.5	8.7	7.3	43.6	0.8	100	0.6	2.7	174
土层 2	19.7	1	30	0.2	18	6.8	5.6	33.8	0.8	100	0.9	2.7	135

图 9.3-9 和图 9.3-10 为采用 MC 模型、HS 模型、HSS 模型和 Peck 经验公式计算得

到的结果。采用 MC 模型计算时，地表土体呈现隆起的趋势，与实际情况相反，可知 MC 模型不适于分析隧道开挖卸载引起的土体扰动。采 HS 模型和 HSS 模型时，地表沉降近似正态曲线，拱顶土体沉降，拱底土体隆起，符合实际工程经验。由于 HSS 模型考虑了土体的小应变特性，能相对更真实地反映土体刚度随着应变水平的增加逐渐衰减的特性。相比 HS 模型，HSS 模型计算得到的土体位移较小，且地表沉降曲线非常接近 Peck 公式的计算结果。

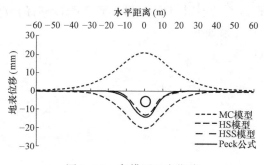

图 9.3-9　各模型地表位移

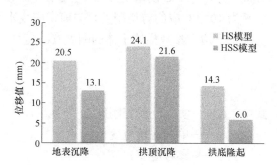

图 9.3-10　各模型不同位置的土体位移

从满足工程需要和方便实用的角度出发，在分析软土盾构隧道微扰动施工时，建议土体模型采用 HSS 模型，也可以采用 HS。

3. HSS 模型参数建议

HSS 模型参数较多，获取较完整的模型参数存在一定困难。目前 HSS 模型参数的确定方法主要有根据工程实测数据的反分析法或室内土工试验法。很多学者（张娇，2017；王卫东等，2012、2013；梁发云等，2017）通过室内土工试验较完整地测试了上海软土地区典型土层土体的 HSS 模型参数，其试验结果可为分析上海地区及其他类似软土地区的盾构隧道数值分析参数的确定提供参考。上海地区典型黏土层的 HSS 模型参数的取值可参考表 9.3-2。

上海地区典型黏土层的 HSS 模型参数的取值范围　　　　　　表 9.3-2

土层序号及名称		②层黏土	③层淤泥质粉质黏土	④层淤泥质黏土	⑤层粉质黏土	⑥层粉质黏土
刚度参数	E_{oed}	\multicolumn{5}{c}{$(0.9\sim1)E_{s1-2}$}				
	E_{50}	$(1\sim1.3)E_{oed}$				
	E_{ur}	$(4\sim8)E_{50}$	$(6\sim12)E_{50}$	$(6\sim12)E_{50}$	$(4\sim8)E_{50}$	$(4\sim8)E_{50}$
小应变参数	G_0	$(0.8\sim5.0)E_{ur}$				
	$\gamma_{0.7}$	$(1.5\sim3.4)\times10^{-4}$				

9.3.3　软土地层盾构微扰动施工控制体系

1. 微扰动控制体系

微扰动施工控制技术包括施工前的查勘预测与抉择、施工过程中的监控量测与反馈控制和施工结束后的长期预测与控制三部分内容，如图 9.3-11 所示。

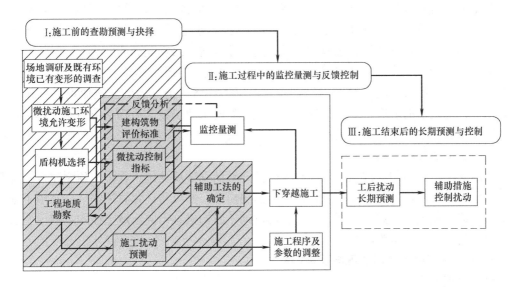

图 9.3-11   微扰动施工控制技术体系

2. 施工前的查勘预测与抉择

（1）施工环境与场地的查勘

施工前对规定范围内的工程地质和环境进行查勘，包括地层的物理力学性质、水文地质特性、周边建（构）筑物的状态（设计、施工资料及既有变形的统计和服务状态评价）和相关法律法规、政府文件对环境保护的要求标准等。另外，还必须对保护对象使用历史阶段内的基础和周边施工扰动进行调查，并对穿越部分加强勘察密度和强度，用多种查勘方式相结合的方法保证查勘资料的准确性。

（2）微扰动指标的制定

施工扰动对周边环境影响的外在体现为扰动引起的建筑物变形。由于建筑物在其存在的过程中，因自重和地基的固结等因素，已经产生部分沉降，并可能存在局部的不均匀变形。因此，建立盾构隧道穿越建（构）筑物的微扰动控制指标时应考虑两个方面：因施工引起的变形增量不能对建（构）筑物造成明显破坏，建立增量控制指标；既有变形和变形增量之和不能超过建（构）筑物的允许变形量，建立总量控制指标。

谢东武（2012）通过一些研究和工程应用，给出了包含倾斜和扭曲两个指标的控制标准（表 9.3-3），可为类似工程提供借鉴。

建筑物服务状态评价标准   表 9.3-3

风险 等级	建筑物差异沉降 （mm·m^{-1}）	建筑物最大扭曲 （10^{-2}rad·m^{-1}）	风险 描述
1	<2.0	<0.4	可忽略
2	2.0~5.0	0.4~1.0	轻微
3	5.0~20.0	1.0~4.0	中等
4	>20.0	>4.0	高度

（3）施工前的扰动预测

基于大量实测资料，Peck（1969）提出了地层损失概念和估算隧道开挖引起地表沉降的经验公式，认为地表沉降呈现正态分布。Peck经验公式虽然简单易行，但存在大量的简化，不能较好地反映施工过程的变量与周边建（构）筑物受到的影响。

Mair等（1996）提出了两阶段方法来分析盾构施工对既有建筑物的影响。首先采用经验、数值或者解析方法计算无建筑物的地表沉降，然后把地表沉降施加到既有建筑物上，来分析建筑物的响应。两阶段的数值模型，忽略了建筑物与盾构施工的相互作用，不能真实反映施工状态，但由于其在一定程度上体现了施工过程和施工参数的影响，因此可以用作施工前的扰动预测。

考虑既有建筑物的盾构施工三维数值模型能够精确地反映施工状态和预测建筑物与盾构施工的相互作用，因此可以作为较精确的预测模型，并可与优化算法相结合，用于施工的动态反馈控制过程。数值模型需考虑盾构衬砌、盾构机、不同区域土体的本构模型、注浆材料、建筑物的模拟等内容。

3. 施工过程中的监控量测与反馈控制

（1）反馈方法

Peck提出了监控量测法用于动态调整地下工程施工，强调通过监测数据的分析来反馈和修正土体参数，并调整相应的施工参数。盾构施工过程中的反馈控制流程如图9.3-12所示。

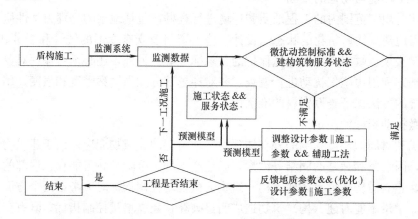

图9.3-12　施工过程中的反馈控制流程

根据监测数据，首先判断施工状态和周边建（构）筑物的服务状态，如果施工扰动超过了预定的控制指标（包括建（构）筑物的服务状态受到了影响），则应停止施工，并采取预备的辅助加固措施控制扰动的发展及影响，调整设计参数或施工参数后采用预测模型进行下一工况的施工扰动预测，并判断预测结果是否满足微扰动控制标准，如满足则按照调整后的设计和施工参数进行下一工况的施工；如不满足则进一步调整设计和施工参数并加强辅助施工措施，直到预测结果满足扰动控制标准。如果监测数据表明施工状态良好且满足周边环境的要求，则依据监测数据进行反馈分析地层力学参数，优化设计或者施工参数，然后采用预测模型进行预测，判断和施工直到工程结束。

反馈控制的核心技术是反分析技术，基于增量法的反分析能较好地反馈地层参数和施工参数。增量法正分析控制方程如下式：

$$[K]_{ij}\{\Delta\delta\}_{ij} = \{\Delta F_r\}_i \cdot \alpha_{ij} + \{\Delta F_a\}_{ij}\ (i=1\cdots\cdots m; j=1\cdots\cdots n) \tag{9.3-2}$$

式中 $[K]_{ij}$——刚度矩阵，由前一工况刚度矩阵与增量刚度矩阵构成；

$\{\Delta\delta\}_{ij}$——位移增量；

$\{\Delta F_r\}_i$——前一工况的等效节点荷载；

α_{ij}——荷载释放系数；

$\{\Delta F_a\}_{ij}$——增量步的增量荷载。

式（9.3-3）是增量法反分析的控制方程，以 $J(\vec{X})$ 的值最小为目标函数，采用各种优化算法求解 $\vec{X}$，即可得到要反分析的土层参数和施工参数，然后用于施工过程的动态调整分析。

$$J(\vec{X}) = \sum_{i=1}^{3} \frac{\omega_i J_i}{J_{ir}} \tag{9.3-3}$$

$$J_1 = \sum_{j=1}^{n_1} (\Delta u_j^r - \Delta u_j^c)^2 ; J_{1r} = \sum_{j=1}^{n_1} (\Delta u_j^r)^2 \tag{9.3-3a}$$

$$J_2 = \sum_{j=1}^{n_2} (\Delta M_j^r - \Delta M_j^c)^2 ; J_{1r} = \sum_{j=1}^{n_2} (\Delta M_j^r)^2 \tag{9.3-3b}$$

$$J_3 = \sum_{j=1}^{n_3} (\Delta N_j^r - \Delta N_j^c)^2 ; J_{1r} = \sum_{j=1}^{n_3} (\Delta N_j^r)^2 \tag{9.3-3c}$$

式中 $J(\vec{X})$——目标函数；

$\vec{X}$——要反分析的土层参数或施工参数向量；

ω_i—— i 类监测数据的权重；

J_i—— i 类监测结果与计算结果差值的平方和；

J_{ir}—— i 类监测结果的平方和；

n_i—— i 类监测数据的个数；

Δu_j^r、ΔM_j^r、ΔN_j^r——分别为位移、弯矩、轴力的实测增量值；

Δu_j^c、ΔM_j^c、ΔN_j^c——分别为位移、弯矩、轴力的计算增量值。

（2）控制措施

反馈控制的关键是控制措施的选择，必须从盾构隧道施工控制以及周围地层环境辅助控制两个方面同时着手。在最大限度地减小施工扰动的同时，选取合理的地层环境控制技术。

a. 盾构施工控制

盾构施工控制主要从开挖面平衡、盾构穿越和盾尾注浆 3 个方面出发：

1）开挖面平衡控制：在盾构推进和管片拼装过程中，需要保证密舱内压力始终略大于正面静止土压力和水压力之和。为保证密舱内压力分布的均匀性，应保证舱内土体（泥浆）的塑性（流动性）和充实度。当监测到盾构开挖面前有较大沉降和隆起时，应及时调整开挖面的平衡力，减少盾构施工的扰动。

2）盾构穿越控制：盾构穿越的姿态和速度对其扰动范围和大小影响较大，因此应该严格控制盾构掘进的动作，控制超挖，采取正确的方式进行盾构纠偏和姿态调整。当监测表明盾构施工引起的扰动范围增大或者沉降值突然变化时，应校核盾构姿态及隧道轴线，调整推进速度等。

3) 盾尾注浆控制：盾尾间隙的大小与地表最大沉降和曲率近似呈线性关系。采用注浆可以控制盾尾间隙的大小，对短期沉降有显著的补偿作用。注浆速度应与盾构机的推进速度相匹配，保证注浆量和密实性，同时也避免注浆过多带来的负效应。在监测到盾构穿越后沉降突然增大时，应及时调整注浆量和注浆速度。必要时可以采取二次注浆，保证注浆的均匀性和密实性。

b. 建（构）筑物防护控制

建（构）筑物的安全保护措施分为主动和被动保护措施。主动保护措施是事先采用先进的施工方法，尽量减少地表沉降；被动保护措施是对建（构）筑物周围的土体进行加固，或是对建（构）筑物本身进行加固。保护措施应以"隧道变形控制为主，地基和房屋加固为辅"为原则。可在盾构隧道和建（构）筑物间设置隔断墙，阻断盾构机掘进造成的地基变位，以减少对建（构）筑物的影响。

4. 施工结束后的长期预测与控制

在正常情况下，隧道长期沉降在总沉降量中占的比例在 30.0%～90.0% 之间变化，在软土地区比例更高。因此，必须对工后的变形发展进行预测并制定相应的技术措施用于控制长期变形的影响，保证建（构）筑物的安全。可用来预测软土盾构隧道长期沉降的数学模型有双曲线型、S 型增长型、对数曲线型等，可依据不同的施工工法选择相应的长期沉降预测模型。

盾构施工的长期扰动具有不确定性，影响因素较多，在进行长期预测时，必须根据已监测的数据和场地的周边环境对预测模型和结果进行实时修正，并分析产生差异的原因，针对不同的原因采取相应的措施。当预测结果显示周边建（构）筑物即将超越服务极限时应对建（构）筑物进行检测并采取相应的加固措施，或者从衬砌注浆孔再次注浆控制沉降速率和沉降量。当监测结果表明地表沉降等突然增大时，应对场地周边和盾构衬砌结构进行查勘和检测，如是因周边场地条件改变而引起较大的二次沉降，应采取隔断影响源或地表注浆改善场地的岩土力学特征等措施；如是因衬砌结构的渗漏水或者结构损坏而引起的沉降，应对衬砌周围进行二次注浆或者加固衬砌结构。

9.3.4 典型工程应用——盾构侧穿重要建筑物工程中的应用

1. 工程概况

徐家汇天主教堂建于 1896 年，高 5 层，砖木结构。大堂顶部两侧是哥德式钟楼，尖顶高 50.0m，两座十字铁塔架各重达 13.0 t。教堂采用 ϕ305 木桩作为桩基础，桩底标高-10.5m，与隧道顶面的间距约为 9.0m。桩基底面伸入淤泥质黏土层下部，由于其桩基约一半长度位于淤泥质黏土层中，而该土层的软弱性和高灵敏性将对建筑物的保护工作带来相当大的难度。盾构从教堂侧面穿过，上行线盾构与桩基的水平净距为 3.95m～6.07m，下行线盾构与桩基的水平净距为 13.15m～15.27m，穿越环数为 225～250（如图 9.3-13）。

2. 天主教堂的既有变形检测及控制标准制定

施工前，对天主教堂的既有变形进行了详细检测并对其服务状态进行了评估。建筑物外墙的倾斜值和倾斜情况检测结果显示天主教堂外墙由外向内倾斜。向北倾斜斜率最大值为 23.4‰，向东倾斜斜率最大值为 20.3‰。差异沉降测量结果表明徐汇天主教堂主体西高东低，南北高，中间低，测量结果与倾斜值测量结果一致。既有最大扭曲值为 $1.24 \times 10^{-4} \mathrm{rad/m}$，既有最大差异沉降为 $4.71\mathrm{mm/m}$。

建筑检测表明，天主教堂的既有变形较大，应严格控制施工过程中的增量，根据建筑损害等级标准，将增量差异沉降控制标准定为 $2.0\mathrm{mm/m}$。考虑总量变形控制标准时，将建筑物允许总量差异沉降变形定为 $20.0\mathrm{mm/m}$，超过该控制指标，建筑物将出现致命损害，天主教堂的控制标准为总差异沉降 $<20.0\mathrm{mm/m}$，总扭曲 $<4.0 \times 10^{-2}\mathrm{rad/m}$，增量差异沉降为 $<2.0\mathrm{mm/m}$，增量扭曲 $<2.0 \times 10^{-3}\mathrm{rad/m}$。

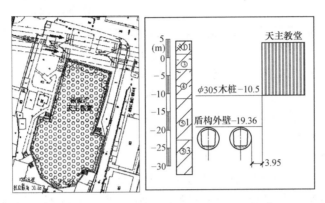

图 9.3-13　盾构隧道与天主教堂相对位置

3. 数值模型预测与分析

施工前，采用 FLAC3D 数值软件建立了建筑物、土体和盾构相互作用的模型，对施工扰动进行预测。图 9.3-14 为数值模拟平面及监测断面示意图。随着开挖面的推进，隧道底部隆起，拱顶下沉，两侧向隧道外变形，地表的影响范围大概为隧道左侧和右侧 2～3 倍的隧道直径。隧道底部最大隆起量为 4.12cm，拱顶衬砌结构的最大竖向位移为 2.95cm，地表沉降最大为 8.4cm，建筑物沉降为 2.5cm～4.8cm 之间，比监测结果略大，可能是数值模拟中未考虑 MJS 桩影响的结果。典型的预测沉降槽如图 9.3-15 所示，受既有教堂的影响，隧道开挖形成的沉降槽并不对称于隧道轴线，左侧地表的沉降值基本上要大于右侧地表的沉降值，尤其是在教堂承重墙底部和教堂内部的砖柱处，其原因是在计算过程中建筑物为假定为框架结构，其整体刚度较小。由图 9.3-15 可知，在塔楼与主体结构交界处产生了较大的差异沉降，其原因是塔楼与主体结构的结构形式差异且塔楼的自重较大，且其位置处于沉降槽的反弯点处。分析其沉降差异，约为 1/500，接近沉降斜率增

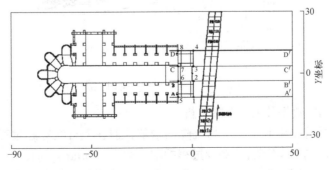

图 9.3-14　数值模型平面图及监测断面示意图（m）

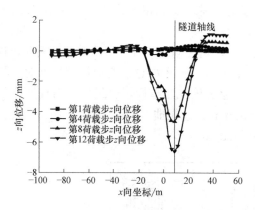

图 9.3-15　C 断面的沉降预测结果

量控制的极大值，需要制定相应的辅助措施控制隧道施工的影响。

考虑到教堂靠近隧道侧的既有沉降大于其余位置的沉降且塔楼的重量较大，以及塔楼与主体结构的交界处位于沉降槽的反弯点处，可以预见盾构隧道的施工扰动将会进一步加剧天主教堂的差异沉降，影响教堂的正常使用。为减小盾构穿越对教堂结构产生的影响，拟于盾构穿越之前在隧道与教堂之间施工一排隔离桩，隔离桩采用 MJS 旋喷设备施工。MJS 桩与隧道边界的距离为 2.0m，MJS 桩的直径为 2.4m。桩间交叠量为 0.7m。共施工 MJS 隔离桩 31 根，水平方向上隔离体总长度为 52.0m。

4. 施工监测与动态控制措施

（1）施工监测

盾构在施工到天主教堂附近时停止施工（上行线 185 环，下行线 178 环），并于 2009 年 11 月 14 日开始 MJS 桩基施工，一直持续至 2010 年 1 月 11 日。MJS 桩基施工完成 25 天后，上行线开始继续推进，穿越徐家汇天主教堂，同时，下行线开始推进并不断临近天主教堂。当上行线开始远离天主教堂后，下行线开始穿越天主教堂。

图 9.3-16 所示为穿越施工全过程天主教堂关键测点的沉降时程曲线。在 MJS 施工过程中，各测点沉降值迅速增加，最大值为 6.04mm，表明 MJS 桩施工对建筑物产生了较大扰动；在 MJS 施工完成后且盾构穿越开始施工前，各测点的沉降值处于稳定状态；盾构穿越施工期间，各测点沉降值快速增加；穿越完成后各测点沉降值随时间缓慢增加，约 8 个月后，沉降值趋于稳定。隧道施工引起的建筑物增量变形为 10.36mm。

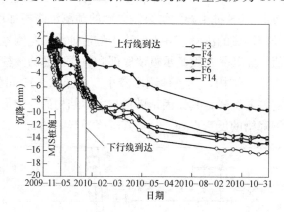

图 9.3-16　典型测点的沉降时程曲线

（2）MJS 桩加固效果及工后沉降分析

虽然 MJS 桩的施工引起了建筑物沉降的增加，但在上行线穿越过程中，建筑物的沉降增量约为 3.0mm 左右，下行线穿越过程的增量约为 3.5mm，对比区间隧道穿越崇思楼的沉降监测数据（葛世平等，2011），徐汇天主教堂的沉降数据是较小的，且 2 个月后天主教堂的沉降值远小于崇思楼的沉降值。因此，可认为 MJS 桩对减小隧道施工引起的地表沉降是有效的。

整理不同施工过程中建筑的沉降增量，如表 9.3-4 所示。天主教堂在盾构穿越后，由于土体固结等产生的沉降在 5.0~7.0mm，是隧道施工扰动（含 MJS 施工）引起沉降的50.0%左右，因此，需要采取一定措施进行工后沉降的监测和预测，防止建筑物由于工后长期沉降较大而发生破坏。在本次施工过程中，采用大比重单浆液注浆技术，并控制注浆填充率为 1.5，以控制施工过程中的沉降值和长期沉降。工后可采用二次注浆技术控制或处理沉降增量较大的区域。

（3）施工动态反馈控制

以沉降值为原始数据动态反馈控制盾构的穿越过程。盾构施工过程中，影响沉降量大小的因素很多，包括盾构姿态、顶推力、注浆压力、注浆量以及土体参数等。考虑到盾构穿越天主教堂段近似为直线及土体参数的复杂性，首先采用 9.3.3 节第 3 点介绍的施工过程中的动态反分析法，根据隧道周围的地层变形量测数据反演确定特定施工参数下的地层参数。在此基础上，进一步反馈调整盾构的注浆压力、注浆量和顶推力、推进速度等施工参数，以控制盾构每一环施工中的地表沉降量。

根据盾构隧道施工的扰动机理，穿越施工过程中主要控制以下参数：①根据盾构隧道埋深和地层信息，严格控制盾构千顶推力在 0.345~0.363 MPa 之间；②采用大比重单液浆进行同步注浆，浆液填充率约为 1.5 倍；③严格控制盾构的推进速度，不超过50.0mm/min；④控制刀盘的扭矩并实时调整。

天主教堂沉降监测统计表（mm）　　　　　　　表 9.3-4

施工阶段	F3	F4	F5	F6
MJS 桩施工引起的沉降增量	6.04	5.54	5.55	3.62
上行线侧穿	1.48	0.78	1.54	2.97
下行线侧穿	2.09	1.43	1.44	2.58
工后沉降	6.49	6.95	5.33	4.81
隧道施工引起的沉降增量	10.06	9.16	8.31	10.36
总沉降增量	16.10	14.70	13.86	13.98

5. 工后建筑物服务状态评价

穿越施工结束后，测点最大沉降为 16.10mm，差异沉降最大增量为 2.78mm/m，最大扭曲增量为 1.2×10^{-4} rad/m。图 9.3-17 为天主教堂南北立面墙既有、增量与总量差异沉降对比，图 9.3-18 为天主教堂既有、增量与总量扭曲变形对比。由图可知，穿越过程中天主教堂的最大差异沉降量为 2.78mm/m，大于增量差异沉降的控制限值 2.0mm/m。最大差异沉降发生在天主教堂塔楼与主楼的连接部位，塔楼的自重过大可能引起较大的差异沉降，而大于控制标准，因此应对天主教堂对应的部位进行检测，以确认是否要采取修缮措施。天主教堂的总量差异沉降远小于 20.0mm/m 的控制限值。施工引起的扭曲却相对较大，最大约为 1.2×10^{-4} rad/m，约为既有扰动的 10 倍，但其值却远小于规定的 2.0×10^{-3} rad/m。建筑物的既有与增量扭曲变形之和也远小于总量扭曲变形的控制限值 4.0×10^{-2} rad/m，建筑物的服务状态未受到严重影响。因此，隧道穿越施工引起的既有建筑物的变形很小，既有建筑物未遭到明显破坏。

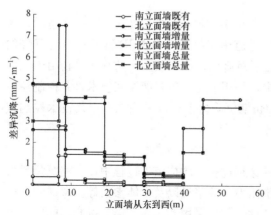

图 9.3-17　差异沉降的既有值、增量与总量对比

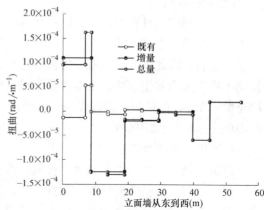

图 9.3-18　扭曲变形的既有值、增量与总量对比

9.4　盾构隧道长期变形分析

　　软土隧道在长期使用过程中由于种种原因发生过量的地表沉降，产生渗水漏泥或结构局部破坏，影响隧道的正常运营。软土隧道地表长期沉降是相当显著的。Shirlaw 在总结大量隧道长期沉降实测数据的基础上发现：正常情况下，地表长期沉降占总沉降量的30%～90%，伴随着长期沉降的发展，地表沉降槽的宽度也在不断增加。O'Reilly 等通过对建造在正常固结粉质黏土、直径为 3m 的英国 Grimsby 隧道 11 年的观察，发现 Grimsby 隧道施工引起的地表沉降经历了 10 年时间才最终达到平衡。上海打浦路越江隧道投入使用后的 16 年中，其长期沉降增量达到 120mm，造成隧道的挠曲并发生环向裂缝。然而，由于对隧道地表长期沉降的监测所需要的时间跨度和经济费用较大，使得隧道长期沉降的研究也受到很大限制。到目前为止国内外关于隧道地表长期沉降的研究相对较少，而且世界各国关于该问题的认识也存在相当的差异，这些都制约了对隧道长期运营安全的认识和评价。

　　Ralph Peck1969 年在墨西哥召开的第 7 届 ICSMFE 大会上提出深基坑和隧道开挖引起的沉降预测方法。多年来，对软土隧道的研究主要集中在隧道施工引起的环境问题上，由此发展了相当多的隧道短期地表沉降的预测方法，但对隧道地表长期沉降的关注，直到隧道在长期运营期间不断暴露出问题以后才得到重视。Burland 曾报道在英国 Jubilee 隧道延伸线的建设中，就考虑到了隧道地表长期沉降及其由此引发的环境问题，然而，由于当时对隧道施工引发的地表长期沉降缺乏足够的认识，围绕该问题展开了一次又一次的讨论。通过现场监测发现，凡是地表沉降大的地方，隧道本身的沉降也相应较大，因此，研究软土隧道长期性态的发展对隧道的安全和正常运营具有重要的意义。

9.4.1　渗漏水引起的变形分析

1. 数值模型

　　隧道地表长期沉降采用二维平面应变计算模式，二维平面应变的计算模式在隧道问题的分析中应用相当广泛，并且被证明是确实有效的。计算过程中考虑了隧道施工过程的影响，这种空间变化的影响可以采用不同的时间步和与其相应的工况来表示。

本章在地表长期沉降的数值模拟中，以上海地铁2号线为背景建立数值计算模型。地铁2号线隧道外径6.2m，内径5.5m，平均埋深11m。数值计算中以隧道轴线为对称轴，其数值模型及单元划分如图9.4-1所示。模型尺寸水平取为隧道外径的5倍即5.0D，垂直向取为6.0D。所有单元为平面八节点等参单元。土体和衬砌分别采用弹-黏塑性和弹性模型来模拟。

有限元计算中边界条件包括两类：一类为位移边界条件；另一类为与孔隙水压力有关的透水边界条件。

（1）位移边界条件

位移边界条件在整个有限元计算中不随时间发生变化，具体描述为：地表为自由边界条件；土体两侧向位移限制为零，竖向自由；底部边界的竖向位移为零。

（2）排水边界条件

在隧道的长期沉降过程中边界的排水条件在不同的变形阶段是不同的。对于软黏土而言，由于其渗透系数较小，因此在隧道施工的瞬时变形阶段，由于变形发生的时间相对较短，可以认为隧道开挖面来不及排水，因此，在瞬时变形阶段，除地表之外，其余边界包括侧向边界、底部边界和隧道边界都认为是不排水的。但是在长期沉降发展过程中，由于模型的侧向右边界和底部边界距离隧道较远，该处的孔隙水压力应保持为原始的静止水压力值，所以认为模型的侧向右边界和底部边界在长期变形过程中是排水的。

地表长期沉降的数值模拟工况按照隧道的施工过程分4个阶段，各工况之间在时间上是连续的，位移在时间上是累加的，因此数值模拟得到的地表长期沉降是包括了施工期产生的地表沉降在内的总沉降。①工况0：自重应力场计算；②工况1：盾构到达前，推进力对前方土体的作用；③工况2：盾构刚好推过时的盾尾闭合及壁后注浆；④工况3：隧道长期的沉降。

工况1和工况2分别采用应力边界和位移边界条件来模拟，其中的应力和位移边界取值参见盾构施工参数。衬砌局部渗流条件下隧道长期沉降的发展则在工况3中实现。

盾构施工参数主要包括推进力p、盾构超挖形成的盾尾间隙G_{oc}、注浆压力情况等。

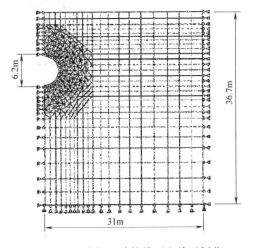

图9.4-1　有限元计算模型和单元划分

数值模拟中不考虑盾构推进力的变化，其大小为$1.024p_0$，p_0为盾构开挖面前方静止土压力。

盾构超挖形成的盾尾间隙保持为常量并取为盾构开挖形成的物理间隙G_p：

G_p=盾构机外径－隧道外径＝$6.34-6.2=0.14$m。理论上，上海地铁施工中注浆压力保持为$0.3\sim0.4$MPa，由于浆液在土体中的劈裂等向外的扩散作用，使实际的注浆压力小于设定值，在本章中有效注浆压力确定为 0.25 MPa。

2. 衬砌渗透性对地表沉降发展的影响

隧道不同渗透条件下地表沉降随时间的发展如图 9.4-2 所示，不论隧道衬砌排水与否，地表沉降随时间的发展都不断增加，但是经历相同的时间后，比如图 9.4-2 中所示的 451d，不排水条件下地表产生的最大位移要小于其他三种排水条件的地表位移，以地表最大沉降量为例，衬砌从完全不排水变化到完全排水条件下时，地表最大沉降量增加了 8%；在部分排水条件下，衬砌的渗透性每增加 10 倍，地表最大沉降量增加 0.5%。为了研究不同排水条件下地表沉降随时间的发展规律，将四种排水条件下地表最大位移随时间的发展曲线示于图 9.4-3 中。

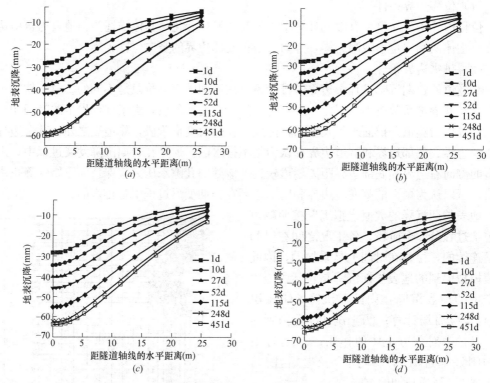

图 9.4-2　不同排水条件下地表沉降槽随时间的发展规律

(a) 衬砌为不排水边界；(b) 衬砌为部分排水边界，$k_1/k_2=0.01$；(c) 衬砌为部分排水边界，$k_1/k_2=0.1$；(d) 衬砌为完全排水边界，$k_t/k_v=1$

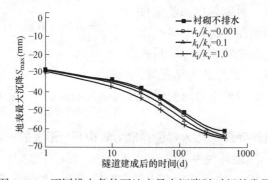

图 9.4-3　不同排水条件下地表最大沉降随时间的发展

从变形－时间的总趋势线来看，在各种排水条件下，地表长期沉降随时间的发展呈"S"曲线型，因此，可以将隧道的工后沉降分为三个阶段：第一阶段地表最大沉降以 0.6～0.8mm/d 的平均速率发展；第二阶段不同排水条件下的沉降-时间曲线几乎是平行的，说明不同排水条件下，地表沉降以近似相同的速率在发展，沉降的平均速率为 0.33mm/d，但对应不同时刻的各排水条件下的沉降值却随隧道衬砌渗透性的增加而增加；进入到第三阶段的沉降以后，不排水条件下的沉降已经趋于平衡，而排水条件下的沉降仍在以 0.05mm/d 的平均速率在不断增加，但沉降速率已明显减小。沉降发展规律的不同表明，在沉降达到稳定状态时，不排水条件下的最终沉降量要小于排水条件下的沉降量。

9.4.2　渗漏水引起的沉降解析方法

1. 问题描述

由于隧道衬砌具有渗透性，将会导致隧道周围土体内渗流的发生，随之孔隙水压力下降，土体有效应力增加，土层压密，地层及隧道的沉降发生。本章将分如下两个步骤求解渗流引起沉降：

（1）求解隧道渗流场，得到隧道周围土体孔压下降值；

（2）结合基本土力学和弹性力学原理，求解地层及隧道沉降。

图 9.4-4 展示了一个建于半无限透水区域的盾构隧道。隧道的外径为 R，内径为 r。如图 9.4-4 建立坐标系。坐标原点取在地下水自由水面处。隧道埋深距地下水平面为 h。定义以下假设：

（1）隧道处于一个饱和的、均匀的、各向同性的半无限渗透土体中；

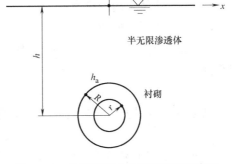

图 9.4-4　半无限体中的圆形隧道示意图

（2）流体是不可压缩的；

（3）渗流达到稳定状态；

（4）隧道衬砌是均匀的、各向同性渗透体。

由于隧道衬砌和土体的渗透系数不同，同时联合求解隧道和衬砌的渗流场困难较大。可以将求解区域分为两个区域来求解：土体区域和隧道衬砌区域。它们之间的联系有两个方面：一是在隧道外壁这一边界上，两个区域的水头相等；二是从土体渗入隧道的渗水量和从衬砌渗入隧道的渗水量相等。

由于边界条件的复杂，直接求解隧道外壁的水头分布非常困难。为此，引入假设（5）：作用在隧道衬砌外壁的总水头为一个未知常量，记为 h_a。关于这个假设的合理性将在第 3 节中运用数值解进行计算验证。

2. 地层及隧道沉降解析解答

求解由于隧道发生渗流而产生的隧道及地层的沉降之前，需要定义两个假设：（1）不考虑土体横向间的剪切作用，认为土体的沉降为土体竖向应变的累积；（2）在求解隧道渗流场时，将坐标原点取在地下水位处，这里依然沿用这个坐标系。对于坐标系上方的土壤，认为其只发生刚体位移。

由于隧道周围土体内发生了渗流，导致孔隙水压力减小，有效应力增加，土体将发生固结沉降。土体的沉降可以用积分式（9.4-1）表示为：

$$d = \int_{-\infty}^{0} \varepsilon_y \mathrm{d}y \tag{9.4-1}$$

式中 ε_y——土体的竖向应变。

假设在地层沉降的过程中，土体一直表现为线弹性体，那么由胡克定律，土体任一点上的应变服从式（9.4-2）～式（9.4-4）：

$$\varepsilon_x = \frac{1}{E}\left[\sigma_x - \mu(\sigma_y + \sigma_z)\right] \tag{9.4-2}$$

$$\varepsilon_y = \frac{1}{E}\left[\sigma_y - \mu(\sigma_z + \sigma_x)\right] \tag{9.4-3}$$

$$\varepsilon_z = \frac{1}{E}\left[\sigma_z - \mu(\sigma_x + \sigma_y)\right] \tag{9.4-4}$$

式中 E——土体的弹性模量；

μ——泊松比；

σ_x——土体竖向的应力；

σ_y，σ_z——水平向的应力。

不考虑渗流引起的隧道周围土体纵向变形，则该问题可以采用平面应变假定来解决，可得到：

$$\varepsilon_z = 0 \tag{9.4-5}$$

结合上式，则土体的体积应变可以表示为：

$$\varepsilon_v = \varepsilon_x + \varepsilon_y \tag{9.4-6}$$

将式（9.4-5）代入式（9.4-4）中，得到 σ_z 的表达式为：

$$\sigma_z = \mu(\sigma_x + \sigma_y) \tag{9.4-7}$$

将式（9.4-7）代入式（9.4-2）及式（9.4-3）中，则表示的胡克定律可简化为：

$$\varepsilon_x = \frac{1+\mu}{E}\left[(1-\mu)\sigma_x - \mu\sigma_y\right] \tag{9.4-8}$$

$$\varepsilon_y = \frac{1+\mu}{E}\left[-\mu\sigma_x + (1-\mu)\sigma_y\right] \tag{9.4-9}$$

对于软黏土，土中竖向应力和水平向应力可以通过侧压力系数联系起来：

$$\sigma_x = K_0\sigma_y \tag{9.4-10}$$

式中 K_0——土体的侧压力系数，可以表示为：

$$K_0 = 1 - \sin\varphi \tag{9-4-11}$$

式中 φ——土体的有效内摩擦角。

将式（9.4-11）代入式（9.4-10）中，则水平应变和竖向应变之比为：

$$\frac{\varepsilon_x}{\varepsilon_y} = \frac{(1-\mu)K_0 - \mu}{-\mu K_0 + (1-\mu)} \tag{9.4-12}$$

土体的竖向应变为：

$$\varepsilon_y = \frac{-\mu K_0 + (1-\mu)}{(1-2\mu)(K_0+1)}\varepsilon_v \tag{9.4-13}$$

由于土体的体积应变只和土体受到的球应力有关，即在本章研究的情况下，只和孔隙水压力的减小值有关，则土体的体积应变可以表示为：

$$\varepsilon_v = \frac{\Delta u}{K} = \frac{3(1-2\mu)\Delta p}{E} \tag{9.4-14}$$

式中　K——土体的体积模量；

　　　E——土体的弹性模量。

由于渗漏引起的隧道及周围土体的沉降可以表示为：

$$d = \int_{-\infty}^{-d_y} \frac{3(1-2\mu)[-\mu K_0 + (1-\mu)]\Delta p}{(1-2\mu)(K_0+1)E}\mathrm{d}y \tag{9.4-15}$$

式中　d——需要计算沉降点处的埋深。

隧道周围土体内孔隙水压力的减小值可以表示为：

$$\Delta p = \frac{hab\gamma_w}{(1+ab)\ln a}\ln\sqrt{\left(\frac{x^2+y^2-A^2}{x^2+(y-A)^2}\right)^2 + \left(\frac{2Ax}{x^2+(y-A)^2}\right)^2} \tag{9.4-16}$$

需要说明的是隧道的沉降是伴随其周围土体的沉降而发生的，在需要计算隧道的沉降时，只需要将式（9.4-16）中 dy 值控制在隧道埋深处即可。

本章将坐标原点取在地下水自由水面处，对于地下水位以上的土层，不考虑与下层土体的相互作用，而将其看做柔性体，只随下层土体发生刚性位移。

由于式（9.4-16）的积分很难积出显式，可以通过编制简单程序，采用数值积分实现求解。

9.5　结论

本章以软土盾构隧道变形控制方法与应用为主题，通过盾构隧道衬砌的精细化设计方法、盾构隧道施工微扰动控制技术和盾构隧道长期变形分析三个主题进行了详细讨论，本章内容可供相关学者和工程设计人员参考。

致谢：本章工作得到了上海机场（集团）有限公司、上海隧道工程股份有限公司、中交第二公路勘察设计研究院有限公司、上海市城市建设设计研究总院（集团）有限公司、上海市政工程设计研究总院（集团）有限公司等单位的支持，深表谢意！

参考文献

[1] 刘建航，侯学渊. 盾构法隧道 [M]. 北京：中国铁道出版社，1991.

[2] 蒋洪胜，侯学渊. 盾构掘进对隧道周围土层扰动的理论与实测分析 [J]. 岩石力学与工程学报，2003，22（9）：1514～1520.

[3] 谢东武. 既有建筑-土体-盾构隧道相互作用机理研究 [D]. 上海，同济大学，2012.

[4] Atkinson J H. Non-linear soil stiffness in routine design [J]. Géotechnique，2000，50（5）：487～508.

[5] Atkinson J H，Sallfors G. Experimental determination of soil properties [C]. Preceding of 10th EC-

SMFE. Florence，1991：915～956.

[6] 朱合华，丁文其，乔亚飞，等. 盾构隧道微扰动施工控制技术体系及其应用 [J]. 岩土工程学报，2014 (11)：1983～1993.

[7] 徐中华，王卫东. 敏感环境下基坑数值分析中土体本构模型的选择 [J]. 岩土力学，2010，31 (1)：258～264.

[8] Duncan J M, Chang C Y. Nonlinear Analysis of Stress and Strain in Soils [J]. Journal of the Soil Mechanics and Foundation Division，ASCE，1970，96 (5)：1629～1653.

[9] Drucker D C, Prager W. Soil mechanics and plastic analysis or limit design [J]. Quarterly of Applied Mathematics，1952，10 (2)：157～165.

[10] Schanz T，Vermeer P A，Bonnier P G. Formulation and verification of the Hardening-Soil Model [C]. Beyond 2000 in Computational geotechnics，Balkema，Rotterdam，1999.

[11] Benz T. Small-strain stiffness of soils and its numerical consequences [D]. Germany：Institute of Geotechnical Engineering，University of Stuttgart，Stuttgart，2007.

[12] 张娇. 上海软土小应变特性及其在基坑变形分析中的应用 [D]. 上海，同济大学，2017.

[13] 王卫东，王浩然，徐中华. 基坑开挖数值分析中土体硬化模型参数的试验研究 [J]. 岩土力学. 2012，33 (8)：2283～2290.

[14] 王卫东，王浩然，徐中华. 上海地区基坑开挖数值分析中土体 HS-Small 模型参数的研究 [J]. 岩土力学，2013，34 (6)：1766～1774.

[15] 梁发云，贾亚杰，丁钰津，等. 上海地区软土 HSS 模型参数的试验研究 [J]. 岩土工程学报，2017 (02)：269～278.

[16] Peck R B. Deep excavations and tunneling in soft ground [C]. Proceeding of 7th International Conference on Soil Mechanics and Foundation Engineering. Mexico City：State of the Art Report，1969：225～290.

[17] Mair R J, Taylor R N, Burland J B. Prediction of ground movements and assessment of risk of building damage due to bored tunneling [C]. Proceedings of an International Symposium on Geotechnical Aspects of Underground construction in Soft Ground，London，1996：713～718.

[18] 葛世平，谢东武，丁文其，等. 考虑建筑既有变形的盾构穿越扰动控制标准 [J]. 同济大学学报（自然科学版），2011，39 (11)：1616～1621.

[19] Ding W Q, Peng Y C, Yan Z G, et al. Full-scale testing andmodeling of themechanical behavior of shield TBM tunnel joints [J]. Structural Engineering and Mechanics，2013，45 (45)：337～354.

[20] Ding W Q, Yue Z Q, Tham L G, et al. Analysis of shield tunnel [J]. International Journal for Numerical and Analytical Methods in Geomechanics，2004，28 (1)：57～91.

[21] Gong C, Ding W, Jin Y, et al. Waterproofing performance of shield-driven tunnel's segment joint under ultra high water pressure [C]. GeoShanghai International Conference 2014，Shanghai，2014，242：410～418.

[22] 丁文其，杨林德，朱合华. 盾构隧道施工中材料性态的模拟 [J]. 同济大学学报（自然科学版），1999 (4)：468～473.

[23] 丁文其，赵伟，彭益成，等. 盾构隧道防水密封垫长期防水性能预测方法研究 [C]. 首届水下隧道建设与管理技术交流会，南京，2013，20～25.

[24] 黄星程，丁文其，姜弘，等. 盾构隧道管片接缝防水弹性密封垫 T 字缝试验研究 [J]. 施工技术，2013，42 (sl)：168～171.

[25] 黄星程. 高水压盾构隧道接缝防水密封垫性能研究与优化 [D]. 上海：同济大学，2014.

[26] 金跃郎，丁文其，姜弘，等. 大断面矩形盾构隧道管片接头极限抗弯承载力试验 [J]. 中国公路学

报，2017，30（8）：143～148.

[27] 欧阳文彪. 盾构微扰动施工过程的多因素精细化数值模拟分析研究 [D]. 上海：同济大学，2013.

[28] 彭益成，丁文其，朱合华，等. 盾构隧道衬砌结构的壳–接头模型研究 [J]. 岩土工程学报，2013，35（10）：1823～1829.

[29] 彭益成. 盾构隧道管片结构非线性性态及流固耦合模型研究 [D]. 上海：同济大学，2013.

[30] 吴炜枫，丁文其，魏立新，等. 深层排水盾构隧道接缝防水密封垫形式试验研究 [J]. 现代隧道技术，2016，53（6）：190～195.

[31] 闫治国，丁文其，沈碧伟，等. 输水盾构隧道管片接头力学与变形模型研究 [J]. 岩土工程学报，2011，33（8）：1185～1191.

[32] 闫治国，彭益成，丁文其，等. 青草沙水源地原水工程输水隧道单层衬砌管片接头荷载试验研究 [J]. 岩土工程学报，2011，33（9）：1385～1390.

[33] 赵明，丁文其，彭益成，等. 高水压盾构隧道管片接缝防水可靠性试验研究 [J]. 现代隧道技术，2013，50（3）：87～93.

[34] 赵明. 越江盾构隧道密封垫防水性能试验分析研究 [D]. 上海：同济大学，2013.

[35] 朱合华，丁文其，李晓军. 盾构隧道施工力学性态模拟及工程应用 [J]. 土木工程学报，2000，33（3）：98～103.

[36] 朱合华，丁文其. 地下结构施工过程的动态仿真模拟分析 [J]. 岩石力学与工程学报，1999，18（5）：558～558.

[37] Cong C，Ding W，Mosalam KM，Cünay S，Sogn K. Comparison of the structural behavior of reinforced concrete and steel fiber reinforced concrete tunnel segmental joints. Tunnelling and Underground Space Technology，2017，68，38～57.

[38] Ding W，Cong C，Mosalam KM，Soga K. Development and application of the integrated sealant test apparatus for sealing gaskets in tunnel segmental joints. Tunnelling and Underground Space Technology，2017，63，54～68.

[39] Cong C，Dming W，Soga K，Mosalam KM，Tuo Y. Sealant behavior of gasketed segmental joints in shield tunnels：An experimental and numerical study. Tunnelling and Underground Space Technology，2018，77，127～141.

[40] 龚琛杰，丁文其. 盾构隧道钢纤维混凝土管片接缝极限承载力试验研究 [J]. 中国公路学报，2017，30（08）：134～142.

[41] 金跃郎，丁文其，姜弘，魏于量，龚琛杰. 大断面矩形盾构隧道管片接缝极限承载力试验研究 [J]. 中国公路学报，2017，30（08）：143～148＋155.

[42] 朱洺钦，丁文其，金跃郎，龚琛杰，沈奕. 上海市高水压深层排水盾构隧道管片接缝密封垫形式试验研究 [J]. 隧道建设，2017，37（10）：1303～1308.

[43] 魏于量，丁文其，金跃郎，龚琛杰，姜弘. 新型矩形盾构接头力学性态的有限元分析 [J]. 隧道建设，2017，37（10）：1309～1316.

10 高填黄土路堤及结构物沉降计算

谢永利，李哲，李少杰

（长安大学公路学院，陕西 西安 710064）

10.1 概述

黄土地区高填路堤及结构物（涵洞）发生沉降或不均匀沉降较为普遍，严重的沉降或不均匀沉降会影响道路的正常运营，甚至影响行车安全，造成安全事故。针对从黄土高路堤及结构物（涵洞）沉降事故分析中发现，除了施工质量存在问题外，沉降机理和沉降计算方法的不适宜性尤为突出。长期以来，学者们对沉降问题的研究大多集中于软土地基，而黄土高填方路堤及结构物（涵洞）沉降组成中，不仅存在软弱地基沉降问题，还存在由于填方高度较大引起的路堤填土自身沉降问题，该沉降时间较长且填方土体内部压缩变形较大，土体的物理力学参数不同于建设期的参数，不均匀沉降主要发生在工后期，容易导致高填路堤沉降过大、路堤内结构物（涵洞）变形，进而丧失功能、造成事故。

黄土高路堤沉降按路堤与地基变形可分为：高路堤填方土体的沉降与变形、填方下地基的稳定和变形；按时间顺序可分为：施工期沉降、工后沉降。高路堤的沉降机理和沉降计算方法应考虑不同部位变形和时间顺序这两个重要问题，因为在不同部位和时间顺序中高路堤的沉降机理不同，计算参数差异很大，且在计算方法中选取不同阶段的计算参数对计算结果影响极大。计算参数的选取是在沉降计算中应慎重考虑的关键问题。

黄土高路堤内设置的结构物（涵洞）发生的沉降主要是由于结构物（涵洞）与填方土体之间受力与变形不协调产生的。结构物（涵洞）沉降计算的复杂性在于刚性较强的结构物随填方体的变形而不断调整其受力模式和变形方式。刚性结构物（涵洞）在填土中必然存在应力集中现象，结构物（涵洞）顶部荷载分布形式和基底反力形式对其变形影响显著。根据已有研究成果，结构物（涵洞）的减沉方式对控制结构物（涵洞）的变形是有利的，因此设计计算方法主要针对减沉条件下的结构物（涵洞）沉降问题。

目前常见的沉降计算方法有：弹性理论计算方法、分层总和法、应力路径计算法、数值分析方法、现场实验法等。次固结沉降的计算方法有钱家欢-王盛源法、规范法、三模式法。利用现场观测数据进行科学预测、推算后期沉降，归纳起来主要包括曲线拟合法、灰色系统法和遗传算法等。而关于高填黄土路堤及涵洞沉降分析不足，主要表现在以下三个方面：（1）在黄土高路堤沉降计算时，沉降计算结果与实测值之间的误差仍然较大，计算方法不能较好地反映实际情况，尤其是工后沉降的预测分析；（2）涵洞纵向不均匀沉降的形成机理探讨；（3）高路堤涵洞不均匀沉降减沉措施。本文着重讨论以上几个问题的计算方法和处理手段。

10.2 高填黄土路堤实用沉降计算及修正方法

填土自身的压缩变形有其自身的特点。路堤填方既是承重体，同时又是荷载，加之路堤在填筑过程中，是一个逐级加荷的过程，随着填土逐渐增加，各填筑层既是荷载，也是受压层。故高路堤的沉降仍采用分层总和法，但考虑到随填土逐渐增加，高路堤填土的压缩指标也在不断的变化，因此，必须对分层总和法做适当修正。

10.2.1 高路堤一维沉降计算方法

应用一般的分层总和法，将高填方土体分成 n 层进行计算，每一层填方看做一个计算层，并将其上部填土视为荷载，于是对于第 i 层填方在其上部填方作用下的变形值为：

$$\Delta S_i = \varepsilon_i \times H_i = \frac{\Delta p_i}{E_{si}} H_i \tag{10.2-1}$$

$$\Delta p_i = p_{iz} - p_{ic} \tag{10.2-2}$$

式中　ΔS_i——第 i 层填土在上方荷载作用下的变形；

　　H_i——第 i 层填土的高度；

　　ε_i——第 i 层填土在上方荷载作用下产生的应变；

　　Δp_i——第 i 层填土的应力增量；

　　p_{iz}——第 i 层填土自重及上部荷载引起的应力之和；

　　p_{ic}——第 i 层填土的自重应力；

　　E_{si}——第 i 层填土的压缩模量。

附加应力的计算采用了布西奈斯克解的弹性理论解法，但路堤填土不属于半无限体空间，而且路堤填土属于柔性材料，路堤底部易产生塑性区。因此，附加应力可用路堤上部填土体高度与重度的乘积计算，如下式所示。

$$p_{ic} = \gamma_i \times H_i/2 \tag{10.2-3}$$

$$p_{iz} = \gamma_i \times H_i/2 + \sum_{j=i+1}^{n} H_j \times \gamma_j \tag{10.2-4}$$

式中　γ_i，γ_j——表示第 i 层和第 j 层填土的重度；

　　H_i，H_j——第 i 层填方体和第 j 层填方体的厚度。

在分层总和法中一般假定地基土是均匀的，同一土层的变形指标不随深度变化，但在路堤填土过程中，路堤土的压缩模量是随填土高度变化的。在自重作用下路堤底部土体应力大，密实度高，土的压缩模量大；而路堤上部土体应力较小，土的压缩模量较小。因此，为了能够合理计算路堤自身沉降，必须考虑压缩模量随填土高度变化时竖向应力的变化问题。从地基土的侧限压缩曲线出发，从理论上推导出 E_s 的一种取值方法。该方法给出了 E_s 随应力 σ_z 的变化规律，其表达式为：

$$E_{si} = \left[\frac{E_{1-2}}{144.3} - \ln\left(\frac{\sigma_{zi}}{144.3} \right) \right] \sigma_{zi} \tag{10.2-5}$$

式中　E_{si}——路堤填土体压缩模量；

　　E_{1-2}——为路堤填土 100～200kPa 压力作用时的压缩模量；

σ_{zi}——路堤填土所受竖向应力，可按式（10.2-3）、式（10.2-4）求取。

因此可考虑路堤填方第 i 层土体在其上覆填方体压力下的沉降变形为：

$$\Delta S_i = \frac{\Delta p_i}{\left[\frac{E_{1-2}}{144.3} - \ln\left(\frac{\sigma_{zi}}{144.3}\right)\right]\sigma_{zi}} H_i \tag{10.2-6}$$

考虑到路堤填土过程中填土荷载是逐级施加的，施工到某一层时它所引起的路堤压缩变形是由每层填土荷载作用于其下各层填土所产生变形的总和，路堤沉降量是分级沉降量叠加的结果，因此在计算中可做如下假定：

（1）每级填方荷载增量引起第 i 层土的固结是单独进行的，和上一级或下一级荷载增量引起的固结无关；

（2）每级荷载是一次瞬时施加的，即不考虑每层填土的施工时间；

（3）某一时刻的总沉降量等于该时刻各级荷载作用下的沉降量的叠加。

基于此假定，可求解出任意级填土所引起的路堤变形，如式（10.2-7）所示：

$$S_j = \sum_{j=1}^{m}\sum_{i=1}^{n}\Delta S_{ij} = \sum_{j=1}^{m}\sum_{i=1}^{n}\frac{\Delta p_{ij}}{E_{sij}}H_i = \sum_{j=1}^{m}\sum_{i=1}^{n}\frac{\Delta p_{ij}}{\left[\frac{E_{1-2}}{144.3} - \ln\left(\frac{\sigma_{zij}}{144.3}\right)\right]\sigma_{zij}}H_i$$

$$\tag{10.2-7}$$

式中 S_j——填筑到第 j 层时路堤的变形量；

S_{ij}——第 i 层填方在第 j 层填方荷载作用下的变形量；

Δp_{ij}——第 i 层填方体在第 j 层填方荷载引起的应力增量；

E_{sij}——填筑到第 j 层时，路堤填方第 i 层填土的修正压缩模量；

σ_{zij}——填筑到第 j 层时，路堤填方第 i 层填土体所受竖向应力；

m——填方的总层数；

i——路堤填土的层数，$1 \leqslant i \leqslant n$；

j——荷载的级数，$2 \leqslant j \leqslant m$，$n \leqslant m$。

10.2.2 考虑侧向变形的高路堤沉降计算修正

高填路堤竖向沉降不同于地基沉降的另一个重要因素是路堤的侧向变形引起的路堤竖向沉降。为了实现高路堤沉降计算中考虑土体侧向变形的影响，采取修正系数的方法来解决，即将侧向变形修正系数 K 定义为单位厚度压缩层在有侧向变形时压缩量与无侧向变形时压缩量的比值。对于高路堤影响沉降修正系数的因素主要有：路堤高度 H、路堤土体密实程度（选用弹性模量指标 E）、土体软弱程度（选用泊松比 μ）、路堤边坡几何形式（选用坡率 m）等。由于沉降修正系数为无因次量，故在计算中也需把路堤高度 H 转化为无因次量 $N_H = H/L$，其中，L 为路堤的顶宽。通过探讨上述各因素与沉降修正系数 K 的关系，得出沉降修正系数 K 的关系式为：

$$K = (0.75 + 0.02N_H) \times (0.3 + 0.05\mu) \times (0.4 - 0.0015m) \times (11.5 - 0.001E)$$

$$\tag{10.2-8}$$

在实际工程中，可先根据前述的分层总和法求出路堤的主固结沉降量，然后根据路堤填土的模量、泊松比、路堤边坡坡率由式（10.2-8）计算出修正系数，再对计算结果进行修正，这样就可以得出高路堤自身沉降计算的总体表达式：

$$S_j = K \sum_{j=1}^{m} \sum_{i=1}^{n} \frac{\Delta p_{ij}}{\left[\frac{E_{1-2}}{144.3} - \ln\left(\frac{\sigma_{zij}}{144.3}\right)\right]\sigma_{zij}} H_i \qquad (10.2\text{-}9)$$

10.3 高填黄土路堤工后沉降计算方法

蠕变的定义是指当土体中超静孔隙水压力全部消散、主固结完成后，因土颗粒骨架的自身蠕变，在荷载作用下发生缓慢沉降，对公路工程来说，蠕变沉降是工后沉降的主要组成部分。随着公路等级的不断提高，对工后沉降的标准日益严格，为了满足设计的要求，有必要对蠕变沉降进行准确的计算。

10.3.1 考虑蠕变的沉降计算方法

关于蠕变的沉降计算，诸多学者已经提出了许多计算方法，其中有 Crawford 的不同历史压缩试验图，Bjerrum 的等时 $e \sim \lg p$ 曲线，殷建华的一维流变模型等。而 Bjerrum 的计算方法较为广泛，该方法表明：饱和软土的次固结量（蠕变）的大小与时间关系在半对数坐标中接近于直线，如图 10.3-1 所示。

其中 t_1 相当于主固结达到 100% 的时刻，也即次固结起始时刻；t_2 为次固结计算时刻，并定义厚度为 H 的软土地基次固结沉降量的常见计算公式为：

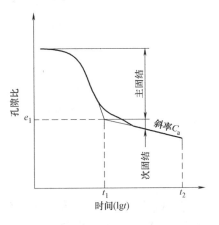

图 10.3-1 主固结与次固结示意图

$$S_s = \frac{H}{1+e_0} \cdot C_a \cdot \lg \frac{t_2}{t_1} \qquad (10.3\text{-}1)$$

式中 e_0——软土的初始孔隙比；

C_a——软土的次固结系数。

于是可应用式（10.3-2）计算分层填筑的黄土高路堤的蠕变沉降：

$$S_s = \sum_{i=1}^{n} \frac{H_i}{1+e_i} \cdot \frac{C_{ai}}{C_{ci}} \cdot C_{ci} \cdot \lg \frac{t_2}{t_1} \qquad (10.3\text{-}2)$$

式中 C_{ai}——第 i 层填土的次固结系数；

C_{ci}——第 i 层填土的压缩指数，一般有土工报告提供。若缺乏资料，可采用回归公式 $C_c = 0.238 (I_p - 2.5)$ 近似计算。

H_i——第 i 层填土的厚度；

e_i——第 i 层填土的孔隙比。

式（10.3-2）中反映黄土路堤变形的主要参数是 C_{ai}，填土的次固结系数。

10.3.2 次固结系数的确定方法

为了计算式（10.3-2）需要确定次固结系数 C_a，次固结系数定义为单位时间对数周期土体孔隙比的变化量，它是计算路基工后沉降量的重要参数。变形与时间对数基本呈线性关系，并以 e-$\lg t$ 曲线的第二个折线段的斜率作为次固结系数。之后的研究表明该线性关系是严格存在的，所以，次固结系数 C_a 可用式 $C_a = -\Delta e/(\lg t - \lg t_p)$ 来计算。图10.3-2 是压实黄土一维固结试验结果所得出的次固结系数与压缩指数之间线性关系，由此可知压实黄土的次固结特性也基本符合上述论断。另外，次固结系数的传统确定方法工作量大且有一定的人为误差，而压缩指数的确定则更简便和准确，因此在实际工程中完全可以采用该经验关系来确定次固结系数。

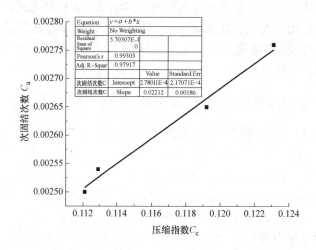

图 10.3-2　C_a-C_c 关系

室内试验表明，压实黄土处于不同状态时的次固结系数是变化的，为此有必要对正常固结和超固结状态做不同的处理。

1. 当土体处于正常固结状态时：

$p_i \geqslant p_c$，$t_1 = t_p$，t_p 为主、次固结分界点对应时刻。

2. 当土体处于超常固结状态时：

认为当 $p_i \leqslant p_c$ 时，取 $t_1 = t_p \cdot \left(\dfrac{p_c}{p_i}\right)^{C_c/C_a}$

式中　p_i——土体在 t_i 时刻的固结应力（平均自重应力和平均附加应力之和）；

　　　p_c——土体的先期固结压力。

需要指出的是 t_p 只是理论上的主固结完成时刻，并未明确主固结完成是针对土样还是实际土层。殷宗泽曾基于 Bjerrum 的二维等时 e-$\lg p$ 曲线提出了软土次固结计算的修正方法，其中建议将 t_p 近似取 1d（相当于 0.003 年），而且明确规定，所谓主固结完成是对于试样而言的，即常规固结试验。土样厚 2cm，双面排水的情况，当然试样的主固结完成时间并不等于 1d，用 1d 是一种近似，两者差异所引起的次压缩量相差很小，可忽略不计。基于此点认识，可认为正常固结土层工后蠕变与时间近似成正比关系。

此外，利用式（10.3-2）计算处于超固结状态下的压实黄土的蠕变时，还应用超载作用影响下的次固结系数 C'_a 代替式中的 C_a。关于 C'_a 的取值，根据室内试验结果可得

$$C'_a = C_a - \beta(\eta - 1)^\alpha \tag{10.3-3}$$

式中　η——为超载比，$\eta = \sigma'_{vc}/\sigma'_{vf}$，$\sigma'_{vf}$ 是最终有效压力，σ'_{vc} 是超载作用下的最大有效

压力;

β、α——是试验参数,根据试验结果,对压实黄土有$\beta=0.00105$,$\alpha=0.1142$。

尽管式(10.3-2)是经验公式,但该式简单实用,精度满足一般工程要求。

10.4 高填黄土路堤涵洞沉降分析

本节主要通过数值仿真分析高填黄土路堤涵洞填土与地基土特性以及不同EPS材料参数对涵顶垂直土压力和涵底土体沉降的影响,利用离心模型试验探讨涵洞纵向铺设EPS材料对涵洞纵向沉降的影响。以此明确填土-减沉材料-涵洞-地基共同作用机理,为高填黄土路堤涵洞减沉措施提供指导。

10.4.1 高填黄土路堤涵洞沉降影响因素数值仿真分析

1. 模型的建立与参数的选取

选取有限元软件MARC来分析高填黄土路堤涵的受力与变形。通过建立高路堤涵洞计算模型分析涵洞-填土-地基共同作用机制。由于具有对称性,取一半进行研究,有限元模型单元划分如图10.4-1所示,涵洞类型为$4\times4m^2$的箱涵,纵向长度为82m,涵顶填土高度、路堤顶面的宽度分别为40m、13m,路堤的分级坡度分别为1:1.5、1:1.75、1:2。计算宽度和地基厚度分别取120m、40m。土体、EPS板以及混凝土的本构模型分别选择Drucker-Prager屈服准则、Von Mises屈服准则、弹性模型。模型两侧仅约束水平位移,模型底部同时约束水平和竖向位移。材料计算参数的选取如表10.4-1所示。

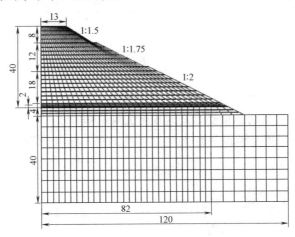

图10.4-1 模型网格划分图

材料计算参数 表10.4-1

材料	变形模量 E_0(kPa)	弹性模量 E_d(kPa)	重度 γ(kN/m³)	黏聚力 c(kPa)	内摩擦角 φ(°)	泊松比 μ
填土	1.9×10^4	2×10^4	16	30	21	0.35
地基土	2.6×10^4	3.8×10^4	16	21	20	0.20
EPS板	—	1250	0.12	—	—	0.10
涵洞	—	3×10^7	25	3430	54	0.15

2. 计算工况

计算内容包括以下几个方面，具体工况如表 10.4-2、表 10.4-3 所示。

（1）特定填土高度下箱涵随填土及地基土参数变化时的应力及沉降规律。

（2）特定填土高度下箱涵随涵顶铺设 EPS 材料厚度及参数变化时的应力及沉降规律。

（3）特定填土高度下箱涵随涵顶 EPS 材料铺设范围变化时的应力及沉降规律。

填土及地基土参数对箱涵纵向土压力及沉降影响工况表 表 10.4-2

工况 \ 变化因素		变形模量 E(MPa)	泊松比 μ
填土参数变化	模量变化	10、15、20、25、30	0.25
	泊松比变化	20	0.2、0.25、0.3、0.35
地基土参数变化	模量变化	13、22、23、25、38	0.22
	泊松比变化	0.2、0.22、0.3	23

EPS 材料对箱涵纵向土压力及沉降影响工况表 表 10.4-3

工况 \ 变化因素	EPS 模量 E(MPa)	EPS 铺设长度 L(m)	EPS 铺设厚度 h(cm)
EPS 模量变化	0.5、0.8、1.25、2.5、5	$L_1=22.5$，$L_2=59.5$	
EPS 铺设长度变化	2.5	$L_1=L_2=22.5$	$h_1=80$，$h_2=20$
		$L_1=22.5$，$L_2=45$	
		$L_1=22.5$，$L_2=59.5$	
		$L_1=30$，$L_2=52$	
		$L_1=L_2=L_3=22.5$	
EPS 铺设厚度变化		$L_1=22.5$，$L_2=59.5$	$h_1=80$，$h_2=20$
			$h_1=80$，$h_2=40$
			$h_1=80$，$h_2=60$
			$h_1=80$，$h_2=60$，$h_3=40$

3. 填土模量和泊松比对涵顶受力及地基土沉降影响

不同填土模量作用下，涵顶垂直土压力以及涵底土体沉降沿涵洞纵向分布规律如图 10.4-2、图 10.4-3 所示。

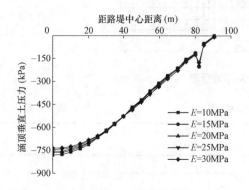

图 10.4-2 填土模量对涵顶
垂直土压力影响曲线

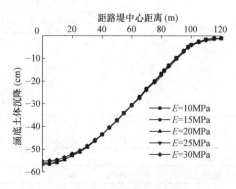

图 10.4-3 填土模量对涵
底土体沉降影响曲线

从图 10.4-2、图 10.4-3 可以看出，随着距路堤中心距离的增大，涵顶垂直土压力与涵底土体沉降呈非线性减小的趋势，两者沿涵洞纵向分布不均匀，路堤中心与右侧土压力最大差值为 780.72kPa，涵底土体沉降最大差值为 56.76cm。这主要是因为受路堤两侧放坡的影响，沿涵长方向中心涵节填土高度最大，而沿路堤两侧放坡方向填土高度逐渐减小，在填土荷载作用下涵身中间涵节土压力及沉降量将大于两侧涵节，即沿涵身纵向呈"V"字形沉降规律。随着填土模量的增大涵顶垂直土压力逐渐减小，当填土模量在 15～30MPa 的变化过程中，路堤中心涵顶垂直土压力的减幅依次为 0.64%、1.27%、1.90%、2.86%（以填土模量为 10MPa 时为基准），其对涵顶垂直土压力的影响很小。此外，不同填土模量下的涵底土体沉降曲线几乎重合，说明填土模量对涵底土体沉降基本没有影响。

不同填土泊松比作用下，涵顶垂直土压力以及涵底土体沉降沿涵洞纵向分布规律如图 10.4-4、图 10.4-5 所示。

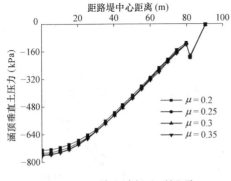

图 10.4-4 填土泊松比对涵顶
垂直土压力影响曲线

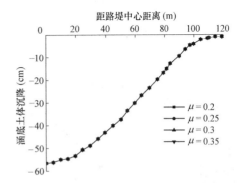

图 10.4-5 填土泊松比对涵
底土体沉降影响曲线

从图 10.4-4、图 10.4-5 可以看出，涵顶垂直土压力与涵底土体沉降沿涵洞纵向的分布规律与上述情况一致。随着填土泊松比的增大涵顶垂直土压力逐渐增大，当填土泊松比在 0.25～0.35 的变化过程中，路堤中心涵顶垂直土压力的增幅依次为 2.31%、3.63%、4.29%（以填土泊松比为 0.2 时为基准），填土的泊松比对涵顶垂直土压力也不大。另一方面，填土泊松比变化时，涵底土体沉降的基本不发生变化，说明填土的泊松比对涵底土体沉降无显著影响。

4. 地基土模量和泊松比对涵顶受力及地基土沉降影响

不同地基土模量作用下，涵顶垂直土压力以及涵底土体沉降沿涵洞纵向分布规律如图 10.4-6、图 10.4-7 所示。

从图 10.4-6、图 10.4-7 可以看出，随着地基土模量的增加，涵顶垂直土压力及涵底土体沉降逐渐减小，并且两者的路堤中心与边缘处差值也降低。当地基土模量由 13MPa 增至 38MPa 的过程中，路堤中心与边缘处的土压力差依次为 1812.69kPa、864.05kPa、803.62kPa、779.46kPa、755.29kPa，路堤中心与边缘处的沉降差依次为 152.52cm、93.71cm、82.74cm、55.83cm，其中当地基土模量从 13MPa 增至 22MPa 时，土压力差及沉降差急剧减少，说明地基土的模量取值较小时，会造成很大的涵底土体沉降而导致涵洞与土体之间的接触不连续，临空部分的涵洞将独自承担上面传递下来的荷载，不利于涵洞结构体的均匀受力。

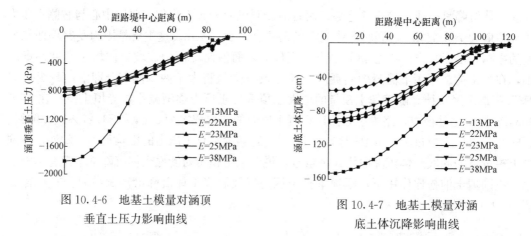

图 10.4-6　地基土模量对涵顶
垂直土压力影响曲线

图 10.4-7　地基土模量对涵
底土体沉降影响曲线

不同地基土泊松比作用下，涵顶垂直土压力以及涵底土体沉降沿涵洞纵向分布规律如图 10.4-8、图 10.4-9 所示。

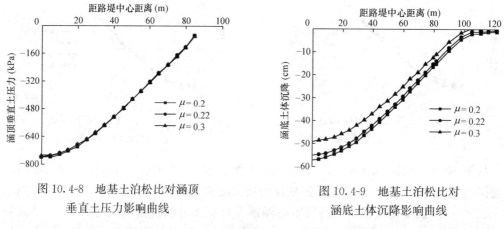

图 10.4-8　地基土泊松比对涵顶
垂直土压力影响曲线

图 10.4-9　地基土泊松比对
涵底土体沉降影响曲线

从图 10.4-8、图 10.4-9 可以看出，随着地基土泊松比的增加，涵顶垂直土压力变化微小，但涵底土体沉降逐渐减小，同时土体沉降沿涵洞纵向也趋于均匀。当地基土的泊松比由 0.2 增至 0.3 的过程中，涵底土体的沉降差依次为 57.26cm、55.14cm、49.22cm，说明采用较大泊松比的地基土有利于涵洞纵向均匀受力以及沉降。

5. EPS 材料对涵顶受力及地基土沉降影响分析

（1）EPS 模量和泊松比对涵顶受力及地基土沉降影响

不同 EPS 模量作用下，涵顶垂直土压力以及涵底土体沉降沿涵洞纵向分布规律如图 10.4-10、图 10.4-11 所示。

从图 10.4-10、图 10.4-11 可以看出，当沿涵顶纵向铺设 EPS 板后涵顶垂直土压力及涵底土体沉降大幅度减小并在 EPS 厚度变化处荷载发生了突变，涵洞未铺设 EPS 时在路堤中心处与边缘处的涵顶垂直土压力与沉降的差值分别为 762.60kPa、55.91cm，铺设 EPS 板（$E=0.5$MPa）后涵顶垂直土压力与沉降的差值分别为 244.50kPa、31.10cm，两者沿涵洞纵向分布相比未铺设 EPS 板时趋于均匀，说明铺设 EPS 板可以有效减弱涵洞纵向的不均匀沉降。

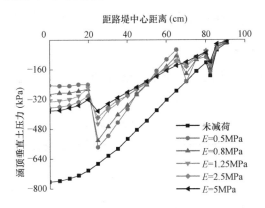
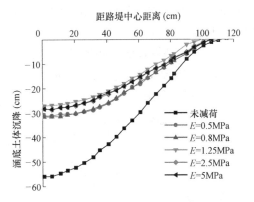

图 10.4-10 EPS 模量对涵顶垂直土压力影响曲线　图 10.4-11 EPS 模量对涵底土体沉降影响曲线

　　当靠近路堤中心时 EPS 板模量越小涵洞减荷效果越好，远离路堤中心时 EPS 板模量越大涵洞减荷效果相对较好。在路堤中心处，EPS 板模量在 0.8～5MPa 的变化过程中涵顶垂直土压力的增幅依次为 19.67%、36.04%、49.16%、55.71%（以 EPS 板模量为 0.5MPa 为基准），在距路堤中心 25m 处，EPS 板模量在 0.8～5MPa 的变化过程中涵顶垂直土压力的减幅依次为 6.48%、21.75%、27.77%、33.80%。随着 EPS 板模量的增加涵底土体沉降先增大后减小，以路堤中心为例，当 EPS 板模量在 0.8～5MPa 的变化过程中涵底土体沉降的增幅依次为 3.16%、-12.63%、-8.42%、-7.37%。综上所述，在沿涵顶纵向铺设 EPS 板时，为达到减小涵洞纵向沉降并使之趋于均匀的目的，应选取合适的 EPS 板模量。

　　不同 EPS 泊松比作用下，涵顶垂直土压力以及涵底土体沉降沿涵洞纵向分布规律如图 10.4-12、图 10.4-13 所示。

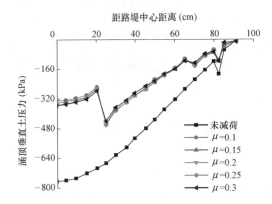
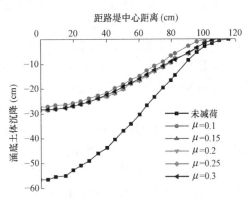

图 10.4-12 EPS 泊松比对涵顶垂直土压力影响曲线　图 10.4-13 EPS 泊松比对涵底土体沉降影响曲线

　　从图 10.4-12、图 10.4-13 看出，当沿涵顶纵向铺设 EPS 板后涵顶垂直土压力及涵底土体沉降大幅度减小且更加均匀分布。EPS 泊松比对两者的影响较小，当 EPS 板泊松比在 0.1～0.3 的变化过程中，在路堤中心处与边缘处的涵顶垂直土压力的差值分别为 329.48kPa、343.16kPa、348.62kPa、349.636kPa、356.83kPa，涵底土体沉降的差值依次为 27.14cm、28.12cm、28.13cm、28.14cm、28.25cm，两者的差值变化量普遍较低，说明 EPS 泊松比对涵洞纵向沉降的影响不明显，因此在对涵洞进行纵向减沉时可以忽略 EPS 泊松比的影响。

（2）EPS 铺设长度对涵顶受力及地基土沉降影响

不同 EPS 铺设长度作用下，涵顶垂直土压力以及涵底土体沉降沿涵洞纵向分布规律如图 10.4-14、图 10.4-15 所示。

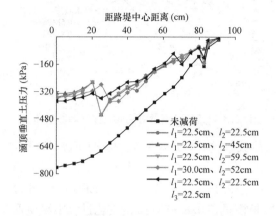

图 10.4-14　EPS 铺设长度对涵顶垂直土压力影响曲线

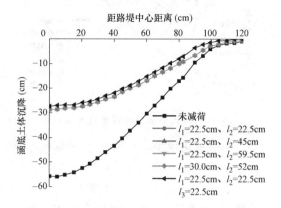

图 10.4-15　EPS 铺设长度对涵底土体沉降影响曲线

从图 10.4-14、图 10.4-15 可以看出，当靠近路堤中心处的厚度为 80cm 的 EPS 铺设长度 $l_1=22.5cm$，相邻的厚度为 20cm 的 EPS 板铺设长度 l_2 在 $22.5 \sim 59.5cm$ 变化时，涵洞垂直土压力变化微小，但在 EPS 板厚度变化处会发生应力突变。当 EPS 铺设长度 $l_1=30cm$、$l_2=52cm$ 时，路堤中心附近垂直土压力增大，但在 EPS 板厚度变化处会发生应力突变较小，涵顶垂直土压力沿涵洞纵向分布更加均匀。当 EPS 铺设长度 $l_1=22.5cm$、$l_2=22.5cm$、$l_3=22.5cm$ 时，涵顶垂直土压力沿涵洞纵向分布最均匀。同时，从图 10.4-14 中可以看出沿涵洞纵向等长铺设 EPS 板时涵底土体沉降趋于均匀。说明沿涵洞纵向等长铺设 EPS 板（$l_1=22.5cm$、$l_2=22.5cm$、$l_3=22.5cm$）时，虽然涵洞局部土压力较大，但是涵洞纵向沉降分布更加合理。

（3）EPS 铺设厚度对涵顶受力及地基土沉降影响

不同 EPS 铺设厚度作用下，涵顶垂直土压力以及涵底土体沉降沿涵洞纵向分布规律如图 10.4-16、图 10.4-17 所示。

从图 10.4-16 可以看出，当靠近路堤中心处的铺设厚度 $h_1=80cm$、相邻 EPS 板铺设厚度 h_2 在 $20 \sim 60cm$ 变化时，路堤中心附近涵顶垂直土压力逐渐增大，但在 EPS 板厚度变化处的应力突变减小，涵洞垂直土压力分布较均匀。当沿涵洞纵向铺设不同厚度的 EPS 板 $h_1=80cm$、$h_2=60cm$、$h_3=40cm$ 时，涵洞垂直土压力突变最小，涵洞纵向受力更加均匀。从图 10.4-17 可以看出，在涵洞纵向不同位置铺设不同厚度 EPS 板时，涵底土体沉降变化不大，但是相对于铺设 EPS 板的涵洞涵底土体沉降明显较小且分布均匀。综上所述，沿涵洞纵向铺设不同厚度 EPS 板（$h_1=80cm$、$h_2=60cm$、$h_3=40cm$）时，涵洞减沉效果最佳。

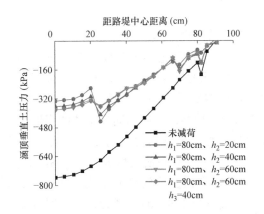

图 10.4-16　EPS 铺设厚度对涵顶
垂直土压力影响曲线

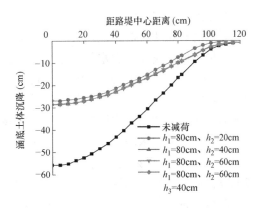

图 10.4-17　EPS 铺设厚度对
涵底土体沉降影响曲线

10.4.2　EPS 材料对高填黄土路堤涵洞沉降影响离心模型试验分析

1. 离心模型试验设计

高填方涵洞的离心试验相似关系主要取决于：①涵洞的结构尺寸及埋置深度等几何因素；②涵周土特性；③涵洞结构材料特性；④土体的初始应力状态。本次试验根据相似理论和量纲分析理论对试验模型的各物理量进行确定，将与原型的应力、应变和位移有关的物理量表示为：

$$f\left(\frac{h}{L}, \frac{D}{L}, \frac{h'}{L}, \frac{\gamma L}{c}, \frac{E}{c}, \nu, \varphi, \frac{\gamma}{\rho g}, \frac{\sigma}{c}, \frac{\delta}{L}, \varepsilon\right) = 0 \qquad (10.4\text{-}1)$$

式中　h——涵洞的埋深，即涵顶至地面的距离；

　　　L——涵节长度；

　　　D——涵洞的宽度；

　　　γ——材料重度；

　c、φ——材料的抗剪强度指标；

　E、ν——涵洞材料及 EPS 减荷材料的弹性参数；

σ、ξ、δ——涵洞和土体材料的应力、应变、位移；

　　　h'——涵洞的高度。

高填路堤涵洞的离心试验相似率见表 10.4-4。

高填路堤涵洞的离心试验相似率　　　　　　　　　　　　　表 10.4-4

参数	几何				填土材料					初始应力	涵洞结构反应		
原型	h/L	D/L	h'/L	φ	$\gamma L/c$	E/c	v	$\gamma/\rho g$	d/L	σ_0/c	σ/c	ε	δ/h
模型	h/L	D/L	h'/L	φ	$\gamma L/c$	E/c	v	$\gamma/\rho g$	d/L	σ_0/c	σ/c	ε	δ/h
是否相似	相似	相似	相似	相似	相似	相似	相似	相似	相似	相似	相似	相似	相似

表 10.4-4 中，d 为土粒直径。从表中可看出，模型与涵洞实际原型各物理量指标均相似，故采用离心模型试验模拟高填方涵洞问题在理论上是可行的。

2. 涵洞模型设计

涵洞材料采用实心木块，其比重与混凝土接近。试验中土体采用重塑黄土，经室内试验测得填土的干密度与含水量分别为 $1.6g/cm^3$、16%，地基土的干密度与含水量分别为 $1.6g/cm^3$、14%；选取 EPS 板作为减荷材料。原型箱涵的尺寸为 $7.5\times6m^2$，下卧层厚度为 15m，实际模型与试验模型的比例尺为 1：150，模型如图 10.4-18 所示。在靠近玻璃板一侧的土体上画线量测土体沿涵洞纵向沉降，并用相机拍照得出涵洞周围土体的变形。

首先，按照要求填筑涵洞地基，加速度设置与施加时间分别为 $150g$、46.72min（实际相当于 2 年），保证土体充分固结，之后让模型静止一段时间使之恢复。然后相继在地基上放置涵洞、填筑路堤（试验工况中如有 EPS 板，应在涵顶放置 EPS 板）。上述步骤完成后再设置加速度为 $150g$，施加时间为 40min（实际当于 625d）。试验结束后测量涵底土画线至涵底的距离。

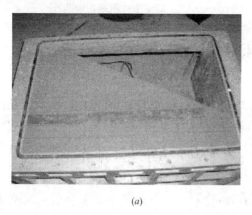 

(a)　　　　　　　　　　　　　　　(b)

图 10.4-18　试验模型图
(a) 未铺设 EPS 板；(b) 铺设 EPS 板后

3. 离心模型试验工况

本次试验主要研究沿涵洞纵向铺设 EPS 材料对涵洞纵向沉降的影响，因此，试验方案主要包括两种工况（1）未铺设 EPS 板；（2）沿涵洞纵向铺设不同厚度及长度的 EPS 板，具体试验工况如表 10.4-5 及图 10.4-19、图 10.4-20 所示。

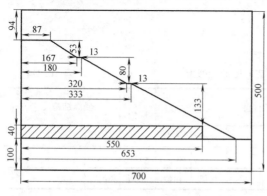 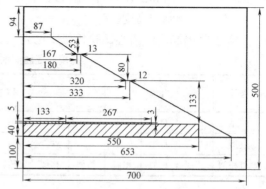

图 10.4-19　未加入 EPS 板模型横断面图　　　图 10.4-20　加入 EPS 板模型
横断面图（单位：mm）

EPS 板尺寸		表 10.4-5
长度(cm/m)	13.3/20	26.7/40
厚度(cm/m)	0.5/80	0.3/40

4. 离心模型试验成果分析

未加入 EPS 板与铺设 EPS 板后涵底土体沉降变化规律如图 10.4-21、图 10.4-22 所示。

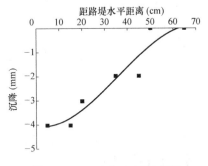

图 10.4-21　未加入 EPS 板时涵底土体沉降变化曲线

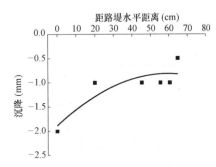

图 10.4-22　铺设 EPS 板后涵底土体沉降变化曲线

从图 10.4-21 可以看出，离心模型试验得出的涵底土体沉降变化规律与上述数值模拟分析得出的规律一致，即路堤中心处涵底土体沉降最大，边缘处沉降最小，两者的沉降差为 4mm 左右，此时加速度为 150g，所以实际沉降值为 60cm，涵底总体沉降沿涵洞纵向呈不均匀分布规律。由图 10.4-22 可以看出，路堤中心与边缘处的沉降差为 1.5mm，换算到实体时为 22cm，与未加入 EPS 相比较涵底土体沉降减少了 63.3%，涵底沉降分布较均匀。说明通过沿涵洞纵向铺设不同长度及厚度的 EPS 板，涵洞纵向沉降减沉效果明显。

10.5　高填黄土路堤沉降控制措施

通过研究认为产生路基沉陷，沉降病害原因主要是设计时勘察标准过低，山区地形复杂、填方、挖方、填挖交界各种地形都有，每种地形的地质条件又各不相同。若不探明地基的土质、分布、厚度、性质等情况，就无法进行有目的的施工工艺及沉降、沉陷处置措施。

10.5.1　减小路堤沉降措施

高路堤公路对于工后沉降有严格的要求，若路堤的工后沉降较大，轻者影响行车速度，损害车辆，重者导致交通事故，造成人员伤亡。因此，减小工后沉降是高路堤设计中的关键。本章提出了减小高填方路堤工后沉降的各种措施，并对其效果进行了评价，如表 10.5-1 所示。

从以上处治措施的对比结果可以看出，对于高填方路堤，应采取以下技术措施减小沉降：

减小高填方路堤工后沉降的措施对比　　　　　　　表 10.5-1

处治措施	减小路堤后沉降效果	实施难度	综合评比
执行新压实标准	√√	不大	推荐,相应结合其他措施
提高压实度至95%以上	√√√	大,施工成本上升,工期延长	不推荐
选择合适填料	√√√√	大,但一些情况下选择填料较困难	推荐
延长预压期	√√√√√	较大,特别对部分工期要求严格的项目有难度	推荐
改变压实方式	√√√	较大,受场地和机具限制	在一定情况下推荐
严格控制施工质量	√√√√	较大,需建立良好的质量措施	推荐

注:按照1~5个√表示效果,√越多,效果越好。

（1）高填方路堤的压实可按照现行压实标准和压实分区进行，对于高填方路堤，要有效减小工后沉降，还应采取其他措施。

（2）严格控制施工质量，按相关标准进行施工是高填方路堤质量的基本保证。

（3）高填方路堤应采用适当的填料，推荐采用透水性材料与粗粒材料，黏性土与过湿性土不宜用于高路堤填筑。

（4）合适的预压期是减小路堤工后沉降的有效措施，在可能的情况下，应保证高填方路堤有一个合适的预压时间。

（5）对于高填方路堤，还可采用其他压实措施，分层强夯可有效消除填料自身的压缩变形，是一种值得推荐的施工方法。

10.5.2　高路堤沉降纵向影响及预留量的计算

路堤的不均匀沉降主要是由路堤和地基的固结沉降变形所引起，不均匀沉降使基层与土基脱空，此时基层在其自重作用下将产生相应的挠曲和位移，进而使基层底部产生拉应力，当拉应力超过一定限度时，基层板底发生破坏，将导致路面结构产生相应破坏，会影响到公路的正常使用。本节根据兰海高速公路设计文件相应指标，给出高填路堤路中轴点 m 的横向容许工后沉降量 S_{mr} 的计算公式为：

$$S_{mr} \leqslant \frac{3.504}{1 - S_n/S_m} \tag{10.5-1}$$

式中　S_{mr}——路基横向容许工后沉降量；

　　　S_n——路基中轴的剩余沉降量；

　　　S_m——路基边缘的剩余沉降量。

根据路面沉降曲线符合抛物线型分布假定，沉降计算的方程为：

$$y = bx^2 \tag{10.5-2}$$

式中　y——沉降面内任意点的沉降值（m）；

　　　x——沉降面边缘至沉降面上任意点的水平距离（m）；

　　　b——沉降参数，$b = \frac{1}{2R}$，其中 R 为竖曲线半径（m）。

根据弹性地基上板的力学模型研究分析，在保证行车舒适性的条件下，路基纵向容许工后沉降量指标参考值如表 10.5-2 所示。

计算行车速度 （km/h）	竖曲线半径 R （m）	参数 b 计算值	计算最大沉降量 （cm）	最大沉降量参考值 （cm）
120	1388	0.0003602	8.10	8
100	965	0.0005181	11.66	12
80	617	0.0008104	18.23	18
60	347	0.0014409	32.42	32

注：因沉降面为半对称面，故计算时取 $x/2$ 值。

10.5.3　沉降控制技术

首先应处理好路堤下的地基，地基的处理原则是以路堤为垂直荷重，以勘测资料为依据，估算路堤下地基各断面的工后沉降量和可能的湿陷量，并计算相邻两断面的沉降差。

对于低于 2m 以下的路堤，若地基的沉降量，湿陷量大于规范允许的沉降量，则需对地基进行处理。处理后的标准是地基产生的沉降差不会引起路面和路面基层材料开裂。对于大于 2m 以上的路堤，因路堤越高，施工期越长，则在施工期消除地基不均匀沉降变形量的效果就越好。因此，地基处理的标准就可随着路堤高度而越来越放宽一些。

对于路堤填土施工工艺，可采用多种方法满足设计压实度要求。对于路堤填土高度大于 20m，且地基土层软硬分布不均匀的工程可降低第一层填土的压实度。建议将第一层填土的压实度控制在 70%，且厚度不超过 1m，这样可用来消除部分地基的不均匀沉降量。

根据湿陷性黄土的性质，当路堤填方高度大于 50m 时，可不考虑地基的湿陷变形而仅考虑其压缩变形，计算地基的沉降量，可用于地基处理设计。挖方路段地基处理，原则上主要考虑消除黄土的湿陷性。

半填半挖路段主要应考虑用工程处理措施来消除或降低填挖交界面上第四纪原状堆积土的沉降量和湿陷量。

地基处理的手段可根据具体情况采用强夯、换填、搅拌桩复合地基、粉喷桩复合地基、注浆、预压等工艺。

10.5.4　沉降监测技术

高路堤的破坏更多的表现为不均匀沉降，由此带来路面不平整或路面开裂。实际工程中常采用沉降计、沉降板或桩，用于高路堤工后沉降监控，预测工后沉降趋势，确定路面施工时间。关于高路堤沉降监控点，应在路堤填筑完成后设置，可在不影响路面施工的部位如中央分隔带、路堤顶边缘等处选择合适的地点布置，沿纵向每隔 20~50m 设置一个观测点。斜坡路堤的沉降观测点宜设置在边坡高的一侧路堤顶边缘。通过对实际工程长期沉降观测，以出现路面不平整或路面开裂段为分析对象，进而可以得出以控制路面不平整或路面开裂为目的的不均匀沉降控制标准。

10.6　高填黄土路堤涵洞沉降减沉措施

10.6.1　高填黄土路堤涵洞减沉机理

通过"高填黄土路堤涵洞沉降分析"的探讨，可明确填土-减沉材料-涵洞-地基共同作用机理，如图 10.6-1 所示。

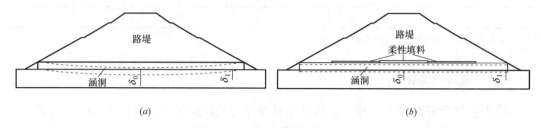

图 10.6-1　高黄土路堤涵洞纵向沉降图

(a) 未采取减沉措施的高路堤涵洞纵向沉降；(b) 采取减沉措施的高路堤涵洞纵向沉降

如图 10.6-1 (a) 所示，由于高速公路路堤向两侧放坡的原因，涵顶纵向填土为"梯形荷载"，即沿涵洞纵断面方向将产生"中间荷载大两端荷载小"的不均匀受力情况，相应的将引起涵洞中间沉降大两端沉降小（$\delta_0 > \delta_1$）的不均匀沉降现象，如图 10.6-1 (a) 所示。如果此现象严重将会导致涵洞发生横向开裂，甚至影响高速公路正常使用。如图 10.6-1 (b) 所示，通过沿涵洞纵向不同位置合理铺设柔性填料（如 EPS 板）不仅可以使涵顶内土柱沉降大于外土柱沉降进而减少涵顶所受荷载，还可以调节涵洞纵向所受荷载，使其趋于均匀分布。通过与未铺设柔性填料时沿涵洞纵向"中间沉降大两端沉降小"的现象对比，涵洞顶部合理铺设柔性填料将使得涵洞沉降近似均匀（$\delta_0 \approx \delta_1$），减少高路堤涵洞的病害，保证高速公路的正常运营。

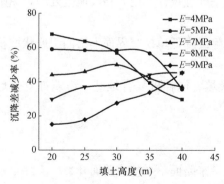

图 10.6-2　不同填土高度下 EPS 板模量对涵洞纵向沉降差减少率的影响曲线

10.6.2　高填黄土路堤涵洞减沉设计方法

1. 设计原则

高填黄土路堤涵洞减沉设计方法是以涵底土体沉降趋于均匀为目的，针对不同填土高度，在涵顶铺设不同模量、长度及厚度的 EPS 板。在此基础上辅之以地基分段处理，有效控制涵洞纵向沉降。

2. 不同填土高度下涵洞铺设的 EPS 板模量选取

通过数值模拟分析（计算模型和材料选取同"10.4.1 高填黄土路堤涵洞沉降影响因素数值仿真分析"）可得，不同填土高度作用下 EPS 板模量对高路堤涵洞纵向沉降差减少率的影响曲线，如图 10.6-2 所示。

从图 10.6-2 可以看出，EPS 板模量 $E=4$MPa、$E=5$MPa 的沉降差减少率随填土高度的增加逐渐减小；EPS 板模量 $E=7$MPa 的沉降差减少率随填土高度的增加先增大后减小；EPS 板模量 $E=8$MPa、$E=9$MPa 的沉降差减少率随填土高度的增加逐渐增加。针对上述情况为达到高路堤涵洞减沉的最佳效果，当填土高度为 20～30m 时，EPS 板模量宜取 4MPa 左右；当填土高度为 30～35m 时，EPS 板模量宜取 5MPa 左右；当填土高度为 35～40m 时，EPS 板模量宜取 8MPa 左右。

3. 不同填土高度下涵洞铺设 EPS 板方法分析

通过数值模拟分析可得，不同填土高度作用下 EPS 板铺设方法对高路堤涵洞纵向沉降差减少率的影响曲线，如图 10.6-3 所示。

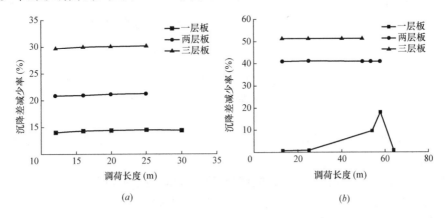

图 10.6-3　不同填土高度下 EPS 板铺设方法对涵洞纵向沉降差减少率的影响曲线
(a) 填土高度为 20m；(b) 填土高度为 40m

从图 10.6-3（a）可以看出，当填土高度为 20m 时，随着 EPS 板调荷长度的增加，涵洞纵向沉降差减少率先增加后减小，在 EPS 板长度为 25m 后发生转折，说明合理的减沉范围为 0～25m。随着铺设 EPS 板厚度的增加，涵洞纵向沉降差减少率逐渐增加，铺设三层板减沉效果最佳。从图 10.6-3（b）可以看出，当填土高度为 40m 时，铺设一层 EPS 板减沉长度的转折点为 58m，铺设两层 EPS 板长度的转折点为 50m，铺设一层 EPS 板长度的转折点为 40m，因此铺设一、二、三层 EPS 板的合理减沉范围分别为 0～58m、0～50m、0～40m。铺设三层 EPS 板对涵洞纵向沉降差减少率的影响最为显著。

4. 不同地基范围下涵洞纵向减沉效果

为进一步检验地基处理对涵洞减沉效果的影响，通过数值模拟分析可得，不同地基处理范围对高路堤涵洞纵向沉降差减少率的影响曲线，如图 10.6-4 所示。

地基处理即对地基进行硬化处理，使地基土模量增至 60MPa。从图 10.6-4（a）、（b）可以看出，随着地基处理深度及宽度的增加，涵洞纵向沉降差减少率逐渐增加，但增加地基处理宽度对涵洞纵向沉降的调节比增加地基处理深度显著。当地基处理深度超过 8m 后，涵洞纵向沉降差减少率增幅趋于平稳；当地基处理宽度超过 30m 后涵洞纵向沉降差减少率增幅趋于平稳。因此在铺设 EPS 板的基础上，辅以地基处理时，地基处理深度宜取 8m 左右，地基处理宽度宜取 30m 左右。

综上所述，提出以下设计方法：

（1）当填土高度为 20～30m 时，EPS 板模量宜取 4MPa 左右；当填土高度为 30～

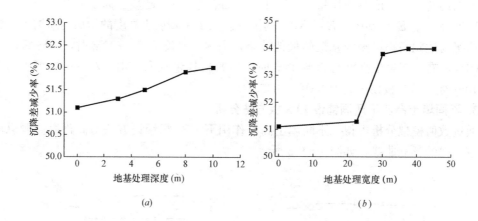

图 10.6-4　不同地基处理范围对涵洞纵向沉降差减少率的影响曲线

(a) 不同地基处理深度；(b) 不同地基处理宽度

35m 时，EPS 板模量宜取 5MPa 左右；当填土高度为 35～40m 时，EPS 板模量宜取 8MPa 左右。

（2）当填土高度为 20m 时，EPS 板宜分三层铺设，各层铺设范围均为 0～25m（以路堤中心为起点）；当填土高度大于或等于 40m 时，EPS 板宜分三层铺设，各层铺设范围为：最上层 0～40m，中间层 0～50m，最下层 0～60m；当填土高度在 20～40m 时，可适当调整 EPS 板的铺设范围以达到高路堤涵洞纵向减沉的最佳效果。

（3）在铺设 EPS 板的基础上，辅以地基处理时，地基处理深度宜取 8m 左右，地基处理宽度宜取 30m 左右。

10.7　小结

通过以上分析，小结如下：

（1）采用一维分层总和法计算路堤沉降时，引入压缩模量随填土应力变化时的修正表达式，能够考虑到不同土层压缩模量因填土荷载增加的变化情况，从而使计算结果更加接近实测值。

（2）高填方路堤侧向变形对路堤沉降贡献较大，因此在路堤沉降计算中考虑侧向变形影响的修正系数 K，使高路堤沉降与路堤高度、边坡形式及填土特性建立了联系。

（3）在工后沉降计算中给出了考虑蠕变变形的沉降计算方法，对蠕变计算中黄土路堤的次固结系数进行了试验取值探讨，并给出了确定次固结系数的有效方法，使黄土高填路堤在考虑工后蠕变计算时明确了室内取值依据和合理的计算方法。

（4）高路堤涵洞填土模量与泊松比对涵顶垂直土压力和涵底土体沉降作用很小，因此在高填黄土路堤涵洞减沉时，可忽略两者对涵洞纵向沉降的影响。

（5）通过分析不同填土高度、EPS 板模量、EPS 板长度、EPS 板厚度以及地基处理范围对高填路堤涵洞纵向沉降差减少率的影响，给出了高填黄土路堤涵洞减沉设计计算方法，能减小高路堤涵洞纵向沉降，并使其趋于均匀分布。

参考文献

［1］　韩选江．土力学和地基基础［M］．上海：上海交通大学出版社，1990.

［2］　钱家欢，殷宗泽．土工原理与计算（第二版）［M］．北京：中国水利水电出版社，1996.

［3］　王盛源．饱和黏土主固结与次固结变形分析［J］．岩土工程学报，1992，14（5）：70～75.

［4］　孙更生，郑大同．软土地基与地下工程［M］．北京：中国建筑工业出版社，1984.

［5］　Akira Asaoka. Observational procedure of settlement prediction. Soils and Foundations［J］，1978，18（4）：87～101.

［6］　宰金珉，梅国雄．成长曲线在地基预测中的应用［J］．南京建筑工程学院学报，2000（2）：8～13.

［7］　宋彦辉，夏德新．基础沉降预测的 Verhulst 模型［J］．岩土力学，2003，24（1）：123～126.

［8］　张仪萍，龚晓南．沉降的灰色预测［J］．工业建筑，1999，29（4）：45～48.

［9］　许水明，徐泽中．一种预测路基工后沉降量的方法［J］．河海大学学报，2000，28（5）：111～113.

［10］　刘勇健．用神经网络预测高速公路的软土地基的最终沉降［J］公路交通科技，2000.17（6）：15～18.

［11］　Liu yong-jian，Application of genetic algorithm to calculation of soft ground. Seelement［j］．Industrial construction，2001，31（5）：39～41.

［12］　李祝龙，章金钊．青藏公路冻土路基沉降的模糊综合评判［J］．公路，2000，（2）：21～24.

［13］　康佐，谢永利，冯忠居，杨晓华．应用离心模型试验分析涵洞病害机理［J］．岩土工程学报，2006，（06）：784～788.

［14］　刘晓曦，岑国平，王旭，刘一通．路堤下涵洞沉降监测及有限元计算［J］．武汉理工大学学报（交通科学与工程版），2009，33（03）：507～510.

［15］　郭婷婷，顾安全．减荷措施下涵洞土压力与填土变形数值计算［J］．交通运输工程学报，2010，10（05）：12～16＋29.

11   地基的变形控制设计

杨光华[1,2]

(1. 广东省水利水电科学研究院，广州 510630；2. 广东省岩土工程技术研究中心，广州 510630)

11.1   概述

地基处理设计理论上应该要满足强度稳定安全和变形安全，或通常的承载力控制和变形控制。目前的地基设计中主要是以承载力控制为主，变形控制为辅。通常是通过理论计算地基的极限承载力，由极限承载力除以安全系数得到地基承载力的设计值，或通过经验确定允许地基出现一定的塑性范围时对应的地基承载力作为地基承载力的设计值，再复核或验算沉降变形是否满足要求，如果不满足，再取小值，再验算，以此确定满足强度和变形要求的地基承载力，其控制变量是承载力，用承载力进行地基处理设计。所谓的变形控制设计应该是以变形为主，强度为辅的方法，设计控制的变量是变形，用控制变形进行地基设计。但通常给定的是上部结构传给地基的荷载或基础底应力，这时要进行变形控制设计就要求建立地基不同沉降变形下对应的地基应力，根据变形控制来确定地基允许的应力或承载力，当然这样确定的地基应力或承载力也是要有足够的安全储备的。通常按地基承载力控制设计比较直观方便，但实际工程中容易忽视变形控制，通常会产生变形过大的危险甚至工程事故，有时为避免危险也造成设计规定不合理，如一般不允许同一个建筑物用不同的基础形式，对同一建筑物不允许桩长差异过大，规定桩基持力层厚度不少于桩直径的 3 倍等不尽合理的规定。但如果按变形控制设计，理论上如果用变形和承载力要求则比这样的硬性规定会更科学合理。但由于地基变形计算理论的落后和不准确，也会带来风险，而按承载力控制设计则可以采用保守的安全系数来减低风险。因此，要实现按变形控制设计，必须要发展相应的计算方法，提高变形计算的准确性。

11.2   地基变形控制设计的案例

以下从几个案例来说明地基按变形控制设计的重要性。

案例 1：港珠澳大桥海底沉管隧道的地基处理设计

图 11.2-1 所示为港珠澳大桥连接东西两个人工岛的沉管式海底隧道。隧道底位于不同的土层上，纵向经过的土层在中间部位主要是粉质黏土和中粗砂层，两端靠人工岛附近则为淤泥质土和淤泥土。隧道结构所受荷载主要是隧道结构自重、隧道周边的压重、回淤的泥土重量、水浮力和行车荷载等。隧道剖面如图 11.2-2 所示。隧道是在原海床上挖槽，

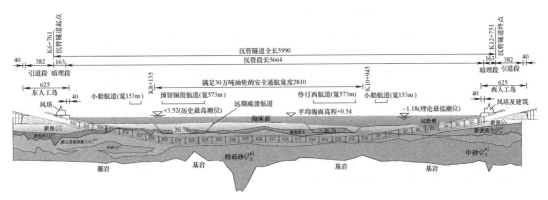

图 11.2-1　港珠澳大桥海底隧道纵向布置图

把在岸上预制好的沉管下沉安放于挖出的槽底，再在沉管周边压重抗浮和保护，最后承受回淤和行车荷载等。由于隧道是一个空箱结构，新增加作用于地基的荷载相比原地基的自重应力是很小的，因此是不存在地基强度不足的问题的，但由于隧道底置于坚硬程度不同的土层上，不同位置回淤的荷载也不同，这样可能会使隧道结构在纵向不同位置产生不同的沉降，过大的沉降差可能会在隧道纵向产生过大受力而影响隧道结构的安全，因此，控制隧道的纵向沉降协调，减少纵向不均匀沉降就成为地基处理的主要目的了，而不是按地基承载力进行设计了。这是一个真正的按沉降变形控制来进行地基处理设计的案例。

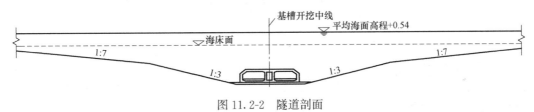

图 11.2-2　隧道剖面

　　最后地基处理的方案如图 11.2-3 所示，人工岛上采用的是刚性桩复合地基，人工岛外的斜坡段则采用了不同置换率的挤密砂桩复合地基，过渡到中部的天然地基的处理方案。

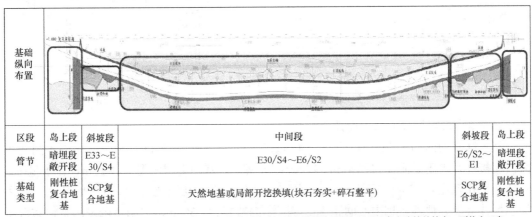

区段	岛上段	斜坡段	中间段	斜坡段	岛上段
管节	暗埋段敞开段	E33～E30/S4	E30/S4～E6/S2	E6/S2～E1	暗埋段敞开段
基础类型	刚性桩复合地基	SCP复合地基	天然地基或局部开挖换填(块石夯实+碎石整平)	SCP复合地基	刚性桩复合地基

注：不排除根据岛上地基加固结果、载荷板试验结果、管底回填砂层厚度随纵坡逐渐变厚以及岛上建筑的结束，而将人工岛上隧道敞开段的基础方案进一步优化为逐步减少刚性桩桩数并最终过渡为天然地基的可能性。

图 11.2-3　港珠澳大桥海底隧道地基处理方案

案例2：某引桥道路挡墙的变形问题

该道路路面宽28m，高6m，地基为软塑状黏土，采用间距为2m正方形布置的搅拌桩复合地基处理，剖面示意图如图11.2-4所示。处理后对复合地基承载力进行静力载荷试验，检测地基的承载力，路堤填土高6m，地基承载力按120kPa设计，试验荷载至240kPa，载荷试验曲线如图11.2-5所示，试验至两倍设计荷载时沉降很小，显示承载力满足要求。但实际填土完成后，造成了挡土墙的倾斜，如图11.2-6所示。显然设计时并没有对地基的沉降或挡土墙的变形进行计算，由此造成对挡土墙变形的估计不足。依据压板载荷试验，我们估计地基沉降达120mm，这种情况下如按变形进行设计，则可预见挡墙的变形，从而采取措施，避免变形事故的发生。

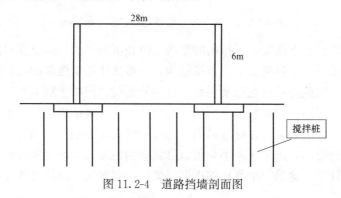

图11.2-4　道路挡墙剖面图

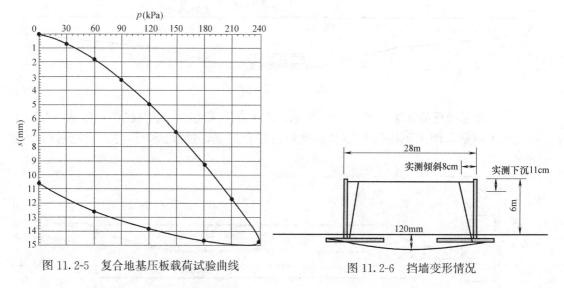

图11.2-5　复合地基压板载荷试验曲线

图11.2-6　挡墙变形情况

案例3：水闸复合地基的设计

某水闸平面图如图11.2-7所示，剖面图及地质柱状图如图11.2-8所示。该水闸建于海河交接处，水闸下淤泥层厚40m多，淤泥分两层，其中上层淤泥厚约20m，含水量$w=87.7\%$，孔隙比$e=2.49$，下层淤泥含水量$w=66.5\%$，孔隙比$e=2.04$。地基处理采用深层搅拌桩复合地基，桩中心间距1m，矩形布置，桩径50cm。水闸基础采用整体式混凝土底板，板厚1m，长28.8m，宽22m，板底平均压应力约80kPa。

由于淤泥较厚，搅拌桩未能穿透淤泥层，搅拌桩的平面布置如图11.2-7所示，剖面布置如图 11.2-8 所示，闸室底板处搅拌桩为最长，桩长 14m，桩间插 20m 长的塑料排水板。

搅拌桩施工完成后，分别进行了轻型动力触探和抽芯检测，为了检验处理后的复合地基承载力，还进行了三个点的复合地基压板静载试验，复合地基试验压板尺寸为 2m×2m，压 4 个桩，试验荷载达 160kPa，约为设计荷载的 2 倍，在 $p=160$kPa 荷载下，压板最大沉降 $s=25$mm，其中两个试验点的曲线如图 11.2-9 所示。检测结果认为地基承载力足够。

在复合地基设计时，我们曾对复合地基的沉降进行过分析，认为水闸直接建在复合地基上还会产生约 80cm 的沉降，因此，虽然复合地基载

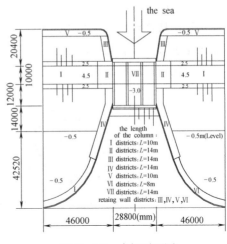

图 11.2-7 水闸平面图

荷试验其承载力足够，但实际结构作用下水闸会产生远大于静载试验时的沉降，若实际结构会产生 80cm 的沉降，显然是不允许的，因此，即使地基经过复合地基处理，且静载试验时的沉降少于 3cm，但还是不能直接使用的。这是沉降变形控制，不是承载力控制。

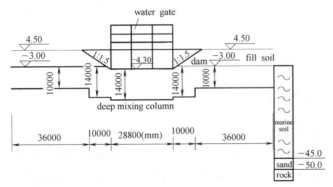

图 11.2-8 水闸剖面图、搅拌桩长及地质图

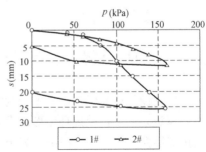

图 11.2-9 压板试验荷载沉降曲线

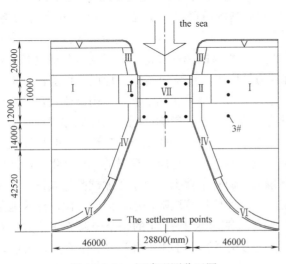

图 11.2-10 沉降观测分区图

为此，我们认为还要进行预压处理，要求在结构荷载下预压不少于半年，预压期间估计会产生 50～60cm 的沉降，还剩下约 20～30cm 的工后沉降。

后来的实践证明了以上分析是正确的。图 11.2-10 所示为沉降观测的区域和观测点，图 11.2-11 所示为预压期间的沉降观测结果，闸室位置处的Ⅶ区的沉降为 40～60 cm，与预测结果一致。水闸在投入使用后约 2 年的时间内，还沉降了 22cm。可见，实际结构荷载下的沉降远远大于压板静载试验的沉降。而作为地基是否合格，或其承载力是否

足够，应是以满足上部结构使用要求作为衡量标准的，过大的沉降显然会影响结构的使用，因此，从这点上讲，会出现静载试验是合格的地基，其地基承载力是不合格的情况，也即沉降过大，不满足要求，必须按沉降控制进行设计，才能避免存在的问题。因此，实行按沉降变形控制设计相对更能保证工程的安全。

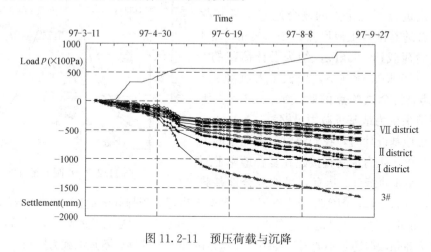

图 11.2-11　预压荷载与沉降

由以上案例可见，实际工程中存在很多工程的地基处理设计必须按变形控制设计的情况，一些工程由于忽视变形控制而造成了事故。因此，开展按变形控制的地基处理设计方法的研究是很有必要的。

11.3　地基沉降计算的切线模量法

地基设计目前仍是以强度控制为主的承载力法，而上部结构对地基设计的要求在满足强度稳定条件下，关键是变形要求，而其中主要是沉降，未来地基设计的理论发展方向应是按变形控制的方法，但由于岩土的复杂性，对于地基的变形或沉降的计算的准确性仍不够，因此，要使地基设计理论有新的进展，关键是要发展新的更有效的地基沉降计算方法，解决地基沉降变形的计算问题[1]。目前地基的沉降计算方法大致可划分为两大类，一类是以分层总和法为代表的工程实用计算方法，一类是可以考虑复杂本构模型的有限元等数值方法，实用计算法包括把土体当作均质弹性体的弹性理论法，以及对分层总和法和弹性理论法的各种改进方法[2,3]。实用计算方法由于具有简便实用的特点，目前仍是工程设计中的主流方法，该方法的主要不足是参数主要是根据压缩试验等室内试验确定的，压缩试验确定参数的主要缺点是不能更好地考虑应力状态的影响，同时钻探取样扰动对其影响也很大，尤其对于结构性较强的硬土，如对于广东地区的残积土，理论上应是压缩模量大于变形模量的，但目前工程实践中发现，变形模量可以是压缩模量的 6～10 倍，由此导致沉降变形计算差异较大，硬土计算沉降偏大。而对于软土，由于压缩试验过高估计了压缩模量，不能考虑软土侧向变形产生的沉降，因而使计算沉降偏小。因此，国家建筑地基规范[4]中在分层总和法沉降计算中采用了变化范围达 0.2～1.4 的一个经验修正系数，对硬土，其经验修正系数小于 1，对软土，经验修正系数大于 1，相差达 7 倍之大，说明理论计算的准确性是很不够的。

即使采用了经验修正系数，对于残积土类地基，计算与实测差异仍然较大，为此，广东[5]、深圳[6]地基规范中对残积类土地基建议采用变形模量用于分层总和法计算地基的沉降，国家筏箱基规范也已采用[7]。为克服取样扰动的影响，目前的方向是尽量利用原位试验参数，如北京规范[8]统计了该地区压板试验结果，采用双折线模型[9]，焦五一利用压板试验曲线的弦线模量法[10]，杨光华较早采用的双曲线模型法[11~14]等都是充分利用原位试验解决地基沉降计算所做的工作，对软土，杨光华把邓肯模型引入分层总和法[15,16]，以解决应力水平引起的非线性问题，这些工作使实用方法得到了进一步的发展。

数值方法理论上较为完善，可以考虑非线性、弹塑性、非均质和应力状态等，应该是较有前途的方法，但其最大的困难在于土的本构模型的合理建立，在建模理论方面虽有一定的发展[17]，但其参数同样来源于室内试验，而室内试样与现场原位土还是存在差异，难以克服取样扰动等的影响，同时模型参数确定复杂。这样，由于本构模型和参数误差大，最终结果也难以准确，因而在一般的工程应用中实用方法仍是主流应用的方法。但有限元等数值方法计算应力时可以适应复杂情况，如能发展好的本构模型，数值方法还是一个很好的方法。

土力学的发展从1925年太沙基土力学诞生以来到现在已近百年，但地基沉降变形计算的准确性仍是一个没有很好解决的问题。

要实现地基变形控制设计的思想，就必须要解决好地基的沉降变形计算的问题，提高其计算的准确性。

目前工程常用的沉降计算还是线性计算，与实际基础的沉降过程还是有一定的差异，一般基础在荷载作用下的沉降是非线性的过程，如通常的压板载荷试验曲线为图11.3-1所示，随着荷载的增大沉降会越来越大，最后发生地基破坏。通常的计算方法还不能计算真实的基础沉降过程，因此，要实现变形控制设计，需要发展新的非线性沉降计算方法。

这里介绍地基非线性沉降实用计算的一些新进展。首先介绍杨光华提出的切线模量法和割线模量法[18,19]，该项研究依据原位压板试验曲线确定土的非线性变形参数——原位土的切线模量或割线模量，然后用于分层总和法，该法参数来源于原位试验，可克服传统取样扰动的影响，同时，切线模量或割线模量可考虑荷载水平产生的非线性的影响。对于软土地基，可以采用杨光华等提出的依据 $e\text{-}p$ 曲线和 Duncan-Chang 模型建立的非线性沉降计算方法[45~47]。为方便有限元等数值方法，介绍了一个简单的地基沉降本构模型。

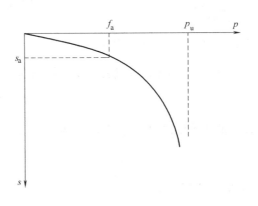

图 11.3-1　压板试验的荷载沉降过程线

这些新的方法为地基变形控制设计提供了新的支持。

11.3.1　地基沉降计算的原位土切线模量法

1. 计算方法

用分层总和法计算基础的沉降。其计算简图见图11.3-2。设一个基础所受荷载为 p，

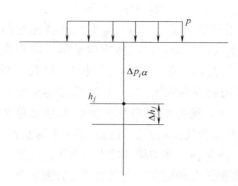

图 11.3-2　分层总和法计算简图

划分为各级荷载增量，每一级为 Δp_i，在某一荷载 p_i 时增加增量荷载 Δp_i，则某深度 h_j 处分层厚度为 Δh_j 的土层产生的沉降可近似计算为：

$$\Delta s_{ij} = \frac{\Delta p_i \alpha \cdot \Delta h_j}{E_{ij}} \quad (11.3\text{-}1)$$

E_{ij} 为对应 p_i 在 h_j 处原状土的等效切线模量，假设增量荷载 Δp_i 过程中土体的变形是线性的，α 为应力分布系数，$\Delta p_i \alpha$ 表示 Δp_i 在 h_j 处所产生的应力增量，Δh_j 为土层分层厚度。则 Δp_i 所产生的沉降可按分层总和法思想为

$$\Delta s_i = \sum_{j=1}^{n} \Delta s_{ij} \quad (11.3\text{-}2)$$

所有的 Δp_i 产生的沉降增量相加，即为总沉降。该计算式问题的关键是 E_{ij} 的确定。根据土的本构特性，E_{ij} 应主要取决于该点处的应力水平，室内土样试验可按 Duncan-Chang 模型确定，但对于原状土，考虑从原位压板试验的 $p\sim s$ 曲线来确定原状土的切线模量，这样可以反映原位土的特性，减少室内试验的扰动。但压板试验的 $p\sim s$ 曲线是一个边值问题，而不是一个单元应力问题，要确定单元参数需要把边值问题与单元参数建立联系。

一般可假设土体的压板试验 $p\sim s$ 曲线为一双曲线方程[18]：

$$p = \frac{s}{a+bs} \quad (11.3\text{-}3)$$

该曲线任意点的切线导数为：

$$\frac{\mathrm{d}p}{\mathrm{d}s} = \frac{(1-bp)^2}{a} \quad (11.3\text{-}4)$$

由式 (11.3-3) 可知，当 $s \to \infty$ 时，$b = \frac{1}{p_u}$，p_u 为压板试验的极限荷载，由式 (11.3-4)，当 $p = 0$ 时，压板曲线的初始切线斜率为：

$$k_0 = \frac{\mathrm{d}p}{\mathrm{d}s} = \frac{1}{a} \quad (11.3\text{-}5)$$

设土的初始切线模量为 E_0，由 Boussinesq 解，则基础的初始线弹性沉降为

$$s = \frac{Dp(1-\mu^2)}{E_0} \omega \quad (11.3\text{-}6)$$

基础沉降的初始刚度为

$$k_0 = \frac{p}{s} = \frac{E_0}{D(1-\mu^2)\omega} \quad (11.3\text{-}7)$$

则由式 (11.3-5) 和式 (11.3-7) 可到得，曲线的初始切线模量 a 为：

$$a = \frac{D(1-\mu^2)\omega}{E_0} \quad (11.3\text{-}8)$$

式中　D——试验的压板直径；

　　　μ——土的泊松比；

　　　ω——几何系数；

E_0——原状土的初始切线模量。

式（11.3-4）的导数只是 $p{\sim}s$ 曲线的切线模量，还不是土体的切线模量。假设在某一级荷载 Δp 下为增量线性，见图 11.3-3，则对压板试验引起的沉降增量按半无限弹性体的 Bussinesq 解为：

$$\Delta s = \frac{D \cdot \Delta p \cdot (1-\mu^2)}{E_t} \cdot \omega \qquad (11.3\text{-}9)$$

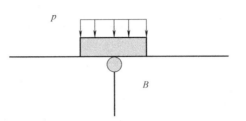

E_t 为压板底部位对应某一荷载 p 处增加一增量荷载 Δp 时的土体等效切线模量，则

$$E_t = \frac{\Delta p}{\Delta s} \cdot D(1-\mu^2) \cdot \omega$$

$$(11.3\text{-}10)$$

令 $\dfrac{\Delta p}{\Delta s}=\dfrac{\mathrm{d}p}{\mathrm{d}s}$，把式（11.3-4）和前面求得的 a、b 代入得压板底处土体的切线模量为：

$$E_t = \left(1-\frac{p}{p_u}\right)^2 \cdot E_0 \quad (11.3\text{-}11)$$

像邓肯模型一样，引入一个破坏比系数 R_f，则式（11.3-11）可改写为

$$E_t = \left(1-R_f \cdot \frac{p}{p_u}\right)^2 E_0 \quad (11.3\text{-}12)$$

则式（11.3-12）中 p/p_u 一项是压板底面处所受压力 p 与基础底处地基极限荷载 p_u 的比值，反映了土体应力水平对土体切线模量的影响。式（11.3-11）式表明，土的

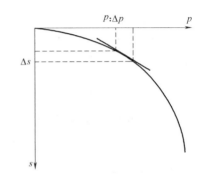

图 11.3-3　压板载荷试验曲线

切线模量取决于 p/p_u 比值，而不仅仅是取决于 p 值，该项相当于考虑了应力水平对土的切线模量 E_t 的影响。对于不同基础、不同深度，随着深度的增加，基底应力扩散后的附加应力越少，而极限荷载大，则相应的切线模量也就越大，因而随着深度的增加，沉降收敛会越快，从而考虑了土的非线性。这样用这个土的切线模量 E_t 于分层总和法计算基础的沉降，则可以考虑土的非线性变形，从而可以计算地基的非线性沉降。由于 p_u 可以由土的强度指标 c、φ 和基础尺寸、埋深而计算得到，因此，切线模量法其实仅需要土的三个力学指标：c、φ、E_0。

2. 验证和应用

对切线模量法比较简单的验证是用于计算压板载荷试验曲线。由于压板试验的 $p{\sim}s$ 曲线是一个边值问题，当采用分层总和法计算压板试验的 $p{\sim}s$ 曲线时，关键是要合理确定土体不同深度位置处土体的切线模量，作为检验以上方法的正确性，可以对压板试验的 $p{\sim}s$ 曲线，根据试验曲线确定 E_0、p_u 值，再由地基承载力公式，根据 p_u 值反算得到压板受力土层的 c、φ 值。这样，对具体基础或压板，则可以计算不同深度处的 p_u 值和分布应力 p 值，从而可以由式（11.3-12）得到反映不同荷载水平的土体切线模量，以其代替传统分层总和法不同深度处的压缩模量，采用分层总和法计算沉降，如公式（11.3-1）、式（11.3-2），计算压板荷载下的 $p{\sim}s$ 曲线，与实测的 $p{\sim}s$ 曲线进行比较，从而检验方法的可行性。

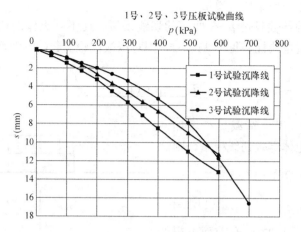

图 11.3-4 三个试验点的压板载荷试验 $p \sim s$ 曲线

图 11.3-4 所示为某工程进行的三个压板试验所得的 $p \sim s$ 曲线，压板直径为 $D = 80\text{cm}$ 的圆形压板，为确定式（11.3-12）的 E_0 及 p_u 值，以 3 号试验点的曲线来确定有关参数。式（11.3-3）可改写为

$$y = \frac{s}{p} = a + bs \tag{11.3-13}$$

对 3 号试验点拟合得式（11.3-13）方程为

$$y = \frac{s}{p} = 0.000987s + 0.007795 \tag{11.3-14}$$

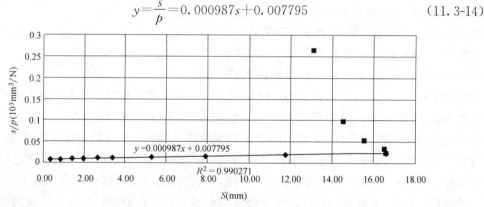

图 11.3-5 3 号试验点 $\frac{p}{s} \sim s$ 关系线

结果如图 11.3-5 所示，由此可得：$a = 0.007795$，$b = 0.000987$

$$E_0 = \frac{D(1 - \mu^2)\omega}{a} = \frac{0.8 \times (1 - 0.3^2) \times 0.79}{0.007795} = 73.78\text{MPa}$$

$$p_u = \frac{1}{b} = 1013\text{kPa} \approx 1000\text{kPa}$$

根据 Prandtl 地基承载力公式，假设 $\varphi = 25°$，可以反算土的 c 值

$$p_u = \frac{1}{2}\gamma b \cdot N_r + q N_q + c N_c \tag{11.3-15}$$

$N_r = 15.2$，$N_q = 10.7$，$N_c = 20.7$，$\gamma = 20\text{kPa}$，$b = 0.8\text{m}$，$q = 0$。

把 $p_u = 1000\text{kPa}$ 代入式（11.3-12），则可得 $c = 42.4\text{kPa}$，对于不同深度处，p 值按

圆形荷载下弹性应力分布求得，p_u 值按 c，φ 值用式（11.3-15）考虑埋深时 $q=\gamma h$ 的影响可求得，分层土层厚度取为 0.5m，按式（11.3-12）确定不同深度处土体的切线模量，按分层总和法仅考虑竖向应力引起的沉降，即按式（11.3-1）计算各分层的增量沉降。对 $3^{\#}$ 试验点，式（11.3-12）分别取 $R_f=0.8$、0.9、1.0 进行计算比较，并对压板试验点取 $R_f=1.0$ 时的计算沉降与实测沉降进行比较，如图 11.3-6 所示。由图可见，计算与实测值是接近的，且可以计算荷载直至接近破坏的全沉降过程，可以反映非线性的沉降过程，从 $3^{\#}$ 试验点求得的参数用于 $3^{\#}$ 点的计算，计算值略大于实测值，说明方法是偏安全的。

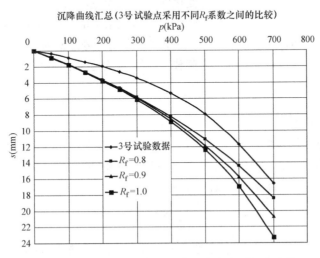

图 11.3-6 R_f 不同取值时计算沉降与实测沉降比较

以上可见，当我们获得了土的 c、φ、E_0 这三个强度和变形参数后，即可以用于分层总和法进行地基或基础的受力非线性全过程的计算，当同一层土不同深度位置时，这三个土的参数是一样的，但荷载水平或应力水平不同，则由式（11.3-12）可见其对应的切线模量是不同的，从而可以反映荷载水平或应力水平对变形参数的影响，符合土的变形特性。当基础以下存在不同的土层时，则不同土层的 c、φ、E_0 这三个参数是不同的，从而可以考虑土的成层性。c、φ、E_0 这三个参数是土的力学特性参数，与基础尺寸无关，当然最好是通过现场原位测试确定，尤其是变形参数 E_0，室内结果与现场原位土差异大，是影响沉降计算精度的主要因素。

11.3.2 原位土的双曲线割线模量法

以上的切线模量法应用时要采用增量法分级计算，为简化计算，杨光华等在文献[19]提出了割线模量法。该方法同样假设压板试验的 $p\sim s$ 曲线为双曲线方程，设压板底处某一荷载 p 下土体的等效割线模量为 E_p，假设按 Boussinesq 线弹性解下按割线模量计算的沉降与双曲线方程的沉降相等，则得相应荷载 p 下土体的割线模量如图 11.3-7 所示[19]。

也可采用一个相应的荷载水平修正系数 R_f，则：

$$E_p=\left(1-R_f\frac{p}{p_u}\right)E_0 \tag{11.3-16}$$

当 $R_f=1$ 时

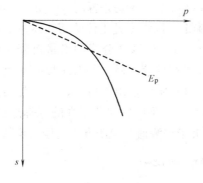

图 11.3-7 割线模量计算图

$$E_p = \left(1 - \frac{p}{p_u}\right)E_0 \qquad (11.3\text{-}17)$$

通常用压板载荷试验求地基土的变形模量时，采用承载力特征值对应的荷载沉降曲线的割线模量，当取地基承载力特征值为 $p = p_u/2$ 时，则此时对应的割线模量即为土的变形模量。其实土的割线模量与切线模量一样是随荷载水平或应力水平而变化的，一些规范采用变形模量进行地基沉降计算应该说对荷载水平的考虑也是一种近似的。

将 E_p 应用于分层总和法时，对应于基础某一荷载 p_0 下，各分层土的沉降为

$$\Delta s_i = \frac{\alpha p_0 \cdot \Delta h_i}{E_{pi}} \qquad (11.3\text{-}18)$$

式中　α——应力分布系数；

E_{pi}——根据该土层处的扩散后的荷载 $p = \alpha p_0$ 及在分层土 Δh_i 处的基地极限承载力 p_u 时，由式（11.3-16）或式（11.3-17）求得的该土层的割线模量。

按分层总和法，则荷载 p_0 下的总沉降为

$$s = \sum_{i=1}^{n} \Delta s_i \qquad (11.3\text{-}19)$$

图 11.3-8 所示为切线模量法、割线模量法计算的某压板试验结果与实测结果比较。由图可见，计算可以较好地反映非线性，当土的 $p \sim s$ 曲线符合双曲线时，割线模量法可以一次计算地基的沉降，不需将荷载进行分级，因而更为方便。

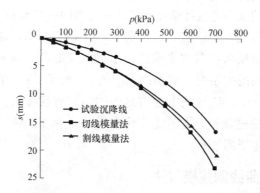

图 11.3-8 切线模量法、割线模量法计算的压板试验曲线与实测值的比较

11.3.3 原位土的任意曲线的切线模量法

以上的方法都是建立于假设压板试验或基础的荷载沉降曲线符合双曲线方程的条件下，当其荷载沉降曲线不符合双曲线方程时，假设土体的切线模量是荷载水平 $\beta = p/p_u$ 函数，则可直接建立土体切线模量与荷载水平的关系，然后在分层总和法中根据各分层土的荷载水平确定其切线模量，同样可以用于分层总和法计算，杨光华等[20]做了相应的研究。

假设土体在某一荷载 p 下增加某一荷载增量 Δp 时为增量线性，其对应压板试验引起

的沉降增量按 Boussinesq 解计算为:

$$\Delta s = \frac{D \cdot \Delta p (1-\mu^2)}{E_t} \cdot \omega \tag{11.3-20}$$

E_t 为对应该压板下荷载为 p 时的等效切线模量,其相应的荷载水平为 $\beta = p/p_u$,则 E_t 为对应于 β 的等效切线模量,由式 (11.3-20) 可得:

$$E_t = \frac{\Delta p}{\Delta s} \cdot D \cdot (1-\mu^2)\omega \tag{11.3-21}$$

对于实际压板试验曲线,可以求得不同荷载水平 β 对应的 E_t 值,建立 $E_t \sim \beta$ 关系。对于实际基础时,其在某一荷载 p_i 时增加荷载增量 Δp_i 时,则在某深度 h_j 处分层厚度为 Δh_j 的土层产生的沉降为

$$\Delta s_{ij} = \frac{\Delta p_i \alpha \cdot \Delta h_j}{E_{ij}} \tag{11.3-22}$$

α 为应力分布系数,设 Δh_j 处对应的荷载水平 β_i 为:

$$\beta_i = \frac{p_i \cdot \alpha}{p_u} \tag{11.3-23}$$

p_u 为实际基础在 Δh_j 土层处的地基极限荷载,$p_i\alpha$ 为 p_i 在 Δh_j 土层处扩散后的应力分布,则 E_{ij} 可由前面根据压板试验曲线所求得的 $E_t \sim \beta$ 关系,β_i 值所对应的土体切线模量确定。Δp_i 荷载下的沉降则可按分层总和法思想确定为:

$$\Delta s_i = \sum_{j=1}^{n} \Delta s_{ij} \tag{11.3-24}$$

图 11.3-9 所示为某软工程压板试验曲线。

β-E_t 关系如图 11.3-10 所示。

对 β-E_t 关系曲线进行三次多项式拟合得到:

$$E_t = -19.199\beta^3 + 39.069\beta^2 - 25.045\beta + 5.2182 \tag{11.3-25}$$

对图 11.3-9 的压板试验曲线,分别采用双曲线切线模量法和这里的任意曲线切线模量法计算并与实测结果如图 11.3-11 所示,由于该试验曲线不太符合双曲线模型,因此,由图可见,双曲线切线模型误差较大,而任意曲线切线模量则符合得较好,因此,对于一般情况下,任意曲线切线模型具有更广泛的适应性。

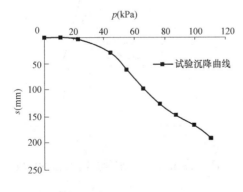

图 11.3-9 某软土试验点的压板载荷
试验 p-s 曲线

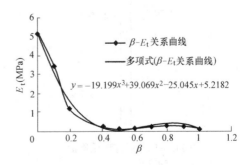

图 11.3-10 E_t-β 关系曲线

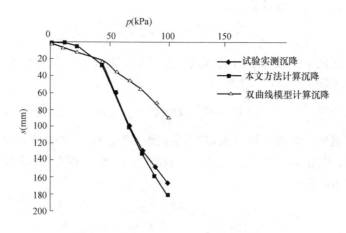

图 11.3-11　双曲线模型计算沉降与推广方法计
算沉降同实测的比较

11.3.4　原位土切线模量法在桩基沉降计算中的应用

桩基的沉降变形主要由桩侧摩阻变形和桩端沉降变形所组成，桩侧的变形也是非线性，桩端也是非线性，桩直径不大，一般桩端的非线性可以直接采用双曲线方程[18]来模拟，也可以采用以上的切线模量法计算，文献[21]中采用双曲线切线模量法来计算的桩基非线性沉降，结果较好。其对一个钢筋混凝土预制方桩的试验结果进行了比较。该桩长32m，桩身尺寸为 $50 \times 50 \mathrm{cm}^2$。工程土质情况及采用参数如图 11.3-12 所示。计算结果如图 11.3-13 所示。

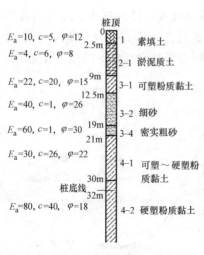

图 11.3-12　试桩地质剖面
图及选取参数

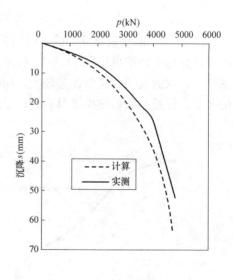

图 11.3-13　计算结果与试验曲线的比较

计算结果与试验曲线的比较结果如图 11.3-13，两者数据比较接近。

11.3.5　简化的土的沉降本构模型

土的本构模型的研究从 1963 年的剑桥模型起，已历经半个多世纪，提出的模型也很多，但真正能用于工程设计的很少，几乎还没有，主要原因一方面是模型复杂，参数不好确定，另一方面是室内确定的参数与实际误差大，这样条件下计算的结果必然也是与实际差异大，所以理论虽然好，但工程中很难应用。对于沉降，杨光华等提出建议可以采用类似于 Duncan-Chang 的简化模型[22]，由于以上式（11.3-12）的切线模量计算效果良好，式（11.3-12）是针对荷载的双曲线切线模量，针对应力的可以参考式（11.3-12）和 Duncan-Chang 的模型，采用一种简化的用于地基沉降计算的沉降模型：

$$E_t = \left[1 - R_f \frac{\sigma_1 - \sigma_3}{(\sigma_1 - \sigma_3)_f}\right]^2 E_0 \tag{11.3-26}$$

$$(\sigma_1 - \sigma_3)_f = \frac{2c \cdot \cos\varphi + 2\sigma_3 \cdot \sin\varphi}{1 - \sin\varphi} \tag{11.3-27}$$

$$\mu_t = \mu_i + (\mu_f - \mu_i) \cdot \frac{\sigma_1 - \sigma_3}{(\sigma_1 - \sigma_3)_f} \tag{11.3-28}$$

μ_i 为初始泊松比，可取 $\mu_i = 0.3$，μ_f 为破坏时的泊松比，可取 $\mu_f = 0.49$。对一般非软土也可以直接取 $\mu_f = 0.3$。

为检验该模型的效果，我们用数值方法计算了以上的压板载荷试验结果。根据压板试验曲线得到土的初始切线模量为 $E_i = 74\text{MPa}$，c、φ 也通过压板试验反算得到为 $c = 42\text{kPa}$，$\varphi = 25°$，采用三维 FLAC 程序和以上的模型方法，计算时取载荷试验的四分之一，即计算宽度（x、y 两个方向）为 12m，荷载板半径为 0.4m，计算深度（z 方向）为 8m，见图 11.3-14，土体密度 $\gamma = 19\text{kN/m}^3$，施加荷载按实际试验取值。当 R_f 分别等于 0.8，0.9，1.0 时，计算与实测曲线比较见图 11.3-15，同时也按通常弹性模量不变化、屈服时按 Mohr-Coulomb 流动法则时计算的结果比较也见图 11.3-15。由以上结果可见，采用简化沉降本构模型的方法，可以较好地模拟原位压板试验的变形过程，$R_f = 1.0$ 时的计算曲线与试验曲线较接近。而采用弹性模量不变的理想弹塑性模型的方法，当 $p = 700\text{kPa}$ 时其最大变形约 6.8mm，与实际沉降 16.3mm 有较大的差值，计算不能真实反映变形情况，而采用简化沉降本构模型的方法计算沉降为 14.5mm，与试验值较接近，可见效果是可以的。

其实，当 $p = 700\text{kPa}$ 时，其弹性变形可按弹性力学计算为：

$$s = \frac{pD(1-\mu^2)}{E}\omega = \frac{700 \times 0.8 \times (1 - 0.3^2)}{74000} \times 0.79$$

$$= 0.0054\text{m} = 5.4\text{mm}$$

该值与理想弹塑性计算的值较接近，说明理想弹塑性模型数值计算反映的主要是弹性变形，而实际产生的非线性变形未能充分反映。

该简化沉降本构模型只需要土的 c、φ、E_0 这三个强度和变形参数，参数简单易确定。关键是 E_0 的确定，当然用压板试验最好，但对于深层土的压板试验不易实现，我们也采用旁压试验来推求的方法[23~25]。E_0 对于一些残积土，广东省地基规范[5]给出了变形模量 E_{50} 与标贯击数 N 的关系，通常可以采用：

$$E_{50} = 2.2N(\text{MPa}) \tag{11.3-29}$$

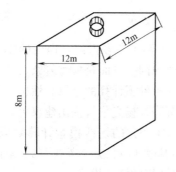

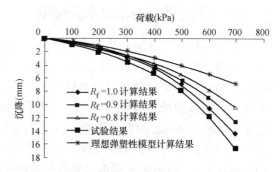

图 11.3-14　压板试验数值模拟模型　　　图 11.3-15　压板试验结果与数值计算结果对比

杨光华也总结了承载力特征值与变形模量 E_{50} 的经验关系如图 11.3-16 所示[26]。

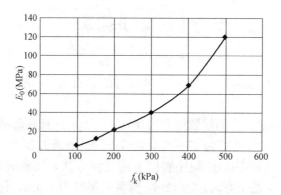

图 11.3-16　变形模量与承载力特征值经验关系

而土的初始切线模量 E_0 则可以由其与变形模量 E_{50} 的关系而得到：

$$E_0 = 2E_{50} \tag{11.3-30}$$

这样就为实际工程应用的数值计算提供了一个简化的土的沉降本构模型，该模型简单但反映了土的主要非线性变形特征，且参数少和物理意义明确，易于确定，用于地基的沉降计算具有较好的效果。

对于非饱和土和砂土地基可以采用现场原位压板载荷试验曲线反求土的 c、φ、E_0 这三个强度和变形参数，按切线模量法用于地基或基础的沉降计算。这种方法可以解决室内试验时土样扰动对参数的影响，同时可以进行地基或基础的非线性沉降计算问题。而目前国内规范方法采用室内压缩试验指标用分层总和法计算这种地基沉降时，采用一个 0.2～1.0 的经验系数进行修正，误差较大，也不能考虑地基的非线性沉降。对软土地基国内规范方法采用室内压缩试验指标用分层总和法计算这种地基沉降时，采用一个大于 1.0 的经验系数进行修正，方法也是比较粗糙，杨光华等依据 Duncan-Chang 模型对此也进行了发展和改进，可以参考相关文献[15,16,27～29]。

11.3.6　工程应用

某工程典型地质剖面如图 11.3-17，基坑开挖深度约 12m，建筑物地面以上 12 层，地下室 2 层，原设计采用人工挖孔桩至微风化岩，但考虑到底板已置于较好的土层，可考虑采用筏板，但由于底板下土层的压缩模量 3-①层土的压缩模量为 4.33MPa，地质报告推

荐承载力 $f_k=160\sim120\mathrm{kPa}$，3-②层土的压缩模量为 4.4MPa，地质报告推荐承载力 $f_k=240\sim260\mathrm{kPa}$，设计要求基底应力 $p=276\mathrm{kPa}$，用压缩模量进行分层沉降计算时，沉降量达 880mm，因而，按此值难以设计成筏板基础。

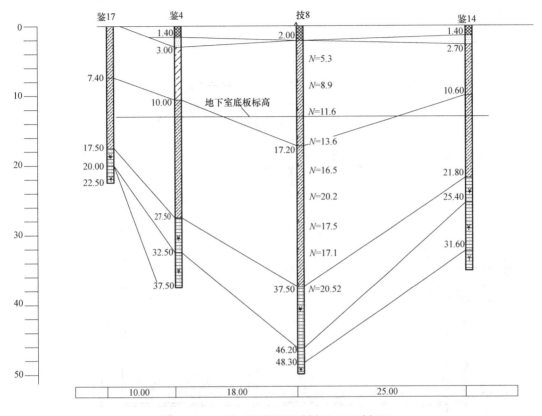

图 11.3-17　某工程典型地质剖面（2-2 剖面）

我们认为 3-① 和 3-② 土层是较好土层，采用筏板是可行的。为进一步论证，对底板处土层进行了 3 个压板载荷试验，试验结果为如图 11.3-4 所示。由试验结果可见，地基极限承载力大于 700kPa，再考虑补偿效应，承载力是没有问题的，关键是沉降量。采用以上的切线模量法和所求得的有关参数，基础面积近似按 40m×40m 方形考虑，实际基底应力按每层 15kPa，按 14 层考虑，则按 $p=210\mathrm{kPa}$ 计算沉降，按分层总和法计算，分层厚度按 1m 考虑，荷载增量分级取 $\Delta p=15\mathrm{kPa}$，计算深度至基础底以下20m，20m 以下为强风化岩面，岩层的沉降不计。对筏板中间最大可能沉降点，计算了 $R_f=1.0$、0.9、0.8 的情况，若考虑刚性基础，新方法和规范方法均按方形刚性基础考虑，将最大沉降点的沉降量乘以 0.88，与竣工时的平均观测沉降比较如表 11.3-1 所示。

计算沉降与实测平均沉降比较（单位：mm）　　　　　　　　　　　　　　表 11.3-1

实测平均沉降	$R_f=1.0$ 计算	$R_f=0.9$ 计算	$R_f=0.8$ 计算	用 E_s 计算
40	46.6	46.5	46.4	774.4

筏板各测点的沉降和图 11.3-17 的地质剖面位置如图 11.3-18 所示，小的数字为测点编号，大的数字为观测的沉降值，单位为：mm。由以上计算结果可见，用这种新方法计

算的沉降量与实测结果较接近，而用压缩模量 E_s 按规范的分层总和法计算的沉降则明显偏大很多，说明新方法是符合实际的。当然如地基的压缩模量考虑了卸荷作用，计算沉降会小一些，但也不好计算准确。

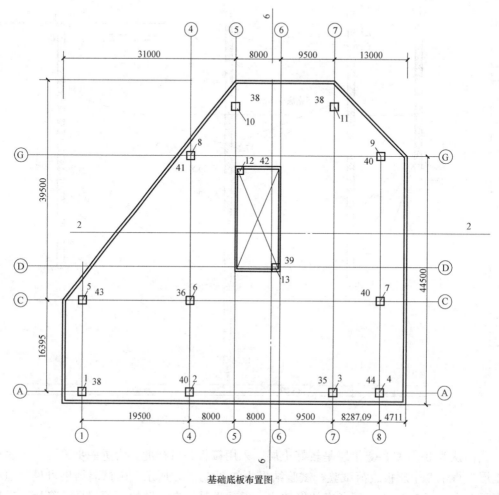

基础底板布置图

图 11.3-18   实测的基础沉降及 2-2 地质剖面位置

11.3.7 小结

地基沉降计算是一个古老而又困难的问题，而关键在于原状土体参数的获取困难，土的本构理论虽已取得很大进步，但仍无法较好解决原状土参数的获取问题，也制约着土力学理论的发展。这里利用原位压板试验建立的，以应力水平来确定原状土切线模量的方法，可较好地获得原状土体的切线模量，用于地基沉降计算具有较好的精度和合理性。通过假设压板试验 $p \sim s$ 曲线为一双曲线方程，所需参数简单，易于确定，可较好地用于解决地基的沉降计算问题。当用于有限元数值方法时，这里也构造了一个简单的沉降计算本构模型用于计算土的切线模量，可以进行地基的非线性沉降计算。切线模量法只需要简单的三个土的参数，模型简单，参数易确定且具有明确的物理意义，可为地基的沉降计算提供一个新的解决方法。

11.4 按变形控制确定地基承载力的方法

11.4.1 前言

地基承载力的确定是土力学的基本问题，但是如何确定合理的地基承载力，使工程既安全又能充分利用地基的承载力，以节省造价，方便施工，不但具有重要的理论意义，更具有重大的实用价值。要解决地基的变形控制设计，关键是解决按变形控制确定地基的承载力问题。目前地基承载力确定的方法主要是强度控制，即取地基极限承载力除以一定的安全系数确定，以安全系数确定地基承载力，然后验算对应承载力下的沉降变形，沉降变形不满足时再调整。变形控制设计则应该是直接根据基础的荷载沉降变形曲线，根据基础允许的沉降变形确定承载力，再复核地基强度的安全系数。

目前按强度控制确定地基承载力的方法中，对一些承载力较大的硬土地基或低压缩性地基，一般沉降较小，承载力尚存有更大的可利用的空间[30~33]而对于一些软弱土地基或高压缩性地基，一般会变形过大。

因此，正确合理地确定地基承载力的取值一直是工程设计的基本和重要问题，但尚没有得到很好的解决。对这个问题的解决，不但可以更充分利用地基的承载力，同时可以提高工程的安全性，并可以推动地基设计方法的革新，是很有意义的工作。

11.4.2 地基承载力取值的双控原则

地基承载力取用多大才是合理的？这是地基设计的基本问题。但如何取值才能既安全又能充分利用地基的承载力，不仅涉及安全，也涉及是否科学、合理和经济。因此，正确和合理确定地基承载力的好方法是地基设计中非常重要的问题。要讨论什么是好方法，应该首先明确其标准，然后根据标准来确定方法的可行性和合理性，最后找出正确科学的方法，将具有重要的理论和实用价值。

地基承载力取值应该满足强度安全和变形控制，应有足够的安全储备，同时沉降或变形满足上部结构要求。设地基的极限承载力为 f_u，则地基承载力 f_{ak} 取值应满足强度安全和变形控制要求为：

$$f_{ak} = \frac{f_u}{K} \tag{11.4-1}$$

$$s \leqslant [s] \tag{11.4-2}$$

一般要求安全系数 $K \geqslant 2 \sim 3$。$[s]$ 是上部结构允许的总沉降量、沉降差或是建筑物倾斜。s 为地基承载力 f_{ak} 对应的变形。在满足式 (11.4-1)、式 (11.4-2) 条件下取最大值，既可以满足上部结构的安全，也充分利用了地基的承载能力，是最合理的，此即为地基承载力取值的双控原则。这个标准是行业公认的标准和通用方法。

对于实际的基础，如果能建立基底荷载 p 与沉降变形 s 的关系，则可以按式 (11.4-1)、式 (11.4-2) 的原则确定地基的承载力。

具体如图 11.4-1 所示，根据基础的荷载沉降关系的 $p \sim s$ 曲线，对应该基础的地基极限承载力为 p_u，如取定承载力安全系数为 K，则初定地基承载力为：

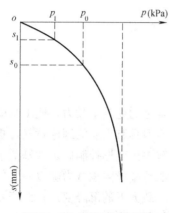

图 11.4-1　基础的荷载沉降关系曲线

$$p_0 = \frac{p_u}{K} \tag{11.4-3}$$

由 $p \sim s$ 曲线可得对应承载力 p_0 时的沉降为 s_0，设上部结构的允许沉降为 s_1，如 $s_0 \leqslant s_1$，则 p_0 即为地基的允许承载力，或可以作为通常修正的承载力特征值。如 $s_0 > s_1$，则可以由图中的 $p \sim s$ 曲线，按 s_1 对应的荷载 p_1 即为地基的允许承载力，或现在所称的修正地基承载力特征值。这样在保证安全系数条件下按变形控制确定地基承载力，这样确定的承载力，可以保证地基的强度和变形安全度都能得到满足，具有明确的安全系数和沉降值。关键是如何正确地计算 $p \sim s$ 曲线，这可以用以上所介绍的切线模量法来实现。

11.4.3　现有地基承载力确定方法分析

以下进一步讨论目前比较权威的规范确定地基承载力的方法。采用式（11.4-1）、式（11.4-2）两式的标准对各种方法进行评价，以了解其存在问题，并为进一步改进确定方法提供基础。

目前公认比较权威并且地基规范应用的确定承载力的方法，主要是以下几种方法[34~37]：

（1）极限承载力除以安全系数法；

（2）$p_{1/4}$ 法；

（3）按经验或原位试验确定特征值再进行深宽修正；

（4）原位压板载荷试验确定承载力方法。

这几种是目前规范常用的方法。其间有何异同？是否都合理？不同的方法其结果可能是不同的，取哪一种方法的结果更合理？当然不少人会取其小值，以为是最保险了，其实并不全然。这些问题其实很有必要做深入的探讨分析，以期获得正确的认识。所谓合理应是以式（11.4-1）、式（11.4-2）式来衡量，达到既安全又能最大限度地充分利用地基的承载力。

1. 极限承载力法

计算地基对应基础下的极限承载力除以安全系数，像所谓修正特征值也即通常的承载力设计值。如高层建筑岩土勘察规范采用的是极限承载力除以安全系数法确定[37]。其极限承载力法采用以下公式计算地基的极限承载力：

$$f_u = \frac{1}{2} N_\gamma \xi_\gamma b\gamma + N_q \xi_q \gamma_0 d + N_c \xi_c c_k \tag{11.4-4}$$

式中　　　f_u——地基极限承载力（kPa）；

N_γ、N_q、N_c——地基承载力系数，按规范相关表格确定；

ξ_γ、ξ_q、ξ_c——基础形状修正系数，按规范相关表格确定；

b、l——分别为基础（包括箱形基础和筏形基础）底的宽度与长度，当基础宽度大于 6m 时，取 $b=6m$；

γ_0、γ——分别为基底以上和基底组合持力层的土体平削重力密度（kN/m³）；

d——基础埋置深度（m）。

地基承载力设计值为：

$$f_a = \frac{f_u}{K} \tag{11.4-5}$$

安全系数取为 $K=2\sim3$。

安全系数 K 的取法还值得研究，也即如何取定 K 值尚可深入研究。按以上的原则式（11.4-1）、式（11.4-2）尚应考虑沉降，简单的安全系数只是满足了强度要求，尚不能满足沉降变形的要求。即使计算极限承载力时限制了基础宽度，使承载力不至于随基础宽度增大而不断增大，但基础宽度增加时，沉降也在增大的，因此，仅在承载力计算时限制基础宽度还不够全面，应该还要检验沉降。

2. $p_{1/4}$ 法

按照《建筑地基基础设计规范》[4]，修正地基承载力特征值的计算公式如下：

$$f_a = M_b \gamma b + M_d \gamma_m d + M_c c_k \tag{11.4-6}$$

式中　　f_a——由土的抗剪强度指标确定的修正地基承载力特征值；

M_b、M_d、M_c——承载力系数，按规范相关表格确定；

　　b——基础底面宽度，大于 6m 时，按 6m 取值，对于砂土小于 3m 时，按 3m 取值；

　　c_k——基底下一倍短边宽深度内土的黏聚力标准值。

该法是采用弹性解应力代入屈服条件确定，据陆培炎的研究[30,31,33]，$p_{1/4}$ 的解很接近 p_0，即临塑状态，是偏于保守的。但核心关键是为什么用 $p_{1/4}$？是为了控制度变形或沉降？是认为这时的应力状态是安全的？但是 $p_{1/4}$ 对应的安全系数是多少？沉降是多大？其实是未知的。简单用 $p_{1/4}$ 作为修正特征值并没有明确其安全系数和沉降的多少，实际应用尚存风险。对于 $p_{1/4}$ 的安全系数，文献［38］做过分析，文中用条形基础宽度为 2m，埋深 1m，地基土重度为 18kN/m³，采用太沙基极限承载力力公式，计算极限承载力与 $p_{1/4}$ 的比值，得到其安全系数如表 11.4-1 所示。

安全系数（K）分析表　　　　　　　　　　表 11.4-1

c(kPa)	$\varphi(°)$									
	0	5	10	15	2	25	30	35	40	45
0	—	—	1.86	2.13	2.80	4.18	5.62	7.84	15.60	21.70
10	1.52	1.78	2.09	2.38	2.94	4.01	5.28	7.25	13.10	19.10
20	1.65	1.87	2.16	2.47	2.99	3.94	5.12	6.95	11.90	17.60
30	1.70	1.90	2.20	2.52	3.02	3.90	5.03	6.77	11.20	—
40	1.73	1.93	2.22	2.55	3.04	3.88	4.97	6.64	—	—
50	1.75	1.95	2.23	2.57	3.05	3.84	4.93	—	—	—
中值	1.67	1.89	2.12	2.44	2.97	3.96	5.16	7.09	13.00	19.50

由表 11.4-1 可见，用 $p_{1/4}$ 作为承载力特征值，对不同的土其安全系数是不同的。同样，其对应的沉降也是不同的，一般是软土沉降大，硬土沉降小。因此，同是修正承载力

特征值，对于不同土、不同的基础，其实其安全系数或沉降量都是不同的。

为进一步探讨不同土性下承载力特征值的安全系数，对条形基础中心荷载作用下的极限承载力公式采用魏锡克法[39]计算：

$$p_u = cN_c s_c i_c d_c + qN_q s_q i_q d_q + \frac{1}{2}\gamma bN_r s_r i_r d_r \qquad (11.4-7)$$

式中　　　q——基础两侧土的超载（kPa）；

N_c、N_q、N_γ——承载力系数，按相关表格确定；

s_c、s_q、s_γ——基础形状修正系数，按相关表格确定；

i_c、i_q、i_γ——荷载倾斜系数，按相关表格确定；

d_c、d_q、d_γ——基础埋深修正系数，按相关表格确定。

土的重度取 $18kN/m^3$，计算了以下一些工况：

条形基础深度 $d=0.5m$，宽度 $b=3m$ 时，岩土强度 c、φ 改变对承载力安全系数的影响，计算结果如表 11.4-2 和表 11.4-3。

黏性土安全系数（K）分析表　　　　　表 11.4-2

$c(kPa)$	$\varphi(°)$	承载力特征值 $f_a(kPa)$	承载力极限值 $p_u(kPa)$	安全系数 $K=p_u/f_a$
4	2	24.98	39.04	1.56
6	4	35.55	61.93	1.74
10	6	55.01	104.01	1.89
12	8	68.67	138.80	2.02
14	10	83.67	180.89	2.16
16	12	100.60	232.06	2.31
20	14	128.99	316.69	2.46
22	16	151.31	396.14	2.62
22	18	164.52	466.25	2.83
24	20	190.92	584.25	3.06
24	22	208.86	696.21	3.33
26	24	245.73	877.58	3.57
30	28	341.97	1405.97	4.11

砂土安全系数（K）分析表　　　　　表 11.4-3

$c(kPa)$	$\varphi(°)$	承载力特征值 $f_a(kPa)$	承载力极限值 $p_u(kPa)$	安全系数 $K=p_u/f_a$
0	2	11.70	15.03	1.28
0	4	14.49	22.34	1.54
0	6	17.91	31.29	1.75
0	8	21.51	42.37	1.97
0	10	25.29	56.19	2.22
0	12	29.88	73.56	2.46

c(kPa)	φ(°)	承载力特征值 f_a(kPa)	承载力极限值 p_u(kPa)	安全系数 $K=p_u/f_a$
0	14	35.19	95.55	2.72
0	16	41.31	123.58	2.99
0	18	47.70	159.56	3.35
0	20	55.08	206.05	3.74
0	22	63.90	266.55	4.17
0	23	70.65	303.50	4.30
0	24	78.03	345.88	4.43
0	25	88.38	394.59	4.46
0	26	98.73	450.71	4.57
0	27	109.35	515.49	4.71
0	28	119.97	590.44	4.92
0	29	136.44	677.37	4.96
0	30	152.91	778.45	5.09
0	31	175.23	896.27	5.11
0	32	197.55	1033.99	5.23
0	33	223.02	1195.43	5.36
0	34	248.49	1385.26	5.57
0	35	274.77	1609.16	5.86
0	36	301.05	1874.14	6.23

当宽度 $d=0.5$m 时，$b=6$m，c、φ 同时改变对承载力安全系数的影响，计算结果如表 11.4-4 和表 11.4-5。

黏性土安全系数（K）分析表　　　　　　　　　　表 11.4-4

c(kPa)	φ(°)	承载力特征值 f_a	承载力极限值 p_u	安全系数 $K=p_u/f_a$
4	2	26.60	42.38	1.59
6	4	38.79	69.74	1.80
10	6	60.41	116.91	1.94
12	8	76.23	158.63	2.08
14	10	93.39	209.56	2.24
16	12	113.02	272.10	2.41
20	14	144.65	370.79	2.56
22	16	170.75	469.43	2.75
22	18	187.74	565.62	3.01
24	20	218.46	717.08	3.28

c(kPa)	φ(°)	承载力特征值 f_a	承载力极限值 p_u	安全系数 $K=p_u/f_a$
24	22	241.80	874.58	3.62
26	24	288.93	1115.61	3.86
30	28	417.57	1833.31	4.39

砂土安全系数（K）分析表　　　　　　　　表 11.4-5

c(kPa)	φ(°)	承载力特征值 f_a	承载力极限值 p_u	安全系数 $K=p_u/f_a$
0	2	13.32	19.11	1.43
0	4	17.73	31.39	1.77
0	6	23.31	46.49	1.99
0	8	29.07	65.26	2.24
0	10	35.01	88.80	2.54
0	12	42.30	118.57	2.80
0	14	50.85	156.52	3.08
0	16	60.75	205.21	3.38
0	18	70.92	268.13	3.78
0	20	82.62	349.97	4.24
0	22	96.84	457.15	4.72
0	23	108.45	522.90	4.82
0	24	121.23	598.55	4.94
0	25	139.68	685.77	4.91
0	26	158.13	786.52	4.97
0	27	176.85	903.16	5.11
0	28	195.57	1038.49	5.31
0	29	225.54	1195.87	5.30
0	30	255.51	1379.33	5.40
0	31	296.73	1593.74	5.37
0	32	337.95	1844.98	5.46
0	33	385.02	2140.22	5.56
0	34	432.09	2488.19	5.76
0	35	479.97	2899.58	6.04
0	36	527.85	3387.54	6.42

由以上计算结果可见，用 $p_{1/4}$ 作为承载力特征值，基础宽度对安全系数影响不大，对于黏土，当 $\varphi \leqslant 6°$，$c \leqslant 10$kPa 时，安全系数 $K \leqslant 2$，当 $8° \leqslant \varphi \leqslant 18°$，12kPa$\leqslant c \leqslant 22$，时，$2 < K \leqslant 3$，当 $\varphi \geqslant 20°$，$c \geqslant 22$ 时，$K > 3$。如把这三个范围分为软弱土、中等土、硬土，

则软弱土的安全系数小于 2，中等土安全系数为 2～3，硬土的安全系数大于 3。

对于砂土：$\varphi<8°$，$K<2$，但砂的指标一般 $\varphi\geqslant20°$，所以一般砂土地基的承载力特征值的安全系数 $K>3$。

由以上分析可见，从安全系数的角度，显然硬土地基安全系数较大，尚有利用的空间，同时，一般硬土地基的沉降可满足要求，因此，用 $p_{1/4}$ 作为修正承载力特征值，对硬土地基一般是偏保守的，这就是为什么文献［32］认为中低压缩土可以取更大承载力的原因。对软土地基，强度安全系数尚可，但沉降可能会偏大，因此软土的承载力主要是由沉降控制。

因此，该方法的安全系数对不同的地基土是不同的，对应承载力的沉降也是不同，对应承载力的安全系数和沉降变形值是不明确的。因此，用 $p_{1/4}$ 作为承载力特征值还应要验算其沉降才可保证其可靠性，这也是规范所要求的。因此，$p_{1/4}$ 确定的承载力是不能保证沉降是满足要求的。

3. 规范半理论半经验方法

$$f_a = f_{ak} + \eta_b\gamma(b-3) + \eta_d\gamma_m(d-0.5) \tag{11.4-8}$$

式中　　f_a——修正后的地基承载力特征值（kPa）；

f_{ak}——地基承载力特征值（kPa）；

η_b、η_d——基础宽度和埋深设置的地基承载力修正系数，按规范相关表格确定；

γ——基础底面以下土的重度（kN/m³），位于地下水位以下的土层取有效重度；

b——基础底面宽度（m），当基础底面宽度小于 3m 时按 3m 取值，大于 6m 时按 6m 取值；

γ_m——基础底面以上土的加权平均重度（kN/m³），位于地下水位以下的土层取有效重度；

d——基础埋置深度（m）。

该方法是对地基承载力特征值 f_{ak} 进行深、宽修正后所得到的。地基承载力特征值 f_{ak} 通常最基本可靠的方法是由压板载荷试验确定的，而试验确定的安全系数保证应在 2 以上，深、宽修正系数也在 $p_{1/4}$ 的系数范围内，因此，该式的安全系数应该是大于 2，但实际安全系数是多少是不明确的。同样，其对应的沉降变形是多少也是不明确的。由于确定 f_{ak} 时又考虑了变形，似乎包含了沉降变形的因素，因而是一个包含经验兼顾了强度和变形的方法，因而应用较多。

其实该方法所得到的地基承载力其对应的安全系数和沉降变形值同样是不明确的，也并不一定是最合适的，其保证了强度安全，但不保证沉降安全，所以规范也明确要验算沉降。同时由于地基承载力特征值 f_{ak} 的经验性和不确定性，也会影响到修正后的不确定性。

4. 原位压板载荷试验确定承载力方法

国标原位压板载荷试验确定地基承载力规定：

当 $p\sim s$ 曲线上有比例界限时，取该比例界限对应的荷载值；

当极限荷载小于对应比例界限的荷载值的 2 倍时，取极限荷载值的一半；

当不能按上述两款要求确定时，当压板面积为 0.25～0.5m²，可取 $s/b=0.01～0.015$ 所对应的荷载，但其值不应大于最大加载量的一半。

实际试验中，多数是按第（3）点方法确定的。该点主要是用控制变形方法来取定地基的承载力特征值，同时保证强度安全系数不少于2。这样取定的承载力特征值，强度安全是可以保证的，更何况对实际基础的深宽影响按式（11.4-8）修正安全系数不降低。但这个承载力对应于实际基础的沉降变形是多少则还是不清楚的，按沉降比取定的承载力并不能保证实际基础的沉降是满足要求的。而对于 $0.5m^2$ 的压板，其直径约 $0.8m$，按最大沉降比 0.015 其对应的最大沉降值为 $12mm$，而实际基础的边长会大于试验压板的边长，其引起的沉降将大于压板试验的沉降。再者其取定的承载力可能会因人而异，因其按沉降比 $s/b=0.01\sim0.015$ 所对应的荷载，取高值与取低值对应的承载力特征值可能会差异较大。同时也有规范规定可以取 $s/b=0.015\sim0.02$ 所对应的荷载，如广东的规范[5]，也有研究者认为可以取更大值，如宰金珉等[32]认为对于中低压缩性土可以取沉降比 $s/b=0.03\sim0.04$。因此，按沉降比的取值方法尚有不同的观点。图 11.4-2 所示为一地基的压板静载荷试验曲线，压板为 $0.5m$ 的方板，压力最大试验到 $900kPa$，按沉降比定承载力特征值，如按 $s/b=0.01$，则为 $5mm$ 对应的压力 $247kPa$，如按 $s/b=0.015$，则为 $7.5mm$ 对应的压力 $325kPa$，如按 $s/b=0.02$，则为 $10mm$ 对应的压力 $398kPa$，如基础宽少于 $3m$，埋深 $0.5m$，则承载力无深宽修正，此时，如基础基底应力为 $300kPa$，如按沉降比为 0.01 确定则承载力不够，需要进行地基处理，如沉降比按 0.015 确定，则地基承载力足够，可以采用天然地基，不需要进行地基处理。这样显然会得到不同的地基设计结果。因此，如何按沉降比合理取定承载力，还缺乏共识，从而影响到承载力的合理确定和地基设计的正确性。即使这样，按这种沉降比取定的承载力还不能保证实际基础下的沉降就能满足要求的。以下会进一步分析。

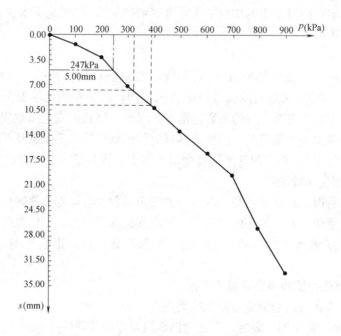

图 11.4-2　地基的压板静载荷试验曲线

因此，现有的比较规范和权威的地基承载力确定的方法中，并没有用具体严格的安全系数值和沉降量来确定地基承载力，带有经验性和一些不确定性，尚不能取得最合理的地基承载力值。

11.4.4 地基承载力的正确确定方法及其应用

由以上的分析可见，地基承载力的确定虽然是土力学的基本问题，对工程设计影响极大，但目前的确定方法尚不够完善，最主要的问题是由此确定的承载力缺乏明确的安全系数和对应的沉降变形值，造成实际工程中的一定程度的不确定性，或偏于保守而浪费，或因沉降变形过大而影响上部结构的安全使用，有必要改进地基承载力的确定方法，以提高地基的设计水平。

承载力确定的基础和依据以及验证的主要手段是现场载荷板试验，但要由现场载荷板试验直接确定承载力还是有困难的，原因在于试验的压板尺寸很难与实际基础的尺寸、埋深完全一致，因此规范才提出理论与经验结合的深宽修正方法，但这种修正如上分析所见尚不够理想。其实合理的方法应是通过试验求取土的强度参数和变形参数，然后计算实际基础下地基的极限承载力和承载力与沉降变形关系，按以上式（11.4-1）、式（11.4-2）的原则确定地基的承载力，这样可以获得对应承载力明确的安全系数和沉降值，从而可以判定取值的合理性，而不是由试验去直接给定一个经验的承载力。文献［40～42］已进行了这方面的探索研究。以下以一个工程实例进行说明。

1. 基本情况

某工程 6 号楼场地的基础持力层为：③层粉质黏土（Q^{4al+pl}）：褐黄色，硬可塑。③层土物理力学指标如表 11.4-6 所示。

③层土物理力学指标

表 11.4-6

土的物理力学参数	值	土的物理力学参数	值
含水量 $w(\%)$	22.4	内摩擦角 $\varphi(°)$	19.2
重度 $\gamma(kN/m^3)$	19.5	压缩系数 $a_{1-2}(MPa^{-1})$	0.14
孔隙比 e	0.67	压缩模量 $E_s(MPa)$	11.92
塑性指数 I_p	14.3	标贯击数（击）	8.5
液性指数 I_L	0.2	地基承载力特征 f_{ak}	200
黏聚力 $c(kPa)$	73.5		

为更好确定其承载力，检测单位在现场对持力层进行了 3 个点的载荷板试验，试验尺寸为方形板，边长 0.5m，3 个点试验的荷载和沉降关系结果如表 11.4-7 所示。

检测部门按沉降比 $s/b=0.01=5mm$ 确定各试验点的承载力特征值，1 号点土承载力特征值为 $f_{ak}=298kPa$，2 号点土承载力特征值为 $f_{ak}=247kPa$，3 号点土承载力特征值为 $f_{ak}=224kPa$。最后给出场地土承载力特征值为 $f_{ak}=256.3kPa$。显然，如果不考虑深宽修正，地基承载力要求 300kPa 时，则地基的承载力是不够的。但试验可以达到 900kPa，为何承载力特征值这么低，这看起来是不太合理的。

2. 双曲线切线模量法确定土的参数

采用杨光华的切线模量法，假设试验的荷载沉降的 $p\sim s$ 曲线符合双曲线方程，采取双曲线形式对数据进行拟合，公式为：

$$p=\frac{s}{a+bs}$$

(11.4-9)

式中 a、b——分别为拟合参数。

地基的压板静载荷试验数据 表 11.4-7

1号试验点		2号试验点		3号试验点	
荷载 p(kPa)	沉降 s(mm)	荷载 p(kPa)	沉降 s(mm)	荷载 p(kPa)	沉降 s(mm)
0	0.00	0	0.00	0	0.00
48	0.62	100	1.30	100	1.84
100	1.46	200	3.10	200	4.11
148	2.69	300	7.14	300	7.79
200	3.38	400	10.16	400	10.76
248	4.23	500	13.48	500	15.15
300	5.03	600	16.57	600	19.03
348	5.83	700	19.62	700	23.65
400	6.75	800	26.96	800	30.40
448	8.08	900	33.14	—	—
500	8.94	—	—	—	—
548	9.73	—	—	—	—
600	11.59	—	—	—	—
648	13.54	—	—	—	—
700	16.54	—	—	—	—
748	19.19	—	—	—	—
800	22.36	—	—	—	—
848	28.16	—	—	—	—
900	31.70	—	—	—	—

式（11.4-9）可以写成以下这种形式：

$$\frac{s}{p} = b \cdot s + a \tag{11.4-10}$$

对 1 号试验点，线性化图后的拟合的结果如图 11.4-3 所示。

由图 11.4-3 可得其线性化方程为

$$\frac{s}{p} = 0.0006644452s + 0.0131566792 \tag{11.4-11}$$

因此：

$$a = 0.0131566792, b = 0.0006644452 \tag{11.4-12}$$

地基极限承载力为：

$$p_u = \frac{1}{b} = 1505.02\text{kPa} \tag{11.4-13}$$

用魏锡克极限承载力对其进行反算，为方便计算，假设土体重度近似为 20kN/m^3，内摩擦角 $\varphi = 20°$，可反算出黏聚力 $c = 70.2\text{kPa}$，具体计算过程如下：

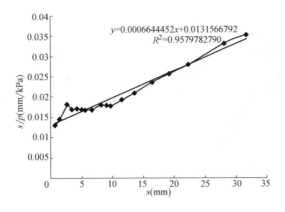

图 11.4-3　线性化拟合曲线

地基承载力系数 N_c、N_q、N_r 分别为：14.83471、6.39939、5.38632；

基础形状修正系数 S_c、S_q、S_γ 分别为：1.4313797、1.363970234、0.6；

荷载倾斜系数 i_c、i_q、i_γ 分别为：1、1、1；

荷载倾斜系数 d_c、d_q、d_γ 分别为：1、1、1；

当黏聚力 $c=70.2\text{kPa}$ 可算等极限承载力 p_u

$$
\begin{aligned}
p_u &= cN_cs_ci_cd_c+qN_qs_qi_qd_q+\frac{1}{2}\gamma bN_rs_ri_rd_r \\
&= 70.2\times14.83471\times1.4313797\times1\times1 \\
&\quad +0+0.5\times20\times0.5\times5.38632\times0.6\times1\times1 \\
&= 1506.793\text{kPa}
\end{aligned}
\tag{11.4-14}
$$

另外，其初始切线模量为：

$$
E_{t0}=\frac{D(1-\mu^2)\omega}{a}=30.43\text{MPa}
\tag{11.4-15}
$$

同样，对另外两个试验点结果进行处理，得到地基土的强度和初始切线模量值、地基极限承载力如表 11.4-8 所示。

切线模量法计算所得的土的强度参数和变形参数　　　　　表 11.4-8

压板试验编号	E_{t0}(MPa)	p_u(kPa)	假定的 φ(°)	反算所得的 c(kPa)
1 号试点	30.43	1505	20	70.1
2 号试点	25.51	1468	20	68.4
3 号试点	21.10	1527	20	71.2

各点用表 11.4-8 所得到的参数用切线模量法计算的压板试验沉降曲线与试验曲线比较如图 11.4-4 所示。由图可见切线模量法计算的结果与试验结果非常吻合。

3. 土的平均参数

上述三个试验在同一土层上进行的，可用三个试点强度和变形参数的平均值代表该土层的强度和变形参数，计算结果如表 11.4-9 所示。

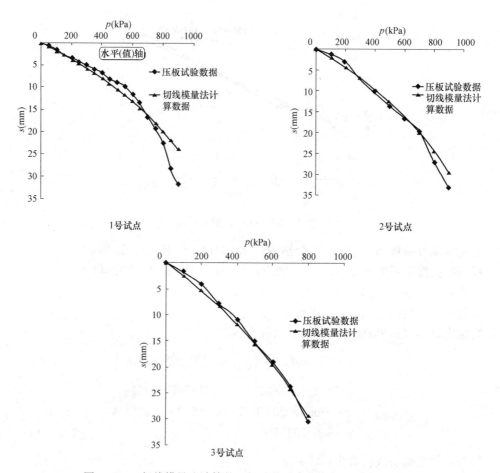

图 11.4-4　切线模量法计算的压板试验沉降曲线与试验曲线比较

平均参数

表 11.4-9

压板试验编号	E_{t0}(MPa)	p_u(kPa)	假定的 φ(°)	反算所得的 c(kPa)
1 号试点	30.43	1505	20	70.2
2 号试点	25.51	1468	20	68.4
3 号试点	21.10	1527	20	71.2
平均值	25.68	1500	20	69.93

此平均的强度参数为内摩擦角 $\varphi=20°$，黏聚力 $c=70$kPa，与地质报告统计试验提供的代表值内摩擦角 $\varphi=19.2°$，黏聚力 $c=73.5$kPa 是比较接近的。

以此平均参数运用切线模量法计算压板的沉降过程，并与三个试验点对比如图11.4-5所示。

把运用平均参数计算的 p-s 用双曲线拟合如图 11.4-6 所示。

拟合曲线为：

$$\frac{s}{p}=0.000413007s+0.019660757 \tag{11.4-16}$$

所以：

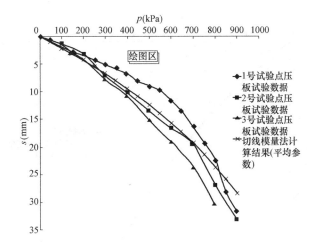

图 11.4-5 平均参数切线模量法计算结果与试验结果对比图

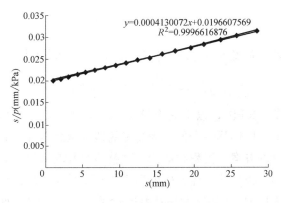

图 11.4-6 线性化拟合曲线

$$p=\frac{s}{a+bs}=\frac{s}{0.019660757+0.000413007s} \tag{11.4-17}$$

拟合曲线与切线模量法计算曲线对比如图 11.4-7 所示。

由图 11.4-5 可见，用平均参数和切线模量法计算的压板沉降曲线与试验曲线比较符合，说明理论方法和参数是合适的，可以用切线模量法和相应参数计算实际基础的沉降过程。

4. 按沉降控制的方法计算地基承载力

根据上述计算，可得出此土层的压板试验荷载和沉降的平均关系式（11.4-17），只要知道沉降控制值，即可计算出对应的承载力。按地基设计规范，用压板试验确定地基承载力特征值时，可采用沉降比 $s/b=0.01\sim0.015$ 并不大于试验荷载的 1/2 来确定：

当沉降控制值为基础宽度的 0.01 倍时（5mm），基础的承载力 $p_{0.01}$ 为

$$p_{0.01}=\frac{5}{0.019660757+0.000413007\times5}=230.14\text{kPa} \tag{11.4-18}$$

当沉降控制值为基础宽度的 0.015 倍时（7.5mm），基础的承载力 $p_{0.015}$ 为：

$$p_{0.015}=\frac{7.5}{0.019660757+0.000413007\times7.5}=310.40\text{kPa} \tag{11.4-19}$$

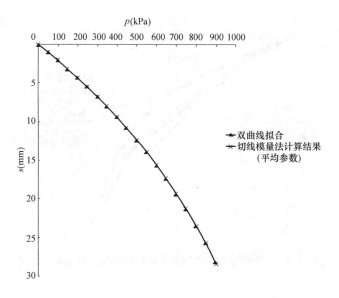

图 11.4-7　拟合曲线与切线模量法计算曲线

当沉降控制值为基础宽度的 0.02 倍时（10mm），基础的承载力 $p_{0.02}$ 为：

$$p_{0.02} = \frac{10}{0.019660757 + 0.000413007 \times 10} = 420.33 \text{kPa} \qquad (11.4\text{-}20)$$

而试验最大荷载为 900kPa，以上三个结果都符合规范要求。但对应不同的沉降比，地基的承载力是不同的，取用哪一个值作为真正的地基承载力特征值更科学合理呢？取不同值将影响到地基设计的方案、工程和造价。这就涉及其取值的标准了。

显然，如果基础与压板尺寸一样，按沉降比 0.02 时的压力 420kPa 作为承载力也是可以的，因为按试验最大压力 900kPa 考虑，其安全系数已大于 2，而沉降只有 10mm。按沉降比 0.01 的承载力 230kPa 则显然是过于保守的，会造成地基承载力的浪费，增加工程造价。

如果实际基础尺寸大于压板尺寸，假设地基是该层土的均质地基，如按压板试验取定承载力值，则实际地基强度安全系数将是增大的，但沉降也是增大的，但增大多少要与基础尺寸有关。按压板试验是不能取定具体基础的地基承载力的，具体分析如下：

对于本工程，由于试验没有做到极限承载力，为安全起见，采用最大试验值 900kPa 作为极限承载力值，用魏锡克极限承载力对其进行反算，为便于计算，取土的重度 20kN/m³，假设内内摩擦角 $\varphi = 20°$，反算得黏聚力 $c = 59$kPa，小于试验按双曲线推算的极限值 $c = 70.2$kPa。对于不同的基础，计算其安全系数时采用最大试验值 900kPa 反算的强度参数计算，这样偏于安全。沉降则可以用切线模量法计算确定，这样就可以按以上确定地基承载力的双控准则来确定。假定设计的基础分别为边长 2m 和 6m 的方形基础，无埋深的情况来进行分析研究。

如为简化沉降计算，也可以采用变形模量按线弹性来计算，假设在设计荷载下，地基沉降近似按线性考虑，其变形模量可以按沉降比为 0.015 并且其对应的安全系数不少于 2 时的状态确定，这样其变形模量 E_0：

$$E_0 = \frac{2a \times p \times (1-\mu^2)}{s}\omega = \frac{0.5 \times 310 \times (1-0.3^2)}{0.0075}$$
$$\times 0.88 = 16550\text{kPa} \approx 16.5\text{MPa} \tag{11.4-21}$$

如对应压板试验 420kPa 时,其沉降为:

$$s = \frac{0.5 \times 420 \times (1-0.3^2)}{16500} \times 0.88 = 10.2\text{mm} \tag{11.4-22}$$

与试验的 10mm 是接近的。

这样,如对应一个边长 2m 的方形基础,无埋深,要求地基承载力安全系数不少于 2,沉降不大于 2.5cm。按压板试验最大值对应的强度指标内摩擦角 $\varphi = 20°$,黏聚力 $c = 59\text{kPa}$ 计算其对应地基的极限承载力为 982kPa,按沉降为 2.5cm 控制的承载力为:

$$p = \frac{s \times E_0}{2a \times (1-\mu^2) \times \omega} = \frac{0.025 \times 16500}{2 \times 0.91 \times 0.88} = 257\text{kPa} \tag{11.4-23}$$

其安全系数为:982/257=3.8,满足要求,此时地基承载力 257kPa 对应的安全系数和沉降是很清楚的,从而可以确保工程的安全。这种情况是沉降控制确定地基的承载力取值。但如果按以上的沉降比方法确定的承载力特征值时,如按沉降比为 0.01 对应的 230kPa 则是偏保守的,如按沉降比为 0.015 对应的 310kPa,则基础沉降为 30mm>25mm,是不满足沉降要求的,因此,按压板试验的沉降比的方法确定的承载力特征值并不一定能满足实际基础的沉降要求,按以上双控的原则可以合理的确定实际基础的承载力。

如该基础的沉降可以允许 4cm,则由沉降对应的承载力为 410kPa,其安全系数为 982/410=2.4。这样,地基承载力对应的地基沉降量和安全系数值是很明确的,由此可以充分发挥地基的承载力的同时,又可以确保工程的安全。但如按压板试验的沉降比确定承载力则是很难取得合适值的,因为沉降比确定的是压板尺寸对应的承载力和沉降值,还不是实际基础对应的值。同时如按规范的标准,则实际地基的承载力是不能大于按沉降比确定的承载力的,如即使按规范最大可能的沉降比为 0.015 确定的特征值为 310kPa,此时其安全系数为:982/310=3.17,沉降为:

$$s = \frac{B \times p \times (1-\mu^2)}{E_0}\omega = \frac{2 \times 310 \times (1-0.3^2)}{16500} \times 0.88 = 0.03\text{m} = 3\text{cm} \tag{11.4-24}$$

本基础安全系数还是有富裕的,但如果基础的沉降允许大于 3cm,则地基的承载力还可以大于 310kPa 的,如上分析,如沉降允许 4cm,则地基承载力可以取到 410kPa,规范则是只许少于 310kPa 而不许大于此值的,显然不尽合理。如果检测单位取压板试验的沉降比为 0.01 所对应的承载力作为特征值,则会更显保守和不合理。

如果按基础宽度为 6m 的情况,则按压板试验的最小的沉降比 0.01 对应的承载力特征值 230kPa,则基础的沉降已达到 6.7cm,如按沉降比 0.015 应的承载力特征值 310kPa,则基础的沉降会达到 9cm。因此,即使按规范的沉降比来定出的承载力,其对应的大尺寸基础的沉降可能都会偏大,这样,真正的地基承载力直接用压板试验的值是不合适的。

如果用切线模量法,可以计算得到以上两个基础的 $p \sim s$ 曲线计算基础宽为 2m 和 6m 时的 p-s 曲线如图 11.4-8 所示。

由切线模量法计算所得到的 $p \sim s$ 曲线可得,对于 2m 宽的基础,当沉降要求为 $s = 25\text{mm}$ 和 $s = 40\text{mm}$ 时,承载力分别为:315kPa 和 470kPa,大于按变形模量的简单计算法得

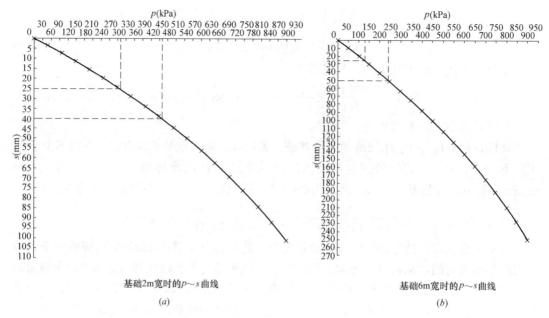

基础2m宽时的 $p \sim s$ 曲线

(a)

基础6m宽时的 $p \sim s$ 曲线

(b)

图 11.4-8　切线模量法计算所得的基础宽为 2m 和 6m 时的 $p\text{-}s$ 曲线

到的 257kPa 和 410kPa，说明简单计算结果是偏于安全的。

对于 6m 宽的基础，当沉降要求为 $s＝25$mm 和 $s＝50$mm 时，承载力由图 11.4-8(b)为：

$$p_{s=25\text{mm}} = 130\text{kPa}, p_{s=50\text{mm}} = 245\text{kPa} \tag{11.4-25}$$

显然，大基础按变形控制的承载力是会小于小尺寸基础的，同时，大基础即使按常规的规范方法取得的承载力，其对应的沉降也可能会偏大，超出要求。

因此，实际基础的地基承载力的确定由压板试验的沉降比方法是很难合理确定的。正确合理的确定方法应该是可以由原位压板试验反计算地基的强度参数和变形参数，这些参数具有确定性和唯一性，对应基础的承载力则可以根据具体的基础尺寸计算地基的极限承载力，并应用切线模量法计算不同承载力下基础的沉降，再按强度安全和变形控制的原则确定其最大值作为地基的承载力特征值，由此可以得到承载力对应的明确的安全系数和沉降变形值，从而达到既可以保证工程的安全又可以充分利用地基的承载力的设计方法。对于一般压板试验难以试验到极限荷载的情况，则可以用其最大试验荷载值来反计算地基的强度参数作为极限状态来计算安全系数，这是偏于安全的。

地基的沉降可以按切线模量法计算，也可以按变形模量法简单计算。

11.4.5　小结

现有规范公式确定的地基承载力在强度上是偏安全的，但安全系数对不同土是不相同的。其对应的安全系数和沉降值是不明确的。尚不能充分发挥地基的承载力，有必要改进地基承载力的确定方法。

地基承载力取值除满足强度安全外，还应要考虑沉降变形是否满足，应采用强度控制和变形控制的双控原则确定承载力。现有规范公式对硬土（低压缩性）地基沉降可满足。硬土主要是强度控制，对承载力尚有发挥空间。对软弱或高压缩性地基，沉降是控制承载力的主要因素，一般是由变形控制承载力取值。

　　压板试验确定承载力的方法安全、可靠，但现有用压板试验的沉降比确定特征值的方法尚不够科学合理，不具有唯一性，也不能保证实际基础沉降可满足。建议采用压板试验反算地基土的强度参数和变形参数，土性参数具有较好的唯一性。对具体的基础，由反算的地基土强度参数和变形参数来计算地基的极限承载力和沉降，然后由强度和变形双控的原则确定最大的地基承载力，这样确定的承载力具有明确的安全系数和沉降值，由此能更充分的利用地基的承载力，是更科学和安全性更可靠的方法，对实现按变形控制设计，改进地基设计方法具有参考意义。

　　对于一般压板试验没有试验到极限状态的情况，可以用最大试验值反算地基土的强度参数作为计算地基极限承载力，结果是偏于安全的。

11.5　刚性桩复合地基沉降计算的变形协调法

11.5.1　引言

　　工程实践表明，刚性桩复合地基在提高地基承载力和控制沉降等方面具有明显的效果，质量较可靠，可充分利用地基的承载力，其在高层建筑、交通、水利等土木工程中得到了广泛的应用。刚性桩主要有钢筋混凝土桩、素混凝土桩、预应力管桩、水泥粉煤灰碎石桩（CFG 桩）和钢管桩等桩型。随着建筑物高度的增加以及结构形式的多样性和复杂性，对基础的沉降和变形提出了更为严格的控制指标，这无疑对地基沉降计算的准确性提出了更高的要求。而目前对于刚性桩复合地基的沉降计算，工程实践中比较实用的有代表性和权威的方法仍是几个规范方法。

1. 建筑地基处理技术规范

　　《建筑地基处理技术规范》规定可采用分层总和法进行刚性桩复合地基的沉降计算。沉降分为加固区沉降和下卧层沉降。加固区沉降 s_1 按复合模量法计算，考虑到桩尖处应力集中范围有限，下卧土层内的应力分布可按褥垫层上的总荷载计算，即作用在褥垫层底面的应力仍假定为均匀分布，并根据通常的半无限空间 Boussinesq 解求出复合地基下卧层顶面的附加应力，由此计算下卧层沉降 s_2。总沉降为 s_1 和 s_2 之和。加固区的复合模量按（11.5-1）计算：

$$E_{sp} = \frac{f_{spk}}{f_{ak}} E_s \tag{11.5-1}$$

令 $\zeta = \dfrac{f_{spk}}{f_{ak}}$

$$s = \psi_s \left[\sum_{i=1}^{n_1} \frac{p_0}{\zeta E_{si}} (z_i \bar{\alpha}_i - z_{i-1} \bar{\alpha}_{i-1}) + \sum_{i=n_1}^{n_2} \frac{p_0}{E_{si}} (z_i \bar{\alpha}_i - z_{i-1} \bar{\alpha}_{i-1}) \right] \tag{11.5-2}$$

式中　f_{spk}——复合地基承载力的特征值；

　　　　f_{ak}——基础底面下天然地基承载力的特征值；

　　　　E_s——基础底面下各层土的压缩模量；

　　　　p_0——复合地基基础底面附加应力；

　　　　ψ_s——沉降计算经验系数，由计算深度内压缩模量的当量值 $\bar{E}_s$ 按表 11.5-1 沉降计算经验系数 ψ_s 取值。

沉降计算经验系数 ψ_s					表 11.5-1
$\bar{E}_s$(MPa)	4.0	7.0	15.0	20.0	35.0
ψ_s	1.0	0.7	0.4	0.25	0.2

该方法由于简便，应用最多。复合模量法的精度取决于确定承载力特征值误差，尤其对 f_{spk} 与 f_{ak} 相差较大时会存在较大误差的可能。沉降经验系数 ψ_s 也是一个对精度影响较大的因素，这是理论无法解决的经验。

2. 复合地基技术规范

《复合地基技术规范》规定刚性桩复合地基加固区沉降 s_1 采用桩身压缩量法，下卧层沉降 s_2 采用等效实体法。

加固区沉降按桩身压缩量法确定，并引入桩体压缩经验系数，按下式计算：

$$s_1 = \psi_p \frac{Ql}{E_p A_p} \tag{11.5-3}$$

式中　Q——桩顶附加荷载；

　　　l——桩长；

　　　E_p——桩体压缩模量；

　　　A_p——单桩截面积；

　　　ψ_p——刚性桩桩体压缩经验系数，宜综合考虑刚性桩长细比、桩端刺入量，根据地区实测资料及经验确定。

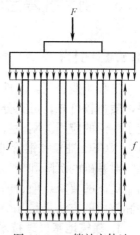

图 11.5-1　等效实体法

下卧层沉降计算采用等效实体法，将复合地基加固区等效为一个实体基础，见图 11.5-1。加固区下卧土层沉降计算如下：

$$s_2 = \psi_{s2} \sum_{i=1}^{n} \frac{\Delta p_i}{E_{si}} \Delta z_i \tag{11.5-4}$$

式中　Δp_i——第 i 层土的平均附加应力增量；

　　　Δz_i——第 i 层土的厚度；

　　　E_{si}——基础底面下第 i 层土的压缩模量；

　　　ψ_{s2}——复合地基加固区下卧土层压缩变形量计算经验系数，根据复合地基类型地区实测资料及经验确定。

其中，下卧层顶面的附加应力可表示为：

$$p_z = \frac{LBp_0 - (2a_0 + 2b_0)hf}{LB} \tag{11.5-5}$$

式中　p_0——复合地基加固区顶部的附加应力；

　　　L——基础长度；

　　　B——基础宽度；

　　　a_0——基础长度方向桩的外包尺寸；

　　　b_0——基础宽度方向桩的外包尺寸；

　　　f——复合地基加固区桩侧摩阻力。

此外，除满足上述规定外，刚性桩复合地基沉降经验系数按表 11.5-2 取值。

	沉降计算经验系数 ψ_s				表 11.5-2
$\overline{E}_s$(MPa)	2.5	4.0	7.0	15.0	20.0
ψ_s	1.1	1.0	0.7	0.4	0.2

该方法以桩身的压缩变形作为加固区沉降，一般会偏小，因为对于刚性桩，桩身压缩量是很小的，关键在于经验系数 ψ_p，规范没有给出具体经验取值，对计算精度较难把握，实际操作性不如《建筑地基处理技术规范》方法方便。同样，式（11.5-4）与前面式（11.5-2）一样，采用了变化范围较大的经验系数。

3. 广东省地基处理技术规范

广东省《建筑地基处理技术规范》认为刚性桩复合地基沉降可按桩及桩间土分别计算。

（1）桩间土的沉降计算

桩间土的沉降量可按分层总和法计算：

$$s_s = \psi_s s'_s = \psi_s p_0 \sum_{i=1}^{n} \frac{z_i \overline{\alpha}_i - z_{i-1} \overline{\alpha}_{i-1}}{E_{si}} \tag{11.5-6}$$

式中 p_0——基底附加应力，可取 $p_0=(0.8\sim1.0)(1-m)f_{sk}$，$f_{sk}$ 为桩间土天然地基承载力特征值的经验值，m 为复合地基的置换率。

（2）桩的沉降计算

将桩的沉降 s_p 分为桩顶垫层的压缩 s_{p1}，桩体压缩以及桩端的刺入和压缩变形 s_{p2}。

$$s_p = s_{p1} + s_{p2} \tag{11.5-7}$$

$$s_{p1} = \frac{R_a h_c}{E_c A_p} \tag{11.5-8}$$

$$s_{p2} = \frac{1}{2} \left[\frac{(p_p + q_p)l}{E_p} + \frac{D q_p}{E_0} \right] \tag{11.5-9}$$

式中 s_{p1}——桩顶与基础间垫层的压缩变形；

s_{p2}——桩身压缩与桩端的刺入变形；

h_c——垫层厚度；

E_c——垫层压缩模量；

p_p——桩顶压应力，取为桩的承载力特征值时的桩顶压应力；

q_p——桩底持力层端阻力；

D——桩径或桩边长；

l——桩长；

E_0——桩端持力层的变形模量；

E_p——桩身钢筋混凝土的弹性模量。

（3）当桩间土的变形计算值 s_s 与桩的变形计算值 s_p 相差不超过 30% 时，可取 $\max\{s_s, s_p\}$ 作为刚性桩复合地基的变形计算值。

（4）当 s_s 与 s_p 相差大于 30% 时，可参考现场荷载试验结果调整计算参数。有可靠经验时，也可依实际情况对计算结果进行调整。

广东省规范对单桩的沉降计算相对较可靠，不需要太多的经验系数，但复合地基是群桩，式（11.5-9）实际是单桩沉降，未考虑桩底以下非加固区的沉降，如下卧层沉降较大，则计算的沉降偏小。对桩土的共同协调作用过于经验性，当 s_s 与 s_p 相差大于 30% 时缺有效处理的办法，这对于桩间土偏软和地基附加应力较大时会经常遇到。

这些规范方法对天然地基的沉降计算还是沿着传统的经验系数法，传统地基的经验系数法主要是考虑土体取样扰动的影响而采用小于 1 的折减系数，误差还是较大的。

可见，对于刚性桩复合地基的工程沉降计算，目前仍是经验性为主的算法，还缺乏统一的计算方法。因此，简便、实用、有效的刚性桩复合地基设计计算方法仍然是工程中迫切需要的，为此，这里依据桩土变形协调的思想和切线模量法提出一个解决的方法。

11.5.2　基于桩土位移协调的刚性桩复合地基沉降计算方法

对于刚性桩复合地基，可将桩、土视为两个相对独立的受力体系，通过沉降协调确定桩土荷载的分担并计算其沉降。对于桩间土，在荷载水平不大时，其荷载沉降曲线弯曲不明显，可认为其近似呈线性。计算桩间土在荷载 $p_0 = f_{sk}$ 时的沉降 s_k，桩间土在荷载为 p_s 时的沉降可表示为 $s_s = \dfrac{p_s}{f_{sk}} s_k$。如图 11.5-2 中直线 s_s 所示。

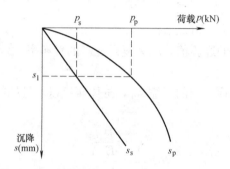

图 11.5-2　刚性桩复合地基沉降计算模型

对于单桩沉降，将桩的沉降分为桩顶垫层的压缩 s_u，桩身压缩 s_c，桩端刺入和桩端下土层的压缩 s_d。其计算式如下：

$$s_u = \frac{Q_p h_c}{E_c A_p} \tag{11.5-10}$$

$$s_c = \frac{(Q_p + Q_b)}{2 E_p A_p} L \tag{11.5-11}$$

$$s_d = \frac{p_b D (1 - \mu^2) \omega}{E_b} \tag{11.5-12}$$

式中　Q_p——桩顶荷载；

　　　h_c——垫层厚度；

　　　E_c——垫层压缩模量；

　　　A_p——桩身截面积；

　　　Q_b——桩底端荷载；

　　　E_p——桩身压缩模量或弹性模量；

　　　L——桩长；

　　　p_b——桩底端应力；

　　　D——桩身直径；

μ——桩端土泊松比；

E_b——桩端土变形模量；

ω——几何形状系数。

当考虑桩有可能进入非线性变形时，可假设单桩 Q-s_p 方程为双曲线关系，这主要是考虑桩底端土层承载力不很高时的情况；若桩底端土层承载力较高或处于强风化岩层等时，可考虑桩的沉降为线性关系：

(1) 若单桩的荷载沉降 Q-s_p 曲线为双曲线关系：

$$Q = \frac{s_p}{a + bs_p} \qquad (11.5\text{-}13)$$

式中 a、b——单桩 Q-s_p 方程系数。

通过式（11.5-10）～式（11.5-12）可求取桩顶荷载 $Q_p = R_a$ 时的沉降 s_a。同时假定单桩极限承载力 $Q_u = 2R_a$。于是便可解得参数 a、b 如下：

$$b = \frac{1}{Q_u}, \quad a = \frac{s_a}{R_a} - \frac{s_a}{Q_u} = \frac{s_a}{2R_a}$$

(2) 若单桩的荷载沉降 Q-s_p 为线性关系：

$$s_p = cQ \qquad (11.5\text{-}14)$$

同样，通过式（11.5-10）～式（11.5-12）可求取桩顶荷载 $Q_p = R_a$ 时的沉降 s_a，可得单桩 Q-s_p 方程系数

$$c = \frac{s_a}{R_a}$$

进而获得单桩 Q-s_p 曲线。当然，单桩 Q-s_p 曲线也可通过单桩静载试验获得。

根据桩土变形协调条件和静力平衡方程，可联立方程组求得刚性桩复合地基加固区的沉降 s_1，而下卧层沉降采用应力扩散法计算，其中土层模量选用变形模量 E_0。

设桩间土的沉降为 s_s，桩顶沉降为 s_p，则桩土变形协调条件为：

$$s_s = s_p \qquad (11.5\text{-}15)$$

当桩的沉降为双曲线关系时，静力平衡方程为：

$$\frac{s_s}{s_k} f_{sk} A_s + N \frac{s_p}{a + bs_p} = F \qquad (11.5\text{-}16)$$

A_s 为基础的面积。当桩的沉降为线性关系时，静力平衡方程为：

$$\frac{s_s}{s_k} f_{sk} A_s + N \frac{s_p}{c} = F \qquad (11.5\text{-}17)$$

式（11.5-16）、式（11.5-17）式两边除以 N，则可以得到更方便的式子：

$$\frac{s_s}{s_k} f_{sk} A_{sk} + \frac{s_p}{a + bs_p} = N_k \qquad (11.5\text{-}18)$$

$$\frac{s_s}{s_k} f_{sk} A_{sk} + \frac{s_p}{c} = N_k \qquad (11.5\text{-}19)$$

式中 s_s——加固区桩间土的沉降；

s_p——桩的沉降；

s_k——桩间土在荷载 $p_s = f_{sk}$ 时加固区的沉降；

N——复合地基的总桩数；

F——上部结构的总荷载；

A_{sk}——单桩承担的面积；

N_k——单桩面积内桩土分担的总荷载。

由式（11.5-15）、式（11.5-16）两式可求得当桩的沉降为双曲线方程时加固区的沉降，由式（11.5-15）和式（11.5-17）可求得当桩的沉降为线性关系时加固区的沉降。

基础的总沉降尚需加上加固区以下土体产生的沉降。

11.5.3　工程实例应用

1. 工程概况

本节以广东省大型芦苞水闸采用 CFG 桩进行地基处理的工程实例来说明该方法的应用。

该水闸底板采用整体混凝土板基础，底板尺寸为 92.0m×22.0m×2.0m(长×宽×厚)，采用 CFG 桩复合地基处理，要求复合地基承载力特征值为 300kPa。水闸底板尺寸、闸墩布置如图 11.5-3 所示。底板下布设 CFG 桩 451 根，闸墩下间距为 2.0m×2.0m，其余部位为 2.5m×2.5m。桩的平面布置如图 11.5-4 所示。桩端要求进入含砾砂层不少于 $3d$，d 为 CFG 桩直径，$d = 500$mm。闸室底板标高为 −2.50m，设 30.0cm 粗砂褥垫层，垫层模量为 80MPa。桩顶标高为 −2.80m，桩长基本为等长，平均桩长为 22.0m。水闸典型地质剖面如图 11.5-5 所示，相应土层的物理力学参数如表 11.5-3 所示。鉴于该水闸的重要性，在工程桩施工前进行了系统的试验桩试验。分别进行了桩间土、天然地基、单桩和单桩复合地基的压板载荷试验，桩间土和天然地基采用直径为 800mm，面积为 0.5m² 的钢板，单桩复合地基针对间距 2.0m×2.0m 进行，采用的压板尺寸为 2.0m×2.0m，厚为 40mm 的方形钢板，相应试验位置的地质剖面图如图 11.5-6 所示，土体参数见表 11.5-4。

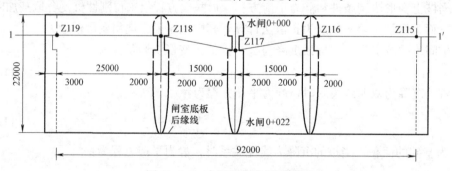

图 11.5-3　水闸闸室底板平面图

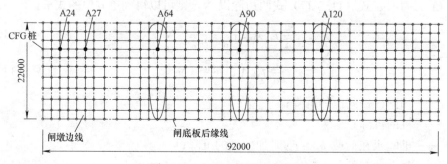

图 11.5-4　CFG 桩平面布置图

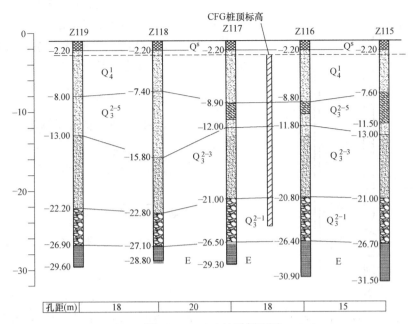

图 11.5-5   1-1 地质剖面图

水闸基础下土层的物理力学参数   表 11.5-3

土层 名称	c(kPa)	φ (°)	变形模量 E_0(MPa)	f_{ak} (MPa)	q_{si} (kPa)
含砾粗砂	0	25	25	160	30
淤质黏土	9.8	11.0	5	100	12
淤质细砂	6.0	24	15	130	8
中粗砂	0	32	35	240	24
含卵石粗砂	0	34	50	300	36
风化土	35	25.7	100		

试验桩处土体物理力学参数表   表 11.5-4

土层名称	c(kPa)	φ(°)	E_0(MPa)
细砂	0	25	20
中砂	0	30	40
粉砂	0	20	25
中砂	0	32	50
粗砂	0	34	60
砾砂	0	36	90

2. 单桩 Q-s_p 曲线的计算

依据表 11.5-3 可求得单桩的承载力特征值

$$R_a = u_p \Sigma q_{si} l_i + \alpha q_p A_p = 1.571 \times (30 \times 6 + 12 \times 1.5 + 8 \times 1.5 + 24 \times 9 + 36 \times 4)$$

$$+ 1.0 \times 1800 \times 0.196 = 1248.783 \text{kN}$$

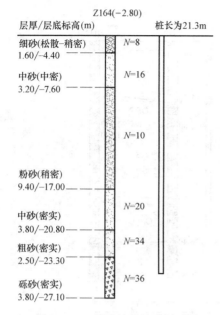

图 11.5-6　试验桩处地质剖面图

根据式（11.5-10）～式（11.5-12）可得单桩在荷载为 R_a 时的沉降 $s_a=37.076$mm。

（1）若单桩 Q-s_p 为双曲线关系，由双曲线模型，对单桩 Q-s_p 的关系可表示为：

$$\frac{s_p}{Q}=a+bs_p \qquad (11.5\text{-}20)$$

由式（11.5-16）进行拟合反算得

$$a=\frac{s_a}{2R_a}=\frac{37.076}{2\times1248.783}=0.01484$$

$$b=\frac{1}{Q_u}=\frac{1}{2\times1248.783}=0.00040004$$

（2）若单桩 Q-s_p 为线性关系，对单桩 Q-s_p 的关系可表示为：

$$\frac{s_p}{Q}=c,c=\frac{s_a}{R_a}=\frac{37.076}{1248.783}=0.02969$$

计算得到的单桩 Q-s_p 曲线与单桩静载试验结果如图 11.5-7 所示。

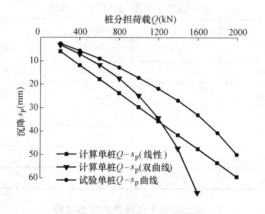

图 11.5-7　单桩 Q-s_p 对比

可见在荷载不大于 1200kN 时，无论按线性或非线性计算单桩的沉降和试验单桩沉降差距不大，可基本上认为在承载力完全发挥时单桩沉降计算值与试验的理论值比较接近。

3.《建筑地基处理技术规范》计算刚性桩复合地基沉降

按照《建筑地基处理技术规范》JGJ 79—2012，当水闸底板附加应力 $p_0=300$kPa 为复合地基设计承载力特征值，则水闸底板实际基础的沉降计算见表 11.5-5。

$\Delta s'_n=5.221$mm$\leqslant0.025\sum\limits_{i=1}^{n}\Delta s'_n=6.281$mm，即计算深度已经满足规范要求。

查表得沉降经验系数 $\psi_s=0.326$，故复合地基总沉降量 $s=\psi_s\sum\limits_{i=1}^{n}\Delta s'_n=0.326\times251.232=81.984$mm。

4. 广东省《建筑地基处理技术规范》计算刚性桩复合地基沉降

按照广东省标准《建筑地基处理技术规范》DBJ 15—38—2005 计算水闸底板实际基础的沉降。

桩间土沉降计算见表 11.5-6，其中基底附加应力取 $p_0 = 0.9(1-m)f_{sk} = 182.492\text{kPa}$。

CFG 桩复合地基沉降计算表（规范法）　　　　　　表 11.5-5

土层名称	z_i (m)	$\overline{\alpha_i}$	E_{si} (MPa)	ζE_{si}(MPa)	$\Delta s'$ (mm)
含砾粗砂	0.0	1	8.0	15.63	—
含砾粗砂	6.0	0.9853	8.0	15.63	66.747
淤质黏土	7.5	0.9746	3.9	9.95	23.887
淤质细砂	9.0	0.9619	6.1	13.32	17.550
中粗砂	18.0	0.8543	9.6	15.56	78.807
含卵石粗砂	22.0	0.8050	11.0	17.86	24.267
风化土	23.6	0.7862	11.0	11.00	14.919
	27.1	0.7468	18.0	18.00	19.834
	28.1	0.7360	18.0	18.00	5.221
Σ					251.23

桩间土沉降计算表（广东地基处理规范）　　　　　　表 11.5-6

土层名称	z_i(m)	$\overline{\alpha_i}$	E_{si}(MPa)	$\Delta s'$(mm)
含砾粗砂	0.0	1	8.0	—
含砾粗砂	6.0	0.9853	8.0	134.85
淤质黏土	7.5	0.9746	3.9	65.422
淤质细砂	9.0	0.9619	6.1	40.307
中粗砂	18.0	0.8543	9.6	127.76
含卵石粗砂	22.0	0.8050	11.0	35.468
风化土	23.6	0.7862	11.0	11.839
	27.1	0.7468	18.0	17.069
	28.1	0.7360	18.0	4.494
Σ				438.22

$\Delta s'_n = 4.494\text{mm} \leqslant 0.025 \sum\limits_{i=1}^{n} \Delta s'_n = 10.956\text{mm}$，即计算深度已经满足规范要求。

查表得沉降经验系数 $\psi_s = 0.879$，故桩间土变形 $s_s = \psi_s \sum\limits_{i=1}^{n} \Delta s'_n = 0.879 \times 438.22 = 385.196\text{mm}$。

桩的变形量计算：

由式（11.5-8）、式（11.5-9）得桩顶与基础间垫层的压缩变形 $s_{p1} = \dfrac{R_a h_c}{E_c A_p} = \dfrac{1248.783 \times 0.3}{80 \times 0.196} = 23.893\text{mm}$，桩身与桩端土层的变形量 $s_{p2} = \dfrac{1}{2}\left[\dfrac{(p_p + q_p)l}{E_p} + \dfrac{D q_p}{E_0}\right] =$

20.238mm，从而桩的变形量 $s_p=s_{p1}+s_{p2}=44.131$mm。

显然桩间土的变形量 s_s 与桩的变形量 s_p 差距远大于 30%，需要根据实际情况凭经验取值。可见按照广东省标准《建筑地基处理技术规范》DBJ 15—38—2005 仍然无法计算该复合地基的沉降。且其计算的桩间土沉降明显偏大很多。

5. 基于桩土变形协调的计算方法

（1）求取加固区桩间土荷载-沉降曲线（ p-s_s 曲线）方程。

对于桩间土，在荷载水平不大时，其荷载-沉降曲线弯曲不明显，可认为其近似呈线性。采用变形模量 E_0 按照 $\Delta s_i=\dfrac{p_{i-1}+p_i}{2E_0}\Delta z_i$ 计算在荷载 $p_0=f_{sk}$ 时 CFG 桩复合地基加固区桩间土的沉降 s_k，计算结果见表 11.5-7。

加固区桩间土沉降计算 表 11.5-7

土层名称	z_i(m)	$\overline{a}_i$	E_0(MPa)	$\Delta s'$(mm)
含砾粗砂	0.0	1	25.0	—
含砾粗砂	6.0	0.9853	25.0	50.141
淤质黏土	7.5	0.9746	5.0	59.294
淤质细砂	9.0	0.9619	15.0	19.046
中粗砂	18.0	0.8543	35.0	40.719
含卵石粗砂	22.0	0.8050	40.0	11.364
Σ				181.56

由表 11.5-4 中计算得到的 $s_k=181.564$mm。则桩间土 p_s-s_s 曲线方程为

$$p_s=\frac{s_s}{s_k}f_{sk}A_s \tag{11.5-21}$$

$$p_s=\frac{s_s}{181.564}\times212.046\times1935.446=2260.376s_s$$

（2）计算单桩荷载-沉降曲线（ Q-s_p 曲线）方程。

1）若单桩 Q-s_p 为双曲线关系：

按照式（11.5-10）～式（11.5-12）计算桩顶荷载 $Q_p=R_a$ 时的沉降 s_a，并假定单桩极限承载力 $Q_u=2R_a$，即可求得单桩的荷载沉降方程。

根据双曲线模型法，对单桩静载试验结果的荷载 Q 和沉降 s_p 可表示为式（11.5-18），由式（11.5-18）进行拟合反算得单桩 Q-s_p 曲线方程为 $Q=\dfrac{s_p}{a+bs_p}$，$a=0.01484$，$b=0.0004004$。

2）若单桩 Q-s_p 为线性关系：

同理，按照式（11.5-10）～式（11.5-12）计算桩顶荷载 $Q_p=R_a$ 时的沉降 s_a，可求得单桩 Q-s_p 曲线方程为 $s_p=cQ$，$c=0.02969$。

分别采用计算单桩 Q-s_p 曲线（线性和双曲线）和试验单桩静载结果计算实际基础下的水闸底板沉降，并与观测沉降比较。

（3）根据桩土变形协调条件和静力平衡方程即可解得加固区沉降 s_1。

1）若单桩 Q-s_p 为双曲线关系：

联立式（11.5-15）、式（11.5-16）可解得加固区沉降 $s_1=33.202$mm，其计算结果如图 11.5-8 所示。此时单桩分担荷载为 1179.94kN，土分担的荷载压力为 38.78kPa。显然，土的承载力未充分发挥，而这是由桩土的相对刚度决定的。

下卧层沉降按照应力扩散法计算，可求得下卧层沉降 $s_2=11.613$mm，则按照单桩 Q-s_p 为双曲线关系计算该水闸基础总沉降为 44.81mm。

2）若单桩 Q-s_p 为线性关系：

联立式（11.5-15）、式（11.5-17）可解得加固区沉降 $s_1=34.795$mm，其计算结果如图 11.5-9 所示。此时单桩分担的荷载为 1171.95kN，土分担的荷载压力为 40.64kPa。

下卧层沉降按照应力扩散法计算，可求得下卧层沉降 $s_2=11.613$mm，则按照单桩 Q-s_p 为线性关系计算该水闸基础总沉降为 46.41mm。

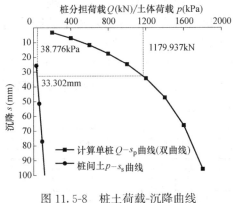

图 11.5-8　桩土荷载-沉降曲线

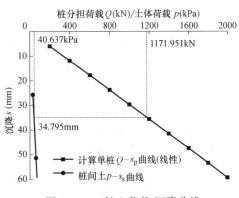

图 11.5-9　桩土荷载-沉降曲线

对于该工程，已有单桩静载试验结果，见表 11.5-8。实际基础下设置了褥垫层，在计算实际基础的沉降时，单桩的沉降曲线需考虑垫层的压缩。按照单桩静载试验结果计算的复合地基沉降结果如图 11.5-10 所示。此时桩分担的荷载为 1233.53kN，土分担的荷载压力为 26.29kPa。计算得到加固区沉降 $s_1=22.509$mm，而下卧层沉降 $s_2=11.613$mm，复合地基总沉降 $s=34.12$mm。

单桩静载试验结果　　　　　　　　　　　　　　　　　　表 11.5-8

荷载 Q(kN)	200	400	600	800	1000	1200	1400	1600	1800	2000
累积沉降 s'(mm)	0.72	1.85	3.27	5.22	7.69	10.36	13.47	17.7	23.45	30.83
垫层压缩(mm)	1.91	3.82	5.73	7.64	9.55	11.46	13.37	15.28	17.19	19.10
总沉降 s(mm)	2.63	5.67	9.00	11.86	17.2	21.82	26.84	32.98	40.64	49.93

实测水闸底板各点沉降如图 11.5-11 所示，为 24.0～35.0mm。按照桩土变形协调的独立算法，若单桩 Q-s_p 为双曲线，计算复合地基沉降为 44.81mm；若单桩 Q-s_p 为线性关系，计算复合地基沉降为 46.41mm。而按试验单桩 Q-s_p 曲线计算复合地基沉降为 34.12mm，均与实测值较为接近。可见按照计算单桩 Q-s_p 曲线计算复合地基沉降的方法是可行的，且有较好的计算精度。但按照试验单桩 Q-s_p 曲线计算则更为准确。而按规范方法的复合模量法计算的基础沉降为 81.984mm，显然与实测值差距较大。说明本文的简化方法还是比较有效的。

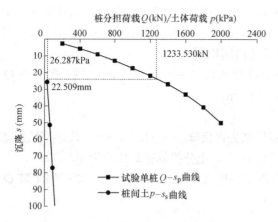

图 11.5-10 桩土荷载-沉降曲线

另一方面，从桩土荷载分担情况上看，土分担的荷载偏小了，说明桩的刚度偏大，土的刚度偏小。要使土能合理分担更多荷载，可增加褥垫层厚度减小桩的刚度，使沉降适当增加会有更好的效果。

11.5.4　小结

刚性桩复合地基的沉降计算一直缺乏简便实用的计算方法，关键在于参数的选取和计算模型的选择。现有较为实用和常用的规范方法对桩土共同作用考虑不足，这里所提出的方法能较好地考虑桩土共同作用，桩土的沉降在常规设计荷载下可按线性方法计算，当桩的荷载较大时也可考虑桩的非线性沉降。这种方法简便，参数简单，结果具有较好的计算精度，可为刚性桩复合地基的沉降计算提供一种工程上的简便实用新方法，从而促进刚性桩复合地基的变形控制设计的发展。

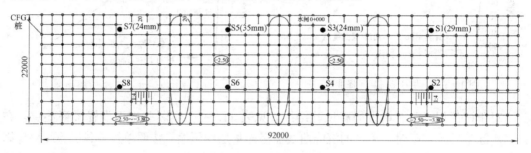

图 11.5-11　水闸沉降观测结果

11.6　结论

地基按变形控制设计更能保证工程的安全，避免因变形过大而引起的工程问题，使工程设计更科学和合理，是未来地基设计理论发展的方向。而要实现地基的变形控制设计，关键要解决好地基及基础的变形计算问题，提高变形计算的准确性，并按变形控制确定地基承载力。这里介绍了一种新的地基沉降计算方法——切线模量法及确定地基承载力的新方法。该法通过现场原位压板载荷试验或其他原位试验，求取地基土的三个强度和变形指标 c、φ、E_0，用这三个指标通过建立的模型可以计算地基及基础的荷载 p 与沉降 s 的非线性关系，可以获得通常基础的 $p \sim s$ 曲线，从而可由基础的 $p \sim s$ 曲线直接取定符合沉降和承载力强度要求的最大地基承载力值，实现按沉降控制确定地基的承载力取值，这样可以保证工程安全而又能充分利用天然地基的承载力。同时进一步推广用于刚性桩复合地基设计方法的发展和完善，对刚性桩复合地基的沉降提出了改进方法。该方法简单方便，参数物理意义明确、简单易确定，还可以用于建立沉降本构模型，用于地基变形的数值分析。通过进一步的发展和完善，可为地基变形控制设计提供科学有效的方法，从而推动地基设计理论的发展，更好地为工程服务。

参考文献

[1] 杨光华. 岩土力学与工程的发展问题 [J]，广东水利水电，2000，No. 6：15～17.

[2] 李广信. 高等土力学 [M]. 北京：清华大学出版社，2004.

[3] 殷宗泽. 土工原理 [M]. 北京：中国水利水电出版社，2007.

[4] 中国建筑科学研究院. GB 50007—2002 建筑地基基础设计规范 [S]. 北京：中国建筑工业出版社，2002.

[5] 广东省标准编写组. DBJ 15—31—2003 建筑地基基础设计规范 [S]. 北京：中国建筑工业出版社，2003.

[6] 深圳地方标准编写组. SJG 1—88 深圳地区建筑地基基础设计试行规程 [S]. 深圳，1992.

[7] 中国建筑科学研究院. JGJ 6—99 高层建筑箱形与筏形基础技术规范 [S]. 北京：中国建筑工业出版社，2002.

[8] 北京市地方性标准编写组. DBJ 01—501—92 北京地区建筑地基基础勘察设计规范 [S]. 北京，1992.

[9] 张在明. 等效变形模量的非线性分析 [J]. 岩土工程学报，1997，vol. 5：56～59.

[10] 焦五一. 地基变形计算的新参数——弦线模量的原理和应用 [J]. 水文地质及工程地质，1982，vol. 1：30～33.

[11] 杨光华. 基础非线性沉降的双曲线模型法 [J]. 地基处理，1997，vol. 1：50～53.

[12] 杨光华. 残积土上基础非线性沉降的双曲线模型的研究 [C]. 第七届全国岩土力学数值分析与解析方法讨论会论文集，大连：大连理工大学出版社，2001：168～171.

[13] 杨光华. 地基承载力的合理确定方法 [C]. 全国岩土与工程学术大会论文集，北京：人民交通出版社，2003：129～133.

[14] Yang Guanghua. A Simplified Analysis Method for the Ponlinear Settlement of singhe pile [C]. Prod of 2nd lat. Sym on struc and found of civil Eng, Jan, 1997, Hong Kong.

[15] 杨光华. 软土地基非线性沉降计算的简化法 [J]，广东水利水电，2001. No. 1：3～5.

[16] 杨光华，李德吉等. 计算软土地基非线性沉降的一个简化法 [C]. 第九届土力学及岩土工程学术会议论文集，北京：清华大学出版社，2003，506～510.

[17] 杨光华，李广信，介玉新. 土的本构模型的广义位势理论及其应用 [M]. 北京：中国水利水电出版社，2007.

[18] 杨光华. 地基非线性沉降计算的原状土切线模量法 [J]. 岩土工程学报，2006，11：1927～1931.

[19] 杨光华，王鹏华，乔有梁. 地基非线性沉降计算的原状土割线模量法 [J]. 土木工程学报，2007，40 (5)：49～52.

[20] 杨光华，王俊辉. 地基非线性沉降计算原状土切线模量法的推广和应用 [J]. 岩土力学，2011，32 (S1)：33～37.

[21] 乔有梁，杨光华. 单桩非线性沉降计算的原状土切线模量法 [C]. 第十届土力学及岩土工程学术会议.

[22] 杨光华，张玉成，张有祥. 变模量弹塑性强度折减法及其在边坡稳定分析中的应用 [J]. 岩石力学与工程学报，2009，(07)：1506～1512.

[23] 刘琼，杨光华，刘鹏. 基于原位旁压试验的地基非线性沉降计算方法 [J]. 广东水利水电，2010，07.

[24] 刘琼，杨光华，刘鹏. 用旁压试验结果推算载荷试验 $p\text{-}s$ 曲线 [J]. 广东水利水电，2008，11.

[25] 杨光华，骆以道，张玉成，王恩麒. 用简单原位试验确定切线模量法的参数及其在砂土地基非线性沉降分析中的验证 [J]. 岩土工程学报，2013，03.

[26] 杨光华. 根据经验地基承载力反算土的强度和变形参数 [J]. 广东水利水电，2002（1）：3～6.

[27] 彭长学，杨光华. 软土 $e\sim p$ 曲线确定的简化方法及在非线性沉降计算中的应用 [J]. 岩土力学. 2008（06）.

[28] 杨光华，姚丽娜，姜燕，黄忠铭. 基于 $e\sim p$ 曲线的软土地基非线性沉降的实用计算方法 [J]. 岩土工程学报. 2015（02）.

[29] 杨光华，黄志兴，李志云，姜燕，李德吉. 考虑侧向变形的软土地基非线性沉降计算的简化法 [J]. 岩土工程学报，2017（9）.

[30] 陆培炎. 关于我国地基基础设计规范设计原则问题 [J]. 岩土工程学报，1997，01：101～104.

[31] 沈珠江，陆培炎. 评当前岩土工程实践中的保守倾向 [J]. 岩土工程学报，1997，04：115～118.

[32] 宰金珉，翟洪飞，周峰，梅岭. 按变形控制确定中、低压缩性地基土承载力的研究 [J]. 土木工程学报，2008，08：72～80.

[33] 陆培炎、徐振华，地基的强度和变形的计算 [M]，西宁：青海人民出版社，1978.

[34] （美）约瑟夫·E·波勒斯. 《基础工程分析与设计》（童小东等译）[M]. 北京：中国建筑工业出版社，2004.

[35] 中国建筑科学研究院. JGJ 79—2012 建筑地基处理技术规范 [S]. 北京：中国建筑工业出版社，2012.

[36] Braja M. Das. shallow foundations bearing capacity and settlement（second edition）[M]，CRC press Taylor & Francis Group，2009.

[37] 建设部综合勘察研究设计院. GB 50021—2001 岩土工程勘察规范 [S]. 北京：中国建筑工业出版社，2011.

[38] 王红升，周东久，郭伦远. 理论公式确定地基容许承载力时安全系数的选取 [J]. 河南交通科技，1999，04：31～32.

[39] 杨位光，地基及基础 [M]（华南理工大学主编、东南、湖南、浙大四校合编）. 北京：中国建筑工业出版社，2005.

[40] 杨光华，姜燕，张玉成，王恩麒. 确定地基承载力的新方法 [J]. 岩土工程学报，2014，04：597～603.

[41] 杨光华. 地基沉降计算的新方法及其应用 [M]. 北京：科学出版社，2013.

[42] 杨光华，黄致兴，姜燕，张玉成. 地基承载力的双控确定方法，岩土力学，2016，S2.

[43] 中国建筑科学研究院. JGJ 79—2012 建筑地基处理技术规范 [S]. 北京：中国建筑工业出版社，2012.

[44] 王慧萍. 刚性桩复合地基沉降计算方法的探讨 [J]. 河北建筑科技学院学报，2005，22（2）：37～41.

[45] 浙江大学. GB/T 50783—2012 复合地基技术规范 [S]. 北京：中国建筑工业出版社，2012.

[46] DBJ 15—38—2005 广东省标准. 建筑地基处理技术规范 [S]. 广州：广东省建设厅，2005.

[47] 杨光华，苏卜坤，乔有梁. 刚性桩复合地基沉降计算方法 [J]. 岩石力学与工程学报，2009，28（11）：2193～2200.

[48] 杨光华，李德吉，官大庶. 刚性桩复合地基优化设计 [J]. 岩石力学与工程学报，2011，30（4）.

[49] 杨光华，徐传堡，李志云，姜燕，张玉成. 软土地基刚性桩复合地基沉降计算的简化方法 [J]. 岩土工程学报，2017（S2）.

12 道路工程中复合地基沉降与稳定控制设计理论及方法

俞建霖，龚晓南，李俊圆

（浙江大学滨海和城市岩土工程研究中心，浙江 杭州 310058）

12.1 前言

随着我国基础建设的不断发展，各种形式的复合地基技术在高速公路和高速铁路等道路工程领域得到了广泛的应用和推广，并取得了良好的经济效益和社会效益。然而公路和铁路路堤、堆场、堤坝等柔性基础下复合地基的理论研究已落后于工程实践，在设计中常沿用刚性基础下复合地基的设计理论。由于柔性基础的刚度相对较小且桩间土的压缩性远大于桩体，使得刚性基础下复合地基的"桩土等应变"假设不再适用[1,2]，模型试验[3]、理论研究[4]、数值模拟[5]和现场实测[6,7]结果均表明，柔性基础与刚性基础下复合地基的工作性状和破坏模式存在显著差异：柔性基础下复合地基的承载力和桩土应力比小于刚性基础下复合地基，而其沉降量则大于刚性基础下复合地基，且桩顶会向基础内产生刺入变形。将刚性基础下复合地基的理论及相应的承载力和沉降公式用于路堤等柔性基础下复合地基，所得计算值与实测值差距较大，结果偏于不安全（沉降量偏小，承载力偏大）[8~10]。在实际工程中采用复合地基处理后路堤发生失稳的工程事故时有发生，例如福建省罗源—长乐高速公路采用 CFG 桩处理的路基在使用 16 个月后左幅路基发生外移下陷了约 15m[11]，沉降变形量远远超出了安全范围；广珠高速公路北段工程采用管桩复合地基处理的某段路基在施工期间发生滑塌破坏[12]。因此，对于柔性基础下的复合地基除承载力和沉降计算外，还应进行稳定分析[13]。

针对上述存在的问题，本章对柔性基础下桩体复合地基工作性状开展全面分析，研究了柔性基础-垫层-复合地基-下卧层土体整个系统的荷载传递规律及变形特性，提出了考虑柔性基础-垫层-复合地基-下卧层土体上下部共同作用的路堤下复合地基沉降分析方法；同时，采用数值方法系统分析了路堤下刚性桩复合地基的渐进破坏过程，根据破坏模式的差异对路堤下桩体进行了分区和分类，并在此基础上提出了考虑桩体破坏模式差异的路堤下复合地基稳定分析方法。

12.2 道路工程中复合地基沉降分析理论

12.2.1 研究现状

目前国内外对于柔性基础下复合地基荷载传递特性和沉降控制分析在解析解方面的研

究主要包括：Alamgir[14]提出了考虑桩-土沉降非同步性，忽略径向位移的位移模式，推导了柔性基础下端承桩复合地基桩身应力、桩侧摩阻力以及沉降计算的解析式；杨涛[15]通过引进"中性点"的概念假设中性点位置和桩侧摩阻力分布，推导了柔性基础下悬桩复合地基的沉降公式；刘杰[16]等在 Alamgir 假设的基础上，考虑径向变形，推导了柔性基础下复合地基加固区内桩及桩周土压缩量的计算公式；李海芳[17,18]提出了改进的位移分布模式，同时考虑了中性点和径向位移两个因素，利用假定的桩顶处侧摩阻力发挥水平系数，推导了复合地基桩侧摩阻力、加固区沉降量以及桩土应力比的解析式；郭超[19]建立了考虑桩-土-垫层之间的相互作用的低强度桩复合地基沉降计算的应力-应变协调方程，并进一步得到了桩和桩间土体的应力分布规律、压缩变形量、桩体上刺入垫层和下刺入下卧土层的刺入量；章定文[20]根据实际应力状态计算桩侧摩阻力和桩土荷载分担比，推导出了考虑桩土非等应变的路堤荷载下搅拌桩复合地基沉降计算方法；赵明华[21,22]建立了柔性基础下复合地基中碎石桩鼓胀段荷载传递模式，导出了考虑碎石桩鼓胀变形和桩土界面滑移的柔性基础下碎石桩复合地基桩土应力比及沉降计算方程；罗强[23]考虑桩土滑移特性及桩间土非均匀压缩变形特征，根据单元体桩土荷载传递微分方程，导出了表征路堤下刚性桩复合地基性状的沉降和桩土应力比的解析表达式。

通过上述已有研究成果分析可知，对柔性基础下复合地基荷载传递特性和沉降控制分析解析解的研究主要还存在以下不足：

（1）将复合地基与基础相脱离，未考虑整个系统上下部之间的共同作用。国内研究成果大多针对系统下部——复合地基开展研究，即假设上部荷载直接作用于复合地基或垫层的表面，对复合地基桩体及桩间土的附加应力分布及变形特性开展研究；而国外学者则侧重于研究系统上部——路堤填土的工作性状（主要是路堤荷载的分担关系），未考虑路堤、垫层及复合地基的应力及变形耦合。

（2）采用的桩间土竖向位移分布模式与实际情况不符。现有的桩间土竖向位移分布模式一般采用两种假设：a. 考虑桩土界面滑移，但未考虑桩间土沉降的非同步性，假设同一深度处桩间土沉降相等，即桩间土沉降按一维问题考虑；b. 考虑桩间土沉降的非同步性，桩间土位移模式按二维问题考虑，但认为桩土界面位移协调，不考虑二者之间的相对滑移。合理的桩间土位移模式应当既考虑桩土界面位移的非协调性，又考虑同一深度处桩间土沉降的非同步性。

在前人研究基础上，本章将柔性基础-垫层-复合地基-下卧层土体视为上下部共同作用的系统，考虑了四者之间应力和变形的耦合关系，桩间土位移模式既考虑桩土界面的相对滑移，又考虑同一深度处桩间土沉降的非同步性，分析路堤、垫层、桩体以及地基土体的荷载传递规律和变形的求解。

12.2.2 柔性基础下复合地基荷载传递机理

俞建霖等[24]认为，柔性基础下桩体复合地基系统的荷载传递机理应包括：基础填土中的土拱效应、基础的刚度效应、垫层效应、桩土间差异沉降引起的荷载传递以及下卧层土体的支承作用五个部分。

1. 基础填土中的土拱效应

在荷载作用下桩间土的沉降量大于桩顶，桩间土上部的填土相对于桩顶上的填土产生向下移动的趋势，二者之间会产生剪应力以阻止不均匀变形的发展，这样桩间土上部填土将自身的部分荷载转移到了桩顶上部填土，从而减小了桩间土上的应力而增大了桩顶上的应力，即填土中产生土拱效应。

2. 基础的刚度效应

当柔性基础的刚度产生变化时，桩顶与桩间土之间的差异沉降不同，从而影响了填土之间和桩土之间的荷载传递及分担，桩土应力比也会随之改变。

3. 垫层效应

与刚性基础下复合地基设置柔性垫层相反，柔性基础下的复合地基应采用刚度较大的垫层如加筋垫层、灰土垫层等，以增大桩土荷载分担比，使桩体更好地发挥作用，减小桩间土承担的荷载以及桩顶与桩间土之间的差异沉降，从而改善复合地基的工作性状。

4. 桩土间差异沉降引起的荷载传递

柔性基础下复合地基桩间土沉降量大于桩顶沉降量，使得在桩顶下一定深度范围内桩间土对桩体产生向下滑动的趋势，从而在桩侧产生负摩阻力，桩间土也将部分荷载转移到了桩体。直至某深度处桩体与土体沉降量一致，此时桩侧摩阻力为零，此点称为"中性点"。也就是说，柔性基础下复合地基中存在有"等沉面"，因此柔性基础下复合地基桩身最大轴向应力位于中性点处。在中性点深度以下桩体沉降量大于桩间土沉降量，桩间土对桩体产生正摩阻力。

5. 桩端下卧层土体的支承作用

现场实测和数值分析结果均已表明桩端下卧层土体的性质对复合地基的性状存在较大影响。端承式复合地基的桩土间差异沉降和桩土应力比均明显大于悬浮式复合地基，而沉降量则大大小于后者。

上述分析表明，柔性基础下复合地基的受力及变形过程是柔性基础、垫层、复合地基以及桩端下卧层土体四者之间共同作用、应力与变形相互耦合的复杂过程。因此在复合地基性状分析中应当考虑基础填土—刚性垫层—复合地基—下卧层土体四者之间的共同作用，从而准确把握整个系统的荷载传递规律及变形特性。

12.2.3 柔性基础下复合地基沉降分析方法

1. 计算模型

路堤、堤坝等柔性基础一般宽度较大，为简化模型，可取由单个桩体与其所影响范围内土体形成的同心圆柱体作为典型单元体进行分析[25]，如图 12.2-1 所示（以正方形布桩为例）。

因此，路堤下的复合地基简化为图 12.2-2 所示的模型，垫层厚度为 h_c，路堤基础厚度为 $H-h_c$。将桩体及其上方垫层和填土的区域简化为直径为 $2a$（桩体直径）的内土柱。将桩体加固影响范围内桩间土及其上方的垫层和填土正方形区域化为面积相等的以桩身为中轴的圆筒体即外土柱，外土柱半径为 b。此处的内土柱可以类似模量较小的"内土柱"，同"桩间土"（外土柱）间也存在摩阻力。由对称性原理可得，外土柱外表面的摩擦力为零。

在初始阶段，路堤荷载均匀地作用在桩顶和桩间土上。由于桩体的压缩模量大于桩间土的压缩模量，桩间土的沉降大于桩顶的沉降量，造成桩间土上部的垫层对桩顶上部的垫

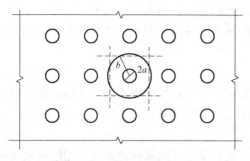

图 12.2-1　典型单元体示意图

层产生一个向下滑动的趋势，从而使桩顶上部的圆柱形垫层受到桩间土上部的圆筒形垫层向下的拖曳力（摩擦力），这个拖曳力一直从垫层延伸到基础填土。随着内土柱向上发展，距离桩顶越远，这种向下滑动的趋势越来越不明显，沉降差异也逐步减少。当达到高度 h_e 时，差异沉降最终消失，两者沉降相等，也不存在拖曳力。该平面就是填土中的均匀沉陷面即填土中的"等沉面"。由于桩体向上刺入垫层，向下刺入下卧层土体，这就使得桩体在桩身范围内压缩变形同桩周土的压缩变形不一致。在地表下一定深度 l_0 范围内桩侧产生负摩擦阻力，该深度以下为正摩阻力。将在该深度 l_0 处桩体和桩周土的沉降量相等，并且桩侧摩阻力为零的点称为"中性点"。

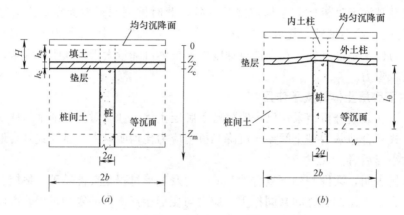

图 12.2-2　计算模型中的桩土受力变形图

（a）变形前；（b）变形后

2. 基本假设

（1）柔性基础填土、垫层、桩体及桩间土均为各向同性的理想弹性体；

（2）桩体只产生竖向位移，径向位移可以忽略；

（3）桩端下卧层土体采用 Winkler 地基模型进行分析；

（4）假设填土典型位移模式为：

$$w_{fs} = w_{fp} + A_1 \frac{z}{z_e} \left(\frac{r}{a} - e^{B(\frac{z}{a}-1)} + C_1 \right) \tag{12.2-1}$$

式中　w_{fp}、w_{fs}——填土内、外土柱的位移；

$\quad\quad\quad z_e$——柔性基础填土和垫层交接面的高度；

$\quad A_1$，B，C_1——待定系数；

$\quad\quad\quad r$——计算点到圆柱体中心线的距离。

（5）垫层段典型位移模式为：

$$w_{cs} = w_{cp} + A_2 \left(1 + \frac{z}{z_a} \right) \left(\frac{r}{a} - e^{B(\frac{z}{a}-1)} + C_2 \right) \tag{12.2-2}$$

式中　w_{cp}、w_{cs}——垫层段内、外土柱的位移；

A_2，z_a，C_2——待定系数。

（6）复合地基段典型位移模式为：

$$w_s = w_p + A_3\left(1 - \frac{z}{z_m}\right)\left(\frac{r}{a} - e^{B(\frac{r}{a}-1)} + C_3\right) \tag{12.2-3}$$

式中　w_p、w_s——桩和桩间土的位移；

z_m——桩的中性点的高度；

A_3，C_3——待定系数。

3. 应力平衡方程

（1）柔性基础分析模型

取填土中圆柱体中心线与均匀沉降面交点为坐标原点，z 轴向下为正（见图12.2-1a）。从内土柱取 dz 厚度的微段作为研究对象，该单位受力情况如图 12.2-3（a）所示。

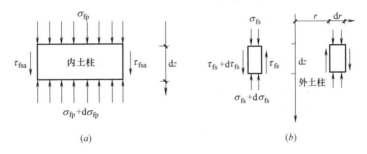

图 12.2-3　填土段单元受力图

（a）内土柱；（b）外土柱

由式（12.2-1）对 r 求偏导数，得土单元剪应变和剪应力，

$$\left.\begin{aligned}\gamma_{fs} &= \frac{\partial w_{fs}}{\partial r} = \frac{A_1}{a}\frac{z}{z_e}(1 - Be^{B(\frac{r}{a}-1)}) \\ \tau_{fs} &= G\gamma_{fs} = \frac{A_1 E_{fs}}{2a(1+\mu_{fs})}\frac{z}{z_e}(1 - Be^{B(\frac{r}{a}-1)})\end{aligned}\right\} \tag{12.2-4}$$

式中　E_{fs}——路基填土的压缩模量；

μ_{fs}——路基填土的泊松比；

a——桩体半径；

b——加固区的换算半径。

$$\text{由 } r=b, \tau_{fsb}=0 \Rightarrow 1 - Be^{B(\frac{b}{a}-1)} = 0 \tag{12.2-5}$$

根据式（12.2-5）可以求出唯一的 B。

$$\text{当 } r=a, \tau_{fsa} = G\gamma_{fs} = \frac{A_1 E_{fs}}{2a(1+\mu_{fs})}\frac{z}{z_e}(1 - B) \tag{12.2-6}$$

填土内土柱单元平衡可得：

$$\left.\begin{aligned}\pi a^2(\sigma_{fp} + d\sigma_{fp}) &- \pi a^2 \sigma_{fp} - 2\pi a\tau_{fsa}dz = 0 \\ \Rightarrow \tau_{fsa} &= \frac{a}{2}\frac{d\sigma_{fp}}{dz} = \frac{aE_{fp}}{2}\frac{d\varepsilon_{fp}}{dz} = \frac{aE_{fp}}{2}\frac{d^2 w_{fp}}{dz^2}\end{aligned}\right\} \tag{12.2-7}$$

将上面式（12.2-6）、式（12.2-7）方程联立求解可得：

$$\left.\begin{array}{l}\dfrac{\mathrm{d}^2 w_{\mathrm{fp}}}{\mathrm{d}z^2}=D_1\dfrac{z}{z_{\mathrm{e}}}\\[2mm]D_1=\dfrac{A_1 E_{\mathrm{fs}}(1-B)}{a^2(1+\mu_{\mathrm{fs}})E_{\mathrm{fp}}}\end{array}\right\}$$ (12.2-8)

将微分方程式（12.2-8）积分可得填土段内土柱的位移求解方程：

$$w_{\mathrm{fp}}=D_1\frac{z^3}{6z_{\mathrm{e}}}+M_1 z+M_2$$ (12.2-9)

式中 M_1，M_2——待定系数。

通过式（12.2-9）可以推导出内土柱应力的求解方程：

$$\sigma_{\mathrm{fp}}=E_{\mathrm{fp}}\varepsilon_{\mathrm{fp}}=E_{\mathrm{fp}}\frac{\mathrm{d}w_{\mathrm{fp}}}{\mathrm{d}z}=D_1 E_{\mathrm{fp}}\frac{z^2}{2z_{\mathrm{e}}}+E_{\mathrm{fp}}M_1$$ (12.2-10)

式中 E_{fp}——填土段内土柱的压缩模量。

由外土柱环的受力平衡可知（图12.2-2b）：

$$(\sigma_{\mathrm{fs}}+\mathrm{d}\sigma_{\mathrm{fs}})\big[\pi(r+\mathrm{d}r)^2-\pi r^2\big]-\sigma_{\mathrm{fs}}\big[\pi(r+\mathrm{d}r)^2-\pi r^2\big]$$
$$+2\pi r\tau_{\mathrm{fs}}\mathrm{d}z-2\pi(r+\mathrm{d}r)(\tau_{\mathrm{fs}}+\mathrm{d}\tau_{\mathrm{fs}})\mathrm{d}z=0$$ (12.2-11)

略去高阶微量，并由 $\mathrm{d}\tau_{\mathrm{s}}=\dfrac{\partial \tau_{\mathrm{s}}}{\partial r}\mathrm{d}r$，得到：

$$\mathrm{d}\sigma_{\mathrm{fs}}=\Big(\frac{1}{r}\tau_{\mathrm{fs}}+\frac{\partial\tau_{\mathrm{fs}}}{\partial r}\Big)\mathrm{d}z=\Big[\frac{1}{r}\frac{A_1 E_{\mathrm{fs}}}{2a(1+\mu_{\mathrm{fs}})}z/z_{\mathrm{e}}\big(1-$$
$$Be^{B(\frac{z}{a}-1)}\big)-\frac{A_1 B^2 E_{\mathrm{fs}}}{2a^2(1+\mu_{\mathrm{fs}})}z/z_{\mathrm{e}}e^{B(\frac{z}{a}-1)}\Big]\mathrm{d}z=f(r)z/z_{\mathrm{e}}\mathrm{d}z$$ (12.2-12)

其中 $f(r)=\dfrac{A_1 E_{\mathrm{fs}}}{2a(1+\mu_{\mathrm{fs}})}\Big[\dfrac{1}{r}\big(1-Be^{B(\frac{z}{a}-1)}\big)-\dfrac{B^2}{a}e^{B(\frac{z}{a}-1)}\Big]$ (12.2-13)

对式（12.2-12）进行积分可以得到外土柱的应力表达式：

$$\sigma_{\mathrm{fs}}=f(r)\frac{z^2}{2z_{\mathrm{e}}}+M_3$$ (12.2-14)

（2）垫层分析模型

在垫层中，取长度为 $\mathrm{d}z$ 的内、外单元体为研究对象，如图12.2-4所示。

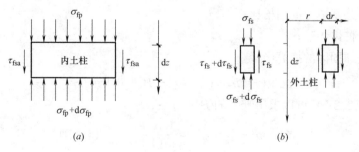

图12.2-4 垫层段单元受力图
(a) 内土柱；(b) 外土柱

与填土段计算分析相同，可以得到垫层段 w_{cp}，σ_{cp}，σ_{cs} 的求解公式。

$$w_{\mathrm{cp}}=D_2\Big(\frac{z^2}{2}+\frac{z^3}{6z_{\mathrm{a}}}\Big)+M_4 z+M_5$$ (12.2-15)

$$D_2 = \frac{A_2 E_{cs}(1-B)}{a^2(1+\mu_{cs})E_{cp}} \tag{12.2-16}$$

式中　w_{cp}——垫层段内土柱的位移；

　　　　E_{cs}——垫层外土柱的压缩模量；

　　　　E_{cp}——垫层内土柱的压缩模量；

　　M_4，M_5——待定系数；

　　　　μ_{cs}——垫层段外土柱的泊松比。

$$\sigma_{cp} = E_{cp}\varepsilon_{cp} = E_{cp}\frac{\mathrm{d}w_{cp}}{\mathrm{d}z} = D_2 E_{cp}\left(z+\frac{z^2}{2z_a}\right) + E_{cp}M_4 \tag{12.2-17}$$

式中　σ_{cp}——垫层内土柱应力。

$$\sigma_{cs} = g(r)\left(z+\frac{z^2}{2z_a}\right) + M_6 \tag{12.2-18}$$

$$g(r) = \frac{A_2 E_{cs}}{2a(1+\mu_{cs})}\left[\frac{1}{r}\left(1-Be^{B(\frac{r}{a}-1)}\right) - \frac{B^2}{a}e^{B(\frac{r}{a}-1)}\right] \tag{12.2-19}$$

式中　M_6——待定系数；

　　　　σ_{cs}——垫层外土柱应力。

（3）复合地基分析模型

在复合地基中，分别取长度为 dz 的桩、桩间土为研究对象，如图 12.2-5 所示。

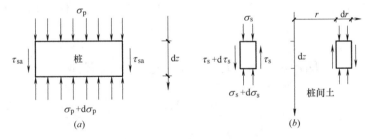

图 12.2-5　复合地基单元受力图

（a）桩；（b）桩间土

与填土段的分析计算相同，可以得到复合地基段 w_p，σ_p，σ_s 的求解：

$$w_p = D_3\left(\frac{z^2}{2} - \frac{z^3}{6z_m}\right) + M_7 z + M_8 \tag{12.2-20}$$

$$D_3 = \frac{A_3 E_s(1-B)}{a^2(1+\mu_s)E_p} \tag{12.2-21}$$

式中　　　w_p——复合地基桩体的位移；

　　　　　E_s——桩间土的压缩模量；

　　M_7，M_8——待定系数；

　　　　　E_p——桩压缩模量；

　　　　　μ_s——桩间土的泊松比。

$$\sigma_p = E_p\varepsilon_p = E_p\frac{\mathrm{d}w_p}{\mathrm{d}z} = D_3 E_p\left(z-\frac{z^2}{2z_m}\right) + E_p M_7 \tag{12.2-22}$$

式中　σ_p——桩体的应力。

$$\sigma_s = h(r)\left(z - \frac{z^2}{2z_m}\right) + M_9 \tag{12.2-23}$$

$$h(r) = \frac{A_3 E_s}{2a(1+\mu_s)}\left[\frac{1}{r}(1 - Be^{B(\frac{r}{a}-1)}) - \frac{B^2}{a}e^{B(\frac{r}{a}-1)}\right] \tag{12.2-24}$$

式中　M_9——待定系数；

　　　σ_s——桩间土柱应力。

桩土应力比可定义为：桩顶平均应力与桩间土平均应力之比，即

$$\left.\begin{array}{l} n = \dfrac{\sigma_p}{\overline{\sigma}_s} \\[4mm] \overline{\sigma}_s = \dfrac{\displaystyle\int_a^b \sigma_s \cdot 2\pi r \, \mathrm{d}r}{\pi(b^2 - a^2)} \end{array}\right\} \tag{12.2-25}$$

4. 变形协调方程

（1）填土中均匀沉降面内、外土柱应力相等得到：

$$\sigma_{fp0} = E_{fp} M_1 = \sigma_{fs0} = M_3 \tag{12.2-26}$$

（2）内外土柱在填土和垫层接触面处应力连续条件，可得：

$$\sigma_{fpe} = \sigma_{cpe}, \sigma_{fse} = \sigma_{cse} \tag{12.2-27}$$

联立方程式（12.2-10）、式（12.2-14）、式（12.2-17）、式（12.2-18）和式（12.2-27）可以得到：

$$D_1 E_{fp}\frac{z_e}{2} + E_{fp} M_1 = D_2 E_{cp}\left(z_e + \frac{z_e^2}{2z_a}\right) + E_{cp} M_4 \tag{12.2-28}$$

$$M_3 = M_6 \tag{12.2-29}$$

$$g(r)\left(z_e + \frac{z_e^2}{2z_a}\right) = f(r)\frac{z_e}{2} \tag{12.2-30}$$

（3）由内外土柱在垫层与加固区接触面处的应力连续条件可得：

$$\sigma_{cpc} = \sigma_{pc}, \sigma_{csc} = \sigma_{sc} \tag{12.2-31}$$

联立方程式（12.2-17）、式（12.2-18）、式（12.2-22）、式（12.2-23）和式（12.2-31）可以得到：

$$D_2 E_{cp}\left(z_c + \frac{z_c^2}{2z_a}\right) + E_{cp} M_4 = D_3 E_p\left(z_c - \frac{z_c^2}{2z_m}\right) + E_p M_7 \tag{12.2-32}$$

$$M_6 = M_9 \tag{12.2-33}$$

$$g(r)\left(z_c + \frac{z_c^2}{2z_a}\right) = h(r)\left(z_c - \frac{z_c^2}{2z_m}\right) \tag{12.2-34}$$

（4）由内外土柱在填土与垫层接触面处的位移连续条件，可得：

$$w_{fp} = w_{cp}, w_{fs} = w_{cs} \tag{12.2-35}$$

联立方程式（12.2-1）、式（12.2-2）、式（12.2-9）、式（12.2-15）和式（12.2-35）可以得到：

$$D_1\frac{z_e^2}{6}+M_1z_e+M_2=D_2\left(\frac{z_e^2}{2}+\frac{z_e^3}{6z_a}\right)+M_4z_e+M_5 \tag{12.2-36}$$

$$C_1=C_2 \tag{12.2-37}$$

$$A_1=A_2\left(1+\frac{z_e}{z_a}\right) \tag{12.2-38}$$

（5）由内外土柱在垫层与加固区接触面处的位移连续条件，可得：

$$w_{cp}=w_p,w_{cs}=w_s \tag{12.2-39}$$

联立方程式（12.2-2）、式（12.2-3）、式（12.2-15）、式（12.2-20）和式（12.2-39）可以得到：

$$D_2\left(\frac{z_c^2}{2}+\frac{z_c^3}{6z_e}\right)+M_4z_c+M_5=D_3\left(\frac{z_c^2}{2}-\frac{z_c^3}{6z_m}\right)+M_7z_c+M_8 \tag{12.2-40}$$

$$A_2\left(1+\frac{z_c}{z_a}\right)=A_3\left(1-\frac{z_c}{z_m}\right) \tag{12.2-41}$$

$$C_2=C_3 \tag{12.2-42}$$

（6）复合地基桩体向上刺入垫层的变形量为：

$$\Delta s_{上刺}=C_t(\sigma_{pc}-\sigma_{sc})|_{r=a} \tag{12.2-43}$$

等沉面以上变形协调，可得：

$$w_s-w_p|_{r=a}=\Delta s_{上刺} \tag{12.2-44}$$

复合地基桩体向下刺入下卧层的变形量为：

$$\Delta s_{下刺}=C_0(\sigma_{pl}-\sigma_{sl})|_{r=a} \tag{12.2-45}$$

等沉面以下变形协调，可得：

$$w_s-w_p|_{r=a}=\Delta s_{下刺} \tag{12.2-46}$$

C_t、C_0也就是Winkler地基假定模型中的基床系数的倒数。

（7）由假设位移和外土柱应力分别求得的外土柱压缩量相等可得：

填土段：$D_1\frac{z_e^2}{6}+M_1z_e+A_1\left(\frac{r}{a}-e^{B(\frac{r}{a}-1)}+C_1\right)=\frac{1}{E_{fs}}\left[f(r)\frac{z_e^2}{6}+M_3z_e\right] \tag{12.2-47}$

垫层段：

$$D_2\left(\frac{z_c^2-z_e^2}{2}+\frac{z_c^3-z_e^3}{6z_a}\right)+M_4(z_c-z_e)+A_2\frac{z_c-z_e}{z_a}\left(\frac{r}{a}-e^{B(\frac{r}{a}-1)}+C_2\right)$$

$$=\frac{1}{E_{cs}}\left[g(r)\left(\frac{(z_c^2-z_e^2)}{2}+\frac{(z_c^3-z_e^3)}{6z_a}\right)+M_6(z_c-z_e)\right] \tag{12.2-48}$$

复合地基段：

$$D_3\left(\frac{z_l^2-z_c^2}{2}-\frac{z_l^3-z_c^3}{6z_m}\right)+M_7(z_l-z_c)+A_3\frac{z_l-z_c}{z_m}\left(\frac{r}{a}-e^{B(\frac{r}{a}-1)}+C_3\right)$$

$$=\frac{1}{E_s}\left[h(r)\left(\frac{(z_l^2-z_c^2)}{2}-\frac{(z_l^3-z_c^3)}{6z_m}\right)+M_9(z_l-z_c)\right] \tag{12.2-49}$$

5. 方程求解

上面解析解的推导有 A_1、A_2、A_3、C_1、C_2、C_3、z_e、z_a、z_m、M_1、M_2、M_3、M_4、M_5、M_6、M_7、M_8、M_9 共 18 个未知量，建立了 18 个方程。路堤填土、垫层、桩体、桩间土体，下卧层的基本几何和物理力学参数为已知，由前面已知的各参数，根据所求的填土、垫层、桩、桩间土的应力和上面的式（12.2-26）～式（12.2-49）方程，整理就可以得到 8 个包含 A_1、A_3、C_3、z_e、z_m、M_1、M_4、M_8 的方程组。用牛顿迭代法等数值方法可以解出这 8 个未知数，复核然后将这些变量代回到上面表达式中。至此，未知参数得解，从而可以确定桩侧摩阻力、桩和桩间土的应力和变形分布。

6. 下卧层沉降的求解

复合地基下卧层沉降计算的关键是下卧层土体上的附加应力的计算，即确定上式中复合地基下卧层的附加应力增量 Δp_i。本章采用 Mindlin-Boussinesq 联合求解方法即将加固区的桩土分开考虑来计算复合地基下卧层的荷载。

（1）桩间土应力在下卧层中引起的附加应力可由 Boussinesq 解求得，即与天然土的附加应力计算方法相同；

（2）桩侧阻力和端阻力在下卧层引的附加应力可以由 Mindlin 解求得。

上述两者叠加就可得到下卧层中附加应力，采用分层总和法就可以计算下卧层土体的沉降，与前面所求的加固区的沉降量相加就得到柔性基础下复合地基的总沉降量。

12.3 道路工程中复合地基稳定分析理论

12.3.1 研究现状

对于路堤等柔性基础下的复合地基除承载力和沉降计算外，还应进行稳定性分析。目前柔性基础下复合地基的稳定分析一直沿用传统的边坡稳定分析方法[26~28]，即假定复合地基中桩体均沿着土体滑动面同时发生剪切破坏的极限平衡法（图 12.3-1）。对于散体材料桩复合地基的稳定分析采用极限平衡法，假定桩体沿着滑动面发生剪切破坏是合理的。而对于抗剪强度较高的粘结材料桩来说，路堤下复合地基失稳破坏时桩体可能会发生受弯、受压、受拉、倾覆或桩间土绕流等多种破坏模式[29~34]。国内外已有众多的研究结果表明[35~37]，采用极限平衡法来分析路堤下桩体复合地基的稳定性容易高估路堤的稳定性。

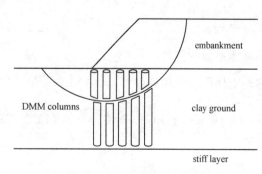

图 12.3-1　极限平衡法示意图

Broms[38,39]报道了瑞典斯堪的纳维亚半岛上一路堤下复合地基失稳的事故，该事故的反分析表明：如采用极限平衡法分析，桩体的抗剪强度只需达到现场实测值的10％即可满足稳定安全系数要求；同时指出了路堤下不同位置桩体可能存在两种破坏模式：受拉破坏和受弯破坏（图12.3-2）桩体并不一定发生剪切破坏，并通过考虑搅拌桩可能出现的各种破坏模式，提出了路堤下搅拌桩复合地基稳定分析的新方法。

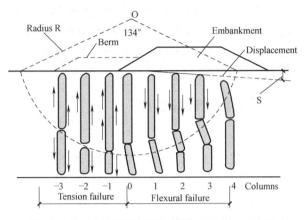

图 12.3-2　搅拌桩可能破坏模式（Broms，1999）

《英国加筋土及加筋填土规范》（BS 8006：1995）[40]仍采用极限平衡法分析路堤下桩-网复合地基的整体稳定性，但采用滑动面以下桩体的竖向承载力作为作用在滑动面上的阻滑力来计算抗滑力矩，而不是考虑桩体的抗剪强度（图12.3-3a）。郑刚[41]利用数值分析方法对路堤下刚性桩复合地基的稳定性进行了研究，指出桩体发生剪切破坏的假定将显著高估路堤的稳定性，并提出了根据桩体的抗弯强度确定桩体可使用抗剪强度，即采用等效抗剪强度法来计算路堤的稳定性（图12.3-3b）。

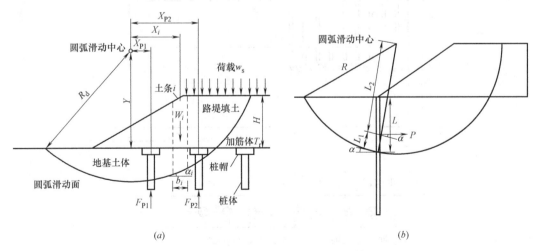

图 12.3-3　路堤整体稳定分析计算模型

（a）英国 BS8006 规范分析方法；（b）等效抗剪强度法（郑刚，2012）

已有的研究成果表明，假定桩体发生剪切破坏的稳定分析方法高估了路堤的稳定性，由此设计出的工程往往处于不安全状态。现有的研究主要侧重于复合地基失稳时桩体的破坏形式，并提出了一些改进的稳定分析方法，但仍假定复合地基中所有桩体的破坏模式是相同的（等效抗剪强度法假定所有桩体为受弯破坏，英国 BS8006 法假定所有桩体为受压破坏）。事实上，在上部荷载和桩间土体的作用下，不同位置的桩体受力状态存在较大差异，路堤发生失稳破坏时很可能出现多种破坏模式，目前还缺少考虑桩体破坏模式差异的路堤下复合地基稳定分析方法。

基于上述问题，本章采用数值方法对路堤下不同位置桩体的损伤发展过程、位移情况和破坏模式进行了模拟分析，并对不同位置桩体的破坏模式进行了分区和分类，提出了考虑不同位置桩体破坏模式差异的路堤下刚性桩复合地基稳定分析方法，并与已有的分析方法和数值分析结果进行了对比分析。

12.3.2 路堤下复合地基的渐进破坏过程

1. 计算模型

俞建霖等[42~44]采用三维数值分析方法和混凝土损伤模型对路堤下刚性桩复合地基在加载过程中桩体的受力和破坏特征进行了分析。混凝土损伤模型可以真实地反映路堤加载过程中混凝土桩体的损伤、内力迁移及破坏的过程，也便于直观地判断桩体的破坏模式。计算模型中路堤高度为 3.0m，垫层厚度 0.5m；地基土厚度为 50.0m，其中上部软土层厚度为 12.0m，下部砂土层厚度为 38.0m。路堤顶面宽度的一半为 11.0m，边坡坡度为 1∶1.5。复合地基中混凝土桩的桩长为 15.0m，桩端进入下部持力层中 3.0m，桩径为 0.6m，桩间距 2.0m，共布置 1~9 号共 9 根桩（图 12.3-4）。

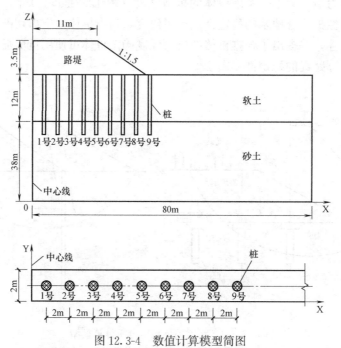

图 12.3-4 数值计算模型简图

2. 桩体受力特征分析

随着路堤顶面均布荷载 q（以下简称路堤荷载）的增大，复合地基中各桩的拉伸损伤和变形发展过程如图 12.3-5 所示（桩体位移放大 10 倍），各图中从左至右依次为 1~9 号桩。其中 $q=0$ 为路堤填筑完成，尚未施加均布荷载的工况。为节约篇幅，各桩体的压缩损伤和剪应力分布仅说明 $q=130$kPa 的工况（图 12.3-6）。

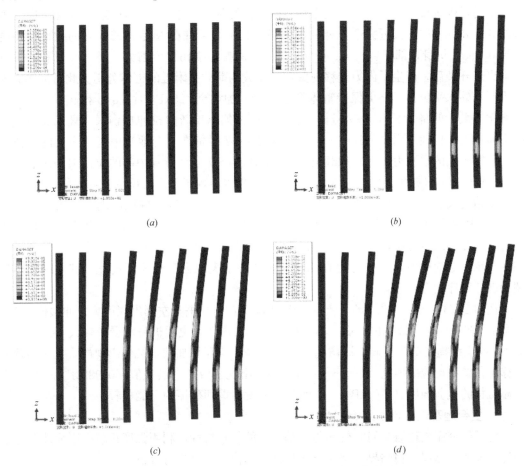

图 12.3-5　各级荷载下桩体拉伸损伤及变形分布图
(a) $q=0$kPa；(b) $q=100$kPa；(c) $q=120$kPa；(d) $q=130$kPa

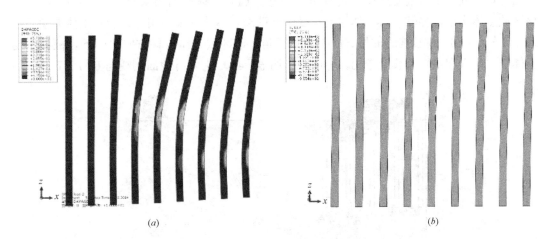

图 12.3-6　$q=130$kPa 时桩体压缩损伤和剪应力分布图
(a) 压缩损伤；(b) 剪应力

从图 12.3-5 中可以看出：（1）在路堤填筑完成（$q＝0\text{kPa}$）时，只有路堤坡脚处的 9 号桩在深度 11.5m 处（软硬土层交界处）出现轻微的拉伸损伤，说明此处拉应力刚达到混凝土的极限抗拉强度，桩身左侧出现轻微受拉开裂的现象；（2）加载至 100kPa 时，坡脚的 8 号和 9 号桩已接近完全拉伸损伤状态，其中 9 号桩在深度 11.5m 处的拉伸损伤度达到 0.985，桩身下部开裂明显；6 号和 7 号桩的拉伸损伤程度增大，说明 8 号和 9 号桩下部出现开裂后，产生了内力迁移现象，其释放的荷载由附近的桩体分担。此时桩体尚未出现明显的水平位移，路堤保持整体稳定；（3）加载至 120kPa 时，8 号和 9 号桩损伤程度变化不大，但路肩下的 4～7 号桩在桩身中段左侧出现新的拉伸损伤区，且在加载过程中不断扩大，桩顶的水平位移明显，说明此时 4～7 号桩在复合地基中起了主要的抗滑作用，承担较大的水平力；（4）加载至 130kPa 时，4～7 号桩桩身中部的拉伸损伤区进一步扩大，8 号和 9 号桩中段出现二次损伤区，3 号桩也出现了一定程度的拉伸损伤，1 号和 2 号桩则始终没有出现拉伸损伤区，但竖向沉降较大。3～9 号桩桩顶出现了较大的水平位移；8 号和 9 号桩还出现了明显的向上位移，说明 8 号和 9 号桩受到了土体向上的拉力作用；（5）在加载过程中，1 号和 2 号桩未出现拉伸损伤且水平位移很小，说明 1 号和 2 号桩主要承受竖向压力，3～9 号桩在水平荷载作用下表现为渐进破坏过程，桩体的破坏机理和破坏顺序均存在差异。

从图 12.3-6 可以看出，在 $q＝130\text{kPa}$ 工况下：（1）桩身左侧出现严重拉伸损伤的 5～7 号桩，在右侧对应位置也出现了不同程度的压缩损伤，说明桩身承受了较大弯矩，其中 5 号桩的压缩损伤最为明显，损伤度达 0.57；（2）当路堤加载至桩体出现严重损伤和较大位移时各桩身剪应力值仍较低。5～7 号桩中部出现了剪应力最大值（0.98MPa），仍小于桩体材料的抗剪强度（3.0MPa），说明各桩体发生剪切破坏的可能性较小。

3. 复合地基位移特性分析

为了研究路堤边坡失稳时桩体与地基土体的位移特性，利用强度折减有限元法对上节的计算模型在路堤失稳临界状态时土体和桩体的位移情况进行分析。

由图 12.3-7～图 12.3-9 分析可知，在路堤失稳状态下不同位置处桩体与土体滑动面圆弧交角不同，受力及变形情况具有明显差异：（1）土体滑动面未与 1 号、2 号桩相交，该区域土体水平位移较小，桩体主要承受竖向荷载，弯曲程度不明显；（2）土体滑动面切线与 3 号、4 号、5 号桩的桩长方向夹角为锐角，该区域土体位移方向斜向下，桩体承受土体竖向荷载和水平荷载的作用，弯曲变形明显；（3）土体滑动面切线与 6 号、7 号桩的

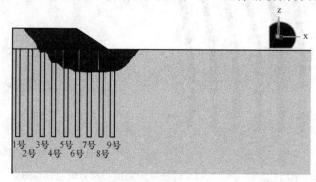

图 12.3-7　路堤失稳滑动面与桩体相对位置图

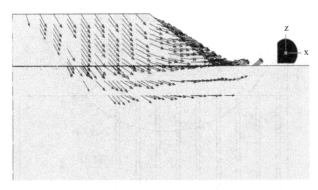

图 12.3-8　路堤边坡位移矢量图

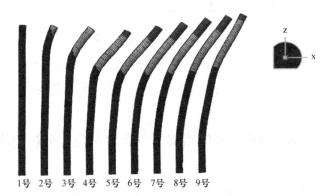

1号 2号 3号 4号 5号 6号 7号 8号 9号

图 12.3-9　桩体变形图（放大系数为 10）

夹角接近直角，该区域土体位移方向接近水平，桩体主要承受土体水平荷载的作用，弯曲变形较大；（4）土体滑动面切线与坡脚附近 8 号、9 号桩的桩长方向夹角为钝角，土体发生斜向上的位移，图 12.3-9 所示变形后 8 号、9 号桩桩顶位置明显高于其他桩，说明该区域桩体承受土体水平荷载和拉力的作用。

12.3.3　路堤下复合地基中桩体破坏模式的差异性

结合前述路堤下桩体的受力特征和复合地基的位移特性分析可知，路堤下不同位置桩体在路堤失稳过程中表现为渐进破坏，不同位置桩体的受力情况、破坏模式以及对路堤稳定性的抗滑贡献均存在差异。根据数值分析的结果并考虑后续稳定分析的简化要求，将路堤下不同位置的桩体根据破坏模式差异进行分区和分类（图 12.3-10。图中 L 为路堤顶宽的一半，H 为路堤填土和垫层高度之和。B 点与路堤中心距离为 $L/3$，C 点位于路堤边坡的中点）。

（1）受压破坏：如图 12.3-10 中 AB 段下方的桩体（1 号和 2 号桩），主要位于路堤中心以下区域，以承受竖向荷载为主，桩身水平位移和弯矩较小。当竖向荷载较大或桩身抗压强度较低时产生受压破坏。

（2）受弯破坏：如图 12.3-10 中 BC 段下方的桩体（3～7 号桩）。该区域各桩的桩身弯矩和水平位移均较大，说明这部分桩体提供较大的水平抗力，其破坏模式主要表现为受弯破坏。

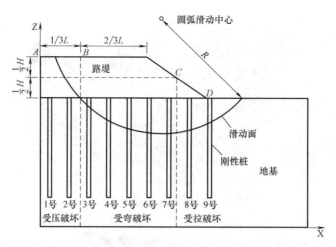

图 12.3-10　桩体破坏模式分区和分类

（3）受拉破坏：如图 12.3-10 中 CD 段下方的桩体（8 号和 9 号桩），主要位于路堤坡脚附近。该区域桩体同时承受土体上拔力和水平力作用，同时桩身产生斜向上的位移，其破坏模式主要表现为受拉破坏。

12.3.4　考虑桩体破坏模式差异的路堤下复合地基稳定分析方法

1. 基本假定

根据前文分析结果，考虑路堤下桩体的不同破坏模式和抗滑贡献，基于极限平衡法基本原理，本节提出了简化的路堤下刚性桩复合地基稳定分析方法：

（1）对处于受压破坏区域的桩体，取滑动面以下桩体的竖向抗压承载力和抗压强度的较小值作为阻滑力，作用在滑动面上提供抗滑力矩[40]；

（2）对处于受拉破坏区域的桩体，仍以《英国加筋土及加筋填土规范》BS 8006：1995 为基础，取滑动面以下桩体的竖向抗拉承载力和抗拉强度的较小值作为阻滑力，作用在滑动面上提供抗滑力矩；

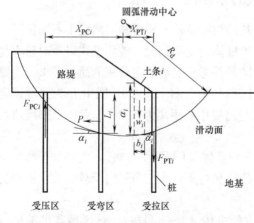

图 12.3-11　简化方法计算模型

路堤边坡稳定安全系数 F_s 为：

（3）对处于受弯破坏区域的桩体，由桩体的抗弯强度确定桩体可使用抗剪强度，采用等效抗剪强度法来计算抗滑力矩[37]。

2. 计算公式推导

根据前述假定，桩体提供的抗滑力矩可包括：（1）受拉破坏区桩体的竖向抗拉承载力与抗拉强度的较小值提供的抗滑力矩 M_{RPT}；（2）受压破坏区桩体的竖向抗压承载力与抗压强度的较小值提供的抗滑力矩 M_{RPC}；（3）受弯破坏区桩体抗弯强度提供的抗滑力矩 M_{RPM}。简化方法计算模式如图 12.3-11 所示。

$$F_S = \frac{M_{RS} + M_{RPT} + M_{RPC} + M_{RPM}}{M_D} \tag{12.3-1}$$

式中 M_D——滑动力矩；

M_{RS}——土体提供的抗滑力矩。

（1）滑动力矩 M_D

滑动面以上土体的自重对路堤边坡产生滑动力，分条计算土体的滑动力矩 M_D 为：

$$M_D = \sum (w_i \cdot \sin\alpha_i) \cdot R_d \tag{12.3-2}$$

式中 w_i——土条 i 的自重；

α_i——土条 i 圆弧底部切线与水平线的夹角；

R_d——圆弧滑动面的半径。

（2）土体抗滑力矩 M_{RS}

各土条自重产生的剪切力对滑动面圆心的抗滑力矩 M_{RS} 为：

$$M_{RS} = \sum (c_i \cdot b_i \sec\alpha_i + w_i \cdot \cos\alpha_i \cdot \tan\varphi_i) \cdot R_d \tag{12.3-3}$$

式中 c_i——土条 i 的黏聚力；

b_i——土条 i 的宽度；

φ_i——土条 i 的内摩擦角。

（3）受拉区桩体抗滑力矩 M_{RPT}

受拉区桩体的抗滑力矩 M_{RPT} 为：

$$M_{RPT} = \sum F_{PTi} \cdot X_{PTi} \tag{12.3-4}$$

式中 F_{PTi}——受拉区滑动面以下第 i 根桩体竖向抗拉承载力与抗拉强度的较小值；

X_{PTi}——受拉区第 i 根桩体到滑动面圆心的水平距离。

（4）受压区桩体抗滑力矩 M_{RPC}

受压区桩体的抗滑力矩 M_{RPC} 为：

$$M_{RPC} = \sum F_{PCi} \cdot X_{PCi} \tag{12.3-5}$$

式中 F_{PCi}——受压区滑动面以下第 i 根桩体竖向抗压承载力与抗压强度的较小值；

X_{PCi}——受压区第 i 根桩体到滑动面圆心的水平距离。

（5）受弯区桩体抗滑力矩 M_{RPM}

根据受弯破坏区桩体极限抗弯承载力确定抗滑力矩 M_{RPM}：

$$M_{RPM} = \sum (3M_u \cos\alpha_i / L_i) \cdot (R_d - L_i \cos\alpha_i / 3) \tag{12.3-6}$$

式中 M_u——桩身极限抗弯强度；

L_i——第 i 根桩滑动面以上的长度；

α_i——桩与圆弧相交位置圆弧切线与水平线的夹角。

（6）等效抗剪强度 τ_{ci}

为便于计算分析，对于分别由抗拉、抗压、抗弯强度控制其抗滑贡献的桩体，均可将其抗滑贡献等效为桩身与滑动面相交处的等效抗剪强度提供的抗滑贡献，由此确定的相应等效抗剪强度 τ_{ci} 见式（12.3-7）～式（12.3-9）。

$$\tau_{Tci} = \frac{F_{PTi} \cdot X_{Pi}}{R_d \cdot \cos\alpha_i} \tag{12.3-7}$$

$$\tau_{Cci} = \frac{F_{PCi} \cdot X_{Pi}}{R_d \cdot \cos\alpha_i} \tag{12.3-8}$$

$$\tau_{Mci} = M_u \cdot (3R_d - L_i \cdot \cos\alpha_i)/(L_i \cdot R_d) \tag{12.3-9}$$

式中　τ_{Tci}、τ_{Cci}、τ_{Mci}——依次为由抗拉、抗压、抗弯强度控制的桩体等效抗剪强度。

因此，在桩身与滑动面相交处由等效抗剪强度 τ_{ci} 贡献的抗滑力矩 M_{RPS} 为：

$$M_{RPS} = \tau_{ci}R_d\cos\alpha_i \tag{12.3-10}$$

（7）复合抗剪强度 c_{wi}

采用二维极限平衡法进行路堤稳定性分析时，可通过抗剪强度等效的方法将三维条件下的群桩等效为二维条件下沿路堤纵向的连续墙体，由式（12.3-11）求得的等效墙体抗剪强度 c_{wi} 即为滑动面上桩体与土体的复合抗剪强度[41]。

$$c_{wi} \cdot A_{wi} = c_{ci} \cdot A_{ci} + c_s \cdot A_s \tag{12.3-11}$$

式中　A_{wi}，A_{ci}，A_s——分别为等效墙体面积、等效墙体宽度内桩体和地基土体面积；

c_{ci}，c_s——分别为桩体和土体的抗剪强度。

根据式（12.3-7）～式（12.3-9）求得各桩体的等效抗剪强度 τ_{ci} 后，将其代入式（12.3-11）即可确定对应等效二维墙体的复合抗剪强度。

（8）稳定安全系数 F_s

根据上述方法确定的复合抗剪强度，采用二维极限平衡法进行柔性基础下刚性桩复合地基的稳定分析，稳定安全系数计算公式如下所示：

$$F_s = \frac{\sum(c_i \cdot l_i + w_i \cdot \cos\alpha_i \cdot \tan\varphi_i)}{\sum w_i \cdot \sin\alpha_i} + \frac{\sum c_{T_{wi}} \cdot l_i + \sum c_{C_{wi}} \cdot l_i + \sum c_{M_{wi}} \cdot l_i}{\sum w_i \cdot \sin\alpha_i}$$

$$\tag{12.3-12}$$

式中　l_i——土条 i 的圆弧长度，$l_i = b_i \cdot \sec\alpha_i$。

3. 计算步骤

路堤下刚性桩复合地基稳定分析计算步骤如下：

（1）首先采用传统复合地基稳定分析方法计算路堤稳定安全系数 F_{s1}，并搜索得到第一个滑动面位置；

（2）根据滑动面位置和式（12.3-7）～式（12.3-9）计算各桩的复合抗剪强度，代入式（12.3-12）计算稳定安全系数 F_{s2}，同时搜索得到第二个滑动面位置；

（3）重复步骤（2），确定稳定安全系数 F_{s3} 和第三个滑动面位置；

（4）多次重复分析，直至前后两次得到的稳定安全系数和滑动面位置比较接近，此时即为实际稳定安全系数。

12.4　算例及工程实例分析

12.4.1　路堤下复合地基沉降分析

根据本文第二节中柔性基础下复合地基荷载传递的理论分析方法，结合工程实例对本文提出的柔性基础下复合地基沉降分析的解析方法进行验证。

台州路桥至泽国一级公路浃里陈大桥桥头 K0+361～K0+433 段采用 C15 低强度混凝土桩复合地基对"桥头跳车"现象进行处理。典型断面的各种材料基本物理力学参数如下表 12.4-1 所示，其中桩间土参数采用桩长范围内的加权平均值，垫层 $C_t = 0.000015$m/kPa，下

卧层 $C_0=0.0001\mathrm{m/kPa}$，桩径 $d=0.377\mathrm{m}$，桩土置换率为 3.44%。

路堤断面各材料基本物理力学参数 表 12.4-1

材料	重度(kN/m³)	压缩模量(MPa)	泊松比	厚度(长度)(m)
路堤填土	20	30	0.3	2.0
垫层	20	30	0.3	0.3
桩间土	16.8	2.2	0.47	—
桩体	—	22000	0.2	18

采用本章沉降分析方法计算所得的沉降量与现场实测数值的对比如表 12.4-2 所示。

沉降量实测值与计算值的比较 表 12.4-2

地表处桩间土沉降量(mm)		桩顶沉降量(mm)		上刺量(mm)	
实测值	计算值	实测值	计算值	实测值	计算值
88	84.3	80	76.8	8	7.5

由表 12.4-2 可知：（1）路堤荷载下的刚性桩复合地基中桩体存在明显的上刺变形，实测的桩顶刺入量为 8mm，计算得到刺入量为 7.5mm，"桩土等应变"假设明显不成立；（2）按照刚性基础下复合地基理论，加固区采用面积加权的复合模量，运用分层总和法得到的地面沉降为 50.55mm，比桩间土的沉降实测值小 42.5%；而本章方法计算值与实测值相差 4%~6.25%。相比而言，本章方法更能反映柔性基础下复合地基的工作特性。

12.4.2　路堤下复合地基稳定分析

采用本章第三节中提出的考虑桩体破坏模式差异的简化分析方法对实际工程算例进行稳定性分析，并与目前常用的传统复合地基稳定分析方法、英国 BS8006 规范方法、等效抗剪强度法和强度折减有限元法的计算结果进行对比。

1. 算例 1 分析

（1）计算模型

采用基于京津城际高速铁路素混凝土刚性桩复合地基支承路堤实例[46]所建立的简化模型（记为算例 1，如图 12.4-1所示）。

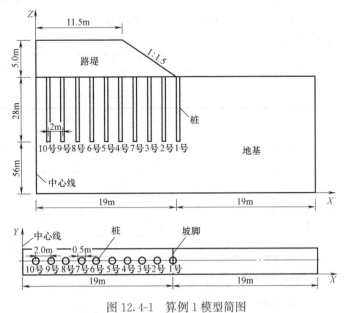

图 12.4-1　算例 1 模型简图

计算模型中土体采用 Mohr-Coulomb 本构模型，各土层物理力学参数如表 12.4-3 所示[18]。桩体为 C30 素混凝土桩，桩长为 28m，桩径为 0.5m，桩间距为 2.0m，其桩身混凝土材料参数如表 12.4-4 所示。

土体物理力学参数表　　　　　　　　表 12.4-3

土层	层底深度(m)	$\gamma(kN/m^3)$	$w(\%)$	$c(kPa)$	$\varphi(°)$	$E(MPa)$
路堤填土	0.0	—	—	15.0	28.0	30.0
填土	1.5	19.0	—	10.0	5.0	20.0
黏土	2.5	18.6	33.0	20.0	4.25	13.6
淤泥	7.0	18.1	39.6	8.6	6.2	12.0
淤泥	12.0	16.7	54.6	9.4	5.9	8.4
淤泥质黏土	16.5	17.9	40.3	14.6	11.2	12.0
粉土	84.0	20.2	21.6	13.0	33.5	48.4

桩身混凝土强度参数　　　　　　　　表 12.4-4

$E(GPa)$	v	抗拉承载力(kPa)	抗压承载力(kPa)	抗弯承载力(kN·m)	抗剪承载力(kN)
30	0.2	1430	14300	50	266

（2）稳定分析结果

根据 12.3.3 节中桩体破坏模式的分区和分类原则，1 号和 2 号桩处于受拉破坏区，3～8 号桩处于受弯破坏区，9 号和 10 号桩处于受压破坏区。首先采用传统复合地基稳定分析方法得到第一个滑动面，滑动面圆弧半径 R 为 14.52m，与 1～7 号桩相交，然后得到各桩体的等效抗剪强度及抗滑贡献如表 12.4-5 所示。

将表 12.4-5 的数据代入公式（3.12），得到第二个滑动面和路堤稳定安全系数 $F_s=$ 1.682，与第一个滑动面存在差异。重复上述步骤，直至 F_s 趋于稳定，最后得到路堤稳定安全系数 $F_s=1.564$。

算例 1 路堤下各桩体抗滑贡献表　　　　　　　　表 12.4-5

桩号	L (m)	α (°)	M_{RP} (kN·m)	τ_c (kN)	c_w (kPa)	破坏模式
1 号	3.33	-23.50	613.76	85.50	93.50	受拉
2 号	4.00	-13.50	341.89	47.20	55.20	受拉
3 号	4.30	-3.80	233.95	30.70	38.80	受弯
4 号	4.27	5.70	236.15	31.00	40.70	受弯
5 号	3.90	15.40	265.34	34.50	44.10	受弯
6 号	3.15	25.60	346.52	43.90	53.50	受弯
7 号	1.94	36.70	615.88	74.00	83.60	受弯

2. 算例 2 分析

（1）计算模型

算例 2 模型将算例 1 模型中混凝土桩的横向中心距改为 2.5m，其余参数保持不变。模型计算简图如图 12.4-2 所示。

（2）稳定分析结果

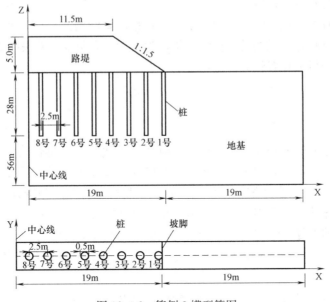

图 12.4-2　算例 2 模型简图

根据桩体的分区和分类原则，1 号和 2 号桩处于受拉破坏区，3~6 号桩处于受弯破坏区，7 号和 8 号桩处于受压破坏区。采用与算例 1 模型相同的计算步骤，得到算例 2 模型中路堤稳定安全系数 $F_s = 1.315$。

3. 五种稳定分析方法的比较

分别采用传统复合地基稳定分析方法、英国 BS8006 规范方法、等效抗剪强度法、强度折减有限元法及本章提出的稳定分析简化方法计算上述两个算例模型的路堤稳定安全系数，结果如表 12.4-6 所示。

不同分析方法计算所得稳定安全系数　　　　　　　　表 12.4-6

分析方法	F_s	
	算例 1	算例 2
传统复合地基稳定分析方法	3.164	2.292
英国 BS8006 规范方法	1.960	1.673
等效抗剪强度法	1.542	0.903
强度折减有限元法	1.674	1.429
本文方法	1.564	1.315

由表 12.4-6 可知：（1）在五种方法的计算结果中，传统复合地基稳定分析方法的稳定安全系数最大，英国 BS8006 规范方法次之，本章方法与强度折减有限元法的计算结果最为接近，而等效抗剪强度法的计算值最小；（2）传统的复合地基稳定分析方法假设所有桩体为剪切破坏，严重高估了复合地基的稳定性，计算所得安全系数偏不安全；（3）英国 BS8006 规范方法计算结果与传统稳定分析方法相比有了较大改善，但仍高估了路堤稳定性；（4）等效抗剪强度法假设所有桩体为受弯破坏，所得安全系数偏小；进一步分析表明，在算例 1 中由于最危险滑动面未穿过受压破坏区的桩体，等效抗剪强度法与本章方法

的稳定分析结果比较接近；但在算例 2 中最危险滑动面穿过了受压破坏区的桩体，桩体受弯破坏的假定导致等效抗剪强度法的稳定安全系数计算值偏低；（5）在两个算例分析中，本章方法与强度折减有限元法的计算结果均较为接近，说明本章方法在柔性基础下刚性桩复合地基的稳定分析中具有较好的适用性。

12.5　结论

本章采用理论分析方法和数值分析方法研究了柔性基础下复合地基的荷载传递机理、沉降特性以及不同位置桩体的渐进破坏过程和破坏模式差异，提出了考虑柔性基础-垫层-复合地基-下卧层土体整个系统共同作用的路堤下复合地基沉降分析方法和考虑不同位置桩体破坏模式差异的路堤下刚性桩复合地基稳定分析方法，得到了以下主要结论：

（1）柔性基础下复合地基的荷载传递机理包括：基础填土中的土拱效应、基础的刚度效应、刚性垫层效应、桩土间差异沉降引起的荷载传递以及下卧层土体的支承作用五个部分；

（2）本章根据路堤荷载下复合地基的变形特征提出的沉降分析方法，将柔性基础、垫层、复合地基、下卧层土体视为上下部共同作用的整体，考虑了四者之间应力和变形的耦合作用，以及桩土界面的相对滑移和同一深度处桩间土沉降的非同步性，通过工程实例的对比分析，该沉降分析解析解能较好反映路堤复合地基系统的工作性状；

（3）随着路堤顶面荷载的增加，复合地基中起主要抗滑作用的桩体损伤情况不断发展，不同位置桩体所承受土体作用力的大小和方向不同，对路堤稳定性的抗滑贡献具有明显差异。根据路堤下刚性桩复合地基中的桩体根据受力特征和破坏机理的不同，可分为受压破坏、受弯破坏、受拉破坏 3 个破坏区域。

（4）本章提出的柔性基础下刚性桩复合地基稳定分析方法，考虑了路堤下不同位置桩体的实际受力情况和破坏模式差异，所求得的稳定安全系数与数值分析方法的结果较为吻合，说明该方法是合理可行的。

参考文献

[1]　吕文志，俞建霖，龚晓南. 柔性基础下复合地基理论在某事故处理中的应用 [J]. 中南大学学报（自然科学版），2011，42（03）：772~779.

[2]　俞建霖，朱普遍，刘红岩，龚晓南. 基础刚度对刚性桩复合地基性状的影响分析 [J]. 岩土力学，2007，28（S1）：833~838.

[3]　吴慧明，龚晓南. 刚性基础与柔性基础下复合地基模型试验对比研究 [J]. 土木工程学报，2001，34（5）：81~83.

[4]　龚晓南. 广义复合地基理论及工程应用 [J]. 岩土工程学报，2007，29（1）：1~12.

[5]　俞建霖，龚晓南，江璞. 柔性基础下刚性桩复合地基的工作性状 [J]. 中国公路学报，2007，20（4）：1~6.

[6]　王连俊，丁桂伶，刘升传，等. 铁路柔性基础下 CFG 桩复合地基承载力确定方法研究 [J]. 中国铁道科学，2008，29（3）：7~12.

[7]　连峰，龚晓南，赵有明，等. 桩—网复合地基加固机理现场试验研究 [J]. 中国铁道科学，2008，

29 (3)：7～12.

[8] 吕文志，俞建霖，刘超，龚晓南，荆子菁. 柔性基础复合地基的荷载传递规律 [J]. 中国公路学报，2009，22 (06)：1～9.

[9] 曾开华，俞建霖，龚晓南. 路堤荷载下低强度混凝土桩复合地基性状分析 [J]. 浙江大学学报（工学版），2004 (02)：58～63.

[10] 吕文志，俞建霖，龚晓南. 柔性基础下桩体复合地基的解析法 [J]. 岩石力学与工程学报，2010，29 (02)：401～408.

[11] 刘吉福，郑刚，安关峰. 刚性桩复合地基路基绕流滑动稳定分析 [J]. 工程勘察，2013，6：17～22.

[12] 朱旭华，舒国明. 广珠北新围高架桥桥头路基滑移原因分析 [J]. 中外公路，2006，26 (4)：27～29.

[13] 龚晓南. 复合地基理论及工程应用 [M]. 北京：中国建筑工业出版社，2002.

[14] Alamgir M，Mjura N，Poorooshasb H B. Deformation analysis of soft ground reinforced by columnar inclusions [J]. Computers and Geotechnics，1996，18 (4)：267～290.

[15] 杨涛. 路堤荷载下柔性悬桩复合地基的沉降分析 [J]. 岩土工程学报，2000，22 (6)：741～743.

[16] 刘杰，张可能. 复合地基荷载传递规律及变形计算 [J]. 中国公路学报，2004，17 (1)：20～23.

[17] 李海芳，温晓贵，龚晓南. 堆体荷载下复合地基加固区压缩量的解析算法 [J]. 土木工程学报，2005，38 (3)：77～80.

[18] 李海芳. 路堤荷载下复合地基沉降计算方法研究 [D]. 杭州：浙江大学，2004.

[19] 郭超，闫澍旺，肖世伟，陈则连. 低强度桩复合地基沉降计算方法研究 [J]. 岩土力学，2010，31 (S2)：155～159+188.

[20] 章定文，谢伟，郑晓国. 考虑桩土非等应变的路堤荷载下搅拌桩复合地基沉降计算方法 [J]. 岩土力学，2014，35 (S2)：68～74.

[21] 赵明华，刘猛，马缤辉，龙军. 路堤下"土工格室+碎石桩"双向增强复合地基桩土应力比及沉降计算 [J]. 中国公路学报，2016，29 (05)：1～10.

[22] 赵明华，牛浩懿，刘猛，谭鑫. 柔性基础下碎石桩复合地基桩土应力比及沉降计算 [J]. 岩土工程学报，2017，39 (09)：1549～1556.

[23] 罗强，陆清元. 考虑桩土滑移的路堤下刚性桩复合地基沉降计算 [J]. 中国公路学报，2018，31 (01)：20～30.

[24] 俞建霖，荆子菁，龚晓南，刘超，吕文志. 基于上下部共同作用的柔性基础下复合地基性状研究 [J]. 岩土工程学报，2010，32 (5)：657～663.

[25] 吕文志. 柔性基础下桩体复合地基性状与设计方法研究 [D]. 浙江大学，2009.

[26] 中华人民共和国行业标准. JTG D30—2004 公路路基设计规范 [S]. 北京：人民交通出版社，2004.

[27] 中华人民共和国行业标准. TB 10035—2006 铁路特殊路基设计规范 [S]. 北京：中国铁道出版社，2006.

[28] Coastal Development Institute of Technology，The Deep Mixing Method-Principle，Design and Construction，A. A. Balkema Publishers，2002.

[29] Kitazume，M. Maruyama，K. Collapse failure of group column type deep mixing improved ground under embankment，Proc. Int. Conf. Deep Mixing-Best Practice and Recent Advances，2005，245～254.

[30] Kitazume，M. and KENJI MARUYAMA，External stability of group column type deep mixing improved ground under embankment. Soils and Foundations，2006，46 (3)：323～340.

［31］ Kitazume，M. and KENJI MARUYAMA，Internal stability of group column type deep mixing improved ground under embankment loading. Soils and Foundations，2007，47（3）：437～455.

［32］ Terashi M，Tanaka H，Kitazume M. Extrusion failure of the ground improved by the deep mixing method. Proceedings of 7th Asian Regional Conference on Soil mechanics and Foundation Engineering：Haifa，Israel，1983，vol. 1：313～318.

［33］ 郑刚，李帅，刁钰. 刚性桩复合地基支承路堤破坏机理的离心模型试验［J］. 岩土工程学报，2012，34（11）：1977～1989.

［34］ 彭永飞. 柔性基础下复合地基的破坏机理分析［D］. 杭州：浙江大学，2012.

［35］ Broms B B. Can lime/cement columns be used in Singapore and Southeast Asia，3rd GRC Lecture，Nov. 19，Nanyang Technological University and NTU-PWD Geotechnical research Centre，1999，214.

［36］ Kivelo M and Broms B B. Mechanical behaviour and shear resistance of lime/cement columns，International Conference on Dry Mix Methods：Dry Mix Methods for Deep Soil Stabilization，1999，193～200.

［37］ 郑刚，刘力，韩杰. 刚性桩加固软弱地基上路堤的稳定性问题（Ⅱ）——群桩条件下的分析［J］. 岩土工程学报，2010，32（12）：1811～1820.

［38］ Broms B. B. Deep soil stabilization：design and construction of lime and lime/cement columns. Royal Institute of Technology，Stockholm，Sweden. 2003.

［39］ Broms B. B. Lime and lime/cement columns，Ground Improvement，2nd ed. Spon Press：2004，252～330.

［40］ British Standard BS8006 Code of Practice for Strengthened Soils and Other Fills［S］ ，1995.

［41］ 郑刚，李帅，刁珏. 软土中无筋刚性桩复合地基支承路堤的整体稳定实用分析方法［J］. 中国公路学报，2012，25（2）：9～19.

［42］ 俞建霖，王传伟，谢逸敏，张甲林，龚晓南. 考虑桩体损伤的柔性基础下刚性桩复合地基中桩体受力及破坏特征分析［J］. 中南大学学报（自然科学版），2017，48（09）：2432～2440.

［43］ 张甲林. 柔性基础下刚性桩复合地基受力及破坏特征分析［D］. 杭州：浙江大学，2014.

［44］ 王传伟. 柔性基础下刚性桩复合地基的稳定性分析［D］. 浙江大学，2016.

［45］ 俞建霖，李俊圆，王传伟，张甲林，龚晓南，陈昌富，宋二祥. 考虑桩体破坏模式差异的路堤下刚性桩复合地基稳定分析方法研究［J］. 岩土工程学报，2017（S2）

［46］ 郑刚，纪颖波，刘双菊，荆志东. 桩顶预留净空或可压缩垫块的桩承式路堤沉降控制机理研究［J］. 土木工程学报，2009，42（5）：125～132.

13 软土地区高速铁路路基变形控制设计理论与实践

宫全美，王炳龙

（同济大学交通运输工程学院 城市轨道与铁道工程系，上海 201804）

13.1 引言

自 1825 年英国修建世界上第一条公用铁路以来，世界铁路经历了开创、发展、成熟和新发展等不同时期，目前的世界铁路正向高速、重载方向发展。作为国民经济大动脉、国家重要基础设施和大众化交通工具、综合交通运输体系的骨干，铁路运输发展长期以来受到我国的高度重视，特别是自 1997 年以来的既有铁路干线提速、新建高速铁路线路，使得中国已经拥有全世界最大规模以及最高运营速度的高速铁路网。今后一段时期，完善以客运高速化和货运重载化为特征的现代铁路网依然是国民经济的重大举措。

高速铁路是一个具有国际性和时代性的概念。1985 年 5 月，联合国欧洲经济委员会将高速铁路的列车最高运行速度规定为客运专线 300km/h，客货混线 250km/h。1996 年欧盟在 96/48 号指令中对高速铁路的最新定义是：在新建高速专用线上运行时速至少达到 250km 的铁路可称作高速铁路。根据 UIC（国际铁路联盟）定义，高速铁路是指新建铁路的设计速度达到 250km/h 以上或者经升级改造（直线化、轨距标准化）的铁路，其设计速度达到 200km/h，甚至达到 220km/h 的铁路。我国《高速铁路设计规范》TB 10621—2014（以下简称《高铁设规》）主要针对设计时速 250～350km 的新建线路。

高速铁路要求轨道结构高平顺性和高稳定性。铁路路基是轨道的基础，不仅要满足轨道的铺设、承受轨道和列车产生的荷载、提供列车运营的必要条件，尚应满足强度、刚度、稳定性等要求，同时使运营条件下的线路轨道参数保持在允许的标准范围以内。为满足高速铁路的高要求，路基工程的设计思想、技术条件都发生了较大转变。路基设计的指导思想已从传统的将路基视为土石方、单纯按强度设计发展为视路基为土工结构物、按强度和变形双控设计；路基的强度不仅要求能承受轨道结构及以上的静荷载作用，尚要求路基基床结构的厚度应使扩散到其底层面上的动应力不超过基床底层土的长期承载能力；变形的控制不仅提出了工后沉降的严格要求，尚要求路基基床结构的刚度应满足列车运行时产生的弹性变形控制在一定范围，即不仅要求能满足轨道的静态平顺，还要求动态条件下的平顺。

我国地域辽阔，地质及地理条件复杂，形成了各种具有明显地域性的特殊土，特别是软土和松软土在我国的沿海和内陆地区都有相当大的分布范围。高速铁路路基在建设过程中经常面临着软土和松软土地基问题，如京沪高速铁路、京津城际铁路、沪宁城际铁路、沪杭客专及沿海铁路的温福客专、甬台温客专等都遇到了大量软土和松软土地基。

从目前的工程经验看，软土地区路基工后沉降和不均匀沉降是高速铁路路基设计所考虑的主要控制因素。由于软土的复杂性、室内外试验的局限性，以及对各种新型软土地基处理方法的沉降变形规律认识深度及积累的经验不够，很难在设计时准确地确定软土路基的沉降及不均匀沉降的大小，致使目前运营的多条高速铁路软土路基发生过大的工后沉降及不均匀沉降。图 13.1-1 为沿海铁路客运专线运营后沉降超限、起道垫砟后的工点照片，该工点路基工后沉降超过一米；图 13.1-2 是我国某高速铁路桩板结构软土路基，由于路基不均匀沉降导致的无砟轨道支承层发生开裂的照片。

图 13.1-1　路基沉降（道砟厚度 1.6~1.7m）　　　图 13.1-2　路基不均匀沉降导致支承层开裂

另外，在软土地区的路堤与桥涵连接处，由于地基处理、路基填料、桥涵与路基结构差异以及设计与施工的原因，桥涵与路基间的沉降差较难控制（图 13.1-3、图 13.1-4）。

图 13.1-3　路桥过渡段不均匀沉降及错台超限　　　图 13.1-4　路涵过渡段不均匀沉降及错台超限

路基的沉降变形随施工过程、列车运行的荷载、时间等变化发展的，与铁路运行品质直接相关的是铺轨后产生的沉降量，即路基的工后沉降。路基工后沉降影响因素复杂，除与地基条件有关外，还与路堤高度、填料种类、压实标准等密切相关，因此，为使路基变形满足高速铁路运行要求，需从多方面进行控制。通过持续的研究和不断的实践，我国高速铁路路基在设计理念、控制标准、地基加固等方面均有很大发展。

13.2 高速铁路路基工后沉降控制标准及设计理念

13.2.1 高速铁路路基工后沉降控制标准

对于有砟轨道线路，即使路基在铺轨完成后出现一定规模的沉降，也可以通过垫砟、调扣件等工务措施满足行车的平顺性，因此普速铁路路基的工后沉降刚开始没有得到足够的重视。随着路基变形对铁路运行影响的逐步认识，《铁路特殊土路基设计规则》TBJ 35—1992）第一次对工后沉降提出了要求，而高速铁路对路基工后沉降的控制标准也是在吸收、深入研究的基础上不断完善提出来的，与普速铁路相比更加严格。

1. 确定原则

高速铁路有砟轨道路基的允许工后沉降量应根据以下两条原则确定：

（1）首先应保证列车按预定的速度安全、舒适运行。路基面的变形会通过轨道结构映射到轨面，国外高速铁路的经验表明，当路基的沉降变形控制在较小的范围内，列车的正常运行才能保证。

（2）在上述前提下做到经济上合理，即因减少工后沉降需增加的投资与因工后沉降而需增加的养护维修费用的总和最小。

而无砟轨道路基的允许工后沉降量主要与扣件调高量有关，一旦路基产生沉降，可以通过调整轨面高程保证列车按预定的速度运行。

2. 世界各国的控制标准

对高速铁路路基工后沉降的控制，世界各国有极严格的标准。

日本第一条高速铁路——东海道新干线修建时，拟定的路基工后总沉降标准等为10cm，年沉降量3cm，建成通车后出现大量路基病害，特别是路基下沉、基床翻浆冒泥相当普遍，轨道难以达到正常工作状态，许多路段不得不采取慢行措施。吸取经验教训后修建的高速铁路路基工后总沉降按3cm控制。

法国修建高速铁路前，对全国既有铁路路基进行了全面的、详细的调查，发现道床下增加一定厚度的"垫层"对防止路基病害有重要作用，因而在制定TGV线路技术标准中，明确了强化基床表层的措施。在修建高速铁路时要求工后总沉降应小于2cm，并在最后一次捣固和运行第一列高速列车之前，沉降应完全稳定。

德国充分吸取既有线的经验，修建高速铁路时采用了较高的路基标准。无砟轨道以VOSSLOH300-1扣件系统的可调空间30mm为基础来确定路基的允许工后沉降和允许附加沉降值。扣除由于施工过程产生的几何误差（＋6，－4），仅有20mm可以调整。根据德国无砟轨道建设经验，由列车荷载产生的附加沉降一般不会超过5mm，因此德国路基设计规范（Ril836—2008）规定列车动荷载产生的允许附加沉降不大于5mm，余量15mm即为一般情况下路基工后沉降变形控制值。另外，根据德国的设计和经验，路基的允许工后沉降量为扣件留给路基沉降调整量的3倍时，在扣件调整后，通过圆顺线路 [竖曲线半径 $R_{sh} \geqslant 0.4 v_{sj}^2$，$v_{sj}$ 为设计最高速度（km/h）]，也能满足运营要求。德国836.0401行业标准中"路基工程设计、施工与维护标准"规定，长度大于20m的沉降比较均匀的路基，允许的最大工后沉降量为扣件允许调高量减去5mm后的2倍（5mm为考虑列车运行时需要预留的量）。如允许的扣件调高量为 20mm，减去 5mm 为 15mm，则这时允许的工后沉降为 30mm。特殊情况下，如能够通过竖曲线调整来消除沉降的影响，60mm 的最大沉降也是允许的。但在未经德国铁路公司总部特别许可的情况下，只局限于路堤高度超过 10m 并且与桥的距离不小于 5000m 的情况下使用。总之，路基的工后沉降量必须控制在扣件调整量和线路竖曲线圆顺要求的范围内。除了控制路基工后沉降变形绝对值外，沿线路纵向不均匀工后沉降与对应长度的比值按不大于 1/500 控制。

3. 我国的控制标准

我国高速铁路路基工后沉降控制标准是在吸收日本、德国等国家的经验基础上，经过充分的科学研究、工程实践不断发展、完善制定的。如早期建设的广珠准高速小于 20cm；秦沈客运专线小于 15cm，竣工初期年沉降速率小于 4cm，路桥过渡段路基工后沉降要求控制在 8cm 以内。《高铁设规》中给出的路基工后沉降应符合下列规定：

（1）无砟轨道路基工后沉降应符合线路平顺性、结构稳定性和扣件调整能力的要求。工后沉降不宜超过 15mm；沉降比较均匀并且调整轨面高程后的竖曲线半径符合式（13.2-1）的要求时，允许的工后沉降为 30mm。

$$R_{\mathrm{sh}} \geqslant 0.4 v^2 \tag{13.2-1}$$

路基与桥梁、隧道或横向结构物交界处的工后差异沉降不应大于 5mm，不均匀沉降造成的折角不应大于 1/1000。

（2）有砟轨道正线路基工后沉降应符合表 13.2-1 的规定。

有砟轨道正线路基工后沉降控制标准 表 13.2-1

设计速度 （km/h）	一般地段工后沉降 （cm）	桥台台尾过渡段工后沉降 （cm）	沉降速率 （cm/年）
250	≤10	≤5	≤3
300,350	≤5	≤3	≤2

实际上，路基的不均匀变形会导致轨道板或道床板内力增加，影响其耐久性。以弦长 20m、幅值 0～30mm 的路基面余弦沉降为例，建立轨道 CRTS Ⅱ 型轨道板-路基三维有限元模型，模拟列车移动集中恒载对轨道结构的影响，如图 13.2-1 所示。

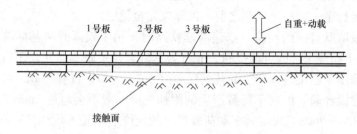

图 13.2-1 轨道-路基三维有限元模型及所观测板位置示意图

当移动荷载行至 3 号板正上方时，轨道板底面的纵向应力分布随位置的变化如图 13.2-2所示，该节点的纵向应力在变形幅值为 20mm 前增长明显，幅值每增加 10mm，纵向应力增加 1 倍。

图 13.2-3 为混凝土底座板随路基沉降量的增大其最大纵向应力的发展趋势。1 号混凝土底座的底面易随着路基变形幅值的增大产生较大的压应力，但远小于混凝土的抗压承载力，拉应力也未造成破坏影响，而 3 号混凝土底座的底面随着路基变形幅值的增大产生较大的拉应力，尤其在 0～20mm 的变形范围拉应力增长迅速，在 20mm 的变形时，已经超过了 C40 混凝土的抗拉承载力。

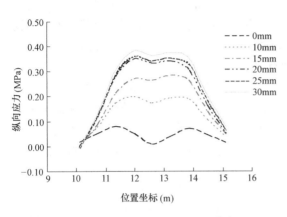

图 13.2-2　3 号板底面纵向应力随位置的变化

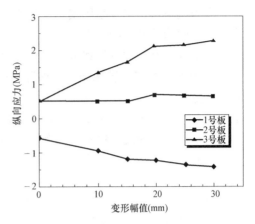

图 13.2-3　路基变形幅值对混凝土底座最大应力的影响

我国无砟轨道有 CRTS Ⅰ型板式、CRTS Ⅰ型双块式、CRTS Ⅱ型板式、CRTS Ⅱ型双块式、CRTS Ⅲ型板式 5 种型号，其中板式主要在预制板下注入填充层，双块式是在轨枕周围现浇混凝土。CRTS Ⅰ型板式无砟轨道是借鉴日本板式轨道开发的一种预制板式无砟轨道结构，通过水泥沥青砂浆调整层，铺设在现场浇筑的钢筋混凝土底座上，由凸形挡台限位，被应用在我国隧渝无砟轨道试验段、石太、深港、广株珠客运专线以及沪宁城际等铁路中。CRTS Ⅱ型板式无砟轨道是借鉴德国博格板式轨道优点而开发的一种预制板式无砟轨道结构，其主要结构都是在工厂预制好的，沿线路纵向由钢筋连接，首次在京津城际铁路中铺设试验段，后被广泛应用在京津、京沪、京石、沪杭等高速铁路中。CRTS Ⅲ型板式无砟轨道的轨道板纵连，以轨道板与自密实混凝土充填层形成复合整体结构共同承受列车荷载，轨道板与充填层以"门型筋"进行强化连接，充填层与底座间设中间隔离层，通过底座板上限位凹槽进行限位。

综上所述，我国的无砟轨道结构形式不尽相同，路基沉降引起的轨面平顺性传递规律、对轨道结构内力的影响也不同，因此路基的工后沉降控制标准应随轨道结构形式的变化而变化，目前该方面的研究尚在不断深入。

13.2.2　高速铁路路基结构设计理念

高速铁路路基不仅要满足强度、稳定性及变形的控制要求，尚应满足使用期的耐久性要求，因此与传统铁路路基相比，设计理念有明显的变化，这些变化也与路基的沉降变形控制密切相关。

1. 按土工结构物设计，满足路基结构的长期服役性能要求

路基主体工程一旦破坏，维修难度高，对运营的影响大，因此 2010 年我国出版发行了《高速铁路设计规范（试行）》（TB 10621—2009），首次明确规定了路基工程应按土工结构物设计。2014 版《高铁设规》中规定：路基主体工程设计使用年限应为 100 年，路基排水设施结构及路基边坡防护结构使用年限应为 60 年。

为满足路基作为土工结构物的设计要求，《铁路路基设计规范》（TB 10001—2016）（后简称《路基设规》）给出了铁路路基结构上承受的荷载可根据作用的时间和出现的频率进行分类的方法，以及采用安全系数法进行结构设计检算的荷载组合。主力中的永久荷载主要包括轨道荷载、结构重力、结构顶面上的恒载等，可变荷载包括列车荷载、人行道荷载。一般地区路基的变形和沉降检算分永久荷载、永久荷载＋列车荷载两种组合。

2. 优化调整路基基床结构，保证列车运行平稳

铁路路基基床是受到列车动荷载作用和水文、气候四季变化影响最大的部分，其厚度的设置及状态不仅影响长期服役性能，也会引起列车运行时弹性变形的变化，从而影响列车运行的平稳及速度的提高，因此基床结构设计时应对表层承载力、动变形、动应变进行检算，其中基床动变形允许值有砟轨道取 1mm，无砟轨道取 0.2mm（轨道结构外侧边缘位置）。

《路基设规》给出的不同铁路等级基床厚度如表 13.2-2 所示。可见，相较于其他等级铁路，高速铁路路基基床厚度明显增加，同时《高铁设规》中对路基填料的材质、级配、压实标准的要求也有提高。

常用路基基床结构厚度　　　　　　　　　　　　　　　　表 13.2-2

铁路等级		基床表层（m）	基床底层（m）	总厚度（m）
客货共线铁路		0.6	1.9	2.5
城际铁路	有砟轨道	0.5	1.5	2.0
	无砟轨道	0.3	1.5	1.8
高速铁路	有砟轨道	0.7	2.3	3.0
	无砟轨道	0.4	2.3	2.7
重载铁路	设计轴重 250kN、270kN	0.6	1.9	2.5
	设计轴重 300kN	0.7	2.3	3.0

根据秦沈、武广、哈大客运专线以及京沪高速铁路等施工经验，我国铁路对填料的划分较粗，尤其是粗颗粒填料在实际施工填筑中存在填料组别合格，但由于级配不良，直接碾压不能达到所规定的压实控制指标等问题。因此，《高铁设规》中除基床表层采用级配碎石、基床底层采用砾石类、砂类土中的 A、B 组填料或化学改良土的规定外，尚基于填料最大粒径的限制对于保证路基工程质量的重要性，以及 K30 检测方法要求最大粒径不大于荷载板的 1/4 等，提出基床表层级配碎石最大粒径应小于 45mm，基床底层内应小于 60mm，在基床以下路堤内应小于 75mm 的要求；最大粒径的渐变同时附以不同的压实标准，使得填料在路基的多层结构中形成了合理的匹配。

3. 路基动态设计，有效地控制工后沉降量及沉降速率

由于高速铁路沉降变形控制标准高，而影响沉降计算结果的因素多，沉降计算分析的误差较大，因此为有效地控制工后沉降量及沉降速率，高速铁路路基施工期需进行系统的沉降观测，并结合沉降的实测数据开展动态设计，及时根据沉降观测资料及沉降发展趋势、工期要求等，采取相应的措施完善设计，同时据以确定轨道铺设时机；工后沉降的评估应结合路基各断面之间的相互关系以及相邻桥隧的沉降情况进行综合分析。

根据现场施工沉降观测数据推算最终沉降量的方法很多，《高铁设规》中推荐采用曲线回归法，并符合以下规定：

(1) 根据实际观测数据进行回归分析，确定沉降变形的趋势，曲线回归的相关系数不应低于 0.92。

(2) 沉降预测的可靠性应经过验证，间隔 3～6 个月的两次预测最终沉降的差值不应大于 8mm。

(3) 轨道铺设前最终的沉降预测应符合其预测准确性的基本要求。

4. 路桥及横向构筑物间设置过渡段，减小沿线路的纵向不均匀变形及刚度变化

由于组成高速铁路线路的各结构物在强度、刚度、变形等方面存在差异，并会随着运量、时间、气候环境等因素而变化，以及车辆的随机性和重复性，轨道结构的组合性和松散性，养护维修的经常性和周期性等特点，决定了轨道的综合刚度和变形在线路纵向是变化的和不均匀的。

为保证列车运行时的平稳舒适，高速铁路线路在路桥及横向构筑物间设置过渡段，如在桥台后一定范围内，采用刚度较大的级配碎石作为过渡填筑层，与路堤相接处采用1：2的斜坡过渡。根据车辆与线路相互作用的动力学分析结果，过渡段长度的确定可参考以下规律：

(1) 竖向刚度因素：过渡段长度大于 15～20m 后，车体垂向振动加速度、轮轨垂向力等各项动力学指标的变化非常微小。

(2) 沉降变形因素：若路桥间的工后沉降差异控制值为 h，则路桥过渡段的设置长度为 $L \geq h / \theta$（θ 为折角限值），才能保证过渡段轨面纵坡的变化值满足要求。如果考虑线路的正常维修作业（起拨道捣固）周期，由路桥间的工后沉降差引起的轨面弯折变形并没有这么大，相应的过渡段设置长度可根据实际情况适当缩短。

5. 强化地基处理措施，减小地基工后沉降

软土地区的路基工后沉降主要是由地基的工后沉降引起的。我国过去在普通铁路建设中经常遇到软土地基，在大量工程实践中积累了宝贵的经验教训，最常用的地基处理方法为排水固结法和水泥搅拌桩复合地基。对高速铁路而言，这些传统的地基处理方法目前已很少采用，但对软土厚度不大、允许工期较长的有砟轨道路基，采用排水固结辅以超载预压法是经济合理的有效加固措施。地基软土层深厚、成层分布较复杂或路堤较高时，可采用排水固结、复合地基及钢筋混凝土桩网（筏）等综合加固措施。

我国高速铁路无砟轨道线路一般选用施工工期短、沉降变形小且收敛速度快的地基加固方法，如桩网结构、桩筏结构和桩板结构。

13.3 高速铁路路基荷载特性及计算方法

作用在铁路路基面上的荷载可分为静、动两部分，静荷载为永久荷载，是由道床、轨枕及扣件、轨道及其他附属设备的自重产生（后称轨道结构自重荷载），动荷载主要由列车通过时的轮载产生，与列车的速度、轴重、轨道状况等许多因素有关。静、动荷载是路基结构设计、路基工后沉降计算的重要依据。

长期以来，铁路路基设计时，路基面上的轨道和列车荷载按力大小相等原理换算成了与路基土同质的土柱高度，即换算土柱法，并一直沿用至今，这种方法便于路基稳定性及沉降计算。但随着计算机辅助设计的广泛使用，以及高速铁路路基的高标准要求，采用与实际荷载特点相符的荷载计算方法显得尤为重要。

13.3.1 高速铁路路基面上的竖向设计荷载

路基结构设计时，不仅要考虑轨道结构自重荷载，尚需计入列车荷载。参考欧洲、日本等国的活载图式，基于高速铁路列车类型、速度以及对结构的静、动效应，我国高速铁路采用的标准 ZK 活载的计算图式如图 13.3-1 所示。

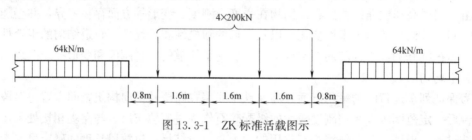

图 13.3-1　ZK 标准活载图示

由于路基结构物的横断面设计理论是按平面应变问题考虑的，而轴重是集中力，因此在具体计算时把轴重简化成纵向分布的线荷载，并假定每个轴重的分布宽度等于轴距，最后得到沿纵向作用在路基面上的列车（活）荷载分布强度；荷载的分布宽度按有砟及无砟轨道线路分别考虑，无砟轨道线路按支承层的底部宽度：CRTS Ⅰ 型板式、CRTS Ⅱ 型板式、CRTS Ⅲ 型板式及 CRTS Ⅰ 型双块式无砟轨道分别为 3.0m、3.25m、3.1m 和 3.4m；有砟轨道线路考虑道床的扩散作用，计算时自轨枕底面端部向下按 45°扩散，如道床厚度 35cm，分布宽度为 3.4m。

轨道结构自重荷载传递到路基面的荷载标准值：

$$q_1 = \frac{G}{l_0} \tag{13.3-1}$$

式中　G——纵向每延米轨道结构自重（kN/m）；

　　　l_0——荷载分布宽度（m）。

列车活载传递到路基面的荷载标准值：

$$q_2 = \frac{F}{l_0 \times s} \tag{13.3-2}$$

式中　F——列车荷载图式中的集中荷载值：ZK 标准活载 $F=200$kN；

　　　l_0——荷载分布宽度（m）；

　　　s——集中荷载间距：ZK 标准活载为 1.6m。

不同形式无砟轨道自重荷载参见表 13.3-1。

无砟轨道自重荷载（kN/m）　　　　　表 13.3-1

项目	板式无砟轨道						双块式无砟轨道			
	CRTS I 型板式无砟轨道		CRTS II 型板式无砟轨道		CRTS III 型板式无砟轨道		CRTS I 型双块式无砟轨道			
	P4962 轨道板		摩擦板外	摩擦板内（超高段）	直线段	超高段	SK-1 型双块式轨枕		SK-2 型双块式轨枕	
	直线段	超高段					端梁外	端梁内	端梁外	端梁内
钢轨	1.2	1.2	1.2	1.2	1.2	1.2	1.2	1.2	1.2	1.2
扣件	0.5087	0.5087	0.3385	0.3385	0.3492	0.3492	0.4923	0.4923	0.3385	0.3385
轨枕	—	—	—	—	—	—	3.192	3.192	3.423	3.423
轨道板	11.4	11.4	13.38	13.38	13.125	13.125	16.267	16.267	16.165	16.165
CA 砂浆	2.16	2.16	1.377	1.377	—	—	—	—	—	—
自密实混凝土	—	—	—	—	6.25	6.25	—	—	—	—
底座	22.433	31.775	21.39	25.775	21.33	27.18	22.503	25.275	22.503	25.275
P	37.7	47.04	37.69	42.07	42.25	48.10	43.62	46.43	43.63	46.4

最终得到的路基面荷载分布如图 13.3-2 所示，具体取值见表 13.3-2 所示。

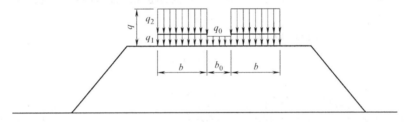

图 13.3-2　路基面荷载分布图

图中的 q_1、q_2 同前；q 为轨道结构自重与列车荷载均布荷载强度之和（kN/m^2）；b 为每股道均布荷载分布宽度（m）；q_0 为线间回填均布荷载强度（kN/m^2）；b_0 为线间回填均布荷载分布宽度（m）。

轨道和列车均布荷载　　　　　表 13.3-2

轨道形式	轨道、列车荷载				线间荷载 q_0（kN/m^2）
	分布宽度 b（m）	轨道自重 q_1（kN/m^2）	列车荷载 q_2（kN/m^2）	总荷载 q（kN/m^2）	
CRTS I 型板式无砟轨道	3.0	12.6	41.7	54.3	13.2
CRTS II 型板式无砟轨道	3.25(2.95)	11.6(14.3)	38.5(42.4)	50.1(56.7)	14.1(12.0)
CRTS III 型板式无砟轨道	3.1	13.7	40.4	54.1	2.3
CRTS I 型双块式无砟轨道	3.4	13.7	36.8	50.5	15.1
有砟轨道	3.4	17.3	36.8	54.1	10.7

注：1. CRTS II 型板式无砟轨道栏中，括号内为摩擦板内的荷载值，扩号外为摩擦板以外的荷载值；
　　2. 双线铁路线间荷载的分布宽度 b_0 为线间距与轨道和列车荷载分布宽度 b 的差值。

13.3.2　路基面上的动荷载特性及估算方法

列车通过时，作用在路基面上的荷载为与列车速度、轴重、轮对等相关的周期性动荷载。现有理论已揭示，路基土在静、动荷载作用下的强度和变形特性有较大差别，这一差别在强度及变形控制标准要求不高时可以忽略，但对高标准的高速铁路路基而言，即使短时间影响不大，其长期疲劳特性也不容忽视。

复杂的车辆结构、轨道结构以及轨面随机不平顺等，使得行驶中的高速铁路列车产生复杂的振动及轮轨相互作用力。当钢轨承受列车动轮载（轮轨相互作用力）后，通过扣件和钢轨挠曲变形将压力传至轨枕，轨枕再将所承受的荷载传递到道床或道床板、路基等轨下基础，因此路基中的动荷载特性与动轮载直接相关。

1. 动轮载特性及确定方法

一般而言，影响路基工后沉降的主要是垂向力。当列车以一定速度行驶于轨道上时，其实际作用于轨道上的轮载大小有时大于静轮载，有时小于静轮载，称为动轮载。一般将动轮载和静轮载之差称为动力附加值。动力附加值受车辆的运行速度、轨道结构类型和状态的改变随机变化，一般圆顺车轮在轨道上行驶时，所引起的动力附加值不会超过静轮载的20%，但在钢轨接头、轨面单独不平顺、车轮扁疤、车轮偏心等引起的轮轨冲击，动力附加值可超过轮载的几倍。

世界各国都有不同的计算动轮载的方法。对高速铁路来说，具有代表性的是日本与德国铁路的计算方法。

日本铁路常用的正常设计动轮载如式（13.3-3）所示：

$$P_d = P_s \cdot \alpha \tag{13.3-3}$$

式中　P_d——轨道设计动轮载；

　　　P_s——列车的静轮重或静轴重；

　　　α——动载系数或动力冲击系数，高速铁路 $\alpha=1.45$；考虑车轮有最长为 75mm 的扁疤时，$P_d=3P_s$；考虑到曲线上作用有横向力时，$P_d=4P_s$。

德国铁路考虑了列车荷载的正态分布规律、轨道状态及列车类型，给出的计算公式为（13.3-4）：

$$P_d = P_s(1 + t \cdot \bar{s}) \tag{13.3-4}$$

式中　P_d、P_s——含义同前，t 为与概率 p 有关的置信度，按表 13.3-3 取值；

　　　$\bar{s}$——与轨道状态、行车速度和列车类型有关的表示荷载离散程度的均方差，对高速铁路 $\bar{s}=0.15\phi$；

　　　ϕ——速度系数，$\phi=1+\dfrac{v-60}{380}$；

　　　v——列车速度（km/h）。

t 与概率 p 有关的置信度　　　　　　　　　　　　表 13.3-3

$t=0$	1	1.28	1.65	1.96	2	2.33	3
$p=0$	68.3%	80%	90%	95%	95%	95.5%	99.7%

根据秦沈客运专线对神州、先锋和中华之星等自制的动力分散型列车的轮重垂直力测定结果，我国高速铁路无砟轨道的动载系数在 1.31～1.94 之间，有砟轨道在 1.42～1.46 之间。考虑无砟轨道为少维修轨道，其结构或部件一旦损坏，修复困难，在确定垂向设计荷载时，应该考虑较大的强度安全储备。因此，对于设计时速 300km 及以上的高速铁路，

垂向设计荷载中的动载系数取 3.0；对于设计时速 250km 的铁路，考虑轮轨不平顺作用下的速度效应，取值 2.5。

2. 路基中的动应力特性

高速铁路列车一般由 8～16 节车厢组成，每节车厢有两个转向架，而每个转向架有两组轮对，每个轮对产生的动轮载对路基产生一次加载与卸载，因此 8～16 节车厢通过时将产生 32～64 次的加卸载。一般来说，基床内的加卸载特征比较明显，随着荷载的传递及土体阻尼等的影响，随路基深度的增加，加卸载特征减弱。

与轨道、车辆相比，路基的动力响应主要是低频，与行车相关的频率大小主要与列车速度、车轴间距等有关，且随着深度的增加，响应频率也发生变化，图 13.3-3 为德国建议的无砟和有砟轨道条件下路基不同深度各种扰动波长度的简化确定方法。

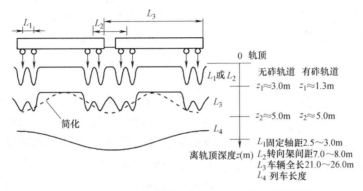

图 13.3-3　路基动荷载响应频率确定方法（德国资料）

路基动应力的幅值与钢轨变形、轨枕和道床或轨道板的接触状态、轨道结构的传递等有关。轮轨力作用下的钢轨竖向挠曲变形影响范围一般为 7 根轨枕，简化计算按 5 根分担，分担到每根枕面上的力比假定分别为 0.1、0.2、0.4、0.2、0.1，再经由轨枕向下传递。图 13.3-4 为有砟轨道线路轮轨力传递特征，每个轮载作用下路基面上动应力沿纵向的分布如图 13.3-5 所示。

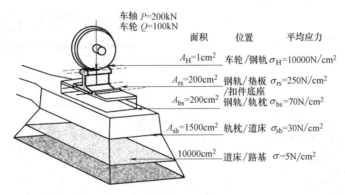

图 13.3-4　有砟轨道线路轮轨力传递特征

经过道床或轨道板的扩散，路基面动应力的不均匀程度大大减小，但仍呈现不均匀性。与普速的有砟线路相比，高速铁路有砟轨道线路路基面动应力的分布形态仍呈轨下动应力最大的双峰型，但动应力分布的不均匀趋势减小，轨枕端路基面的动应力约为轨下应

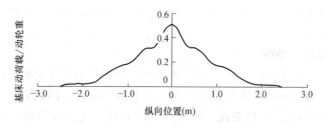

图 13.3-5　单轮载作用下路基面上动应力沿纵向分布

力的 60%～65%，轨枕中部约为轨下的 35%～40%。

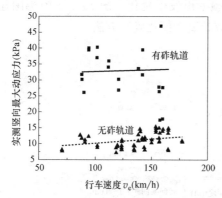

图 13.3-6　路基竖向动应力随行车速度变化

无砟轨道线路中路基表面动应力分布相对均匀，且最大值也有所减小。图 13.3-6、图 13.3-7 分别为德国实测的路基动应力变化情况，可明显看出无砟轨道路基的竖向动应力幅值低于有砟轨道，动应力沿深度的变化受轨道形式的影响较大。

我国学者结合工程实际也进行了相关研究。遂渝无砟轨道综合试验段实测得到的线路中心和支承层边缘与钢轨正下方路基面动应力比值分别为 0.85 和 0.93，武广高铁实测的线路中心和轨道板边缘与钢轨正下方下路基面动应力比值分别为

1.11 和 0.91。刘钢，罗强等对实测得到的路基面动应力沿横向的动应力传递系数进行统计分析，统计结果分别见图 13.3-8。可以看出，路基面动应力比值沿横向的几个典型位置均在 1.0 附近波动，可认为无砟轨道路基面动应力沿横向基本呈均匀分布。

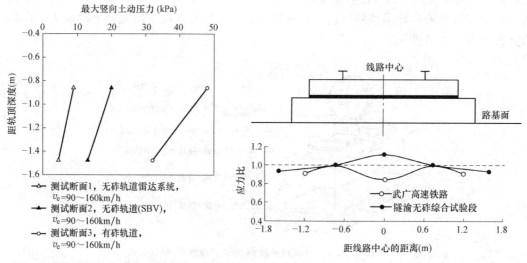

图 13.3-7　路基竖向动应力随深度变化　　图 13.3-8　路基面动应力沿横向的动应力传递系数统计结果

3. 高速铁路路基动应力传递简化计算方法

路基动应力的确定方法很多，目前理论研究主要采用数值模拟的方法，如有限元法、

2.5D 有限元法、有限元与边界元相结合等。根据路基与上部结构相互作用的考虑方法不同，可分为车辆-轨道-路基耦合、轨道-路基耦合以及视相互作用力为激振力、仅对路基进行数值模拟等多种方法。理论的方法可以从系统的角度出发，较好的考虑耦合相互作用、参数变化等对动力响应的影响，以及路基动应力时域、频域的响应特性等，但计算量较大、参数获取不易。

　　实际上，日本、德国、我国均已通过长期的研究及现场实测，给出了路基面动应力的简化确定方法。我国采用的计算方法如图 13.3-9、图 13.3-10 所示，将动轮载按比例分担到轨枕上，依据轨枕的有效支承面积将其分布在道床顶面，最后按照 Odemark 的模量与厚度当量假定，将不同模量的层状结构等效成均质半空间体，从而采用 Boussinesq 公式计算路基面及路基不同深度处的动应力，基床结构计算时把道床作为结构的一部分。

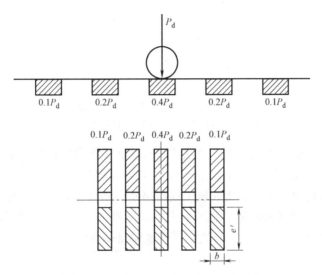

图 13.3-9　列车荷载在道床顶面的分布

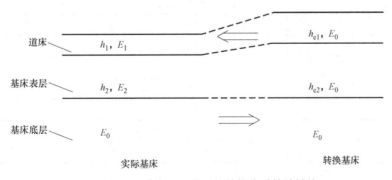

图 13.3-10　道床、基床层状结构均质等效转换

$$h_{ej} = \sqrt[3]{\frac{E_j}{E_0}} \cdot h_j \tag{13.3-5}$$

式中　h_{ej}——道床或基床表层转换等效厚度；

　　　　h_j——道床或基床表层原厚度；

E_j——道床或基床表层的变形模量；

E_0——基床底层的变形模量。

计算参数主要为道床、基床表层和基床底层的变形模量，需依据试验确定。道床、基床表层的计算模量，在缺少实测试验资料时，级配碎石基床表层取 180MPa，碎石道床取 300MPa。基床底层的计算模量需考虑土的非线性特征，按实际应变情况参考图 13.3-11 选取对应的模量。

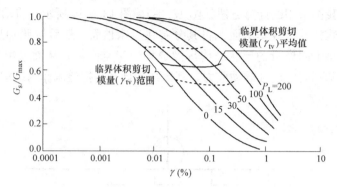

图 13.3-11　应变与模量比的关系

G_s—循环剪切模量；G_{max}—循环剪切模量最大值；P_L—塑性指数

笔者所做的相关研究表明，上述方法用于有砟轨道线路时，计算结果与实际结果相差不大，但对于无砟轨道线路，由于轨道板与基床表层模量相差较大，用这个方法得出的结果并不理想，因此建议高速铁路无砟轨道线路路基面动应力幅值的简化计算可在有砟轨道线路计算的基础上进行折减，对 CRTS Ⅱ 型板式轨道结构，折减系数可取 0.7。

另外，时速 300～350km 的有砟轨道高速铁路路基基床任意深度的列车荷载产生的动应力可按表 13.3-4 查取。

列车动应力值　　　　　　　　　　　　　　　　表 13.3-4

路基面以下深度（m）	动应力衰减系数 η	列车荷载动应力（kPa）
0	1.0	100
0.3	0.75	75
0.4	0.67	67
0.5	0.61	60
0.7	0.5	50
1.0	0.39	39
2.5	0.22	22

13.4　高速铁路路基工后沉降计算方法

13.4.1　高速铁路路基工后沉降组成

高速铁路路基工后沉降主要由路基填土压密下沉、行车引起的基床累积下沉以及地基工后沉降三部分组成。

1. 填土压密下沉

路基填土压密下沉是指基床表层、基床底层和本体在上部结构自重和本身填土自重作用下发生的压缩变形。路堤填土的总压密下沉量中有相当一部分是在施工期间就完成了，对于剩下的工后下沉部分，目前还没有较好的计算方法。根据日本的观测数据，工后沉降大概只占总压密下沉量的 1/3。《高铁设规》条文说明给出的估算路堤压密工后沉降量方法：当路堤以粗粒土、碎石类土填筑时，约为路堤高度的 0.1%～0.3%；当以细粒土填筑时，约为路堤高度的 0.3%～0.5%，该部分沉降一般在路堤竣工之后一年左右完成。实践表明这部分沉降值很小。

2. 行车引起的基床累积下沉

运营阶段由行车引起的基床累积下沉是由路基面的动荷载引起的，这类下沉是一个长期累积的过程。一般认为，如果基床动应力小于临界动应力，则基床累积永久变形便会得到有效的控制。临界动应力的大小与土的种类、含水量、密实度、围压大小、荷载的作用频率等有关。由于确定临界动应力所需的实验工作量很大，一般取为静强度的 50%～60%。

基床表层填料强度 表 13.4-1

土样编号	含水量（%）	压实系数	静压缩强度（kPa）	临界动应力值（kPa）	临界弹性应变（%）	临界塑性应变（%）
Ⅰ	$w=W_{opt}$	0.95	1020	500	0.12	0.6
Ⅱ	$w=W_{opt}+2$	0.95	992	400	0.11	0.7
Ⅲ	$w=W_{opt}-2$	0.95	1460	>600	0.08	0.532
Ⅳ	$w=W_{opt}$	1.0	1558	>600	0.083	0.662
Ⅴ	$w=W_{opt}$	0.95	1062	500	0.109	0.661

注：编号Ⅴ的土样为干湿循环样。

笔者曾结合高速铁路路基试验段，按照基床表层填料、压实要求制作了试样，对压实系数 0.95～1.0 的石灰改良下蜀黏土进行了室内静、动三轴试验，得到的不同含水量、不同压实系数的土体静、动强度见表 13.4-1。可见，当满足高速铁路路基基床表层填料及压实要求时，基床表层土的临界动应力值远大于列车运行产生的动应力值，列车长期运行导致的基床表层累积塑性应变在常规情况下应该较小，同一试验段进行的 100 万次现场动力加载实验测得的基床塑性累积变形也仅为 1～2mm。

3. 地基引起的工后沉降

鉴于高速铁路控制标准高，软土路基工后沉降检算时地基压缩层的计算深度按附加应力等于 0.1 倍的自重应力确定。

《路基设规》给出的检算方法为：

$$S_r = S_{有荷} - S_T \tag{13.4-1}$$

$$S_T = \eta \cdot S_{无荷} \tag{13.4-2}$$

式中　S_r——工后沉降（m）；

　　　$S_{有荷}$——有荷状态下地基总沉降量（m）；

S_T——施工期沉降量（m）（一般按无荷状态计算，当采用堆载预压或超载预压措施处理时宜按相应荷载状态计算）；

$S_\text{无荷}$——无荷状态下地基总沉降量（m）；

η——施工期沉降量完成比例系数，应结合地基条件、地基处理措施、路基填筑完成放置时间及地区经验综合确定，可根据表 13.4-2 确定。

施工期沉降量完成比例系数 η 表 13.4-2

地基土类型	荷载稳定 3 个月	荷载稳定 6 个月	荷载稳定 12 个月
中低压缩性土	80%～85%	85%～90%	90%～95%

注：表中"中低压缩性土"是指压缩系数 $\alpha_{0.1\sim0.2}$（MPa^{-1}）为 0.1～0.3 的土。

软土地基的总沉降量计算包括瞬时沉降、主固结沉降及次固结沉降。主固结沉降采用分层总和法计算，压缩试验资料可用 $e\text{-}p$ 曲线或 $e\text{-}\lg p$ 曲线；瞬时沉降可按弹性理论公式计算；次固结系数无实验资料时，可参考表 13.4-3 中经验值或按式（13.4-3）估算：

$$C_\alpha = 0.018\omega \tag{13.4-3}$$

式中　ω——土的天然含水量（按小数点取值）。

次固结系数 表 13.4-3

软土类型	泥炭	富含有机质黏土	高塑性黏土	超固结黏土
特征	纤维结构手感如海绵	有机质含量>30%	塑性指数>25	$OCR>2$
C_α	0.1～0.3	0.005～0.03	>0.03	<0.001

复合地基的总沉降量应分别计算加固区和下卧层的沉降，并采用不同的沉降经验修正系数。散体材料桩、柔性桩复合地基加固区沉降宜按复合模量法，下卧层宜按 Boussinesq 法、应力扩散法计算；刚性桩复合地基加固区沉降宜按承载力比法，下卧层宜按 Boussinesq 法、应力扩散法、$L/3$ 法等计算；钢筋混凝土桩桩网（筏）、桩板结构地基下卧层沉降宜按等效实体法、$L/3$ 法计算。

13.4.2　列车动荷载长期作用引起的路基变形计算方法探讨

当路堤高度较低时，列车动荷载的长期作用不仅引起基床的塑性累积变形，也可能会引起地基土变形。对于桩网结构路基，列车动荷载的长期作用可能会导致拱效应的重新调整，引起路基的附加变形。

1. 路基的长期动力稳定性

文献 [8] 中认为，路基的长期动力稳定性，是指在铁路设计生命周期内，道床、基床和地基土在轮轨动力相互作用引起的荷载作用下不发生明显的颗粒重分布和颗粒粉碎现象以及相应的塑性变形，即路基长期保持在低后续变形状态。根据 Vucetic 的两个剪应变门槛参数，提出以动剪应变为基础的理论和方法可用于分析铁路路基的长期动力稳定性。如果运营时路基的动剪应变幅值 γ 小于其线性剪应变门槛 γ_{tl}，那么它的反应将是弹性的，即其长期变形稳定性是有保证的；如果动剪应变幅值 γ 超过体积剪应变门槛 γ_{tv}，路基将在短时动力荷载作用下发生破坏或出现较大的塑性变形；如果 γ 介于 γ_{tl} 和 γ_{tv} 之间，那么路基中的土体在长期动力荷载作用下将会发生随时间或循环次数逐渐增加的永久变形。

一般情况下，高速铁路列车荷载作用下路基中的动剪应变幅值小于 10^{-4}，即位于 γ_{tl} 和 γ_{tv} 之间，在这样的条件下，尽管每次动力加载循环土体基本上处于非线性弹性范围，但可能已出现微量的结构变化。如果这种动力加载只是短期的，那么发生的塑性变形可以忽略不计，但在长期加载条件下，这种微量的塑性变形不断累积，某些情况下出现的附加沉降可能会大于系统的允许值。文献［8］通过大量的现场、室内实验，给出的路基长期稳定性条件为 $r/r_{tv,m} \approx 1/5 \sim 3/5$，$r_{tv,m}$ 为统计得到的体积剪应变门槛平均值，如粗颗粒土为 1.3×10^{-4}。

近年来，安定理论越来越多的被用于路基的长期动力稳定性。毕宗琦、宫全美等借助安定理论解释桩网结构路基中的土拱动力稳定性。动荷载作用下的土拱稳定状态可视为塑性变形或颗粒间累积变形趋于稳定的塑性安定状态，失稳破坏可认为是每个周期内的塑性变形持续地循环累加，直至结构破坏的增量塑性破坏或交变塑性破坏状态；在此基础上，尝试考虑循环荷载的影响，改进 Hewlett 物理模型，并结合目前针对桩承式路基土拱效应的相关模型试验及数值研究中给出的规律，构造了残余应力场；假定屈服首先由桩顶边缘即拱脚内边界产生，塑性区逐步向桩中心位置发展，认为当拱脚边界位置刚达到屈服时为弹性临界状态，此时的外荷载 p_e 为土拱的弹性极限荷载，大于该值的循环荷载将使拱脚产生一定的塑性变形；随荷载幅值增大，在少量的几个循环内拱脚全断面将达到塑性极限状态即土拱发生破坏，此时的外荷载 p_p 为土拱的临界破坏荷载。根据室内模型试验参数，对于填筑高度/桩间净距约为 2.5，路基材料为砂性土的高速铁路桩承式路基，计算确定的弹性安定荷载临界值为 12.39kPa。安定荷载临界值可作为长期循环荷载作用下土拱稳定与否的量化判据之一。

2. 长期变形计算方法

高速铁路路基设计使用年限为百年，其服役周期内列车运行所产生的循环荷载次数数量级将达到百万甚至千万级，无论依靠既有的预测模型或室内试验均无法完整表述或模拟这一沉降过程。因此，在缺乏足够的运营实测数据作为参考的条件下，根据现有理论基础及预测模型，结合室内试验等手段，利用计算机辅助技术对长期变形过程及其结果进行预测分析，可为相关设计提供参考。

目前动荷载作用下的路基长期变形主要采用经验法、基于室内试验数据的"拟静力"分层总和法以及动力有限元等方法，动力有限元法一般仅用于荷载循环次数较少的情况。

（1）德国经验方法

德国铁路公司根据大量室内模型试验研究结果，在 DS 836 草案（1997）中给出的路基在交通荷载作用下的附加沉降计算公式为：

$$S_N = S_1(1 + C_N \ln N) \tag{13.4-4}$$

式中　S_1——列车第一次驶过后（$N=1$）路基残留的沉降（塑性变形），建议采用动力放大系数和动模量计算路基的静力沉降；

C_N——经验系数，取决于轨道上部结构形式和轮轴荷载的大小，$C_N = 0.0295 P^{0.5}$（有砟轨道）；$C_N = 0.0225 P^{0.5}$（无砟轨道），P 为轮轴荷载；

N——交通荷载循环次数，有砟轨道采用驶过轮轴数为基准，而无砟轨道则以列车通过次数为基准。

德国的经验表明，正常情况下无砟轨道路基在运营初始阶段出现的附加沉降远小于根据室内模型试验预测的结果，一般认为，在运营前期（$N < 1000 \sim 2000$）该差别比较明显。

（2）分层总和法

根据得到的塑性累积应变随振次的变化规律，结合分层总和法思想，按土层性质、动应力变化规律等，将轨下基础按 $1 \sim 2m$ 进行分层，并根据列车的运行对数、编组数及运行时间等计算不同运行时间后对应的振动次数，按照式（13.4-5）计算不同运行时间下对应的塑性累积变形。

$$s = \sum_{i=1}^{k} h_i \varepsilon_i^{\mathrm{p}} \tag{13.4-5}$$

式中　k——土层计算分层层数；

　　　s——隧道下卧土体累积塑性变形；

　　　h_i——第 i 层土厚度；

　　　$\varepsilon_i^{\mathrm{p}}$——第 i 层土累积塑性应变。

列车运行引起的路基动应力波形与正弦荷载有所不同，笔者在 GDS 动三轴试验系统中施加了与列车动应力波形较为符合的动力波形如图 13.4-1 所示，一个周期的波形代表相邻两个转向架的荷载，σ_{d} 为循环动应力幅值，σ_{s} 为最小动偏应力。不考虑轴向应变的波动，以下边缘点连线作为永久应变的累积变化曲线，提出的修正指数模型如式（13.4-6）。

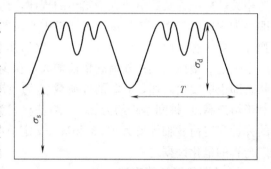

图 13.4-1　两个周期的加载波形图

$$\varepsilon^{\mathrm{p}} = a \left(\frac{\sigma_{\mathrm{d}}}{q_{\mathrm{f}}} \right)^{\mathrm{m}} \left(1 + \frac{\sigma_{\mathrm{s}}}{q_{\mathrm{f}}} \right)^{\mathrm{k}} N^{\mathrm{b}} \tag{13.4-6}$$

式中　　　q_{f}——静破坏偏应力；

a、m、k 和 b——试验常数，其中 a 为影响塑性应变幅值的参数，与第一次加载引起的应变关系较大；b 为影响塑性应变随加载次数的增大率参数；m、n 为动应力、初始静偏应力的影响参数。

（3）动力隐式与静力蠕变相结合的长期变形计算方法

循环荷载有限元计算常常采用"纯隐式"算法，"隐式"算法需要的计算时间长，且计算过程中由于迭代或模型本身对应力应变关系模拟的不准确性，常常导致计算误差，这一计算误差当循环次数超过几百次之后就变得不容忽视。因此，对于高循环次数的计算，可采用"显式"和"隐式"相结合的方法，即其中只有几个循环按传统动力学的"隐式"算法，更多的循环是将 ΔN 个循环视为连续过程，根据试验或理论方法作为"显式"直接预测永久应变，而不追踪单次循环振荡的应变路径。

显隐式转换计算方法包括两个部分，第一部分是隐式计算过程向显式计算过程的转换，即显式计算过程是基于隐式计算过程的结果。而在显式计算过程进行一段时间后，其动参数因为封闭计算而无法自主调节，此时为了使误差不至于越来越大，需要对动参数进行重新计算，并更新整个模型的应力分布情况，而完成这一工作所需的便是显隐式转换计算方法中的第二部分，即显式计算过程向隐式计算过程的转换。

笔者在铁道部项目"高速铁路桩网结构永久变形计算方法研究"（2010G003-A）研究中，结合静力蠕变模型与动荷载作用下土长期变形模型的相似特点，采用蠕变模型代替"显式"计算部分，实现了动力隐式与静力蠕变相结合的计算过程，计算过程示意见图 13.4-2。

以某高速铁路线路 DK34＋535.00 桩网结构路基断面为例，该线路为 CRTS I 型板式无砟轨道、CFG 桩地基加固，基底设碎石垫层 0.6m，内铺设两层双向土工格栅，土工格栅抗拉强度不小于 100kN/m。地基的上部为③₁粉质黏土，下部为⑤₁弱风化花岗闪长岩；CFG 桩桩径 0.5m，桩间距 1.6m，桩长 7.5m，路基高度 6m。

列车最高运行速度 300km/h，编组分为 8 节编组和 16 节编组两种，每天开行的动车组列车 119 对。数值模拟时考虑平面轴对称，取截面中心的单根桩及桩周土体，如图 13.4-3所示，计算参数如表 13.4-4 所示。

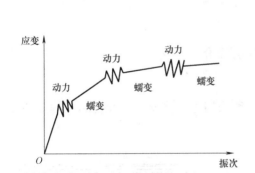

图 13.4-2　动力隐式与静力蠕变交替计算示意图

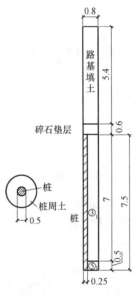

图 13.4-3　简化计算断面

土层及桩动力计算参数　　　　　　　　　　　　　　　表 13.4-4

	动弹性模量(MPa)	γ (kN/m³)	泊松比
③₁粉质黏土	30	20.2	0.3
⑤₁花岗闪长岩	85	20	0.3
桩	40000	24	0.15
碎石垫层	504	24	0.15
路基填土	180	20	0.25

计算时显式部分采用静力蠕变模型（13.4-7）代替变形随振次的变化规律，根据动三轴试验结果得到的三参数分别为 $c_1=12.05^{-11}$，$c_2=0.923$，$c_3=-0.74$。

$$\varepsilon_{\mathrm{cr}}=\frac{c_1}{c_3+1}\sigma^{c_2}t^{c_3+1}$$

$$(13.4\text{-}7)$$

路基表面施加幅值为 20～28.9kPa、频率为 10Hz 的正弦荷载，动荷载的振次按每天运行的列车对数、每列车的编组数、列车开通到计算时的运行天数进行计算。一列车按 16 节编组、32 个转向架，每天开行的动车组列车 119 对，1 天动荷载的振动次数为 $32 \times 238 = 7616$ 次。经计算得到位移随振次的变化曲线，如图 13.4-4 所示。

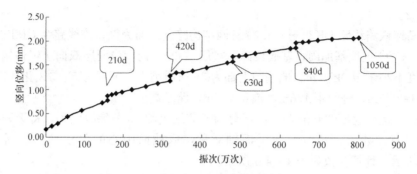

图 13.4-4　路基表面竖向位移随振次的变化

13.5　高速铁路路基软土地基加固方法及沉降性状

我国高速铁路建设速度快，工期短，这就势必要求选用施工工期短、沉降变形小且变形收敛快的一些加固方法，通常采用的方法包括桩网结构、桩筏结构和桩板结构三种方法。

13.5.1　高速铁路路基软土地基加固方法简介

1. 桩网结构

桩网结构是由桩（一般带桩帽）、网（一般采用土工格栅）以及桩间土构成的复合系统，如图 13.5-1 所示。

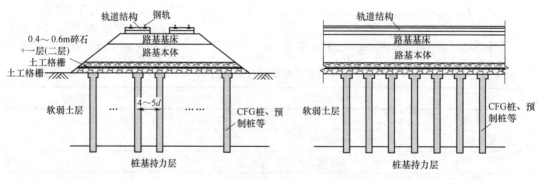

图 13.5-1　桩网结构

桩网结构中的桩一般采用 CFG 桩和预应力管桩，特殊条件下也可采用钻孔灌注桩等。我国高速铁路地基采用桩网结构设计时，通常设置桩帽，带桩帽后可提高桩承载比或可适当增大桩距进而降低工程造价。桩帽可以设计成方形板或圆板等，直径一般 1.0～1.2m，厚度不小于 0.4m，如图 13.5-2 所示。

桩应穿透软弱土层，选择承载力相对较高的土层作为桩端持力层；桩体布置方式可采

(a)　　　　　　　　　　　　　(b)

图 13.5-2　不同形状桩帽

(a) 桩帽为方形板；(b) 桩帽为圆板

用正方形或梅花形；垫层厚度取 40～60cm，为提高格栅的承载效率，应尽量使格栅靠近桩顶放置，但为防止格栅在桩顶边缘处被折断，应使格栅与桩顶有 10cm 左右的间隔；对于双层格栅而言，两层格栅之间应有 15～30cm 的间隔。为确保格栅的固定边界条件，应在路基坡脚处对格栅进行回折，回折部分应能够提供足够摩擦力使边界进行固定，回折长度一般不小于 2.5m。

2. 桩筏结构

桩筏结构在桩顶上设 15cm 或 20cm 褥垫层，垫层上面设 40～60cm 厚的钢筋混凝土筏板，如图 13.5-3 所示。

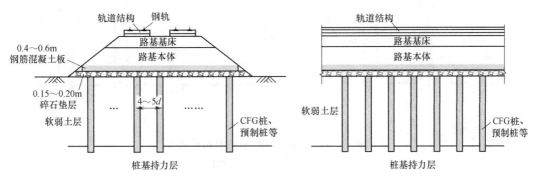

图 13.5-3　桩筏结构

相对于桩间土而言，筏板为刚性结构物，加载开始时，桩间土较桩压缩性大，发生的沉降变形大于桩顶，两者的差使上部荷载发生转移并集中在桩顶和筏板之间的褥垫层上，随着上部荷载的增加，褥垫层颗粒承受的剪应力达到其抗剪强度而发生塑性流动，即桩头逐渐刺入褥垫层，桩顶以上垫层中的土颗粒向桩间土上部区域流动，使桩间土上部的褥垫层与筏板始终保持接触，最终使桩、土之间的荷载分配达到一个合理的比例，使桩间土本身的承载力得以发挥，在这个系统中，褥垫层起到了荷载从桩顶向桩间土转移的作用。

在使用荷载作用下，桩土应力比取决于褥垫层的厚度以及桩间距、桩径比等。褥垫层厚度选取过小，桩间土分担的荷载较小，达不到复合地基充分发挥桩间土自身承载力的目的。随着褥垫层厚度的加大，桩、土应力比降低，桩间土承受的荷载得以提高，但桩的作用会减小，复合地基承载力提高不明显，复合地基的沉降控制达不到要求，所以选择合理的褥垫层厚度十分重要，铁路上褥垫层厚度通常为 15cm 或 20cm。

3. 桩板结构

桩板结构（包括桩-梁-板结构）由钢筋混凝土桩、托梁和承载板，或钢筋混凝土桩和承载板组成，根据连接方式、组合形式及设置位置的不同，分为非埋式、浅埋式及深埋式三种，见图 13.5-4～图 13.5-6。

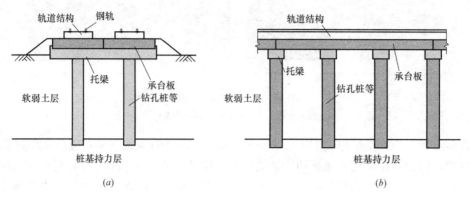

图 13.5-4　非埋式桩板结构形式示意图

(a) 横断面；(b) 纵断面

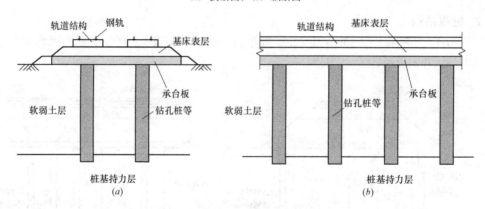

图 13.5-5　浅埋式桩板结构形式示意图

(a) 横断面；(b) 纵断面

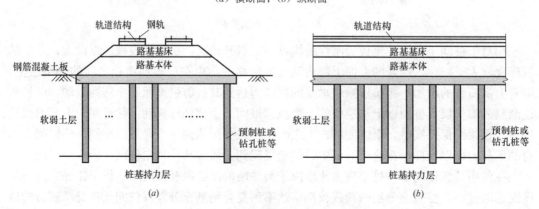

图 13.5-6　深埋式桩板结构形式示意图

(a) 横断面；(b) 纵断面

非埋式桩板结构一般三跨或多跨一联，承载板左右分幅，桩与承载板通过托梁连接，托梁与桩刚性连接，中跨承载板与托梁刚性连接，边跨承载板与托梁搭接，相邻联的承载板间设置伸缩缝，承载板与上部轨道结构直接连接。浅埋式桩板结构的桩与承载板直接刚性连接，承载板上部通过基床表层与轨道结构连接。深埋式桩板结构设置在路堤基底，桩与承载板直接刚性连接，承载板上部为填方路基。

桩板结构承载板跨度宜为 5～10m，厚度宜为 0.6～1.5m，承载板及托梁的混凝土强度等级不宜低于 C35，桩基的混凝土强度等级不宜低于 C30。

在软土地基高速铁路，应用最多的为深埋式桩板结构，采用的板通常为 50cm 厚的 C30 钢筋混凝土板，与桥梁桩基相比，板比桥梁上承台的刚度要小。

13.5.2　桩网、桩筏及桩板结构路基沉降变形性状

桩网结构在路堤底部（桩顶高程面）形成的沉降分布是不均匀的，呈现为由桩顶沉降和桩间土沉降构成的沉降盆群，桩顶高程出现的桩土沉降差使路堤荷载通过土拱作用部分转移给桩，当路堤高度大于完整土压力拱时，土拱作用将完全发挥，自桩顶高程为起始点向上，在一定的路堤高度桩土沉降差降为零，这个均匀沉降面称为等沉面，等沉面以上路堤土体的沉降分布均匀，其值在桩顶沉降与桩间土沉降之间。如果路堤高度小于等沉面高度，桩土沉降差向上无法得以完全调匀，路堤顶面的沉降将是不均匀的。

桩筏结构本质上也是复合地基，桩顶高程面形成的沉降分布也是不均匀的，但桩土沉降差只出现在褥垫层范围内，在筏板底面，桩土沉降就调整为均匀，即为"等沉面"，其值也应在桩顶沉降与桩间土沉降之间。桩板结构因桩与承载板刚性连接，板的沉降即为地基沉降。

从等沉面处的总沉降值出发，桩网结构和桩筏结构由地基产生的沉降都由桩长范围土层压缩变形和下卧层压缩变形量组成。以桩筏结构为例，进一步阐述复合地基变形的特性。

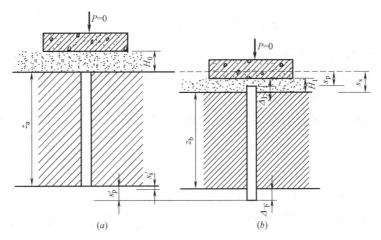

图 13.5-7　桩筏结构复合地基变形示意图

图 13.5-7 给出了桩筏结构复合地基变形示意图。图 13.5-7（a）代表荷载 $P=0$ 时的状态。加荷后（$P>0$）桩顶发生沉降 S_p，桩间土表面发生沉降 S_s，桩端处桩的沉降为

S_{p}'。由于桩体的模量很大，轴向力引起桩的压缩变形很小，可以忽略不计。这样，桩任一断面处的位移可认为与桩顶的位移相等，即 $S_{\mathrm{p}} = S_{\mathrm{p}}'$。桩端处土的位移用 S_{s}' 表示。

由于桩间土表面的沉降大于桩顶的沉降，桩顶的一部分进入到褥垫层中，称上刺入变形，以 $\Delta_{\mathrm{上}}$ 表示：

$$\Delta_{\mathrm{上}} = S_{\mathrm{s}} - S_{\mathrm{p}} \qquad (13.5\text{-}1)$$

在桩端处，桩的沉降大于土的沉降，即产生下刺入变形，用 $\Delta_{\mathrm{下}}$ 表示：

$$\Delta_{\mathrm{下}} = S_{\mathrm{p}}' - S_{\mathrm{s}}' \qquad (13.5\text{-}2)$$

桩长范围内土的压缩量 S_1 等于上刺入量与下刺入量之和，即

$$S_1 = \Delta_{\mathrm{上}} + \Delta_{\mathrm{下}} \qquad (13.5\text{-}3)$$

桩间土表面总沉降量减去加固范围内土的压缩量 S_1，即为下卧层的压缩变形 S_2：

$$S_2 = S_{\mathrm{s}} - S_1 \qquad (13.5\text{-}4)$$

如不考虑褥垫层本身的压缩量，基础总沉降由两部分组成，即桩长范围土层的压缩 S_1 和下卧层的压缩量 S_2。

从以上桩筏结构复合的变形特点可看出（桩网结构也一样），桩顶处的总沉降等于桩端处的沉降，而桩顶高程处桩间土的总沉降等于桩长范围土的压缩量和下卧层压缩量之和，桩顶高程处桩的沉降与桩间土沉降不相等，出现桩土沉降差，所谓的复合地基沉降通常是一个总的概念，也可理解为等沉面的沉降，因此，桩筏结构和桩网结构复合地基的沉降值应在桩顶沉降与桩间土沉降之间，如果把桩的沉降作为复合地基的沉降将偏小，而将桩间土沉降作为复合地基的沉降将偏大（偏安全）。

桩板结构因桩与承载板刚性连接，在使用荷载作用下桩本身的压缩量可以忽略，即桩的沉降即为基础板的沉降。

13.5.3 桩网、桩筏及桩板结构沉降计算方法

1. 桩网、桩筏结构沉降计算方法

目前，桩网结构的设计一般将其作为与建筑地基类似的情况处理，桩网结构与桩筏结构承载力和沉降的验算方法也一样。

工程中普遍运用分别计算加固区与下卧层的沉降，二者之和即为复合地基总沉降量的方法，即：

$$S = S_1 + S_2 \qquad (13.5\text{-}5)$$

加固区沉降 S_1 计算方法采用复合模量法，即对加固区求出加固后的模量，然后按天然地基的分层总和法计算沉降。各复合土层的压缩模量等于其天然状态下的压缩模量乘以一增大系数 ζ，具体公式为：

$$E_{\mathrm{sp}} = \zeta E_{\mathrm{s}} = \zeta f_{\mathrm{sp,k}} / f_{\mathrm{ak}} \qquad (13.5\text{-}6)$$

式中　f_{ak}——天然地基承载力标准值；

　　　$f_{\mathrm{sp,k}}$——复合地基承载力标准值。

其算式
$$f_{\mathrm{sp,k}} = m f_{\mathrm{pk}} + \beta(1-m) f_{\mathrm{sk}} \tag{13.5-7}$$

式中　m——面积置换率；

　　　f_{pk}——用应力表示的桩承载力；

　　　f_{sk}——处理后的桩间土承载力标准值；

　　　β——桩间土承载力折减系数。

这里复合地基的模量未采用桩、土模量按面积的加权平均。因为按面积加权平均计算的值仅在桩、土的压缩量相等时才适用。而对于刚性桩复合地基，由于桩体有上、下刺入，桩的压缩量要比相应土层的压缩量小得多。由桩、土模量按面积加权平均计算的复合模量将比一般土的模量大几十倍至百倍以上，如采用桩、土模量按面积的加权平均计算复合模量，计算沉降值会较实际的小很多。

下卧层压缩量 S_2 采用分层总和法行计算，下卧层的附加应力宜按 Boussinesq 法计算。

采用上述方法计算出总沉降后，尚应进行修正，即
$$S = m_{\mathrm{s}}(S_1 + S_2) \tag{13.5-8}$$

式中　S_1——加固区沉降量；

　　　S_2——下卧层沉降量；

　　　m_{s}——沉降经验修正系数（根据当地沉降观测资料及经验确定，也可采用表 13.5-1 数值）。

<table>
<tr><td colspan="6" align="center">沉降经验修正系数　　　　　　　　　　　　　　　　表 13.5-1</td></tr>
<tr><td>$\overline{E}_{\mathrm{s}}$(MPa)</td><td>2.5</td><td>4.0</td><td>7.0</td><td>15.0</td><td>20.0</td></tr>
<tr><td>m_{s}</td><td>1.1</td><td>1.0</td><td>0.7</td><td>0.4</td><td>0.2</td></tr>
</table>

注：$\overline{E}_{\mathrm{s}}$ 为变形计算深度范围内压缩模量的当量值，按式 (13.5-9) 计算：

$$\overline{E}_{\mathrm{s}} = \frac{\sum A_i}{\sum \dfrac{A_i}{E_{si}}} \tag{13.5-9}$$

式中　A_i——第 i 层土附加应力系数沿深度的积分值；

　　　E_{si}——基础底面以下第 i 层土的压缩模量（MPa），桩长范围内的复合土层按复合土层的压缩模量取值。

《铁路工程地基处理技术规程》TB 10106—2010 建议按实体深基础 $L/3$ 法计算桩网、桩筏结构的地基沉降，此时不再计入加固区的变形。

2. 桩板结构沉降计算方法

桩板结构桩基沉降可根据现行《铁路桥涵地基和基础设计规范》（TB 100002.5—2005）进行计算，采用实体深基础计算桩基础最终沉降量。实体基础的支承面积按图 13.5-8 采用，并用分层总和法计算。

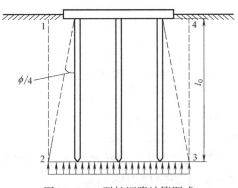

图 13.5-8　群桩沉降计算图式

实体深基础法应用简单方便，但方法本身与桩径、桩间距等都无关，且计算结果往往偏大，规范建议用表 13.5-2 经验系数修正。

地基压缩模量当量值$\overline{E}_s$(kPa) 基础底面处附加压应力 $\sigma_{z(0)}$	2500	4000	7000	15000	20000
$\sigma_{z(0)} > \sigma_0$	1.4	1.3	1.0	0.4	0.2
$\sigma_{z(0)} \leqslant 0.75\sigma_0$	1.1	1.0	0.7	0.4	0.2

桩基础法沉降修正系数　　　　　　　　　　　　　表 13.5-2

注：σ_0 为基础底面处地基的基本承载力，$\overline{E}_s$ 为沉降计算总深度内地基压缩模量的当量值。

桩板结构地基沉降计算除可用实体深基础外，也可用 Mindlin-Geddes 解法。

13.5.4　工程实例

铁道部课题"高速铁路 CFG 桩综合技术研究"，为研究 CFG 桩桩网结构、桩筏结构路基沉降变形规律，验证和优化 CFG 桩复合地基设计参数，在京沪高速铁路徐沪段选择 DK854＋640～DK855＋100 段作为试验段。

1. 工程地质条件

徐沪试验段 DK854＋640～DK855＋100 试验工点位于安徽省滁州市凤阳县刘府镇内，属淮河二级阶地，路堤填土高 4.2～4.8m。工点区上部地层属第四系全新统冲积层，下伏基岩为元古界五河群峰山李组角闪岩地层，地层如图 13.5-9 所示，地层岩性及物理力学指标自上而下分述如下：

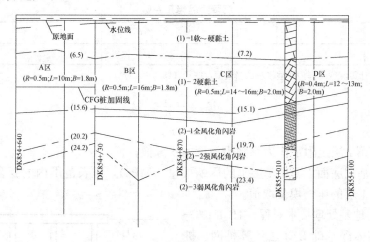

图 13.5-9　徐沪段地质纵断面图

（1）-1：黏土，褐黄色，软～硬塑，厚 5.4～7.6m。主要物理力学指标：$w=24.94\%$，$\gamma=19.3\text{kN/m}^3$，$e=0.79$，$c_u=37.3\text{kPa}$，$\varphi_u=20.44°$，$a_v=0.33$，$E_{s0.1-0.2}=6.36\text{MPa}$，$P_c=236.1\text{kPa}$，$c_c=0.23$，$c_s=0.0304$，$P_s=0.4\sim3.2\text{MPa}$，$\sigma=160\text{kPa}$。实测标贯击数平均值 13 击。

（1）-2：黏土，褐黄色，硬塑，含铁锰质结核 3‰～8‰，直径 2～3mm，厚 4.9～8.95m。主要物理力学指标：$w=22.68\%$，$\gamma=20.1\text{kN/m}^3$，$e=0.67$，$c_u=75.6\text{kPa}$，$\varphi_u=27.3°$，$a_v=0.20$，$E_{s0.1-0.2}=9.24\text{MPa}$，$P_c=373.5\text{kPa}$，$c_c=0.19$，$c_s=0.0343$，$P_s=2.2\sim6.6\text{MPa}$，$\sigma=200\text{kPa}$。实测标贯击数平均值 19.4 击。

（2）-1 全风化角闪岩（P_{t1z}）：岩心呈土状，砾砂状，夹粗角砾状，直径 2～6cm，含量 10%～25%，局部为碎石状，直径 6～11cm，含量 10%～15%，手能捏碎，厚 2.5～6.5m。实测动探击数平均值 39.61，修正值 17.25，$\sigma=200$kPa。

（2）-2 强风化角闪岩（P_{tlz}）：岩心呈碎石状，直径 2～10cm，含量 40%～50%，局部岩心呈短柱状，柱长 8～15cm，锤击可碎，厚 0～3.6m。实测动探击数平均值 48.3，修正值 18.61，$\sigma=500$kPa。

（2）-3 弱风化角闪岩（P_{tlz}）：岩心呈柱状，节长 7～40cm，节理裂隙较发育，锤击声脆，$\sigma=800$kPa。

试验工点地下水较发育，埋深约 0.8m，属孔隙潜水，无侵蚀性，主要受大气降水及地表水补给。试验工点地震动峰值加速度 0.10g。

2. 设计方案

设计方案中有桩网和桩筏方案，桩径有 0.5m 和 0.4m，桩网方案有 1.0m、1.1m 桩帽直径，桩间距有 1.8m 和 2.0m，桩长有 10m、13m、16m，路基高度有 4.5～4.9m。设计方案共有四种，见表 13.5-3。

徐沪段试验段设计方案　　　　　　　　　表 13.5-3

序号	里程范围	填高（m）	桩长（m）	桩径（mm）	桩间距（m）	桩帽直径（m）	垫层结构
A	DK854+640～+730	4.5	10.0	0.5	1.8	1.0	0.6m 碎石垫层＋一层土工格栅（预压 3m）
B	DK854+730～+870	4.7	16.0	0.5	1.8	1.0	0.6m 碎石垫层＋一层土工格栅
C	DK854+870～DK855+010	4.5	16.0	0.5	2.0	1.1	0.6m 碎石垫层＋一层土工格栅
D	DK855+010～DK855+100	4.9	13.0	0.4	2.0	无	0.2m 碎石＋0.5m 钢筋混凝土板

3. 单桩承载力和复合地基承载力

现场分别测试了单桩承载力特征值和复合地基承载力特征值，见表 13.5-4。

承载力特征值（kN）　　　　　　　　　表 13.5-4

序号	断面	单桩承载力特征值(kN)	试验复合地基承载力特征值(kPa)	桩径(m)	桩长(m)
1	DK854+700	780	323	0.5	10.0
2	DK854+800	1160	≮330	0.5	16.0
3	DK854+936.5	1060	≮330	0.5	16.0
4	DK855+070	630	289	0.4	13.0

4. 沉降变形特点

试验段断面沉降稳定后的数据如表 13.5-5，各方案设置一主观测断面和辅观测断面，主断面观测到的地基面沉降随时间、荷载变化的见图 13.5-10。

从图 13.5-10 和表 13.5-5 可看出：

（1）各设计方案稳定后沉降量都较小，A 区因采用超载预压，荷载与其他三个断面不一样，沉降量大一些，平均 20.5mm，最小为采用桩筏结构的 D 区，为 11.6mm，因此

435

在地质条件相当、荷载相同情况下，如桩长、桩间距相同，桩筏结构比桩网结构路基中心沉降要小。

（2）B、C、D 三个区间，因为 CFG 桩均已打入风化层，填筑完成后 1 个月沉降基本上就趋于稳定，A 区 CFG 桩设计桩长 10.0m，未进入风化层（距风化层 5～6m），预压土施工完成后，沉降速率虽很小，但较长时间内沉降一直在发展，4 个月趋于收敛。

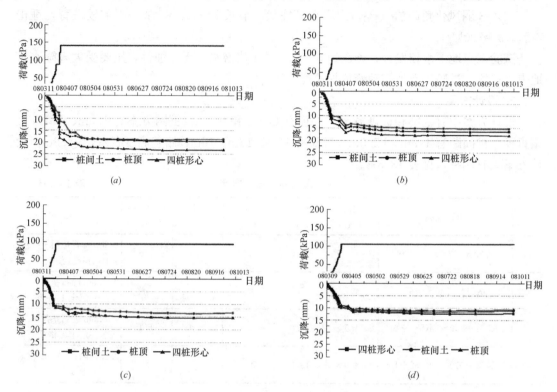

图 13.5-10　沉降-时间-荷载曲线

（a）A 区主断面沉降板；（b）B 区主断面沉降板；
（c）C 区主断面沉降板；（d）D 区主断面沉降板

沉降板累积总沉降（mm）　　　　　　　　　　　　　表 13.5-5

区间	主观测断面			辅观测断面			平均沉降值
	两桩中心	桩顶	四桩形心	两桩中心	桩顶	四桩形心	
A	19.76	18.91	23.42	20.40	16.84	23.55	20.5
B	16.09	14.76	18.53	16.47	15.24	18.15	16.5
C	15.47	13.42	15.41	14.33	14.12	16.21	14.8
D	11.33	10.83	12.32	10.93	10.33	13.72	11.6

参考文献

[1]　国家铁路局. TB 10001—2016 铁路路基设计规范［S］. 北京：中国铁道出版社，2016.
[2]　国家铁路局. TB 10621—2014 高速铁路设计规范［S］. 北京：中国铁道出版社，2014.

[3]　中华人民共和国铁道部. TB 100002.5—2005 铁路桥涵地基和基础设计规范 [S]. 北京：中国铁道出版社，2005.

[4]　中华人民共和国铁道部. TB 10035—2006 铁路特殊土路基设计规范 [S]. 北京：中国铁道出版社，2006.

[5]　宫全美，周宇，杨新文，等. 轨道交通线路动力学 [M]. 北京：人民交通出版社股份有限公司，2015.

[6]　王炳龙，杨新文，周宇，等. 高速铁路路基与轨道工程 [M]. 上海：同济大学出版社，2015.

[7]　刘建坤，岳祖润. 路基工程 [M]. 北京：中国建筑工业出版社，2016.

[8]　胡一峰，李怒放. 高速铁路无砟轨道路基设计原理 [M]. 北京：中国铁道出版社，2010.

[9]　毕宗琦，宫全美，周顺华，等. 高速铁路桩承式路基土拱安定性分析 [J]. 铁道学报，2016，38（11）：102～110.

[10]　康庄. 高速铁路路基长期累积变形计算 [D]. 上海：同济大学博士论文. 2015.

[11]　王漾. 高速铁路桩网结构路基永久变形计算 [D]. 上海：同济大学硕士论文. 2012.

[12]　周萌. 路基不均匀沉降对板式轨道及行车安全的影响 [D]. 上海：同济大学硕士论文. 2011.

14　水利涵闸的变形控制设计

杨光华[1,2]

(1. 广东省水利水电科学研究院，广州 510630；2. 广东省岩土工程技术研究中心，广州 510630)

水利涵闸水工建筑物除对地基强度或承载力有要求外，还是一个通水或挡水建筑物，要有防渗漏的功能。如果存在较大沉降差可能会产生渗漏通道，影响安全，同时也会对结构受力安全产生影响。近年遇到不少涵闸的工程事故，主要都是地基处理设计时缺乏变形控制的概念而产生。因此，重视水利工程中的变形控制设计，是减少或避免事故的主要措施。

14.1　穿堤涵的变形控制问题

14.1.1　换填处理

早期在软土地基上建造穿堤涵多是采用换填法的地基处理方法，但随着时间的增长，软土地基产生固结沉降，如图 14.1-1 所示，由于堤的形状一般是梯形，故而堤断面的中间部位重量大于堤的两侧坡脚，由此使涵产生锅形沉降，即中间沉降大，两侧沉降小，涵的长度方向是分节的，这种沉降会使涵的分节接头处拉开，造成堤身漏土，影响安全。

产生这一现象，主要是设计方面一般是按承载力设计考虑，即保证地基的强度安全为主，而对沉降变形控制重视不够。从穿堤涵管的设计，沿堤顶中作一剖面如图 14.1-2 所示，一个方形箱涵埋在堤内，如果把箱涵看作一结构，则箱涵底部作用于地基上的荷载为：涵顶以上堤土的自重，涵结构自重，涵洞内充满过流水的重量。一般设计时要求涵底应力要少于地基的承载力，假如涵底是软土，一般承载力不足，则要进行地基处理，但地基承载力如果划分为强度和变形两个内容，则由图 14.1-1、图 14.1-2 可见，箱涵是埋在土堤里的，箱涵里水的重量比土轻，这样图 14.1-2 中涵两侧土重量作用于涵底高程位置处的应力要大于涵底的应力，从边界条件而言不存在涵底地基滑动破坏的可能，即涵底地

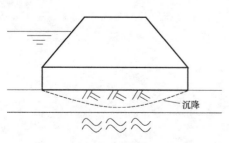

图 14.1-1　换填处理沉降示意图

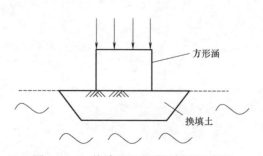

图 14.1-2　换填处理方形涵剖面示意图

基不存在地基强度破坏的问题，而主要是沉降不均匀的问题，因此，设计这种软土地基穿堤涵的地基处理方案，应该主要是控制其沉降，包括总沉降和不均匀沉降，应按变形控制设计才是更合理的。

14.1.2   桩基处理

一般设计是针对结构物的地基，当地基承载力小于结构基底应力时即认为地基承载力不足，需要进行处理。在目前有条件下，不少设计就考虑采用了桩基处理方案。

同样，对其基础的处理设计，其实也不是地基强度问题，而应是变形协调及沉降控制问题，如图 14.1-3 所示，以破堤建涵为例：通常假设按 1：3 放坡开挖建涵，当涵底基础为软土时，采用桩基础穿透其下的软土层，当建筑物周边土回填后，涵两侧没有桩基，沉降必然大一些，涵结构采用了桩基础，沉降很少，这时会在涵侧处存在地基沉降的突变，会在沉降突变处形成堤的横断面裂缝，存在渗漏隐患。如图 14.1-4 所示。

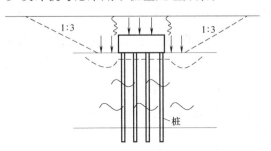

图 14.1-3   破堤建涵桩基示意图

图 14.1-4   穿堤涵位置堤身裂缝

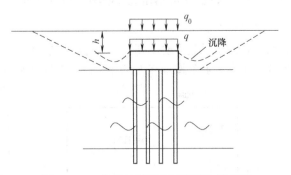

图 14.1-5   桩基处理后涵顶荷载取值问题

14.1.3   地基处理后涵顶荷载问题

如图 14.1-5 所示，当箱涵结构地基采用了刚性桩复合地基或桩基处理后，涵顶所受荷载 q 的计算取值问题。目前规范尚没有考虑可能由于沉降不均匀所产生的拱效应所产生的荷载问题。

通常规范计算箱涵结构内力时，涵顶荷载为

$$q = \gamma h + q_0 \qquad (14.1-1)$$

式中　h——为堤顶到涵顶的高度，

　　　q_0——堤顶活荷载。

实际中由于箱涵基础处理后，箱涵的沉降较小，而涵两侧回填土产生的沉降较大，如图 14.1-5 所示，这样由于土拱效应的存在，会使涵顶所受的荷载大于土柱重量 γh 部分，当土柱较高时，会造成实际荷载大于设计荷载而使涵顶产生纵向裂缝。

根据数值分析，由于土拱效应的作用，作用于涵顶的荷载最大可以是土柱重量的 2 倍[1]，这是容易被忽视的由于变形不协调而造成的。

14.1.4　不同基础形式沉降引起的穿堤涵的问题

图 14.1-6 是一个软土泵站的地基处理方案，泵房为结构物，采用了管桩基础，沉降很小，堤身涵管的基础则采用搅拌桩处理。从地基承载力（强度）方面都是可以满足要求的，但实际情况是沉降不协调使箱涵产生了结构开裂：

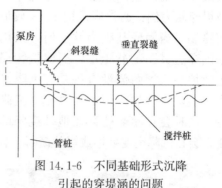

图 14.1-6　不同基础形式沉降
引起的穿堤涵的问题

（1）在与泵房接头处，箱涵支承于泵房的管桩承台上，管桩沉降小，箱涵在堤身填土后搅拌桩处理的地基沉降大，箱涵支承在泵房承台上相当于一个简支点，造成较大剪应力而使箱涵侧墙产生了斜裂缝。

（2）在箱涵的中部，由于堤身是梯形荷载，回填后箱涵纵向的沉降形成了锅底型，致使堤截面的中间部位沉降最大，形成了受弯状态，在箱涵侧墙产生了垂直裂缝。

这是通常按承载力设计而忽视沉降变形对结构受力影响的结果。

14.1.5　泵房不同基础形式引起的变形问题

通常水利泵房有两个主要建筑物，一个是水泵所在的运行车间，一个是维修车间。对于运行间，由于承载力要求高，一般会采用桩基方案，但对于维修间，一般是单层结构，基础底应力不高，通常按承载力设计时较易满足，有些可采用桩基，有些则直接利用回填密实土的承载力。从承载力或地基强度角度都是满足的，但一般缺乏对其沉降的计算复核。

曾遇到过两个工程案例：一是如图 14.1-7 所示，运行间采用搅拌桩复合地基，维修间采用天然地基，完成后维修间因回填土下仍有软土而沉降持续几年，致使墙身产生斜裂缝。并影响运行间在维修间一侧沉降较大一些，产生不均匀沉降，从而影响泵站设备的运行。另一个泵站是在维修间也采用了桩基，但由于基础下回填土较厚重，产生沉降，桩也存在负摩阻力，使维修间的沉降大于运行间的沉降达

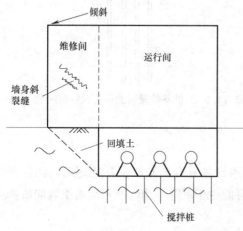

图 14.1-7　泵房不同基础形式引起的变形问题

5cm，使运行间与维修间的吊车梁存在沉降差，影响吊车行走。

因此，基础设计不仅是承载力，还要控制沉降，复核不同部位结构可能的沉降及其是否影响运行。

14.2　穿堤水闸的变形控制问题

14.2.1　软基中的浮运闸

早期处理水闸软基承载力低的问题，发明了一种浮运闸，即预制空箱运到水闸位置下沉，形成空箱结构基础，以减轻地基应力。但运行若干年后。由于闸两侧堤的填土较重，逐步产生固结沉降，形成图 14.2-1 所示的地基沉降，两门的水闸从中间分开，闸顶架分离达 2m，闸门起吊困难。这是没有考虑到变形的问题所产生的结果。

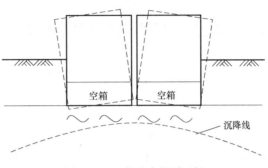

图 14.2-1　软基中的浮运闸

14.2.2　软基水闸的桩基础问题

目前施工设备及经济条件都已极大改善，于是桩基成为主要考虑的方案，如图 14.2-2 所示。

同样，在使用桩基后，水闸结构基本不沉降，但水闸两侧堤在自重作用下沉降较大于水闸结构，带动闸底土沉降，这样会造成闸底板脱空。

当洪水来时，即使闸门关闭，洪水仍会透过底板脱空部位流出，并可能会带走周边土体，造成垮堤危险，如 1998 年广东南海丹灶水闸垮塌，造成几十亿元的损失，见图 14.2-3。

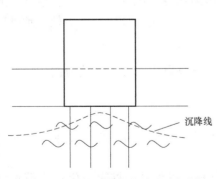

图 14.2-2　软基水闸的桩基础问题

图 14.2-3　广东南海丹灶水闸垮堤

14.2.3　复合地基的应用

水闸基底应力一般在 $80\sim120\text{kPa}$，对于一般的淤泥或淤泥质土软土地基，其承载力是不够的，采用换填或空箱结构也难以解决其沉降变形过大的问题，采用桩基础也存在变形不协调，甚至存在闸底板脱空的安全隐患。因此，采用复合地基是较好的选择。复合地基通常应用较多的是搅拌桩复合地基和 CFG 桩等刚性桩复合地基。当软土深度在 20m 以内时，一般可采用搅拌桩穿透软土层。当软土厚度大于 20m 时，搅拌桩不易穿透或深部效果不好，这时多采用 CFG 桩等刚性桩复合地基穿透软土层。刚性桩复合地基一般效果较好，但其沉降计算方法存在问题，后面另外介绍。这样，目前软土地基的水闸地基处理通常采用复合地基较多，其可避免闸底板脱空的问题。如采用桩基方案，则要对闸底脱空做好防渗处理。

14.3　软土地基刚性桩复合地基的沉降计算

目前水闸软土地基处理采用复合地基处理主要用搅拌桩和 CFG 桩，当搅拌桩能穿透软土层时效果较好。搅拌桩对于较深厚软土时，如果没能穿透则沉降仍会较大，同时搅拌桩施工质量控制相对困难一些，因此，CFG 桩或预应力管桩等刚性桩复合地基效果更可靠，目前应用较多。对于刚性桩复合地基的沉降计算，工程实践中比较有代表性的方法仍是几个规范方法。但这些方法对于软土地基常出现计算结果不合理的现象，往往是计算沉降偏大，造成计算沉降无法满足要求。

以广东的淤泥或淤泥质土地基为例，其压缩模量一般为 $E_s = 2 \sim 3\text{MPa}$，承载力特征值一般为 $f_{ak} = 60 \sim 80\text{kPa}$，如采用刚性桩复合地基，如一些水闸地基，即使将其承载力提高到 200kPa，按目前应用较多的复合模量法，承载力比值 $\xi = 2.5 \sim 3.3$，则复合模量 $E_{sp} = \xi E_s = 7 \sim 8\text{MPa}$，即使取 $E_{sp} = 10\text{MPa}$，按水闸底板宽 $B = 20\text{m}$ 计算，如按弹性地基 Boussinesq 解计算，则最大沉降：

$$s = \frac{BP(1 - \nu^2)}{E_s}\omega = \frac{20 \times 200 \times (1 - 0.3^2)}{10000} \times 0.9 = 0.33\text{m} = 33\text{cm}$$

显然太大了，即使考虑有限压缩和不考虑下卧层的沉降，乘以 0.7 的折减系数，沉降也大于 20cm，超出规范允许值。而实际上，一般刚性桩会穿过软土层到达较好持力层，刚性桩通过褥垫层支撑着底板，其沉降应是褥垫层压缩和桩基沉降，一般经验应在 5cm 左右，小于 10cm，显然，理论计算与经验判断差异大，这种沉降计算方法对软土地基刚性桩复合地基是偏大的，使一些软土地基的使用存在困难。

造成这一计算误差的原因是计算方法中假定了桩土应力比与桩土承载力比相等 $\frac{\sigma_p}{\sigma_s} = \frac{f_p}{f_s}$，这一假设存在不合理性[2,3]。

为解决软土地基刚性桩复合地基的沉降计算问题，可采用以下几种方法计算软土地基中的刚性桩复合地基沉降[3,4]：

简化方法一为基于桩土变形协调的独立算法，其核心思想是将桩间土荷载-沉降曲线近似为线性。当桩的荷载水平不高时，对桩的沉降可按线性考虑，线性关系可按线弹性方程计算得到。若桩可能进入非线性甚至塑性，则假设桩的荷载-沉降曲线满足双曲线规律，可较好地考虑桩的非线性沉降过程。

通过计算单桩承载力特征值时的沉降，然后通过双曲线方程特点得到桩的非线性沉降方程。对于有单桩静载试验的情况，可以直接利用单桩试验曲线建立单桩的双曲线方程。最后依据共同作用时桩和桩间土的变形协调条件和静力平衡方程，即可计算其实际基础下复合地基的沉降，从而得到一个刚性桩复合地基沉降计算的简化方法。如图 14.2-4 所示。

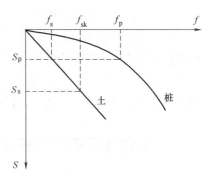

图 14.2-4　桩土特征承载力-沉降曲线

简化方法二：采用简单线性共同作用方法，该方法对加固区首先确定桩土分担荷载，再计算桩的沉降，将其沉降作为加固区沉降。其主要计算公式如下。

$$S = S_{pa} + S_2 \tag{14.3-1}$$

$$S_{pa} = S_d + S_p + S_b \tag{14.3-2}$$

$$S_d = \frac{f_{pa} \cdot h_1}{E_{0a}} \tag{14.3-3}$$

$$S_p = \frac{f_{pa} + f_{pb}}{2} \cdot \frac{h_2}{E_c} \tag{14.3-4}$$

$$S_b = \frac{f_{pb} \cdot D(1-\nu^2)}{E_0} \times 0.88 \tag{14.3-5}$$

$$S_2 = \sum_{i=1}^{n} \frac{\Delta p_i}{E_{0i}} \cdot \Delta h_i \tag{14.3-6}$$

式中　S——总沉降；

S_{pa}——桩在加固区的沉降；

S_d——褥垫层压缩沉降；

S_p——桩身压缩变形；

S_b——桩底刺入变形；

S_2——加固区下卧层的沉降；

f_{pa}——桩顶分担应力，可采用 $f_{pa} = np/[1+m(n-1)]$ 计算；

n——桩土应力比，可由简化方法一计算；

m——面积置换率；

p——复合地基上平均荷载密度；

f_{pb}——桩底应力；

h_1——褥垫层厚度；

E_{0a}——褥垫层变形模量；

h_2——桩长；

E_c——桩身弹性模量；

D——桩身直径；

ν——桩底土层泊松比；

E_0——桩底土层变形模量。

简化方法三：该方法其余部分同上述简化方法二，仅在加固区确定桩土分担荷载时，直接以单桩承载力特征值作为单桩分配荷载，再计算桩的沉降，将其沉降作为加固区沉降。

以上方法计算简便，参数简单，结果具有较好的计算精度，可为刚性桩复合地基的沉降计算提供一种工程上的简便实用新方法。

14.4 考虑侧向变形的软土地基非线性沉降计算

软土对水利工程中的堤闸涵设计是主要影响因素，尤其是变形问题。要做好变形控制设计，困难在于软土地基的沉降计算问题。软土地基由于强度低，非线性沉降明显，目前计算方法虽然发达，但最常用的仍然是规范的分层总和法，该方法采用的是一维应力状态下的压缩试验所得到的压缩模量用于分层计算土的压缩沉降，这样计算不能考虑侧向变形引起的沉降，因此要在计算结果的基础上乘以 1.1～1.7 的经验系数，但经验系数区间大，取值主要是主观因素，结果会因人而异，准确度有待改进。

土的本构模型中 Duncan-Chang 模型是最为简单的模型，能较好地考虑侧向变形或侧向围压力对竖向变形的影响，由该模型求得的切线模型包含了侧向变形的影响，用于传统的分层总和法中代替压缩模量则可以考虑侧向变形对沉降的影响，但实际工程中很少进行三轴的应力应变试验，这样 Duncan-Chang 模型的参数确定成为其应用的障碍。为此，杨光华等基于 Duncan-Chang 模型推导出由 e-p 曲线求取简易的切线模量 E_t 计算式[5][6]，应用 Boussinesq 解求出应力，并运用于分层总和法计算软土地基总沉降，以解决软土地基的非线性沉降问题。但实际应用时软土的应力水平往往很容易接近破坏，计算不太稳定。于是，杨光华、姚丽娜[7]引入了一个修正系数，使计算结果的应力水平小于1，并在广义胡克定律的基础上推导出适用于软土的可考虑侧向变形的计算方法，把软土地基沉降分为有侧限的压缩沉降 S_c 和侧向变形产生的沉降 S_d 两部分，其中，有侧限的压缩沉降采用传统的 e-p 曲线分层总和法计算，侧向变形产生的沉降采用非线性切线模量 E_t 应用分层总和法计算，这样可以避免规范方法中经验系数的不确定性。切线模量 E_t 由 e-p 曲线求取。

14.4.1 侧限条件下的压缩沉降

侧限条件下的压缩沉降可直接利用 e-p 曲线采用分层总和法计算。第 i 级荷载下第 j 层土的压缩沉降表达式为

$$\Delta S_{cij} = \frac{\Delta \sigma_{zij}}{E_s(\sigma_{zij})} \cdot \Delta h_j \tag{14.4-1}$$

式中 ΔS_{cij}——第 i 级荷载下第 j 层土的压缩沉降；

$\Delta \sigma_{zij}$——第 i 级荷载下第 j 层土附加应力，采用均质体弹性解计算的附加竖向应力；

$E_s(\sigma_{zij})$——第 i 级荷载下第 j 层土竖向总应力对应的压缩模量。

竖向总应力由初始竖向应力加上附加弹性竖向应力求得。由总应力根据 e-p 曲线确定对应的压缩模量。

这样第 i 级荷载下总压缩沉降为

$$\Delta S_{ci} = \sum_{j=1}^{n} \Delta S_{cij} \qquad (14.4\text{-}2)$$

14.4.2　侧向变形引起的沉降计算

按广义胡克定律：

$$\Delta\varepsilon_1 = \frac{1}{E_t}\big[\Delta\sigma_1 - \mu(\Delta\sigma_2 + \Delta\sigma_3)\big] \qquad (14.4\text{-}3)$$

$$= \frac{\Delta\sigma_1 - k_0\Delta\sigma_1}{E_t} + \frac{k_0\Delta\sigma_1 - \mu(\Delta\sigma_2 + \Delta\sigma_3)}{E_t}$$

式中　ε_1——竖向应变；

　　　k_0——土的侧压力系数；

　　　μ——土的泊松比，对于饱和软土，为简化计算，假设 $\mu \approx 0.5$，在竖向荷载下 $\Delta\sigma_2 \approx \Delta\sigma_3$，则由式（14.4-3）有：

$$\Delta\varepsilon_1 = \frac{\Delta\sigma_1 - k_0\Delta\sigma_1}{E_t} + \frac{k_0\Delta\sigma_1 - \Delta\sigma_3}{E_t} \qquad (14.4\text{-}4)$$

式中　σ_1——第一主应力；

　　　σ_3——第三主应力。

式（14.4-4）中等号右边的第一项为 k_0 状态下的竖向应变，相当于应力处于有侧限下的应力状态的压缩应变，其相应的沉降为有侧限的压缩沉降，可采用 14.4.1 节的方法计算；第二项相当于侧向变形引起的竖向应变，因此可以写为

$$\Delta\varepsilon_1 = \Delta\varepsilon_c + \Delta\varepsilon_d \qquad (14.4\text{-}5)$$

式中　$\Delta\varepsilon_c$——竖向压缩应变；

　　　$\Delta\varepsilon_d$——侧向变形引起的竖向应变。

当无侧向应变时，相当于 $k_0\Delta\sigma_1 = \Delta\sigma_3$，也即处于 k_0 固结状态，此时，仅有压缩应变，由式（14.4-4）第二项可得 $\Delta\varepsilon_d = 0$。

$\Delta\varepsilon_c$ 引起的沉降可由式（14.4-1）的方法计算得到。因而第 i 级荷载下第 j 层土中由于侧向应变引起的竖向沉降由式（14.4-4）可得

$$\Delta S_{dij} = \frac{k_0\Delta\sigma_{zij} - \Delta\sigma_{xij}}{E_t(\sigma_{czij})} \cdot \Delta h_j \qquad (14.4\text{-}6)$$

式中　ΔS_{dij}——第 i 级荷载下第 j 层土的侧向变形引起的沉降，当计算值小于 0 时取 0 计；

　　　k_0——初始状态的静止土压力系数，对于黏性土可表示为 $k_0 = 0.95 - \sin\varphi'$，$\varphi'$ 为土的有效内摩擦角；

　　$E_t(\sigma_{czij})$——第 i 级荷载下第 j 层土中竖向应力对应的切线模量。

求侧向变形引起的沉降关键在于切线模量 E_t 的计算，可参考文献 [6] 的方法，由 e-p 曲线通过 Duncan-Chang 模型来求得。假设切线模量 E_t 符合 Duncan-Chang 模型，则 E_t 的表达式为

$$E_t = (1 - R_f s)^2 E_i \qquad (14.4\text{-}7)$$

式中　R_f——破坏比，常规三轴试验用破坏时的偏应力与应变达到极限状态时的偏应力的比值；

s——对应应力状态下的应力水平，

$$s = \frac{(1-\sin\varphi)(\sigma_1-\sigma_3)}{(2c\cos\varphi+2\sigma_3\sin\varphi)} \tag{14.4-8}$$

式中　　c，φ——土体黏聚力及内摩擦角；

　　σ_1，σ_3——土体第一、第三主应力，按均质地基由弹性解求得。

对于压缩试验，对应的应力水平为 s_0，则切线模量为

$$E_t' = (1-R_f s_0)^2 E_i \tag{14.4-9}$$

压缩应力状态的应力水平 s_0 为

$$s_0 = \frac{(1-\sin\varphi')(\sigma_{10}-k_0\sigma_{10})}{(2c\cos\varphi'+2k_0\sigma_{10}\sin\varphi')} \tag{14.4-10}$$

式中，φ' 为地基土慢剪内摩擦角，σ_{10} 为压缩试验的竖向应力，地基土体初始状态下的第一主应力；侧限条件下，切线模量 E_t' 等于土的 $e\text{-}p$ 曲线的压缩模量 E_s，则由式（14.4-9）可得初始切线模量 E_i 为

$$E_i = \frac{1}{(1-R_f s_0)^2} E_s \tag{14.4-11}$$

将式（14.4-11）代入式（14.4-7）可得

$$E_t = \left[1-\frac{R_f(s-s_0)}{(1-R_f s_0)}\right]^2 E_s \tag{14.4-12}$$

这样式（14.4-12）提供了一种用 $e\text{-}p$ 曲线求取切线模量 E_t 的计算式。

这样，第 i 级荷载作用下由于侧向变形地基产生的总沉降为

$$\Delta S_{di} = \sum_{j=1}^{n} \Delta S_{dij} \tag{14.4-13}$$

第 i 级荷载下的总沉降则由压缩沉降 ΔS_{ci} 和由侧向变形产生的沉降 ΔS_{di} 之和而得，ΔS_{ci} 由式（14.4-2）求得，ΔS_{di} 由式（14.4-13）求得。

在应用过程中，发现软土的切线模量 E_t 变化太快，易导致计算结果出现不稳定。为进一步改进计算的稳定性，可采用割线模量法计算剪切变形沉降的方法，以增加计算结果的稳定性，由相关推导[8]，割线模量可表示为：

$$E_p = (1-R_f S) E_{si} \tag{14.4-14}$$

当运用割线模量 E_p 代替切线模量 E_t，用于求取地基由于侧向变形引起的竖向沉降时。需要运用全量的方法求取软土地基沉降，参考 14.4.1 节，有侧限的压缩沉降可采用下式计算：

$$\Delta S_{cij} = \frac{\sigma_{zij}}{E_{sij}} \cdot h_j \tag{14.4-15}$$

侧向变形沉降采用下式计算：

$$\Delta S_{dij} = \frac{k_0\sigma_{zij}-\sigma_{xij}}{E_{pij}} \cdot h_j \tag{14.4-16}$$

14.4.3　$e\text{-}p$ 曲线的简易求取方法

上述计算方法中，侧限条件下沉降计算和侧向变形引起的沉降计算都需要不同应力水平下的压缩模量 E_{si}，而求取此压缩模量需要完整的 $e\text{-}p$ 曲线，而目前有部分工程项目，

其试验报告没有提供完整的 e-p，只提供了初始孔隙比 e_0 和压缩模量 $E_{s1\text{-}2}$。鉴于这两个参数是工程中常用的参数，相对稳定且可较好反映软土的特性，可通过两种方法建立由 e_0 和 $E_{s1\text{-}2}$ 求出不同应力水平下的压缩模量 E_{si} 的方法，简要介绍如下[8]。

方法一：根据 $E_{s1\text{-}2}$ 推导出压缩指数 C_c，通过 C_c 求出正常固结土的 e-$\lg p$ 曲线，然后通过 e-$\lg p$ 曲线求出不同应力水平下的压缩模量 E_{si}。

方法二，假设 e-p 曲线符合双曲线模型，根据 e_0 和 $E_{s1\text{-}2}$ 推导出 e-p 曲线，再由 e-p 曲线求出不同应力水平下的压缩模量 E_{si}。

由工程中常用的参数初始孔隙比 e_0 和压缩模量 $E_{s1\text{-}2}$ 即可进行软土地基的非线性沉降计算，而这两个参数确定简单方便，并且参数的可靠性易于判断，从而为实际工程带来很大的简便。

14.4.4　工程案例

1. 工程概况

陆培炎等[7]在深圳河一个约 12m 厚的软土地基上做了一个土堤试验。堤高约 4m，堤长约 60m，断面如图 14.4-1 所示。

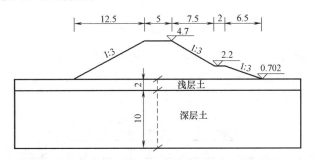

图 14.4-1　路堤断面图（单位：m）

该试验堤的堤身材料由两种材料组成，标高 0.7～2.1m 为黑色淤泥土；标高 2.1～4.7m 为花岗岩风化土。其相应的物理力学参数如表 14.4-1 所示。

软土地基可分为两层，分别称为浅层土及深层土。浅层土厚 2m，深层土厚 10m。其相应的物理力学参数如表 14.4-1、表 14.4-2 所示，其中快剪指标是依据经验确定的。两层地基土的室内压缩试验的 e-p 曲线如图 14.4-2 所示。

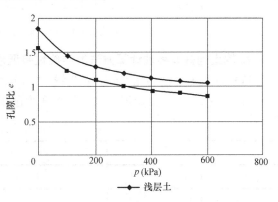

图 14.4-2　基土的 e-p 曲线

堤身材料物理力学参数表
表 14.4-1

土层	重度(kN·m^{-3})	含水量	内摩擦角(°)	黏聚力(kPa)	变形模量(kPa)
黑色淤泥土	17.23	32.2%	12	10	2000
花岗岩风化土	19.86	14.7%	22	20	4000

地基土物理力学参数表　　　　　　　　　　　表 14.4-2

土层	重度 (kN·m⁻³)	含水量	黏聚力 (kPa)	快剪内摩 擦角(°)	初始孔隙比	压缩模量 (kPa)	慢剪内摩 擦角(°)	渗透系数 (cm·s⁻¹)
浅层土	16.3	60%	10	6	1.84	1808	13.4	1.193×10^{-6}
深层土	16.3	60%	11	7	1.565	1865	16.9	1.193×10^{-6}

堤基设计标高 4m，实际填土高度为 4.093m，自 1986 年 1 月 3 日开始填筑，历时 24d，堆载与时间的曲线如图 14.4-3 所示。

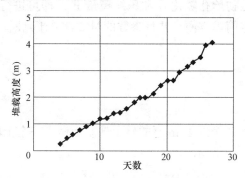

图 14.4-3　堆载时间曲线

对堤基进行了两个断面的观测，其中一个断面的观测标点位置图如图 14.4-4 所示，其中 DM01～DM12 为地表沉降观测标点，sp1～sp6 为水平位移观测标点。

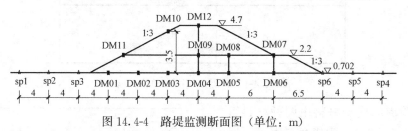

图 14.4-4　路堤监测断面图（单位：m）

2. 软土地基非线性计算方法的准确性验证求取压缩模量的方法

（1）方法 1 是已知完整的 e-p 曲线

首先根据压缩模量数据，求出每个压力段压缩模量，如表 14.4-3 所示。

每个压力段压缩模量　　　　　　　　　　　表 14.4-3

e	p(kPa)	E_{si}(kPa)
1.84	0	
1.44	100	710
1.283	200	1554.14
1.184	300	2306.061
1.1225	400	3551.22
1.0795	500	4936.047
1.0515	600	7426.786

然后拟合压缩模量 E_{si} 与 p 的关系。在本例中，地基附加荷载不大，只需拟合前三点。浅层土和深层土的拟合公式分别如下

$$E_{si1} = -0.0046p^2 + 9.3636p + 253$$

$$E_{si2} = -0.0033p^2 + 9.2728p + 302 \tag{14.4-17}$$

最终求出在最后一级荷载作用下，地基任意深度的压缩模量 E_{si} 为最终结果如表 14.4-4 所示。

（2）方法 2

把 e_0 和 $E_{s1\sim2}$ 的值代入式（14.4-18）求出 E_{si} 与 p 的关系，最终结果如表 14.4-4 和图 14.2-4 所示。

$$E_{si} = \frac{\lg2 \cdot E_{s1\sim2} \cdot (p - \gamma_{sat}h)}{100[\lg p - \lg(\gamma_{sat}h)]} \tag{14.4-18}$$

（3）方法 3

把 e_0 和 $E_{s1\sim2}$ 的值代入式（14.4-19）求出 E_{si} 与 p 的关系，最终结果如表 14.4-4 和图 14.2-4 所示。

$$e = e_0 - \frac{(1+e_0)p}{0.1088E_{s1\sim2} + 0.0015E_{s1\sim2}p} \tag{14.4-19}$$

$$E_s = \frac{(1+e_0)(p_2 - p_1)}{e_1 - e_2} \tag{14.4-20}$$

三种方法计算所得的 E_{si} 与 p 的关系　　　　　表 14.4-4

深度 （m）	自重应力 p_1 （kPa）	自重应力与附加 应力之和 p（kPa）	（1）求得的 压缩模量	（2）求得的 压缩模量	（3）求得的 压缩模量
0.75	12	90	1057	874	779
1.25	20	98	1123	984	869
1.75	29	105	1187	1091	963
2.25	37	112	1303	1196	1061
2.75	45	119	1363	1299	1162
3.25	53	126	1421	1401	1267
3.75	61	133	1478	1502	1377
4.25	69	140	1535	1602	1491
4.75	77	147	1590	1701	1609
5.25	86	153	1646	1800	1731
5.75	94	160	1701	1899	1857
6.25	102	167	1755	1998	1988
6.75	110	173	1810	2097	2124
7.25	118	180	1864	2196	2264
7.75	126	187	1918	2294	2408
8.25	134	193	1972	2393	2558
8.75	143	200	2027	2492	2711
9.25	151	207	2081	2590	2870

续表

深度 (m)	自重应力 p_1 (kPa)	自重应力与附加 应力之和 p(kPa)	(1)求得的 压缩模量	(2)求得的 压缩模量	(3)求得的 压缩模量
9.75	159	214	2135	2689	3033
10.25	167	221	2189	2788	3201

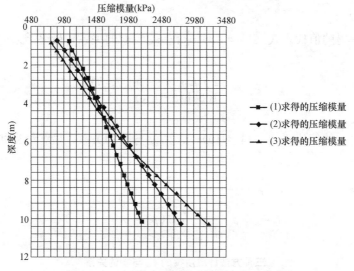

图 14.4-5　三种方法计算所得的 E_{si}-p 曲线

从表 14.4-4 和图 14.4-5 可以看出，在本案例中，方法 2 和方法 3 的两种计算方法与根据 e-p 曲线求的 E_{si} 模量总体误差不大。在没有完整的试验的 e-p 曲线时，是一种计算任意应力水平 E_{si} 的可行的方法。

3. 沉降计算的验证

（1）方法一

根据《建筑地基基础设计规范》GB 50007—2011[14] 中关于地基沉降的计算表述如下所示：

$$S = \psi_s \sum_{i=1}^{n} \frac{p_0}{E_{si}} (z_i \bar{\alpha}_i - z_{i-1} \bar{\alpha}_{i-1}) \tag{14.4-21}$$

式中　S——地基总沉降量；

ψ_s——沉降计算经验系数，规范中给出的软土的参考范围为 1.1～1.4；

n——地基沉降计算深度范围内所划分的土层数；

p_0——相应于作用准永久组合时基础底面处的附加压力；

E_{si}——基础底面下第 i 层土的压缩模量；

z_i、z_{i-1}——基础底面至第 i 层土、第 $i-1$ 层土底面的距离；

$\bar{\alpha}_i$、$\bar{\alpha}_{i-1}$——底面范围内平均附加应力系数。为了方便电算，可将式（14.4-21）转换成下式：

$$S = \psi_s \sum_{i=1}^{n} \frac{\sigma_{zi}}{E_{si}} \cdot h_i \tag{14.4-22}$$

式中　σ_{zi}——基础底面处的附加压力 p_0 对第 i 层土的竖向平均附加应力。在本例中，路堤分 24d 施工，即共有 24 级荷载。那么第 1 级荷载加载完成时，基础沉降按下式计算：

$$S_1 = \psi_{s1} \sum_{i=1}^{n} \frac{\sigma_{zi1}}{E_{si1}} \cdot h_i \qquad (14.4\text{-}23)$$

式中 σ_{zi1}——第 1 级荷载对第 i 层土的竖向平均附加应力。第 n 级荷载加载完成时，基础沉降按下式计算：

$$S_j = \psi_{sj} \sum_{i=1}^{n} \frac{\sigma_{zij}}{E_{sij}} \cdot h_i \qquad (14.4\text{-}24)$$

式中 σ_{zij}——第 1，2，…，j 级荷载总和对第 i 层土的竖向平均附加应力。当考虑固结度对沉降的影响时，第 j 级荷载加载完成时，基础沉降按下式计算：

$$S_{tj} = \overline{U_t} \cdot S_j = \overline{U_t} \cdot \psi_{sj} \sum_{i=1}^{n} \frac{\sigma_{zij}}{E_{sij}} \cdot h_i \qquad (14.4\text{-}25)$$

在本例中，$t = 495\text{d}$ 时，固结度为 $\overline{U}_{495} = 0.99$；按照规范，承载力特征值 f_{ak} 计算结果为 83.70 kPa，而基础底面处的附加压力 p_0 为 77.6kPa，大于 0.7 倍的承载力特征值；计算深度内压缩模当量值 $\overline{E}_{si24}$ 为 1.1MPa $<$ 2.5 MPa。因此，修正系数 ψ_{s24} 取为 1.4。计算结果如图 14.4-6 所示。以同样的方法计算 1~23 级荷载的沉降，堤基中点处的时间与沉降曲线如图 14.4-7 所示。为了对比规范计算方法在没有经验系数修正时计算结果的精度，本章同时给出了在没有经验系数修正情况下的计算结果，如图 14.4-6 和图 14.4-7 所示。

（2）方法二

采用式（14.4-12）的切线模量，E_s 采用 e-p 曲线计算，计算，固结过程的沉降则按（14.4-26）计算，即固结沉降只考虑压缩沉降，侧向变形引起的沉降看做瞬时沉降，结果如图 14.4-6 和图 14.4-7 所示。

$$S_t = \overline{U_t} \cdot \sum_{j=1}^{n} \left(\frac{\sigma_{zij}}{E_{sij}} \cdot h_j \right) + \sum_{j=1}^{n} \left(\frac{k_0 \sigma_{zij} - \sigma_{xij}}{E_{pij}} \cdot h_j \right) \qquad (14.4\text{-}26)$$

（3）方法三

运用割线模量法，即式（14.4-14），割线模量用 e-p 曲线计算，沉降采用的是式（14.4-15）、式（14.4-16）的全量方法计算，考虑固结沉降时按式（14.4-26）计算。

（4）方法四与方法五

方法四、方法五与方法三计算过程基本相同，区别在于方法四求取不同应力水平下的压缩模量 E_{si} 是根据压缩模量 $E_{s1\sim2}$ 通过式（14.4-18）求得，而不是直接用试验的 e-p 曲线求取的，而方法五是通过式（14.4-19）代入式（14.4-20）求得的。

4. 计算结果

五种方法的计算结果如图 14.4-6 和图 14.4-7 所示。

从计算结果可以看出，对于堤基地表沉降，在堤基两侧，各种计算方法计算结果与实测结果相差不大。在堤基中心，规范计算方法与实测结果相差较大，即使乘了 1.4 的经验系数，计算结果仍比实测小。而考虑了侧向变形引起的沉降的计算方法的计算结果（即方法二~方法五）与实测比较相符，计算结果比实测稍微大。对于堤基地表中心点的沉降时间曲线图，在施工初期，各种计算方法计算结果与实测结果现相差不大。而到了施工后期，规范计算方法同样出现了较大的误差。而考虑了侧向变形引起的沉降的计算方法（即

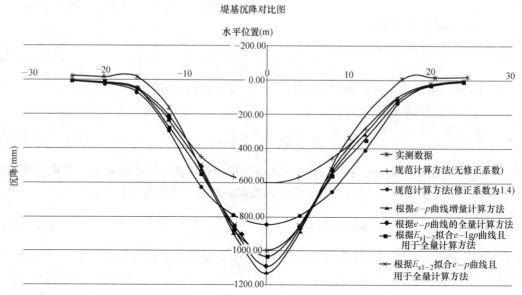

图 14.4-6　$t=495\text{d}$ 时计算得到的堤基地表沉降断面图

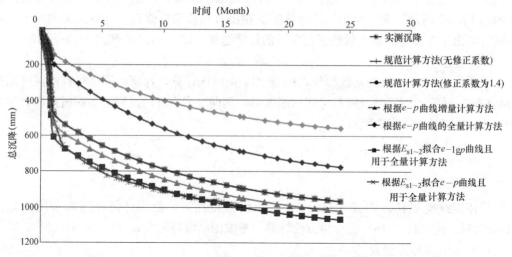

图 14.4-7　堤基地表中心点沉降时间曲线

方法二～五）与实测较相符。说明方法四和五即使没有完整的试验 e-p 曲线，只有压缩模量 $E_{s1\sim2}$ 和初始孔隙比 e_0，也可以很好地计算地基的非线性沉降，而软土的 $E_{s1\sim2}$ 和 e_0 一般更易获得并且数值稳定，经验也易于判断，从而可以为计算带来很大的方便。

　　诚然，软土地基的沉降计算仍然是地基设计的难点，这里提供的方法比较简单实用，但还需积累经验，加强验证。

参考文献

[1] 汤佳茗. 穿堤涵闸的变形控制设计研究 [D]. 华南理工大学，2012.

[2] 闫明礼，曲秀莉，刘伟，孟宪忠，闫雪晖. 复合地基的复合模量分析 [J]. 建筑科学，2004，20

（4）：27～32.

[3]　杨光华，徐传堡，李志云，姜燕，张玉成. 软土地基刚性桩复合地基沉降计算的简化方法 [J]. 岩土工程学报，2017，39（S2）：21～24.

[4]　杨光华，范泽，姜燕，张玉成. 刚性桩复合地基沉降计算的简化方法 [J]. 岩土力学，2015，S1：76～84.

[5]　杨光华. 软土地基非线性沉降计算的简化法 [J]. 广东水利水电，2001，（1）：3～5

[6]　杨光华，李德吉，李思平，等. 计算软土地基非线性沉降的一个简化方法 [C] // 第九届土力学及岩土工程学术会议论文集. 北京，2003：506～510.

[7]　杨光华，姚丽娜. 基于 e-p 曲线的软土地基非线性沉降的实用计算方法 [J]. 岩土工程学报，2015，02：242～249.

[8]　杨光华，黄致兴，李志云，姜燕，李德吉. 考虑侧向变形的软土地基非线性沉降计算的简化法 [J]. 岩土工程学报，2017，39（09）：1697～1704.

[9]　陆培炎，熊丽珍，陈韶永，等. 软土上一个土堤试验分析，陆培炎科技著作及论文选集 [C]. 北京：科学出版社，2006. 121～143.